はじめに

基本情報技術者試験は、経[illegible]の国家資格で、ITを活用したサービス、製品、システムおよびソ[illegible]を作る人材に必要な基本的知識・技能を持ち、実践的な活用能力を身に付けた者を認定対象としています。

基本情報技術者試験には、科目A試験（従来の午前試験）と科目B試験（従来の午後試験）があります。
科目A試験では、知識を問う問題が全60問出題されます。テクノロジ（技術）系、マネジメント（管理）系、ストラテジ（戦略）系からそれぞれ出題されます。
科目B試験では、技能を問う問題が全20問出題されます。アルゴリズムとプログラミングの分野からの出題が16問と大半を占め、セキュリティの分野からの出題が4問です。

本書は、基本情報技術者試験の合格を目的とした試験対策用のテキストです。
出題範囲が詳細化・体系化されたシラバスに沿った目次構成とし、シラバスに記載されている用語を数多く解説しているので、必要な知識をもれなく学習することができます。このため学校の授業などで利用いただける教科書として、最適な内容となっています。
なお、本書は、試験主催元より2022年8月に改訂された最新の「シラバスVer.8.0」の範囲に対応しています。シラバスVer.8.0の網羅率の高さは、試験対策書籍の中でも圧倒的です。
また、各章末には過去問題や予想問題を合計114問掲載しています。試験傾向を分析して、頻出される過去問題を厳選して収録し、さらに予想問題も合わせて収録していますので、理解度の確認や実力試しに役立てることができます。

本書をご活用いただき、基本情報技術者試験に合格されますことを心よりお祈り申し上げます。

2023年2月1日
FOM出版

CONTENTS

本書をご利用いただく前に

1 本書の記述について

本書で使用している記号には、次のような意味があります。

参考	知っておくと役立つ事柄や用語の解説、 解説を記載している項目番号
※	補足的な内容や注意すべき内容

2 章末問題について

各章末には、基本情報技術者試験の過去問題（従来の午前試験）や予想問題を掲載しています。

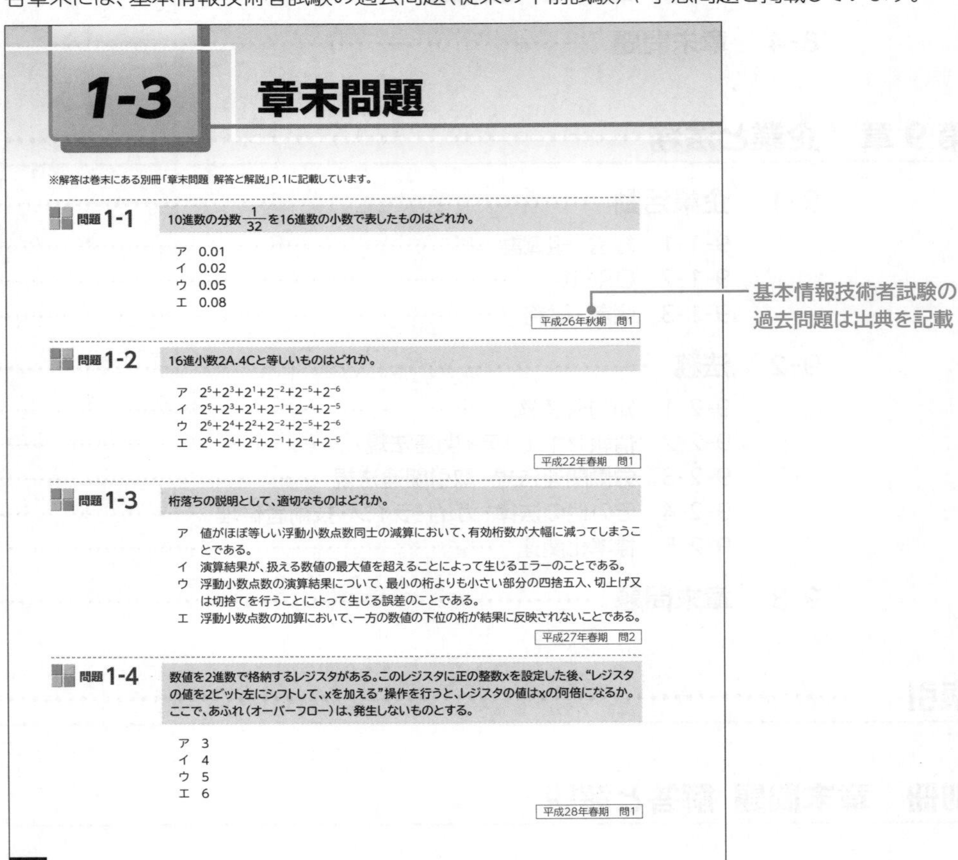

1-3 章末問題

※解答は巻末にある別冊「章末問題 解答と解説」P.1に記載しています。

問題 1-1 10進数の分数 $\frac{1}{32}$ を16進数の小数で表したものはどれか。

ア 0.01
イ 0.02
ウ 0.05
エ 0.08

平成26年秋期 問1

問題 1-2 16進小数2A.4Cと等しいものはどれか。

ア $2^5+2^3+2^1+2^{-2}+2^{-5}+2^{-6}$
イ $2^5+2^3+2^1+2^{-1}+2^{-4}+2^{-5}$
ウ $2^6+2^4+2^2+2^{-2}+2^{-5}+2^{-6}$
エ $2^6+2^4+2^2+2^{-1}+2^{-4}+2^{-5}$

平成22年春期 問1

問題 1-3 桁落ちの説明として、適切なものはどれか。

ア 値がほぼ等しい浮動小数点数同士の減算において、有効桁数が大幅に減ってしまうことである。
イ 演算結果が、扱える数値の最大値を超えることによって生じるエラーのことである。
ウ 浮動小数点数の演算結果について、最小の桁よりも小さい部分の四捨五入、切上げ又は切捨てを行うことによって生じる誤差のことである。
エ 浮動小数点数の加算において、一方の数値の下位の桁が結果に反映されないことである。

平成27年春期 問2

問題 1-4 数値を2進数で格納するレジスタがある。このレジスタに正の整数xを設定した後、"レジスタの値を2ビット左にシフトして、xを加える"操作を行うと、レジスタの値はxの何倍になるか。ここで、あふれ（オーバーフロー）は、発生しないものとする。

ア 3
イ 4
ウ 5
エ 6

平成28年春期 問1

87

基本情報技術者試験の過去問題は出典を記載

3 別冊「章末問題 解答と解説」について

巻末にある別冊には、各章末問題の解答と解説を記載しています。

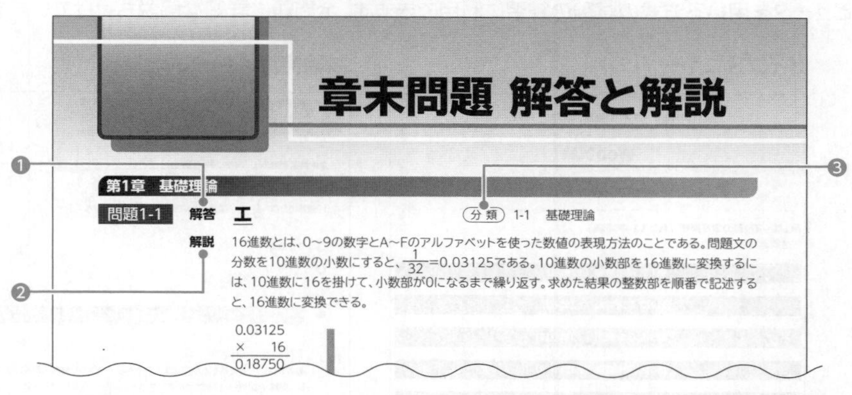

章末問題 解答と解説

第1章 基礎理論

問題1-1 解答 エ　　分類 1-1 基礎理論

解説 16進数とは、0～9の数字とA～Fのアルファベットを使った数値の表現方法のことである。問題文の分数を10進数の小数にすると、$\frac{1}{32}$=0.03125である。10進数の小数部を16進数に変換するには、10進数に16を掛けて、小数部が0になるまで繰り返す。求めた結果の整数部を順番で記述すると、16進数に変換できる。

$$\begin{array}{r} 0.03125 \\ \times \quad 16 \\ \hline 0.18750 \end{array}$$

❶ 解答

章末問題の正解の選択肢を記載しています。

❷ 解説

解答の解説を記載しています。

❸ 分類

本書に該当する中分類を記載しています。

4 ご購入者特典「Web試験」のご利用について

ご購入いただいた方への特典として、**「Web試験」**をスマートフォン・タブレット・パソコンでご利用いただけます。

特典　Web試験（第1章～第9章の章末問題 合計114問、詳細解説付き）

●利用方法

スマートフォン・タブレットで表示する

①スマートフォン・タブレットで下のQRコードを読み取ります。

②「令和5-6年度版　基本情報技術者試験対策テキスト（FPT2219）」の《特典を入手する》を選択します。

③本書に関する質問に回答し、《入力完了》を選択します。

※以降、手順に従って特典をご利用ください。

パソコンで表示する

①ブラウザを起動し、次のホームページにアクセスします。

https://www.fom.fujitsu.com/goods/eb/

②「令和5-6年度版　基本情報技術者試験対策テキスト（FPT2219）」の《特典を入手する》を選択します。

③本書に関する質問に回答し、《入力完了》を選択します。

※以降、手順に従って特典をご利用ください。

● メインメニューと試験実施イメージ

基本情報技術者試験は、令和2年以降、コンピュータを用いる方式の試験（オンライン形式）に変更されました。

ご購入者特典のWeb試験では、本書の章末問題の全問題をオンライン形式で解答できるので、コンピュータを用いる方式の試験の練習に利用できます。全問題に詳細な解説も付けています。

メインメニュー

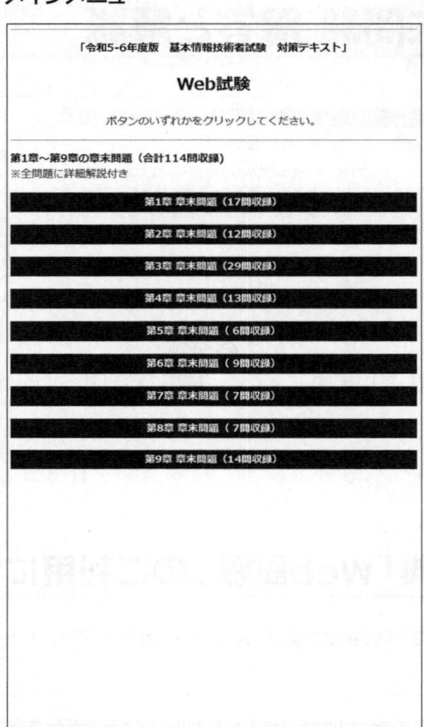

試験実施イメージ

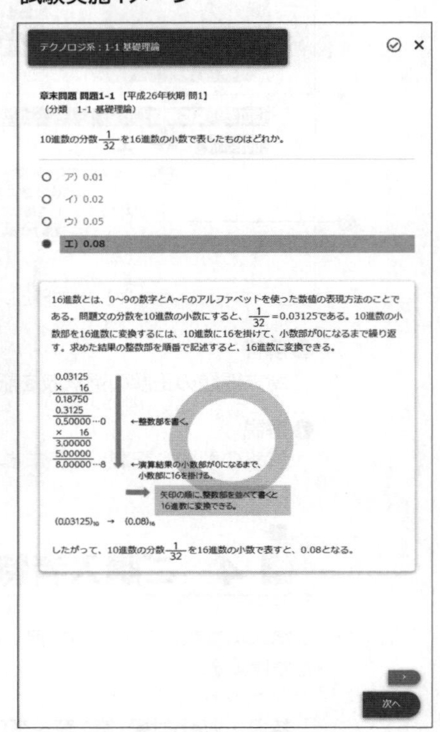

5 本書の最新情報について

本書に関する最新のQ＆A情報や訂正情報、重要なお知らせなどについては、FOM出版のホームページでご確認ください。

ホームページアドレス

https://www.fom.fujitsu.com/goods/

ホームページ検索用キーワード

FOM出版

試験の概要と受験申し込み

試験の概要と受験の申し込みについて解説します。

試験の概要と受験申し込み

1　対象者像

ITを活用したサービス、製品、システムおよびソフトウェアを作る人材に必要な基本的知識・技能を持ち、実践的な活用能力を身に付けた者。

2　業務と役割

上位者の指導の下に、次のいずれかの役割を果たす。

（1）組織および社会の課題に対する、ITを活用した戦略の立案、システムの企画・要件定義に参加する。
（2）システムの設計・開発、または汎用製品の最適組合せ（インテグレーション）によって、利用者にとって価値の高いシステムを構築する。
（3）サービスの安定的な運用の実現に貢献する。

3　期待する技術水準

ITを活用した戦略の立案、システムの企画・要件定義、設計・開発・運用に関し、担当する活動に応じて次の知識・技能が要求される。
（1）IT全般に関する基本的な事項を理解し、担当する活動に活用できる。
（2）上位者の指導の下に、IT戦略に関する予測・分析・評価に参加できる。
（3）上位者の指導の下に、システムまたはサービスの提案活動に参加できる。
（4）上位者の指導の下に、システムの企画・要件定義に参加できる。
（5）上位者の指導の下に、情報セキュリティの確保を考慮して、システムの設計・開発・運用ができる。
（6）上位者の指導の下に、ソフトウェアを設計できる。
（7）上位者の方針を理解し、自らプログラムを作成できる。

4 実施要項

● 2023年4月から実施する試験に適用

項　目	説　明
試験時間	(1)科目A試験：90分 (2)科目B試験：100分
出題形式	(1)科目A試験：多肢選択式(四肢択一) (2)科目B試験：多肢選択式
出題数	(1)科目A試験 出題範囲のすべての分野から60問出題 ・テクノロジ系 ・マネジメント系 ・ストラテジ系 ※評価は56問で行い、残りの4問は今後出題する問題を評価するために使われる。
	(2)科目B試験 次の分野から20問出題 ・アルゴリズムとプログラミング分野：16問 ・情報セキュリティ分野：4問 ※評価は19問で行い、残りの1問は今後出題する問題を評価するために使われる。
試験方式	コンピュータを用いる方式
受験資格	制限なし
配点	科目A試験・科目B試験 ともに1,000点満点
採点方法	IRT(Item Response Theory：項目応答理論)に基づいて解答結果から評価点を算出
合格基準	科目A試験・科目B試験 ともに600点以上を満たした場合、合格とする

※2022年までに実施した試験については、試験主催元のホームページを参照してください。

5 試験手続き

項　目	説　明
試験予定日	随時
受験料	7,500円(税込み)
試験結果	試験終了後、確認することが可能

※受験申し込みについては、試験主催元のホームページを参照してください。

6 試験情報の提供

● 試験主催元

独立行政法人　情報処理推進機構(IPA)
IT人材育成センター　国家資格・試験部
〒113-8663　東京都文京区本駒込2-28-8
　　　　　　文京グリーンコートセンターオフィス15階
ホームページ　https://www.jitec.ipa.go.jp/

7　コンピュータを用いる方式の試験とは

2009年(平成21年)4月からスタートした基本情報技術者試験はペーパー方式の試験でしたが、2020年(令和2年)には新型コロナウイルス感染症の影響で試験中止があり、それ以降はコンピュータを用いる方式の試験に変更(移行)されました。
「コンピュータを用いる方式の試験」とは、コンピュータ(パソコン)を使用して試験問題に解答する試験実施方式のことです。この方式の試験は、コンピュータのディスプレイに表示される問題を読み解き、マウスやキーボードなどの入力装置を使って試験問題に解答します。
また、2023年(令和5年)4月からはシラバスVer.8.0の適用が開始となり、本格的にコンピュータを用いる方式に変更されます。

主な試験の変更点は、次のとおりです。

●試験名称が変更される
「午前試験」の試験名称は、**「科目A試験」**に変更されます。
「午後試験」の試験名称は、**「科目B試験」**に変更されます。

●試験時間が短縮される
科目A試験は、150分から90分に短縮されます。
科目B試験は、150分から100分に短縮されます。

●科目B試験が大きく変わる
科目B試験では、**「アルゴリズムとプログラミング」**の分野からの出題が、全体の8割を占める形に大きく変更されます。基本情報技術者試験は、**「アルゴリズムとプログラミング」**の知識が、今までよりも求められる試験へと変わっていきます。

コンピュータを用いる方式の試験には、次のような特徴があります。

●受験チャンスが多い
コンピュータを用いる方式の試験は、随時実施されています。会場によって試験の実施頻度は異なりますが、試験の実施回数そのものが多いため、受験者にとって受験チャンスの多い試験です。

●受験者主体で学習プランを設計できる
コンピュータを用いる方式の試験は、試験日時や試験会場を自分自身で決められるので、自分のスキルに合わせて受験目標を立てることができます。
学習にあてられる時間などを考慮し、自分のペースで計画的に学習を進められます。

●申込から受験、結果発表までの期間が短縮される
コンピュータを用いる方式の試験では、試験日の数日前までに申し込んでおけば、受験することが可能です。
また、試験が終わった直後に試験結果を確認できるようになります。

このようにコンピュータを用いる方式の試験は、受験者の利便性に優れた試験になっています。

出題範囲について解説します。

出題範囲

1　科目A試験

科目A試験（従来の午前試験）では、出題範囲のテクノロジ系、マネジメント系、ストラテジ系から幅広く出題されます。
受験者の能力が当該試験区分における期待する技術水準に達しているかどうか、知識を問われます。

分野	大分類		中分類		小分類		知識項目例
テクノロジ系	1	基礎理論	1	基礎理論	1	離散数学	2進数、基数、数値表現、演算精度、集合、ベン図、論理演算、命題　など
					2	応用数学	確率・統計、数値解析、数式処理、グラフ理論、待ち行列理論　など
					3	情報に関する理論	符号理論、述語論理、オートマトン、形式言語、計算量、人工知能（AI）、知識工学、学習理論、コンパイラ理論、プログラミング言語論・意味論　など
					4	通信に関する理論	伝送理論（伝送路、変復調方式、多重化方式、誤り検出・訂正、信号同期方式ほか）　など
					5	計測・制御に関する理論	信号処理、フィードバック制御、フィードフォワード制御、応答特性、制御安定性、各種制御、センサー・アクチュエーターの種類と動作特性　など
			2	アルゴリズムとプログラミング	1	データ構造	スタックとキュー、リスト、配列、木構造、2分木　など
					2	アルゴリズム	整列、併合、探索、再帰、文字列処理、流れ図の理解、アルゴリズム設計　など
					3	プログラミング	既存言語を用いたプログラミング（プログラミング作法、プログラム構造、データ型、文法の表記法ほか）　など
					4	プログラム言語	プログラム言語（アセンブラ言語、C、C++、COBOL、Java、ECMAScript、Ruby、Perl、PHP、Pythonほか）の種類と特徴、共通言語基盤（CLI）　など
					5	その他の言語	マークアップ言語（HTML、XMLほか）の種類と特徴、データ記述言語（DDL）　など
	2	コンピュータシステム	3	コンピュータ構成要素	1	プロセッサ	コンピュータ及びプロセッサの種類、構成・動作原理、割込み、性能と特性、構造と方式、RISCとCISC、命令とアドレッシング、マルチコアプロセッサ　など
					2	メモリ	メモリの種類と特徴、メモリシステムの構成と記憶階層（キャッシュ、主記憶、補助記憶ほか）、アクセス方式、RAMファイル、メモリの容量と性能、記録媒体の種類と特徴　など
					3	バス	バスの種類と特徴、バスのシステムの構成、バスの制御方式、バスのアクセスモード、バスの容量と性能　など
					4	入出力デバイス	入出力デバイスの種類と特徴、入出力インタフェース、デバイスドライバ、デバイスとの同期、アナログ・デジタル変換、DMA　など
					5	入出力装置	入力装置、出力装置、表示装置、補助記憶装置・記憶媒体、通信制御装置、駆動装置、撮像装置　など

分野	大分類		中分類		小分類		知識項目例
テクノロジ系	2	コンピュータシステム	4	システム構成要素	1	システムの構成	システムの処理形態、システムの利用形態、システムの適用領域、仮想化、クライアントサーバシステム、Webシステム、シンクライアントシステム、フォールトトレラントシステム、RAID、NAS、SAN、P2P、ハイパフォーマンスコンピューティング(HPC)、クラスタ　など
					2	システムの評価指標	システムの性能指標、システムの性能特性と評価、システムの信頼性・経済性の意義と目的、信頼性計算、信頼性指標、信頼性特性と評価、経済性の評価、キャパシティプランニング　など
			5	ソフトウェア	1	オペレーティングシステム	OSの種類と特徴、OSの機能、多重プログラミング、仮想記憶、ジョブ管理、プロセス/タスク管理、データ管理、入出力管理、記憶管理、割込み、ブートストラップ　など
					2	ミドルウェア	各種ミドルウェア(OSなどのAPI、Web API、各種ライブラリ、コンポーネントウェア、シェル、開発フレームワークほか)の役割と機能、ミドルウェアの選択と利用　など
					3	ファイルシステム	ファイルシステムの種類と特徴、アクセス手法、検索手法、ディレクトリ管理、バックアップ、ファイル編成　など
					4	開発ツール	設計ツール、構築ツール、テストツール、言語処理ツール(コンパイラ、インタプリタ、リンカ、ローダほか)、エミュレーター、シミュレーター、インサーキットエミュレーター(ICE)、ツールチェーン、統合開発環境　など
					5	オープンソースソフトウェア	OSSの種類と特徴、UNIX系OS、オープンソースコミュニティ、LAMP/LAPP、オープンソースライブラリ、OSSの利用・活用と考慮点(安全性、信頼性ほか)、動向　など
			6	ハードウェア	1	ハードウェア	電気・電子回路、機械・制御、論理設計、構成部品及び要素と実装、半導体素子、システムLSI、SoC(System on a Chip)、FPGA、MEMS、診断プログラム、消費電力　など
	3	技術要素	7	ヒューマンインタフェース	1	ヒューマンインタフェース技術	インフォメーションアーキテクチャ、GUI、音声認識、画像認識、動画認識、特徴抽出、学習機能、インタラクティブシステム、ユーザビリティ、アクセシビリティ　など
					2	インタフェース設計	帳票設計、画面設計、コード設計、Webデザイン、人間中心設計、ユニバーサルデザイン、ユーザビリティ評価　など
			8	マルチメディア	1	マルチメディア技術	オーサリング環境、音声処理、静止画処理、動画処理、メディア統合、圧縮・伸張、MPEG　など
					2	マルチメディア応用	AR(Augmented Reality)、VR(Virtual Reality)、CG(Computer Graphics)、メディア応用、モーションキャプチャ　など
			9	データベース	1	データベース方式	データベースの種類と特徴、データベースのモデル、DBMS　など
					2	データベース設計	データ分析、データベースの論理設計、データの正規化、データベースのパフォーマンス設計、データベースの物理設計　など
					3	データ操作	データベースの操作、データベースを操作するための言語(SQLほか)、関係代数　など
					4	トランザクション処理	排他制御、リカバリ処理、トランザクション管理、データベースの性能向上、データ制御　など
					5	データベース応用	データウェアハウス、データマイニング、分散データベース、リポジトリ、メタデータ、ビッグデータ　など

分野	大分類		中分類		小分類		知識項目例
テクノロジ系	3	技術要素	10	ネットワーク	1	ネットワーク方式	ネットワークの種類と特徴(WAN/LAN、有線・無線、センサーネットワークほか)、インターネット技術、回線に関する計算、パケット交換網、QoS、RADIUS　など
					2	データ通信と制御	伝送方式と回線、LAN間接続装置、回線接続装置、電力線通信(PLC)、OSI基本参照モデル、メディアアクセス制御(MAC)、データリンク制御、ルーティング制御、フロー制御　など
					3	通信プロトコル	プロトコルとインタフェース、TCP/IP、HDLC、CORBA、HTTP、DNS、SOAP、IPv6　など
					4	ネットワーク管理	ネットワーク仮想化(SDN、NFVほか)、ネットワーク運用管理(SNMP)、障害管理、性能管理、トラフィック監視　など
					5	ネットワーク応用	インターネット、イントラネット、エクストラネット、モバイル通信、ネットワークOS、通信サービス　など
			11	セキュリティ	1	情報セキュリティ	情報の機密性・完全性・可用性、脅威、マルウェア・不正プログラム、脆弱性、不正のメカニズム、攻撃者の種類・動機、サイバー攻撃(SQLインジェクション、クロスサイトスクリプティング、DoS攻撃、フィッシング、パスワードリスト攻撃、標的型攻撃ほか)、暗号技術(共通鍵、公開鍵、秘密鍵、RSA、AES、ハイブリッド暗号、ハッシュ関数ほか)、認証技術(デジタル署名、メッセージ認証、タイムスタンプほか)、利用者認証(利用者ID・パスワード、多要素認証、アイデンティティ連携(OpenID、SAML)ほか)、生体認証技術、公開鍵基盤(PKI、認証局、デジタル証明書ほか)、政府認証基盤(GPKI、ブリッジ認証局ほか)　など
					2	情報セキュリティ管理	情報資産とリスクの概要、情報資産の調査・分類、リスクの種類、情報セキュリティリスクアセスメント及びリスク対応、情報セキュリティ継続、情報セキュリティ諸規程(情報セキュリティポリシーを含む組織内規程)、ISMS、管理策(情報セキュリティインシデント管理、法的及び契約上の要求事項の順守ほか)、情報セキュリティ組織・機関(CSIRT、SOC(Security Operation Center)、ホワイトハッカーほか)　など
					3	セキュリティ技術評価	ISO/IEC 15408(コモンクライテリア)、JISEC(ITセキュリティ評価及び認証制度)、JCMVP(暗号モジュール試験及び認証制度)、PCI DSS、CVSS、脆弱性検査、ペネトレーションテスト　など
					4	情報セキュリティ対策	情報セキュリティ啓発(教育、訓練ほか)、組織における内部不正防止ガイドライン、マルウェア・不正プログラム対策、不正アクセス対策、情報漏えい対策、アカウント管理、ログ管理、脆弱性管理、入退室管理、アクセス制御、侵入検知/侵入防止、検疫ネットワーク、多層防御、無線LANセキュリティ(WPA2ほか)、携帯端末(携帯電話、スマートフォン、タブレット端末ほか)のセキュリティ、セキュリティ製品・サービス(ファイアウォール、WAF、DLP、SIEMほか)、デジタルフォレンジックス　など
					5	セキュリティ実装技術	セキュアプロトコル(IPsec、SSL/TLS、SSHほか)、認証プロトコル(SPF、DKIM、SMTP-AUTH、OAuth、DNSSECほか)、セキュアOS、ネットワークセキュリティ、データベースセキュリティ、アプリケーションセキュリティ、セキュアプログラミング　など

分野	大分類		中分類		小分類		知識項目例
テクノロジ系	4	開発技術	12	システム開発技術	1	システム要件定義・ソフトウェア要件定義	システム要件定義(機能、境界、能力、業務・組織及び利用者の要件、設計及び実装の制約条件、適格性確認要件ほか)、システム要件の評価、ソフトウェア要件定義(機能、境界、能力、インタフェース、業務モデル、データモデルほか)、ソフトウェア要件の評価　など
					2	設計	システム設計(ハードウェア・ソフトウェア・サービス・手作業の機能分割、ハードウェア構成決定、ソフトウェア構成決定、システム処理方式決定、データベース方式決定ほか)、システム統合テストの設計、アーキテクチャ及びシステム要素の評価、ソフトウェア設計(ソフトウェア構造とソフトウェア要素の設計ほか)、インタフェース設計、ソフトウェアユニットのテストの設計、ソフトウェア統合テストの設計、ソフトウェア要素の評価、ソフトウェア品質、レビュー、ソフトウェア設計手法(プロセス中心設計、データ中心設計、構造化設計、オブジェクト指向設計ほか)、モジュールの設計、部品化と再利用、アーキテクチャパターン、デザインパターン　など
					3	実装・構築	ソフトウェアユニットの作成、コーディング標準、コーディング支援手法、コードレビュー、メトリクス計測、デバッグ、テスト手法、テスト準備(テスト環境、テストデータほか)、テストの実施、テスト結果の評価　など
					4	統合・テスト	統合テスト計画、統合テストの準備(テスト環境、テストデータほか)、統合テストの実施、検証テストの実施、統合及び検証テスト結果の評価、チューニング、テストの種類(機能テスト、非機能要件テスト、性能テスト、負荷テスト、セキュリティテスト、回帰テストほか)　など
					5	導入・受入れ支援	導入計画の作成、導入の実施、受入れレビューと受入れテスト、納入と受入れ、教育訓練、利用者マニュアル、妥当性確認テストの実施、妥当性確認テストの結果の管理　など
					6	保守・廃棄	保守の形態、保守の手順、廃棄　など
			13	ソフトウェア開発管理技術	1	開発プロセス・手法	ソフトウェア開発モデル、アジャイル開発、ソフトウェア再利用、リバースエンジニアリング、マッシュアップ、構造化手法、形式手法、ソフトウェアライフサイクルプロセス(SLCP)、プロセス成熟度　など
					2	知的財産適用管理	著作権管理、特許管理、保管管理、技術的保護(コピーガード、DRM、アクティベーションほか)　など
					3	開発環境管理	開発環境稼働状況管理、開発環境構築、設計データ管理、ツール管理、ライセンス管理　など
					4	構成管理・変更管理	構成識別体系の確立、変更管理、構成状況の記録、品目の完全性保証、リリース管理及び出荷　など
マネジメント系	5	プロジェクトマネジメント	14	プロジェクトマネジメント	1	プロジェクトマネジメント	プロジェクト、プロジェクトマネジメント、プロジェクトの環境、プロジェクトガバナンス、プロジェクトライフサイクル、プロジェクトの制約　など
					2	プロジェクトの統合	プロジェクト憲章の作成、プロジェクト全体計画(プロジェクト計画及びプロジェクトマネジメント計画)の作成、プロジェクト作業の指揮、プロジェクト作業の管理、変更の管理、プロジェクトフェーズ又はプロジェクトの終結、得た教訓の収集　など
					3	プロジェクトのステークホルダ	ステークホルダの特定、ステークホルダのマネジメント　など
					4	プロジェクトのスコープ	スコープの定義、WBSの作成、活動の定義、スコープの管理　など

分野	大分類		中分類		小分類		知識項目例
マネジメント系	5	プロジェクトマネジメント	14	プロジェクトマネジメント	5	プロジェクトの資源	プロジェクトチームの編成、資源の見積り、プロジェクト組織の定義、プロジェクトチームの開発、資源の管理、プロジェクトチームのマネジメント　など
					6	プロジェクトの時間	活動の順序付け、活動期間の見積り、スケジュールの作成、スケジュールの管理　など
					7	プロジェクトのコスト	コストの見積り、予算の作成、コストの管理　など
					8	プロジェクトのリスク	リスクの特定、リスクの評価、リスクへの対応、リスクの管理　など
					9	プロジェクトの品質	品質の計画、品質保証の遂行、品質管理の遂行　など
					10	プロジェクトの調達	調達の計画、供給者の選定、調達の運営管理　など
					11	プロジェクトのコミュニケーション	コミュニケーションの計画、情報の配布、コミュニケーションのマネジメント　など
	6	サービスマネジメント	15	サービスマネジメント	1	サービスマネジメント	サービスマネジメント、サービスマネジメントシステム、サービス、サービスライフサイクル、ITIL、サービスの要求事項、サービスレベル合意書(SLA)、サービス及びサービスマネジメントシステムのパフォーマンス、顧客、サービス提供者　など
					2	サービスマネジメントシステムの計画及び運用	サービスマネジメントシステムの計画、サービスマネジメントシステムの支援(文書化した情報、知識ほか)、サービスポートフォリオ(サービスの提供、サービスの計画、サービスライフサイクルに関与する関係者の管理、サービスカタログ管理、資産管理、構成管理)、関係及び合意(事業関係管理、サービスレベル管理、供給者管理)、供給及び需要(サービスの予算業務及び会計業務、需要管理、容量・能力管理)、サービスの設計・構築・移行(変更管理、サービスの設計及び移行、リリース及び展開管理)、解決及び実現(インシデント管理、サービス要求管理、問題管理)、サービス保証(サービス可用性管理、サービス継続管理)　など
					3	パフォーマンス評価及び改善	パフォーマンス評価(監視・測定・分析・評価、内部監査、マネジメントレビュー、サービスの報告)、改善(不適合及び是正処置、継続的改善)　など
					4	サービスの運用	システム運用管理、運用オペレーション、サービスデスク、運用の資源管理、システムの監視と操作、スケジュール設計、運用支援ツール(監視ツール、診断ツールほか)　など
					5	ファシリティマネジメント	設備管理(電気設備・空調設備ほか)、施設管理、施設・設備の維持保全、環境側面　など
			16	システム監査	1	システム監査	システム監査の体制整備、システム監査人の独立性・客観性・慎重な姿勢、システム監査計画策定、システム監査実施、システム監査報告とフォローアップ、システム監査基準、システム監査技法(ドキュメントレビュー法、インタビュー法、CAATほか)、監査証拠、監査調書、情報セキュリティ監査、監査による保証又は助言　など
					2	内部統制	内部統制の意義と目的、相互けん制(職務の分離)、内部統制報告制度、内部統制の評価・改善、ITガバナンス、EDMモデル、CSA(統制自己評価)　など

分野	大分類		中分類		小分類		知識項目例
ストラテジ系	7	システム戦略	17	システム戦略	1	情報システム戦略	情報システム戦略の意義と目的、情報システム戦略の方針及び目標設定、情報システム化基本計画、情報システム戦略遂行のための組織体制、情報システム投資計画、ビジネスモデル、業務モデル、情報システムモデル、エンタープライズアーキテクチャ(EA)、プログラムマネジメント、システムオーナー、データオーナー、プロセスフレームワーク、コントロールフレームワーク、品質統制(品質統制フレームワーク)、情報システム戦略評価、情報システム戦略実行マネジメント、IT投資マネジメント、IT経営力指標　など
					2	業務プロセス	BPR、業務分析、業務改善、業務設計、ビジネスプロセスマネジメント(BPM)、BPO、オフショア、SFA　など
					3	ソリューションビジネス	ソリューションビジネスの種類とサービス形態、業務パッケージ、問題解決支援、ASP、SOA、クラウドコンピューティング(SaaS、PaaS、IaaSほか)　など
					4	システム活用促進・評価	情報リテラシー、データ活用、普及啓発、人材育成計画、システム利用実態の評価・検証、デジタルディバイド、システム廃棄　など
			18	システム企画	1	システム化計画	システム化構想、システム化基本方針、全体開発スケジュール、プロジェクト推進体制、要員教育計画、開発投資対効果、投資の意思決定法(PBP、DCF法ほか)、ITポートフォリオ、システムライフサイクル、情報システム導入リスク分析　など
					2	要件定義	要求分析、ユーザーニーズ調査、現状分析、課題定義、要件定義手法、業務要件定義、機能要件定義、非機能要件定義、利害関係者要件の確認、情報システム戦略との整合性検証　など
					3	調達計画・実施	調達計画、調達の要求事項、調達の条件、提案依頼書(RFP)、提案評価基準、見積書、提案書、調達選定、調達リスク分析、内外作基準、ソフトウェア資産管理、ソフトウェアのサプライチェーンマネジメント　など
	8	経営戦略	19	経営戦略マネジメント	1	経営戦略手法	競争戦略、差別化戦略、ブルーオーシャン戦略、コアコンピタンス、M&A、アライアンス、グループ経営、企業理念、SWOT分析、PPM、バリューチェーン分析、成長マトリクス、アウトソーシング、シェアードサービス、インキュベーター　など
					2	マーケティング	マーケティング理論、マーケティング手法、マーケティング分析、ライフタイムバリュー(LTV)、消費者行動モデル、広告戦略、ブランド戦略、価格戦略　など
					3	ビジネス戦略と目標・評価	ビジネス戦略立案、ビジネス環境分析、ニーズ・ウォンツ分析、競合分析、PEST分析、戦略目標、CSF、KPI、KGI、バランススコアカード　など
					4	経営管理システム	CRM、SCM、ERP、意思決定支援、ナレッジマネジメント、企業内情報ポータル(EIP)　など
			20	技術戦略マネジメント	1	技術開発戦略の立案	製品動向、技術動向、成功事例、発想法、コア技術、技術研究、技術獲得、技術供与、技術提携、技術経営(MOT)、産学官連携、標準化戦略　など
					2	技術開発計画	技術開発投資計画、技術開発拠点計画、人材計画、技術ロードマップ、製品応用ロードマップ、特許取得ロードマップ　など

分野	大分類		中分類		小分類		知識項目例
ストラテジ系	8	経営戦略	21	ビジネスインダストリ	1	ビジネスシステム	流通情報システム、物流情報システム、公共情報システム、医療情報システム、金融情報システム、電子政府、POSシステム、XBRL、スマートグリッド、Web会議システム、ユビキタスコンピューティング、IoT　など
					2	エンジニアリングシステム	エンジニアリングシステムの意義と目的、生産管理システム、MRP、PDM、CAE　など
					3	e-ビジネス	EC(BtoB、BtoCなどの電子商取引)、電子決済システム、EDI、ICカード・RFID応用システム、ソーシャルメディア(SNS、ミニブログほか)、ロングテール　など
					4	民生機器	AV機器、家電機器、個人用情報機器(携帯電話、スマートフォン、タブレット端末ほか)、教育・娯楽機器、コンピュータ周辺/OA機器、業務用端末機器、民生用通信端末機器など
					5	産業機器	通信設備機器、運輸機器/建設機器、工業制御/FA機器/産業機器、設備機器、医療機器、分析機器・計測機器　など
	9	企業と法務	22	企業活動	1	経営・組織論	経営管理、PDCA、経営組織(事業部制、カンパニー制、CIO、CEOほか)、コーポレートガバナンス、CSR、IR、コーポレートアイデンティティ、グリーンIT、ヒューマンリソース(OJT、目標管理、ケーススタディ、裁量労働制ほか)、行動科学(リーダーシップ、コミュニケーション、テクニカルライティング、プレゼンテーション、ネゴシエーション、モチベーションほか)、TQM、リスクマネジメント、BCP、株式公開(IPO)　など
					2	OR・IE	線形計画法(LP)、在庫問題、PERT/CPM、ゲーム理論、分析手法(作業分析、PTS法、ワークサンプリング法ほか)、検査手法(OC曲線、サンプリング、シミュレーションほか)、品質管理手法(QC七つ道具、新QC七つ道具ほか)など
					3	会計・財務	財務会計、管理会計、会計基準、財務諸表、連結会計、減価償却、損益分岐点、財務指標、原価、リースとレンタル、資金計画と資金管理、資産管理、経済性計算、IFRS　など
			23	法務	1	知的財産権	著作権法、産業財産権法、不正競争防止法(営業秘密ほか)　など
					2	セキュリティ関連法規	サイバーセキュリティ基本法、不正アクセス禁止法、刑法(ウイルス作成罪ほか)、個人情報保護法、特定個人情報の適正な取扱いに関するガイドライン、プロバイダ責任制限法、特定電子メール法、コンピュータ不正アクセス対策基準、コンピュータウイルス対策基準　など
					3	労働関連・取引関連法規	労働基準法、労働関連法規、外部委託契約、ソフトウェア契約、ライセンス契約、OSSライセンス(GPL、BSDライセンスほか)、パブリックドメイン、クリエイティブコモンズ、守秘契約(NDA)、下請法、労働者派遣法、民法、商法、公益通報者保護法、特定商取引法　など
					4	その他の法律・ガイドライン・技術者倫理	コンプライアンス、情報公開、電気通信事業法、ネットワーク関連法規、会社法、金融商品取引法、リサイクル法、各種税法、輸出関連法規、システム管理基準、ソフトウェア管理ガイドライン、情報倫理、技術者倫理、プロフェッショナリズム　など
					5	標準化関連	JIS、ISO、IEEEなどの関連機構の役割、標準化団体、国際認証の枠組み(認定/認証/試験機関)、各種コード(文字コードほか)、JIS Q 15001、ISO 9000、ISO 14000など

2 科目B試験

科目B試験（従来の午後試験）では、受験者の能力が当該試験区分における期待する技術水準に達しているかどうか、技能を問われます。

●2023年4月から実施する試験に適用

	分野	技能項目例
1	プログラミング全般に関すること	実装するプログラムの要求仕様（入出力、処理、データ構造、アルゴリズムほか）の把握、使用するプログラム言語の仕様に基づくプログラムの実装、既存のプログラムの解読及び変更、処理の流れや変数の変化の想定、プログラムのテスト、処理の誤りの特定（デバッグ）及び修正方法の検討　など ※プログラム言語について、基本情報技術者試験では擬似言語を扱う。
2	プログラムの処理の基本要素に関すること	型、変数、配列、代入、算術演算、比較演算、論理演算、選択処理、繰返し処理、手続・関数の呼出し　など
3	データ構造及びアルゴリズムに関すること	再帰、スタック、キュー、木構造、グラフ、連結リスト、整列、文字列処理　など
4	プログラミングの諸分野への適用に関すること	数理・データサイエンス・AIなどの分野を題材としたプログラム　など
5	情報セキュリティの確保に関すること	情報セキュリティ要求事項の提示（物理的及び環境的セキュリティ、技術的及び運用のセキュリティ）、マルウェアからの保護、バックアップ、ログ取得及び監視、情報の転送における情報セキュリティの維持、脆弱性管理、利用者アクセスの管理、運用状況の点検　など

※2022年までに実施した試験については、試験主催元のホームページを参照してください。

3 シラバス（知識・技能の細目）

基本情報技術者試験の出題範囲を詳細化し、求められる知識・技能の幅と深さを体系的に整理・明確化した**「シラバス」**（知識・技能の細目）が試験主催元から公開されています。
シラバスには、学習の目標とその具体的な内容（用語例など）が記載されていますので、試験の合格を目指す際の学習指針として、また、企業や学校の教育プロセスにおける指導指針として、活用することができます。

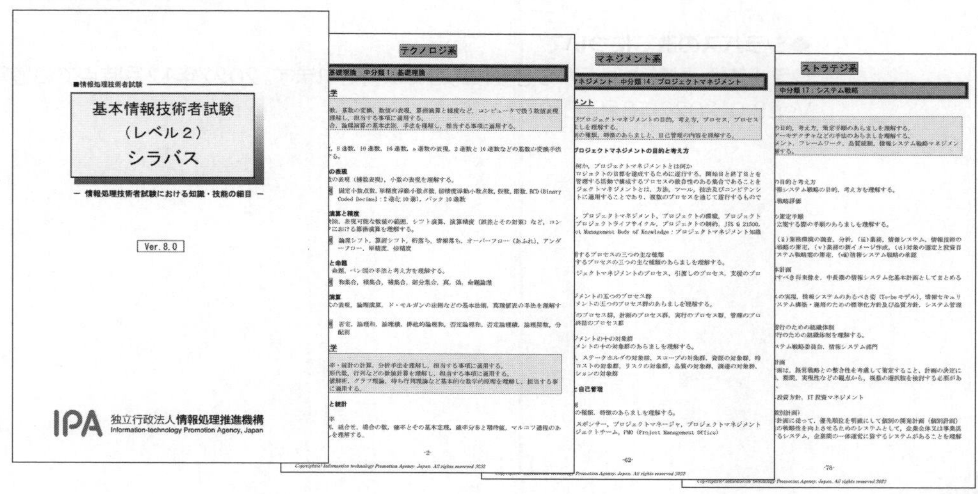

◆シラバスの構成

シラバスは、基本情報技術者試験の科目A試験と科目B試験の出題範囲を、小分類ごとに学習の目標とその具体的な内容を示したものです。

※本書は、シラバスに沿った目次構成にしています。また、主な用語例を解説しています。これによって、体系的な学習ができるようになり、必要な知識を学習することができます。

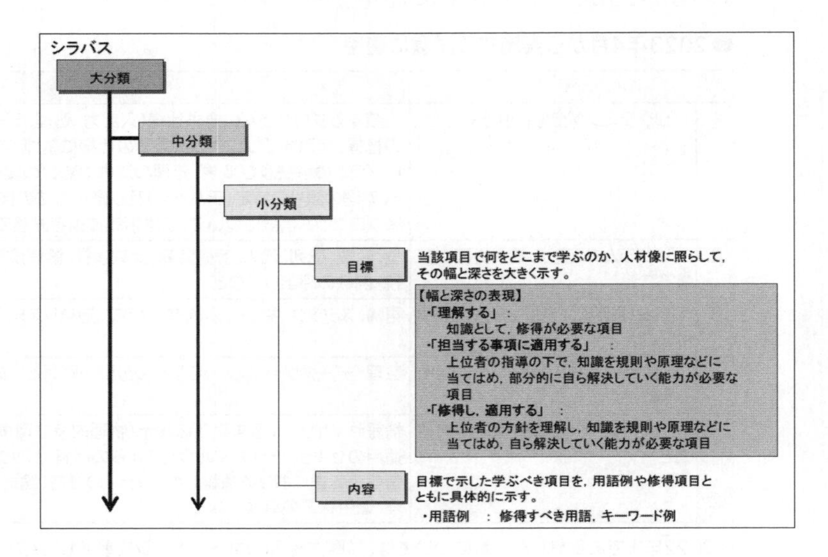

◆シラバスの公開Webページ

シラバスは、試験主催元のWebページから入手することができます。

https://www.jitec.ipa.go.jp/1_04hanni_sukiru/_index_hanni_skill.html

→《シラバス（試験における知識・技能の細目）》→<情報セキュリティマネジメント試験、基本情報技術者試験>の一覧から選択

※2022年12月時点での最新のシラバスを入手する場合は、《「基本情報技術者試験（レベル2）」シラバス（Ver.8.0）※2022年8月4日掲載》を選択します。

◆シラバスの改訂について

シラバスは、試験主催元から必要に応じて改訂されます。2022年12月時点での最新のシラバスは、Ver.8.0（2022年8月4日改訂）です。

テクノロジ系

Fundamental Information Technology Engineer Examination

第1章

基礎理論

コンピュータでの処理に関する基礎的な理論やデータの構造、アルゴリズムやプログラミングなどについて解説します。

1-1 基礎理論

1-1-1　離散数学

コンピュータが扱う情報は、デジタル量などを扱う**「離散数学」**と密接な関係にあります。離散数学は、コンピュータの論理回路やデータ構造、言語理論などの幅広い分野の基礎となるものです。

❶ 2進数・10進数・8進数・16進数

コンピュータ内部では、電流の有無や電圧の高低などによってデータを識別して処理しています。識別されたデータは、**「0」**と**「1」**で組み合わされた数値で表現され、この2種類の数字で情報を表す方法を**「2進数」**といいます。2進数は人間にとって判別しにくいという特徴があるため、通常使っている0～9の数字を使った**「10進数」**に置き換えて表現されます。0、1までは同様ですが、2進数での2以降の数値は桁が上がって表現されます。
また、コンピュータで扱う数値の表現方法には、0～7の数字を使った**「8進数」**や、0～9の数字とA～Fのアルファベットを使った**「16進数」**などがあります。

2進数	10進数	8進数	16進数
0	0	0	0
1	1	1	1
10	2	2	2
11	3	3	3
100	4	4	4
101	5	5	5
110	6	6	6
111	7	7	7
1000	8	10	8
1001	9	11	9
1010	10	12	A
1011	11	13	B
1100	12	14	C
1101	13	15	D
1110	14	16	E
1111	15	17	F
10000	16	20	10

❷ 基数

10進数では、下の桁から上の桁へ10倍ずつ桁が上がりますが、2進数では数値が2倍ずつ上がるときに桁が上がります。この桁が上がる数(10進数では10、2進数では2)を**「基数」**といい、桁上がりした箇所の数値は、すべて基数のべき乗で表現できます。2^0、2^1などべき乗で示した数値を各桁の**「重み」**といい、小数点以下の数値も基数の重みを使って表現できます。

●2進数の場合

1	0	1.	1
2^2	2^1	2^0	2^{-1}

……各桁の重みは2のx乗
「2^2」が1、**「2^0」**が1、
「2^{-1}」が1であるという意味

●10進数の場合

1	2	0.	3
10^2	10^1	10^0	10^{-1}

……各桁の重みは10のx乗
「10^2」が1、**「10^1」**が2、
「10^{-1}」が3であるという意味

❸ 基数変換

「基数変換」とは、ある進数から別の進数に置き換えることです。

(1) 2進数から10進数への変換

10進数の各位の数字が、10^0、10^1、10^2…の何倍なのかを表しているのと同じように、2進数の各位の数字は、2^0、2^1、2^2…の何倍なのかを表しています。この性質を利用して、2進数から10進数へ変換します。

また、小数点以下の数値を変換するとき、10^{-1}は$\frac{1}{10^1}$、10^{-2}は$\frac{1}{10^2}$、10^{-3}は$\frac{1}{10^3}$のことです。したがって、$10^{-1}=0.1$、$10^{-2}=0.01$、$10^{-3}=0.001$と言い換えることができます。

2^{-1}は$\frac{1}{2^1}$、2^{-2}は$\frac{1}{2^2}$、2^{-3}は$\frac{1}{2^3}$のことです。したがって、$2^{-1}=0.5$、$2^{-2}=0.25$、$2^{-3}=0.125$と10進数に置き換えることができます。

> **例**
> $(1010.01)_2$を10進数に変換する。

$(1010.01)_2$
$=(2^3\times1)+(2^2\times0)+(2^1\times1)+(2^0\times0)+(2^{-1}\times0)+(2^{-2}\times1)$
$=(2^3\times1)+(2^1\times1)+(2^{-2}\times1)$
$=8+2+\frac{1}{4}$
$=8+2+0.25$
したがって、$(10.25)_{10}$になる。

参考

n進数

n種類の文字を使ってデータを表現する形式のこと。2進数、10進数、8進数、16進数などがある。nがどのような値でも、$n^0=1$と定義されている。

参考

2進数の書き方・読み方

「1010」と書くと10進数の数値と区別がつかないため、2進数を表すときは、「$(1010)_2$」のように、数値をカッコで囲み横に2を付ける。また、$(1010)_2$は「イチ、ゼロ、イチ、ゼロ」と1桁ずつ読む。

参考

2進数の加算・減算

2進数を加算・減算するときは、10進数と同じように桁をそろえて、下の桁から計算する。

●加算

加算するときは、桁を上げて、「$(1)_2+(1)_2=(10)_2$」と計算する。
なお、同じ桁で加算した結果が2になった場合、桁上げとなる。

例
$(1100)_2+(1101)_2$

```
  1100
 +1101
 -----
 11001
```

●減算

減算するときは、桁を下げて、「$(10)_2-(1)_2=(1)_2$」と計算する。
なお、桁下げした場合、下の桁には2が送られてくる。

例
$(1001)_2-(011)_2$

```
  1001
 - 011
 -----
   110
```

(2) 10進数から2進数への変換

12.75は8+4+0.5+0.25であることから、$2^3+2^2+2^{-1}+2^{-2}$、よって1100.11になりますが、数値が大きくなると簡単には計算できません。そこで、整数部と小数部に分けて考えます。
整数部では、10進数を2で割って商と余りを求め、商が1になるまで繰り返します。求めた余りを反対の順番で記述すると、2進数に変換できます。
小数部では、10進数に2を掛けて、小数部が0になるまで繰り返します。求めた結果の整数部を順番で記述すると、2進数に変換できます。

> **例**
> $(10.125)_{10}$を2進数に変換する。

整数部：$(10)_{10}$を2進数に変換する。

2) 10 …0　←── 余りを書く。
2) 5 …1
2) 2 …0
　　1　←── 商が「1」になるまで、2で割る。

$(10)_{10}$ → $(1010)_2$

矢印の順に、最後の商と余りを並べて書くと2進数に変換できる。

小数部：$(0.125)_{10}$を2進数に変換する。

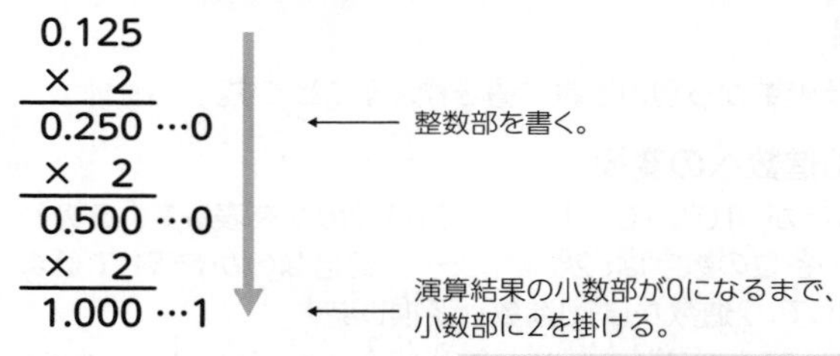

$(0.125)_{10}$ → $(0.001)_2$

矢印の順に、整数部を並べて書くと2進数に変換できる。

したがって、$(10.125)_{10}$は$(1010.001)_2$になる。

(3) 2進数から8進数や16進数への変換

2進数から8進数や16進数への変換は、次の性質を利用します。

- **2進数3桁分を8進数では1桁で表現する。**
- **2進数4桁分を16進数では1桁で表現する。**

> **例**
> $(11010.1011)_2$を8進数、16進数に変換する。

2進数から8進数への変換
小数点を基準に3桁ずつ区切る

011 010. 101 100
↓ ↓ ↓ ↓
3 2. 5 4

区切った数字ごとに、10進数へ変換する

2進数から16進数への変換
小数点を基準に4桁ずつ区切る

0001 1010. 1011
↓ ↓ ↓
1 10. 11

したがって、$(32.54)_8$になる。

したがって、$(1A.B)_{16}$になる。

参考

無限小数
10進数の小数部を2進数に変換するとき、2を掛けた演算結果の小数部が0にならない場合がある。これを「無限小数」という。
例えば、$(0.1)_{10}$は2進数に変換できない（実際には0.0001100110011…と限りがない数値になる）ので無限小数である。

参考

先頭に0を格納
2進数から8進数や16進数への変換で小数点を基準に3桁ずつ、または4桁ずつ区切るとき、3桁または4桁にならない部分は先頭に0を格納する。

(4) 8進数や16進数から2進数への変換

8進数や16進数から2進数への変換は、次の性質を利用します。

- ・8進数1桁分を2進数では3桁で表現する。
- ・16進数1桁分を2進数では4桁で表現する。

例

(43.2)8と(F5.BC)16をそれぞれ2進数に変換する。

8進数から2進数への変換

4 3. 2
100 011. 010

1桁ずつ2進数に変換する

16進数から2進数への変換

F 5. B C
1111 0101. 1011 1100

したがって、
$(100011.01)_2$になる。

したがって、
$(11110101.101111)_2$になる。

4 文字の表現

コンピュータでは、通常使用する文字を2進数の情報で識別します。コンピュータは内部に**「文字コード表」**と呼ばれる表があり、コンピュータで使用する文字を2進数の表現で対応付けています。米国ではすべての文字を1バイトで構成するのに対し、日本では米国で使用されているアルファベットや数値のほかに、ひらがな・カタカナ・漢字・記号など数多くの文字種を常用するため、文字を2バイトでコード化しています。

代表的な文字コードには、次のようなものがあります。

名 称	説 明
ASCII (アスキー)	ANSI(米国規格協会:アンシー)が規格した文字コード。7ビットコード体系で英数字・記号などを表し、パリティビットを1ビット追加して1バイトで表す。
JIS (ジス)	JIS(日本産業規格)が規格した文字コード。英数字・記号などを表す1バイトコード体系と、ひらがなや漢字などを表す2バイトコード体系がある。
シフトJIS	マイクロソフト社などが規格した文字コード。「拡張JISコード」ともいい、JISの2バイトコードとASCIIの1バイトコードを混在させた2バイトコード体系。WindowsやmacOSなど多くのコンピュータで利用されている。
EUC	AT&T社が規格した文字コード。「拡張UNIXコード」ともいい、UNIXでひらがなや漢字などを扱えるようにした2バイトコード体系。 「Extended Unix Code」の略。
EBCDIC (エビシディック)	IBM社が規格した8ビットの文字コード。主に、汎用大型コンピュータで採用されている。
Unicode (ユニコード)	ISO(国際標準化機構)とIEC(国際電気標準会議)が規格した文字コード。全世界の文字に対応付けたコード体系。2バイトコード体系(UCS-2)や4バイトコード体系(UCS-4)などがある。UCSは、「Universal multiple-octet coded Character Set」の略。なお、コンピュータで扱いやすいようにUCS-2をバイト列に変換した可変長(1~6バイト)の「UTF-8」などもある。UTFは、「UCS Transformation Format」の略。

5 数値の表現

コンピュータで処理を行うとき、限られたビット数で数値を表現することがあります。このような場合には、次のような数値の表現方法を使います。

参考

ビットとバイト

「ビット」とは、コンピュータが取り扱うデータの最小単位のこと。2進数1桁の情報量に相当し、1ビットで0か1かの2種類が表現できる。2ビットでは00・01・10・11の4種類が表現できる。
また、8ビットのデータを1バイトといい、256種類の表現ができる。コンピュータ内部では通常バイト単位で情報を取り扱う。

参考

パリティビット

文字コードなどの誤りを検査するためのビットのこと。

参考

JIS

→「9-2-5 2 (2) 日本産業規格」

参考

ISO

→「9-2-5 2 (1) 国際規格」

参考

IEC

→「9-2-5 2 (3) その他」

(1) 10進数の表現方法

10進数の表現方法とは、人間にとってわかりやすい10進数の考え方を取り入れて表現する方法のことです。10進数の表現方法には、次のようなものがあります。

●BCD

「BCD」とは、2進数を4桁使うことで10進数の1桁を表現する方法のことです。**「2進化10進」**ともいいます。

BCDでは、正負の符号を表現できないほか、本来16(=2^4)種類の表現が可能な4ビットで0～9までしか表現できません。そのため、情報量という点では最適な表現方法ではありませんが、10進数を1桁ずつ表すため、わかりやすいという特徴があります。

参考

BCD
「Binary Coded Decimal」の略。

例
$(235)_{10}$をBCDで表現する。

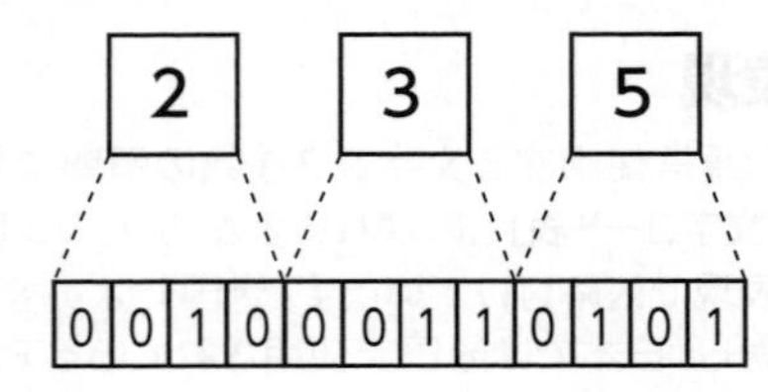

したがって、001000110101になる。

●ゾーン10進数

「ゾーン10進数」とは、1バイト(8ビット)で10進数の1桁を表現する方法のことです。1バイトのうち、上位4ビットを**「ゾーンビット」**といい、**「0011」**や**「1111」**など、コンピュータ固有に定められた値を持ちます。下位4ビットは、BCDと同じ方式で0～9の数値を表現します。また、最下位桁のゾーンビットは**「符号ビット」**といい、正負の符号を表現する役割を持っており、正の数は**「1100」**、負の数は**「1101」**と表現します。

例
$(-235)_{10}$をゾーン10進数で表現する。

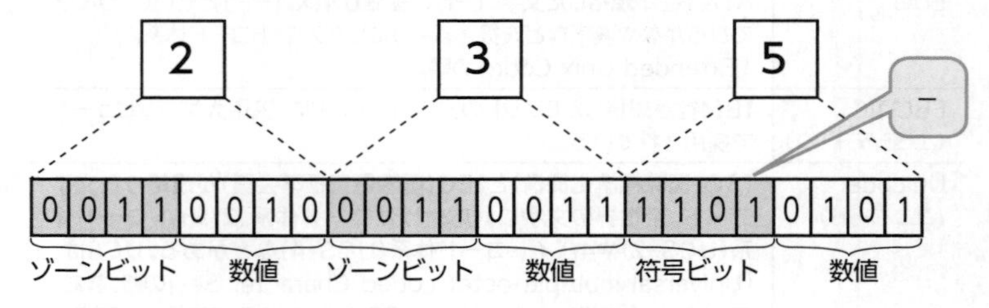

したがって、001100100011001111010101になる。

●パック10進数

「パック10進数」とは、4ビットで10進数の1桁を表現する方法のことです。ただし、最下位桁の4ビットは正負の符号を表し、正の数は**「1100」**、負の数は**「1101」**と表現します。また、数値が偶数桁の場合だけ、先頭の4ビットに**「0000」**を追加し、全体をバイト単位にします。

ゾーン10進数よりもビット数を節約できるという特徴があります。

> **例**
> (-1235)₁₀をパック10進数で表現する。

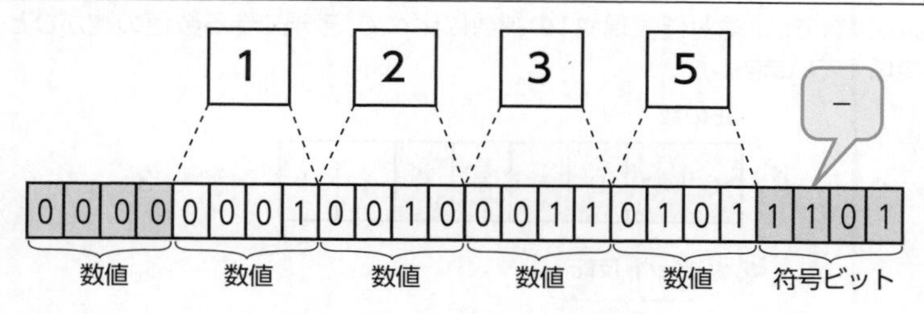

したがって、000000010010001101011101になる。

（2）正負の表現方法

2進数で負の数値を表現する場合、最上位のビットを符号ビットとして扱ったり、すべてのビットを反転させる**「補数」**という考え方を使ったりします。正負の表現方法には、**「絶対値表現」**と**「補数表現」**があります。

●絶対値表現

「絶対値表現」とは、最上位のビットを符号ビットとし、正の場合は0、負の場合は1と表現する方法のことです。

例えば、8ビットで数値を表現する場合、最上位1ビットで符号を、残り7ビットで数値部分を表します。この場合、-127から127までを表現できます。

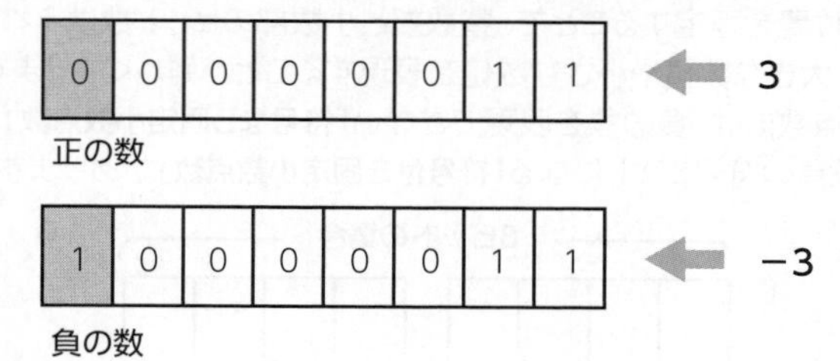

●補数表現

「補数表現」とは、コンピュータなどで最もよく利用される数値の表現方法で、**「1の補数」**と**「2の補数」**と呼ばれるの2種類の表現方法があります。

「1の補数」とは、ある正の数を表すビット列をすべて反転させた表現形式のことで、これを負の数として定義します。8ビットで数値を表現する場合は、1の補数では0を表すために00000000と11111111の2種類があるため、−127から127までを表現できます。

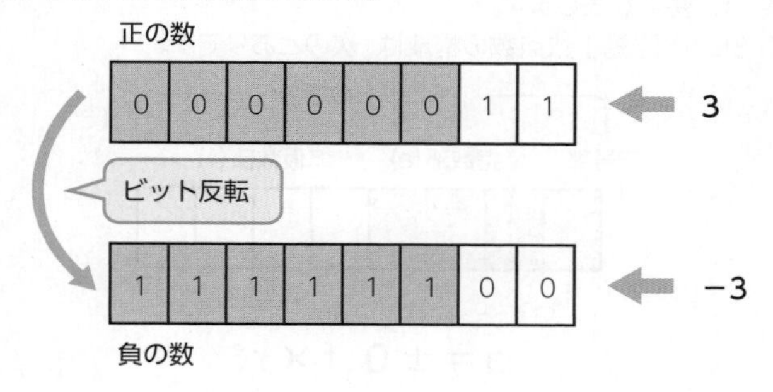

参考

補数

ある数値の桁をひとつ繰り上げるために加算する数値のこと。

例えば、6+4=10であることから、6の補数は4である。

参考

2進数の減算

2の補数を使うことで、2進数の減算を加算として計算できる。ここでは、4ビットの計算処理として例を示す。

例えば、$(1100)_2-(0101)_2$は$(1100)_2+(-0101)_2$として計算できる。このとき、$(-0101)_2$は$(0101)_2$の負の数という意味なので、2の補数で表現すると$(1011)_2$になる。

よって、$(1100)_2+(1011)_2$を計算する。計算結果は$(10111)_2$になるが、4ビットで管理するため、あふれた左端の1は省略して$(0111)_2$になる。

この計算を10進数で表すと12−5=7を計算していることになる。

参考

表現可能な数値の範囲

2の補数の場合、nビットで表現可能な数値の範囲は、「-2^{n-1}〜$2^{n-1}-1$」である。

「2の補数」とは、ある正の数を表すビット列をすべて反転させ、1を加算した表現形式のことで、これを負の数として定義します。8ビットで数値を表現する場合は、2の補数では0を表すために00000000のひとつしか存在しないため、−128から127までを表現できます。

2の補数では、絶対値表現や1の補数に比べて、表現できる数値の数がひとつ増えています。

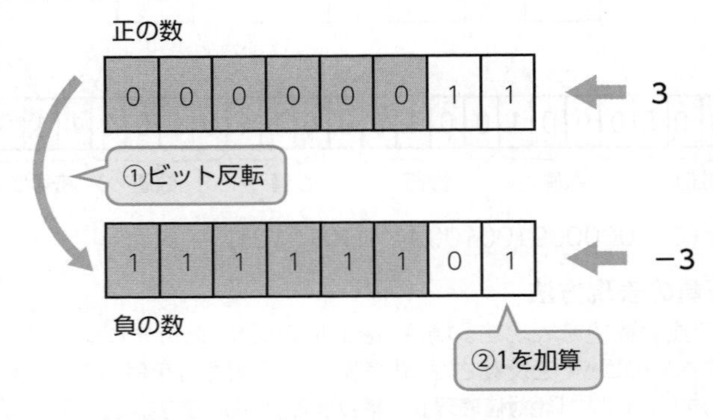

(3) 小数の表現方法

小数を表現する方法には、**「固定小数点数」**と**「浮動小数点数」**があります。

●固定小数点数

「固定小数点数」とは、小数点の位置を特定の位置に固定して数値を表現する方法のことです。

小数部の位置を固定することで、整数部と小数部のビット数はそれぞれ限られるため、大きな数値や小さな数値を表現することが難しくなります。

固定小数点数には、負の数を表現できない**「符号なし固定小数点数」**と最上位ビットが正負の符号ビットになる**「符号付き固定小数点数」**があります。

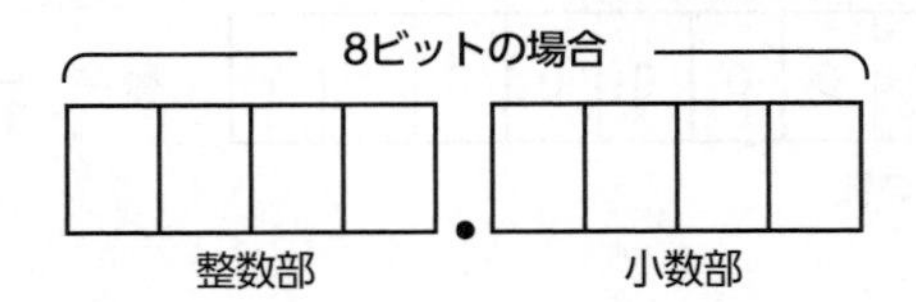

●浮動小数点数

「浮動小数点数」とは、小数点の位置を移動してより詳細な数値を表現する方法のことです。一般的にコンピュータなどは、整数部と小数部を分けて数値を管理しており、小数部のデータ表現において浮動小数点数を用いています。

浮動小数点数では、実数aを**「$a=0.f\times r^e$」**という形で表現します。fは仮数、eは指数、rは基数を表します。

例えば、8ビット浮動小数点数の構成は、次のとおりです。

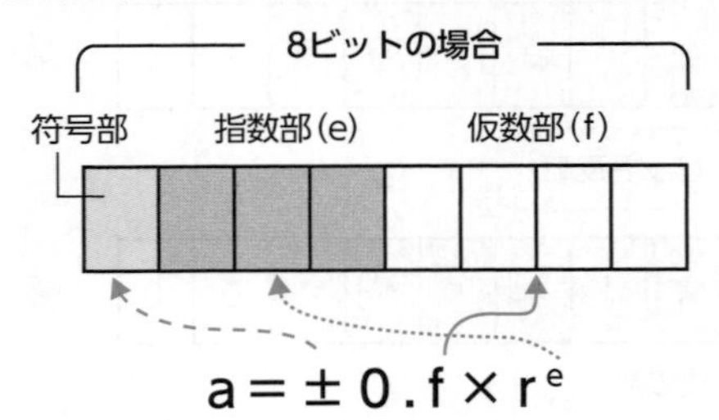

名 称	説 明
符号部	数値が正か負かを表す。正の場合0、負の場合1。
指数部	基数のべき乗を2進数で表す。負のべき乗はエクセスや2の補数を使う。
仮数部	小数点以下の数値を表す。正規化しておく。

一般的に浮動小数点数は、小数点の直後に0以外の数値が並ぶように調整して表現します。このような表現にすることを**「浮動小数点数の正規化」**といいます。

例えば、「**0.0023578…**」を小数点5位までの浮動小数点数で表現する場合、正規化は次のように行われます。

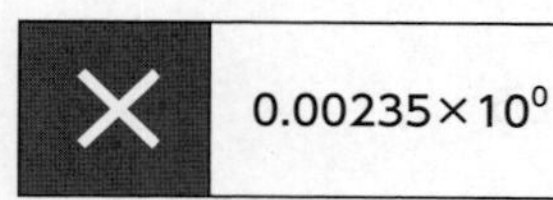

0.00235×10^{0}

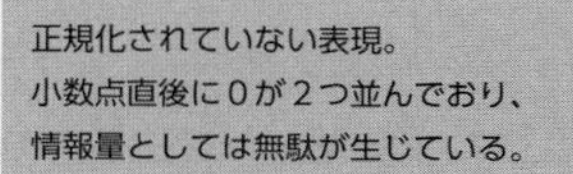

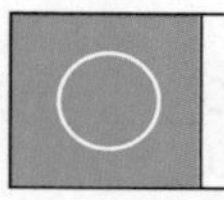

0.23578×10^{-2}

正規化された表現。無駄な情報を持たない。また、0.23578×10^{-2}と表現でき、左の例よりも高精度な情報を表すことができる。

6 誤差

コンピュータ内部では、数値表現に使えるビット数が決まっているため、演算結果に**「誤差」**が発生します。誤差とは、実際の数値とコンピュータ内部で表現する数値の差のことです。

(1) 丸め誤差

10進数の「**0.1**」を2進数で表現すると「**0.00011001100110011…**」と無限小数になります。この数値を浮動小数点数で表現する場合、仮数部の桁数は決められています。そのため、最下位桁より小さい部分を四捨五入や切捨て、切上げを行うときに発生する誤差を**「丸め誤差」**といいます。

(2) 桁落ち

「桁落ち」とは、ほぼ等しい数値同士の差を演算したとき、有効桁数が減少することで発生する誤差のことです。

例えば、有効桁数を仮数部4桁とした場合、0.2352−0.2351という減算を行うと、答えは0.0001になり、正規化すると0.1000×10^{-3}になり、仮数部4桁で表現されていた情報が1桁の情報に変わります。このとき、仮数部の下3桁の0は数値としては信用できない値なので、数値の表現力としては精度が下がっており、数値への信頼度も下がります。

参考

指数部のビット

浮動小数点数の指数部のビットは、「エクセス」と呼ばれる手法、または2の補数を使って表現する。

エクセスでは、指数部の負の数値を正の数値に置き換えるために、一定の数値を加算してからビット表現する。例えば、指数部が8ビットの場合、127を加算することによって、-127から128までの指数部の値をビット表現する。

指数	エクセス	2の補数
128	11111111	−
127	11111110	01111111
126	11111101	01111110
⋮	⋮	⋮
1	10000000	00000001
0	01111111	00000000
-1	01111110	11111111
⋮	⋮	⋮
-126	00000001	10000010
-127	00000000	10000001
-128	−	10000000

参考

単精度浮動小数点数と倍精度浮動小数点数

浮動小数点には、表現できる指数部と仮数部のビット数の違いにより、符号部1ビット、指数部8ビット、仮数部23ビットで表現される「単精度浮動小数点数」と、符号部1ビット、指数部11ビット、仮数部52ビットで表現される「倍精度浮動小数点数」などがある。

(3) 情報落ち

「情報落ち」とは、絶対値の非常に大きい数値と非常に小さい数値を演算したとき、小さい数値が無視されてしまうことで発生する誤差のことです。
例えば、$(235\times10^{1})+(235\times10^{-6})$を演算する場合、2つの指数をそろえて計算する必要があります。しかし有効桁数を3桁とした場合、235×10^{-6}の情報は無視されます。

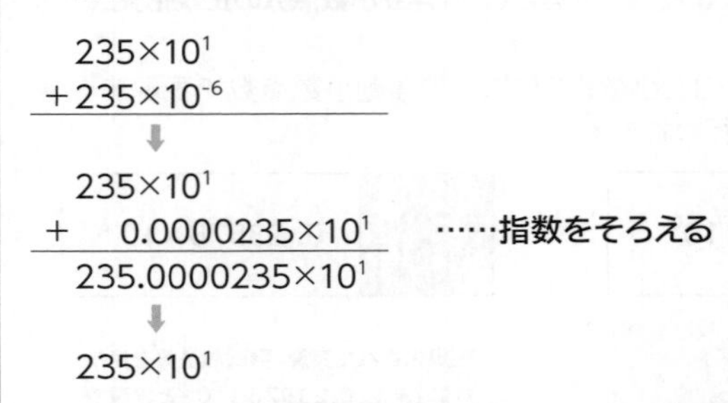

0.0000235は非常に小さい数値なので無視され、情報落ちが発生します。
※通常、複数回計算が行われる場合は、数値の小さいものから順に演算することで情報落ちを防ぎます。

(4) オーバーフロー・アンダーフロー

「オーバーフロー」とは、演算結果が数値で表現できる最大値を超えてしまうことで発生する誤差のことです。**「あふれ」**ともいいます。
「アンダーフロー」とは、演算結果が数値で表現できる最小値を超えてしまうことで発生する誤差のことです。

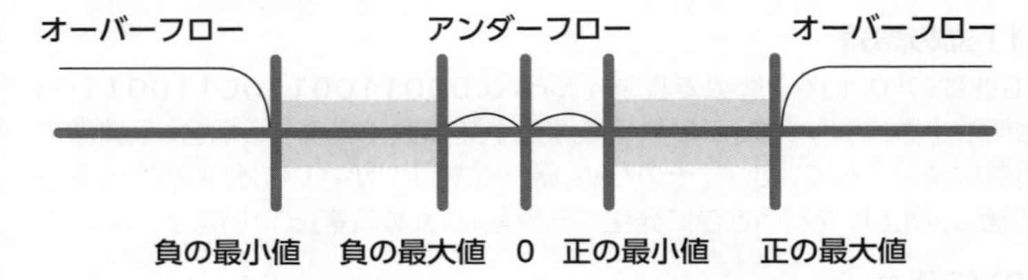

7 シフト演算

「シフト演算」とは、ビットの位置を左または右にずらすことで、数値の乗算や除算を高速に処理する演算方法のことです。
ビットの位置を左にずらす（左シフト）と、元の数の2のn乗倍（2のn乗で乗算）になり、ビットの位置を右にずらす（右シフト）と、元の数の2の-n乗倍（2のn乗で除算）になります。
シフト演算には、**「算術シフト」**と**「論理シフト」**があります。

(1) 算術シフト

「算術シフト」とは、正負を考慮した数値演算を行うときに使うシフト演算のことです。
符号ビットを除くビット列をシフトし、はみ出したビットは切り捨て、空いたビット位置には、左シフトの場合は0、右シフトの場合は符号ビットと同じ値を格納します。

●左シフト

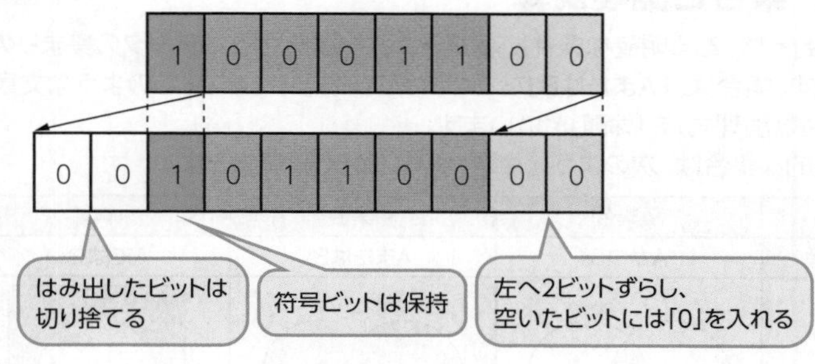

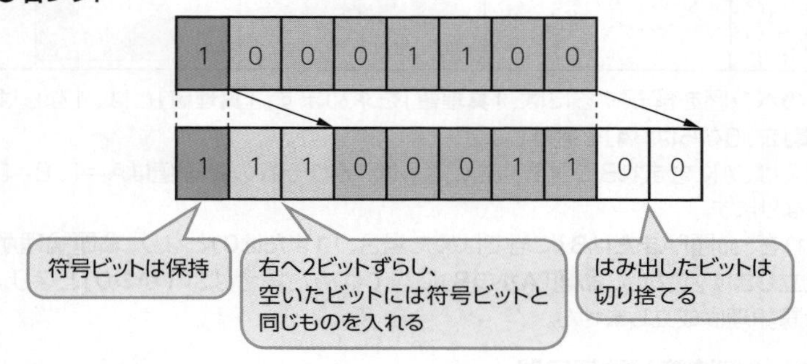

●右シフト

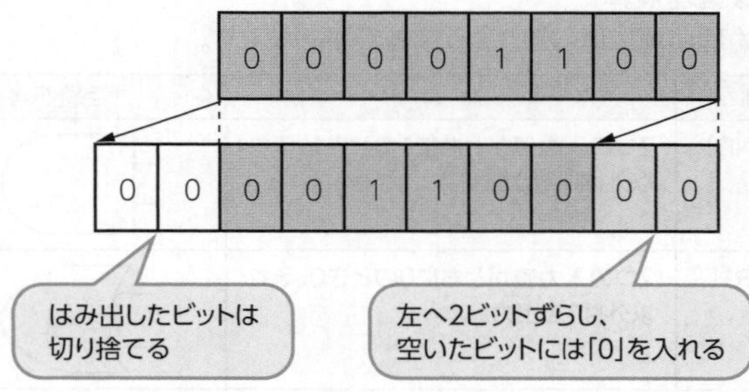

(2) 論理シフト

「論理シフト」とは、数値演算ではなく、単にビットの位置を移動するときに使うシフト演算のことです。

符号ビットを含むすべてのビット列をシフトし、はみ出したビットは切り捨て、空いたビット位置には0を格納します。

●左シフト

0 0 0 0 1 1 0 0

0 0 0 0 1 1 0 0 0 0

はみ出したビットは
切り捨てる

左へ2ビットずらし、
空いたビットには「0」を入れる

●右シフト

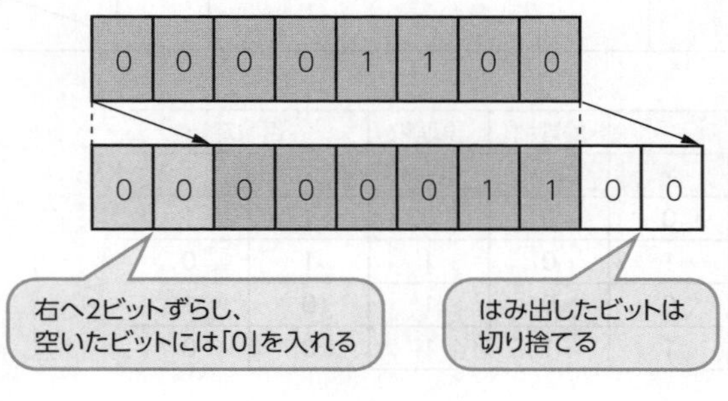

第1章 基礎理論

8 集合と論理演算

「集合」とは、ある明確な条件に基づきグループ化されたデータの集まりのことです。集合は、**「AまたはB」**などの文章で表現できます。このような文章や条件式(論理式)を**「命題」**といいます。

代表的な集合は、次のような命題や**「ベン図」**で表現できます。

	積集合	和集合	補集合
命題	AかつB	AまたはB	Aではない
ベン図	A B	A B	A

このベン図を解釈するには、**「真理値」**を求めます。**「真理値」**とは、1ならば**「真」**を、0ならば**「偽」**を意味します。

例えば、Aに含まれBに含まれないならば、それぞれの真理値はA=1、B=0となります。

これを、命題**「AまたはB」**に当てはめた場合、**「1または0」**となり、命題論理が成立します。しかし、命題**「AかつB」**に当てはめた場合は、**「1かつ0」**となり、命題論理は成立しません。

(1) 論理演算と論理回路

「論理演算」とは、複数の条件(論理)の組合せを条件式で表したときの演算方法のことです。コンピュータ内部でも論理演算は行われ、論理演算を担当する電子回路を**「論理回路」**といいます。

論理回路は、**「回路記号」**を使って図で表現できます。回路記号は**「MIL(ミル)記号」**ともいいます。

●基本的な論理演算

基本的な論理演算には、次のようなものがあります。

名 称	説 明	回路記号
論理積(AND)	2つの入力値がともに1のとき1、それ以外は0を出力。	
論理和(OR)	2つの入力値がともに0のとき0、それ以外は1を出力。	
否定(NOT)	入力値が1ならば0、0ならば1を出力。	

真理値表

		論理積	論理和	否 定	
X	Y	X・Y	X+Y	$\overline{X}$	$\overline{Y}$
0	0	0	0	1	1
0	1	0	1	1	0
1	0	0	1	0	1
1	1	1	1	0	0

参考

部分集合

ある集合に含まれる集合のこと。集合Aが集合Bに含まれる場合、集合Aは集合Bの部分集合となる。

参考

論理記号

論理演算を行うときに使われる記号のこと。

代表的な論理記号は、次のとおり。

論理記号	意 味	例
・、∧	論理積(AND)	X・Y X∧Y
+、∨	論理和(OR)	X+Y X∨Y
―、¬	否定(NOT)	$\overline{X}$ ¬X
⊕、⊻	排他的論理和 (EOR、XOR)	X⊕Y X⊻Y

参考

順序回路と組合せ回路

論理回路は、「順序回路」と「組合せ回路」に分類できる。

「順序回路」とは、入力値と論理回路の内部の状態によって出力が決まる論理回路のこと。代表的な順序回路にフリップフロップ回路がある。

「組合せ回路」とは、論理回路の内部の状態とは関係なく、入力値だけによって出力が決まる論理回路のこと。

●組合せの論理演算

基本的な論理演算を組み合わせて演算を行うことができます。
論理演算の組合せには、次のようなものがあります。

名　称	説　明	回路記号
否定論理積 （NAND：ナンド）	論理積と否定を組み合わせた論理演算。2つの入力値がともに1のとき0、それ以外は1を出力。	
否定論理和 （NOR：ノア）	論理和と否定を組み合わせた論理演算。2つの入力値がともに0のとき1、それ以外は0を出力。	
排他的論理和 （EOR：イーオア、 XOR：エックスオア）	論理積と論理和と否定を組み合わせた論理演算。2つの入力値が同じなら0、異なるなら1を出力。	

真理値表

		否定論理積	否定論理和	排他的論理和
X	Y	$\overline{X \cdot Y}$	$\overline{X + Y}$	$X \oplus Y$
0	0	1	1	0
0	1	1	0	1
1	0	1	0	1
1	1	0	0	0

（2）半加算器と全加算器

四則演算や論理演算を行う回路を**「演算回路」**といい、2進数の加算を行う演算回路を**「加算器」**といいます。
加算器には、**「半加算器」**と**「全加算器」**があります。

●半加算器

「半加算器」とは、2進数の加算で下位の桁からの桁上がりを考慮しない加算器のことです。
X、Yが入力値で、C、Sが出力値の場合、Sはその桁の演算結果の1桁目、Cは次の位への桁上がりとなります。CはX、Yがともに1のとき桁上がりが発生して1になるので論理積に、SはX、Yがともに異なるとき1になるので排他的論理和になります。
したがって、半加算器は論理積と排他的論理和の回路の組合せで構成されます。

真理値表

入力		出力	
X	Y	C	S
0	0	0	0
0	1	0	1
1	0	0	1
1	1	1	0

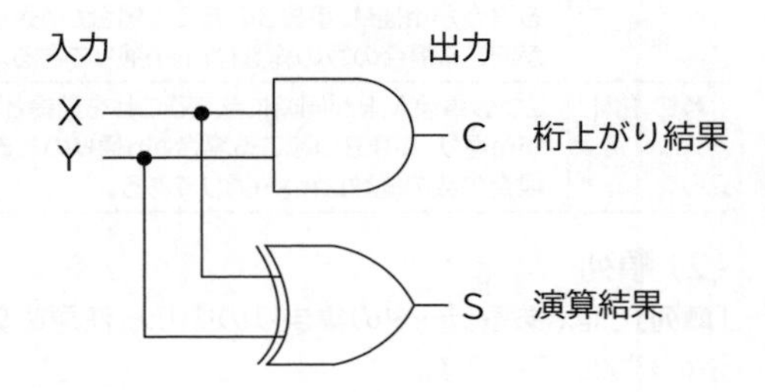

参考

フリップフロップ回路
「0」と「1」の値によって、1回路に1ビットの情報を一時的に記憶できる論理回路のこと。

参考

論理設計
論理回路を組み合わせて、実際に必要な回路の構造を論理的に設計すること。「回路設計」ともいう。
論理回路を要求性能に適合するように設計するには、要求性能を満たす十分な性能があるかどうか、外部から何らかの影響を受けないか、受けた場合どのくらいの影響があるかを定量的に考慮する必要がある。
また、性能のほかに操作性や信頼性、設計効率やコストの制約も含めて設計する。

参考

論理演算の法則
よく利用される論理演算の法則には、次のようなものがある。

●ド・モルガンの法則
$\overline{A \cdot B} = \overline{A} + \overline{B}$
積の否定は、否定の和に等しい。
$\overline{A + B} = \overline{A} \cdot \overline{B}$
和の否定は、否定の積に等しい。

●分配則
$A \cdot (B + C) = A \cdot B + A \cdot C$
それぞれの積は展開した和に等しい。
$A + (B \cdot C) = (A + B) \cdot (A + C)$
それぞれの和は展開した積に等しい。

●論理積の法則
$A \cdot \overline{A} = 0$
$A \cdot 0 = 0$
$A \cdot 1 = A$

●論理和の法則
$A + \overline{A} = 1$
$A + 0 = A$
$A + 1 = 1$

参考

論理関数
入力値をもとに論理演算の結果を出力する関数のこと。

●全加算器

「全加算器」とは、2進数の加算で下位の桁からの桁上がりを含める加算器のことです。

X、Y、Zが入力値で、Zを下位の桁からの桁上がりとします。C、Sが出力値の場合、Sはその桁の演算結果の1桁目、Cは次の位への桁上がりとなります。CはX、Y、Zの2つ以上が1のとき桁上がりが発生して1になります。SはX、Y、Zのひとつまたはすべてが1のときに1になります。

全加算器は2個の半加算器と論理和の回路の組合せで構成できます。

真理値表

入力			出力	
X	Y	Z	C	S
0	0	0	0	0
0	1	0	0	1
1	0	0	0	1
1	1	0	1	0
0	0	1	0	1
0	1	1	1	0
1	0	1	1	0
1	1	1	1	1

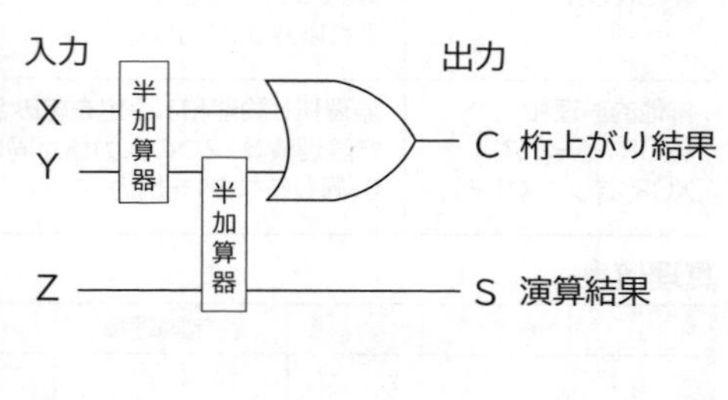

1-1-2 応用数学

収集したデータを分析することにより業務上の問題点を発見し、業務改善の手がかりとします。データを分析するには、**「応用数学」**を使います。応用数学とは、数学的な知識をほかの分野に適用することを目的とした数学のことで、**「確率」**や**「統計」**などがあります。

1 確率的手法

収集したデータがどの程度正確か判断するには、確率的な手法を使います。

(1) 場合の数

「場合の数」とは、ある事象(出来事)が起こる可能性の総数のことです。

次の2つの法則が基本となっています。

名 称	説 明
和の法則	2つの事象A、Bが同時には起こらないことを前提とした場合、事象Aの起こる場合がm通り、事象Bの起こる場合がn通りのときに、事象A、Bどちらかが起こる場合の数の総数はm+n通りである。
積の法則	2つの事象A、Bが同時に起こることを前提とした場合、事象Aの起こる場合がm通り、事象Bの起こる場合がn通りのときに、事象A、Bが同時に起こる場合の数の総数はm×n通りである。

(2) 順列

「順列」とは、あるデータの集まりの中から任意の個数を取り出して並べる方法の総数のことです。

異なるn個から任意にr個を取り出して、1列に並べた順列の数を${}_nP_r$と表した場合、次の計算式で求めることができます。

$$_nP_r = n \times (n-1) \times (n-2) \times \cdots \times (n-r+1)$$

例

1、2、3、4、5、6の数字から4個の異なる数字を取り出し、4桁の数を作る場合の順列を求める。

$_6P_4 = 6 \times (6-1) \times (6-2) \times (6-3) = 6 \times 5 \times 4 \times 3 = 360$通り

(3) 組合せ

「組合せ」とは、あるデータの集まりの中から任意の個数を取り出す方法の総数のことです。
異なるn個から任意のr個を取り出す組合せの数を$_nC_r$と表した場合、次の計算式で求めることができます。

$$_nC_r = \frac{_nP_r}{r!} = \frac{n!}{(n-r)!r!}$$

例

1、2、3、4、5、6の数字から4個の異なる数字を取り出す場合の組合せを求める。

$_6C_4 = \frac{_6P_4}{4!} = \frac{6 \times 5 \times 4 \times 3}{4 \times 3 \times 2 \times 1} = 15$通り

(4) 確率

「確率」とは、すべての事象の数に対する、ある事象の起こり得る数の割合のことです。

●事象Aが起こる確率

すべての事象の数がn通りで、事象Aがそのうちのr通り起こる確率P(A)は、次の計算式で求めることができます。

$$P(A) = \frac{r}{n}$$

例

10本のくじの中に当たりが3本あるとき、2本のくじを引いて2本とも当たりくじである確率を求める。

すべての事象の組合せ：

10本のくじから2本のくじを引く組合せは

$_{10}C_2 = \frac{10 \times 9}{2 \times 1} = 45$通り

2本とも当たりの場合の組合せ：

3本の当たりくじから2本の当たりくじを引く組合せは

$_3C_2 = \frac{3 \times 2}{2 \times 1} = 3$通り

したがって、$\frac{3}{45} = \frac{1}{15}$になる。

参考

階乗

正の整数値nに対して、1からnまでを乗算したもの。「!」は階乗を表す記号。
例えば、「3!=3×2×1」となる。

●事象Aが起こらない確率

事象Aが起こる確率をP(A)と表した場合、事象Aが起こらない確率$P(\overline{A})$は、次の計算式で求めることができます。

$$P(\overline{A}) = 1 - P(A)$$

(5) 確率の基本定理

確率には、次の2つの基本定理があります。

名 称	説 明
加法定理	・2つの事象A、Bが排反でない場合、事象Aまたは事象Bが起こる確率 P(AまたはB)=P(A)+P(B)−P(AかつB) ・2つの事象A、Bが排反である場合、事象Aまたは事象Bが起こる確率 P(AまたはB)=P(A)+P(B)
乗法定理	・2つの事象A、Bが独立である場合、事象Aかつ事象Bが同時に起こる確率 P(AかつB)=P(A)×P(B) ・事象Aが起こったという条件下で事象Bが起こる確率(条件付き確率) $P(B\|A)=\frac{P(AかつB)}{P(A)}$

参考

排反

2つの事象A、Bが決して同時に起こらないこと。

参考

独立

2つの事象A、Bに関係がなく、同時に起こったり起こらなかったりすること。

(6) マルコフ過程

「マルコフ過程」とは、ある事象が起こる確率が過去の状態に関係なく、現在の状態だけに影響を受ける場合の過程のことです。特にひとつの状態だけに影響を受ける場合を**「単純マルコフ過程」**といいます。

例えば、現在の天気が晴れの場合に翌日晴れる確率は60%、現在の天気が曇りの場合に翌日晴れる確率は50%、現在の天気が雨の場合に翌日晴れる確率は30%とするとき、これは現在の天気によって確率が変わるので、単純マルコフ過程になります。

(7) 確率分布

事象が起こる確率が変数によって決まる場合、変数と各事象が起こる確率との関係を**「確率分布」**といい、この変数を**「確率変数」**といいます。確率分布の代表的なものに、**「正規分布」**や**「ポアソン分布」**などがあります。

●正規分布

「正規分布」とは、データの分布状態をグラフで表したときに、グラフの形が**「正規曲線」**と呼ばれる曲線になるような分布のことです。正規曲線は、平均値を中心とした左右対称のつりがね型の曲線です。正規分布の特徴として、平均値±標準偏差の範囲に約68%、平均値±(標準偏差×2)の範囲に約95%、平均値±(標準偏差×3)の範囲に約99%のデータが含まれます。

正規分布に従うデータとして一般的に知られているものに、多人数の身長、同じ工程で作られる多数の製品の重さなどがあり、平均値から大きくずれているデータの数を予測する場合などに利用します。

参考

期待値

ある事象が起こる確率と確率変数を掛けた値の合計のこと。

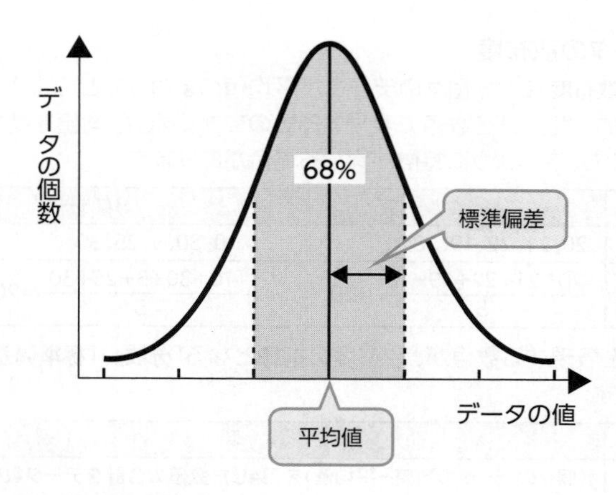

●ポアソン分布と指数分布

「ポアソン分布」とは、一定時間内にごくまれに起こる事象の確率分布のことです。事象が起こる回数を横軸に、事象が起こる確率を縦軸としてグラフにします。
また、一定時間内に起こる事象の時間間隔分布を**「指数分布」**といいます。

ポアソン分布

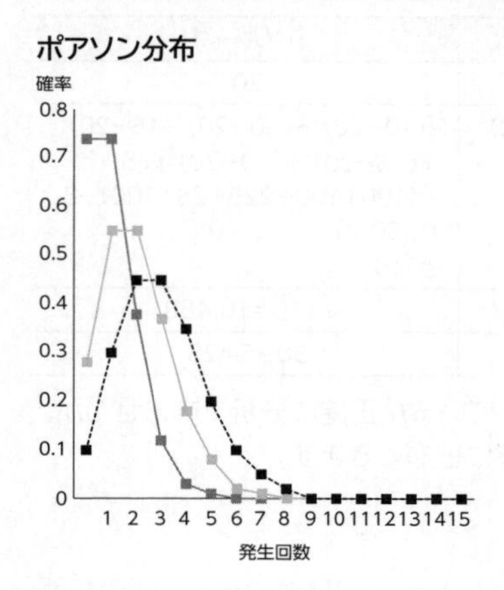

指数分布

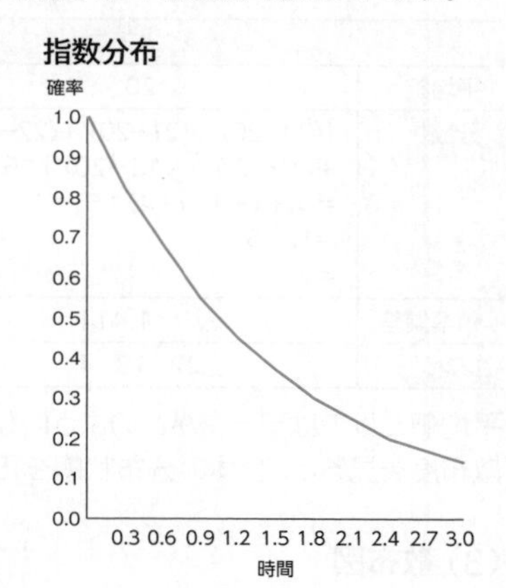

❷ 統計

「統計」とは、収集したデータの規則性を調べたり、先のことを予想したりするための手法のことです。

(1) データの代表値

「データの代表値」とは、データ全体の特性をひとつの数値で表現するものです。データの代表値として、次のような数値が使われます。

名　称	説　明
平均値	全体の合計をデータ数で割った数値。一般的に"平均値"と呼んでいるものは、"算術平均"のことである。
メジアン	データを昇順または降順に並べた場合に中央に位置する数値。データの個数が偶数の場合には、中央に位置する2つの数値の平均を採用する。「中央値」ともいう。
モード	データの出現度数の最も高い数値。「最頻度」ともいう。

参考

二項分布

成功か失敗かのように結果が2つの内のひとつの事象を行うとき、成功になる確率分布のこと。

参考

一様分布

サイコロを振って出る目のように、すべての事象の起こる確率が等しくなるような確率分布のこと。

(2) データの散布度

「データの散布度」とは、個々のデータが平均値のまわりでどのようにばらついているかの度合いを数値で表現するものです。同じ平均値を持つデータの集まりでも、次のように特徴が異なる場合があります。

	Aグループ	Bグループ
データ	20、21、22、19、18	10、30、5、25、30
平均値	$\frac{20+21+22+19+18}{5}=20$	$\frac{10+30+5+25+30}{5}=20$

この違いを表現する数値が、散布度の指標となる**「分散」**、**「標準偏差」**、**「レンジ」**などです。

指　標	説　明
分散	(個々のデータの数値－平均値)を2乗した数値の合計をデータ数で割った数値。
標準偏差	分散の平方根をとった数値。
レンジ	データの最大値と最小値との差。「範囲」ともいう。

AグループとBグループの平均値は同じですが、散布度を計算すると次のようになります。

	Aグループ	Bグループ
平均値	20	20
分散	$\{(20-20)^2+(21-20)^2+(22-20)^2$ $+(19-20)^2+(18-20)^2\}\div5$ $=(0+1+4+1+4)\div5$ $=10\div5$ $=2$	$\{(10-20)^2+(30-20)^2+(5-20)^2$ $+(25-20)^2+(30-20)^2\}\div5$ $=(100+100+225+25+100)\div5$ $=550\div5$ $=110$
標準偏差	$\sqrt{2}≒1.414$	$\sqrt{110}≒10.488$
レンジ	22−18=4	30−5=25

平均値だけではデータがどのようになっているか正確に分析できませんが、散布度を見ると、全体の分布状態を正確に把握できます。

(3) 散布図

「散布図」とは、2つの属性値を縦軸と横軸にとって、2種類のデータ間の相関関係を表したものです。例えば、正の相関のグラフからは、雨がよく降る年は傘がたくさん売れるといった原因と現象の関係がわかります。負の相関のグラフからは、暑い日にはラーメンの売上が悪いということから気温が上がると売上が下がるという関係がわかります。無相関のグラフからは、日照時間とコーヒーの売上との間にはお互いに関係がないということがわかります。

正の相関
傘の売上
年間降水量

負の相関
ラーメンの売上
気　温

無相関
コーヒーの売上
日照時間

参考

相関関係

ある属性の値が増加すると、もう一方の属性の値が増加したり減少したりするような関係がある場合、2つの属性は「相関関係」があるという。
相関関係を数値で示したものを「相関係数」という。

参考

相関係数

相関関係を数値で示したもの。−1.0～1.0の値を取り、1.0に近いときは正の相関、−1.0に近いときは負の相関、0に近いときは無相関であることを示す。

散布図を応用したものに**「回帰直線」**があります。回帰直線とは、2種類のデータ間に相関関係があるとき、その関係を直線で表したものです。
2種類のデータをx、yとした場合、回帰直線はy=ax+bの計算式で表すことができます。このときaを回帰直線の傾き、bを切片といいます。例えば、次のグラフからは、年間降水量が予測できれば、その量から傘の売上も予測できるようになります。
回帰直線は、各点からの距離が最短になるような直線として求めます。
この求め方を**「最小2乗法」**といいます。

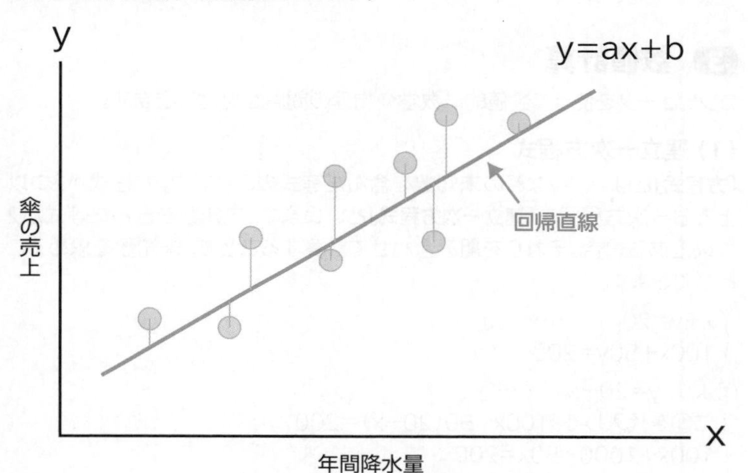

(4) ヒストグラム

「ヒストグラム」とは、集計したデータの範囲をいくつかの区間に分け、区間に入るデータの数を棒グラフで表したものです。
ヒストグラムを作成すると、データの全体像、中心の位置、ばらつきの大きさなどを確認できます。例えば、次のグラフからは、○×町で年代別にタブレット端末の保有者数を調べたところ21～30歳が最も多く、次に10～20歳、31～40歳と続き、51歳以上が最も少ないということがわかります。

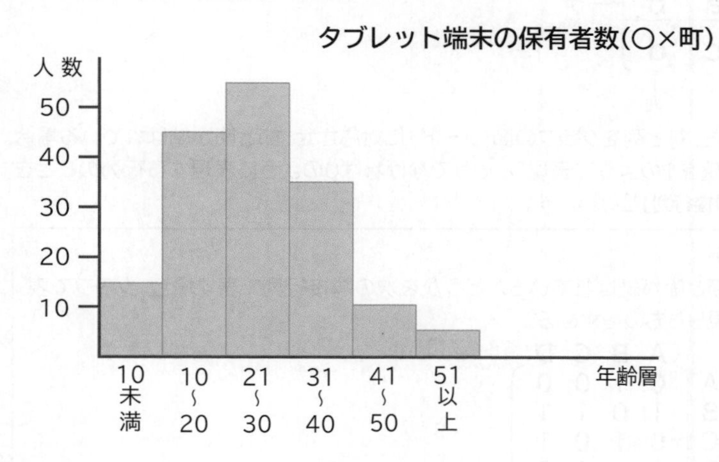

参考

回帰分析

要因と結果の2つの数値の因果関係を分析するための統計的手法のこと。このとき、要因となる数値を「説明変数」、結果となる数値を「被説明変数」という。説明変数が1つの場合を「単回帰分析」、2つ以上の場合を「重回帰分析」という。

参考

度数分布表

データの分析状態を表形式でまとめたもの。

(5) 推定

データ数が多く、すべてのデータを調査するのが困難な場合、いくつかのデータを取り出して調査を行います。このとき、すべてのデータを**「母集団」**、いくつかのデータを**「標本」**といいます。

「推定」とは、このデータ数の少ない標本から、できるだけ精度の高い平均値を求め、母集団の傾向を判断するときに使われる統計的手法のことです。標本の平均値から、母集団の平均値(母平均)を推測し、母集団の統計学的な性質を推測します。

❸ 数値計算

コンピュータを使って数値的に数学や物理の問題を処理できます。

(1) 連立一次方程式

「方程式」とは、xやyなどの未知数を含んだ等式のことです。方程式が2つ以上ある一次方程式を**「連立一次方程式」**といいます。未知数を含んだ等式が2つ以上ある場合、それらを組み合わせて計算することで、未知数を求めることができます。

$$\begin{cases} x+y=20 & \cdots\cdots\cdots\cdots ① \\ 100x+50y=200 & \cdots ② \end{cases}$$

①より、$y=20-x$ ……③

②に③を代入して、$100x+50(20-x)=200$

$100x+1000-50x=200$

$50x=-800$

したがって、$x=-16$

xを③に代入して、$y=20-(-16)=36$

(2) 行列

「行列」とは、数値や文字列を次のように長方形に並べたものです。横方向に並んでいる数値や文字列の並びを**「行」**、縦方向を**「列」**と呼び、並べる数はいくつでもかまいません。

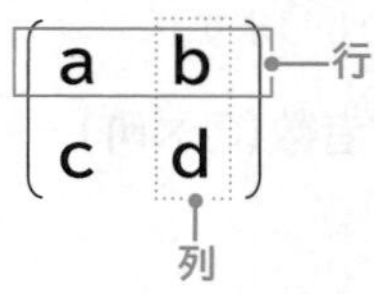

また、行と列をグラフの節(ノード)に対応させ、節と節が結ばれている場合に値を1のように表現し、そうでなければ0のように表現する行列のことを**「隣接行列」**といいます。

> **例**
>
> 節と節が結ばれているかどうかを次の隣接行列で表す場合、グラフで表現したものを求める。
>
> $$\begin{array}{c} \\ A \\ B \\ C \\ D \end{array} \begin{array}{c} \begin{array}{cccc} A & B & C & D \end{array} \\ \begin{pmatrix} 0 & 1 & 0 & 0 \\ 1 & 0 & 1 & 1 \\ 0 & 1 & 0 & 1 \\ 0 & 1 & 1 & 0 \end{pmatrix} \end{array}$$

参考

行列の性質

行列には、次のような性質がある。

$$\begin{pmatrix} a & b \\ c & d \end{pmatrix} + \begin{pmatrix} e & f \\ g & h \end{pmatrix} = \begin{pmatrix} a+e & b+f \\ c+g & d+h \end{pmatrix}$$

$$k\begin{pmatrix} a & b \\ c & d \end{pmatrix} = \begin{pmatrix} ka & kb \\ kc & kd \end{pmatrix}$$

$$\begin{pmatrix} a & b \\ c & d \end{pmatrix}\begin{pmatrix} e & f \\ g & h \end{pmatrix} = \begin{pmatrix} ae+bg & af+bh \\ ce+dg & cf+dh \end{pmatrix}$$

※積は、2つの行列A, Bに対し、「Aの列数=Bの行数」のときに定義される。

値が1のものに注目し、次の節と節が結ばれていることがわかる。

・節「A」と節「B」が結ばれている
（行「A」と列「B」の値が1より、　行「B」と列「A」の値が1より）
・節「B」と節「C」が結ばれている
（行「B」と列「C」の値が1より、　行「C」と列「B」の値が1より）
・節「B」と節「D」が結ばれている
（行「B」と列「D」の値が1より、　行「D」と列「B」の値が1より）
・節「C」と節「D」が結ばれている
（行「C」と列「D」の値が1より、　行「D」と列「C」の値が1より）

したがって、節と節の結び付きをグラフで表現すると、次のようになる。

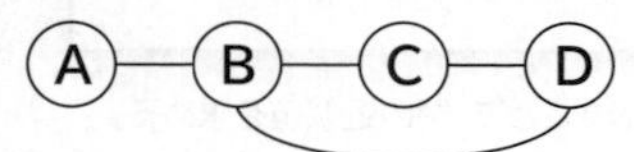

（3）対数

「対数」とは、乗算や除算を加算や減算で行うことができる数値計算の方法のひとつです。
対数を使うことで、計算を簡略化できるというメリットがあります。
対数には、次のような定義があります。

a>0（ただし、aは1ではない）、b>0のとき、
$a^x=b$ならば$\log_a b=x$
※$a^x=b$を満たすようなxは、aを「底」、bを「真数」とする対数といい、$\log_a b$と書きます。

4 数式処理

「数式処理」とは、数値の代わりに文字列を使って一般的な数を表現する**「代数」**を利用することで、計算式を記号的に処理することです。
コンピュータ内部では、次のような計算を行うときに、数式処理が行われます。

名　称	説　明
因数分解	計算式を分解し、いくつかの計算式の積の形に変換すること。 $x^2-x-6=(x+2)(x-3)$
微分	時間経過に伴って変化する関数の増減を調べること。
積分	図形の面積や立体の体積などを微小な要素の集まりとして計算すること。 微分で行った操作の反対を行うと積分になる。

5 数値解析

「数値解析」とは、正確な解を求めることができない数学上の問題を近似的に解く手法のことです。数値解析で求める近似的な解のことを**「解の近似値」**といいます。
数値解析は、実際の現象をコンピュータ上でシミュレーションするために利用されます。

（1）二分法

「二分法」とは、方程式の解を含む区間の中間点を求める作業を繰り返すことによって、解の近似値を求める方法のことです。
二分法を使って近似値を求める方法は、次のとおりです。

参考

対数の性質
対数には、次のような性質がある。

$\log_a 1=0$、$\log_a a=1$

・a>0、b>0、c>0、dを実数（小数を含めた数値）とすると

$\log_a bc=\log_a b+\log_a c$
$\log_a \frac{b}{c}=\log_a b-\log_a c$
$\log_a b^d=d\log_a b$

・a>0、a≠1、b>0、c>0、c≠1とすると

$\log_a b=\frac{\log_c b}{\log_c a}$

参考

関数の極限
関数で求める式の値が、限りなく大きくなったり、限りなく小さくなったりして、ある値に近づくこと。lim関数で表現する。
例えば、次の式の場合は、Xの値が限りなく∞（無限大）に近づいていくことを意味し、分母の値が限りなく大きくなることで、Yの値は限りなく0に近づいていく。

$$Y=\lim_{X\to\infty}\frac{1}{X}$$

1 方程式の解を含む区間の算出

$f(x1) \cdot f(x2) < 0$、$x1 < x2$を満たすx1、x2を探し、方程式の解を含む区間を求める。

2 解を含む区間の中間点の算出

x1、x2の中間点をxとした場合、
$f(x) \cdot f(x2) < 0$ならば、新しい区間をx1=x、x2=x2とし、
$f(x) \cdot f(x2) > 0$ならば、新しい区間をx1=x1、x2=xとする。

3 新しい区間での中間点の算出

中間点を求める作業を繰り返すことで、解の近似値を求める。

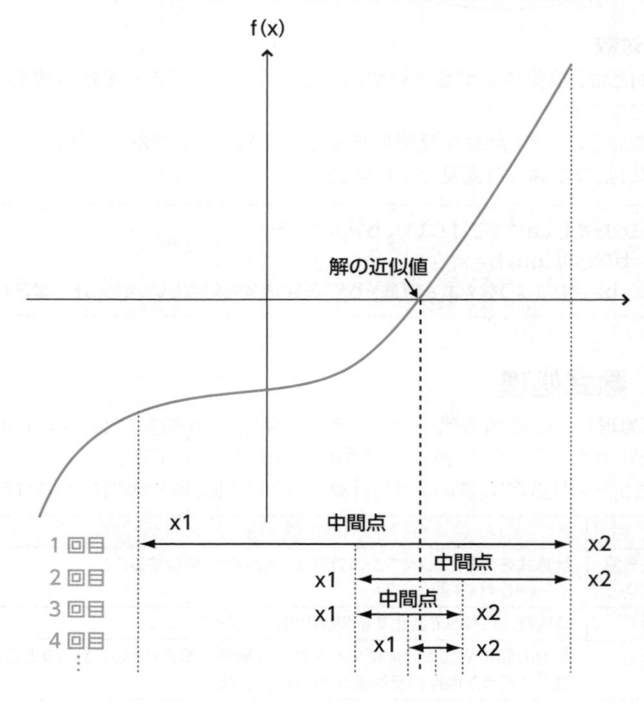

(2) 補間法

「補間」とは、複数の点を通る多項式の曲線で、あるxの値に対するyの値を計算することです。**「補間法」**にはいくつか種類がありますが、異なる複数の点を通る多項式を求め、離散的なデータから値を推測できる**「ラグランジュ補間法」**がよく使われます。

(3) 数値解析による誤差

数値解析で求めた解の近似値は、真の解である数値(真値)との間に誤差が発生します。数値解析で発生する誤差には、次のようなものがあります。

参考

ニュートン法
微分を利用して解の近似値を求める方法のこと。補間法のひとつ。

名　称	説　明
絶対誤差	近似値から真値を引いて得られる誤差。
相対誤差	近似値に含まれる誤差の割合で、絶対誤差を真値で除算して得られる誤差。
打切り誤差	浮動小数点数の計算処理の計算順序などの指定した規則によって発生する誤差。

6 グラフ理論

「グラフ理論」とは、ある要素を関連付けて整理したり、分析したりするために、要素間のつながりをグラフとして分析する手法のことです。いろいろな要素を点に置き換え、その関連性を辺で結び特徴を分析します。
グラフ理論でいわれる**「グラフ」**は、表計算ソフトなどで作成するグラフとは異なり、点と辺で構成され、点と点のつながり方を表します。ひとつの点に付いている辺の数を**「次数」**といいます。
また、辺の向きを考えたグラフを**「有向グラフ」**、逆に辺の向きを考えていないグラフを**「無向グラフ」**と呼びます。有向グラフは辺に矢印を付けて表現し、点に入ってくる、または点から出ていく方向を示します。点に入ってくる辺の数を**「入次数」**、点から出ていく辺の数を**「出次数」**といいます。
一般的なグラフには、次のような性質があります。

- **グラフの次数の合計は偶数になる。**
- **グラフは奇数の次数を持つ点が偶数個ある。**

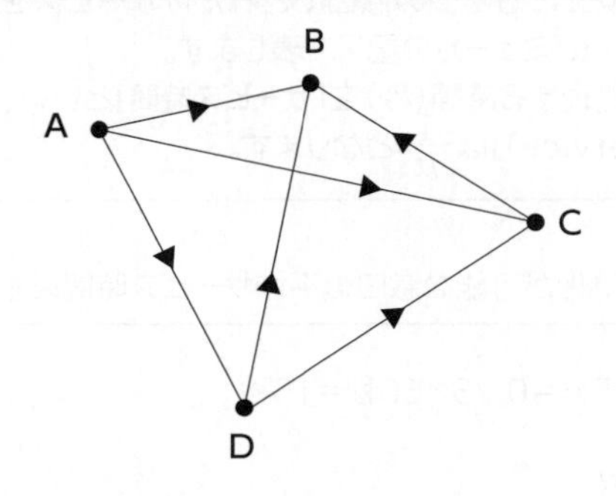

7 待ち行列理論

銀行の窓口を考えたとき、人が銀行に到着して、窓口でサービスを受けます。このとき、窓口に誰も人がいなければ、待たずにサービスを受けることができます。逆に窓口に人が並んでいる場合、自分の番がくるまで待たなければいけません。
「待ち行列理論」とは、このような状況下で、待たずにサービスを受けることができる確率や、人が並んでいる長さ、サービスを受ける平均時間などを計算する理論のことです。待ち行列理論を使って分析することで、計画時に適切な設備投資を行うことができ、運用してからのトラブルを最小限に抑えることができます。
待ち行列理論には、いくつかのモデルがありますが、ここでは、**「M/M/1」**のモデルで用いる要素について説明します。

参考

丸め誤差
丸め誤差も数値解析による誤差のひとつである。
→「1-1-1 6（1）丸め誤差」

参考

M/M/1
人が到着するのがランダム、サービス時間がランダム、窓口の個数がひとつの場合の待ち行列理論のこと。

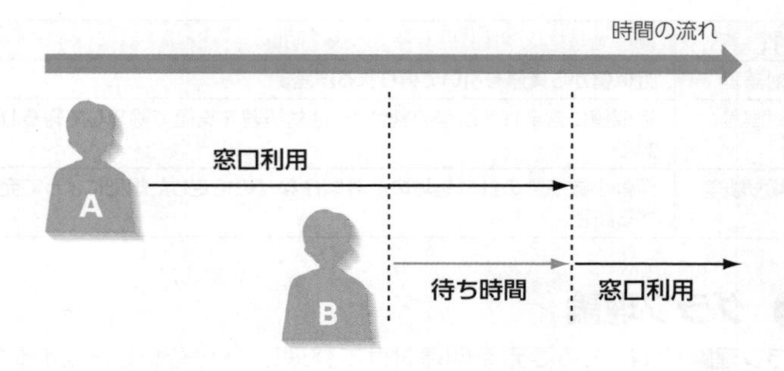

(1) 平均到着率

「平均到着率」とは、単位時間(秒)当たりに到着する人の割合(人数)のことです。**「λ(ラムダ)」**の記号で表します。
ある人が到着してから次の人が到着するまでの時間間隔を**「到着間隔」**といい、**「平均到着間隔(TA:Time Arrival)」**は$\frac{1}{\lambda}$となります。

> **例**
> 1時間当たり平均100人が到着する場合の平均到着間隔(秒)を求める。

$$TA = \frac{1}{100}\text{時間} = \frac{60\text{分} \times 60\text{秒}}{100} = \frac{3600\text{秒}}{100} = 36\text{秒}$$

(2) 平均サービス率

「平均サービス率」とは、ひとつの窓口でどれだけサービスを処理できるかの割合のことです。**「μ(ミュー)」**の記号で表します。
並んでいる人を処理する時間(秒)を**「サービス時間」**といい、**「平均サービス時間(TS:Time Service)」**は$\frac{1}{\mu}$となります。

> **例**
> 1分間に4件の処理が可能な窓口の平均サービス時間を求める。

$$TS = \frac{1}{4}\text{分} = 0.25\text{分} = 0.25 \times 60\text{秒} = 15\text{秒}$$

(3) 平均利用率

「平均利用率」とは、窓口がどれだけ利用されているかのことです。**「ρ(ロー)」**の記号で表します。
平均利用率は、次の計算式で求めることができます。

> **平均利用率(ρ)=平均到着率(λ)×平均サービス時間(TS)**

> **例**
> 1時間当たり平均72人が到着し、平均サービス時間が45秒の場合の平均利用率を求める。

$$\lambda = \frac{72\text{人}}{3600\text{秒}} = 0.02$$

$$\rho = 0.02 \times 45\text{秒} = 0.9$$

(4) 平均待ち時間

「平均待ち時間(TW:Time Wait)」とは、サービスを受けるまでの待ち時間のことで、次の計算式で求めることができます。

$$平均待ち時間(TW)=\frac{平均利用率(\rho)\times平均サービス時間(TS)}{1-平均利用率(\rho)}$$

> **例**
> 1時間当たり平均72人が到着し、平均サービス時間が45秒の場合の平均待ち時間を求める。

(3)の例より平均利用率は0.9であることから

$$TW=\frac{0.9\times45秒}{1-0.9}=405秒$$

(5) 平均応答時間

「平均応答時間(T:Time)」とは、平均待ち時間と平均サービス時間を足した時間のことです。

> **例**
> 1時間当たり平均72人が到着し、平均サービス時間が45秒の場合の平均応答時間を求める。

(4)の例より平均待ち時間は405秒であることから
T=405秒+45秒=450秒

1-1-3 情報に関する理論

情報の伝送は、正確かつ効率よく情報を相手に伝えることができるかが重要なポイントです。この情報の伝送は**「情報理論」**や**「符号理論」**など様々な理論と密接な関係にあります。

1 情報理論

「情報理論」では、応用数学の確率や統計などを利用して、事象が発生する確率や情報の量の関係などを数値として求めることができます。
情報理論で使われる用語には、次のようなものがあります。

名 称	説 明
生起確率	事象が発生する確率。
情報量	事象が持っている情報の量。

生起確率がPの事象Aより得られる情報量をL(A)とした場合、次の関係が成り立ちます。

- P(A)が小であればL(A)が大
- P(A)が大であればL(A)が小

また、生起確率Pと情報量Lの関係は、次のように定義されます。

$$L=\log_2 \frac{1}{P} = -\log_2 P \text{(ビット)}$$

上記の定義から、1ビットは確率$\frac{1}{2}$で起こる事象を伝える情報量(nビットは確率$\frac{1}{2^n}$で起こる事象を伝える情報量)といえます。

例
当選確率が$\frac{1}{128}$の宝くじの当たる事象が伝える情報量を求める。

$$L=\log_2 \frac{1}{\frac{1}{128}} = \log_2 128 = \log_2 2^7 = 7\text{(ビット)}$$

2 符号理論

あらゆる情報は数値に変換して情報量として表現できます。情報を数値に変換することを**「符号化」**といい、符号化することで、データの利用範囲を広げ、データ活用の効率化を実現できます。
「符号理論」とは、情報を符号化して伝送を行う際の正確性や効率性に関する理論のことで、情報理論を応用した理論です。

(1) 符号化の種類

符号化には、次の2つの種類があります。

●情報源符号化

「情報源符号化」とは、転送前のデータを効率的に圧縮することを目的にした符号化のことです。インターネット上でのデータ圧縮形式やコンパクト符号などがあります。

●通信路符号化

「通信路符号化」とは、データ転送時に通信路上に存在する雑音などの障害への耐性を強化するために、余分なデータビット(冗長ビット)を追加する符号化のことです。音楽CDではリード・ソロモン符号を使って傷やほこりによる誤りを訂正しています。データの信頼性を高めるために、誤り検出訂正や前方誤り訂正(FEC)などがあります。

(2) A/D変換

文書や帳票、写真、絵画などアナログなものをコンピュータで取り扱えるようにするには、デジタル信号(0と1からなるコード)に変換して**「デジタル化」**する必要があります。**「A/D変換」**とは、アナログ信号からデジタル信号へ変換することです。逆に、デジタル信号をアナログ信号に戻すことを**「D/A変換」**といいます。
A/D変換の流れは、次のとおりです。

参考
ハフマン方式
ファイル圧縮技術のひとつで、データを0と1の数値で符号化し、同じデータを組み合わせて圧縮する方法のこと。「ハフマン符号化法」ともいう。同じデータが頻出するほど、圧縮率は上がる。
なお、各データを符号化する際は、同じ符号の並びが存在しないようにする必要がある。

参考
ランレングス符号化
データの中に連続している同一ビットを圧縮する方法のこと。数値データや画像データなど同一ビットが連続しているデータを圧縮するのに適している。

参考
FEC
「Forward Error Correction」の略。

アナログデータ

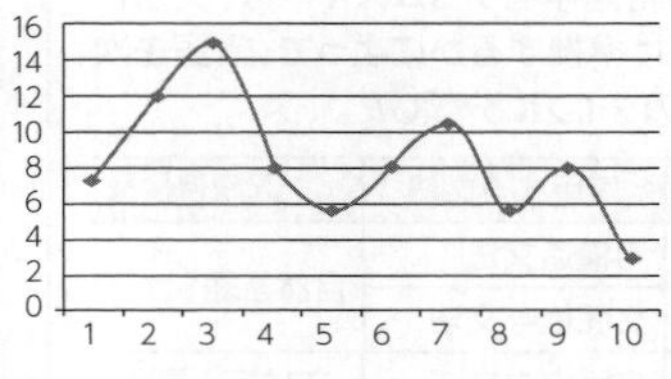

標本化（サンプリング）

音楽データなどのアナログデータを一定時間ごとに区切って数値化する。

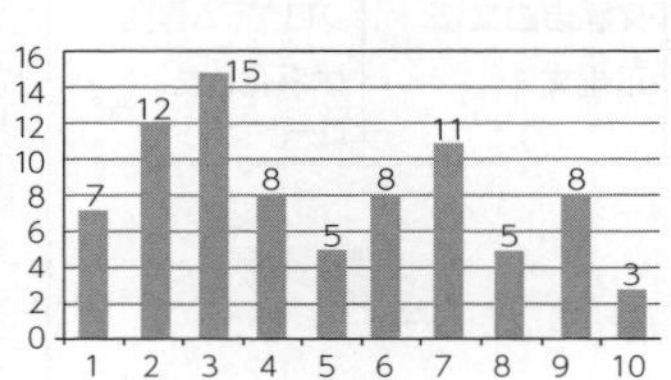

量子化

アナログ信号をデジタル信号に変換するとき、アナログ量を標本化して棒グラフ状にし、これを数値（ビット）で表す。

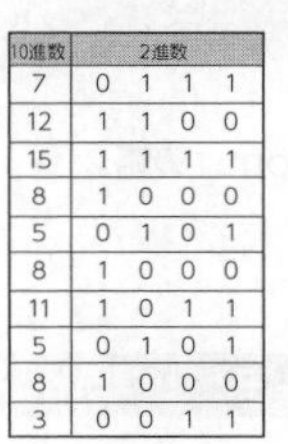

10進数	2進数			
7	0	1	1	1
12	1	1	0	0
15	1	1	1	1
8	1	0	0	0
5	0	1	0	1
8	1	0	0	0
11	1	0	1	1
5	0	1	0	1
8	1	0	0	0
3	0	0	1	1

符号化

データを一定の規則に従ってデータ化する。例えば、データを10進数から2進数に基数変換して表現する。

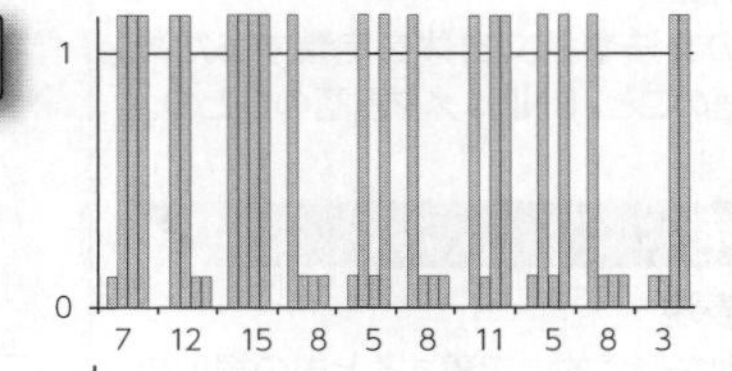

5 符号のデジタル表示

符号化されたデータをデジタル表示にする。

❸ 述語論理

「述語論理」とは、命題を組み合わせて、別の事象の真偽を証明することです。述語論理には、**「演繹推論」**と**「帰納推論」**があります。

（1）演繹推論

「演繹（えんえき）推論」とは、一般的な事象や事実から結論として、個々の事象を導く方法のことです。
例えば、“犬は吠える”→“ポチは犬である”→“ポチは吠える”のようになります。

（2）帰納推論

「帰納推論」とは、演繹推論とは逆に、個々の事象から因果関係を推測して一般的な事象を導く方法のことです。帰納推論は、関係データベースにおけるデータ分析のデータマイニングに利用されています。
例えば、“犬Aは骨が好き”→“犬Bも骨が好き”→“犬は骨が好き”のようになります。

参考

データマイニング
→「3-3-5 1 データを分析する技術」

4 形式言語

日本語や英語など、歴史の中で自然と発生した言語を**「自然言語」**といいます。自然言語には、基本的な文法はありますが、文法に沿わない部分もあるという特徴があります。
それに対して、プログラム言語など厳格な文法に沿って記述される言語を**「形式言語」**といいます。

(1) 文脈自由文法

「文脈自由文法」とは、プログラム言語を正確に記述するための形式文法のひとつで、"○○とは××である"という構文を定義します。
文脈自由文法で、"円周率とは、3.14…である。"と定義する場合、定義が必要なもの(ここでは"円周率")を**「非終端記号」**といい、それ以上ほかのものに置き換えることができず定義が必要でないもの(ここでは"3.14…")を**「終端記号」**といいます。

(2) BNF

「BNF」とは、文脈自由文法自体を定義するための言語のひとつで、**「バッカス・ナウア記法」**ともいいます。
形式文法は厳密に定義されている必要があります。BNFで定義を行うとき、非終端記号は<>で囲み、終端記号はそのまま記載します。また、非終端記号と終端記号を次のような記号を使って関連付けます。

記号	説明
::=	「～とは～である」の意味。定義の必要なものを提示する。 例 <数値>::=<数字> 数値とは数字である。
|	「または」の意味。 例 <数字>::=0|1|2|3|4|5|6|7|8|9 数字とは0または1…または9である。

(3) 構文図式

「構文図式」とは、BNFで定義した構文を視覚的に図で表現したものです。非終端記号は□、終端記号は○で表現します。
構文図式には、次のような記述ルールがあります。

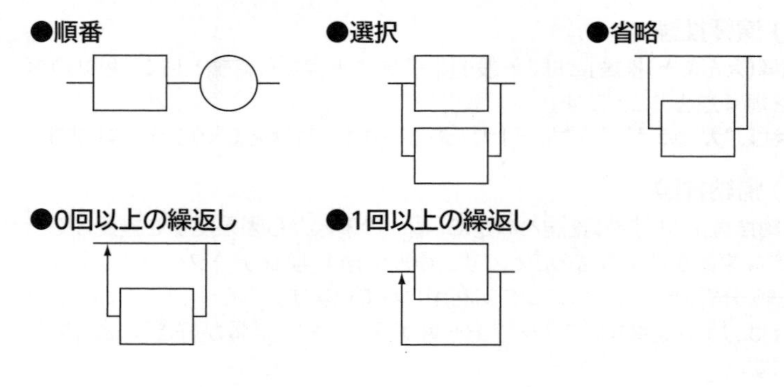

参考

言語の分類
米国の言語学者チョムスキーは、文法にどれだけ準拠するかによって、言語を次の4つのタイプに分類した。

タイプ	使用する文法	言語例
0型	句構造文法	自然言語
1型	文脈依存文法	
2型	文脈自由文法	プログラム言語
3型	正規文法	体系化したコード

参考

BNF
「Backus Naur Form」の略。

参考

メタ言語
言語の文法や構文自体を定義するための言語のこと。BNFはメタ言語のひとつ。

参考

正規表現
文字列を形式的に定義するときの規則のこと。BNFを記述するときに使われる。
正規表現には、次のような規則がある。

規則	説明
[値1－値2]	値1から値2の範囲のうち1文字。 ※値には文字列または数字を指定します。
＊	直前の正規表現を0回以上繰り返す。
?	直前の正規表現を0回または1回繰り返す。
＋	直前の正規表現を1回以上繰り返す。

例
正規表現で英大文字を1回以上繰り返したあとで、数字を0回以上繰り返すことを示す。
[A－Z]＋[0－9]＊

❺ オートマトン

「オートマトン」とは、コンピュータに形式言語で記述された文を入力して結果を出力するための仮想的な機械概念のことです。オートマトンの中で、状態と入力した値の組合せが有限個のものを**「有限オートマトン」**といいます。

(1) 状態遷移表

オートマトンは、形式言語で記述された文を入力して結果を出力するまでの状態を**「初期状態」**、**「中間状態」**、**「最終状態」**の3つに分類します。初期状態はひとつだけで、中間状態と最終状態は複数の場合があります。**「状態遷移表」**とは、この状態の遷移を表したものです。

縦軸は現在の状態を表し、横軸はイベントを表します。交差する箇所の各マスには、ある状態において、イベントを実行することによって遷移する状態を記述します。

例えば、状態をS1～S4、イベントをE1～E4とする次の状態遷移表では、状態S1でイベントE1を実行しても何もしませんが、状態S1でイベントE2を実行すると状態S3へ遷移します。

イベント／状態	E1	E2	E3	E4
S1	何もしない	S3へ	何もしない	何もしない
S2	S3へ	何もしない	何もしない	S1へ
S3	何もしない	S2へ	S4へ	何もしない
S4	何もしない	何もしない	S1へ	S2へ

(2) 状態遷移図

「状態遷移図」とは、オートマトンの状態の遷移を図で表したものです。

初期状態と中間状態を円、最終状態を二重の円で表します。遷移を矢印で表し、矢印の上にイベントを記述します。

例えば、初期状態をS1とし、イベントをE1→E2→E3→E4の順で実行する場合、次のように遷移して最終状態がS2となります。

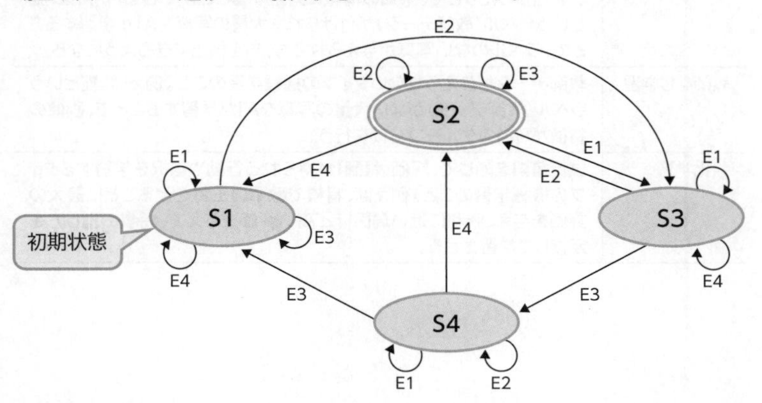

①初期状態S1でイベントE1を実行し、何もしない。(状態S1のまま)
②状態S1でイベントE2を実行し、状態S3へ遷移する。
③状態S3でイベントE3を実行し、状態S4へ遷移する。
④状態S4でイベントE4を実行し、状態S2へ遷移する。

参考

逆ポーランド表記法

演算子を計算式の後ろに記述することで、計算式をコンピュータで処理しやすい形式に変換する表記法のこと。「後置表記法」ともいう。

例

A×(B+C)を逆ポーランド表記法に変換する。

①B+Cを先に計算するので、演算子を後ろに表記する。

BC+

②そのあと、A×を計算するので、演算子を後ろに表記する。

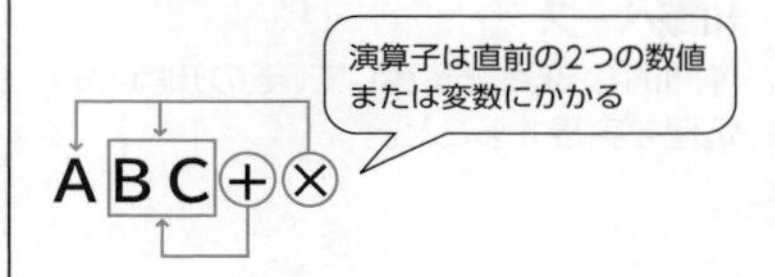

❻ AI(人工知能)

「AI」とは、人間の脳がつかさどる機能を分析して、その機能を人工的に実現させようとする試み、またはその機能を持たせた装置やシステムのことです。**「人工知能」**ともいいます。

(1) AIの歴史

AIは古くから研究されてきており、現在は第3次AIブームといわれています。

ブーム	説　明
第1次AIブーム(1950年代後半～1960年代)	推論や探索といったアルゴリズム(処理手順)を使って、ゲームやパズルの解法を見つけるなどの成果を上げたが、決められたルールの中でしか処理できないために現実の問題を解くことが難しく、ブームが下火になった。
第2次AIブーム(1980年代～1990年代前半)	限られた分野の知識をルール化してコンピュータに入力し、その分野の専門家(エキスパート)とする「エキスパートシステム」が注目されたが、膨大な知識の移植にコストや時間がかかり、膨大な知識を移植するのが難しいことから、ブームが下火となった。
第3次AIブーム(2000年代～現在)	コンピュータの高性能化やデジタルデータの大量普及を背景に、AIが自分自身で学習するという「機械学習」と「ディープラーニング」が注目されることによって、現在のブームに至っている。

(2) 機械学習

「機械学習」とは、明示的にプログラムで指示を出さないで、コンピュータに学習させる技術のことです。人間が普段から自然に行う学習能力と同等の機能を、コンピュータで実現することを目指します。

機械学習では、人間の判断から得られた正解に相当する**「教師データ」**の与えられ方によって、次のように分類されます。

種　類	説　明
教師あり学習	教師データが与えられるタイプの機械学習のこと。教師データを情報として学習に利用し、正解のデータを提示したり、データが誤りであることを指摘したりして、未知の情報に対応することができる。例えば、猫というラベル(教師データ)が付けられた大量の写真をAIが学習することで、ラベルのない写真が与えられても、猫を検出できるようになる。
教師なし学習	教師データが与えられないタイプの機械学習のこと。例えば、猫というラベル(教師データ)がない大量の写真をAIが学習することで、画像の特徴から猫のグループ分けを行う。
強化学習	試行錯誤を通じて、評価(報酬)が得られる行動や選択を学習するタイプの機械学習のこと。例えば、将棋で敵軍の王将をとることに最大の評価を与え、勝利に近い局面ほど高い評価を与えて、将棋の指し方を反復して学習させる。

参考

AI

「Artificial Intelligence」の略。

参考

推論エンジン

決められたルールや枠組みの中で推論する機能のこと。

参考

知識ベース

専門的な知識を蓄積して、その知識から処理を実現すること。

参考

汎化

過去のデータや知識から、未来の状況を正確に予測して、最適な判断を行うこと。

(3) ディープラーニング

機械学習の中でも**「ディープラーニング」**という手法が成果を上げ、注目されるようになりました。ディープラーニングは、日本語では**「深層学習」**を意味し、**「ニューラルネットワーク」**の仕組みを取り入れています。
具体的には、神経細胞を人工的に見立てたもの同士を4階層以上のネットワークで表現し、さらに人間の脳に近い形の機能を実現する技術です。
ニューラルネットワークの考え方は、第1次AIブームでも確立していましたが、近年のコンピュータの高速化などを背景に、このニューラルネットワークを取り入れたディープラーニングによって、AIは大きく進化しました。

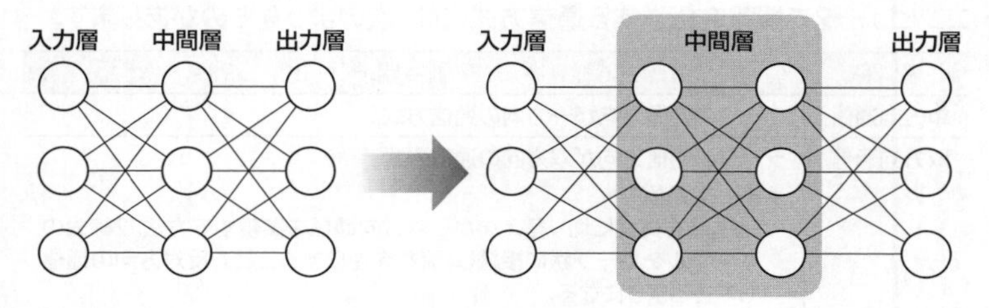

ディープラーニングでは、人間が与える**「特徴量」**などのヒントを使わずに、AIがデータと目標の誤差を繰り返し計算して、予測したものに適した特徴量そのものを大量のデータから自動的に学習します。これにより、人工的に人間と同じような解答を導き出すことができます。

(4) AIの活用

AIは、様々な場面や用途で活用されています。

場面・用途	使用例
ボードゲーム	チェスや将棋などのボードゲームで活用されている。「AlphaGo」では、人間のトップ棋士を破る思考力を実現する。
サービスデスク	音声認識機能により、サービスデスクのオペレーターの補助に活用されている。「チャットボット」という自動応答プログラムでは、オペレーターの代わりを実現する。
画像解析	大量の画像を処理して、歩行者と自動車を確実に見分けることを学習し、自動車の運転を支援する。
医療	CTで撮影した医療の画像を判断して、病気を特定する。
異常検知	正常な行為がどのようなものかを学習し、それと大きく異なるものを識別することで、異常状態を検出する。

参考

ニューラルネットワーク
人間が普段行っている認識や記憶、判断といった機能をコンピュータに処理させる仕組みのこと。人間の脳は、神経細胞（ニューロン）同士が複雑に連携して構成されている。ニューラルネットワークでは、この複雑な神経細胞を模倣して、神経細胞を人工的に見立てたもの同士を3階層のネットワーク（入力層・中間層・出力層）で表現する。

参考

特徴量
対象物に対して、どのような特徴があるのかを表したもの。

参考

ディープラーニングで与えるデータ
偏った特徴のデータだけを与えると、AIは判断を誤る可能性がある。対策としては、多くの様々なデータを与えるようにするとよい。
例えば、与える画像データに「帽子をかぶった女性」が1人しかいない場合、「帽子をかぶった人をすべて女性」と判断を誤ることがある。対策として、女性以外の帽子をかぶった画像データを与えるとよい。

参考

AlphaGo（アルファ碁）
Google社の子会社であるDeepMind社が開発した囲碁コンピュータプログラムのこと。

参考

チャットボット
自動応答プログラムのこと。音声やキーボードからの入力に自動で返事をする。AIの利用で大幅に性能が上がった。

1-1-4 通信に関する理論

コンピュータで情報を伝送するためには、通信の基本的な技術や代表的な通信方式などを理解する必要があります。

❶ 伝送理論

「伝送理論」とは、コンピュータで情報を伝送する技術や、伝送データの信頼性を高めるための技術に関する理論のことです。

(1) 通信方式

コンピュータで情報を伝送する通信方式には、次のようなものがあります。

名　称	説　明
単方向通信	データの通信方向が一方向の通信方式。
双方向通信	データの通信方向が双方向の通信方式。 ●半二重通信 伝送路を交互に切り替えながら双方向通信を実現する方法。2線式のケーブルをループ状に接続し、流れを逆にすることで反対方向の通信もできるようになる。 ●全二重通信 双方向通信を実現する方法。4線式のケーブルをループ状に接続し、同時に通信できるようになる。

参考

シリアル伝送とパラレル伝送

「シリアル伝送」とは、伝送路を1本の通信回線で直列につなぎ、1ビットずつデータを伝送する方式。「直列伝送」ともいう。コストが安く、同期がとりやすい。

「パラレル伝送」とは、伝送路を複数の通信回線で並列につなぎ、同時に複数ビットを伝送する方式。「並列伝送」ともいう。コストが高く、同期がとりにくい。

(2) 多重化方式

「多重化」とは、1本の伝送路で、複数の通信を同時に行う技術のことです。
代表的な多重化方式には、次のようなものがあります。

名　称	説　明
FDM	1本のアナログ回線の周波数帯域を複数に分割して、複数の通信を同時に行う方式。「周波数分割多重」ともいう。 「Frequency Division Multiplexing」の略。
TDM	1本のデジタル回線を一定時間ごとに接続先を切り替えて、複数の通信を同時に行う方式。「時分割多重」ともいう。 「Time Division Multiplexing」の略。

(3) 信号同期方式

「信号同期」とは、送信側と受信側でデータ送受信のタイミングを合わせることです。
代表的な信号同期方式には、次のようなものがあります。

名　称	説　明
調歩同期	文字列の最初と最後に同期用のビットを追加して同期をとる方式。最初に追加するビットを「スタートビット」、最後に追加するビットを「ストップビット」という。文字列ごとにビットを追加するので伝送効率が悪く、低速のデータ伝送に利用される。
キャラクター同期	「SYN」と呼ばれる伝送制御キャラクター(00010110)を追加して同期をとる方式。文字列のブロック(文字データの集まり)単位に伝送制御キャラクターを追加するので、文字列データのビット数は8の倍数となる。中高速のデータ伝送に利用される。「SYN同期」ともいう。

名　称	説　明
フラグ同期	「フラグ」と呼ばれる符号(01111110)を追加して同期をとる方式。文字列のフレーム(ビットの集まり)単位にフラグを追加するので、文字列データのビット数は8の倍数になる必要はなく(データの長さに制約がなく)、大量にデータを送信できる高速のデータ伝送に利用される。「フレーム同期」や「ビット同期」ともいう。

(4) 誤り制御方式

「誤り制御」とは、データを伝送するときに、データの誤りを検出したり、訂正したりする技術のことです。
代表的な誤り制御方式には、次のようなものがあります。

名　称	説　明
パリティチェック方式	データを伝送するときに、検査用の冗長ビット(1ビット)を追加することで、データの誤りを検出する方式。ビット列の「1」の個数が偶数または奇数になるようにパリティビットを追加する「偶数パリティチェック」と「奇数パリティチェック」がある。また、1件の伝送データのビット列内にパリティビットを追加する「垂直パリティチェック方式」と、複数件の伝送データの各ビット列にパリティビットを追加する「水平パリティチェック方式」がある。
CRC方式	データを伝送するときに、データを除算した余りを検査用の巡回符号(CRC符号)として追加することでデータの誤りを検出する方式。CRCは、「Cyclic Redundancy Check」の略。
ハミング符号方式	データを伝送するときに、2ビットの誤りを検出し、1ビットの誤りを訂正する符号(ハミング符号)を追加することで、データの誤りを検出・訂正する方式。

(5) 変復調方式

デジタルデータをアナログの伝送路で伝送する場合、デジタルデータをアナログ信号に変換する処理が必要になります。この処理を**「変調」**といいます。反対に、アナログ信号をデジタルデータに変換する処理のことを**「復調」**といいます。
代表的な変調方式には、次のようなものがあります。

名　称	説　明
AM	搬送波の振幅の強弱で情報を伝送する方式。主にAMラジオ放送や航空機無線などで利用されている。「振幅変調」ともいう。 「Amplitude Modulation」の略。
FM	搬送波の周波数の変化で情報を伝送する方式。主にFMラジオ放送やアマチュア無線などで利用されている。「周波数変調」ともいう。 「Frequency Modulation」の略。
PM	搬送波の位相の変化で情報を伝送する方式。現在はあまり使われていない。「位相変調」ともいう。 「Phase Modulation」の略。
PCM	アナログ信号を標本化・量子化して、パルス符号に変換して伝送する方式。ほとんどのデジタル通信で使われている。「パルス符号変調」ともいう。 「Pulse Code Modulation」の略。

参考

チェックサム
データの誤りを検出するために算出した値のこと。送信側と受信側の双方で、決められた演算方法によって算出した値が一致するかどうかでデータの誤りを検出する。CRC符号やハミング符号などがある。

参考

ECC
ハミング符号のようにデータの誤りを検出して訂正することを目的とした符号のこと。
「Error Correcting Code」の略。

参考

搬送波
情報を伝送するための波動のこと。「キャリア」ともいう。

参考

位相
周期的な波動が起きている状態、またはその位置のこと。

1-1-5 制御に関する理論

現代の日常生活において、様々な場所でコンピュータによる制御が行われています。コンピュータ制御を行うための信号処理の仕組みや制御方式などを理解する必要があります。

❶ 信号処理

「信号処理」とは、アナログ信号をフィルタリング・分析して必要な情報を得ることです。このとき、アナログ信号をデジタル信号に変換したり（A/D変換）、デジタル信号をアナログ信号に戻したり（D/A変換）します。

> 参考
> **フィルタリング**
> 信号の中から雑音を除去すること。

❷ 制御に関する理論

「制御」とは、対象となるものを動作させ、目標値に向かってコントロールすることです。
エレベータや洗濯機、エアコン、駅の自動改札、自動車など様々な場所でコンピュータによる制御が行われています。コンピュータで制御することで、エレベータが安全に動作したり、現在の温度に合わせてエアコンが動いたりします。

> 参考
> **シーケンス制御**
> あらかじめ決められた順序に従って処理を制御する方式のこと。

> 参考
> **PWM制御**
> 電源のオンとオフを切り替えることで、電流や電圧を制御する方式のこと。「パルス幅変調方式」ともいう。電源のオンとオフを繰り返す電気信号を「パルス信号」といい、主にモーターの回転速度の制御に使われる。
> 「Pulse Width Modulation」の略。

（1）制御の種類

代表的な制御方式には、次のようなものがあります。

名　称	説　明
フィードバック制御	現在の状態を常時検知して、目標値と比較し状態を制御する方式。「クローズドループ制御」ともいう。
フィードフォワード制御	現在の状態は検出せず、目標値に対して一方的に制御する方式。「オープンループ制御」ともいう。

（2）制御の仕組み

コンピュータ制御では、制御対象の光や温度、圧力などの状態を**「センサー」**で検出して、コンピュータが処理しやすい機械的な電圧や電流、抵抗などの電気信号に変換します。
「アクチュエーター」は、電気信号を受けて機械的な動作に変換し、制御対象を一定の状態に保つなどの制御を行う装置です。
このとき、コンピュータはリアルアイムOSによって、リアルタイムに処理を完了するための**「応答特性」**や、処理を安定して動作させるための**「制御安定性」**が必要になります。

> 参考
> **アクチュエーターの種類**
> アクチュエーターには、空気圧や油圧、磁力、光エネルギーなどを動作に変換するものがある。

> 参考
> **リアルタイムOS**
> リアルタイム処理を目的としたOSのこと。利用者の使いやすさよりも、データの処理速度を優先しており、民生機器や産業機器を制御する組込みシステムで広く使われている。

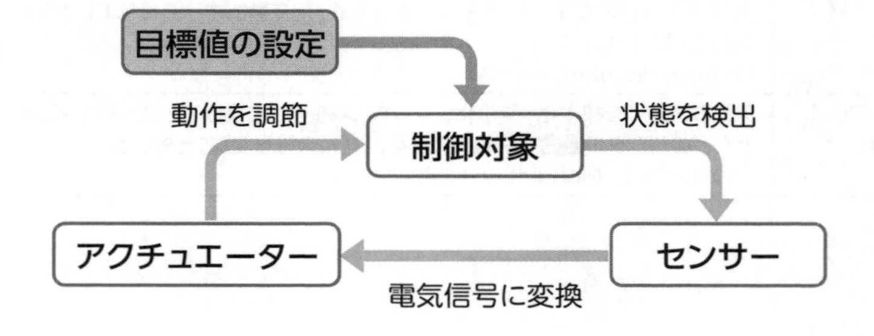

(3) センサーの種類

「センサー」とは、光や温度、圧力などの変化を検出し計測する機器のことです。センサーは多くの機器に搭載され、エアコンの温度や風量を調整したり、ガスコンロの過熱を防止したりするなどの用途で活用されています。
代表的なセンサーには、次のようなものがあります。

名　称	説　明
光学センサー	光によって物の大きさや長さ、幅などの量、位置などを計測することができるセンサーのこと。自動販売機での紙幣・硬貨の識別や、駅の自動改札での通行人の通過検知など、身近な場所で多く使われている。
赤外線センサー	赤外線の光を電気信号に変換して、必要な情報を検出することができるセンサーのこと。赤外線は温度を持つものから自然に放射されるが、人間の目には見えないという特性があるため、家電製品のリモコンから防犯・セキュリティ機器まで幅広く使われている。
電波センサー	赤外線より波長の長い電波（マイクロ波）を観測し、環境に左右されずに観測を行うことができるセンサーのこと。電波を利用しているため、雨や風などの厳しい気候条件や屋外でも誤検知が少ないという特徴がある。また、電波は物の陰や部屋の隅まで届くため、広い領域をカバーすることができる。自動車の盗難防止や一人暮らしの高齢者の見守りなどに使われている。
磁気センサー	磁気が働く空間での強さ、方向などを計測できるセンサーのこと。ノートPCの開閉時に画面の照明を切り替える非接触スイッチに利用されるなど、目的に応じて多種多様な磁気センサーが存在し、電気・工学分野などで幅広く使われている。 ホール効果（磁場をかけて電位差が現れる現象）を利用して、磁気を電気信号に変換する「ホール素子」がある。
加速度センサー	一定時間の間に速度がどれだけ変化するかを計測できるセンサーのこと。傾きや動き、振動や衝撃といった様々な情報が得られるため、ゲーム用コントローラを始め、スマートフォンやデジタル家電で多く使われている。
ジャイロセンサー	回転が生じたときの大きさを計測できるセンサーのこと。デジタルカメラの手ぶれ補正や自動車の横滑り防止などに使われている。ジャイロセンサーは、回転の速度を表す量である角速度を計測できることから「角速度センサー」とも呼ばれる。
超音波センサー	人間の耳には聞こえない高い周波数を持つ超音波を使って、対象物の有無や対象物までの距離を計測できるセンサーのこと。光ではなく音波を使用するため、水やガラスなどの透明体、ほこりの多い環境でも測定できるという特徴がある。駐車場や踏み切りでの自動車検知や輸送機器の障害物感知、魚群探知機などに使われている。
温度センサー	温度を測定できるセンサーのこと。「サーミスタ」などが使われる。サーミスタとは、温度の変化に対して、抵抗（電気の流れにくさ）が変化する電子部品のこと。温度センサーは、エアコンなどで欠かせないものとして使われている。
湿度センサー	大気中の湿度を測定できるセンサーのこと。エアコンや加湿器などに使われている。
圧力センサー	圧力を計測できるセンサーのこと。物体に加わる圧力を計測するときに使われ、物体の変形を計測するときには「ひずみゲージ」が使われる。自動車の油圧計や、医療用の血圧計などで使われている。
ひずみゲージ	ひずみを計測できるセンサーのこと。物体に外から力を加えたときに生じる、伸び・縮み・ねじれなどにより抵抗が変化することを応用して、ひずみの量を測定する。自動車や航空機などの輸送機器や、高層ビルや高架道路などの土木建築構造物などの状態を監視して、安全性を確保する目的で多く使われている。

参考

赤外線と紫外線

人の目に見える光を「可視光線」といい、可視光線の赤の外側にある波長の長い光を「赤外線」、紫の外側にある波長の短い光を「紫外線」という。

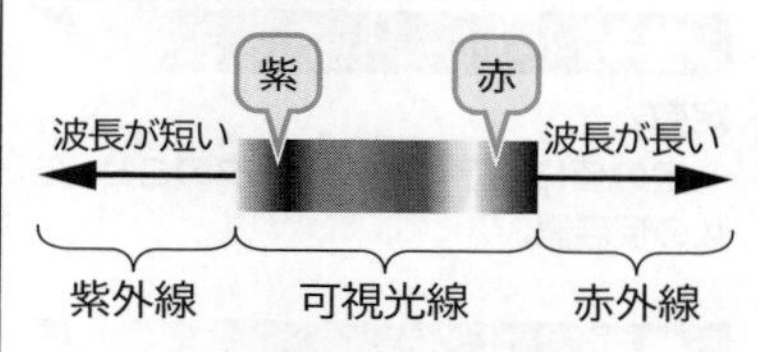

参考

IoTデバイス

IoTシステムに接続するデバイス（部品）のこと。具体的にはIoT機器に組み込まれる「センサー」や「アクチュエーター」を指す。

参考

IoTシステム

→「8-3-5 1 IoTシステム」

1-2 アルゴリズムとプログラミング

1-2-1 データとデータ構造

「データ構造」とは、コンピュータの記憶装置の内部でデータを系統立てて扱う仕組みのことです。プログラミングにとって、データ構造の設計は、すべての基礎となります。目的の作業が実行できるようなデータ構造を、あらかじめ検討し、設計しておく必要があります。

❶ 変数

「変数」とは、プログラム中で扱うデータを、一時的に記憶するための領域のことです。変数を定義するときは、**「a」**や**「b」**などの変数名を付け、ほかのデータとは区別します。また、変数を使うときは、変数に値を代入します。
例えば、計算式**「x=a+20」**に対して、aに10を代入すると、xは30になります。変数の特徴は、プログラムを実行するたびに異なる値を代入できるため、プログラム自体を書き換える必要がないことです。

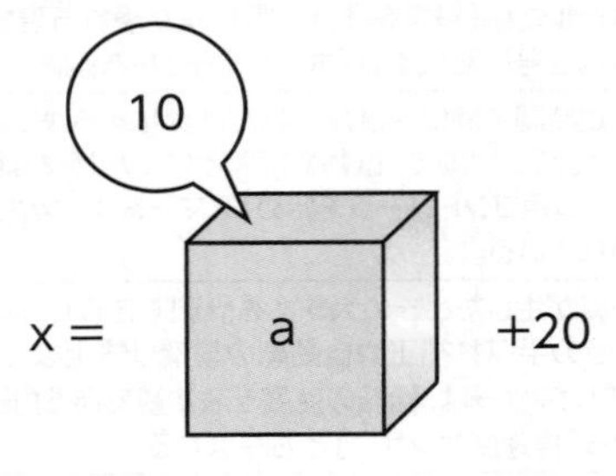

❷ 配列

「配列」とは、同じ種類のデータを連続して並べたデータ構造のことです。データを呼び出すときは、添字を使ってデータの保存場所（要素）を指定します。
変数にはひとつのデータしか格納できませんが、配列を使うと複数のデータを格納できます。関連性のある複数のデータを配列に格納しておくと、データを比較したり演算したりといった処理が簡単にできます。

A(0)	A(1)	A(2)	A(3)

A(3)
配列名　添字
要素

参考

定数
一定の値に固定されたデータのこと。変数の反義語。

参考

データ型
変数に格納するデータの種類のこと。「フィールドのタイプ」ともいう。プログラム中で扱うデータには、数値や文字列などのデータ型を定義する。変数にデータ型を定義すると、適切なデータだけ代入できるようになるため、プログラムの精度が向上する。
代表的なデータ型には、次のようなものがある。

名　称	説　明
整数型	整数値を扱う。
実数型	浮動小数点数や固定小数点数を扱う。
論理型	真理値（True、False）を扱う。
文字型	文字（ひとつの文字）を扱う。
文字列型	文字列（複数の文字）を扱う。
抽象データ型	データとデータの操作をひとまとめにしたオブジェクトを扱う。ユーザー独自で定義できるもの。
構造型	ひとつまたは複数の値をひとつの構造としてまとめて扱う。ユーザー独自で定義できるもの。

あらかじめ配列内の要素の数が決まっているものを**「静的配列」**といいます。反対に、データの数によって配列内の要素の数が変化するものを**「動的配列」**といいます。
また、横に一列に並んだデータのことを**「1次元配列」**、横と縦の2つの系列に並んだデータのことを**「2次元配列」**といいます。2次元配列では、データを呼び出すとき、縦、横の2つの添字で要素を指定します。

A(0,0)	A(0,1)	A(0,2)	A(0,3)
A(1,0)	A(1,1)	A(1,2)	A(1,3)
A(2,0)	A(2,1)	A(2,2)	A(2,3)

添字

参考

多次元配列
2次元以上の配列のこと。

❸ リスト

「リスト」とは、散在する複数のデータを数珠つなぎにするデータ構造のことです。**「連結リスト」**ともいいます。配列のようにデータが連続的に記憶されているとは限りません。データを呼び出すときは、次に呼び出すデータの位置が格納されている**「ポインタ」**を指定します。リストでは、ポインタを使うことでデータの順序をつなぎ替えることができます。

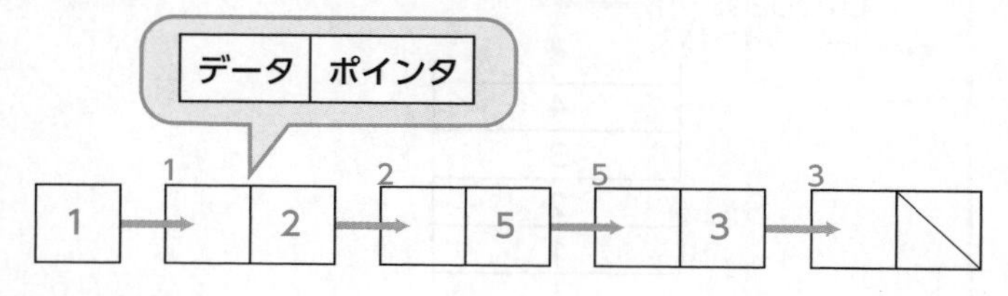

(1) リストの種類

リストには、次のような種類があります。

種　類	説　明
線形リスト	一方向にしかデータを呼び出すことができないリスト。次のデータを呼び出すポインタを持っている。「単方向リスト」ともいう。
双方向リスト	次のデータだけでなく、前のデータも呼び出すことができるリスト。次のデータを呼び出す「次ポインタ」と前のデータを呼び出す「前ポインタ」を持っている。
環状リスト	すべてのデータが環状につながっているリスト。最後のデータは、最初のデータを呼び出すポインタを持っている。

(2) スタック

「スタック」とは、リストの最後にデータを挿入し、最後に挿入したデータを取り出すデータ構造のことです。**「LIFO(ライフォ)リスト」**ともいいます。
スタックは、PUSH(プッシュ)とPOP(ポップ)によって操作します。スタックの基本構文は、次のとおりです。

PUSH(n)：データ(n)を挿入する
POP　　：最後のデータを取り出す

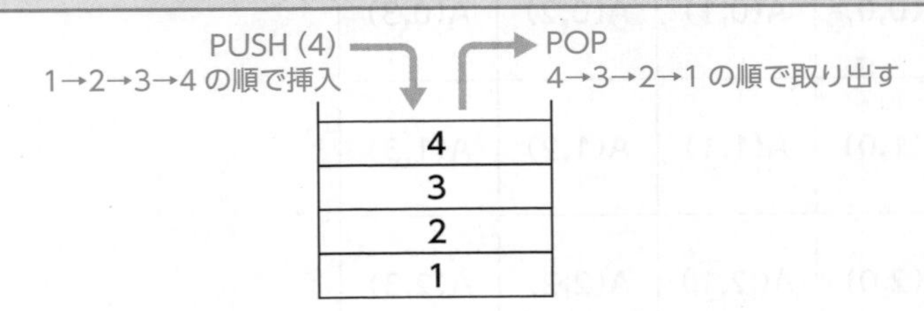

> **参考**
> **LIFO**
> 後入先出法のこと。後に入れたデータを先に出す。
> 「Last-In First-Out」の略。

(3) キュー

「キュー」とは、リストの最後にデータを挿入し、最初に挿入したデータを取り出すデータ構造のことです。**「待ち行列」**、**「FIFO(ファイフォ)リスト」**ともいいます。
キューは、ENQUEUE(エンキュー)とDEQUEUE(デキュー)によって操作します。キューの基本構文は、次のとおりです。

ENQUEUE(n)：データ(n)を挿入する
DEQUEUE　 ：最初のデータを取り出す

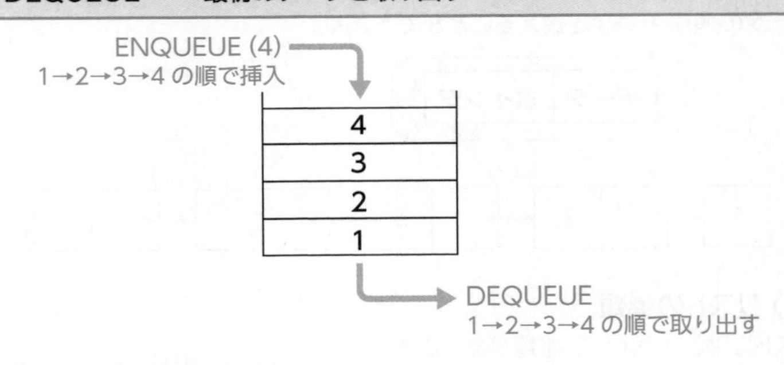

> **参考**
> **FIFO**
> 先入先出法のこと。先に入れたデータを先に出す。
> 「First-In First-Out」の略。

4 木構造

「木構造」とは、データを階層構造で管理するときに使われる図のことで、木を逆さにした形をしています。
木構造の各要素を**「節(ノード)」**、最上位の節を**「根(ルート)」**、最下位の節を**「葉(リーフ)」**といいます。また、各節を関連付ける線を**「枝(ブランチ)」**といい、次のような形で表現されます。

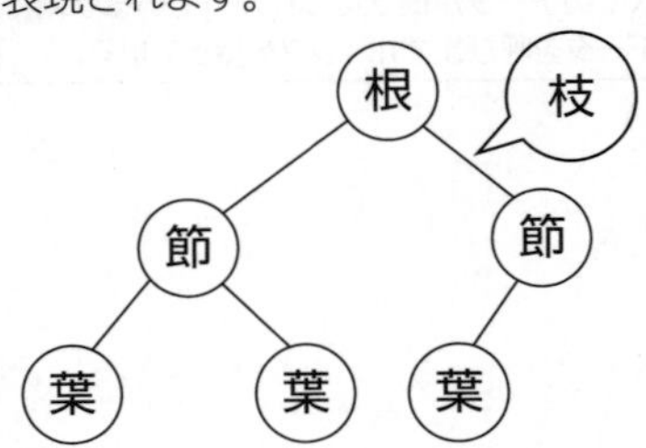

> **参考**
> **親子関係**
> ある節に対して、上位にある節は「親」、下位にある節は「子」となる。
> そのことから、木構造の上位と下位の節の関係を「親子関係」という。

(1) 木の巡回法

木構造からデータを読み出すことを**「木の巡回法」**といいます。
木の巡回法には、**「幅優先探索」**と**「深さ優先探索」**があります。

●幅優先探索

「幅優先探索」とは、根を開始地点として、同じレベルにある節や葉を左から右に巡回してデータを読み出す方法のことです。

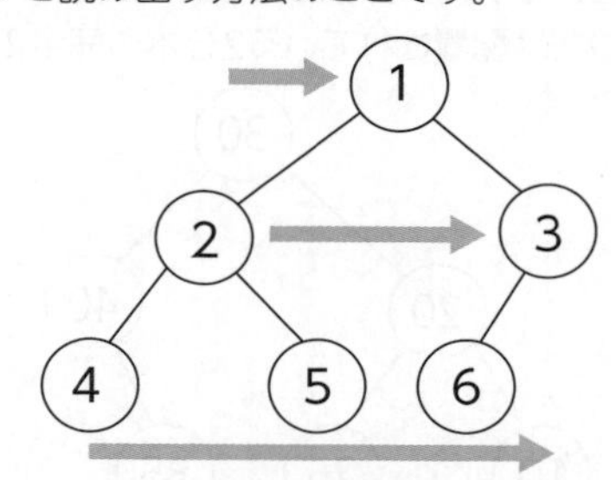

※図の数字はデータを読み出す順番です。

●深さ優先探索

「深さ優先探索」とは、根から葉までの深さを探索したうえで、順に巡回してデータを読み出す方法のことです。深さ優先探索は、木を巡回する順番によって、次のように分類されます。

名　称	説　明
先行順探索	親、左部分木、右部分木の順にデータを読み出す。
中間順探索	左部分木、親、右部分木の順にデータを読み出す。
後行順探索	左部分木、右部分木、親の順にデータを読み出す。

先行順探索

1
2
5
3
4
6

中間順探索

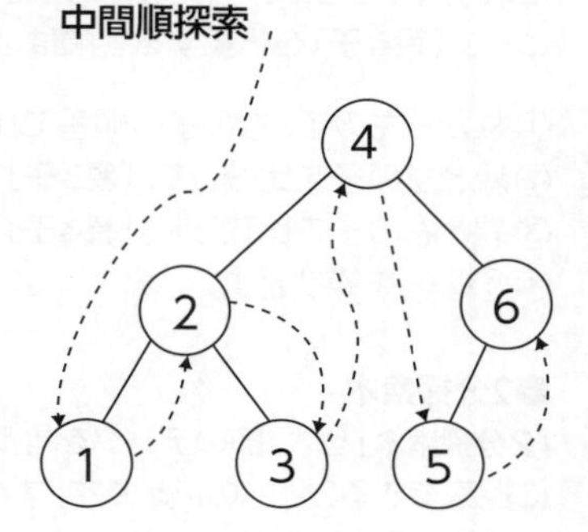

後行順探索

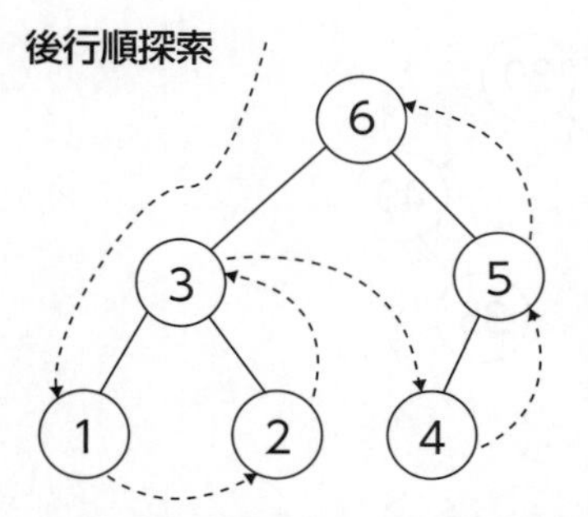

※図の数字はデータを読み出す順番です。

参考

レベル

木構造の階層の深さのこと。

参考

左部分木と右部分木

木の一部分を「部分木」といい、節の左側にある部分木を「左部分木」、節の右側にある部分木を「右部分木」という。

参考

後行順探索と逆ポーランド表記法

後行順探索でデータを読み出すと、逆ポーランド表記法に変換できる。

例

計算式「A×(B+C)」を逆ポーランド表記法に変換する。

①演算式をツリー構造で表現する。
②後行順探索でデータを読み出すと「ABC+×」になる。

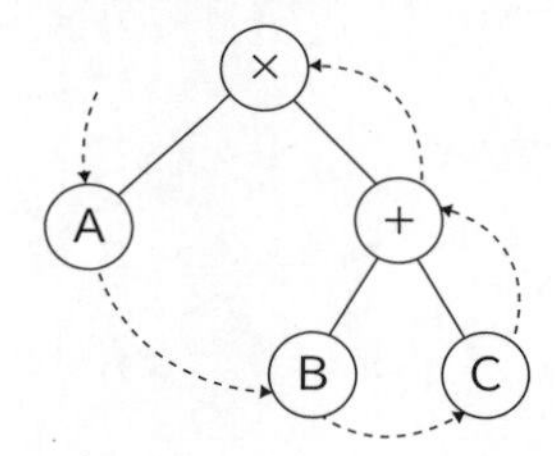

(2) 2分木

「**2分木**」とは、節から分岐する枝が2本以下の木構造のことです。
代表的な2分木には、「**完全2分木**」や「**ヒープ**」、「**2分探索木**」があります。

> **参考**
> **多分木**
> 節から分岐する枝が2つより多い木構造のこと。

●完全2分木

「**完全2分木**」とは、最適な探索ができるように、根からすべての葉までの深さが等しい2分木のことです。また、根からすべての葉までの深さの差が1以下で、葉が左にひとつだけ配置されている2分木も完全2分木になります。

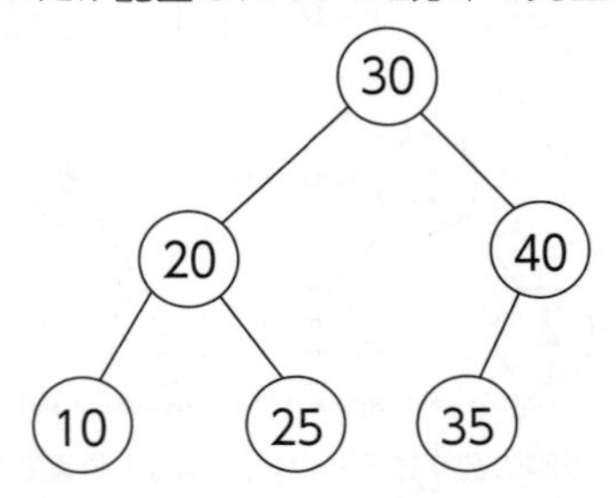

※図の数字はデータの値です。

●ヒープ

> **参考**
> **順序木**
> 節の値に順序性がある木構造のこと。

「**ヒープ**」とは、すべての節で親と子の間に次のような一定の大小関係が成立する完全2分木のことです。

親≧子または親≦子

ヒープでは、根に最大値または最小値が格納されるので、根のデータを順番に取り出すことでデータを整列できます。
ヒープ(親≧子)を構築する手順は、次のとおりです。

①根から左の子、右の子の順番で比較する。
②親と左の子を比較して、「**親≧子**」でなければ入れ替える。
③親と右の子を比較して、「**親≧子**」でなければ入れ替える。
④①②③を繰り返す。

●2分探索木

> **参考**
> **探索木**
> データを探索するのに適している木構造のこと。

「**2分探索木**」とは、節のデータを昇順または降順に並べておくことで、効率的に探索できる2分木のことです。すべての節で「**左部分木<親<右部分木**」が成立するようにします。

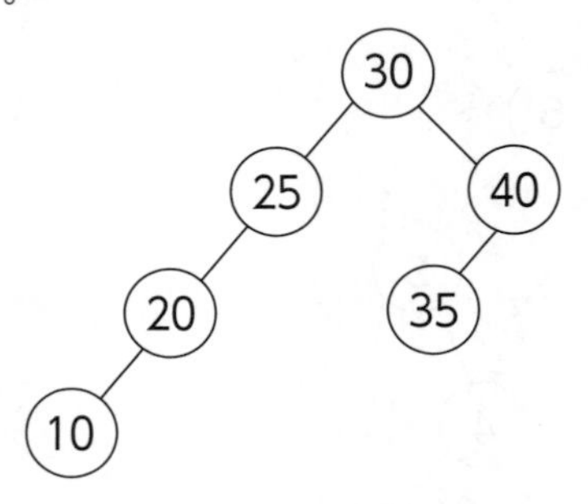

※図の数字はデータの値です。

●**節の追加**

2分探索木で、節の追加をするには、**「左部分木<親<右部分木」**の規則に従って行います。

①根の値と追加する節の値を比較する。
②追加する節の値が大きい場合は右の節の値と比較する。一致する場合は追加せずに終了。一致しない場合は右の節に移動して①に戻る。右の節がなければ、右の節として追加する。
③追加する節の値が小さい場合は左の節の値と比較する。一致する場合は追加せずに終了。一致しない場合は左の節に移動して①に戻る。左の節がなければ、左の節として追加する。

次の木構造に、節**「32」**を追加する方法は、次のとおりです。

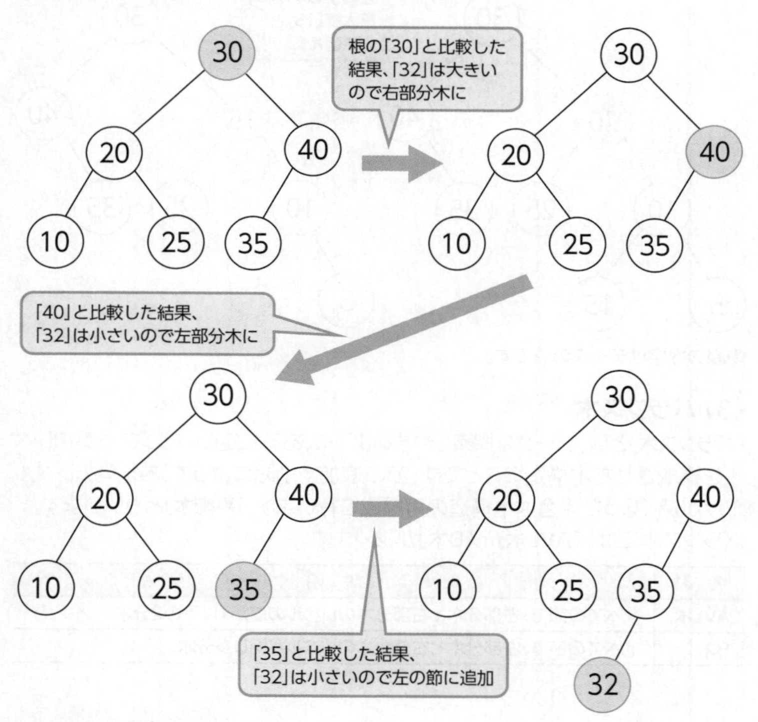

※図の数字はデータの値です。

●節の削除

2分探索木で、節の削除をするには、節の追加と同様に**「左部分木<親<右部分木」**の規則に従って行います。

①削除する節が子を持たない場合、そのまま削除する。
②削除する節がひとつの子を持つ場合、子と入れ替えて、削除する節を削除する。
③削除する節が2つの子を持つ場合、左の子の中から最大値を持つ節と入れ替えて、削除する節を削除する。このとき、入れ替えた節が左の子を持つ場合、入れ替えた節の元の位置にその左の子を置く。

次の木構造から、節**「20」**を削除する方法は次のとおりです。

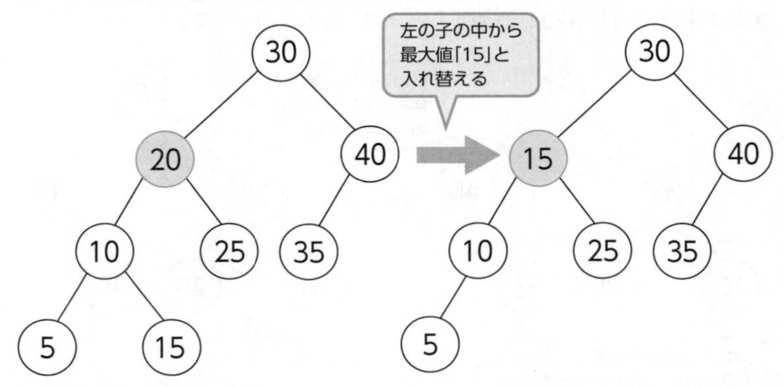

※図の数字はデータの値です。

(3) バランス木

「バランス木」とは、データを探索しやすいように、ある一定のバランスで葉のレベルを構成させた木構造のことです。節の追加や削除によって、ある葉のレベルだけが深くなった場合は木構造の再編成を行います。**「平衡木」**ともいいます。
バランス木には、**「AVL木」**と**「B木」**があります。

名　称	説　明
AVL木	すべての節で、左部分木と右部分木のレベルの差が1以下の2分木。
B木	すべての節で、左部分木と右部分木のレベルが同じ多分木。

1-2-2　アルゴリズム

「アルゴリズム」とは、コンピュータである目的を達成するための処理手順のことです。コンピュータはアルゴリズムで指定された手順で処理を行います。
プログラミングを行う際は、まずアルゴリズムを明確にすることで、効率的に計算させたり計算結果の精度を向上させたりすることができます。

1 アルゴリズムの表現

アルゴリズムを表現する方法には、**「擬似言語」**と**「流れ図」**があります。
また、複雑な条件判定を持つアルゴリズムでは、**「決定表」**を使って条件ごとに処理を表現できます。

(1) 擬似言語

「擬似言語」とは、プログラムの設計段階で、簡単な記号を使って処理の流れを表現する言語のことです。擬似言語で書かれたアルゴリズムは、宣言部と処理部で構成されます。
擬似言語で使用する記述形式には、次のようなものがあります。

記述形式	説　明
○手続名または関数名	手続または関数を宣言する。
型名:変数名	変数を宣言する。
/* 注釈 */ //注釈	注釈を記述する。
変数名 ← 式	変数に式の値を代入する。
手続名または関数名(引数,…)	手続または関数を呼び出し、引数を受け渡す。

if(条件式1)
　処理1
elseif(条件式2)
　処理2
elseif(条件式n)
　処理n
else
　処理n+1
endif
	選択処理を示す。
	・条件式を上から評価し、最初に真になった条件式に対応する処理を実行する。以降の条件式は評価せず、対応する処理も実行しない。どの条件式も真にならないときは、処理n+1を実行する。
	・各処理は、0以上の文の集まりである。
	・elseifと処理の組みは、複数記述することがあり、省略することもある。
	・elseと処理n+1の組みは1つだけ記述し、省略することもある。

while(条件式)
　処理
endwhile
	前判定繰返し処理を示す。
	・条件式が真の間、処理を繰り返し実行する。
	・処理は、0以上の文の集まりである。

do 　処理 while(条件式)	後判定繰返し処理を示す。 ・処理を実行し、条件式が真の間、処理を繰り返し実行する。 ・処理は、0以上の文の集まりである。

for(制御記述)
　処理
endfor
	繰返し処理を示す。
	・制御記述の内容に基づいて、処理を繰り返し実行する。
	・処理は、0以上の文の集まりである。

例
関数feeは、整数型の変数ageを引数として受け取り、0～3の場合は100を、4～9の場合は300を、10以上の場合は500を戻り値として返す。

```
○整数型:fee(整数型:age)  /* 関数feeの宣言 */          ┐宣言部
  整数型:ret              /* 変数retの宣言 */          ┘
  if(ageが3以下)                                        ┐
    ret ← 100             /* 変数retに100を代入 */     │
  elseif(ageが9以下)                                    │
    ret ← 300             /* 変数retに300を代入 */     │処理部
  else                                                  │
    ret ← 500             /* 変数retに500を代入 */     │
  endif                                                 │
  return ret              /* 関数の戻り値として、変数retの値を返す */ ┘
```

参考

手続
定義済み処理のこと。

参考

関数
定義された決まりに従って処理をするプログラムのこと。関数は自分で作ることもできる。同じ処理を何度も実行する場合などに、関数を呼び出すことで効率的に処理できる。
関数を使って処理するために必要となる入力情報のことを「引数」といい、処理した結果である出力情報のことを「戻り値」という。関数は呼び出し元から引数を受け取り、呼び出し元へ戻り値を返す。

(2) 流れ図

「流れ図」とは、作業の流れやプログラムの手順を、記号や矢印などを使って図で表したものです。**「フローチャート」**ともいいます。
流れ図で使われる代表的な記号には、次のようなものがあります。

記 号	名 称	説 明
	端子	記号内に、流れ図の始めまたは終わりを記載する。
	線	手順やデータ、制御などの流れを表す。
	処理	記号内に、演算や代入などの処理を「→」を使って記載する。
	定義済み処理	記号内に、定義済みの処理を記載する。
	データ記号	記号内に、入力や出力するデータを記載する。
	判断	記号内に、条件を記載する。条件を判断した結果によって、複数の処理からひとつを選択する。
	ループ端（開始）	繰返し処理の前で条件を判断する場合、記号内に繰返し処理の終わる条件を記載する。
	ループ端（終了）	繰返し処理のあとで条件を判断する場合、記号内に繰返し処理の終わる条件を記載する。

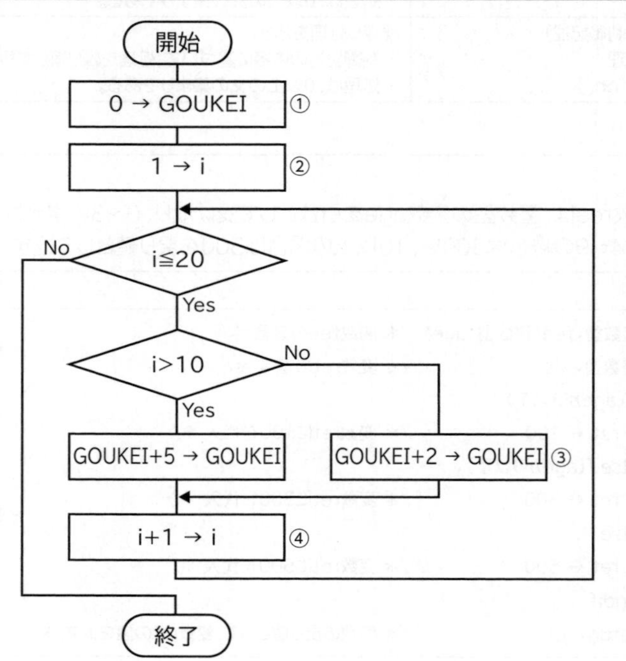

参考

トレース表

「トレース」とは、流れ図の繰返し処理などが行われる際に、変数の値を追跡すること。
トレースの結果を表示した表を「トレース表」という。
右の流れ図をトレースすると、次のようになる。

手順	i	GOUKEI
①	–	0
②	1	0
③	1	2
④	2	2

(3) 決定表

「決定表」とは、条件と処理の関係をまとめた表のことです。複雑な条件判定のもと、処理を決定するときに利用されます。**「デシジョンテーブル」**ともいいます。

条件1	Y	Y	N	N
条件2	Y	N	Y	N
処理1	X	X	X	−
処理2	−	−	−	X

※条件・・・　Y：条件を満たす　　N：条件を満たさない
※処理・・・　X：処理を実行する　−：処理を実行しない

- 条件1と条件2の両方がYのとき、処理1を実行
- 条件1がYで条件2がNのとき、処理1を実行
- 条件1がNで条件2がYのとき、処理1を実行
- 条件1と条件2の両方がNのとき、処理2を実行

2 アルゴリズムの基本構造

アルゴリズムの基本構造には、**「順次構造」**、**「選択構造」**、**「繰返し構造」**があります。これらを組み合わせることによって、複雑なアルゴリズムを示すことができます。

名　称	説　明	流れ図
順次構造	順番に流れを示したもの。	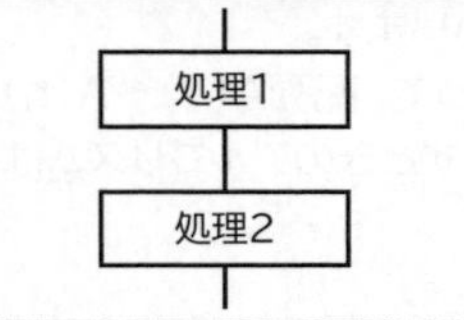 処理1 処理2
選択構造	条件によって処理を選択する流れを示したもの。「判定構造」ともいう。	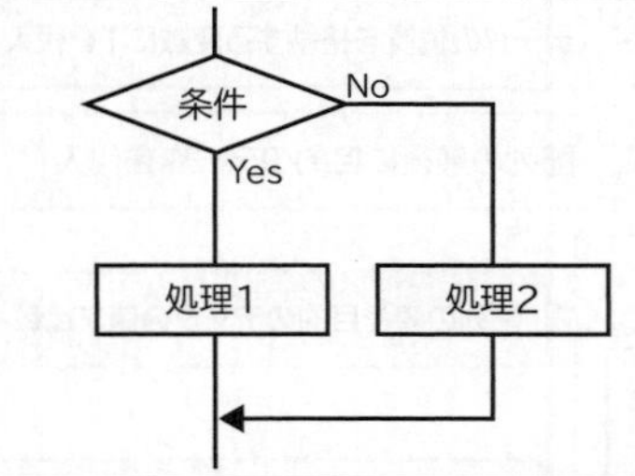 条件 No Yes 処理1 処理2
繰返し構造	決められた回数または条件などによって、条件が満たされている間、または条件が満たされるまで繰り返す流れを示したもの。	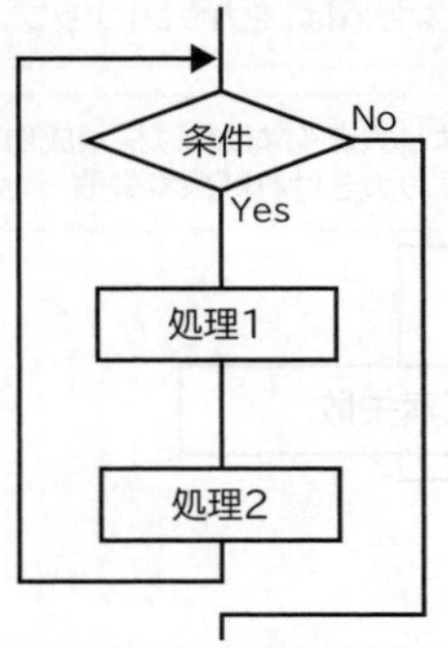 条件 No Yes 処理1 処理2

参考

比較演算

条件を満たすかどうかを比較する演算のこと。比較した結果は、真（True）か偽（False）のいずれかとなる。比較演算子を使って比較する。
代表的な比較演算子には、次のようなものがある。

比較演算子	例	説明
＝	A=B	AとBは等しい
≠	A≠B	AはBと等しくない
＞	A>B	AはBより大きい
＜	A<B	AはBより小さい（未満）
≧	A≧B	AはB以上
≦	A≦B	AはB以下

参考

算術演算

数値を計算する演算のこと。算術演算子を使って計算する。
代表的な算術演算子には、次のようなものがある。

算術演算子	意味	例	説明
＋	加算	A+B	AとBを足す
−	減算	A−B	AからBを引く
＊	乗算	A＊B	AとBを掛ける
／	除算	A／B	AをBで割った商
mod	剰余	A mod B	AをBで割った余り

❸ 代表的なアルゴリズム

代表的なアルゴリズムには、次のようなものがあります。

(1) 探索のアルゴリズム

「探索」とは、与えられた条件に合致するデータを探すことです。**「検索」**ともいいます。
探索には、次のようなアルゴリズムがあります。

参考

線形探索法の繰返し回数

線形探索法で、配列にn個のデータがある場合、目的のデータを探し出すときに繰返し処理を行う回数は、最短で1回、最大でn回、繰返し処理の回数の平均は $\frac{n+1}{2}$ 回になる。

●線形探索法

「線形探索法」とは、配列に格納されているデータを先頭から末尾まで順番に探していくアルゴリズムのことです。**「リニアサーチ」**、**「順次探索法」**ともいいます。

「6」を探索する場合

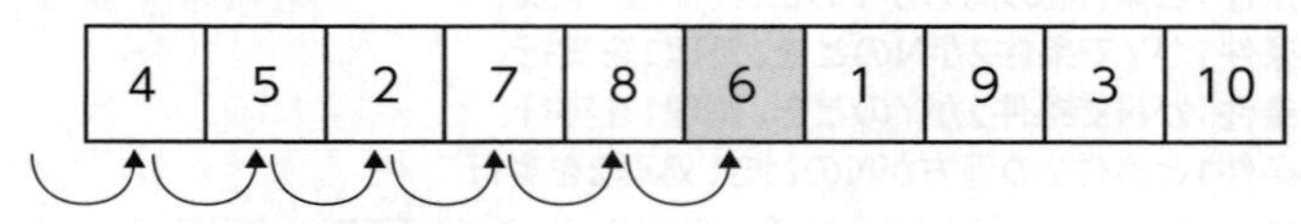

①先頭のデータが、「6」かどうかを探す。
②2番目のデータが、「6」かどうかを探す。
③「6」が見つかるまで繰り返す。

上記の処理の例は、配列内に**「6」**が存在することを前提とした場合だけ成立します。そのため、配列内に目的のデータ**「6」**が存在しない場合のことを想定し、探し出す前に目的のデータ**「6」**を配列の最後に挿入する処理を追加しておきます。この目的のデータを配列の最後に追加しておく処理のことを**「番兵法」**といいます。
番兵法を使って、配列A(1)～A(n)に格納されたデータから目的のデータ**「k」**を探し出すときのアルゴリズムは、次のように表現できます。

【流れ図】

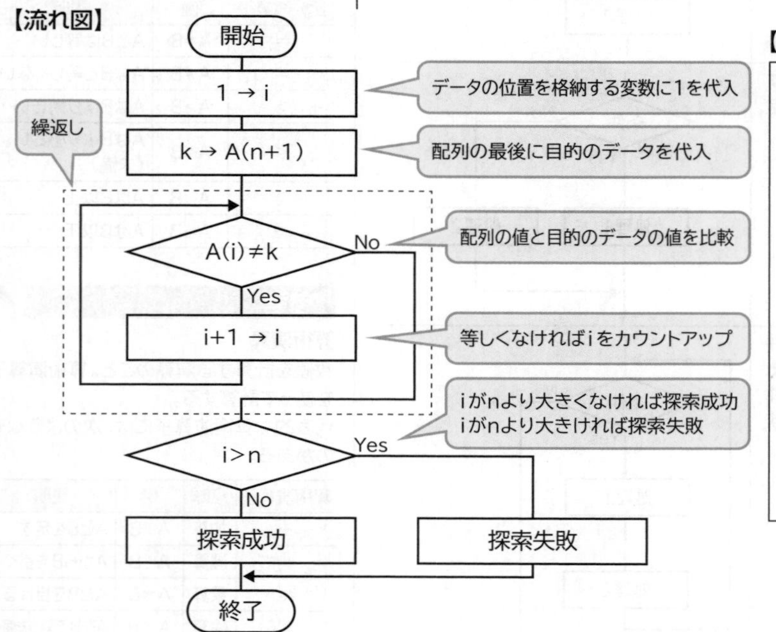

【擬似言語】

```
○線形探索法(整数型:k)
  整数型の配列:A(整数型:n)
  n←配列A(1)~A(n)のデータの個数
  整数型:i
  i ← 1
  A(n+1) ← k

  while(A(i)が kと等しくない)
    i ← i + 1
  endwhile

  if(iが nより大きい)
    探索失敗  /* 探索失敗の処理 */
  else
    探索成功  /* 探索成功の処理 */
  endif
```

●2分探索法

「2分探索法」とは、配列に格納されている中央のデータと目的のデータを比較し、一致しなければ中央のデータの前半か後半のいずれかに探し出す範囲を絞り込んでいくアルゴリズムのことです。目的のデータを探し出すまで、絞り込んだ範囲内で同様の処理を行います。2分探索法は、あらかじめデータが順番に整列されている場合にだけ利用できます。**「バイナリサーチ」**ともいいます。

「6」を探索する場合

配列A(1)～A(n)に格納されたデータから目的のデータ**「k」**を探し出すときのアルゴリズムは、次のように表現できます。

【流れ図】

開始

1 → i（左端の位置を格納する変数に1を代入）

n → j（右端の位置を格納する変数にnを代入）

繰返し

(i+j)/2 → s（中央の位置を格納する変数に「(i+j)/2」を代入）

k=A(s)（目的のデータと中央の位置のデータを比較）　Yes → 探索成功

No → k>A(s)　Yes → s+1 → i　No → s−1 → j

（目的のデータが中央の位置のデータより大きい場合、変数iに「s+1」を代入
目的のデータが中央の位置のデータより小さい場合、変数jに「s−1」を代入）

i≦j　Yes → 繰返し（i≦jの間、処理を繰り返す）

No → 探索失敗

終了

s=中央
i=左端
j=右端

【擬似言語】

```
○2分探索法(整数型：k)
  整数型の配列：A(整数型：n)
  n←配列A(1)～A(n)のデータの個数
  整数型：s, i, j
   i ← 1
   j ← n

  do
    s ← (i + j) ÷ 2
    if(kがA(s)と等しい)
      探索成功  /＊探索成功の処理＊/
      終了  /＊プログラムを終了＊/
    elseif(kがA(s)より大きい)
      i ← s + 1
    else
      j ← s − 1
    endif
  while(iがj以下)

  探索失敗  /＊探索失敗の処理＊/
```

参考

2分探索法の繰返し回数

2分探索法では、配列にn個のデータがある場合、目的のデータを探し出すときに繰返し処理を行う回数は、最短で1回、最大で$\log_2 n+1$回、繰返し処理の回数の平均は$\log_2 n$回になる。

2分探索法は、次のように配列数に比例して繰返し処理の回数は増える。

> 配列数が2つの場合、1回の繰返し処理を行う必要がある。
> 配列数が4つの場合、2回の繰返し処理を行う必要がある。
> 配列数が8つの場合、3回の繰返し処理を行う必要がある。
> ⋮

配列数をn、繰返し処理の回数をxとすると、$n=2^x$が成立する。
したがって、繰返し処理の回数は$x=\log_2 n$となる。

参考

mod（モッド）

除算した余りを求めるときに使う演算記号のこと。

例
43 mod 10
=43÷10=4…3
除算した余りは「3」になる。

参考

ハッシュ表におけるシノニム

ハッシュ表探索法では、ハッシュキーが同じ場合、ハッシュ表にデータを格納する際にデータ同士の衝突が発生する。例えば、右のハッシュ関数を使用した場合、58と98はともにハッシュキーが8なので、ハッシュ表のA（8）にデータを格納するときにデータが衝突する。このようなデータの衝突のことを「シノニム」という。

●ハッシュ表探索法

「ハッシュ表探索法」とは、データを格納するときにあらかじめ関数を使ってデータの格納位置を決め、データを探し出すときには同じ関数を使って格納位置を算出するアルゴリズムのことです。

このとき、データの格納位置を**「ハッシュキー」**または**「ハッシュ値」**、ハッシュキーを決めたり探し出したりする関数を**「ハッシュ関数」**、データを格納した表を**「ハッシュ表」**といいます。

データを10で除算した余りをハッシュ関数とする場合、ハッシュ表へのデータの格納位置を決める方法は、次のとおりです。

ハッシュ関数：（データ mod 10）

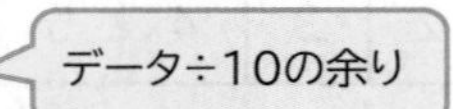

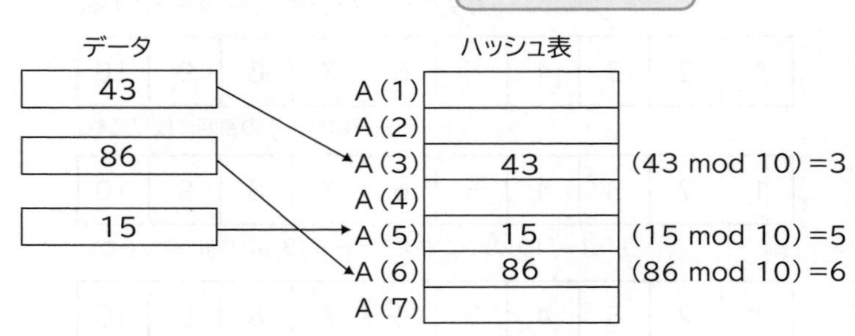

上記のハッシュ表からデータ**「43」**を探し出す手順は、次のとおりです。

①43を10で割った余りは3になる。
②ハッシュ表の3番目のデータと比較する。
③データが複数ある場合は順番に比較する。
④データが見つかる。

配列A（1）～A（n）に格納されたデータから目的のデータ**「k」**を探し出すときのアルゴリズムは、次のように表現できます。

【流れ図】

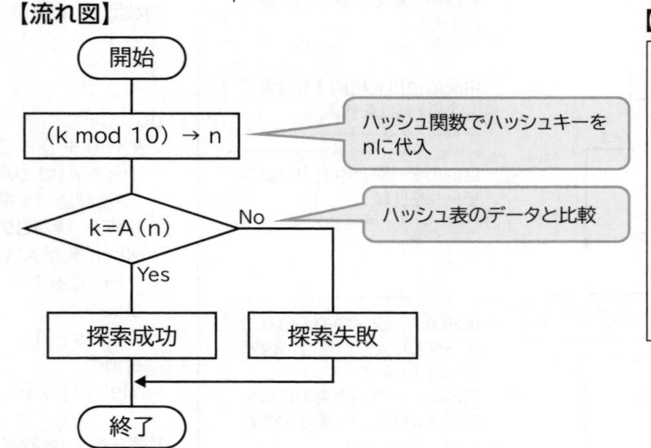

【擬似言語】

```
○ハッシュ表探索法(整数型：k)
  整数型の配列：A(整数型：n)
  n←配列A(1)～A(n)のデータの個数
  n←(k mod 10)

  if(k が A(n)と等しい)
    探索成功  /＊探索成功の処理＊/
  else
    探索失敗  /＊探索失敗の処理＊/
  endif
```

(2) 併合のアルゴリズム

「併合」とは、複数の整列されたデータを、並び順はそのままで、新たに1つのデータにまとめることです。**「マージ」**ともいいます。

2つの配列を、1つの配列にまとめる場合

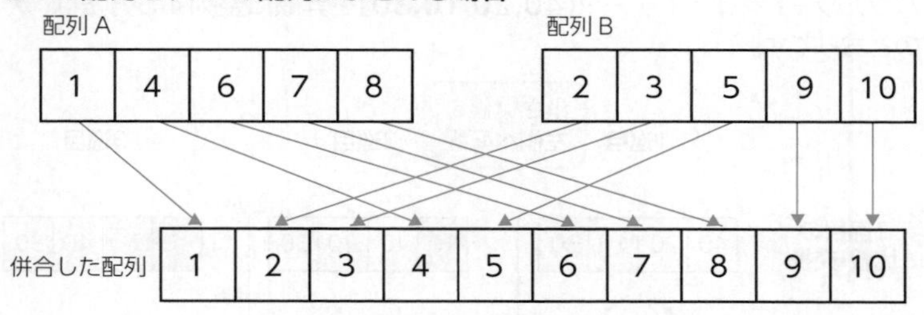

小さいデータから順に並べ、末尾のデータまで繰り返す。

配列A(1)～A(n)と配列B(1)～B(n)を併合するアルゴリズムは、次のように表現できます。

【流れ図】

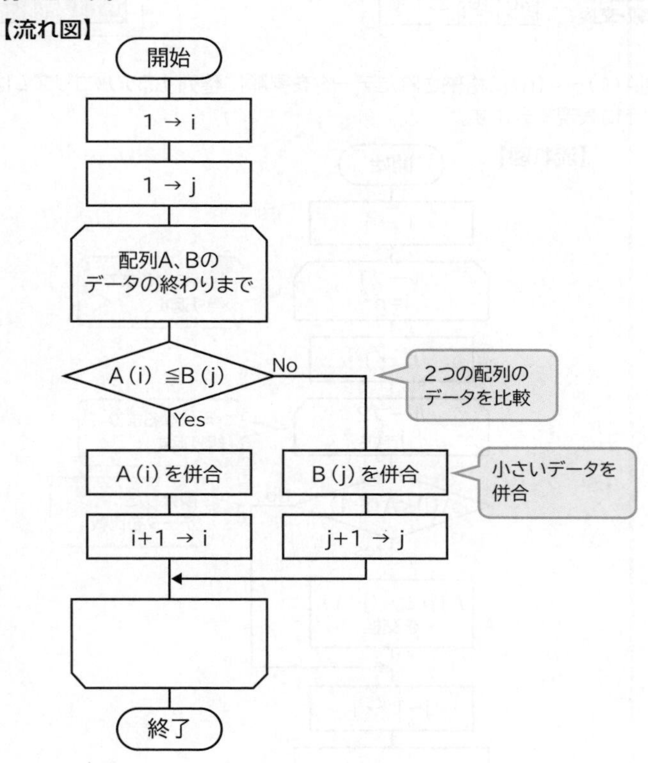

(3) 整列のアルゴリズム

「整列」とは、ある一定の規則をもとにデータを昇順や降順に並べ替えることです。**「並べ替え」**、**「ソート」**ともいいます。

整列には、次のようなアルゴリズムがあります。

参考

昇順・降順

データの並べ替えには、「昇順」と「降順」がある。

データ	昇順	降順
数値	0→9	9→0
英字	A→Z	Z→A
日付	古→新	新→古
かな	あ→ん	ん→あ
JISコード	小→大	大→小

参考

バブルソートの比較回数

並べ替える対象の数をn個としたとき、整列の処理を行うための比較回数は $\frac{n(n-1)}{2}$ となる。

●バブルソート

「バブルソート」とは、先頭または末尾からデータを検索し、隣接したデータの値を比較しながら整列するアルゴリズムのことです。整列のアルゴリズムの中で、最も一般的な方法で、通常は末尾からデータの検索が行われます。

バブルソートを使ってデータ**「40,20,10,30」**を昇順に整列する方法は、次のとおりです。

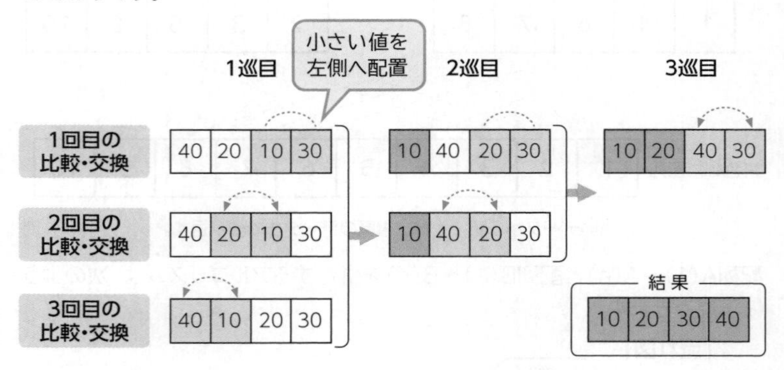

配列A(1)～A(n)に格納されたデータを昇順に整列するアルゴリズムは、次のように表現できます。

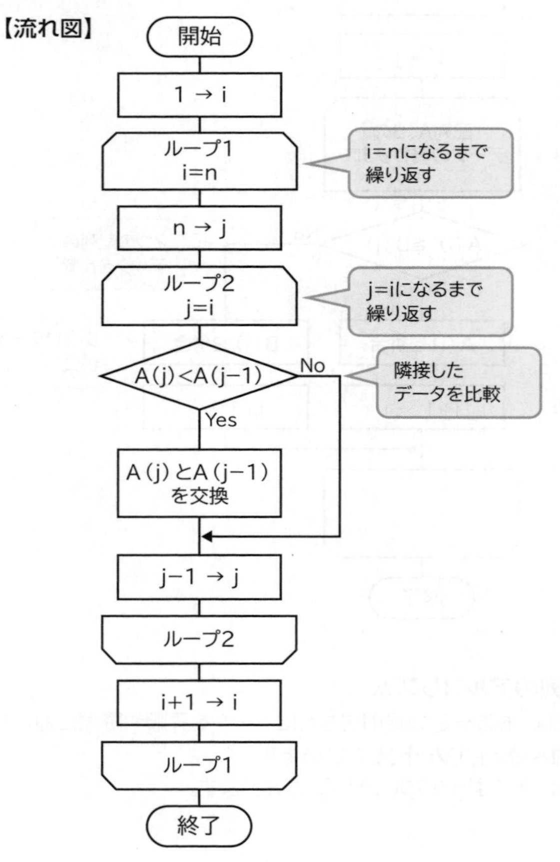

●選択ソート

「選択ソート」とは、先頭から順にデータ同士を比較することで最小値を検索し、発見した最小値を先頭のデータと差し替える処理を繰り返すことで、データを整列するアルゴリズムのことです。

選択ソートを使ってデータ**「40,30,10,20」**を昇順に整列する方法は、次のとおりです。

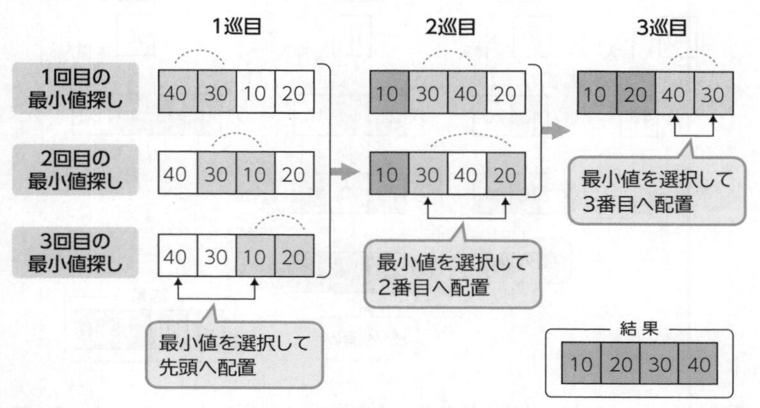

配列A(1)～A(n)に格納されたデータを昇順に整列するアルゴリズムは、次のように表現できます。

【流れ図】

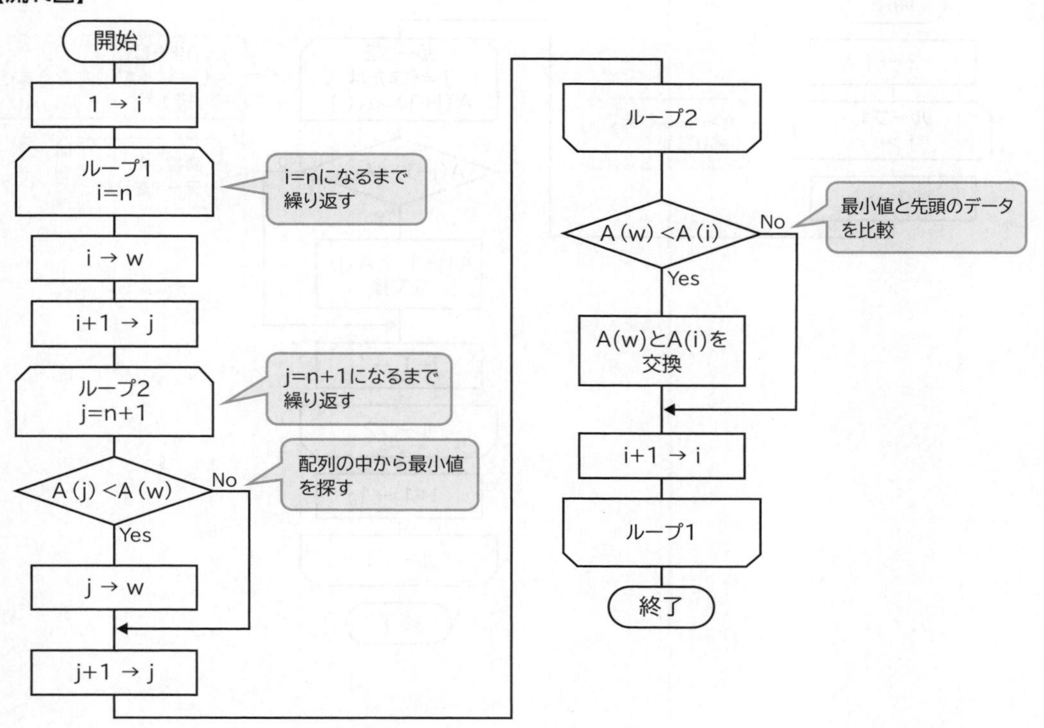

参考

選択ソートの比較回数

並べ替える対象の数をn個としたとき、整列の処理を行うための比較回数は$\frac{n(n-1)}{2}$となる。

参考

挿入ソートの比較回数

並べ替える対象の数をn個としたとき、整列の処理を行うための比較回数は$\frac{n(n-1)}{2}$となる。

●挿入ソート

「挿入ソート」とは、挿入するデータと整列済みのデータの2つを比較し、間に挿入して並べ替えるアルゴリズムのことです。

挿入ソートを使ってデータ**「40,20,10,30」**を昇順に整列する方法は、次のとおりです。

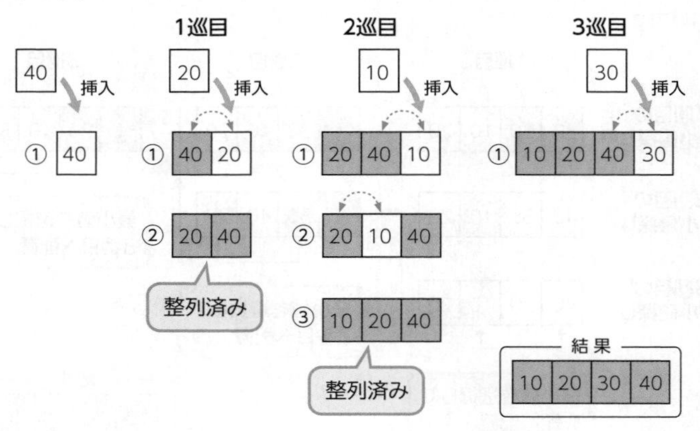

配列A(1)～A(n)に格納されたデータを昇順に整列するアルゴリズムは、次のように表現できます。

【流れ図】

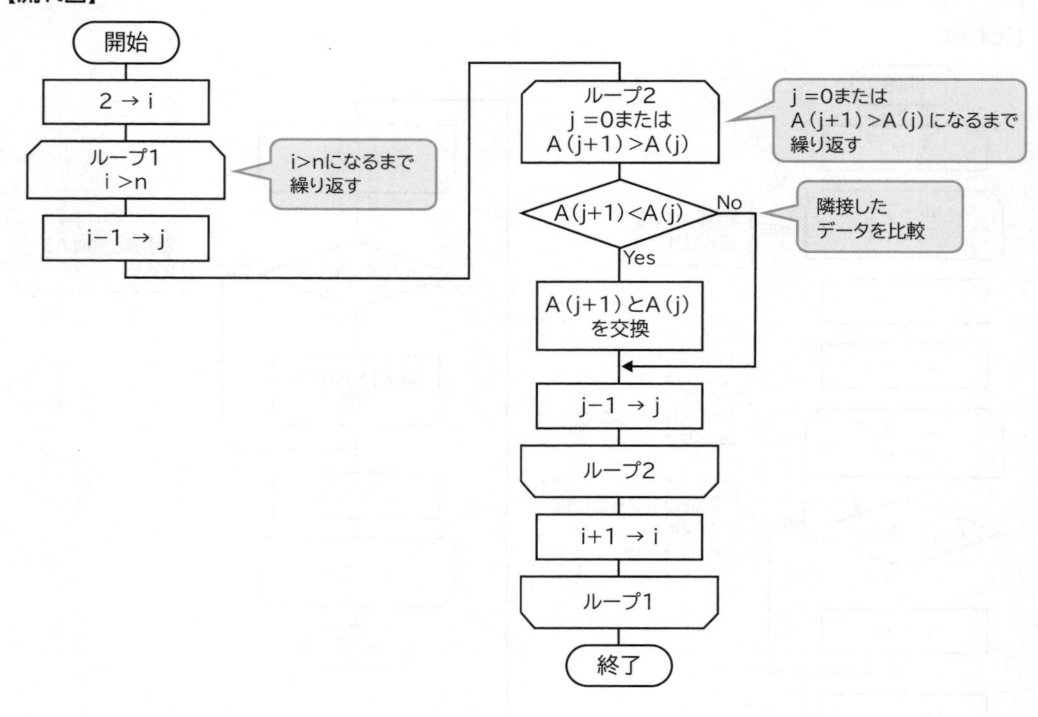

●シェルソート

「シェルソート」とは、挿入ソートを改良して整列を高速にしたアルゴリズムのことです。最初に一定間隔をあけて飛び飛びに挿入ソートを適用して大まかに整列したあと、最後に細かく挿入ソートを適用して最終的な整列を行います。
シェルソートを使ってデータ**「50,40,20,10,30」**を昇順に整列する方法は、次のとおりです。

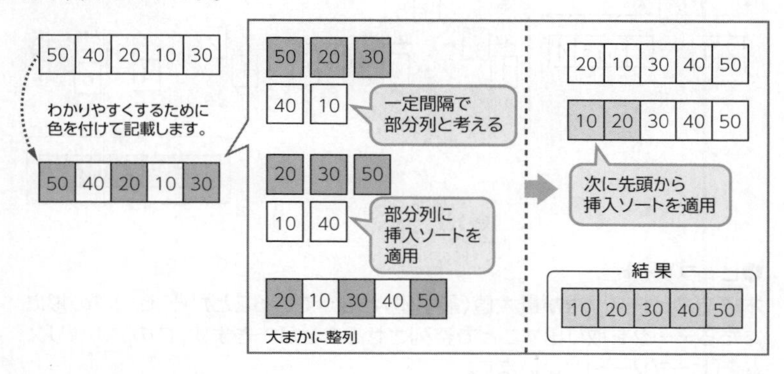

> **参考**
> **シェルソートの比較回数**
> シェルソートでは、間隔のとり方によって整列の処理を行うための比較回数は異なる。

●マージソート

「マージソート」とは、配列を2等分し、2等分した配列内で整列されていれば、2つの配列を併合するアルゴリズムのことです。このとき、2等分した配列内で整列されていない場合は、さらにその配列を2等分します。
マージソートを使ってデータ**「50,40,20,10,30」**を昇順に整列する方法は、次のとおりです。

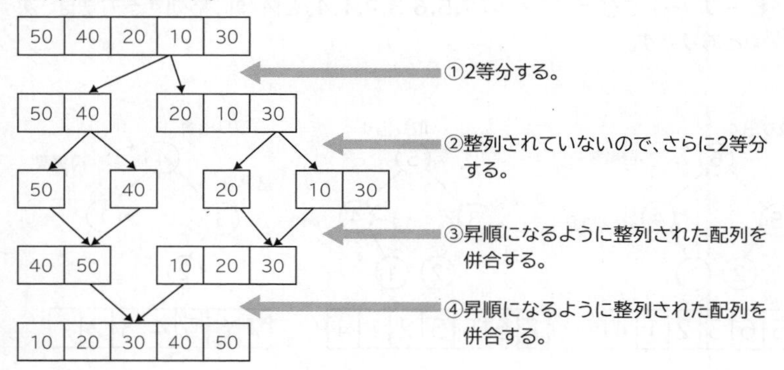

> **参考**
> **マージソートの比較回数**
> 並べ替える対象の数をn個としたとき、整列の処理を行うための比較回数は $n\log_2 n$ となる。

●クイックソート

「クイックソート」とは、配列の中間に位置するデータを基準値として、基準値より左側に小さいデータ、基準値より右側に大きいデータを配置し、これを繰り返して整列するアルゴリズムのことです。
クイックソートを使ってデータ**「7,5,6,3,2,1,4」**を昇順に整列する方法は、次のとおりです。

> **参考**
> **クイックソートの比較回数**
> 並べ替える対象の数をn個としたとき、整列の処理を行うための比較回数は $n\log_2 n$ となる。

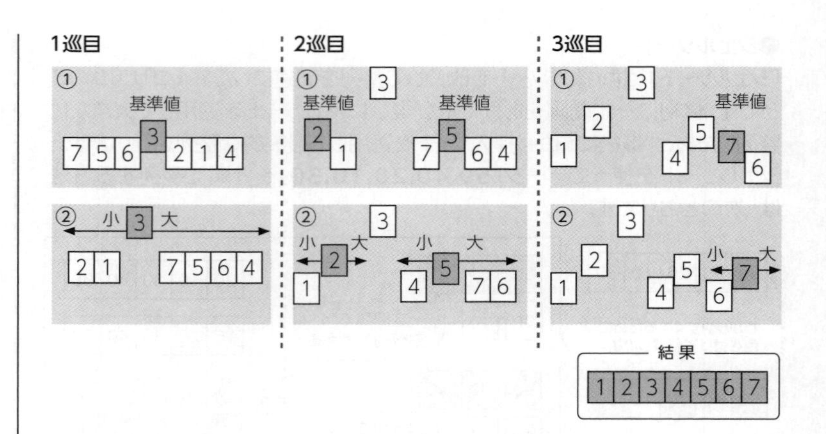

参考

ヒープ

→「1-2-1 4 (2) 2分木」

●ヒープソート

木構造のヒープは根が最大値（最小値）となっていることから、ヒープの根にあたるデータを取り出すことで整列させることができます。このアルゴリズムを**「ヒープソート」**といいます。

ヒープソートでは、次の流れで根にあたるデータを取り出します。

① ヒープを構築する。
② 根にあたるデータを取り出す。
③ ヒープを再構築する。
④ 根にあたるデータを取り出す。

ヒープソートを使ってデータ**「7,5,6,3,2,1,4」**を降順に整列する方法は、次のとおりです。

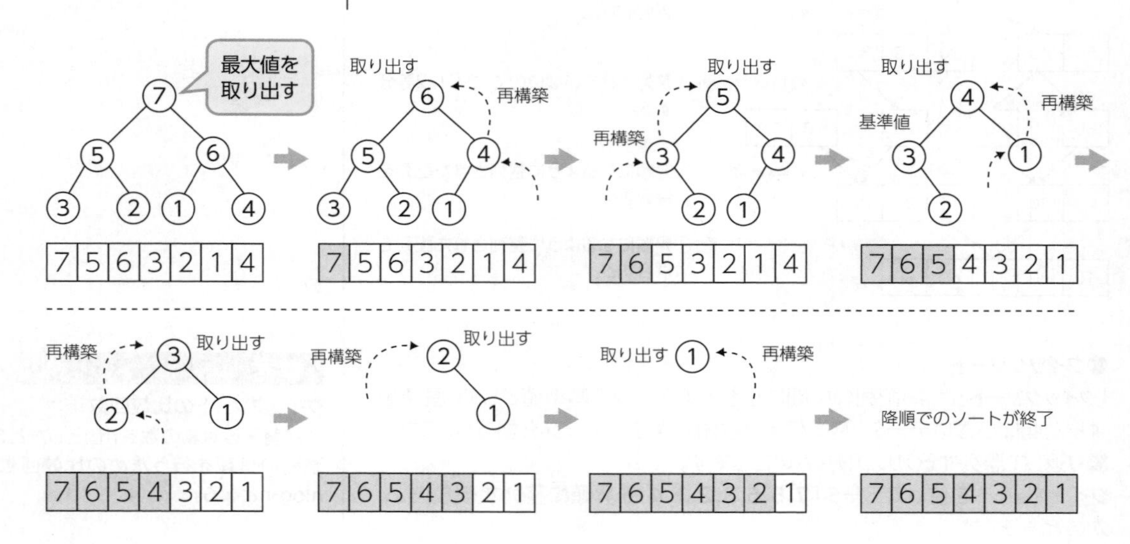

(4) 再帰のアルゴリズム

「再帰」とは、定義の中に、定義自身や簡略化した定義を使うことです。
例えば、関数Aは自分自身である関数Aを使って計算するとき、関数Aは**「再帰関数」**と呼ばれます。
再帰を使うと、一般的に"処理手順が短くなる"、"プログラムがシンプルになる"といったメリットがあります。

(5) 文字列処理のアルゴリズム

「文字列処理のアルゴリズム」とは、配列に格納されている文字列から、特定の文字列を探索するアルゴリズムのことです。文字列から特定の文字列を照合して探索するので、**「文字列照合のアルゴリズム」**とも呼ばれます。
文字列を探索するには、次のアルゴリズムがあります。

●順次探索法

「順次探索法」とは、配列の先頭からひとつずつ文字列を照合して探索するアルゴリズムのことです。

> **例**
> 文字列「a b c d e f g」から文字列「c d e」を探索する。

①配列Aの先頭文字列から3文字分と配列Bを照合する。

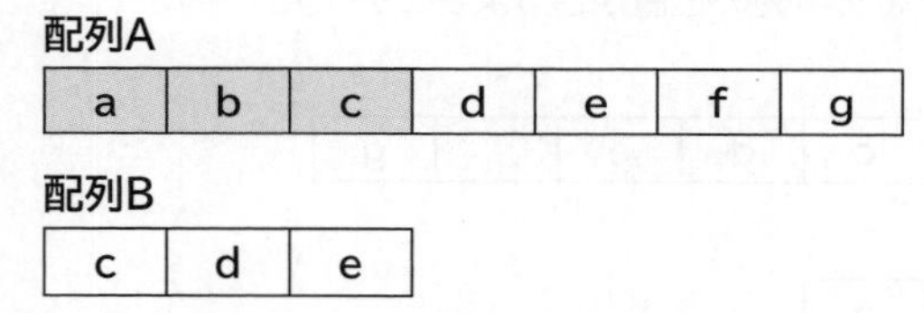

②一致しなければ、配列Aの先頭文字列をひとつずらし、2番目の文字列から3文字分と配列Bを照合する。

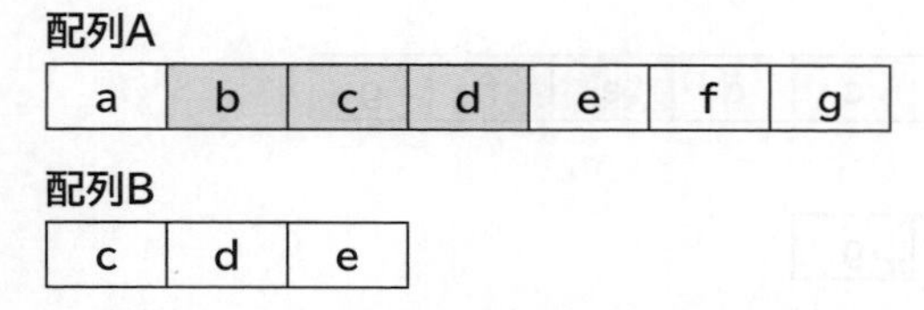

③一致しなければ、配列Aの先頭文字列をひとつずらし、3番目の文字列から3文字分と配列Bを照合する。

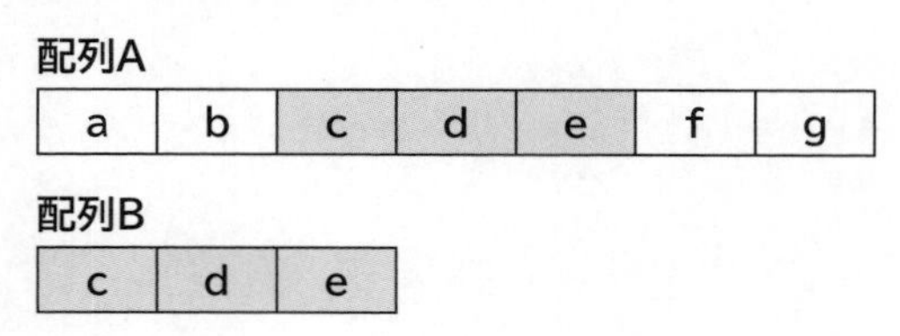

参考

分割統治法

大きな処理を分割して、分割した小さい処理を設計しながら、処理全体を設計する方法のこと。アルゴリズムの設計方法のひとつ。

参考

グラフのアルゴリズム

木構造やグラフを使ってデータを探索するためのアルゴリズムのこと。深さ優先探索、幅優先探索、最短経路探索などがある。

●ボイヤ・ムーア法

「ボイヤ・ムーア法」とは、配列の先頭から文字列を照合するとき、文字列の最後尾が一致するかどうかを比較して探索するアルゴリズムのことです。**「BM法」**ともいいます。

探索する文字列に合わせて、配列の比較対象をずらすことができるので効果的な探索ができます。

例
文字列「a b c d e f g」から文字列「e f g」を探索する。

①配列Aの先頭文字列から3文字分と配列Bを照合する。

②一致しなければ、最後尾のcが配列Bに存在するか確認し、存在しなければ3文字ずらす。

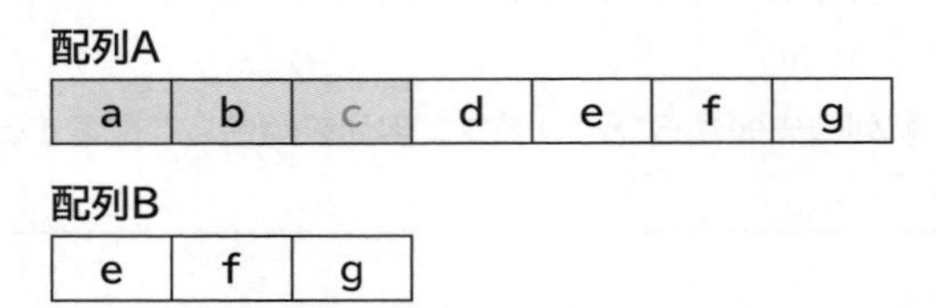

③配列Aの4番目の文字列から3文字分と配列Bを照合する。

④一致しなければ、最後尾のfが配列Bに存在するか確認し、存在する場合は配列Aの該当する文字列の位置が合うようにずらす。

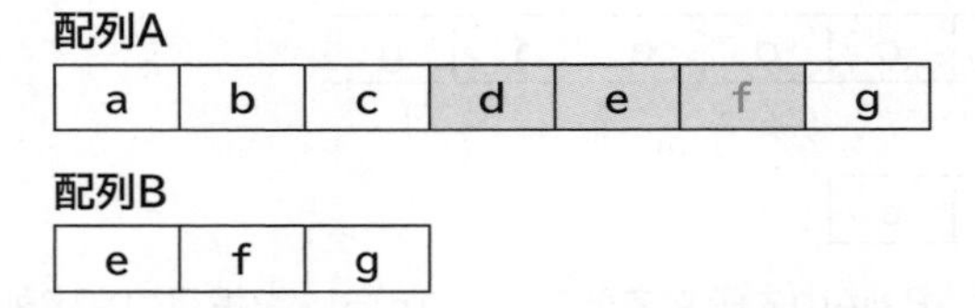

⑤配列Aの5番目の文字列から3文字分と配列Bを照合する。

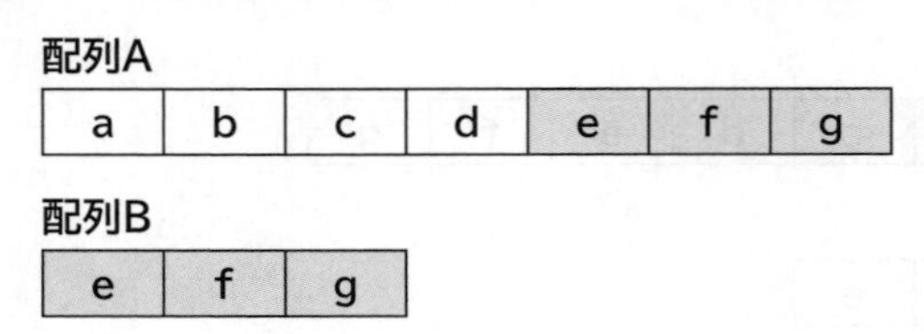

(6) ファイル処理のアルゴリズム

「ファイル処理のアルゴリズム」とは、ファイルを読み込んで処理するアルゴリズムのことです。
ファイル処理の基本的な手順は、次のとおりです。

1 前処理

ファイルを開いたり、初期値を設定したりする。

2 主処理

ファイルのデータを読み込んで目的となる処理を繰り返す。

3 後処理

結果を出力してファイルを閉じる。

代表的なファイル処理に、**「コントロールブレーク処理」**や**「併合処理」**があります。

●コントロールブレーク処理

「コントロールブレーク処理」とは、基準となる項目ごとに整列されたファイルのデータを集計する処理のことです。**「グループ集計処理」**ともいいます。

①1件目のデータを読み込む。
②読み込んだデータの基準となる項目を保存する。
③基準となる項目を比較して、同じ場合はデータを集計し次のデータを読み込む。
④基準となる項目を比較して、異なる場合は小計を出力し、新しい基準となる項目を保存して次のデータを読み込む。
⑤ファイルのデータが終了するまで繰り返す。

入力ファイルを読み込んで明細行を印字し、商品コードごとに小計、最後に総計を加えて印字した場合は、次のとおりです。

入力ファイル

商品コード	商品名	単価	数量	金額
0001	サングラス	700	5	3,500
0001	サングラス	700	10	7,000
0001	サングラス	700	7	4,900
0005	シルクスカーフ	2,600	10	26,000
0005	シルクスカーフ	2,600	5	13,000
0007	ヘアスプレー	900	5	4,500
0007	ヘアスプレー	900	15	13,500

印字サンプル

商品コード	商品名	単価	数量	金額
0001	サングラス	700	5	3,500
0001	サングラス	700	10	7,000
0001	サングラス	700	7	4,900
0001 小計				15,400
0005	シルクスカーフ	2,600	10	26,000
0005	シルクスカーフ	2,600	5	13,000
0005 小計				39,000
0007	ヘアスプレー	900	5	4,500
0007	ヘアスプレー	900	15	13,500
0007 小計				18,000
総計				72,400

参考

整列処理

ファイルのデータを基準となる項目によって並べ替える処理のこと。

参考

編集処理

ファイルのデータを修正する処理のこと。

●併合処理

「併合処理」とは、データ構成が同じで、基準となる項目によって整列されている複数のファイルをひとつにまとめて、新しくファイルを作成する処理のことです。

①各ファイルのデータを1件ずつ読み込む。
②基準となる項目を比較して、値の小さいデータを出力する。
③出力したファイルの新しいデータを1件読み込む。
④各ファイルが終了するまで繰り返す。

ファイルA、ファイルBを読み込んで商品コードの昇順に併合した場合は、次のとおりです。

ファイルA

商品コード	商品名
0004	ヘアバンド
0006	ファッションシャツ
0010	ビジネスシャツ

ファイルB

商品コード	商品名
0002	ダブルジャケット
0008	サングラス
0012	シルクスカーフ

出力ファイル

商品コード	商品名
0002	ダブルジャケット
0004	ヘアバンド
0006	ファッションシャツ
0008	サングラス
0010	ビジネスシャツ
0012	シルクスカーフ

4 アルゴリズムの評価

よいアルゴリズムの特長として“処理が単純である”、“使用するメモリの容量が少ない”、“実行速度が速い”など様々な点が挙げられます。この中でも“実行速度が速い”という点は大変重要です。

しかし、コンピュータの性能によって実行速度は多少異なります。そこで、実行にかかる時間の目安を**「時間計算量」**という尺度を用いてアルゴリズムを評価することがあります。時間計算量は、**「O(オーダー)」**という記号を使って表します。この表記を**「オーダー記法」**といいます。

代表的な探索や整列を行うためのアルゴリズムのオーダー記法は、次のとおりです。

	アルゴリズム	オーダー記法
探索	線形探索法	O (n)
	2分探索法	O (logn)
	ハッシュ表探索法	O (1)
整列	バブルソート	O (n^2)
	選択ソート	O (n^2)
	挿入ソート	O (n^2)
	マージソート	O (nlogn)
	クイックソート	O (nlogn)
	ヒープソート	O (nlogn)

参考

2分探索法のオーダー記法

2分探索法の平均探索回数は$\log_2 n$だが、logの底は基本的に2で考える。しかしlogの性質から底を次のように変換できる。

$\log_2 n = \frac{\log_{10} n}{\log_{10} 2}$

分母は定数なので無視できるため、時間計算量は$\log_{10} n$だけを考える。オーダー記法は$\log_{10} n$と表現できるが、底は2でも10でもよいことから、省略して「O(logn)」と表記する。

参考

バブルソート・選択ソート・挿入ソートのオーダー記法

バブルソート・選択ソート・挿入ソートの整列の処理を行う回数は$\frac{n(n-1)}{2}$であるが、オーダー記法ではデータ量が多い場合を考えるため定数は無視して「O(n^2)」と表記する。

1-2-3 プログラミング

「プログラミング」とは、プログラム言語を使ってアルゴリズムを記述することです。
効果的にプログラミングを行うには、**「プログラミング作法」**や**「コーディング標準」**のほかにも、プログラミングの基本になる**「プログラム構造」**などを理解しておく必要があります。

❶ プログラミング作法

「プログラミング作法」とは、プログラミングするときに守らなくてはいけないルールのことです。
プログラミング作法に従ってプログラミングすることで、無駄なく効率的なプログラミングができ、誰が見ても処理の内容を容易に理解できるプログラムになります。
代表的なプログラミング作法には、次のようなものがあります。

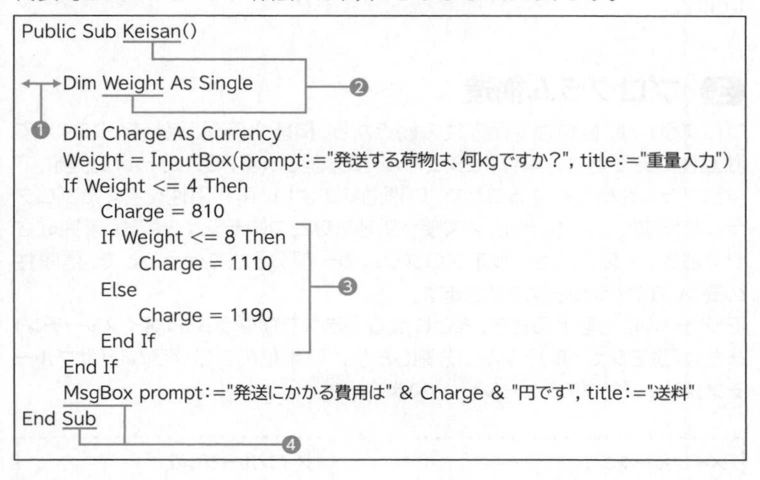

❶ インデンテーション

「インデンテーション」とは、**「字下げ」**のことです。**「インデント」**ともいいます。
プログラムを記述するとき、適宜字下げをすることでプログラムが見やすくなります。

❷ 命名標準

「命名標準」とは、ソフトウェアコード内に記述するプログラム名や変数名などの名前を付けるときの規則のことです。**「命名規則」**ともいいます。
命名標準には、使用できない文字列や名前の長さの制限、大文字と小文字の区別などがあります。

❸ ネスト

「ネスト」とは、条件の中にさらに条件を付けて処理を分岐させるなど、何段階も処理を組み合わせたプログラムの構成のことです。**「入れ子」**ともいいます。
あまりに深すぎるネストは、処理効率が下がったり、エラーが発生したりするので、ネストの深さには注意が必要です。

❹予約語

「予約語」とは、プログラムの仕様上、決まった意味を持つ単語のことです。**「使用禁止命令」**ともいいます。
命名標準を満たしていても、プログラム名や変数名などに予約語と同じ名前を付けることはできません。

❷ コーディング標準

「コーディング標準」とは、プログラミングを行うメンバ間でプログラムを記述するときに決めておくルールのことです。複数のメンバでプログラミングを行うとき、メンバ間でコーディング標準を決めておくと、プログラム開発の効率化や品質の均一化を実現できます。
変数名はどのような基準で付けるか、コメントの書き方はどうするかなどを決めておくことで、一貫性のあるプログラムが作成できます。コーディング標準がない場合、様々な様式のプログラムができあがってしまい、ソフトウェアコードの内容が読みにくく、保守性や使用性の低いプログラムになってしまいます。

❸ プログラム構造

プログラムは、信頼性や保守性の観点から、機能や処理、流れなどによって独立性のある小さい単位（モジュール）に分割します。モジュールに分割してプログラムを構造化することで、処理効率のよい、再利用性を考えたプログラムを作成できます。また、よく使う処理をひとつのモジュールとして完成させておき、そのモジュールをプログラムの一部分として使うことで、信頼性の高いプログラムを作成できます。
モジュールに分割するとき、もとになる大きなプログラムを**「メインルーチン」**または**「主モジュール」**といい、分割した小さい単位のプログラムを**「サブルーチン」**または**「サブモジュール」**といいます。

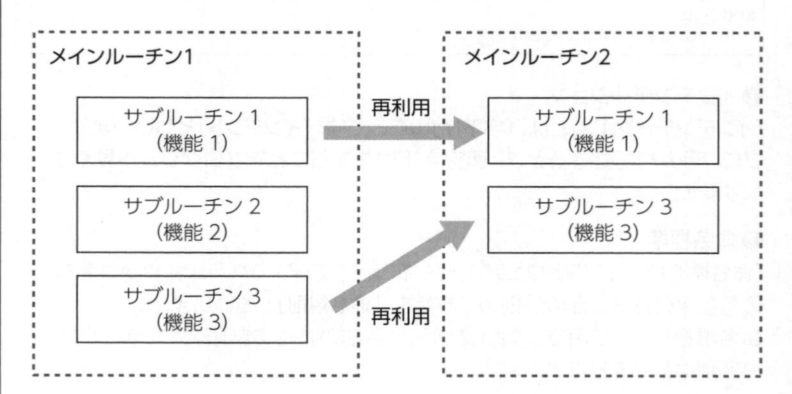

参考

モジュール設計

→「4-3-3 2 モジュールの設計」

参考

構造化プログラミング

プログラムをモジュールに分割し、階層的な構造にして作成すること。

❹ オブジェクト指向プログラミング

「オブジェクト指向プログラミング」とは、**「属性」**と**「メソッド(操作)」**をまとめてオブジェクトとしてとらえ、各オブジェクトが相互にメッセージをやり取りすることによって、プログラム全体の機能を実現するプログラミング手法のことです。属性とメソッドをまとめたオブジェクトのひな型である**「クラス」**を利用し、**「オブジェクト指向設計」**の考え方に基づいてプログラミングします。

❺ Webプログラミング

「Webプログラミング」とは、インターネットの技術を利用したプログラムを作成することです。
Webプログラミングで作成したプログラムは、**「Webサーバ」**に配置します。クライアントはWebサーバにアクセスし、プログラムを実行します。
Webサーバに配置するプログラムには、クライアントのWebブラウザに表示する**「静的なプログラム」**と、Webサーバ側で実行する**「動的なプログラム」**があります。
静的なプログラムとは、HTMLやXMLなどのマークアップ言語を使って文章や画像を表示できるWebページのことです。クライアントからアクセスがあった場合に、WebページをクライアントのWebブラウザに表示します。

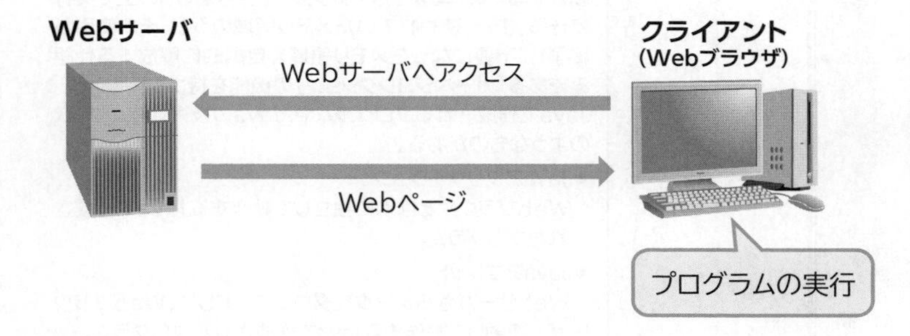

また、動的なプログラムは、クライアントからアクセスされたタイミングで、PerlやPHPなどのプログラム言語で作成したプログラムをWebサーバ側で実行し、結果をクライアントのWebブラウザに表示します。動的なプログラムの例には、掲示板システムやデータベースにアクセスするシステムなどがあります。

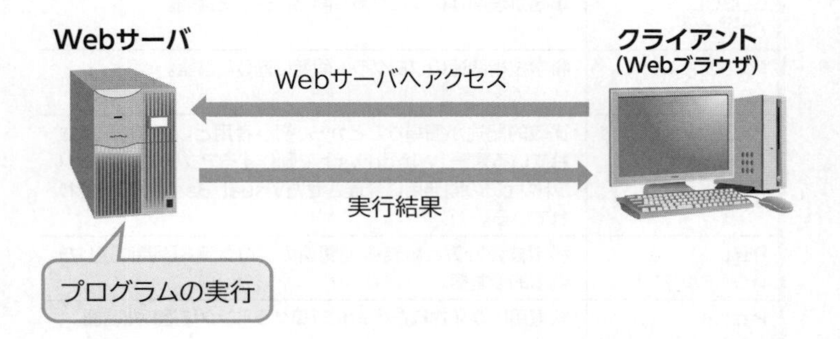

参考

オブジェクト指向設計
→「4-3-4 3 オブジェクト指向設計」

参考

サーバサイドプログラミング
プログラム言語を使ってWebサーバ上で動作するアルゴリズムを記述すること。サーバサイドプログラミングに用いられるプログラム言語には、「Java(Javaサーブレット)」や「C言語」などがある。

参考

Webサーバ
クライアント(Webブラウザ)からの要求に対して、コンテンツ(HTMLファイルや画像など)の表示を提供するサーバのこと。

参考

Webブラウザ
Webページを閲覧するために利用するアプリケーションソフトウェアのこと。

参考

Perl/PHP
→「1-2-4 1 代表的なプログラム言語」

参考

リッチクライアント
アプリケーションの実行環境だけを搭載した形態のこと。必要な際にアプリケーションをダウンロードして実行できるため、アプリケーションを容易に配布することができ、導入に手間がかからないという特徴がある。また、表現力や操作性が向上する。リッチクライアントに用いられるプログラム言語には、「Java(Javaアプレット)」などがある。

1-2-4 プログラム言語

プログラム言語には、コンピュータの形式や用途、目的によって様々な種類があります。

❶ 代表的なプログラム言語

代表的なプログラム言語には、次のようなものがあります。

	プログラム言語	説　明
低水準言語	機械語	CPUが理解できる2進数の命令コードで記述する言語。機械語はCPUの種類ごとに異なる。「マシン語」ともいう。
	アセンブラ言語	人間が読みやすいように、機械語の命令部分を記号にした言語。
高水準言語	C言語	もともとUNIXを開発するために作られた言語。OSやアプリケーションソフトウェアなど、様々な分野で利用されている。オブジェクト指向言語に発展させた「C＋＋(シープラスプラス)」がある。
	Java (ジャバ)	インターネットや分散システム環境で広く利用されているオブジェクト指向言語。Java言語で作成されたプログラムは、「Java仮想マシン(JavaVM)」と呼ばれる実行環境の上で動作するため、異なるハードウェアや異なるOSの上で実行できる。また、使われていたメモリ領域のうち、その使用が終了し、不要になったメモリ領域を自動的に解放する仕組みである「ガーベジコレクション」の機能を持つ。 Javaで作成されるプログラムや、Javaの技術仕様には、次のようなものがある。 ●Javaアプリケーション Webブラウザとは別に独立して動作するJavaで作成されたプログラム。 ●Javaアプレット Webサーバからデータをダウンロードして、Webブラウザと連動して動作するJavaで作成されたプログラム。 ●Javaサーブレット Webブラウザの要求に応じて、サーバ側で実行されるJavaで作成されたプログラム。 ●JavaBeans(ジャバビーンズ) Java言語で部品化されたプログラム(Bean)を作成するための技術仕様。部品化したプログラムを再利用して組み合わせることで、新たなプログラムを開発できる。
	COBOL (コボル)	事務処理関連のプログラム開発に適した言語。
	Fortran (フォートラン)	科学技術関連のプログラム開発に適した言語。
	BASIC (ベーシック)	比較的記述が簡単なことから、初心者用として広く利用されている言語。Windows上で動作するアプリケーションソフトウェアの開発用に発展させたVisual Basicが広く使われている。
	PL/I (ピーエルワン)	科学技術計算と事務処理関連のプログラム開発に適した汎用的な言語。
	Pascal (パスカル)	教育用に開発された構造化プログラミングに適した言語。

参考

スクリプト言語

簡易プログラム(スクリプト)を記述するプログラム言語のこと。コンパイルしたファイルを事前に用意する必要のないインタプリタである。代表的なスクリプト言語には、次のようなものがある。

●Perl(パール)

テキスト処理に適したスクリプト言語のこと。Webページの掲示板システムなどのCGIで使われる。
「Practical Extraction and Report Language」の略。

●PHP

動的なWebページを作成するためのスクリプト言語のこと。Webサーバ側で動作する。
「PHP:Hypertext Preprocessor」の略。

●Python(パイソン)

テキスト処理だけでなく、アプリケーションソフトウェア開発にも適したスクリプト言語のこと。オブジェクト指向言語であり、最近ではAI(人工知能)をプログラミングできる言語として注目されている。

●Ruby(ルビー)

テキスト処理に適したスクリプト言語のこと。文法がシンプルで手軽なオブジェクト指向言語である。

●JavaScript

Webブラウザで動作する、動的なWebページを作成するためのスクリプト言語のこと。なお、Javaとは異なるものである。

参考

コンパイル

→「2-3-1 11 (2) コンパイラ」

参考

ECMAScript(エクマスクリプト)

Netscape社のJavaScriptとマイクロソフト社のJScriptの動作を統一するために作られた、JavaScriptの標準規格のこと。Ecma International(ヨーロッパ電子計算機工業会)によって標準化された。

❷ プログラム言語の分類

プログラム言語は、コンピュータが理解するために翻訳が不要な**「低水準言語」**から、翻訳が必要にはなりますが人間が理解しやすい**「高水準言語」**へと発展してきました。
高水準言語には様々なものがありますが、主に次の2つに分類されます。

種　類	説　明
手続型言語	処理手順を記述するプログラム言語。 C言語、COBOL、Fortran、BASIC、PL/I、Pascalなどがある。
非手続型言語	処理手順を意識しないで記述するプログラム言語。 オブジェクト指向言語のJavaやC++などがある。

1-2-5　マークアップ言語

「マークアップ言語」とは、見出しや段落、表、図形など文書の構造に関する指定をテキストファイルに記述する言語のことです。

❶ マークアップ言語の特徴

マークアップ言語で使われる言語や記号には、次のようなものがあります。

(1) スキーマ言語

「スキーマ言語」とは、マークアップ言語で文書を作成するときに、マークアップ言語自体を定義するメタ言語のことです。**「DTD」**や**「XML Schema(スキーマ)」**などがあります。
マークアップ言語で文書の構造化を行う場合は、文書にどのような要素が使われているかをスキーマ言語で定義します。その際、マークアップ言語で文書の構造化を記述したテキストファイルに、使用するスキーマ言語の宣言が必要になる場合があります。

(2) タグ

スキーマ言語で定義されている見出しや段落など、文書を構成する要素を表すときに使われる記号を**「タグ」**といいます。文書を構成する要素名を「<>」を使って囲み、開始位置と終了位置を指定します。開始位置のタグは**「開始タグ」**、終了位置のタグは**「終了タグ」**といい、終了タグには要素名の前に「/」を記述します。

```
<p>野球シーズン到来！</p>
```

※「p」は、段落を表す要素です。段落「野球シーズン到来！」を示しています。

参考

オブジェクト指向言語
属性とメソッド（操作）をまとめてオブジェクトとしてとらえ、オブジェクトの操作を記述するプログラム言語のこと。

参考

関数型言語
関数を組み合わせて処理を記述するプログラム言語のこと。

参考

論理型言語
論理式の集まりで処理を記述するプログラム言語のこと。

参考

メタ言語
言語の文法や構文自体を定義するための言語のこと。

参考

DTD
「Document Type Definition」の略。
日本語では「文書型定義」の意味。

参考

CLI
マイクロソフト社によって策定され、Ecma International（ヨーロッパ電子計算機工業会）やISOによって標準化されたソフトウェアの実行環境のこと。
異なるプログラム言語で同じ動作をするための言語基盤であり、実行ファイルのフォーマットやプログラムが扱うデータの型、中間言語の仕様、OSの機能へのアクセス方法などを定めている。
CLIは、「ISO/IEC 23271」として国際標準化されており、日本では「JIS X 3016」としてJIS化されている。
「Common Language Infrastructure」の略。
日本語では「共通言語基盤」の意味。

マークアップ言語のひとつであるHTMLでは、次のようなタグが使われます。

タグ	説明
<html>～</html>	HTMLの開始と終了
<head>～</head>	ヘッダー(Webページに関する情報)の開始と終了
<meta>	文書情報の指定
<title>～</title>	Webページのタイトルの開始と終了
<body>～</body>	本文の開始と終了
<h1>～</h1>	見出しレベル1の開始と終了 ※見出しレベルは6まであります。
<p>～</p>	段落の開始と終了
 	改行
<table>～</table>	表の開始と終了
<tr>～</tr>	表内の列の開始と終了
<th>～</th>	表内の見出しセルの開始と終了
<td>～</td>	表内のセルの開始と終了
<a>～</a>	リンクの開始と終了(href属性でリンク先を指定)

(3) スタイルシート言語

マークアップ言語が文書の構造を記述する言語であるのに対して、文字の書体やサイズ、色、背景、余白など、Webページのデザインやレイアウトを定義する際に使用するのが**「スタイルシート言語」**です。スタイルシート言語には**「CSS」**や**「XSL」**などがあります。

2 マークアップ言語の種類

代表的なマークアップ言語には、次のようなものがあります。

(1) HTML

「HTML」とは、**「SGML」**をもとに開発された、Webページを作成するときに記述するマークアップ言語のひとつで、見出しや段落などの文書の構造を記述します。
HTMLを利用する場合、次の2つのファイルを組み合わせます。

ファイル	説明
HTMLファイル	HTMLのスキーマ言語(DTD)の宣言と、文書の構成をタグを使って記述したファイル。
CSSファイル	HTML用のスタイルシート言語(CSS)で作成したスタイルシートファイル。

参考

W3C
マークアップ言語の標準化を行う団体のこと。SGMLやHTMLなどのマークアップ言語の仕様の標準化を進めている。
「World Wide Web Consortium」の略。

参考

CSS
「Cascading Style Sheets」の略。
日本語では「段階スタイルシート」の意味。

参考

XSL
「eXtensible Stylesheet Language」の略。
日本語では「拡張可能なスタイルシート言語」の意味。

参考

HTML
「HyperText Markup Language」の略。

参考

SGML
マークアップ言語のひとつ。データ交換を容易にすることを目的として開発された文書フォーマットで、電子出版や文書データベースなどに使われている。
「Standard Generalized Markup Language」の略。
日本語では「標準一般化マーク付け言語」の意味。

HTMLファイル

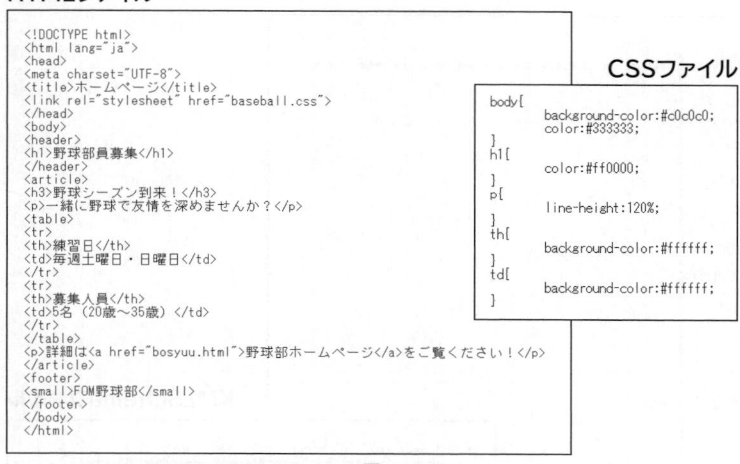

```html
<!DOCTYPE html>
<html lang="ja">
<head>
<meta charset="UTF-8">
<title>ホームページ</title>
<link rel="stylesheet" href="baseball.css">
</head>
<body>
<header>
<h1>野球部員募集</h1>
</header>
<article>
<h3>野球シーズン到来！</h3>
<p>一緒に野球で友情を深めませんか？</p>
<table>
<tr>
<th>練習日</th>
<td>毎週土曜日・日曜日</td>
</tr>
<tr>
<th>募集人員</th>
<td>5名 (20歳～35歳) </td>
</tr>
</table>
<p>詳細は<a href="bosyuu.html">野球部ホームページ</a>をご覧ください！</p>
</article>
<footer>
<small>FOM野球部</small>
</footer>
</body>
</html>
```

CSSファイル

```css
body{
        background-color:#c0c0c0;
        color:#333333;
}
h1{
        color:#ff0000;
}
p{
        line-height:120%;
}
th{
        background-color:#ffffff;
}
td{
        background-color:#ffffff;
}
```

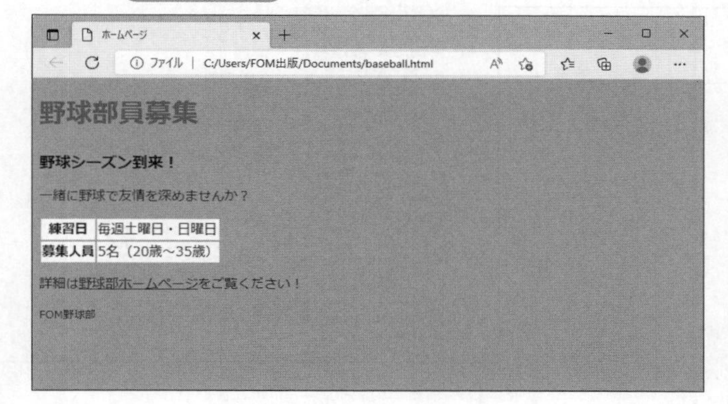

(2) XML

「**XML**」とは、SGMLをもとに開発された、インターネット向けに最適化されたデータを記述するためのマークアップ言語のひとつです。タグを独自に定義することができることから、拡張可能なマークアップ言語といわれています。
主に、ネットワークを介したデータ交換やコンピュータの動作環境の定義などを行う場合に利用されています。現在では、ITサービス業界だけでなく、様々な企業がインターネット上での情報公開や電子商取引などで幅広く活用しています。
XMLを利用する場合、次の3つのファイルを組み合わせることができます。

ファイル	説　明
XMLファイル	文書の構成をタグを使って記述したファイル。
XML Schemaファイル	XMLのスキーマ言語（XML Schema）で作成したファイル。XMLファイルに記述されている独自のタグを定義したり、データの範囲を定義したりする。
XSLファイル	XML用のスタイルシート言語（XSL）で作成したスタイルシートファイル。

参考

YAML

一定の規則で記述されたデータ（構造化データ）を表現するためのデータ形式のこと。記号やインデントを使うことによって、データの階層関係などを表現する。
「YAML Ain't Markup Language」の略。
日本語では「YAMLはマークアップ言語ではない」の意味。

参考

XML

「eXtensible Markup Language」の略。

参考

RSS

Webページが更新されたことがひと目でわかるように、見出しや要約などを記述したXMLベースのファイルフォーマットのこと。

XMLファイル

```
<?xml version="1.0" encoding="UTF-8"?>
<?xml-stylesheet type="text/xsl" href="member.xsl"?>
<memberdata xmlns:xsi="http://www.w3.org/2001/XMLSchema-instance" xsi:noNamespaceSchemaLocation="member.xsd">
        <record>
                <会員番号>2000001</会員番号>
                <名前>大月　賢一郎</名前>
                <フリガナ>オオツキ　ケンイチロウ</フリガナ>
                <郵便番号>249-0005</郵便番号>
                <住所>神奈川県逗子市桜山XXX</住所>
                <電話番号>046-XXX-XXXX</電話番号>
                <性別>M</性別>
        </record>
        <record>
                <会員番号>2000002</会員番号>
                <名前>山本　喜一</名前>
                <フリガナ>ヤマモト　キイチ</フリガナ>
                <郵便番号>236-0007</郵便番号>
                <住所>神奈川県横浜市金沢区白帆XXX</住所>
                <電話番号>045-XXX-XXXX</電話番号>
                <性別>M</性別>
        </record>
        <record>
                <会員番号>2000003</会員番号>
                <名前>畑田　香奈子</名前>
                <フリガナ>ハタダ　カナコ</フリガナ>
                <郵便番号>227-0046</郵便番号>
                <住所>神奈川県横浜市青葉区たちばな台XXX</住所>
                <電話番号>045-XXX-XXXX</電話番号>
                <性別>F</性別>
        </record>
        <record>
                <会員番号>2000004</会員番号>
                <名前>野村　桜</名前>
                <フリガナ>ノムラ　サクラ</フリガナ>
                <郵便番号>230-0033</郵便番号>
                <住所>神奈川県横浜市鶴見区朝日町XXX</住所>
```

XMLSchemaファイル

```
<?xml version="1.0" encoding="UTF-8"?>
<xsd:schema xmlns:xsd="http://www.w3.org/2001/XMLSchema">
  <xsd:element name="memberdata">
    <xsd:complexType>
      <xsd:sequence>
        <xsd:element ref="record" maxOccurs="unbounded"/>
      </xsd:sequence>
    </xsd:complexType>
  </xsd:element>
  <xsd:element name="record">
    <xsd:complexType>
      <xsd:sequence>
        <xsd:element ref="会員番号"/>
        <xsd:element ref="名前"/>
        <xsd:element ref="フリガナ"/>
        <xsd:element ref="郵便番号"/>
        <xsd:element ref="住所"/>
        <xsd:element ref="電話番号"/>
        <xsd:element ref="性別"/>
      </xsd:sequence>
    </xsd:complexType>
  </xsd:element>
  <xsd:element name="フリガナ" type="xsd:string"/>
  <xsd:element name="会員番号" type="xsd:string"/>
  <xsd:element name="住所" type="xsd:string"/>
  <xsd:element name="名前" type="xsd:string"/>
  <xsd:element name="性別" type="xsd:string"/>
  <xsd:element name="郵便番号" type="xsd:string"/>
  <xsd:element name="電話番号" type="xsd:string"/>
</xsd:schema>
```

XSLファイル

```
<?xml version="1.0" encoding="UTF-8"?>
<xsl:stylesheet version="1.0" xmlns:xsl="http://www.w3.org/1999/XSL/Transform">
<xsl:template match="/">
<html>
<head>
<title>会員名簿</title>
</head>
<body bgcolor="#ffffff">
<xsl:apply-templates select="memberdata"/>
</body>
</html>
</xsl:template> <xsl:template match="memberdata">
<p align="center">
<table border="1" cellpadding="5">
  <tr>
    <td bgcolor="#dcc2ff" align="center">会員番号</td>
    <td bgcolor="#dcc2ff" align="center">名前</td>
    <td bgcolor="#dcc2ff" align="center">フリガナ</td>
    <td bgcolor="#dcc2ff" align="center">郵便番号</td>
    <td bgcolor="#dcc2ff" align="center">住所</td>
    <td bgcolor="#dcc2ff" align="center">電話番号</td>
    <td bgcolor="#dcc2ff" align="center">性別</td>
  </tr>
  <xsl:for-each select="record">
  <tr>
    <td> <xsl:value-of select="会員番号"/> </td>
    <td> <xsl:value-of select="名前"/> </td>
    <td> <xsl:value-of select="フリガナ"/> </td>
    <td> <xsl:value-of select="郵便番号"/> </td>
    <td> <xsl:value-of select="住所"/> </td>
    <td> <xsl:value-of select="電話番号"/> </td>
    <td align="center"> <xsl:value-of select="性別"/> </td>
  </tr>
  </xsl:for-each>
</table></p>
</xsl:template> </xsl:stylesheet>
```

Webブラウザで表示すると

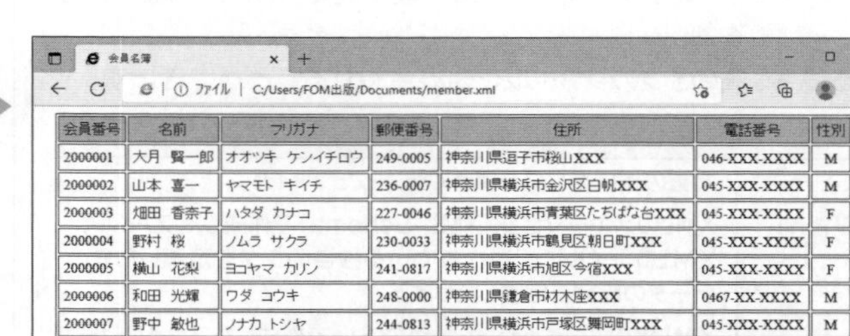

会員番号	名前	フリガナ	郵便番号	住所	電話番号	性別
2000001	大月　賢一郎	オオツキ　ケンイチロウ	249-0005	神奈川県逗子市桜山XXX	046-XXX-XXXX	M
2000002	山本　喜一	ヤマモト　キイチ	236-0007	神奈川県横浜市金沢区白帆XXX	045-XXX-XXXX	M
2000003	畑田　香奈子	ハタダ　カナコ	227-0046	神奈川県横浜市青葉区たちばな台XXX	045-XXX-XXXX	F
2000004	野村　桜	ノムラ　サクラ	230-0033	神奈川県横浜市鶴見区朝日町XXX	045-XXX-XXXX	F
2000005	横山　花梨	ヨコヤマ　カリン	241-0817	神奈川県横浜市旭区今宿XXX	045-XXX-XXXX	F
2000006	和田　光輝	ワダ　コウキ	248-0000	神奈川県鎌倉市材木座XXX	0467-XX-XXXX	M
2000007	野中　敏也	ノナカ トシヤ	244-0813	神奈川県横浜市戸塚区舞岡町XXX	045-XXX-XXXX	M
2000008	山城　まり	ヤマシロ　マリ	233-0001	神奈川県横浜市港南区上大岡東XXX	045-XXX-XXXX	F
2000009	坂本　誠	サカモト　マコト	244-0803	神奈川県横浜市戸塚区平戸町XXX	045-XXX-XXXX	M
2000010	布施　友香	フセ トモカ	243-0033	神奈川県厚木市温水XXX	046-XXX-XXXX	F

また、XMLファイルをプログラムから操作したり、XMLを活用したりする技術には、次のようなものがあります。

名 称	説 明
DOM （ドム）	プログラムからXMLファイルを操作するときに利用できるAPI。XMLファイルのタグのデータを取り出したり、XMLファイルを更新したりできる。 XMLファイルの構造をツリー化（DOMツリー）し、XMLファイル全体を読み込んだあとに処理を開始する。XMLファイルの内容はメモリ上で展開されるので、その分メモリの容量も必要になる。 「Document Object Model」の略。
SAX （サックス）	プログラムからXMLファイルを操作するときに利用できるAPI。XMLファイルに記述されたタグのデータを取り出すことができる。XMLファイルの更新はできない。 XMLファイルの内容を先頭から順に処理を行う。DOMと比べて、必要とされるメモリの容量を抑えることができる。 「Simple API for XML」の略。
SOAP （ソープ）	ほかのコンピュータ上にあるデータやサービスにアクセスするためのプロトコル。XMLに付帯情報を付けたデータ（SOAPメッセージ）を、HTTPなどをベースにして通信する。 「Simple Object Access Protocol」の略。
SVG	ベクタ画像を記述する言語。XMLをベースとしている。 「Scalable Vector Graphics」の略。

(3) XHTML

「XHTML」とは、XMLをもとにHTMLを改良したマークアップ言語のことです。見出しや段落などの文書の構造を記述します。記述方法はHTMLとほとんど同じですが、HTMLよりも記述方法が統一されているため、コンピュータが内容を理解しやすいという特徴があります。

参考

API

→「2-3-2 ミドルウェア」

参考

プロトコル

→「3-4-3 通信プロトコル」

参考

HTTP

→「3-4-3 2 (1) アプリケーション層」

参考

ベクタ画像

画像を構成する点の位置とその角度で処理された画像のこと。作成した画像を拡大したり変形したりしても、点と点の位置の関係が変わらないため、ギザギザにならず、画質が低下しない。それに対して、JPEGやGIFのように画像全体を点単位で処理された画像のことを「ビットマップ画像」という。

参考

XHTML

「eXtensible HyperText Markup Language」の略。

参考

XHTML Basic

携帯電話や携帯端末など様々なデバイスから、XHTMLで記述された文書を表示できるようにする仕組みのこと。XHTMLの必要最小限のモジュールだけで構成されている。

参考

Modulation of XHTML

W3Cによって勧告された「XHTML1.1」で定義された仕様のこと。リストや表、画像などの機能ごとに定義したモジュールを組み合わせることで、新しい定義型とすることができる。

1-3 章末問題

※解答は巻末にある別冊「章末問題 解答と解説」P.1に記載しています。

問題 1-1

10進数の分数 $\frac{1}{32}$ を16進数の小数で表したものはどれか。

ア 0.01
イ 0.02
ウ 0.05
エ 0.08

平成26年秋期 問1

問題 1-2

16進小数2A.4Cと等しいものはどれか。

ア $2^5+2^3+2^1+2^{-2}+2^{-5}+2^{-6}$
イ $2^5+2^3+2^1+2^{-1}+2^{-4}+2^{-5}$
ウ $2^6+2^4+2^2+2^{-2}+2^{-5}+2^{-6}$
エ $2^6+2^4+2^2+2^{-1}+2^{-4}+2^{-5}$

平成22年春期 問1

問題 1-3

桁落ちの説明として、適切なものはどれか。

ア 値がほぼ等しい浮動小数点数同士の減算において、有効桁数が大幅に減ってしまうことである。
イ 演算結果が、扱える数値の最大値を超えることによって生じるエラーのことである。
ウ 浮動小数点数の演算結果について、最小の桁よりも小さい部分の四捨五入、切上げ又は切捨てを行うことによって生じる誤差のことである。
エ 浮動小数点数の加算において、一方の数値の下位の桁が結果に反映されないことである。

平成27年春期 問2

問題 1-4

数値を2進数で格納するレジスタがある。このレジスタに正の整数xを設定した後、“レジスタの値を2ビット左にシフトして、xを加える”操作を行うと、レジスタの値はxの何倍になるか。ここで、あふれ（オーバーフロー）は、発生しないものとする。

ア 3
イ 4
ウ 5
エ 6

平成28年春期 問1

問題 1-5

図に示すデジタル回路と等価な論理式はどれか。ここで、論理式中の“・”は論理積、“+”は論理和、$\overline{X}$はXの否定を表す。

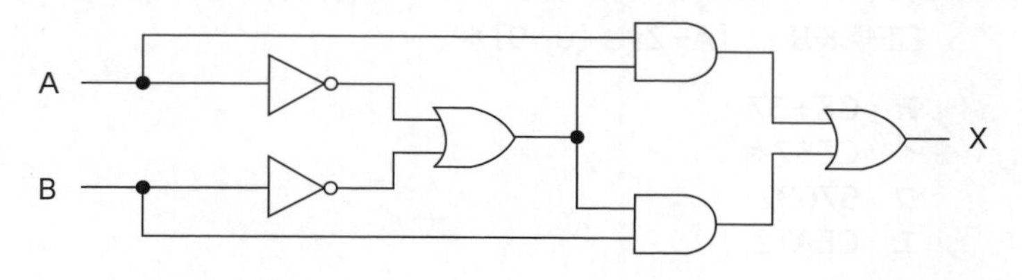

ア　$X=A \cdot B+\overline{A \cdot B}$　　イ　$X=A \cdot B+\overline{A} \cdot \overline{B}$
ウ　$X=A \cdot \overline{B}+\overline{A} \cdot B$　　エ　$X=(\overline{A}+B) \cdot (A+\overline{B})$

平成29年秋期　問23

問題 1-6

図に示す、1桁の2進数xとyを加算して、z（和の1桁目）及びc（桁上げ）を出力する半加算器において、AとBの素子の組合せとして、適切なものはどれか。

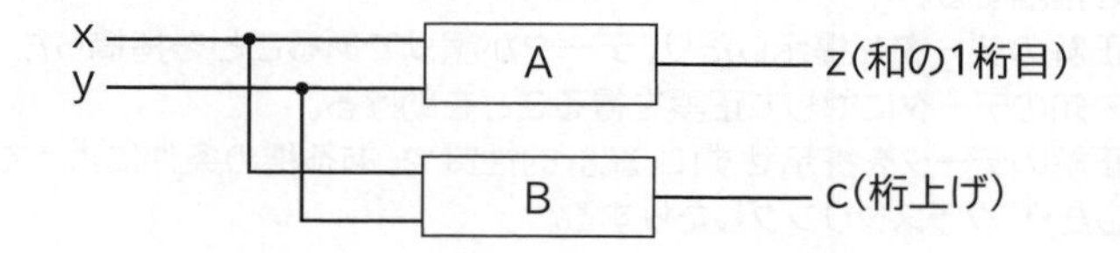

	A	B
ア	排他的論理和	論理積
イ	否定論理積	否定論理和
ウ	否定論理和	排他的論理和
エ	論理積	論理和

平成29年春期　問22

問題 1-7

文字列中で同じ文字が繰り返される場合、繰返し部分をその反復回数と文字の組に置き換えて文字列を短くする方法はどれか。

ア　EBCDIC符号
イ　巡回符号
ウ　ハフマン符号
エ　ランレングス符号化

平成21年春期　問4

問題 1-8

次の正規表現に沿った例として、適切なものはどれか。なお、+は直前の正規表現を1回以上繰り返し、*は直前の正規表現を0回以上繰り返す。

〔正規表現〕 [A−Z]+[0−9]*

ア CE+57
イ CE57*
ウ 57632
エ CEATZ

予想問題

問題 1-9

機械学習における教師あり学習の説明として、最も適切なものはどれか。

ア 個々の行動に対しての善しあしを得点として与えることによって、得点が最も多く得られるような方策を学習する。
イ コンピュータ利用者の挙動データを蓄積し、挙動データの出現頻度に従って次の挙動を推論する。
ウ 正解のデータを提示したり、データが誤りであることを指摘したりすることによって、未知のデータに対して正誤を得ることを助ける。
エ 正解のデータを提示せずに、統計的性質や、ある種の条件によって入力パターンを判定したり、クラスタリングしたりする。

平成31年春期 問4

問題 1-10

アクチュエーターの説明として、適切なものはどれか。

ア 与えられた目標値と、センサーから得られた制御量を比較し、制御量を目標量に一致させるように操作量を出力する。
イ 位置、角度、速度、加速度、力、温度などを検出し、電気的な情報に変換する。
ウ エネルギー発生源からのパワーを、制御信号に基づき、回転、並進などの動きに変換する。
エ マイクロフォン、センサーなどが出力する微小な電気信号を増幅する。

平成30年春期 問21

問題 1-11

車載機器の性能の向上に関する記述のうち、ディープラーニングを用いているものはどれか。

ア 車の壁への衝突を加速度センサーが検知し、エアバッグを膨らませて搭乗者をけがから守った。
イ システムが大量の画像を取得し処理することによって、歩行者と車をより確実に見分けることができるようになった。
ウ 自動でアイドリングストップする装置を搭載することによって、運転経験が豊富な運転者が運転する場合よりも燃費を向上させた。
エ ナビゲーションシステムが、携帯電話回線を通してソフトウェアのアップデートを行い、地図を更新した。

平成29年秋期 問74

問題 1-12

双方向のポインタをもつリスト構造のデータを表に示す。この表において新たな社員Gを社員Aと社員Kの間に追加する。追加後の表のポインタa～fの中で追加前と比べて値が変わるポインタだけをすべて列記したものはどれか。

表

アドレス	社員名	次ポインタ	前ポインタ
100	社員A	300	0
200	社員T	0	300
300	社員K	200	100

追加後の表

アドレス	社員名	次ポインタ	前ポインタ
100	社員A	a	b
200	社員T	c	d
300	社員K	e	f
400	社員G	x	y

ア　a、b、e、f　　イ　a、e、f　　ウ　a、f　　エ　b、e

平成22年春期　問5

問題 1-13

遊園地の入場料は、0歳から6歳までは無料、7歳から12歳までは500円、13歳以上は1,000円である。
次のプログラム（関数fee）は、年齢を表す0以上の整数を引数として受け取り、入場料を戻り値として返す。プログラム中の［ a ］に入れる内容として、適切なものはどれか。

〔プログラム〕

```
○整数型：fee（整数型：age）
  整数型：ret
  if（ageが6以下）
    ret ← 0
  elseif（[ a ]）
    ret ← 500
  else
    ret ← 1000
  endif
  return ret
```

ア　ageが12より小さい
イ　ageが12以下
ウ　（ageが7以上）and（ageが12より小さい）
エ　（ageが7より大きい）and（ageが12以下）

予想問題

問題 1-14

10進法で5桁の数 $a_1a_2a_3a_4a_5$ を、ハッシュ法を用いて配列に格納したい。ハッシュ関数をmod($a_1+a_2+a_3+a_4+a_5$, 13)とし、求めたハッシュ値に対応する位置の配列要素に格納する場合、54321は配列のどの位置に入るか。ここで、mod(x, 13)は、x を13で割った余りとする。

位置	配列
0	
1	
2	
⋮	⋮
11	
12	

ア　1　　イ　2　　ウ　7　　エ　11

令和元年秋期　問10

問題 1-15

整列アルゴリズムの一つであるクイックソートの記述として、適切なものはどれか。

ア　対象集合から基準となる要素を選び、これよりも大きい要素の集合と小さい要素の集合に分割する。この操作を繰り返すことによって、整列を行う。
イ　対象集合から最も小さい要素を順次取り出して、整列を行う。
ウ　対象集合から要素を順次取り出し、それまでに取り出した要素の集合に順序関係を保つよう挿入して、整列を行う。
エ　隣り合う要素を比較し、逆順であれば交換して、整列を行う。

平成27年秋期　問7

問題 1-16

Javaの特徴はどれか。

ア　オブジェクト指向言語であり、複数のスーパークラスを指定する多重継承が可能である。
イ　整数や文字は常にクラスとして扱われる。
ウ　ポインタ型があるので、メモリ上のアドレスを直接参照できる。
エ　メモリ管理のためのガーベジコレクションの機能がある。

平成30年秋期　問8

問題 1-17

XMLの特徴として、最も適切なものはどれか。

ア　XMLでは、HTMLに、Webページの表示性能の向上を主な目的とした機能を追加している。
イ　XMLでは、ネットワークを介した情報システム間のデータ交換を容易にするために、任意のタグを定義することができる。
ウ　XMLで用いることができるスタイル言語は、HTMLと同じものである。
エ　XMLは、SGMLを基に開発されたHTMLとは異なり、独自の仕様として開発された。

平成24年秋期　問8

第2章

コンピュータシステム

コンピュータを構成するハードウェアやソフトウェア、
複数のコンピュータで処理を行うシステム構成など
について解説します。

2-1 コンピュータ構成要素

2-1-1 プロセッサ

「プロセッサ」とは、コンピュータの頭脳ともいえる重要な装置で、コンピュータの中枢をなす部分です。**「中央演算処理装置」**、**「CPU」**ともいいます。
コンピュータは、CPUを中心に様々な機能を持つ装置で構成されています。

❶ コンピュータの種類

コンピュータは、もともと科学技術計算を目的として開発されました。
その後、技術の進歩によりあらゆる分野に普及し、現在では企業や研究機関だけでなく、家庭や学校などでも様々な目的で利用されています。
コンピュータは、性能や目的、形状、大きさによって様々な種類に分類されます。

種類	説明	用途
スーパーコンピュータ	科学技術計算などの高速処理を目的とした、最も高速、高性能なコンピュータ。略して「スパコン」ともいう。	気象予測、航空管制、宇宙開発など
汎用コンピュータ	事務処理、科学技術計算の両方に使用できるように設計されたコンピュータ。「メインフレーム」ともいう。	列車の座席予約、銀行の預貯金オンラインシステムなど
ワークステーション	専門的な業務に用いられる高性能なコンピュータ。CAD(キャド)/CAM(キャム)や科学技術計算などに利用される「エンジニアリングワークステーション(EWS)」と、事務処理、情報管理などに利用される「オフィスワークステーション」に分類される。主に、LAN(ラン)に接続し「サーバ」として使用される。	ソフトウェア開発、CAD/CAM、サーバなど
パーソナルコンピュータ(PC)	個人用に、様々な用途で使用されるコンピュータ。「PC」、「パソコン」ともいう。PCは、「Personal Computer」の略。 机の上などに設置して使用する「デスクトップPC」と、液晶ディスプレイ・キーボード・本体が一体化されノートのように折り曲げて持ち運びが容易にできる「ノートPC」がある。	インターネット、文書作成、表計算など
携帯端末	持ち運びを前提とした小型のコンピュータ。 指で触れて操作できるタッチパネル式の携帯端末のことを「タブレット端末」という。タブレット端末の一種で、PCのような高機能を持つ携帯電話のことを「スマートフォン」といい、略して「スマホ」ともいう。また、身に付けて利用することができる携帯端末のことを「ウェアラブル端末」という。	インターネット、個人情報管理など

参考

CPU
「Central Processing Unit」の略。

参考

GPU
画像を専門に処理するための演算装置のこと。CPUでも画像処理はできるが、より高度な画像処理を行う場合は、GPUを使うことで、画像の表示をスムーズにして高速に処理することができる。
例えば、3次元(3D)グラフィックスでは、高度な画像処理が必要となるため、GPUを使うとよい。
「Graphics Processing Unit」の略。

参考

MPU
小型のプロセッサのこと。現在ではCPUと同義で使われている。
従来、小型のCPUをMPUと呼んで区別した。「Micro Processing Unit」の略。

参考

マイクロコンピュータ
制御を目的に使用される機器組込み用の超小型コンピュータシステムのこと。略して「マイコン」ともいう。制御用コンピュータとして、洗濯機や冷蔵庫、炊飯器などの家電製品をはじめ、自動車や飛行機、船などの輸送機器、工作機械や産業用ロボットなどの産業機器、商店や飲食店などで使われているPOSシステムなど、身の回りにある様々な機械に組み込まれている。

参考

リチウムイオン電池
携帯端末やノートPCで使われている充電式の電池(二次電池)のこと。小さくて大容量、繰り返し充電が可能、自然放電が少ないなどの特徴がある。

❷ コンピュータの構成

コンピュータは、**「演算」**、**「制御」**、**「記憶」**、**「入力」**、**「出力」**の5つの機能を持つ装置から構成されます。

名 称	説 明
演算装置	プログラム内の命令に従って計算する。
制御装置	プログラムを解釈し、ほかの装置に命令を出す。
記憶装置	プログラムやデータを記憶する。「主記憶装置（メインメモリ）」と「補助記憶装置」に分かれる。
入力装置	主記憶装置にデータを入力する。
出力装置	主記憶装置のデータを出力（表示・印刷など）する。

また、それぞれの装置間でのデータや制御の流れは、次のとおりです。

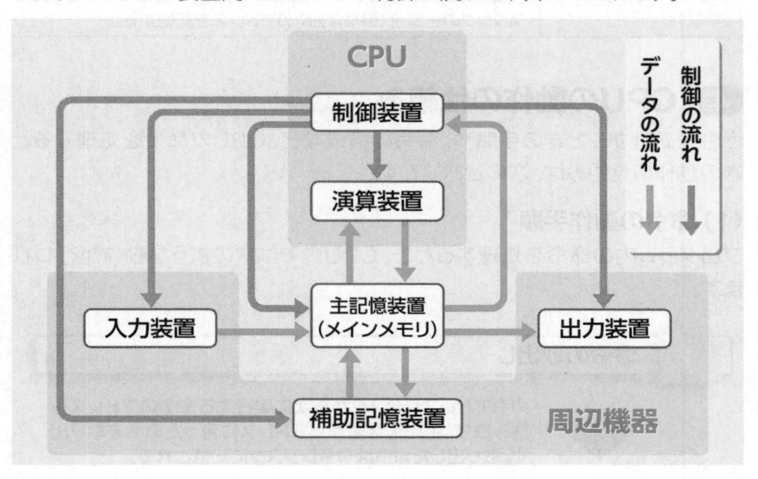

❸ CPUの構成

コンピュータでは、主記憶装置にあるプログラムやデータをひとつずつCPUに読み込み、プログラムの命令を処理したうえで各装置に伝達します。
CPUは、**「演算装置」**や**「制御装置」**、**「レジスタ」**から構成されています。

(1) 演算装置

「演算装置」は、プログラムの命令に従い、主記憶装置のデータに対して演算を行います。加算や減算などの四則演算や、AND演算やOR演算などの論理演算を行う**「算術論理演算装置」**などから構成されます。

(2) 制御装置

「制御装置」は、デコーダによってプログラムを解釈してほかの装置に命令を出します。

(3) レジスタ

「レジスタ」とは、処理中の命令などを一時的に記憶する領域のことです。記憶する内容によって様々なレジスタがあります。

参考

PC/AT互換機
IBM社が1984年に発売したコンピュータ「PC/AT」と互換性のあるコンピュータのこと。PCの標準的な規格として浸透している。現在、市販されているPCは、Macを除き、ほとんどがPC/AT互換機である。

参考

加算器
→「1-1-1 8 (2) 半加算器と全加算器」

参考

補数器
補数を利用して減算する演算器のこと。

参考

算術論理演算装置
通常、算術論理演算装置には加算器と補数器が組み込まれている。「ALU」ともいう。
ALUは、「Arithmetic and Logic Unit」の略。

参考

デコーダ
プログラムの命令を解読する装置のこと。「命令解読器」、「復号器」ともいう。

代表的なレジスタには、次のようなものがあります。

名　称	説　明
命令レジスタ	実行する命令を記憶する。
命令アドレスレジスタ	次に実行する命令に関する情報（主記憶装置上の命令の格納場所）を記憶する。「命令カウンター」や「プログラムカウンター」、「逐次制御カウンター」ともいう。
インデックスレジスタ	主記憶装置上のデータの格納場所を導き出すときに、指標となる値を記憶する。「指標レジスタ」ともいう。
ベースレジスタ	プログラムの先頭アドレスを記憶する。
アキュムレーター	演算対象や演算結果を記憶する。
汎用レジスタ	様々な目的に利用されるが、通常は演算対象や演算結果を記憶する。
スタックポインタ	主記憶装置上のスタックの領域のうち、最も直近に参照されたスタックの一番上の格納場所のアドレスを記憶する。

参考

アドレス
主記憶装置に記憶された命令やデータの場所を表すもの。

4 CPUの動作の仕組み

命令を処理するときの手順や、命令の構成など、CPUで命令を処理するときの動作の仕組みは、次のとおりです。

(1) 命令の動作手順

プログラム内の命令を処理するとき、CPU内では次のような動作が行われます。

1 命令の取出し

命令アドレスレジスタから次に実行する命令のアドレスを読み取り、主記憶装置からアドレスに合った命令を取り出す。取り出した命令は命令レジスタに記憶される。

2 命令部の解読

命令レジスタに記憶された命令を、デコーダが解読する。

3 アドレスの計算

データが格納されている主記憶装置のアドレスを計算する。

4 データの取出し

データにアクセスし、データをアキュムレーターや汎用レジスタに読み出す。

5 命令の実行

算術論理演算装置で処理を実行し、結果をアキュムレーターや汎用レジスタに戻す。

参考

プログラム格納方式
プログラムやデータをいったん主記憶装置の中に読み込み、CPUが順次取り出しながら実行する方式のこと。「プログラム記憶方式」ともいう。

(2) 命令の構成

命令は、CPUで理解し実行できる言語(機械語)である必要があります。デコーダでは、機械語の命令を読み取り、解析することで処理を行っています。命令の形式はCPUの種類により異なりますが、一般的には次のような構成になっています。

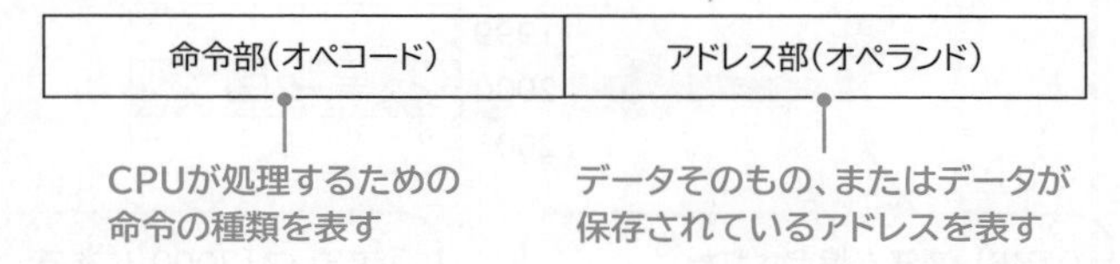

(3) アドレス指定方式

「アドレス指定方式」とは、命令のアドレス部をもとに、データが格納されている**「実効アドレス」**を指定する方式のことです。**「アドレス修飾」**、**「アドレッシング」**ともいいます。

アドレス指定方式には、次のようなものがあります。

●即値アドレス指定方式

「即値アドレス指定方式」とは、命令内のアドレス部の値を処理対象のデータとして使用する方式のことです。

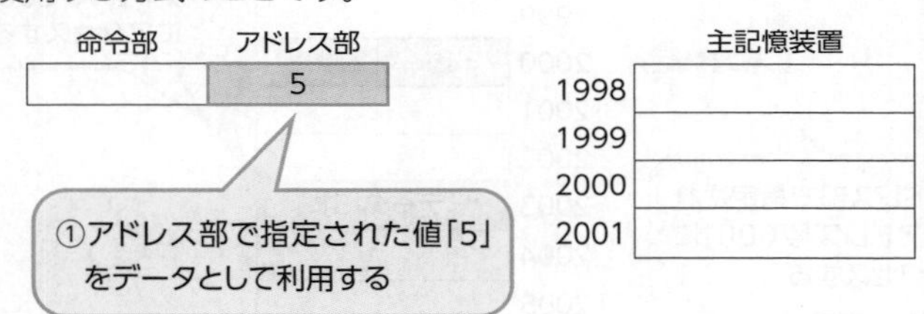

参考

命令の種類

代表的な命令には、次のようなものがある。

命令	説明
算術演算命令	整数データに対して四則演算を行う。
論理演算命令	論理演算を行うもので、論理積、論理和、排他的論理和、否定がある。
転送命令	レジスタ間や主記憶装置間、レジスタと主記憶装置間でデータの転送を行う。
比較命令	比較対象の比較を行う。
分岐命令	次に実行される命令をジャンプし、ほかの命令に移動する。条件に合っているかどうかを判断した結果によって次に実行する命令を決める「条件分岐命令」と、無条件で分岐する「無条件分岐命令」がある。
シフト命令	データを構成するビットの列を左右に移動する。
入出力命令	入出力装置と主記憶装置間でデータの転送を行う。

参考

固定長方式と可変長方式

命令には、すべての命令が同じ長さの「固定長方式」と、命令によって長さが変わる「可変長方式」がある。
可変長方式の場合、命令によってオペランドの長さが異なる。

0アドレス方式

命令部

1アドレス方式

命令部	オペランド

2アドレス方式

命令部	第1オペランド	第2オペランド

3アドレス方式

命令部	第1オペランド	第2オペランド	第3オペランド

●直接アドレス指定方式

「直接アドレス指定方式」とは、命令内のアドレス部の値を実効アドレスとする方式のことです。

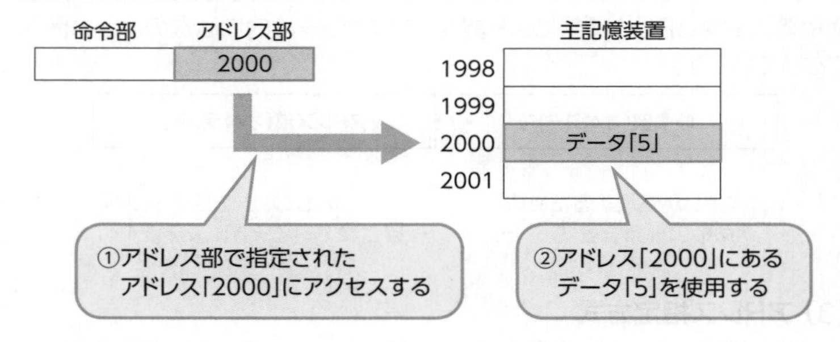

●間接アドレス指定方式

「間接アドレス指定方式」とは、命令内のアドレス部が参照する主記憶装置の値を実効アドレスとする方式のことです。

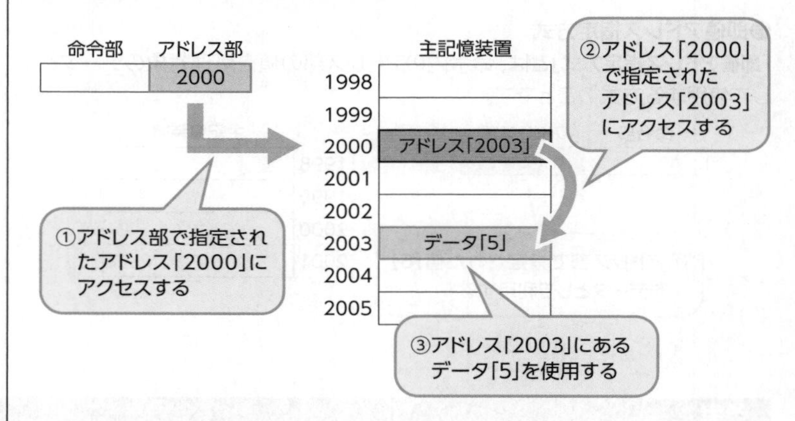

●インデックスアドレス指定方式

「インデックスアドレス指定方式」とは、命令内のアドレス部の値とインデックスレジスタの値を加算して実効アドレスとする方式のことです。

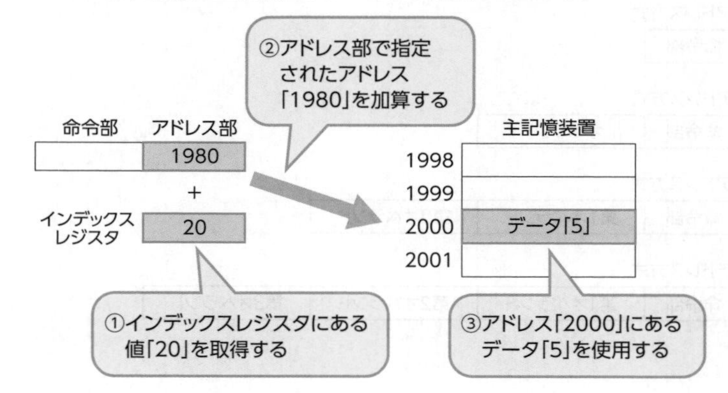

●ベースアドレス指定方式

「ベースアドレス指定方式」とは、命令内のアドレス部の値とベースレジスタの値を加算して実効アドレスとする方式のことです。

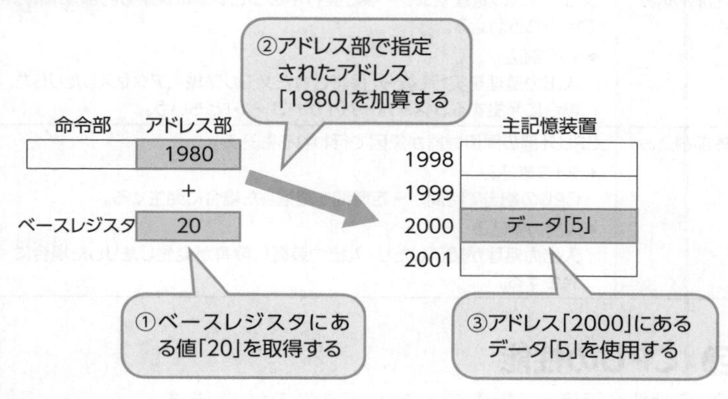

●相対アドレス指定方式

「相対アドレス指定方式」とは、命令内のアドレス部の値と命令アドレスレジスタの値を加算して実効アドレスとする方式のことです。

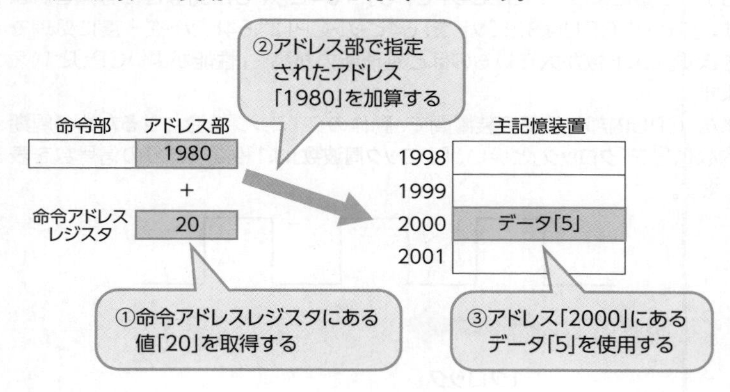

(4) 割込み

CPUでは、基本的に主記憶装置上の命令を順番に実行します。
しかし、命令を実行中に、プログラムやハードウェアのエラーなど突然の問題が発生した場合、それぞれの問題に対応したプログラムが呼び出されます。これを**「割込み」**といいます。
割込みが起こると、CPUは実行中の命令を中断し、問題解決に必要な命令を実行します。その後、問題が解決されると、CPUは割込み前に行っていた命令に戻ります。

割込みは発生する条件によって**「内部割込み」**と**「外部割込み」**に分けられます。

名　称	説　明
内部割込み	プログラムの処理やエラーなど実行中のプログラム（CPU内部）が原因で行われる割込み。 ●SVC割込み 入出力処理を実行したり、保護されたメモリ領域にアクセスしたりした場合に発生する。「スーパーバイザーコール」ともいう。
外部割込み	CPU外部の周辺機器が原因で行われる割込み。 ●タイマ割込み CPUの割当て時間が一定時間を経過した場合に発生する。 ●入出力割込み 入出力処理が終了したり、入出力装置に障害が発生したりした場合に発生する。

参考

SVC

「SuperVisor Call」の略。

5 CPUの性能

CPUの性能を評価する指標には次のようなものがあります。

(1) クロック周波数

システムの処理速度はCPUの性能によって大きく左右され、一度に処理するデータ量によって、**「32ビットCPU」**、**「64ビットCPU」**などに分類されます。32ビットCPUは32ビットを、64ビットCPUは64ビットを一度に処理できます。ビット数が大きいものほど処理能力が高く、性能がよいCPUといえます。

また、CPU内部と外部の装置間で、動作のタイミングを合わせるための周期的な信号を**「クロック」**といい、**「クロック周波数」**は1秒間当たりの信号数を表します。

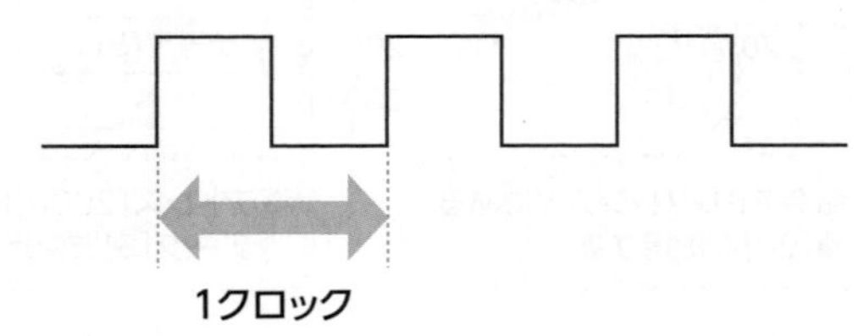

同じビット数のCPUでも、クロック周波数によって処理能力が異なります。クロック周波数が大きければ大きいほどデータをやり取りする処理回数が多いことになり、処理速度が速いといえます。

クロック周波数の単位は、**「Hz（ヘルツ）」**で表され、**「Core i9 10910(3.6GHz)」**のように、CPUの名称に続いて**「GHz（ギガヘルツ）」**で表されます。例えば、3.6GHzのCPUでは、1秒間に約36億回（3.6×10^9）の動作をします。

1Hz →（×1000）1kHz →（×1000）1MHz →（×1000）1GHz

※コンピュータが扱う情報が2進数のため、厳密的には2^{10}倍（1024倍）で単位を変換しますが、一般的には細かい端数（24）を切り捨てて10^3倍（1000倍）で単位を変換します。

※通常、10^3（1000倍）を表す場合は「k」と小文字で書きますが、2^{10}（1024倍）を表す場合は「K」と大文字で書いて区別します。

参考

G（ギガ）

「G（ギガ）」は10^9を表す。

参考

M（メガ）

「M（メガ）」は10^6を表す。

参考

k（キロ）

「k（キロ）」は10^3を表す。

CPUの命令実行数を求める計算式

> **CPUのクロック周波数÷1命令を実行するのに必要なクロック数**

> **例**
> 2GHzで動作するCPUを持つコンピュータがあり、このCPUは、機械語の1命令を平均0.5クロックで実行できる。
> このCPUは1秒間に何命令実行できるか。

2GHz÷0.5クロック
$=2\times10^{9}$(クロック／秒)÷0.5(クロック／命令)
$=4.0\times10^{9}$
=40億(命令／秒)
したがって、40億命令になる。

CPUの1クロック当たりの処理時間を求める計算式

> **1秒÷CPUのクロック周波数**

> **例**
> 2GHzで動作するCPUを持つコンピュータがある。
> このCPUで1クロック当たりどれだけの時間がかかるか。

1秒÷2GHz
$=1\div(2\times10^{9})$
$=(1\div2)\times(1\div10^{9})$
$=0.5\times10^{-9}$
=0.5ナノ秒
したがって、0.5ナノ秒になる。

(2) CPI

「CPI」は、CPUの処理速度を表す単位で、1命令を実行するときに必要なクロック数を示します。1CPIのCPUは1命令を1クロック、2CPIのCPUは1命令を2クロックで実行できます。

CPUの1命令当たりの実行時間を求める計算式

> **CPUの1クロック当たりの処理時間×CPI(1命令を実行するのに必要なクロック数)**

> **例**
> 2GHz、8CPIで動作するCPUを持つコンピュータがある。
> このCPUでの1命令当たりの実行時間は何秒か。

(1秒÷2GHz)×8CPI
$=1\div(2\times10^{9})\times8$
$=(1\div2)\times(1\div10^{9})\times8$
$=0.5\times10^{-9}\times8$
$=4\times10^{-9}$
=4ナノ秒
したがって、4ナノ秒になる。

参考

サイクルタイム
CPUが主記憶装置に命令を出したあと、次の命令を出すまでの時間のこと。

参考

CPUの性能
CPUの性能は、バスの性能にも左右される。
→「2-1-4 3 バスの性能」

参考

ナノ
「ナノ」は10^{-9}を表す。

参考

CPI
「Cycles Per Instruction」の略。

第2章 コンピュータシステム

参考

MIPS

「Million Instructions Per Second」の略。

参考

FLOPS（フロップス）

CPUの処理速度を表す単位で、1秒間に実行できる浮動小数点数演算の数を示す。1FLOPSのCPUは、1秒間に1回の浮動小数点数演算ができる。
「FLoating point number Operations Per Second」の略。

参考

マイクロ

「マイクロ」は10^{-6}を表す。

(3) MIPS

「MIPS(ミップス)」は、CPUの処理速度を表す単位で、1秒間に実行できる命令の数を示します。1MIPSのCPUは、1秒間に100万個の命令（10^6命令／秒）を処理できます。

CPUの命令実行数（MIPS）を求める計算式

1秒÷1命令を実行するのに必要な時間÷10^6（命令／秒）

> **例**
> 命令実行時間が0.1マイクロ秒のCPUを持つコンピュータがある。
> このCPUの性能は何MIPSか。

1秒÷0.1マイクロ秒
$=1\div(0.1\times10^{-6})$
$=10\times10^6$（命令／秒）
=10MIPS
したがって、10MIPSになる。

(4) 命令ミックス

命令には様々な種類があり、命令によって必要となるクロック周波数が異なります。そのため、実際の作業内容に合ったCPUの処理能力を計測するときには、**「命令ミックス」**と呼ばれる標準的な命令の組合せを使います。

命令ミックスを使ってCPUの処理能力を求める計算式

命令1の実行速度（1命令当たりの実行時間）×出現比率＋命令2の実行速度（1命令当たりの実行時間）×出現比率…

> **例**
> 実行速度が2ナノ秒で出現率が50%、実行速度が3ナノ秒で出現率が50%の命令を実行するCPUを持つコンピュータがある。
> このCPUの性能は何MIPSか。

2ナノ秒×0.5＋3ナノ秒×0.5
=1ナノ秒＋1.5ナノ秒
=2.5ナノ秒

CPUの命令実行数を求める計算式から
$1\div(2.5\times10^{-9})$
$=0.4\times10^9$

1MIPSは、1秒間に100万個の命令（10^6命令／秒）を処理できるので
$=0.4\times10^3\times10^6$
=400MIPS
したがって、400MIPSになる。

6 CPUのアーキテクチャ

CPUでは、処理速度を向上させるために様々な技術があります。
代表的な技術のアーキテクチャに**「RISC」**と**「CISC」**があります。

(1) RISC

「RISC(リスク)」とは、使用頻度の高い命令を固定長方式で単純化することで、パイプライン方式の効率を高め、動作速度の向上や処理速度の短縮を図るものです。PCやワークステーションなどのCPUで採用されています。
RISCのCPUでは、ハードウェアの回路で制御信号を発生させる**「ワイヤドロジック(結線論理)制御方式」**が用いられています。

(2) CISC

「CISC(シスク)」とは、可変長方式の複雑な命令をCPUが理解できるようにすることで、全体的に高性能化を図るものです。スーパーコンピュータや汎用コンピュータなどのCPUで採用されています。
CISCのCPUでは、1命令中で行う処理が複雑なため、マイクロプログラムを組み合わせた**「マイクロプログラム制御方式」**が用いられています。機能の追加や変更がマイクロコード(単純な命令)の変更だけで行えるので、命令の追加や変更が容易であるという特徴があります。

7 CPUの高速化技術

CPUを高速化するための技術には、次のようなものがあります。

(1) パイプライン方式

命令の処理は、"①命令の取出し(命令フェッチ)"、"②命令部の解読(命令デコード)"、"③アドレスの計算"、"④データの読出し"、"⑤命令の実行"などいくつかの過程(ステージ)に分割できます。このステージをずらしながら同時に命令を処理することで高速化を図る技術が、**「パイプライン方式」**です。
RISCは単純な命令で構成されるため、パイプライン方式が適しています。
ただし、命令によっては、前段階の命令が終了した状態でなければ処理を開始できないものもあるため、必ずしも同時に命令が処理されるわけではありません。

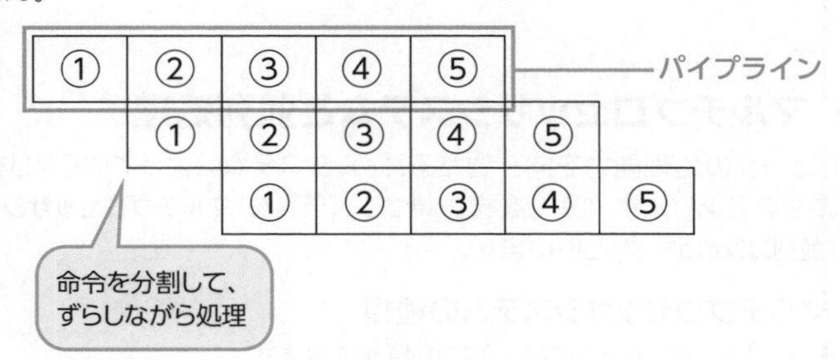

参考

アーキテクチャ
ハードウェアやソフトウェアの基本設計や設計思想のこと。

参考

RISC
「Reduced Instruction Set Computer」の略。

参考

CISC
「Complex Instruction Set Computer」の略。

参考

マイクロプログラム
基本動作を記述したマイクロコード(単純な命令)でできたプログラムのこと。

参考

シングルコアプロセッサとマルチコアプロセッサ
「シングルコアプロセッサ」とは、1つのCPUに1つのプロセッサコアを搭載しているCPUのこと。複数のアプリケーションを同時に動作させると、処理能力が低下する。
「マルチコアプロセッサ」とは、1つのCPUに複数のプロセッサコアを搭載しているCPUのこと。複数のアプリケーションを同時に動作させると、複数のプロセッサコアで並行に処理するので処理能力が向上する。

参考

プロセッサコア
演算処理などを担うCPUの中核部分のこと。

参考

逐次処理
主記憶装置上における命令の処理過程をひとつずつ順番に行うこと。
命令の取出しの処理過程では、命令部の解読やアドレスの計算、データの読出し、命令の実行の回路が動作せず、命令部の解読の処理過程では、命令の取出しやアドレスの計算、データの読出し、命令の実行の回路が動作しないために、命令の処理に時間がかかる。

参考

CPUの投機実行

CPUを高速化するための技術のひとつで、プログラム内の分岐処理を実行する際、分岐先が決まる前に、あらかじめ予測した分岐先の命令を実行すること。

(2) スーパーパイプライン方式

「スーパーパイプライン方式」とは、パイプライン方式のステージをさらに細分化して高速化を図る技術のことです。
次のスーパーパイプライン方式では、パイプライン方式の5つのステージをさらに細分化して10段階にしています。

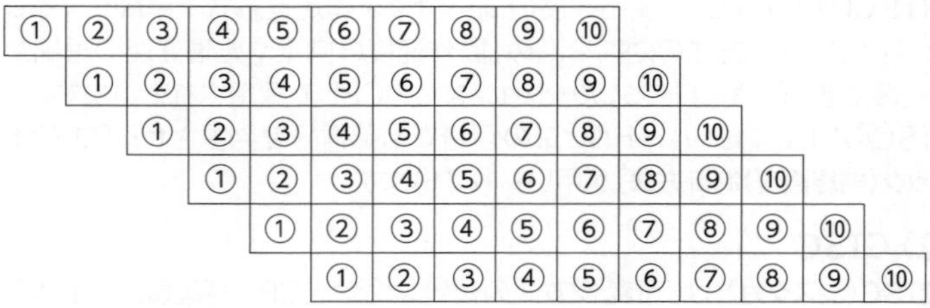

①	②	③	④	⑤	⑥	⑦	⑧	⑨	⑩					
	①	②	③	④	⑤	⑥	⑦	⑧	⑨	⑩				
		①	②	③	④	⑤	⑥	⑦	⑧	⑨	⑩			
			①	②	③	④	⑤	⑥	⑦	⑧	⑨	⑩		
				①	②	③	④	⑤	⑥	⑦	⑧	⑨	⑩	
					①	②	③	④	⑤	⑥	⑦	⑧	⑨	⑩

(3) スーパースカラ方式

「スーパースカラ方式」とは、複数のパイプラインを使って、同時に複数の命令を処理することで高速化を図る技術のことです。

①	②	③	④	⑤	
①	②	③	④	⑤	
	①	②	③	④	⑤
	①	②	③	④	⑤

参考

VLIW

「Very Long Instruction Word」の略。日本語では「超長命令語」の意味。

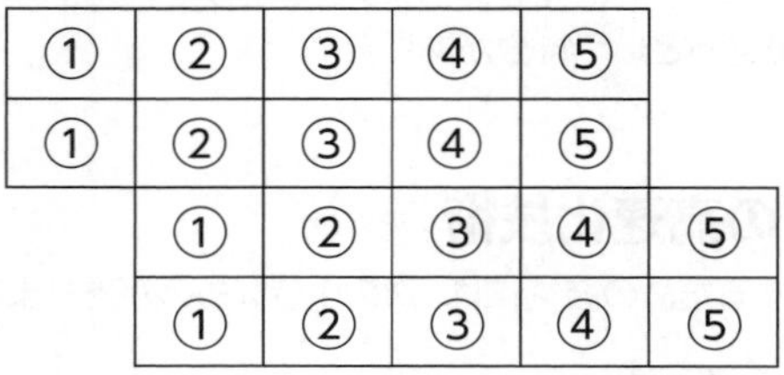

(4) VLIW

「VLIW」とは、依存関係にない複数の短い命令を、ひとつの命令にまとめて同時に実行することで高速化を図る技術のことです。命令の長さは一定なので、複数の命令をまとめたときに長さが足りないときは"何もしない"という命令が挿入されます。コンパイラが機械語のプログラム(目的プログラム)を生成する段階で、それぞれの命令がどの演算器を使用するかを割り振ります。

8 マルチプロセッサシステムと並列処理

コンピュータの処理能力を向上させるため、システムによってはCPUを複数持つものもあります。CPUを複数持つシステムを**「マルチプロセッサシステム」**、**「並列コンピュータ」**といいます。

参考

並列処理

マルチプロセッサシステムでは、複数のCPUが一連の命令を同時並行で処理する「並列処理」を行うことができる。

(1) マルチプロセッサシステムの種類

マルチプロセッサシステムには、次の種類があります。

●密結合マルチプロセッサシステム

「密結合マルチプロセッサシステム」とは、複数のCPUが、1つの主記憶装置とOSを共有します。複数のCPUをバスで結合してひとまとまりのシステムにしたものです。

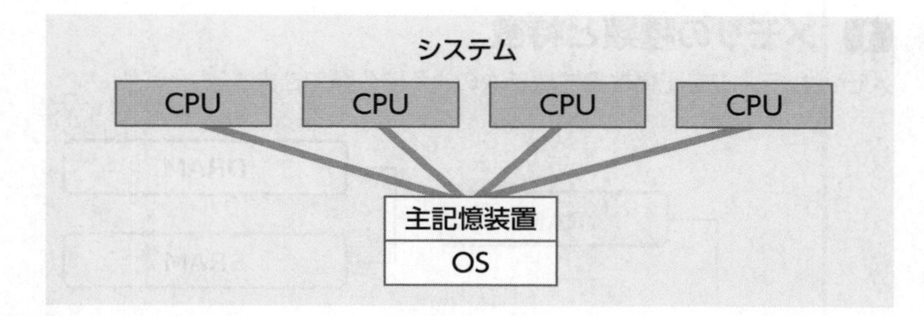

●疎結合マルチプロセッサシステム

「疎結合マルチプロセッサシステム」とは、複数のCPUが、主記憶装置とOSを個別に持ち、複数のコンピュータを結合してひとまとまりのシステムにしたものです。**「コンピュータクラスタ」**ともいいます。

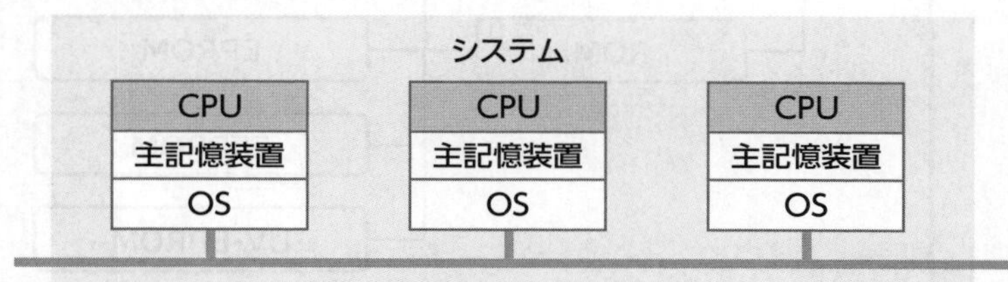

(2) CPUのシステム構成

CPUのシステム構成には、次のようなものがあります。

名　称	説　明
SISD (シスド)	1つのCPUを搭載したコンピュータ上で、1つの命令で1つのデータを処理する方式。「Single Instruction Single Data」の略。
SIMD (シムド)	1つのCPUを搭載したコンピュータ上で、1つの命令で複数のデータをまとめて処理する方式。「Single Instruction Multiple Data」の略。
MISD (ミスド)	複数のCPUが互いに同期を取りながら、1つのデータを処理する方式。「Multiple Instruction Single Data」の略。
MIMD (ミムド)	複数のCPUが互いに同期を取りながら、複数のデータを処理する方式。「Multiple Instruction Multiple Data」の略。

2-1-2　記憶装置

「記憶装置」とは、コンピュータが処理するために必要なデータなどを記憶する装置のことです。

記憶装置は、その種類や特徴から**「メモリ」**と**「記録媒体」**に分類できます。

メモリとは、コンピュータを動作させるうえで、処理に必要なデータやプログラムを記憶しておくための装置の総称のことです。CPUが直接データやプログラムを読み書きする装置で、通常**「IC(半導体)」**が使われています。**「主記憶装置」**、**「メインメモリ」**ともいいます。

また、記録媒体とは、作成したデータやファイルを記憶する装置のことで、磁気記憶や光記憶などが使われています。**「補助記憶装置」**ともいいます。

参考

アムダールの法則

コンピュータ技術者ジーン・アムダールが提唱した法則で、コンピュータの一部の性能を改善したとき、全体の性能の向上は、改善した性能が利用される場合に限られるというもの。

例えば、CPUを増設してマルチプロセッサシステムにしたときに、コンピュータに並列処理を行えない部分がある場合は、大きな性能の向上は望めない。

参考

コンピュータクラスタの構成

コンピュータクラスタには、目的に応じて「HAクラスタ構成」や「負荷分散クラスタ構成」と呼ばれる構成がある。

●HAクラスタ構成

信頼性を高めることを目的としたコンピュータクラスタ。主系のサーバに障害が発生した場合、待機系のサーバに処理を引き継ぐ。HAは、「High Availability」の略。

●負荷分散クラスタ構成

負荷を分散することを目的としたコンピュータクラスタ。負荷を分散する通信制御装置である「ロードバランサ」を使用して負荷分散を図る。

参考

IC

「Integrated Circuit」の略。

参考

ICの種類

ICには、「バイポーラIC」や「MOS」などの種類がある。

比較内容	バイポーラIC	MOS
処理速度	速い	遅い
コスト	高い	安い
消費電力	多い	少ない

❶ メモリの種類と特徴

メモリは、データを記憶する方法で次のように分類できます。

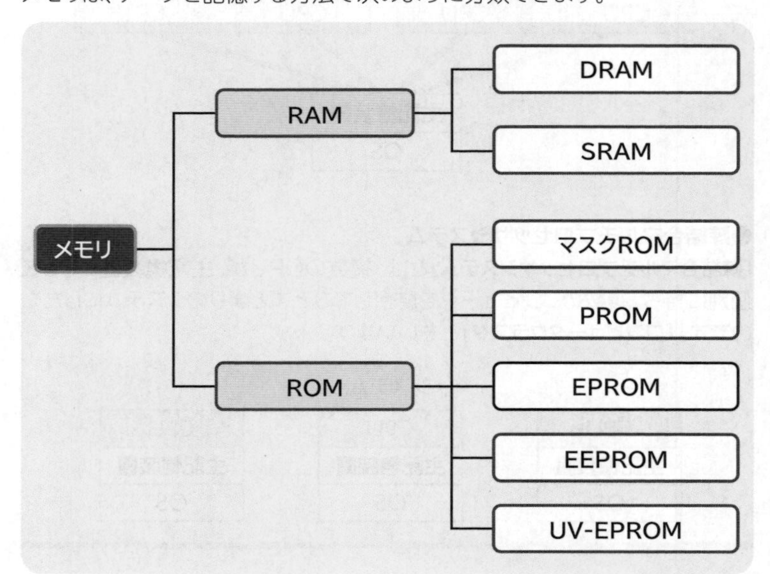

(1) RAM

「RAM(ラム)」とは、電源を切ると記憶している内容が消去される性質(揮発性)を持ったメモリのことです。データの読み書きができ、メインメモリやキャッシュメモリに利用されています。

比較内容	DRAM	SRAM
容量	大きい	小さい
アクセス速度	遅い	速い
コスト	安い	高い
リフレッシュ(電気の再供給)	あり	なし
消費電力	多い	少ない

●DRAM

「DRAM(ディーラム)」とは、コンデンサとトランジスタで構成されたメモリのことです。構造が単純なため、低価格で容量が大きくアクセス速度が遅いという特徴があります。容量を必要とするメインメモリとして使用されます。
また、DRAMは自然に放電してしまうため、電気を一定間隔で再供給し、書込みを行う**「リフレッシュ」**が必要です。

●SRAM

「SRAM(エスラム)」とは、トランジスタで構成されたメモリのことです。アクセス速度が速い反面、高価格で容量が小さいという特徴があります。高速なアクセスが必要なキャッシュメモリやレジスタとして使用されます。
SRAMは直前の状態を保持する**「フリップフロップ回路」**を使用するので放電がなく、リフレッシュは必要ありません。

参考

RAM
「Random Access Memory」の略。

参考

DRAM
「Dynamic RAM」の略。

参考

コンデンサ
2枚の金属板の間に絶縁体をはさんだ電子部品のこと。電圧をかけることで、電気を蓄える。

参考

SDRAM
システムバスに同期して動作するDRAMのこと。非同期型のDRAMと比較して、データの読み書きが速い。現在のコンピュータで利用されているDRAMは、SDRAMが主流となっている。
「Synchronous DRAM」の略。

参考

トランジスタ
電流の増幅やスイッチ動作を制御できる半導体素子のこと。

参考

SRAM
「Static RAM」の略。

参考

フリップフロップ回路
「0」と「1」の値によって、1回路に1ビットの情報を一時的に記憶できる論理回路のこと。

(2) ROM

「ROM(ロム)」とは、電源を切っても記憶している内容を保持する性質(不揮発性)を持ったメモリのことです。データやプログラムの読出し専用のROMと、書換えが可能なROMがあり、コンピュータの**「BIOS」**の記憶装置や**「フラッシュメモリ」**に利用されています。

名 称	説 明
マスクROM	製造段階でデータが書き込まれ、その後書き換えることができない。
PROM (ピーロム)	あとから1回だけ書き込むことができる。書き込んだデータは消去できない。「Programmable ROM」の略。
EPROM (イーピーロム)	あとからデータを書き込んだり、消去したりすることができる。EPROMは、「EEPROM」と「UV-EPROM」に分類される。「Erasable Programmable ROM」の略。
EEPROM (イーイーピーロム)	電気的にデータを消去できるEPROM。代表的なものにフラッシュメモリがあり、デジタルカメラやICカードで使われている。「Electrically EPROM」の略。
UV-EPROM (ユーブイ-イーピーロム)	紫外線を利用してデータを消去できるEPROM。 「Ultra Violet EPROM」の略。

参考

ROM

「Read Only Memory」の略。

参考

BIOS (バイオス)

コンピュータ本体と周辺機器間の入出力を制御するプログラムのこと。ROMに記憶され、マザーボードに組み込まれている。
「Basic Input/Output System」の略。

参考

フラッシュメモリ

電気的に書換え可能なEEPROMの一種のこと。コンピュータでは、BIOSや補助記憶装置などで利用されている。

2 記憶階層

記憶装置は、DRAMやSRAM、記録媒体(補助記憶装置)など様々な種類があり、それぞれアクセス速度や容量が異なります。基本的に、記憶装置はアクセス速度が速いほど容量が小さくなります。アクセス速度が速く容量の小さい記憶装置と、アクセス速度が遅く容量の大きい記憶装置を組み合わせることで、コンピュータ全体でアクセス速度が速く容量の大きい記憶装置を構成します。コンピュータで利用する記憶装置の構造をピラミッド型の階層図で表したものが**「記憶階層」**です。
通常、記憶階層ではデータのアクセス速度が遅い記憶装置を下から順に積み重ね、上に積み重なるほどCPUからの位置が近くアクセス速度の速い記憶装置になります。
また、容量が大きい記憶装置を下から順に積み重ね、上に積み重なるほどCPUからの位置が近く容量の小さい記憶装置になります。

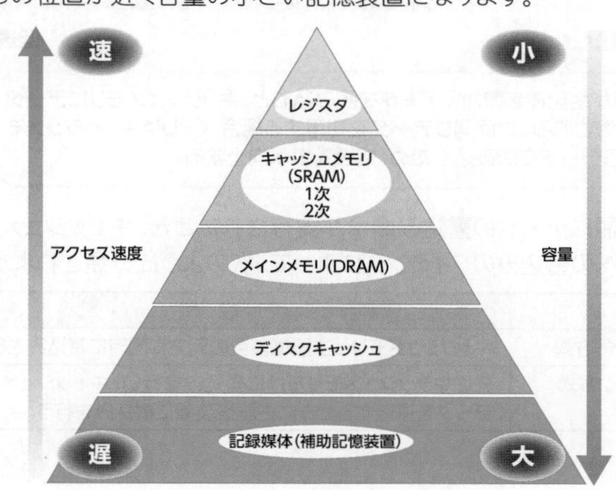

(1) キャッシュメモリ

CPU(高速)と主記憶装置(低速)の処理速度には差があるので、CPUと主記憶装置のアクセス速度の違いを吸収し、高速化を図るために**「キャッシュメモリ」**が利用されます。コンピュータの多くはキャッシュメモリを複数搭載しており、CPUに近い方から**「1次キャッシュメモリ」**、**「2次キャッシュメモリ」**といい、SRAMが使われています。

低速な主記憶装置に毎回アクセスするのではなく、一度アクセスしたデータは高速なキャッシュメモリに蓄積しておき、次に同じデータにアクセスするときはキャッシュメモリから読み出します。主記憶装置へのアクセスを減らすことによって処理を高速化します。

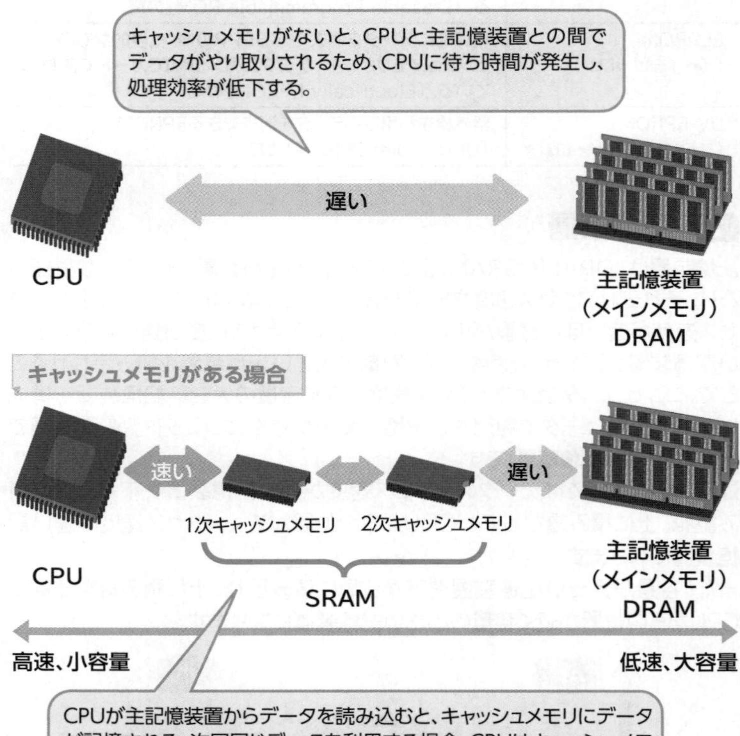

主記憶装置にデータの書込み命令が実行されたとき、キャッシュメモリと主記憶装置への書込みのタイミングによって、次のように分類されます。

名　称	説　明
ライトスルー方式	キャッシュメモリと主記憶装置の両方に同時に書込みを行う。
ライトバック方式	先にキャッシュメモリだけに書込みを行い、キャッシュメモリからデータを退避するときに主記憶装置に書込みを行う。

参考

CPUがアクセスする順序

CPUがキャッシュメモリからデータを読み込むとき、まず「1次キャッシュメモリ」にアクセスし、データがない場合は「2次キャッシュメモリ」にアクセスする。

(2) ディスクキャッシュ

キャッシュメモリと同様に、主記憶装置と記録媒体(補助記憶装置)の処理速度の差を埋めるメモリを**「ディスクキャッシュ」**といいます。通常は、ハードディスクなどの補助記憶装置に内蔵されています。

❸ 主記憶装置の高速化技術

主記憶装置の高速化の技術に**「メモリインタリーブ」**があります。主記憶装置をいくつかの**「バンク」**と呼ばれる単位で分割し、各バンクを並行して処理することでアクセス速度を高め、高速化を図ります。

例えば、主記憶装置のアドレス**「1」**に対して読出し要求が出されたとき、アドレス**「2」**、**「3」**、**「4」**も同時に読出し要求が出されます。アドレス**「1」**からのデータの転送が終わる前に、アドレス**「2」**のデータの転送の準備ができるので、データを連続して処理できます。

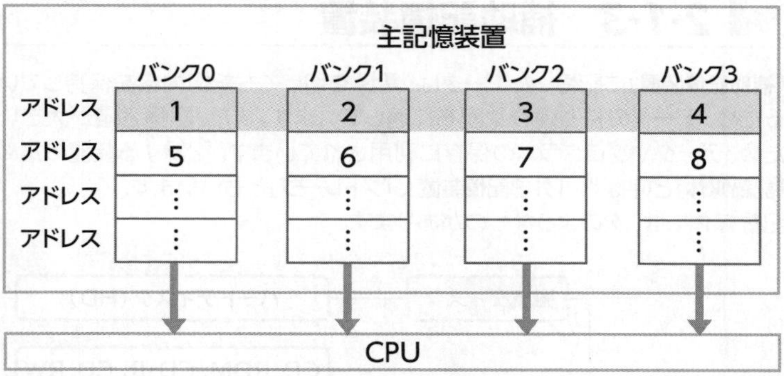

主記憶装置

	バンク0	バンク1	バンク2	バンク3
アドレス	1	2	3	4
アドレス	5	6	7	8
アドレス	⋮	⋮	⋮	⋮
アドレス	⋮	⋮	⋮	⋮

↓ ↓ ↓ ↓

CPU

❹ メモリの実効アクセス時間

CPUで命令を実行するときに使用するデータは、キャッシュメモリか主記憶装置かのどちらかにあります。このときデータがキャッシュメモリにある確率を**「ヒット率」**、主記憶装置にある確率を**「NFP」**といい、ヒット率とNFPの関係は次のようになります。

ヒット率+NFP=1(100%)

ヒット率と、キャッシュメモリおよび主記憶装置のアクセス時間から、キャッシュメモリを使った実効的な主記憶装置へのアクセス時間(実効アクセス時間)を求めることができます。この実効アクセス時間は、メモリの記憶容量とともにメモリの性能を評価する指標になります。

キャッシュメモリを使った実効アクセス時間

ヒット率×キャッシュメモリのアクセス時間+(1−ヒット率)×主記憶装置のアクセス時間

(1−ヒット率) = NFP

参考

NFP

「Not Found Probability」の略。

例
次の条件での実効アクセス時間はどれだけか。
　［条件］
　・ヒット率：70%
　・キャッシュメモリのアクセス時間：20ナノ秒
　・主記憶装置のアクセス時間　　：50ナノ秒

0.7×20ナノ秒＋(1−0.7)×50ナノ秒
=14ナノ秒＋15ナノ秒
=29ナノ秒
したがって、29ナノ秒になる。

2-1-3　補助記憶装置

「補助記憶装置」に記憶したデータは、電源を切っても記憶内容を保持しているため、データの持ち運びや配布に適しています。また、記憶容量が大きいため、データやプログラムの保存に利用されています。記録する装置のため**「記録媒体」**と呼ばれ、**「外部記憶装置」**、**「ストレージ」**ともいいます。
記録媒体には、次のようなものがあります。

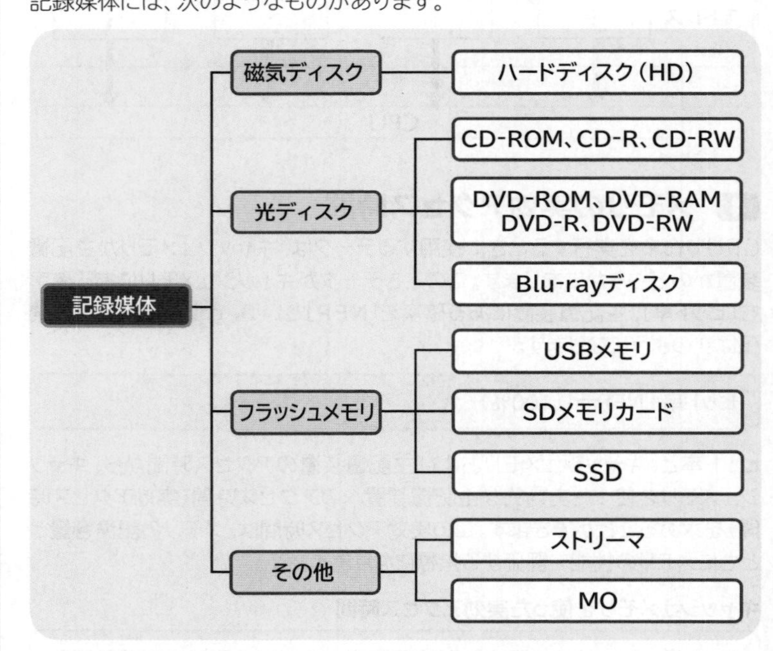

参考
リムーバブルメディア
取り外しができる記録媒体のこと。

❶ 磁気ディスク

「磁気ディスク」とは、磁気を利用してデータの読み書きを行う記録媒体のことです。

（1）磁気ディスクを扱う記憶装置

磁気ディスクを扱う記憶装置には、次のようなものがあります。

記憶装置	記録媒体	説　明	記憶容量
ハードディスクドライブ（HDD）	ハードディスク（HD）	磁性体を塗布した円盤状の金属を複数枚組み合わせた記録媒体に、データを読み書きする。設置形態により「内蔵型」と「外付け型」がある。 ほかの記録媒体に比べて記憶容量が非常に大きい。コンピュータの標準的な記録媒体として利用されている。	数10Gバイト～数10Tバイト

※記憶容量は、2022年11月現在の目安です。

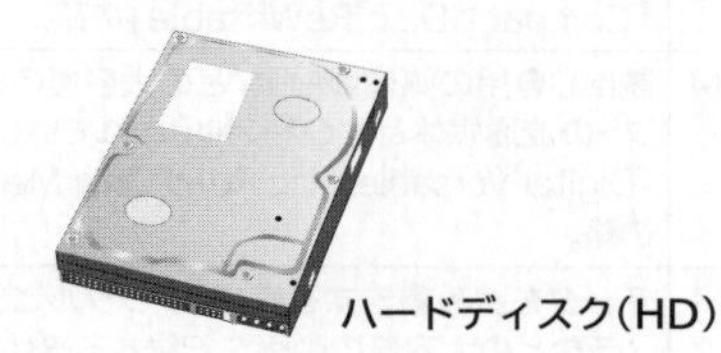
ハードディスク（HD）

（2）断片化と最適化

「断片化（フラグメンテーション）」とは、データが磁気ディスク上の複数の場所に分散して記録されていることです。データの追加や削除、移動などを繰り返すことで、連続した領域に記録されていたデータが断片化された状態になります。断片化されると、シーク動作が多くなるため、アクセス速度が低下します。そこで、定期的に断片化を修復する必要があります。これを**「最適化（デフラグメンテーション）」**といい、専用のソフトウェアを使って修復します。

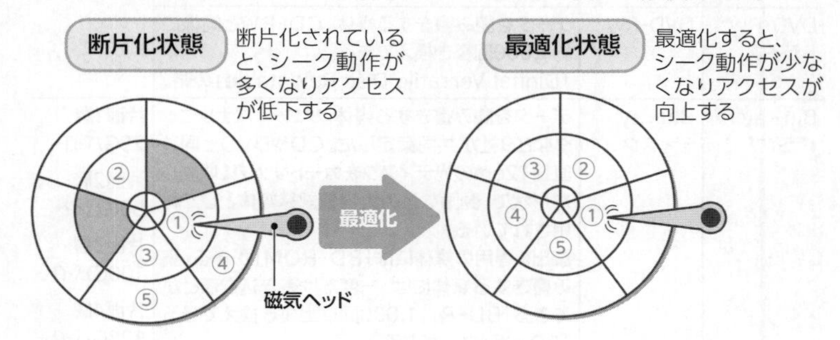

参考

T（テラ）

「T（テラ）」は10^{12}を表す。

参考

トラック

磁気ディスク上に区切られた同心円状のデータの記録領域のこと。

参考

セクター

トラックを放射状に等分したデータの記録領域のこと。磁気ディスクにおける最小の記録単位。

参考

シーク動作

目的のトラック上に、磁気ヘッドを移動する動作のこと。

❷ 光ディスク

「光ディスク」とは、レーザー光を利用して、データの読み書きを行う記録媒体のことです。
代表的な光ディスクを扱う記憶装置には、次のようなものがあります。

記憶装置	記録媒体	説　明	記憶容量
CD-ROMドライブ	CD-ROM	読出し専用の媒体。安価なため、ソフトウェアパッケージの流通媒体として多く利用されている。「Compact Disc Read Only Memory」の略。	650Mバイト 700Mバイト
CD-Rドライブ	CD-R	データを読み書きする媒体。一度だけデータを書き込むことができる追記型で、そのデータは読出し専用となる。CD-Rに記録されたデータは、CD-ROMドライブでも読むことができる。「Compact Disc Recordable」の略。	
CD-RWドライブ	CD-RW	データを読み書きする媒体。約1,000回書き換えできる。「Compact Disc ReWritable」の略。	
DVD-ROMドライブ	DVD-ROM	読出し専用の媒体。映画などの大容量の動画ソフトの流通媒体として多く利用されている。「Digital Versatile Disc Read Only Memory」の略。	片面1層 4.7Gバイト 片面2層 8.5Gバイト 両面1層 9.4Gバイト 両面2層 17Gバイト
DVD-RAMドライブ	DVD-RAM	データを読み書きする媒体。デジタルビデオカメラなどの大容量の動画を記録する媒体として利用されている。10万回以上書き換えできる。「Digital Versatile Disc Random Access Memory」の略。	
DVD-Rドライブ	DVD-R	データを読み書きする媒体。一度だけデータを書き込むことができる追記型で、そのデータは読出し専用となる。DVD-Rに記録されたデータは、DVD-ROMドライブやDVDビデオプレーヤでも読むことができる。「Digital Versatile Disc Recordable」の略。	
DVD-RWドライブ	DVD-RW	データを読み書きする媒体。CD-RWと同様に約1,000回書き換えできる。「Digital Versatile Disc ReWritable」の略。	
Blu-rayドライブ	Blu-rayディスク	データを読み書きする媒体。ソニー、パナソニックなど9社が共同策定した。CDやDVDと同じ直径12cmの光ディスクをカートリッジに収納した形状で、動画などの大容量記録媒体として利用されている。 読出し専用の媒体には「BD-ROM」がある。読み書きする媒体には、一度だけ書き込むことができる「BD-R」、1,000回以上書き換えできる「BD-RE」などがある。	片面1層 25Gバイト 片面2層 50Gバイト 片面3層 100Gバイト 片面4層 128Gバイト

※記憶容量は、2022年11月現在の目安です。

参考

光ディスクの保存期間

光ディスクには、データが記憶されている記録層の上に薄い樹脂の保護膜があり、データを保護している。光ディスクを長年使用すると、この保護膜が劣化して、データの読込みができなくなることがある。その結果として記録内容が失われることになってしまう。

参考

BD-ROM

「Blu-ray Disc Read Only Memory」の略。

参考

BD-R

「Blu-ray Disc Recordable」の略。

参考

BD-RE

「Blu-ray Disc REwritable」の略。

❸ フラッシュメモリ

「フラッシュメモリ」とは、電源を切っても記憶している内容を保持する性質（不揮発性）を持ち、電気的に書換え可能なメモリのことで、記憶素子として半導体メモリが使われています。データの書換え回数には上限がありますが、通常利用の範囲では上限回数を上回ることはほとんどありません。
代表的なフラッシュメモリには、次のようなものがあります。

記憶装置	説　明	記憶容量
USBメモリ	コンピュータに接続するためのコネクタと一体化しており、コンピュータのUSBインタフェースに接続できる。	数100Mバイト〜数Tバイト
SDメモリカード	デジタルカメラや携帯端末などでデータを保存するのに利用されている。「SDカード」ともいう。	数Gバイト〜数Tバイト
SSD	ハードディスクよりも、消費電力、データ転送速度、衝撃耐久性の面で優れているため、ハードディスクに代わる次世代ドライブとして利用されている。「Solid State Drive」の略。	数10Gバイト〜数Tバイト

※記憶容量は、2022年11月現在の目安です。

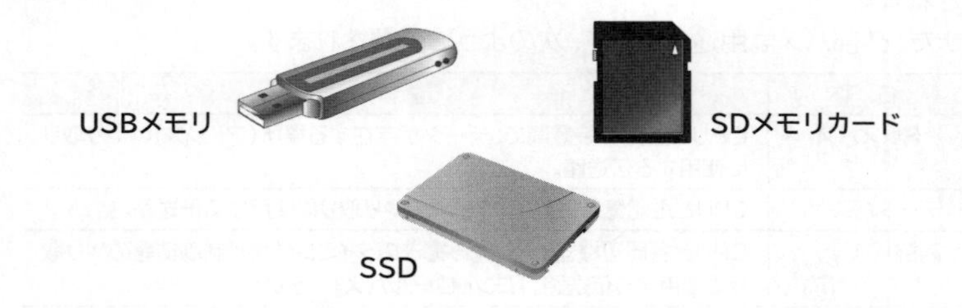

❹ その他

その他の記録媒体を扱う記憶装置には、次のようなものがあります。

記憶装置	記録媒体	説　明	記憶容量
ストリーマ（磁気テープドライブ）	磁気テープ	汎用コンピュータなどでデータのバックアップのために利用されている。磁気テープは、ブロック単位の読み書きごとに起動・停止するが、ストリーマは連続してデータの読み書きを行う。磁気テープの種類には「DAT（ダット）」や「8mmテープ」、「LTOテープ」などがある。	数Gバイト〜数10Tバイト
MO装置（光磁気ディスクドライブ）	MO（光磁気ディスク）	レーザー光と磁気を利用して書き込み、レーザー光だけを利用して読み出しする。書き換えできる。「Magneto Optical disk」の略。	数100Mバイト〜数Gバイト

※記憶容量は、2022年11月現在の目安です。

参考

SDXC
主にリムーバブルメディア（取り外しができる記録媒体）向けに開発されたexFATと呼ばれるファイルシステムを使用したSDメモリカードのこと。記憶容量を最大2Tバイトとする。
「SD eXtended Capacity」の略。

参考

コンパクトフラッシュメモリカード
フラッシュメモリを利用してデータの読み書きを行う記録媒体のこと。デジタルカメラやノートPCなどに使われている。

参考

DAT
「Digital Audio Tape」の略。

参考

LTO
「Linear Tape Open」の略。

2-1-4 バス

「バス」とは、装置間のデータのやり取りに使われるデータの通り道のことです。コンピュータ内部では、各装置がバスによって物理的に接続されています。

1 バスの種類と特徴

バスは、配置されている場所によって、**「内部バス」**、**「外部バス」**、**「拡張バス」**に分類されます。

（1）内部バス

「内部バス」とは、CPU内部のデータのやり取りに使用する伝送路のことです。**「CPU内部バス」**ともいいます。

（2）外部バス

「外部バス」とは、CPUや主記憶装置、周辺機器の間でのデータのやり取りに使用する伝送路のことです。CPUや主記憶装置間を結ぶ高速な**「システムバス」**とCPUと周辺機器（入出力装置など）を結ぶ低速な**「入出力バス」**に分類されます。

また、外部バスは用途によって、次のように分類されます。

名　称	説　明
アドレスバス	CPUと主記憶装置間で、データが存在する場所（アドレス）のやり取りに使用する伝送路。
データバス	CPUと主記憶装置間で、データのやり取りに使用する伝送路。
制御バス	CPUと各周辺機器間で、読み書きのタイミングなど制御情報のやり取りに使用する伝送路。「コントロールバス」ともいう。

（3）拡張バス

「拡張バス」とは、コンピュータに機能を追加するときに使用する拡張カードとCPU間でのデータのやり取りに使用する伝送路のことです。

拡張バスの代表的なものに、**「PCIバス」**があります。ハードディスクやSSDなど、高速なデータのやり取りが求められる周辺機器を接続するときに使われます。

2 バスのアーキテクチャ

バスでは、処理速度を向上させるための技術として、次のようなアーキテクチャがあります。

名　称	説　明
ハーバードアーキテクチャ	命令とデータの転送をバスで分離したアーキテクチャ。
ノイマンアーキテクチャ	命令とデータを分離せず同じバスを利用するアーキテクチャ。

参考

システムバス

システムバスには、次のバスが含まれる。

●**フロントサイドバス（FSB）**

CPUとチップセット間の伝送路。

●**メモリバス**

チップセットと主記憶装置間の伝送路。

参考

チップセット

CPUの周辺回路を搭載した半導体集積回路のこと。

参考

PCI

「Peripheral Component Interconnect」の略。

参考

シリアルバスとパラレルバス

バスは、データの転送方式によって、次のように分類できる。

●**シリアルバス**

データを1ビットずつ転送するバス。転送するデータを同期する必要がないため、高速に転送できる。

●**パラレルバス**

データを複数ビットまとめて転送するバス。転送するデータを同期する必要があるため、高速に転送できない。

❸ バスの性能

バスの性能を評価する指標に、**「バス幅」**があります。

「バス幅」とは、バスが一度のクロックで同時に送れるデータ量のことです。バスが何本の信号線でできているかによって決まり、バスの信号線が多いほど多くのデータが処理できます。バス幅はビット単位で表します。

例えば32ビットCPUの場合、ワンクロック（クロック回路が1回信号を送る間）ごとに、CPU内部で32ビットのデータがやり取りされます。

内部バスのクロック周波数を**「コアクロック周波数」**、外部バスのクロック周波数を**「外部クロック周波数」**といいます。

2-1-5 電子回路の構成部品

コンピュータを構成する電子回路には、様々な電子部品が使われています。代表的な電子部品には、次のようなものがあります。

名 称	説 明
ダイオード	片方向にしか電流を流さない半導体素子。電源装置の交流電流を直流電流に変換する電子回路などに利用されている。
LED	電流を流すと発光する半導体素子。赤色、橙色、黄緑色、黄色、青色、白色のLEDが実用化されている。信号機や自動車の表示機器から小型照明、一般照明機器など、様々な光源として利用されている。「発光ダイオード」ともいう。「Light Emitting Diode」の略。
トランジスタ	電流の増幅やスイッチ動作を制御できる半導体素子。流れる電流を電圧によって制御する「バイポーラトランジスタ」と電圧から発生させた電界によって制御する「電界効果トランジスタ（ユニポーラトランジスタ）」がある。
IC	小さなシリコン基盤の中にダイオードやトランジスタなどの半導体素子をつなぎ合わせて作成したひとつの電子回路。「集積回路」ともいう。コンピュータから家電製品まで様々な場面で利用されている。「Integrated Circuit」の略。 半導体素子の数が1000素子以上を「LSI（大規模IC）」、100万素子以上を「VLSI（超大規模IC）」と表現する。 LSIは、「Large Scale Integration」の略。VLSIは、「Very LSI」の略。

2-1-6 入出力インタフェース

「入出力インタフェース」とは、コンピュータと周辺機器など、2つの間でデータ（電気信号）のやり取りを仲介する装置や方式のことです。

入出力インタフェースは、データの転送方式によって、次のように分類されます。

名 称	説 明
シリアルインタフェース	データを1ビットずつ転送するインタフェース。信号のずれが生じにくく長距離伝送に向く。最近では高速なインタフェースが登場している。
パラレルインタフェース	データを複数ビットまとめて転送するインタフェース。信号のずれが生じやすく長距離伝送には向かない。
ワイヤレスインタフェース	赤外線や無線伝送技術を利用してデータを転送するインタフェース。

参考

バスのアクセスモード

バスには、データをやり取りするときにバス幅を制御するモードがある。これをバスの「アクセスモード」という。

参考

直流給電

電源の供給を直流電流によって行うこと。家庭や企業では、交流電流が供給されている。家電製品などは直流電流で動作するものが多いため、交流電流を直流電流に変換する必要がある。

データセンターなどでは、交流電流ではなく直流電流が採用されるケースが多くなっている。データセンター内のサーバやネットワーク機器に直流電流を採用することで、交流電流から直流電流への変換や、直流電流から交流電流への変換で生じる電力損失を低減することが可能となる。

参考

FPGA

書換え可能なICのこと。プログラムを書き換えることでICのシミュレーションを行うことができるため、開発期間の短縮や低コストにつながる。

「Field Programmable Gate Array」の略。

参考

インタフェース

接続部分のこと。例えば、PCと周辺機器の接続部分を指す。

参考

消費電力

電子回路が消費する電力のこと。

ハードウェアは様々な組込み機器によって構成されている。基本的にハードウェア全体の消費電力は、各組込み機器の消費電力に比例して増加する。そのため、消費電力の少ない組込み機器を開発することが重要になる。

① 入出力インタフェースの種類

代表的な入出力インタフェースには、次のようなものがあります。

転送方式	名 称	用 途	説 明
シリアル	USB	キーボードやマウス、プリンター、ディスプレイ、外付けのハードディスクやSSDなど	ツリー接続で127台までの周辺機器を接続できる。伝送速度は、12MbpsのUSB1.1や、480MbpsのUSB2.0や、5GbpsのUSB3.0などがある。また、USB Type A、B、Cなどの規格がある。 ホットプラグ、バスパワー方式に対応。
	HDMI	テレビやHDDレコーダ、ディスプレイなど	1本のケーブルで映像・音声・制御情報をデジタル信号で伝送する。劣化しにくいデジタル信号を用いるため、高解像度の映像に適している。ホットプラグに対応。「High-Definition Multimedia Interface」の略。
	DisplayPort	ディスプレイなど	コンピュータとディスプレイを接続するインタフェースのひとつで、DVIの後継となるもの。DVIに比べてコンパクトで使いやすくなっている。1本のケーブルで映像・音声・制御情報を伝送できる。ホットプラグに対応。
	DVI	ディスプレイなど	コンピュータとディスプレイを接続するインタフェースのひとつ。DVI-D、DVI-I、DVI-Aの3種類があり、DVI-Dはデジタル信号のみ伝送でき、DVI-Iはデジタル信号とアナログ信号の両方を伝送でき、DVI-Aはアナログ信号のみ伝送できる。
	IEEE1394（アイトリプルイー）	デジタルビデオカメラやDVD-RAMドライブなど	映像や音声データなどの再生に適したアイソクロナス転送（データ転送の優先割当てなど）を採用し、デイジーチェーン接続で16台（コンピュータを含めると17台）まで、ツリー接続で63台までの周辺機器を接続できる。伝送速度は100Mbps、200Mbps、400Mbpsなど。「FireWire（ファイアワイア）」、「i.Link（アイリンク）」ともいう。 ホットプラグ、バスパワー方式に対応。
	シリアルATA	内蔵のハードディスクやSSD、DVD-RAMドライブなど	従来のATAはパラレルであったのに対して、シリアルATAではシリアルインタフェースを採用し、高速転送を可能にした。「SATA」ともいう。 ホットプラグに対応。
	RS-232C	モデムやマウスなど	以前はPC/AT互換機で標準装備されていたが、現在はレガシーデバイス（古いタイプのデバイス）となっている。
パラレル	SCSI（スカジー）	外付けのハードディスクやCD-ROMドライブなど	PC/AT互換機では標準装備されておらず、SCSIボードで拡張して使用するのが一般的。規格によるが、7台（SCSIボードを含めて8台）、または15台（SCSIボードを含めて16台）までの機器をデイジーチェーン接続できる。
	IEEE1284	プリンターなど	データバス幅は8ビット（1バイト）、ケーブル長は最大5m。現在はレガシーデバイスとなっている。

参考

bps

1秒間に送ることができるデータ量を示す単位。
「bit per second」の略。

参考

ツリー接続

ハブを用いて、木の枝のように配線する接続形態のこと。USBでは「USBハブ」、IEEE1394では「リピータハブ」を使う。

参考

ホットプラグ

コンピュータの電源を入れたまま、周辺機器を着脱できること。

参考

バスパワー方式

接続ケーブルを経由することによって、バスから周辺機器に電源を供給すること。

参考

デイジーチェーン接続

複数の機器を数珠つなぎに配線する接続形態のこと。終端部分で電気信号が反射しないようにするため、両端の機器に「ターミネーター」と呼ばれる抵抗を必ず取り付ける。

参考

NFC

10数cm程度の至近距離でかざすように近づけてデータ通信する近距離無線通信技術のこと。
交通系のICカード（ICチップが埋め込まれたプラスチック製のカード）などで利用されている。例えば、NFC搭載の交通系のICカードを自動改札でかざすことによって、自動改札が開いて通り抜けることができ、交通料金の精算も同時に行う。NFCは、RFIDの一種である。
「Near Field Communication」の略。
日本語では「近距離無線通信」の意味。

転送方式	名 称	用 途	説 明
ワイヤレス	IrDA	ノートPCや携帯端末など	赤外線を使った通信規格。伝送距離は一般的に2m以内。機器の間に障害物があると、データ転送が阻害される場合がある。 「Infrared Data Association」の略。
	Bluetooth（ブルートゥース）	キーボードやマウス、携帯端末など	2.4GHzの周波数帯を使用して、半径100m以内の無線通信を行う。機器の間に障害物があっても電波の届く範囲であれば通信でき、伝送速度は最大24Mbps。IrDAに比べて、比較的障害物に強い。
ワイヤレス	ZigBee（ジグビー）	テレビのリモコン、エアコンのリモコンなど	2.4GHzの周波数帯を使用して、伝送距離は数10m程度、伝送速度は最大250kbpsの無線通信を行う。 Bluetoothに比べて、低速で伝送距離も短いが、消費電力が少ない。スリープ状態（省電力の待機電源モード）からの復帰時間が短く、ボタンが押されたときだけデータを送るような使い方に適している。また、無線LAN規格のIEEE802.15.4を使用しており、センサーネットワーク（センサーを使って構築するネットワーク）などへの応用も進められている。

❷ 入出力制御の方式

コンピュータには、様々な周辺機器が接続されています。各周辺機器を効率よく動作させるためには、データの入出力を制御する必要があります。
入出力制御の方式には、次のようなものがあります。

名 称	説 明
DMA方式	CPUを介さずに周辺機器へのアクセスを制御し、「DMAコントローラ」という専用の装置によってデータを制御する方式。 DMAは、「Direct Memory Access」の略。日本語では「直接記憶アクセス」の意味。
チャネル制御方式	CPUを介さずに周辺機器へのアクセスを制御し、「入出力チャネル」という専用の装置によってデータを制御する方式。 主に、汎用コンピュータなどで用いられる。
プログラム制御方式	CPUがデータのやり取りを制御する方式。「PIO」ともいう。 CPUの制御に時間がかかるため、その間にほかの処理が遅れてしまう問題が発生する。 PIOは、「Program Input/Output」の略。

❸ デバイスドライバ

「デバイスドライバ」とは、周辺機器を利用できるようにするためのソフトウェアのことです。**「ドライバ」**ともいいます。新しい周辺機器を接続する際には、適応したデバイスドライバをインストールする必要があるため、OSやコンピュータの種類に応じたものを用意します。OSと周辺機器が**「プラグアンドプレイ」**に対応している場合は、周辺機器を接続するだけで自動的にデバイスドライバが組み込まれます。

参考

BLE

近距離無線通信技術であるBluetoothのVer.4.0以降で採用された、省電力で通信可能な技術のこと。
「Bluetooth Low Energy」の略。
BLEに対応したICチップ（半導体集積回路）は、従来の電力の1/3程度で動作するため、1つのボタン電池で数年稼働することが可能である。また、Bluetoothは低コストで実装可能ということもあり、これらの理由から、構内で利用する各種センサーや、ウェアラブル端末の利用などにBLEが有望であると考えられている。

参考

チャタリング

入出力装置のボタンを押してから数ミリ秒の間に、複数回のONとOFFが発生する現象のこと。微小な振動などによって発生する場合があり、入出力装置の誤動作につながる。

参考

インストール

ソフトウェアやハードウェアをコンピュータシステムに組み込むこと。

参考

プラグアンドプレイ

コンピュータに周辺機器を増設する際、OSが自動的にデバイスドライバの追加や様々な設定を行う機能のこと。

2-1-7 入出力装置

「入出力装置」とは、コンピュータに命令やデータを与えたり、結果を表示したりする装置のことです。

❶ 入力装置

「入力装置」とは、コンピュータに命令やデータを与える装置のことです。人間が扱っているアナログデータをデジタル化し、コンピュータ内部で処理できる形式に変換できます。

参考

A/Dコンバータ

アナログの信号からデジタルの信号へ変換する装置のこと。

(1) 文字・数字の入力装置

入力装置として、最も基本的なものが**「キーボード」**です。キーボード上に配置されているキーを押して、文字や数字、記号などを入力します。

(2) ポインティングデバイス

「ポインティングデバイス」とは、画面上の位置情報(座標情報)を入力する装置のことです。

ポインティングデバイスには、次のようなものがあります。

名 称	説 明
マウス	机上で、滑らすように動かすことで、画面上のポインタを操作する装置。光学式のタイプやコードレスのタイプなどがある。また、マウスの左右のボタンの間にある「スクロールボタン」で画面の表示を移動することもできる。
トラックボール	ボールを指で回転させることで、アイコンなどの位置情報を入力する装置。
デジタイザー	平面上の位置を座標指示器により入力する装置。設計図やイラストなどを入力する。机上で使用できる小型のものを「ペンタブレット」といい、入力には「スタイラスペン」を利用する。
タッチパネル	ディスプレイに表示されているアイコンやボタンなどを指などで触れることで、データを入力する装置。銀行のATMや図書館の案内表示などで利用されている。「タッチスクリーン」ともいう。代表的なものに、静電気を利用した静電容量方式がある。
ジョイスティック	複数のボタンが付いたスティックを前後左右に倒して方向指示を行ったり、ボタンを押したりして操作する装置。主にPCでゲームソフトを利用する場合などに使う。

参考

スタイラスペン

ペン型の入力装置のこと。ペンタブレットや携帯端末で図形や文字を入力するときに使う。

(3) 画像入力装置

「画像入力装置」とは、写真や絵などのイメージをコンピュータに入力する装置のことです。**「イメージ入力装置」**ともいいます。

画像入力装置には、次のようなものがあります。

名 称	説 明
イメージスキャナー	写真、絵、印刷物、手書き文字をデジタルデータとして取り込む装置。フラットベッド型、シートフィーダ型、ハンディ型がある。単に「スキャナー」ともいう。
OCR	手書き文字や印刷された文字を光学式に読み取る装置。イメージスキャナーで画像を読み取り、OCRソフトで文字として認識する。「光学式文字読取装置」ともいう。 「Optical Character Reader」の略。

名　称	説　明
OMR	マークシート上に、鉛筆などで塗りつぶされたマークの有無を光学式に読み取る装置。「光学式マーク読取装置」ともいう。 「Optical Mark Reader」の略。
デジタルカメラ	通常のカメラと同様に風景や人物などを撮影し、デジタルデータとして取り込む装置。

(4) その他の入力装置

その他の入力装置には、次のようなものがあります。

名　称	説　明
音声入力装置	マイクを利用し、音声でコンピュータを操作したり、データを入力したりする装置。
生体認証装置	手指の紋様や静脈のパターンなどを読み取る装置。建物の出入り口や銀行のATM、携帯端末などの利用者認証として利用されている。
バーコード読取装置	商品などに付けられたバーコードを光学式に読み取る装置。POS端末の入力装置として利用されている。据え置き型やハンディ型がある。「バーコードリーダー」ともいう。
磁気カード読取装置	クレジットカードやキャッシュカードなどの磁気が貼ってある部分の情報を読み取る装置。
ICカード読取装置	クレジットカードやキャッシュカードなどのICチップ(半導体集積回路)の情報を読み取る装置。

❷ 出力装置

「出力装置」とは、コンピュータで処理した結果を表示する装置のことです。コンピュータ内部で扱っていたデジタルデータをアナログ化し、人間に理解しやすい形式に変換できます。

(1) ディスプレイ

「ディスプレイ」とは、CPUで処理された内容を画面に表示する装置のことです。ディスプレイには、次のようなものがあります。

名　称	説　明
液晶ディスプレイ	液晶を使用した装置。液晶に電圧をかけると光の透過性が変化する性質を利用して表示する。液晶パネルの構造により「TFT方式」や「DSTN方式」、「STN方式」がある。
有機ELディスプレイ	低電圧駆動、低消費電力の装置。電圧を加えて自ら発光するため、バックライトが不要。発光体にジアミンやアントラセンなどの有機体を利用することから、有機ELと呼ばれる。 ELは、「Electro-Luminescence」の略。

参考

生体認証

本人の固有の身体的特徴(指紋や静脈など)や行動的特徴(筆跡など)を使って、本人の正当性を識別する照合技術のこと。「バイオメトリクス認証」ともいう。

参考

D/Aコンバータ

デジタルの信号からアナログの信号へ変換する装置のこと。

参考

インタレース表示

画像の走査を2回に分けて、2回目の走査ではじめて1枚の完成した画像を表示する方法のこと。高性能で画面のちらつきが少ない。

参考

ノンインタレース表示

1回の走査で画像を表示する方法のこと。コンピュータのディスプレイで採用されている。

参考

TFT方式

視野角が広く、表示速度が速い、表示が明るいのが特徴。
「Thin Film Transistor」の略。

参考

DSTN方式

STN方式の表示速度とコントラストを改良したもの。TFT方式と比べると性能は劣る。
「Dual scan Super Twisted Nematic」の略。

参考

STN方式

初期の液晶ディスプレイの方式。視野角が狭い、表示速度が遅い、表示が暗いなどのデメリットがある。
「Super Twisted Nematic」の略。

参考

dpi

1インチ（約2.5cm）当たりのドット数を表す。プリンターやディスプレイなどの品質を表す単位として使われる。数値が高いほど精細である。
「dot per inch」の略。

参考

VRAM

「Video RAM」の略。

参考

グラフィックアクセラレータボード

画像処理を高速にするための拡張ボードのこと。画像処理専用のCPUと、ディスプレイに表示するための画像データを一時的に記憶するVRAMを搭載している。

●ディスプレイの解像度

ディスプレイの**「解像度」**とは、画面表示の精細さを表します。画面に表示できる横と縦のドット（点）の数で表し、解像度を高くすると表示できる情報量は多くなり、文字や画像は縮小されます。
「ドット」とは、ディスプレイ上の点のことで、画像の最小単位を表します。**「ピクセル」**、**「画素」**ともいいます。
ディスプレイの解像度の規格には、次のようなものがあります。

名　称	解像度（横×縦）	表示色
VGA	640×480ドット	16色
SVGA	800×600ドット	256色～約1,677万色
XGA	1024×768ドット	約1,677万色
SXGA	1280×1024ドット	
UXGA	1600×1200ドット	
FHD（フルHD）	1920×1080ドット	
WUXGA	1920×1200ドット	
WQHD	2560×1440ドット	
QFHD（4K）	3840×2160ドット	

●ビデオメモリ容量の計算

ディスプレイにデータを表示するために使うメモリのことを**「ビデオメモリ」**といいます。ビデオメモリは、**「VRAM」**ともいいます。ビデオメモリの容量によってディスプレイに表示可能な解像度や色数が異なります。したがって、解像度が高い、あるいは一度に表示できる色数が多いほど、必要なビデオメモリの容量は大きくなります。
表示に必要なビデオメモリの容量は、次のような計算式で求めることができます。

横のドット数×縦のドット数×1ドット当たりに必要な色のビット数

1ドット当たりに必要な色のビット数は、次のとおりです。

表示色	1ドット当たりに必要な色のビット数
16色	4ビット=2^4（16通りの色コードを割り当てられる）
256色	8ビット=2^8（256通りの色コードを割り当てられる）
65,536色	16ビット=2^{16}（65,536通りの色コードを割り当てられる）
約1,677万色	24ビット=2^{24}（約1,677万通りの色コードを割り当てられる）

例
UXGA（1600×1200ドット）の解像度で約1,677万色を表示する場合に必要なVRAM容量はいくらか。

1600ドット×1200ドット×24ビット=46,080,000ビット
（1600ドット：横のドット数　1200ドット：縦のドット数　24ビット：約1,677万色を表示するのに必要なビット数）

46,080,000ビット÷8（ビット／バイト）=5,760,000バイト
したがって、5,760,000バイト以上のVRAM容量が必要になる。

(2) プリンター

「プリンター」とは、コンピュータで作成したデータを印刷する装置のことです。
プリンターには、次のようなものがあります。

名 称	説 明
インクジェットプリンター	ノズルの先から霧状にインクを用紙に吹きつけて印刷する装置。安価でカラー印刷も美しくできることから個人向けプリンターの主流である。
レーザープリンター	レーザー光と静電気の作用でトナーを用紙に付着させることで印刷する装置。印刷は高速で品質も高く、オフィスで利用されるプリンターの主流である。
プロッター	設計図などの図形を印刷する装置。CADなどで作成された製図を印刷するのに用いる。

(3) その他の出力装置

その他の出力装置には、次のようなものがあります。

名 称	説 明
プロジェクター	コンピュータやテレビなどの画像を、スクリーンに拡大して映写する装置。
音声出力装置	コンピュータによって音声を人工的に作り出す装置。
3Dプリンター	3次元CADや3次元スキャナーなどで作成した3次元のデータをもとに、立体的な造形物を作成する装置。製造業を中心に建築・医療・教育など幅広い分野で利用されている。

参考

印刷単位による分類

1ページ分の印刷パターンをプリンターのメモリ上に蓄え、一括して印刷するプリンターの総称を「ページプリンター」という。
これに対し、1行ずつ印刷するプリンターの総称を「ラインプリンター」、1文字ずつ印刷するプリンターの総称を「シリアルプリンター」という。

参考

印字方法による分類

印字部を用紙に打ち付けることにより印刷するプリンターの総称を「インパクトプリンター」という。
これに対し、印刷時に衝撃を利用せず、熱や静電気を利用して、インクを紙に噴射して印刷するプリンターの総称を「ノンインパクトプリンター」という。

参考

電子ペーパー

10分の数ミリ程度の紙のように扱える薄型ディスプレイのこと。省電力で携帯性に優れており、いったん表示すれば電源を消費しないで表示内容を保持することができる。最近では、折り曲げることができる電子ペーパーも登場している。

2-2 システム構成要素

2-2-1 システムの構成

「システム」とは、コンピュータを利用して業務活動を行うときの仕組みのことです。
システムは、使用するコンピュータの種類や処理形態などによって分類されます。システムを開発するには、目的に合わせた構成を選択します。

1 システムの処理形態

システムの処理形態には、次のようなものがあります。

(1) バッチ処理

「バッチ処理」とは、データを一定期間蓄積したあと、一括で処理する形態のことです。バッチ処理を開始する時間を設定するだけで自動的に行われるため、普段コンピュータが使われていない時間などを活用できます。給与計算などの事務処理に利用します。

(2) トランザクション処理

「トランザクション処理」とは、データベースを使用するシステムで、関連する処理をひとつにまとめて処理する形態のことです。このひとつにまとめた処理の単位を**「トランザクション」**といいます。
例えば、銀行口座のデータベースなどで出金と入金の処理を行う場合、一方だけが成功した状態では入出金のバランスが崩れます。このような場合は、出金と入金をひとつのトランザクションとして扱うことで、出金と入金の両方が成功したときだけ全体が成功したと評価し、入出金処理を更新します。

(3) リアルタイム処理

「リアルタイム処理」とは、処理要求が発生した時点で即時に処理する形態のことです。銀行のATMや列車の座席予約など、オンラインシステムと組み合わせて利用する**「オンラインリアルタイム処理」**があります。

(4) 対話型処理

「対話型処理」とは、利用者とコンピュータがディスプレイを通して、対話しているように相互に処理を行う形態のことです。利用者はディスプレイを通して、コンピュータから要求された操作を返し、あたかも対話しているように相互に処理を行います。

参考

オンラインシステム
コンピュータ同士を通信回線などで接続して処理するシステム構成のこと。

参考

ハードリアルタイムシステムとソフトリアルタイムシステム
リアルタイム処理は、障害時の影響によって、「ハードリアルタイムシステム」と「ソフトリアルタイムシステム」に分類できる。

●ハードリアルタイムシステム
システムに障害が発生したときに、致命的なダメージを受け、復旧が不可能になるもの。例えば、エアバッグ制御システムが該当する。

●ソフトリアルタイムシステム
システムに障害が発生したときに、システムに遅延が発生するなどといった程度の影響で、システム自体に致命的なダメージがなく、復旧が可能なもの。例えば、ATMや座席予約のシステムが該当する。

❷ 集中処理と分散処理

システムで行う処理は、処理するコンピュータの台数によって、次のように分類できます。

(1) 集中処理

「集中処理」とは、1台のコンピュータ（ホストコンピュータ）ですべての処理を行う形態のことで、**「オンラインシステム」**で利用されます。
集中処理の特徴には、次のようなものがあります。

- 1台で管理するため、設備や人員を集中できる。
- 運用管理やセキュリティ管理、保守が行いやすい。
- 処理をしているコンピュータが故障するとシステム全体が停止する。

(2) 分散処理

「分散処理」とは、ネットワークに接続されている複数のコンピュータで処理を分担して行う形態のことで、**「クライアントサーバシステム」**で利用されます。
分散処理の特徴には、次のようなものがあります。

- 機能の拡張が容易である。
- 1台のコンピュータが故障してもシステム全体は停止しない。
- 処理をしているコンピュータが複数台あるため、運用管理、セキュリティ管理、保守が複雑になる。
- 異常が発生した場合、発生した場所を特定するのが困難である。

分散処理をハードウェア的な構成で考えた場合、**「水平分散」**と**「垂直分散」**に分類できます。

●水平分散

「水平分散」とは、コンピュータを対等の立場で結び付けて処理を分散させる処理形態のことです。

●垂直分散

「垂直分散」とは、コンピュータを階層的に結び付けて機能を分散させる処理形態のことです。

❸ システムの構成

代表的なシステムの構成には、次のようなものがあります。

(1) デュアルシステム

「デュアルシステム」とは、同じ構成を持つ2組のシステムが同一の処理を同時に行い、処理結果に誤りがないかなどを照合（クロスチェック）しながら処理を行うシステムのことです。一方に障害が発生した場合は、障害が発生したシステムを切り離し、もう一方のシステムで処理を継続します。

参考

クライアントサーバシステム
→「2-2-1 4 クライアントサーバシステム」

参考

ミッションクリティカルシステム
システムに障害が発生した場合、企業活動や社会に重大な影響を及ぼすシステムのこと。

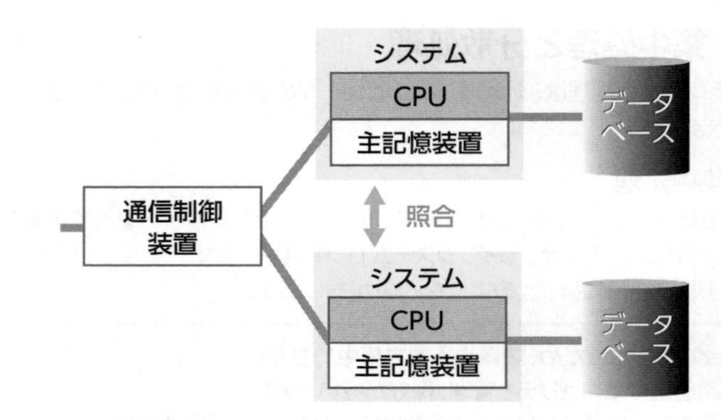

(2) デュプレックスシステム

「デュプレックスシステム」とは、システムを2組用意して、一方を主系（現用系）、もう一方を従系（待機系）として利用し、通常は主系で処理を行うシステムのことです。主系に障害が発生した場合は、主系で行っている処理を従系に切り替えて処理を継続します。**「待機冗長化方式」**ともいいます。

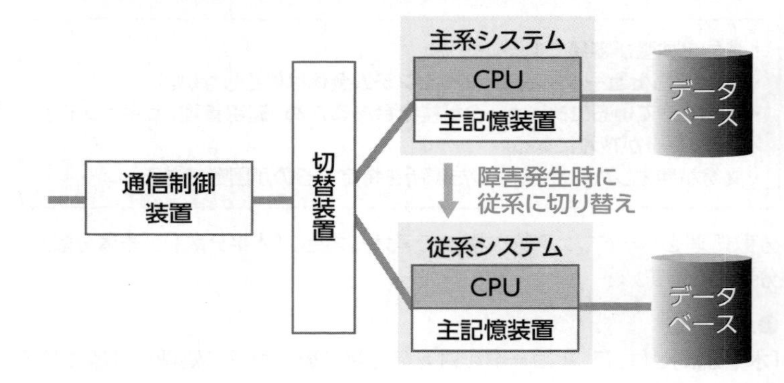

(3) ロードシェアリングシステム

「ロードシェアリングシステム」とは、同じ構成を持つシステムを複数用意し、処理を分担することで、負荷を分散するシステムのことです。**「ロードシェアシステム」**、**「負荷分散システム」**ともいいます。

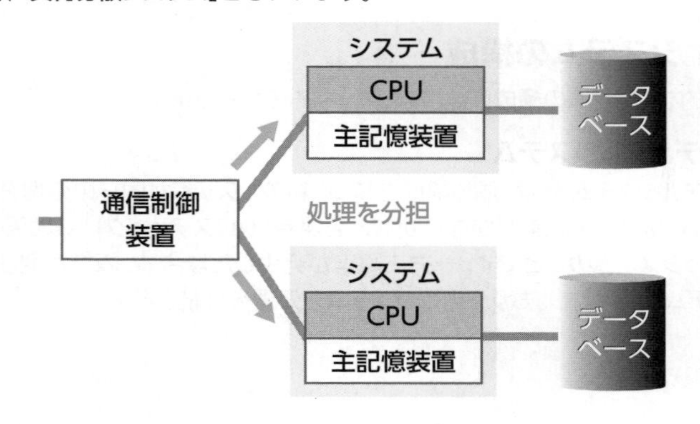

参考

主系と従系の扱い

デュプレックスシステムでは、従系の扱い方により、次の2種類のタイプがある。

●コールドスタンバイシステム

通常、主系ではリアルタイム処理を行い、従系ではバッチ処理を行うなど、主系と従系で別の処理を行うことによりシステムを有効利用できる。

●ホットスタンバイシステム

主系と従系で別の処理を行わず、従系を常に主系と同じ状態で待機させておくことで、障害が発生した場合は、迅速に切り替えを行うことができる。

参考

冗長化

複数のシステムを用意するなど、必要より多めに機材を設置することで、機材の故障など万一の場合に備えたシステムを構築すること。冗長化により、システムの信頼性を高めることができる。

参考

マルチプロセッサシステム

→「2-1-1 8 マルチプロセッサシステムと並列処理」

参考

ロードバランサ

負荷を分散する通信制御装置のこと。

(4) その他のシステム

その他のシステムの構成には、次のようなものがあります。

●仮想化

「仮想化」とは、1台のコンピュータに、複数の仮想的なコンピュータを動作させるための技術のことです。1台のコンピュータを論理的に分割し、それぞれに異なるOSやアプリケーションソフトウェアを動作させることによって、あたかも複数のコンピュータが同時に稼働しているように見せることができます。ハードウェア資源を有効に利用できるため、ハードウェアの購入費用削減、保守費用削減、消費電力削減などのメリットがあります。
なお、1台のコンピュータに、複数の仮想的なサーバを動作させるための技術のことを**「サーバ仮想化」**といいます。

●VDI

デスクトップ環境を仮想化する場合は、OSやアプリケーションソフトウェアなどはすべてサーバ上で動作させて、利用者の端末には画面を表示する機能と入力操作に必要な機能(キーボードやマウスなど)だけを用意します。この仕組みのことを**「VDI」**といいます。

●クラウドコンピューティング

「クラウドコンピューティング」とは、ユーザーが必要最低限の機器構成でインターネットを通じてサービスを受ける仕組みのことです。代表的なものには、インターネットを利用してソフトウェアの必要な機能だけを利用できる**「SaaS」**や、オンラインストレージなど仮想ハードウェアを利用できる**「IaaS」**などがあります。
クラウドコンピューティングのクラウドは雲(Cloud)のことであり、ソフトウェアやデータの場所を意識することなく、雲の上からサービスが利用できるようなことを表しています。

●エッジコンピューティング

「エッジコンピューティング」とは、IoTデバイスの近くにサーバを分散配置するシステム形態のことです。**「ネットワークの周辺部(エッジ)で処理する」**という意味から、このように名付けられました。
通常、IoTデバイスなどは収集した情報をクラウドサーバに送信します。しかし、クラウドサーバへの処理が集中し、IoTシステム全体の処理が遅延するという問題を解決するために、処理の一部をIoTデバイスに近い場所に配置した**「エッジ」**と呼ばれるサーバに任せます。IoTデバイス群の近くにエッジ(サーバ)を配置することによって、クラウドサーバの負荷低減と、IoTシステム全体のリアルタイム性を向上させることが可能となります。

●バックアップサイト

「バックアップサイト」とは、コンピュータやストレージ(ハードディスクやSSDなど)の障害によって、データやプログラムが破損した場合に備えて、データまたはシステムをコピーしておく場所(システム)のことです。バックアップの対象となるデータまたはシステムは、物理的に離れた補助記憶装置にバックアップを行うことで、万一の場合に備えることができます。

参考

ライブマイグレーション

あるハードウェアで稼働している仮想化されたサーバを停止させずに、別のハードウェアに移動させて、移動前の状態から仮想化されたサーバの処理を継続させる技術のこと。
仮想化されたサーバのOSやアプリケーションソフトウェアを停止することなく、別のハードウェアに移動する場合に利用することができる。ハードウェアの移行時、メンテナンス時などで利用する。

参考

VDI

「Virtual Desktop Infrastructure」の略。
日本語では「デスクトップ仮想化」の意味。

参考

SaaS/IaaS

→「7-1-4 2 (1) クラウドコンピューティング」

参考

IoTデバイス/IoTシステム

→「8-3-5 1 IoTシステム」

参考

ホットサイト/ウォームサイト/コールドサイト

「ホットサイト」とは、主系と同等のサーバや機能を用意し、常に稼働状態(データのバックアップや更新情報などが同期してある)にしておくことで、障害発生時に速やかに切り替えられるようにしておく待機系のシステムのこと。それに対し、障害発生時に、バックアップのシステムをインストールして稼働させるシステムを「コールドサイト」という。
また、ホットサイトとコールドサイトの中間で、常に稼働状態にしてあるが、データのバックアップや更新情報などが同期されていないシステムを「ウォームサイト」という。

●グリッドコンピューティング

「グリッドコンピューティング」とは、複数のコンピュータをネットワークで接続し、それぞれのコンピュータで並列処理を行うことによって、仮想的に高性能なひとつのコンピュータとして利用することです。
自然現象や生物構造の解析など高精度な高速演算が求められる分野において、複数のコンピュータで並列処理を行うことで、高速に大量の処理が可能になります。

参考

ハイパフォーマンスコンピューティング
自然現象や生物構造の解析など高精度な高速演算が求められる計算処理のこと。「HPC」ともいう。グリッドコンピューティングでは複数のコンピュータを大規模に並列することで実現するが、ハイパフォーマンスコンピューティングでは、スーパーコンピュータを使うことで実現する。
HPCは、「High Performance Computing」の略。

4 クライアントサーバシステム

「クライアントサーバシステム」とは、ネットワークに接続されたコンピュータにサービスを提供する**「サーバ」**と、サーバにサービスを要求する**「クライアント」**に役割分担して構成するシステムのことです。

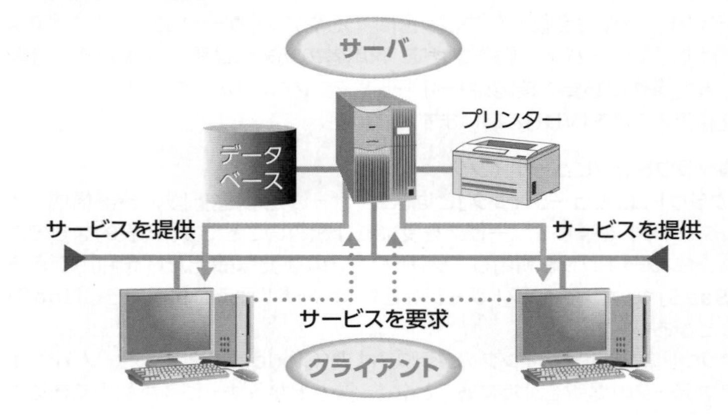

(1) クライアントサーバシステムの特徴

クライアントサーバシステムの特徴には、次のようなものがあります。

特徴	説明
システムにかかる負荷の軽減	クライアントとサーバがそれぞれ役割分担(処理を分散)することでシステムの負荷が軽減できる。
導入コストの軽減	ハードウェア資源(プリンターやストレージなど)を共有して利用することで、導入コストの軽減が図れる。
作業の効率化	ソフトウェア資源(ファイルなど)を共有して利用することで、必要なデータを必要なときに取り出して処理を行えるため、作業の効率化が図れる。
システムの拡張が容易	サーバやクライアントの追加が容易である。
システム管理の複雑化	サーバやクライアントごとにハードウェアやソフトウェア資源を管理する必要があるため、システムの規模が大きくなるほど複雑になる。また、問題が発生した場合の原因や責任の切り分けが難しい。

参考

ピアツーピア(P2P)
ネットワークを構成するシステム形態のひとつ。ピアツーピアは、ネットワークに接続されたコンピュータを役割分担せず、お互いに対等な関係で接続されている。そのため、サーバとクライアントの区別がない。P2Pは、「Peer to Peer」の略。

(2) サーバの種類

クライアントサーバシステムでは、サーバの役割によって次のような種類に分けられます。

名　称	説　明
データベースサーバ	データベース管理システム(DBMS)を持ったサーバ。すべてのクライアントがデータベースに直接接続されているのと同じ環境を実現できる。データベースサーバは、クライアントの要求に従って大量データの検索や集計、並べ替えなどの処理を行い、結果だけをクライアントに返す。
アプリケーションサーバ	アプリケーションソフトウェアを実行するサーバ。各クライアントは、アプリケーションサーバに対して処理を要求する。また、アプリケーションソフトウェアを一括管理しているので、アプリケーションソフトウェアの更新を効率的に行うことができる。
Webサーバ	クライアント(Webブラウザ)からの要求に対して、コンテンツ(HTMLファイルや画像など)の表示を提供するサーバ。
ファイルサーバ	ファイルを一括管理するサーバ。各クライアントは、ファイルサーバのファイルを共有することで情報を有効活用できる。
プリントサーバ	プリンターを管理、制御するサーバ。各クライアントの印刷データは、一度プリントサーバに保存され(スプーリング)、印刷待ち行列(キュー)に登録されたあと、順番に印刷される。

参考

データベース管理システム

→「3-3-1 4 データベース管理システム」

(3) クライアントサーバシステムの構成

クライアントサーバシステムでは、クライアントとサーバがそれぞれ処理を分散することで、システム全体の負荷を軽減できます。クライアントサーバシステムの構成には、**「2層クライアントサーバシステム」**と**「3層クライアントサーバシステム」**があります。

●2層クライアントサーバシステム

「2層クライアントサーバシステム」とは、クライアントサーバシステムを利用者側の**「クライアント」**と、データベース側の**「サーバ」**の2つのモジュールに分けるシステムのことで、従来の一般的なクライアントサーバシステムのことを指します。各クライアントから直接データベースサーバへアクセスします。

また、クライアント側からデータベースサーバの**「ストアドプロシージャ」**を利用できるので、クライアントとサーバ間のデータ転送量を抑えることができます。

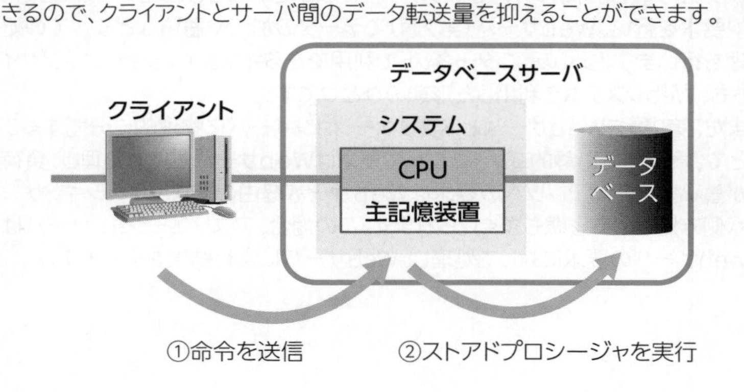

参考

ストアドプロシージャ

データベースに関する一連の処理をひとつのプログラムにまとめてデータベース管理システムに保存したもの。クライアント側から呼び出すことで実行できる。クライアント側からSQL文を一文ずつ送信して実行するより処理命令の送信時間を短縮(ネットワーク通信量を軽減)できるので、処理時間を短縮できる。

参考

RPC

コンピュータからネットワーク上のほかのコンピュータに対して、処理を実行する通信技術のこと。
「Remote Procedure Call」の略。
日本語では「遠隔手続呼出し」の意味。

参考

GUI

→「3-1-2 1 GUI」

参考

シンクライアント

サーバ側でアプリケーションソフトウェアやファイルなどの資源を管理し、クライアント側のコンピュータには最低限の機能しか持たせないシステムのこと。クライアント側には、サーバに接続するためのネットワーク機能や入出力を行うための機能を用意するだけで利用できるため、運用管理の容易さやセキュリティ面で優れている。

参考

Webサーバとクライアント

→「1-2-3 5 Webプログラミング」

●3層クライアントサーバシステム

「3層クライアントサーバシステム」とは、クライアントサーバシステムを**「プレゼンテーション層」**、**「ファンクション層」**、**「データベースアクセス層」**の3つの階層に分けるシステムのことです。

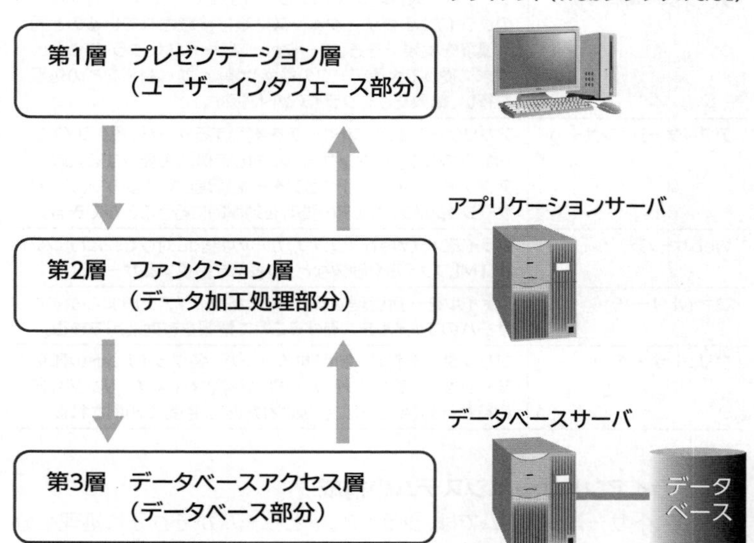

3層クライアントサーバシステムは、データの処理をサーバ側で実行することにより、クライアントとサーバ間のデータ転送量を抑えることができます。また、3つのモジュールに分けることで、仕様の変更が容易になります。

5 Webシステム

「Webシステム」とは、サーバ上で動作し、Webブラウザを使ってWebサーバと双方向通信を行うシステムのことです。3層クライアントサーバシステムで、クライアント（第1層）のWebブラウザ上に表示されるGUIからデータの入力や要求を行い、Webサーバ（第2層）でデータの加工や蓄積などすべての処理を行います。多くのインターネットで利用できるオンラインショッピングサイトも、Webシステムを利用した形態のひとつです。
また、第2層をWebサーバとアプリケーションサーバに物理的に分割することで、負荷が軽い静的コンテンツへの要求はWebサーバだけで処理し、負荷が重い動的コンテンツへの要求はWebサーバ経由のアプリケーションサーバ側で処理する形態も多く見られます。この場合、アプリケーションサーバはWebサーバの要求に対して処理し、Webサーバに実行結果を返します。

6 RAID

システムを構成するときには、障害に備える対策が必要です。
「RAID(レイド)」とは、信頼性やアクセス速度の向上を目的とした障害対策のひとつで、複数のハードディスクをまとめてひとつの装置として扱う技術のことです。
RAIDには次の7つのレベルがあり、主に使用されるのはRAID0やRAID1、RAID3、RAID5です。

名称	説明
RAID0	特定のサイズのデータをブロック(セクター)単位で、複数のハードディスクに分割して書き込む。「ストライピング」ともいう。1台のハードディスクにアクセスが集中しないため、アクセス速度が向上する。
RAID1	ハードディスク自体の故障に備えて、2台以上のハードディスクに同じデータを書き込む。「ミラーリング」ともいう。1台のハードディスクが故障した場合でも、別のハードディスクからデータを読み出すことができるため、信頼性が向上する。
RAID2	複数のハードディスクにデータを保存し、データのほかに、エラーの検出・訂正を行うためのコード(ハミングコード)を生成して、複数のハードディスクに分散して書き込む。ハードディスクに故障が発生した場合は、ハミングコードからデータを復旧できる。
RAID3	複数のハードディスクにデータを保存し、エラーの検出・訂正を行うためのパリティ情報を専用のハードディスクに書き込む。ハードディスクに故障が発生した場合は、パリティ情報からデータを復旧できる。一般的にデータの分割がバイト単位で行われる。 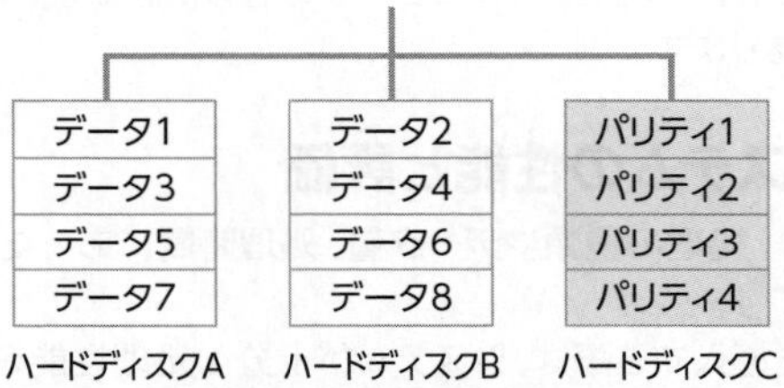

ハードディスクA	ハードディスクB	ハードディスクC
データ1	データ2	パリティ1
データ3	データ4	パリティ2
データ5	データ6	パリティ3
データ7	データ8	パリティ4

名称	説明
RAID4	RAID3と同様の仕組みだが、データの分割がブロック(セクター)単位で行われる。
RAID5	パリティ情報を記録するハードディスクを固定せず、すべてのハードディスクに分散して記録する。また、データの分割がブロック(セクター)単位で行われる。「パリティ付きストライピング」ともいう。 1台のハードディスクに故障が発生した場合は、パリティ情報からデータを復旧できる。1台のハードディスクにアクセスが集中しないため、アクセス速度が向上する。 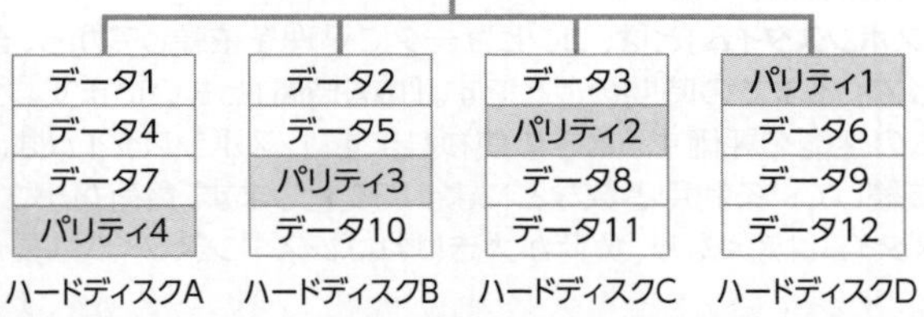

ハードディスクA	ハードディスクB	ハードディスクC	ハードディスクD
データ1	データ2	データ3	パリティ1
データ4	データ5	パリティ2	データ6
データ7	パリティ3	データ8	データ9
パリティ4	データ10	データ11	データ12

名称	説明
RAID6	パリティ情報を2つ生成し、すべてのハードディスクに分散して記録する。 RAID5では同時に2台のハードディスクが故障すると、残されたパリティ情報からデータを復旧できないが、RAID6ではパリティ情報を2つ別々に記録するため、2台同時に故障した場合でもデータを復旧できる。

参考

RAID
「Redundant Arrays of Inexpensive Disks」の略。

参考

NAS(ナス)
ハードディスクや通信制御装置、OSなどを一体化し、ネットワークに直接接続して使用するファイルサーバのこと。RAIDの機能を持つものもある。複数のプロトコルに対応しているので、異なるOS間でもファイル共有が可能になる。
「Network Attached Storage」の略。

参考

SAN(サン)
ストレージ(外部記憶装置)とコンピュータを結ぶ高速な専用ネットワークのこと。企業や学術分野などで、大量のデータを読み書きする高性能のファイルサーバに利用される。一般的にSANでの外部記憶装置は、RAID構成で使用される。
「Storage Area Network」の略。

7 信頼性設計

利用者がいつでも安心してシステムを利用できるような、信頼性の高いシステムを設計するときの考え方として、次のようなものがあります。

名 称	説 明
フォールトトレラント	故障が発生しても、本来の機能すべてを維持し、処理を続行する。あらかじめシステムを二重化しておくなどの方法がとられる。
フェールソフト	故障が発生したとき、システムが全面的に停止しないようにし、必要最小限の機能を維持する。
フォールトアボイダンス	機器自体の信頼性を高めることで、故障しないようにする。
フェールセーフ	故障が発生したとき、システムを安全な状態に固定し、その影響を限定する。 例えば、信号機で故障があった場合には、すべての信号を赤にして自動車を止めるなど、故障や誤動作が事故につながるようなシステムに適用される。
フールプルーフ	ヒューマンエラー回避技術のひとつで、利用者が本来の仕様からはずれた使い方をしても、故障しないようにする。

参考

アクティブ-スタンバイ構成とアクティブ-アクティブ構成

「アクティブ-スタンバイ構成」とは、複数のシステムを用意して、ひとつのシステムを稼働（アクティブ）し、残りのシステムを待機（スタンバイ）させるシステム構成のこと。障害発生時には、待機しているシステムに切り替えて処理を引き継ぐことができる。

「アクティブ-アクティブ構成」とは、複数のシステムを用意して、すべてのシステムを同時に稼働させるシステム構成のこと。障害発生時には、障害が発生したシステムを切り離し、残りのシステムで処理を継続することができる。

2-2-2 システムの評価指標

システムの評価指標は、コンピュータの性能、信頼性、経済性を総合的に見る必要があります。

1 システムの性能と評価

システムは、処理の種類やデータ量、処理時間にあった性能を持っていることが重要です。

システムを導入する際は、システムが十分な処理性能を持っているかテストし、将来起こり得るシステムの変化に対応できる拡張性を備えておきます。

(1) システムの性能指標

システムの性能は、システム統合テストや受入れテストの一環として行う**「性能テスト」**で測定します。性能テストとは、**「レスポンスタイム」**や**「ターンアラウンドタイム」**、**「ベンチマーク」**、**「モニタリング」**など、処理が要求を満たしているかを検証するテストのことです。

参考

スループット

システムが単位時間当たりに処理できる処理量のこと。

●レスポンスタイム

「レスポンスタイム」とは、コンピュータに処理を依頼してから、最初の反応が返ってくるまでの時間のことです。**「応答時間」**ともいいます。オンラインシステムの性能を評価するときに使われます。レスポンスタイムは、CPUの性能や接続している利用者数などによって変化します。負荷が小さければレスポンスタイムは短くなり、負荷が大きければレスポンスタイムは長くなります。

●ターンアラウンドタイム

「ターンアラウンドタイム」とは、コンピュータに一連の処理を依頼してから、すべての処理結果を受け取るまでの時間のことです。バッチ処理の性能を評価するときに使われます。

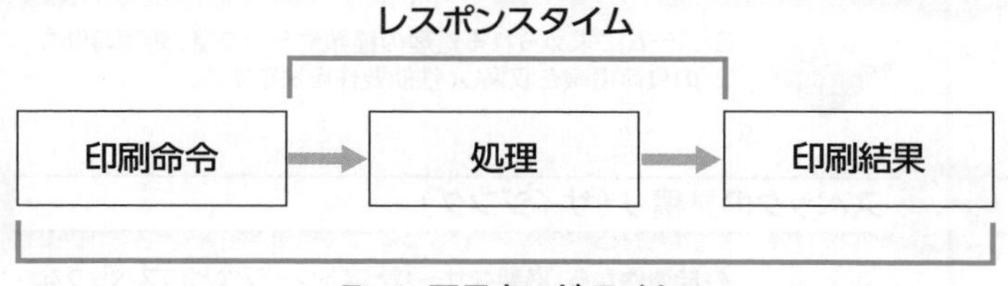

●ベンチマーク

「ベンチマーク」とは、システム性能を測定するための指標のことです。実際にプログラムを実行し、その時間を計測することを**「ベンチマークテスト」**といいます。レスポンスタイムやCPUの稼働率などを計測し、複数のコンピュータの性能を比較・評価します。

ベンチマークテストには、次のようなものがあります。

名　称	説　明
TPCベンチマーク	トランザクション処理に関する性能指標の標準化を進める非営利団体（TPC）で策定されたベンチマーク。 TPC-C、TPC-E、TPC-Hなどがある。
SPEC（スペック）ベンチマーク	CPUやWebサーバなどに関する性能指標の標準化を進める非営利団体（SPEC）で策定されたベンチマーク。 CPUの整数演算処理の性能を評価する「SPECint（スペックイント）」や、CPUの実数演算処理の性能を評価する「SPECfp（スペックエフピー）」などがある。

●モニタリング

「モニタリング」とは、実際のシステムに性能を測定するための機器やプログラムを組み込み、どのように動作するかを計測することです。

名　称	説　明
ハードウェアモニタリング	測定用の機器（ハードウェア）を組み込む方式。
ソフトウェアモニタリング	測定用のプログラム（ソフトウェア）を組み込む方式。

（2）キャパシティプランニング

「キャパシティプランニング」とは、予算や費用対効果を考慮しつつ、必要な性能要件を満たすようなシステムを開発できるように管理するプロセスのことです。

●キャパシティプランニングの目的

キャパシティプランニングの目的には、次のようなものがあります。

- **システムに求められる処理能力を備えた機種を、容量や台数などを考慮したうえで選定する。**
- **将来起こり得るソフトウェアの更新や業務の変化などに対応でき、サービス品質を継続的に維持できる拡張性を備える。**

参考

ターンアラウンドタイムの計算式

ターンアラウンドタイムを計算する方法は、次のとおり。

ターンアラウンドタイム＝CPU時間＋入出力時間＋処理待ち時間

参考

バッチ処理

→「2-2-1 1（1）バッチ処理」

参考

TPC

「Transaction Processing Performance Council」の略。

参考

SPEC

「Standard Performance Evaluation Corporation」の略。

参考

プロビジョニング

利用者から要求があった場合や障害時などに迅速に対応できるよう、あらかじめネットワークの設備や、システムのリソース（システムを動作させるために必要となるもの）などを用意しておくこと。

参考

スケールアウトとスケールアップ

「スケールアウト」とは、サーバの台数を増やして負荷分散することで、システム全体の処理能力を向上させること。ひとつひとつのサーバの負荷が軽減されるため、システム全体の処理能力の向上を図ることができる。Webサーバなど、大量に処理が発生するようなシステムに適している。

「スケールアップ」とは、サーバを高性能なものにすることで、サーバ自体の処理能力を向上させること。サーバ自体を高性能なものに交換したり、CPUやメモリなどをより高性能なものに替えたり増設したりして対応する。サーバ自体の処理能力を向上させることで、より高い負荷に耐えられるようになる。データベースサーバなど、高い頻度でデータ更新があるようなシステムに適している。

●キャパシティプランニングの手順

キャパシティプランニングは、次のような手順で行います。

1 負荷情報の収集と性能要件の決定

システムに求められる処理の種類やデータ量、処理時間などの負荷情報を収集し、性能要件を決定する。

2 スペックの見積り(サイジング)

性能要件から、必要なサーバとストレージなどのスペックなどを見積もる。

3 システム性能の継続的な把握と評価

サイジングの結果から、今後の拡張性も考慮したシステム性能(容量・能力)を把握・評価する。

❷ システムの信頼性と評価

システムを導入したとき、利用者(システム利用部門)にとって信頼できるシステムであることが重要です。システムの信頼性は、システムを運用中、機能が停止することなく稼働し続けることで高くなります。

システムを評価するときの項目として**「RASIS(レイシス)」**があります。RASISとは、次の評価項目の頭文字を並べたものです。

Reliability	信頼性:故障しにくい
Availability	可用性:稼働率が高い
Serviceability	保守性:障害時に復旧しやすい
Integrity	完全性:データに矛盾が発生しない
Security	安全性:機密性が高い

(1) システムの稼働率

システムの信頼性を測る指標としては、**「稼働率」**が使用されます。システムの稼働率とは、システムがどの程度正常に稼働しているかを割合で表したものです。稼働率の値が大きいほど、信頼できるシステムといえます。

稼働率は、**「MTBF(平均故障間隔)」**と**「MTTR(平均修復時間)」**で求めることができ、MTBFが長くMTTRが短いほど、システムの稼働率は高くなります。

名　称	説　明
MTBF (平均故障間隔)	故障から故障までの間で、システムが連続して稼働している時間の平均のこと。 「Mean Time Between Failures」の略。
MTTR (平均修復時間)	故障したときに、システムの修復にかかる時間の平均のこと。 「Mean Time To Repair」の略。

MTBFとMTTRを使って稼働率を計算する方法は、次のとおりです。

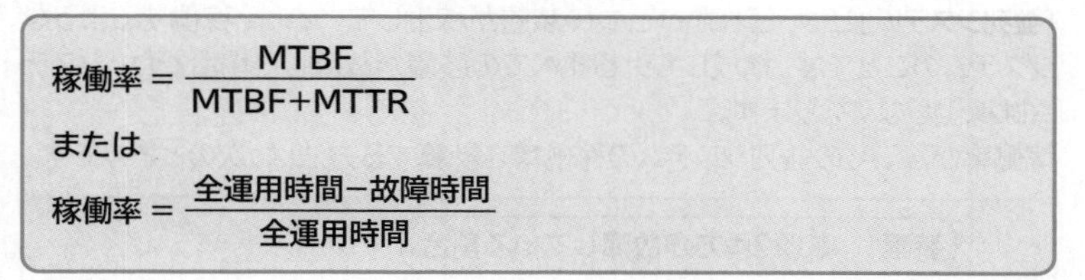

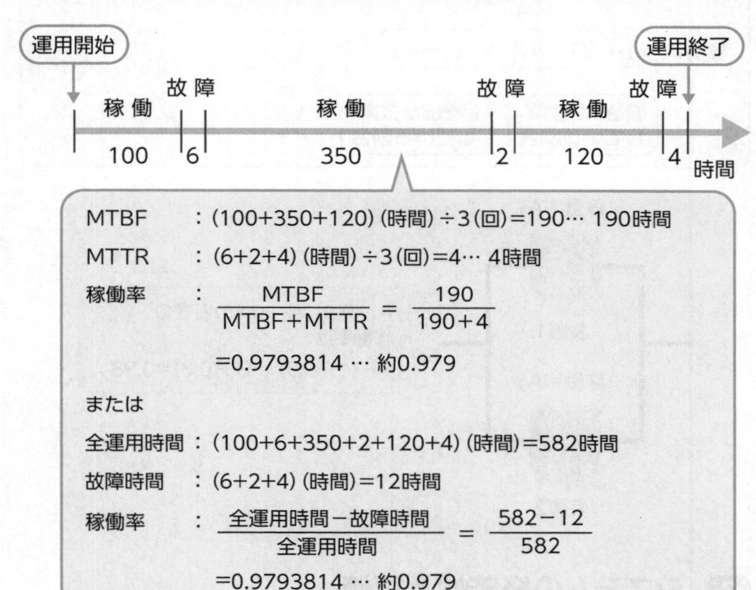

(2) 複合システムの稼働率

複数のコンピュータや機器で構成されるシステムの場合は、**「直列システム」**と**「並列システム」**によって稼働率の求め方が異なります。

●直列システムの稼働率

「直列システム」とは、システムを構成している装置がすべて稼働しているときだけ、稼働するようなシステムのことです。装置がひとつでも故障した場合は、システムは稼働しなくなります。

稼働率がA_1、A_2の直列システムの稼働率を計算する方法は、次のとおりです。

稼働率 = $A_1 \times A_2$

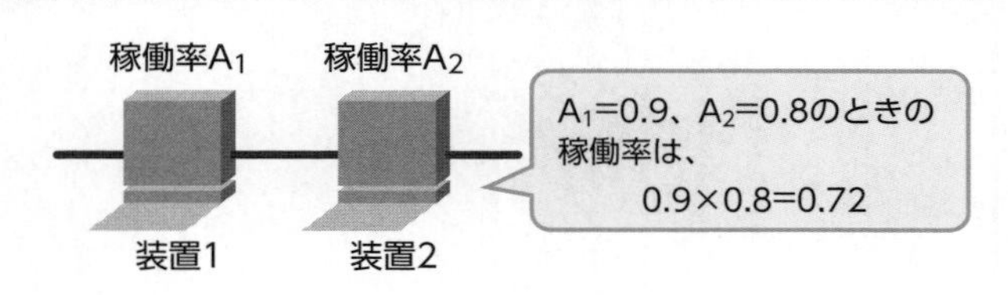

参考

故障率

ある期間に起こる故障の回数の割合のこと。計算式は、次のとおり。

$$故障率 = \frac{1}{MTBF}$$

または、稼働していない割合のことを指す場合もある。その場合の計算式は、次のとおり。

故障率=1−稼働率

参考

バスタブ曲線

ハードウェアの故障率の変化を表したグラフのこと。縦軸を故障率、横軸を時間経過として表す。
「故障率曲線」ともいう。

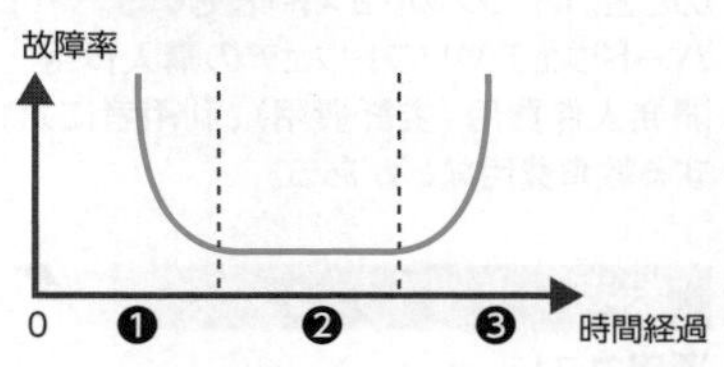

❶初期故障期
製造中の欠陥（初期不良）などのために、故障が発生する期間。

❷偶発故障期
初期故障期と摩耗故障期の間に、利用者による操作ミスなどのためにごくまれに故障が発生する期間。

❸摩耗故障期
ハードウェアの摩耗や劣化などのために故障が発生する期間。

●並列システムの稼働率

「並列システム」とは、どれかひとつの装置が稼働していれば、稼働するようなシステムのことです。構成しているすべての装置が故障した場合だけ、システムは稼働しなくなります。

稼働率がA_1、A_2の並列システムの稼働率を計算する方法は、次のとおりです。

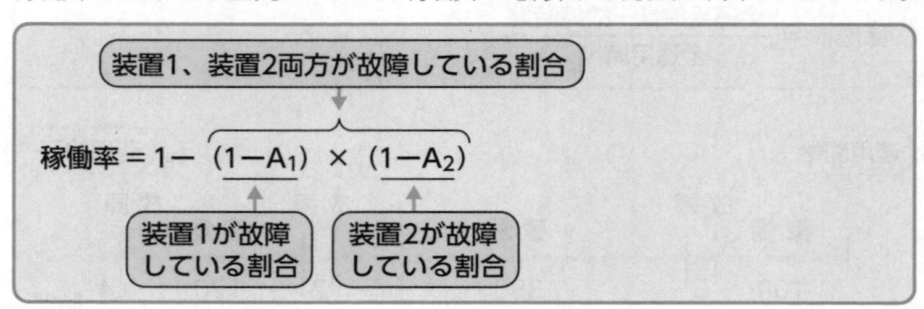

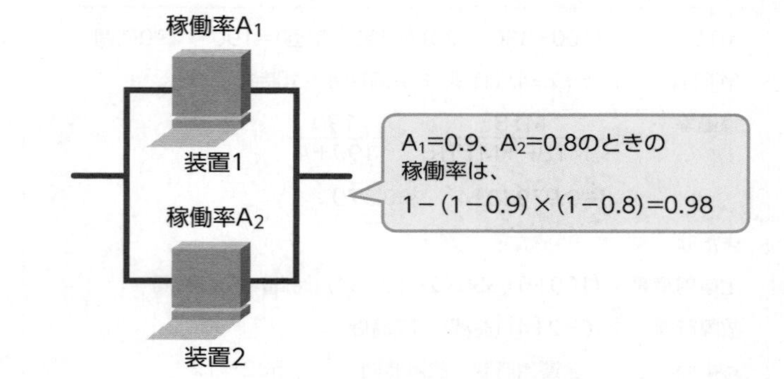

3 システムの経済性と評価

システムを企業に導入する際、その効果や評価などの経済性を考慮する必要があります。

システムを導入するには、**「初期コスト」**や**「運用コスト」**など様々な費用がかかりますが、システムの経済性を考えるには、システムを購入したときから廃棄するまでに必要となる費用を総合した**「TCO」**を重視する必要があります。

TCOとは、コンピュータのハードウェアやソフトウェアの購入費用、利用者に対する教育費用、運用にかかわる費用、システムの保守費用、さらに、システムのトラブルの影響による損失費用などを総合した費用のことです。システムを導入する際の意思決定などにも使われます。TCOは、**「総所有費用」**ともいいます。

システムの経済性は、ソフトウェアライフサイクルを通じて算出したTCOから継続的な投資対効果を考慮することが重要です。

参考

初期コスト

システムを導入する際に必要となる費用のこと。「イニシャルコスト」ともいう。
ハードウェアやソフトウェアの購入費用、開発人件費用（委託費用）、利用者に対する教育費用などがある。

参考

運用コスト

システムを運用する際に必要となる費用のこと。「ランニングコスト」ともいう。
設備維持費用（リース費用、レンタル費用、アップグレード費用、保守費用、セキュリティ対策費用、システム管理者の人件費用など）、運用停止による業務上の損失などがある。

参考

TCO

「Total Cost of Ownership」の略。

参考

直接コストと間接コスト

システムの導入・運用にかかるコストは「直接コスト」と「間接コスト」に分類できる。

●直接コスト

ハードウェアやソフトウェアの購入費用や委託費用など直接外部に対して支払うコスト。

●間接コスト

導入・運用作業を行っている自社の社員の人件費として支払うコスト。直接的な経費として処理していないため、コストとして明確になりにくい一面がある。

2-3 ソフトウェア

2-3-1 オペレーティングシステム

「オペレーティングシステム(OS)」は、コンピュータを動かすために最低限必要なものです。コンピュータは、OS以外のソフトウェアを利用することによって、活用できる幅が広がります。

> **参考**
> **OS**
> 「Operating System」の略。

❶ ソフトウェアの分類

コンピュータを構成するソフトウェアは、次のように分類できます。

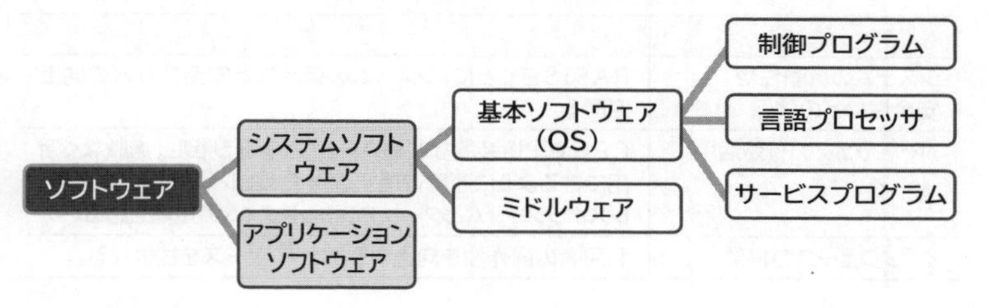

(1) システムソフトウェア

「システムソフトウェア」とは、ハードウェアの管理・制御を行ったり、共通する基本機能を提供したりするソフトウェアのことです。システムソフトウェアは、**「基本ソフトウェア」**と**「ミドルウェア」**に分類できます。

> **参考**
> **シェル**
> 利用者が入力したコマンドを、OSの中核部分(カーネル)に伝達し、プログラムの起動や制御を行うミドルウェアのこと。UNIXなどOSの機能の一部で使われている。
> 「コマンドインタプリタ」ともいう。

●基本ソフトウェア

「基本ソフトウェア」とは、ハードウェアやアプリケーションソフトウェアを管理・制御するソフトウェアのことです。一般的に**「OS」**のことを指します。ハードウェアとソフトウェアの間を取り持ち、ソフトウェアが動作するように設定したり、利用者からの情報をディスプレイやプリンターなどの周辺機器に伝えたりします。

基本ソフトウェアには、次のようなものが含まれます。

名 称	説 明
制御プログラム	ハードウェアを管理・制御し、コンピュータを効率的に活用するためのソフトウェア。狭義で「OS」のことを指す。
言語プロセッサ	プログラム言語を使って書かれたプログラムを、機械語のプログラムに変換するソフトウェア。「アセンブラ」、「コンパイラ」などがある。
サービスプログラム	コンピュータを効率よく利用し、機能や操作性を向上させるためのソフトウェア。ディスク圧縮や最適化、メモリ管理ソフトなどOSの機能を補うものから、スクリーンセーバやマルウェア対策ソフトまで様々なものがある。「ユーティリティプログラム」ともいう。

> **参考**
> **言語プロセッサ**
> →「2-3-1 11 言語プロセッサ」

参考

VM

ソフトウェアによって、コンピュータシステム内に仮想的に構築されたコンピュータシステムのこと。「仮想マシン」ともいう。「Virtual Machine」の略。
これにより、例えばWindows 10上でWindows 8.1を動作させたり、Windows 10上でLinuxを動作させたりすることができる。

●ミドルウェア

「ミドルウェア」とは、基本ソフトウェア(OS)とアプリケーションソフトウェアの中間で動作するソフトウェアのことです。多様な利用分野に共通する基本機能を提供します。

(2) アプリケーションソフトウェア

「アプリケーションソフトウェア」とは、特定の目的で利用するソフトウェアのことです。**「応用ソフトウェア」**ともいいます。
様々な業務や業種に共通して使用されるワープロソフトや表計算ソフトなどの**「共通アプリケーションソフトウェア」**や、特定の業務や業種を対象として使用される給与計算ソフトや財務会計ソフトなどの**「個別アプリケーションソフトウェア」**があります。

2 OSの目的

OSには、次のような目的があります。

目　的	説　明
システムの信頼性や安全性などの確保	RASISをもとに、システムの信頼性と安全性などの向上を図る。
ハードウェアの有効活用	CPUや記憶装置などのハードウェアを制御し、無駄なく活用できるように運用管理する。また、スループットの向上や、レスポンスタイムとターンアラウンドタイムの短縮を図る。
インタフェースの提供	利用者の操作性を向上するインタフェースを提供する。

参考

RASIS

→「2-2-2 2 システムの信頼性と評価」

3 OSの構成

OSは、システムの信頼性を維持するために、システムを保護する構造になっています。
例えば、システム全体が致命的な障害を受ける危険性のあるハードウェアの操作はOSの管理下に置かれ、アプリケーションソフトウェアによって直接触れられることがないようにしています。
この構造を実現するため、多くのOSではOSの中核となる**「カーネルモード」**と、アプリケーションソフトウェアを実行する**「ユーザーモード」**で構成されています。

(1) カーネルモード

「カーネルモード」とは、高い特権を持つ処理モードのことで、コンピュータのあらゆる部分にアクセスでき、ハードウェアに対する命令も実行できます。**「スーパーバイザーモード」**ともいいます。
カーネルモードは、ユーザーモードとは隔離されたメモリ空間で高い優先度で実行され、誤動作するアプリケーションソフトウェアなどの影響を受けることなくOS自身のタスクを実行できます。

参考

カーネル

OSの中核部分のことで、カーネルモードで動作する。最小限の機能だけを持つ「マイクロカーネル」や多くの機能を持つ「モノリシックカーネル」がある。

(2) ユーザーモード

「ユーザーモード」とは、比較的低い権限を持つ処理モードで、様々なアプリケーションソフトウェアを実行・サポートします。

4 OSの種類

コンピュータで利用されている代表的なOSには、次のようなものがあります。

名　称	説　明
MS-DOS （エムエスドス）	マイクロソフト社が開発したOS。CUI操作環境を採用し、シングルタスクで動作する。初期のPC用のOS。
Windows（ウィンドウズ） 98/Me/NT/2000/XP/ Vista/7/8/10/11	マイクロソフト社が開発したOSで、PC/AT互換機などの32ビットまたは64ビットCPUで動作する。GUI操作環境を採用し、マルチタスクで動作する。PC用のOS。
macOS （マックオーエス）	アップル社が開発したMac（マック）用のOS。PCでGUI操作環境を初めて実現した。
UNIX （ユニックス）	AT＆T社のベル研究所が開発したワークステーション用のOS。CUI操作環境が基本だがX-Windowと呼ばれるヒューマンインタフェースを導入することでGUI操作環境にすることも可能。マルチタスク、マルチユーザー（多人数での同時利用）で動作でき、ネットワーク機能に優れている。
Linux （リナックス）	UNIX互換として一から作成されたOS。OSS（オープンソースソフトウェア）として公開されており、一定の規則に従えば、誰でも自由に改良・再頒布ができる。厳密な意味でのLinuxは、OSの中核部分（カーネル）のことを指す。通常Linuxは、カーネルとアプリケーションソフトウェアなどを組み合わせた「ディストリビューション」という形態で配布される。

5 OSの機能

OSには、次のような機能があります。

機　能	説　明
ジョブ管理	利用者から依頼されるジョブを効率よく実行するために、ジョブの分割を行い、ジョブ実行の順番（スケジュール）を管理する。
タスク管理	コンピュータ内の処理（タスク）を管理し、CPUなどの処理装置を有効利用できるようにスケジュールを管理する。最近のOSは多重（マルチ）プログラミングの機能を持ち、複数のタスクを並列して実行できる。「プロセス管理」ともいう。
データ管理	ハードディスクやSSDなどの補助記憶装置にデータを書き込んだり読み込んだりすることを管理する。補助記憶装置へのアクセスは、補助記憶装置に依存しないインタフェースによって利用できるようにする。
入出力管理	キーボードやプリンターなどの入出力装置へのデータの入出力を「DMA方式」や「チャネル制御方式」で制御し、正確かつ効率よく入出力装置が動作するように管理する。入出力処理が完了したり、入出力装置に障害が発生したりしたときなどには「入出力割込み」を行う。
記憶管理	メモリを有効に利用するために記憶装置の構成を管理する。主記憶装置（メインメモリ）以外に、仮想記憶（仮想メモリ）を利用することで、実際の容量より多くのメモリを使用できる。
運用管理	コンピュータの資源（CPU、メモリ、ハードディスクやSSD、ソフトウェア）を効率的に利用するために、資源の割当て、スケジューリングなどの管理を行う。 OSの起動や終了時にエラーが発生することがないようにシステムをモニタリングしたり、利用者の操作性を向上するインタフェースを提供したりする。

参考

CUI

「コマンド」と呼ばれる命令をキーボードで入力して、コンピュータを操作する環境のこと。
「Character User Interface」の略。

参考

汎用コンピュータのOS

汎用コンピュータのOSは、汎用コンピュータを製作しているメーカが、機器に合わせて独自に開発している。

参考

リアルタイムOS

リアルタイム処理を目的としたOSのこと。利用者の使いやすさよりも、データの処理速度を優先しており、民生機器や産業機器を制御する組込みシステムで広く使われている。

参考

ネットワークOS

ネットワーク管理を専門に行うOSのこと。代表的なものに「NetWare」がある。

参考

OSS

→「2-3-5 OSS」

参考

ブートストラップ

コンピュータを起動してから、操作が可能な状態になるまでに自動的に実行される一連の処理のこと。単に「ブート」ともいう。OSを起動するソフトウェアである「ブートローダ」によって、ブートストラップが実行される。

参考

フラッシュブートローダ

書換え可能なフラッシュメモリ内に格納されたブートローダのこと。

参考

DMA方式/チャネル制御方式

→「2-1-6 2 入出力制御の方式」

参考

入出力割込み

→「2-1-1 4（4）割込み」

機　能	説　明
ユーザー管理	コンピュータに複数のユーザーアカウントを登録したり削除したりできる。登録したユーザーアカウントごとにパスワードや権限、プロファイルなどの情報を管理する。利用者ごとにコンピュータ内のファイルやディレクトリ（フォルダ）の使用を制限できる。
ネットワーク管理	ネットワークの利用時に、回線制御など通信に関する制御を行う。また、ほかのコンピュータと通信を行うときに発生する様々な脅威に対して、セキュリティを維持する対策をとる。
障害管理	ハードウェアやソフトウェアに障害が発生した場合に、障害からの復旧を行う。

6 ジョブ管理

「ジョブ」とは利用者から見た仕事の単位のことです。例えば、利用者が"プログラムを起動する"というジョブを処理する場合、コンピュータは"コンパイル→連携処理→起動"の3つの工程で処理を行います。このひとつずつの工程を**「ジョブステップ」**といいます。利用者はジョブ制御言語を使ってジョブを依頼し、OSはジョブ管理機能を使ってジョブの分割・実行を行います。

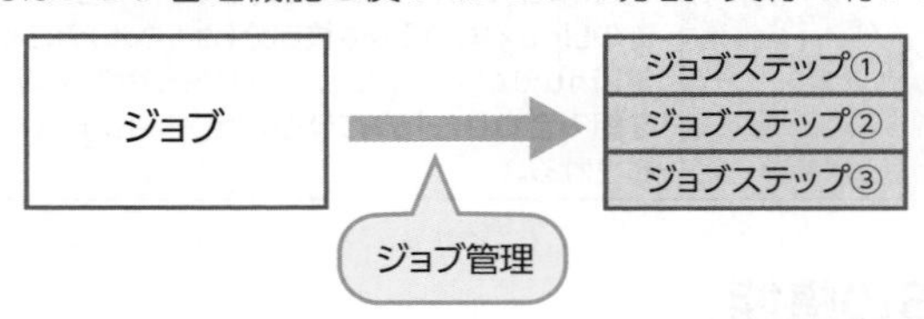

ジョブ管理では、**「マスタースケジューラー」**と**「ジョブスケジューラー」**を使って効率よくジョブを実行します。
マスタースケジューラーで利用者とコンピュータ間での様々な命令のやり取りや、メッセージの受け渡しを行い、ジョブスケジューラーで複数のジョブを効率的に処理できるように、ジョブ実行の順番（スケジュール）を管理しています。

7 タスク管理

ジョブ管理で分割されたジョブステップは、タスク管理でさらに細かい**「タスク（プロセス）」**を生成し、その後CPUで処理されます。利用者から見た仕事の単位をジョブというのに対して、タスクはコンピュータで実行される内部処理の単位です。
タスク管理では、タスクの状態管理を行い、CPUなどの処理装置を有効に利用するようにスケジュールを管理します。

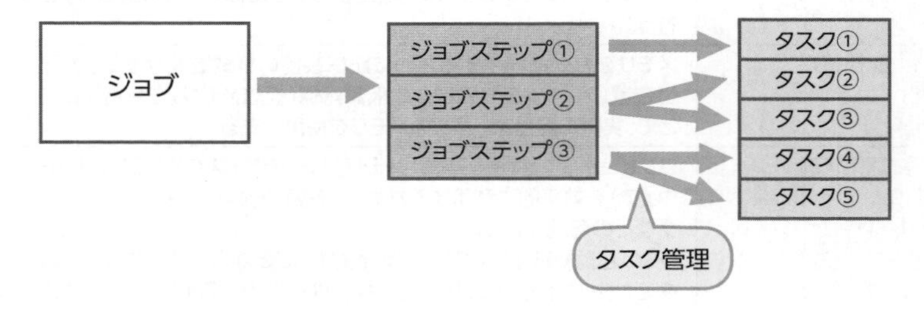

参考

ネットワークブート
ネットワーク上のサーバなどにコンピュータの起動に必要となるデータを置き、ネットワーク経由でクライアントのコンピュータを起動する方式のこと。

参考

マルチブート
1台のコンピュータに複数のOSを組み込み、コンピュータの起動時に、どのOSを起動するかを選択する方式のこと。

参考

ジョブ
汎用コンピュータでバッチ処理を行うときに、一括処理のために蓄積したデータのことを、「ジョブ」と表すこともある。

参考

ジョブ制御言語
ジョブを実行するときに、ジョブの名前や使用するハードウェアなどを伝える言語のこと。「JCL」ともいう。
JCLは、「Job Control Language」の略。

参考

パイプ
UNIXなどのOSにおいて、あるコマンドの標準出力を、直接別のコマンドの標準入力につなげる機能のこと。パイプは「|」でつなげて指定する。
「標準入力」はキーボードからの入力を意味し、「標準出力」はディスプレイへの出力を意味する。パイプを使うと、通常はディスプレイに出力されるコマンドの実行結果を、別のコマンドの入力として実行することができる。
例えば、UNIXのコマンドで"cat 顧客リスト"を実行すると、ファイル「顧客リスト」の内容をディスプレイに出力する。"cat 顧客リスト|sort"を実行した場合、「cat」コマンドでファイル「顧客リスト」の内容をそのままディスプレイに出力しないで、「sort」コマンドに入力として渡して実行結果をディスプレイに出力する。結果として、ファイル「顧客リスト」の内容を昇順に並べ替えてディスプレイに出力することになる。

(1) タスクの状態遷移

タスクが生成されてから消滅するまで、**「実行可能状態」**、**「実行状態」**、**「待ち状態」**の3つの状態を、次のように遷移します。

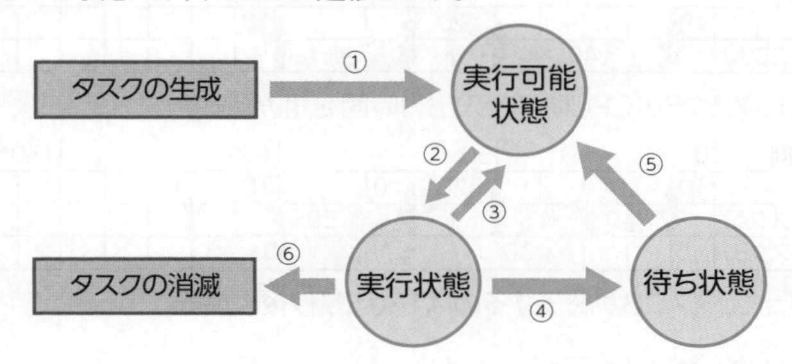

① ジョブステップから生成されたタスクは、まず**「実行可能状態」**に遷移する。
② 実行可能状態のタスクにCPUを割り当て、**「実行状態」**に遷移する（ディスパッチ）。
③ 実行状態のタスクを処理中、CPUの割当て時間の経過や優先度の高いタスクが生成された場合（タイマ割込みが発生した場合）、**「実行可能状態」**に遷移する。
④ 実行状態のタスクが入出力処理を伴う場合（SVC割込みが発生した場合）、入出力装置の処理速度が遅いためCPUの割当てをいったん解放し、**「待ち状態」**に遷移する。
⑤ ④で待ち状態に遷移したタスクは、入出力処理が完了すると**「実行可能状態」**に遷移する。
⑥ タスクの実行が終了した場合、タスクは消滅する。

(2) 多重プログラミング

「多重プログラミング」とは、タスクが入出力処理を行っていてCPUが利用されていないとき、CPUをほかのタスクの実行に割り当てて、CPUを有効活用する方法のことです。これにより、ワープロソフトや表計算ソフトなどを同時に起動し、複数のタスクが実行されているように見せることができます。**「マルチプログラミング」**、**「マルチタスク」**ともいいます。

例

CPU・入出力（I/O）での必要な処理時間が次のようなA、Bの2つのタスクがある。

ミリ秒

	CPU	I/O	CPU	I/O	CPU
タスクA	10	40	20	30	10
タスクB	20	30	10	40	10

この2つのタスクを次の条件で同時に実行する場合、タスクBが終了する時間は何ミリ秒後か。

［条件］
・タスクBよりタスクAの優先度が高い。
・CPUは1つ、入出力装置は2つあり、並列処理が可能である。
・CPU処理の切り替え時間は無視する。

参考

スプーリング

一般的に入出力など時間のかかる処理が発生した場合に、すべてのデータをハードディスクやSSDに一時的に書き込んで少しずつ処理すること。近年では、ファイル転送や電子メールなどのネットワーク通信システムなどでも利用されている。
スプーリングを行うことによって、システム全体のスループットを高めることができる。

参考

スレッド

タスク内をさらに細分化した処理の単位のこと。ひとつのタスク内で複数のスレッドを並行して実行できるものを「マルチスレッド」という。

参考

タイマ割込み/SVC割込み

→「2-1-1 4 (4) 割込み」

参考

ポーリング制御

CPUがレジスタの状態やビジー（使用中、過負荷の状態）の信号などを読み出して、入出力装置の状態を定期的に監視し、制御する方式のこと。

参考

ミリ

「ミリ」は10^{-3}を表す。

優先度の高いタスクAのCPU時間と入出力時間を図で表すと、次のようになる。

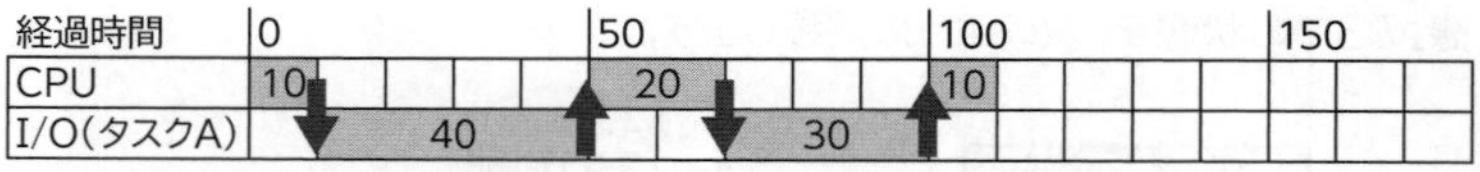

経過時間	0		50		100	150
CPU	10		20		10	
I/O(タスクA)		40		30		

この図にタスクBのCPU時間と入出力時間を組み込む。

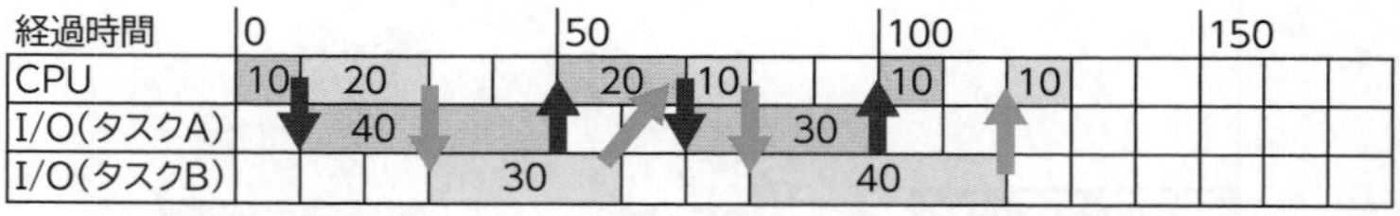

経過時間	0			50			100		150
CPU	10	20		20	10		10	10	
I/O(タスクA)		40				30			
I/O(タスクB)			30			40			

したがって、タスクBが終了するのは130ミリ秒後になる。

(3) タスクのスケジューリング

多重プログラミングでは、複数の実行可能状態のタスクの中から実行するタスクを選択し、CPUを割り当てます。これを**「ディスパッチ」**といいます。
タスクのスケジューリングの代表的な方式には、次のようなものがあります。

●優先度順方式

「優先度順方式」とは、処理全体からタスクの優先順位を決めて処理する方式のことです。優先順位の高いタスクから順番に処理され、優先順位の低いタスクは処理までの時間がかかります。

●タイムスライス方式

「タイムスライス方式」とは、一定の処理時間(タイムクウォンタム、タイムスライス)ごとに、タスクを実行する方式のことです。各タスクには、均等に処理時間を割り当てます。
タスクが一定の処理時間内に終了しなかった場合、タスクの処理を中断し、同じ優先順位の待ち行列の最後に遷移する方式のことを**「ラウンドロビン方式」**といいます。

●到着順方式

「到着順方式」とは、実行可能状態になったタスクの順番で、タスクを実行する方式のことです。先に生成されたタスクを優先させて処理します。

●処理時間順方式

「処理時間順方式」とは、処理時間の短いタスクから実行する方式のことです。処理時間の長いタスクは後回しになります。

●イベントドリブン方式

「イベントドリブン方式」とは、ある事象(イベント)の発生によって、タスクを実行する方式のことです。

8 記憶管理

「記憶管理」とは、メモリを有効に利用するために記憶装置の構成を管理する機能のことです。主記憶装置(メインメモリ)以外に仮想記憶(仮想メモリ)を利用することで、実際の主記憶装置の容量より多くのメモリを使用できます。

参考

遊休時間
CPUが動作していない時間のこと。「アイドルタイム」ともいう。
右の例でいうと、30～50ミリ秒、80～100ミリ秒、110～120ミリ秒間が遊休時間に相当する。

参考

ディスパッチャ
ディスパッチを行うOSのプログラムのこと。

参考

ノンプリエンプティブ方式とプリエンプティブ方式
タスクの切り替え方式には、「ノンプリエンプティブ方式」と「プリエンプティブ方式」がある。

●ノンプリエンプティブ方式
タスクに優先順位がなく、実行可能状態のものから順にタスクを切り替え、タスクの終了時には自主的にCPUを解放してほかのタスクに切り替える。実行中のタスクにエラーが発生した場合、タスクの切り替えができないなど、ほかのタスクの実行に影響が発生する。

●プリエンプティブ方式
同時に実行するタスクのすべてをOSが管理し、OSがタスクごとにCPUの使用時間を割り当ててタスクを切り替える。タスクに割り当てられたCPUの使用時間が終了すると、強制的にOSによってほかのタスクに切り替えたり、優先度の高いタスクが実行可能になったとき、現在実行中のタスクは一時停止して優先度順に実行したりする。

(1) 実記憶管理

「実記憶管理」とは、主記憶装置にプログラムを有効に配置して、効率よく主記憶装置を使用できるように管理する機能のことです。実記憶管理の方式には、**「区画方式」**や**「スワッピング方式」**、**「オーバーレイ方式」**があります。

●区画方式

「区画方式」とは、プログラムを実行するときに、主記憶装置をいくつかの区画(パーティション)に分けて、区画ごとにプログラムを配置する方法のことです。区画方式には、次の2つの種類があります。

名　称	説　明
固定区画方式	あらかじめ主記憶装置を固定した大きさの区画に分割する方式。区画にプログラムを配置したとき、区画内の余った部分は再利用できない。 ●単一区画方式 主記憶装置にひとつの区画を作る。 ●多重区画方式 主記憶装置に複数の区画を作る。
可変区画方式	主記憶装置をプログラムの大きさの区画に合わせて分割する方式。区画は可変のため、余った部分を再利用できる。

区画方式では、主記憶装置へのプログラムの配置と解放を繰り返すことで、未使用の区画が多数できてしまう**「断片化(フラグメンテーション)」**が発生することがあります。このような場合、ほかのプログラムを配置できるようにする**「コンパクション」**という処理を行って、未使用の区画をひとつにまとめます。

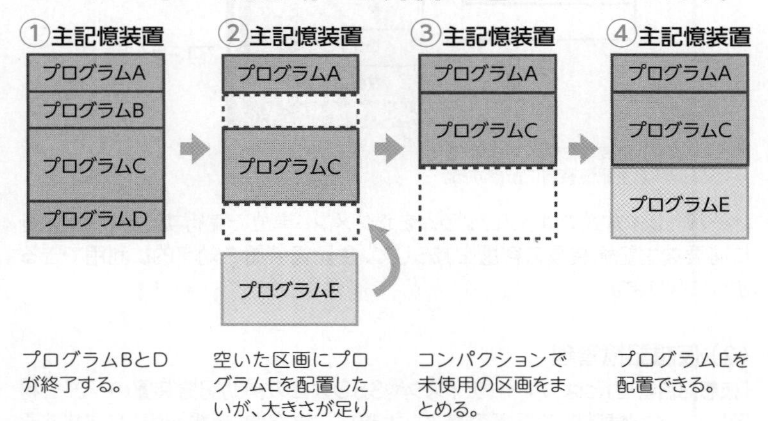

●スワッピング方式

「スワッピング方式」とは、主記憶装置の容量不足で複数のプログラムを同時に実行できない場合に、実行中のプログラムを中断して補助記憶装置に配置し、優先度の高いプログラムを主記憶装置に配置する方法のことです。優先度の高いプログラムが終了した段階で、元のプログラムを主記憶装置に再配置し再度実行します。
スワッピング方式では、実行中のプログラムを中断して補助記憶装置に配置することを**「スワップアウト(ロールアウト)」**、元のプログラムを主記憶装置に再配置し再度実行されることを**「スワップイン(ロールイン)」**といいます。

参考

メモリリーク
アプリケーションソフトウェアやOSのエラーなどが原因で、使用されたメモリ領域が解放されないために、使用可能なメモリ領域がなくなっていく現象のこと。メモリリークを解消するときは、「ガーベジコレクション」というメモリ領域を解放する仕組みを利用する。

参考

再配置
ある領域に配置されているプログラムを、別の領域に配置しなおすこと。配置しなおした領域に対応して、プログラム内のアドレスを補正する。「リロケータブル」ともいう。

参考

プログラムに要求される性質

プログラムに要求される性質には、再配置・再使用・再入・再帰などがある。これらを可能とするプログラムは、次のように分類される。

●再配置可能プログラム

ある領域に配置されているプログラムを、別の領域に再配置できるプログラム。「リロケータブルプログラム」ともいう。

●再使用可能プログラム

一度実行したあと、再度繰り返して使用できるプログラム。「リユーザブルプログラム」ともいう。

●再入可能プログラム

実行中のプログラムを、さらに別のタスクから呼び出して実行できるプログラム。「リエントラントプログラム」ともいう。

●再帰プログラム

自分自身のプログラムを呼び出して実行できるプログラム。「リカーシブプログラム」ともいう。

参考

セグメント

プログラムの論理的な単位のこと。

参考

DAT

「Dynamic Address Translation」の略。

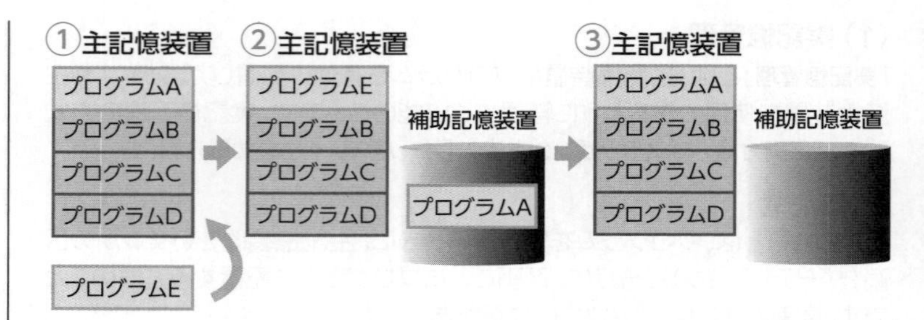

プログラムAの実行中に優先度の高いプログラムEが開始される。

プログラムAをスワップアウトし、プログラムEを実行する。

プログラムEが終了したら、プログラムAをスワップインする。

●オーバーレイ方式

「オーバーレイ方式」とは、主記憶装置の記憶容量より大きなプログラムを実行するために、プログラムをセグメント単位に分割し、プログラムの全体は補助記憶装置に配置したまま、実行に必要なセグメントだけを主記憶装置に配置する方法のことです。

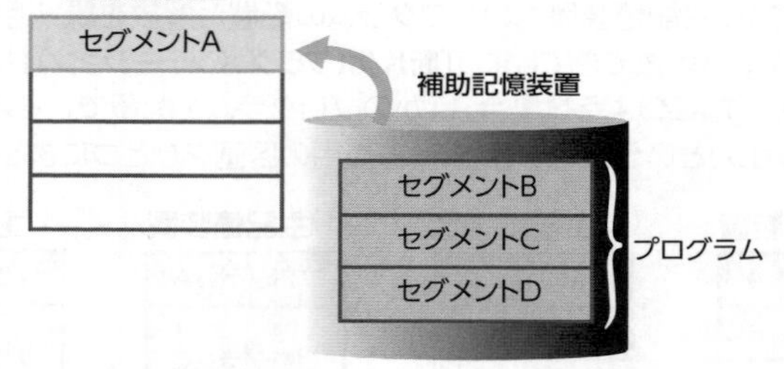

必要なセグメントだけを主記憶装置に配置する。

オーバーレイ方式では、プログラムをセグメント単位で実行することで、実行に必要な主記憶装置の容量を減らして、主記憶装置を効率的に利用できるようになります。

(2) 仮想記憶管理

「仮想記憶管理」とは、ハードディスクやSSDなどの補助記憶装置の一部を利用して、主記憶装置の記憶容量より大きな記憶空間(仮想記憶)を作成する機能のことです。複数のプログラムを同時に実行したり、画像ファイルなどの大きなデータを編集したりするとき、主記憶装置の記憶容量だけでは足りない場合に、主記憶装置のデータの一部を一時的に補助記憶装置に退避することで、主記憶装置の見かけ上の容量を大きくする効果があります。

主記憶装置ではアドレスを実アドレス(主記憶アドレス)で管理しますが、仮想記憶では仮想アドレスとして管理します。そのため、プログラムを実行するとき、仮想記憶上の仮想アドレスを実アドレスに変換する必要があります。この変換を行うハードウェアを**「動的アドレス変換機構(DAT:ダット)」**といいます。

仮想記憶管理の方式には、**「ページング方式」**や**「セグメント方式」**などがあります。

●ページング方式

「ページング方式」とは、あらかじめ主記憶装置とプログラムを固定長の**「ページ」**という単位で分割し、効率よくメモリを管理する方法のことです。
ページング方式でプログラムを実行する場合、次のような流れになります。

①主記憶装置とプログラムをページ単位に分割する。

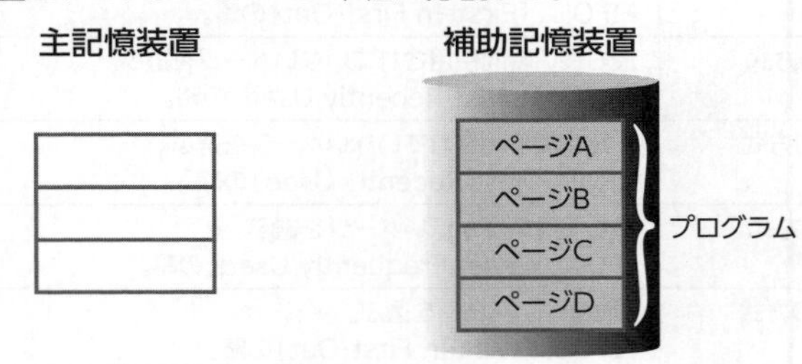

②プログラムの実行に必要なページA・B・Dが主記憶装置にない（ページフォールト）場合、補助記憶装置から主記憶装置に配置する（ページイン）。

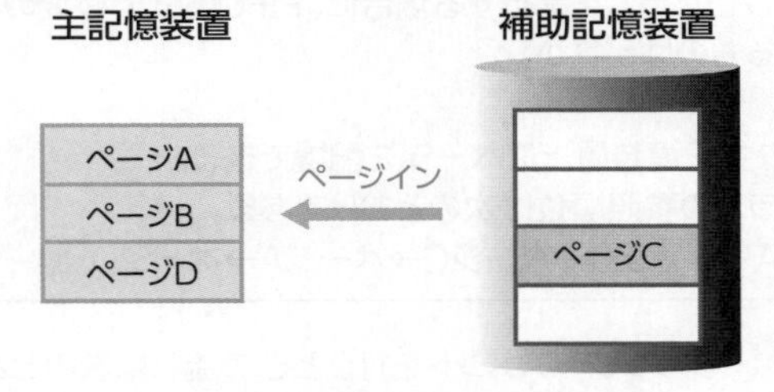

③空きスペースがない場合、必要のないページを判断する（ページリプレースメント）。

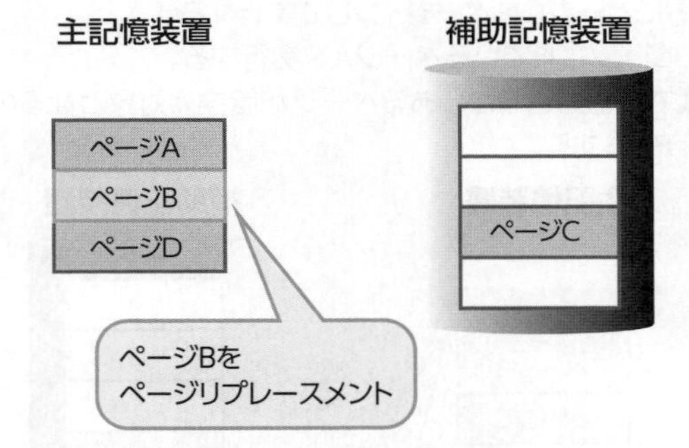

④必要のないページBを補助記憶装置に移動し（ページアウト）、必要なページCを主記憶装置にページインする。

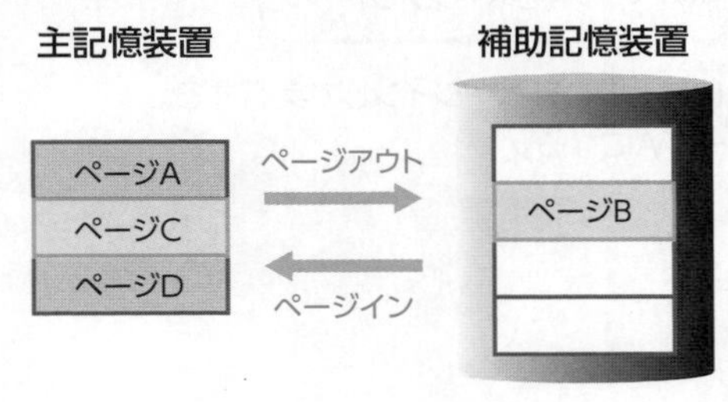

参考

スラッシング

ページイン・ページアウトを行う場合、ハードディスクやSSDにアクセスする必要があり、主記憶装置へのアクセスよりも時間がかかる。そのためページイン・ページアウトが頻繁に起こった結果、コンピュータの処理速度が低下する場合がある。これを「スラッシング」という。

主記憶装置から必要のないページを判断するページリプレースメントには、**「ページ置換えアルゴリズム」**が使われます。
ページ置換えアルゴリズムには、次のような種類があります。

種　類	説　明
FIFO方式	最も古くからあるページを選ぶ。 FIFOは、「First-In First-Out」の略。
LRU方式	最も長い時間使用されていないページを選ぶ。 LRUは、「Least Recently Used」の略。
NRU方式	一定時間使用されていないページを選ぶ。 NRUは、「Not Recently Used」の略。
LFU方式	最も使用頻度が低いページを選ぶ。 LFUは、「Least Frequently Used」の略。
LIFO方式	最も新しいページを選ぶ。 LIFOは、「Last-In First-Out」の略。

例
次の条件でプログラムを実行する場合に、FIFO方式で必要のないページと判断されるものはどれか。
［条件］
・3つまで主記憶装置上にページを配置できる。
・プログラムの参照順位は次のとおりである。
ページA→ページB→ページC→ページA→ページD

FIFO方式でページリプレースメントを行うときの流れは次のとおりである。
①主記憶装置にページAをページインして実行する。
②主記憶装置にページBをページインして実行する。
③主記憶装置にページCをページインして実行する。
④すでにページインされているページAを実行する。
⑤FIFO方式では最も古くからあるページが置換え対象となるので、ページAをページアウトする。

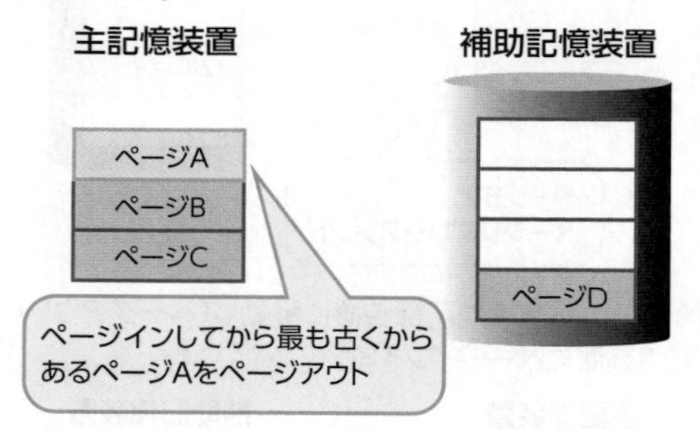

⑥主記憶装置にページDをページインして実行する。
したがって、ページAになる。

例

前の例と同じ条件でプログラムを実行する場合に、LRU方式で必要のないページと判断されるものはどれか。

LRU方式でページリプレースメントを行うときの流れは次のとおりである。

① 主記憶装置にページAをページインして実行する。
② 主記憶装置にページBをページインして実行する。
③ 主記憶装置にページCをページインして実行する。
④ すでにページインされているページAを実行する。
⑤ LRU方式では最も長い時間使用されていないページが置換え対象となるので、ページBをページアウトする。

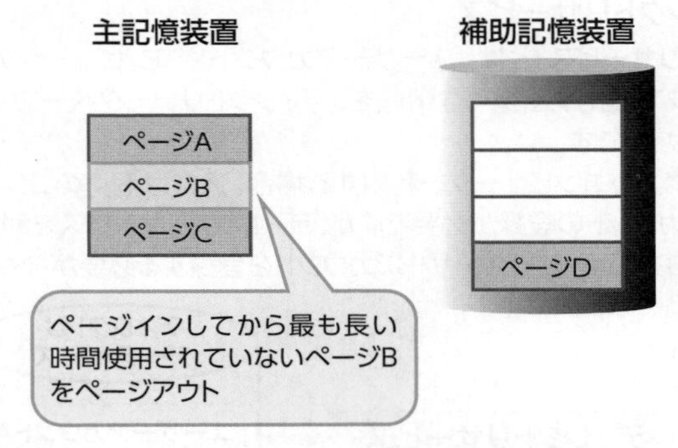

⑥ 主記憶装置にページDをページインして実行する。
したがって、ページBになる。

●セグメント方式

「セグメント方式」とは、あらかじめプログラムやデータを論理的にひとまとまりにしたセグメント単位で分割し、効率よくメモリを管理する方法のことです。セグメントは可変長のため、セグメントごとに容量が異なります。そのためプログラムを作成する際には、セグメントのサイズに注意する必要があります。

9 ユーザー管理

コンピュータを使うために必要となるユーザー名やパスワードなどの情報の集まりのことを**「ユーザーアカウント」**といいます。このユーザーアカウントを管理する機能が**「ユーザー管理」**です。ユーザー管理では、ユーザーアカウントの作成、パスワードの設定や変更、権限の付与や変更などを行います。
ユーザーアカウントには、ひとつの**「プロファイル」**が関連付けられており、ログインするとプロファイルの情報が読み込まれます。また、ユーザーアカウントの種類によっては、利用者ごとにコンピュータ内のファイルやディレクトリ（フォルダ）の使用を制限することもできます。

参考

セグメントページング方式
セグメント方式を改良した方法で、セグメントとして分割したものをさらにページに分割する方法のこと。

参考

プロファイル
環境ごとに異なるユーザーアカウントごとの情報の集まりのこと。デスクトップのレイアウト、ネットワークの設定、ヒューマンインタフェースの設定などを管理している。

参考

ユーザーアカウントの設定

ユーザーアカウントの作成やパスワードの設定・変更、権限の設定・変更などは、すべてOSの機能を使って設定する。

(1) ユーザーアカウントの種類

ユーザーアカウントには、次の種類があります。

名 称	説 明
管理者	システム管理者用のユーザーアカウント。システム利用権やファイルアクセス権など、コンピュータのすべての操作が許可された「管理者権限」を持つ。 ●root(ルート) UNIX系OSの管理者アカウントのこと。「スーパーユーザー」ともいう。 ●Administrator(アドミニストレータ) Windows系OSの管理者アカウントのこと。
ゲスト	一時的にコンピュータを利用する利用者用のユーザーアカウント。端末利用権だけが与えられ、一切の管理者権限を持たない。

(2) ディレクトリサービス

「ディレクトリサービス」とは、ユーザーアカウントやコンピュータの情報などネットワークで使用する様々な情報を、ディレクトリデータベースで集中管理する機能のことです。

ネットワーク上でコンピュータを利用する場合、通常は個々のコンピュータにユーザーアカウントの登録が必要ですが、ディレクトリサービスを利用することで、個々のコンピュータにユーザーアカウントを登録する必要がなくなります。

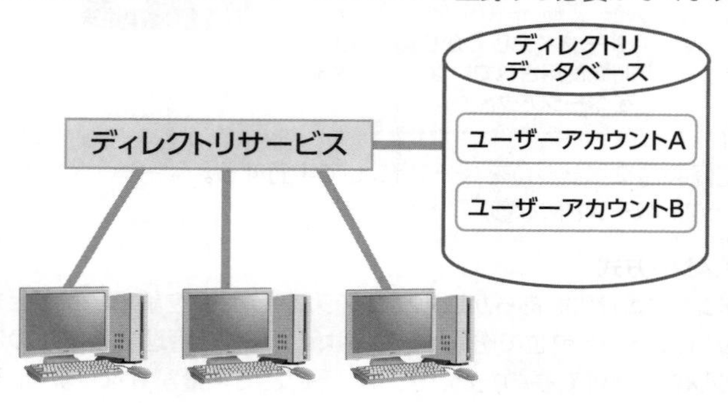

参考

ディレクトリデータベース

ユーザーアカウントの情報などが格納されたデータベースのこと。

参考

LDAP(エルダップ)

インターネットなどTCP/IPが使われたネットワーク内で、ディレクトリデータベースにアクセスするためのプロトコルのこと。「Lightweight Directory Access Protocol」の略。

10 ネットワーク管理

「ネットワーク管理」では、LANやWANといったネットワークを利用して、ほかのコンピュータ間でデータのやり取りを行うときに、回線制御やプロトコル制御など、通信に関する制御を行います。

ほかのコンピュータ同士でデータのやり取りを行う場合に発生する様々な脅威に対して、コンピュータの信頼性を向上するために、OSには次のような機能があります。

機 能	説 明
アクセス制御	利用者ごとにシステム利用権やファイルアクセス権、端末利用権を設定する機能。利用者や利用内容を制限することで、データの盗難や改ざんを防ぐ。
暗号化制御	ほかのコンピュータとデータをやり取りするときに、情報が第三者に漏れないような形式に変換する機能(暗号化)。暗号化を利用することで、情報の盗聴を防止できる。
ファイアウォール	ほかのコンピュータからの不正侵入を防御する機能。インターネットなどネットワークの出入り口で、不正な通信を遮断する。

参考

LAN/WAN

→「3-4-1 1 (1) ネットワークの形態」

参考

通信プロトコル

コンピュータ間で通信を行うときに使われるプロトコルに、「TCP/IP」がある。

→「3-4-3 通信プロトコル」

機　能	説　明
オーディット機能	ログイン・ログアウトの情報やファイルへのアクセスなどセキュリティに関するイベントを追跡する機能。これにより、利用者のアカウンタビリティを確保したり、コンピュータの不正利用などを発見したりできる。「監査機能」ともいう。
ロギング機能	システムのエラーや信頼されていないプロセスが実行されようとしたときの警告、監査の成功または失敗などをログファイルとして保存する機能。障害が発生したときなどに、ログファイルから状態を把握できる。「ログ」とは、履歴を記録すること、またはその履歴のこと。

⓫ 言語プロセッサ

機械語以外のプログラム言語を使って書かれたプログラム（原始プログラム）を、機械語のプログラム（目的プログラム）に変換する作業は、OSの言語プロセッサで行われます。

言語プロセッサには、次のような種類があります。

（1）アセンブラ

「アセンブラ」とは、アセンブラ言語で書かれた原始プログラムを目的プログラムに変換する言語プロセッサのことです。
アセンブラで変換することを**「アセンブル」**といいます。反対に、目的プログラムをアセンブラ言語に変換することを、**「逆アセンブル」**といいます。

（2）コンパイラ

「コンパイラ」とは、高水準言語で書かれた原始プログラムを一括して目的プログラムに変換する言語プロセッサのことです。
コンパイラで変換することを**「コンパイル」**といいます。

●コンパイラでの変換

コンパイラでは、次のような手順で変換を行います。

1　字句解析

原始プログラムを、変数名や演算子、定数など、文字列の最小単位の字句（トークン）に分ける。

2　構文解析

字句をプログラム言語の文法に従って解析する。

3　意味解析

変数や演算など構文解析で解析できない部分を解析する。

参考

アカウンタビリティ
ソフトウェアの保有状況や使用状況を正当に管理すること。

参考

高水準言語
→「1-2-4 1 代表的なプログラム言語」

参考

中間言語
原始プログラムと目的プログラムの中間に介在するプログラムのこと。コンパイルを効率的に行えるように、原始プログラムはいったん中間言語に置き換えられ、その後目的プログラムに変換される。

参考

クロスコンパイラ
実際に実行するコンピュータとは異なるプラットフォーム上で、目的プログラムを作成する言語プロセッサのこと。
「プラットフォーム」とは、目的プログラムやアプリケーションソフトウェアを実行する環境のことで、OSの種類や機器などを指す。

4 最適化

処理効率向上のため、プログラムを再編成する。

5 コード生成

目的プログラムを作成する。

●連係編集プログラム

コンパイラの変換で作成した**「目的プログラム」**は、そのままでは実行できません。実行可能な目的プログラムを作成するには、**「連係編集プログラム」**を使って、ほかの目的プログラムや**「ライブラリ」**との連係を行います。連係編集プログラムは、**「リンカ」**、**「リンケージエディタ」**ともいいます。
連係ができた目的プログラムは、実行可能な目的プログラム（ロードモジュール）となり、**「ローダ」**から主記憶装置に読み込まれて実行されます。

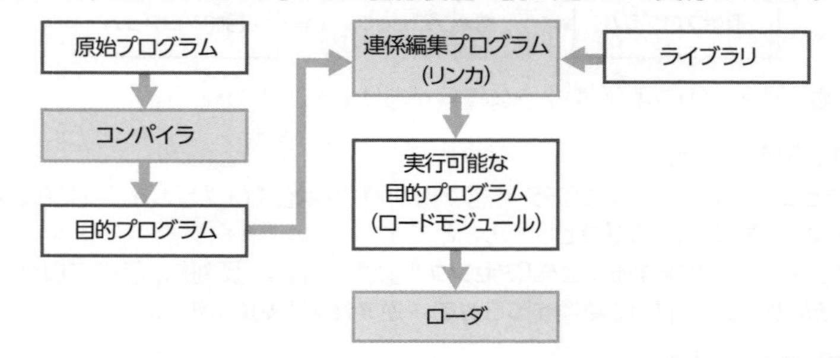

（3）インタプリタ

「インタプリタ」とは、高水準言語で書かれた原始プログラムを1行ずつ目的プログラムに変換・実行を繰り返す言語プロセッサのことです。

（4）ジェネレーター

「ジェネレーター」とは、高水準言語で書かれた原始プログラムを、パラメータに入力した条件に従って、目的プログラムに変換する言語プロセッサのことです。

2-3-2 ミドルウェア

「ミドルウェア」とは、OSとアプリケーションソフトウェアの中間で動作するソフトウェアのことです。特定の分野のアプリケーションソフトウェア間で共通の基本的な処理を、標準化したインタフェースで提供します。**「応用プログラム間連携ソフトウェア」**ともいいます。
また、アプリケーションソフトウェア（プログラム）からミドルウェアやOSへ命令を伝達するための仕組み（インタフェース）として、**「API」**があります。
APIとは、プログラムの機能を、外部のほかのプログラムから呼び出すことができる仕組みのことです。APIを利用してプログラム同士が情報交換することで、効率化や高機能化など、単体のプログラムではできなかったことができるようになります。例えば、アプリケーションソフトウェア（プログラム）からデータベース管理システム（DBMS）に接続し、SQLを利用してデータベースの操作ができるAPIとして、**「ODBC」**があります。

参考

動的リンキングと静的リンキング
ほかの目的プログラムやライブラリが必要となった場合、それらをプログラムの実行時に結合することを「動的リンキング」、実行前に結合することを「静的リンキング」という。

参考

ライブラリ
→「2-3-2 2 ライブラリ」

参考

実行時コンパイラ
プログラムを実行するタイミングで、原始プログラムや中間言語を目的プログラムに一括変換する言語プロセッサのこと。事前にコンパイルするよりも、コンパイルの時間が長いが、動作環境に依存しない原始プログラムや中間言語の状態でプログラム配布できるメリットがある。また、インタプリタよりも実行速度が速い。「JITコンパイラ」ともいう。
JITは、「Just In Time」の略。

参考

プリプロセッサ
コンパイルをする前に処理を行う仕組みのこと。別ファイルからのデータの取り込みや、マクロの展開などの処理を行う。

参考

API
「Application Programming Interface」の略。

参考

ODBC
「Open DataBase Connectivity」の略。

❶ ミドルウェアの種類

代表的なミドルウェアには、次のようなものがあります。

名　称	説　明
データベース管理システム(DBMS)	共有データベースを管理するミドルウェア。データの一貫性を保ちながら、データを構造的に蓄積する。また、利用者の要求に従って効率的にデータを取り出す機能がある。 「Oracle(オラクル)」や「SQL Server(エスキューエル サーバ)」などがこれに該当する。
開発支援ツール	アプリケーションソフトウェアの開発(要件定義、設計、実装・構築、テスト、運用・保守)を支援するミドルウェア。開発に必要となるエディタやコンパイラ、デバッグ、テストなどを支援する「IDE(統合開発環境)」、設計を支援する「CASEツール」などがある。
運用管理ツール	ネットワーク上のシステムで、システムの安定稼働などのために、クライアントのコンピュータやデータベースサーバ、システムに使用されている装置を管理するミドルウェア。
通信管理システム	異なるプラットフォーム間などで通信を行うときに、同期をとって送信するような通信回線の制御や、文字コードの変換などを行うミドルウェア。
TPモニター	トランザクション処理を実現し、トランザクションを効率的に実行するように制御したり、トランザクション処理を監視したりするミドルウェア。「トランザクション処理モニター」ともいう。

❷ ライブラリ

「ライブラリ」とは、アプリケーションソフトウェアでよく利用される関数や機能、データなどをほかのプログラムでも利用できるようにひとつのファイルにまとめたものです。

(1) ライブラリの場所

ライブラリが組み込まれる場所によって、次のように分類できます。

名　称	説　明
動的リンクライブラリ	OS内に組み込まれ、必要なときだけ連結・実行されるライブラリ。「DLL」ともいう。
ロードライブラリ	実行ファイル内に直接組み込まれるライブラリ。「スタティックリンクライブラリ」ともいう。

(2) ライブラリの形式

ライブラリは形式によって、次のように分類できます。

名　称	説　明
ソースライブラリ	複数のアプリケーションソフトウェア間で共通して利用できるライブラリ。 ライブラリ内のソースコードが公開されており、アプリケーションソフトウェアを開発する際に、ライブラリを利用することで、開発工程を大幅に短縮できるというメリットがある。OSやミドルウェアなどで提供される。「共有ライブラリ」ともいう。
オブジェクトライブラリ	オブジェクト指向で使われるライブラリで、よく使われるクラス(属性やメソッドを定義したもの)をまとめたライブラリのこと。 オブジェクトライブラリはクラスとして提供されるため、「クラスライブラリ」ともいう。

参考

データベース管理システム

→「3-3-1 4 データベース管理システム」

参考

IDE

→「2-3-3 開発支援ツール」

参考

CASEツール

→「2-3-3 4 CASEツール」

参考

TP

「Transaction Processing」の略。

参考

コンポーネントウェア

再利用が可能なソフトウェア部品(ソフトウェア要素)を組み合わせてソフトウェアを開発する方法、またはその技術の総称のこと。オブジェクト指向技術を基盤としている。

WindowsでのActiveX、JavaでのJavaBeans、OMGでのCORBAなどがこの手法を取り入れている。

参考

ActiveX

Webブラウザ内で動画を再生したり、Webブラウザの機能を充実させたりするときに使われる技術のこと。

参考

CORBA(コルバ)

ネットワーク上で分散したオブジェクト同士が、プログラム間で協調・連携した動作を実現するために規格化されている、オープンな分散オブジェクト技術のこと。OMGによって標準化されている。

2-3-3 開発支援ツール

「開発支援ツール」とは、システムやアプリケーションソフトウェアなどの開発を行うときに、開発作業を支援するミドルウェアのことです。開発支援ツールの利用によって、システムの品質向上も図ることができます。
開発支援ツールには、次のような種類があります。

❶ 設計支援ツール

システムを開発するとき、ソフトウェア要件定義をもとにソフトウェアの構造とソフトウェア要素（コンポーネント）の設計、データベースの設計、インタフェースの設計といった作業が行われます。これらの作業を支援するためのツールとして、**「設計支援ツール」**があります。

❷ プログラミング支援ツール

ソフトウェア設計後、実際にシステムを作成する**「プログラミング」**が行われます。このプログラミングを支援するためのツールとして、ソフトウェアコードを入力してプログラムの作成・編集を行う**「エディタ」**や、コンパイラを使って作成された目的プログラム同士を連係し、実行可能なロードモジュールを作成する**「連係編集プログラム」**があります。

❸ テストツール・デバッグツール

開発したシステムが設計したとおりに動作するかどうかを確認するための**「テストツール」**や、システムに**「バグ」**があった場合の検出・調査・修正を行う**「デバッグツール」**があります。
代表的なテストツール・デバッグツールには、次のようなものがあります。

名　称	説　明
アサーションチェッカ	条件が真でなければならない部分にチェック用のソフトウェアコードを挿入し、偽の場合にエラーを出力するツール。
シミュレーター	想定どおりにシステムが動作するか、稼働前にチェックを行うツール。自然科学分野などで、実現しにくい現象をテスト（シミュレーション）するときに使われる。
エミュレーター	コンピュータ上で異なるOSやCPUを擬似的に動作させるツール。マイクロコンピュータのシステムを開発するときに使われる「ICE」などがある。
トレーサー	プログラムの動作過程を追跡し、命令の順番や変数、実行結果などを出力するツール。
スナップショットダンプ	特定の命令や条件での変数やレジスタ、主記憶装置の一部の内容（ダンプリスト）を出力するツール。
インスペクター	デバッグ時に、各オブジェクトのデータ構造や値を確認するツール。

❹ CASEツール

「CASE（ケース）」とは、コンピュータ支援ソフトウェア工学の意味で、システムを開発するときの作業効率の向上を目的とした開発方法のことです。CASEでは**「CASEツール」**と呼ばれる、システム開発の作業を自動化する開発支援ツールが使われます。

参考

IDE
エディタやコンパイラ、デバッグツールなど、プログラミングの一連の作業を効率よく行えるように、ひとつのインタフェースにまとめた環境のこと。「統合開発環境」ともいう。
「Integrated Development Environment」の略。
JavaのIDEでは、OSS（オープンソースソフトウェア）である「Eclipse（エクリプス）」がデファクトスタンダードとして利用されている。

参考

バージョン管理ツール
原始プログラムや設計書などの変更履歴を管理するソフトウェアのこと。

参考

プログラミング
→「1-2-3 プログラミング」

参考

ツールチェーン
エディタ、コンパイラ、連係編集プログラムなどをまとめた、プログラミングを支援するためのツールの集合体のこと。ひとつのツールで出力した内容が、そのままほかのツールへの入力になるなど、連鎖的に作業が続くことから、このように呼ばれる。

参考

バグ
ソフトウェアコードの誤りや欠陥のこと。

参考

ICE（アイス）
マイクロコンピュータのシステムを開発するときに使うデバッグツールのこと。コンピュータからマイクロプロセッサの機能をエミュレート（再現）することでデバッグを行う。「インサーキットエミュレーター」ともいう。
「In-Circuit Emulator」の略。

参考

CASE
「Computer Aided Software Engineering」の略。

CASEツールには、次のような種類があります。

種　類	説　明
上流CASEツール	システム開発のプロセスにおいて、システム要件定義からソフトウェア設計までの工程(上流工程)を支援するツール。システムの分析や、設計工程において必要な資料の作成などを行う。
下流CASEツール	システム開発のプロセスにおいて、実装・構築から導入・受入れ支援までの工程(下流工程)を支援するツール。ソフトウェア構築やテスト支援などを行う。
保守CASEツール	システム開発のプロセスにおいて、運用・保守の工程を支援するツール。
統合CASEツール	上流CASEツール、下流CASEツール、保守CASEツールを合わせたツール。システム開発のすべての工程での開発支援を行う。

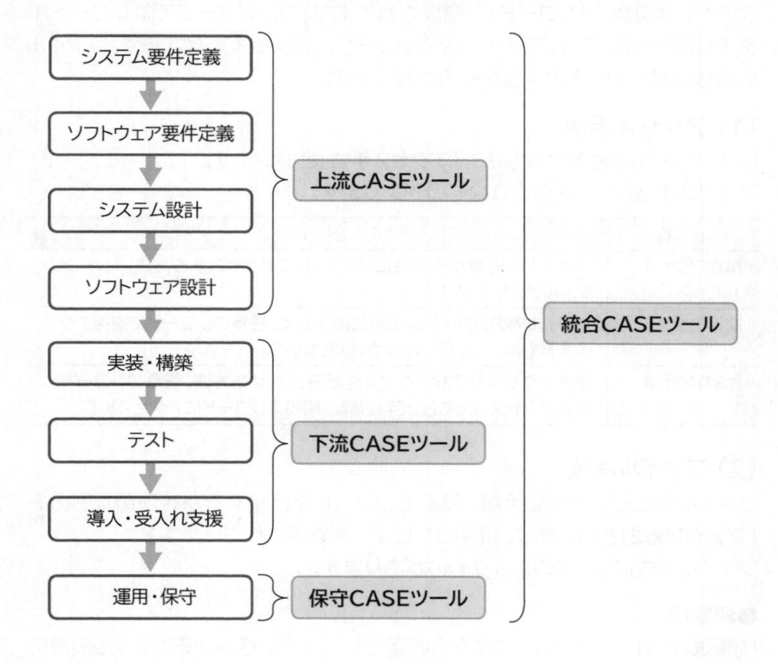

2-3-4 ファイル管理

「ファイル」とは、データを扱うときの基本的な単位のことです。ファイルシステムの種類やファイル編成、アクセス手法、ディレクトリなど、コンピュータでファイルを管理する仕組みを理解する必要があります。

❶ ファイルシステムの種類と特徴

「ファイルシステム」とは、ハードディスクやSSDなどの記録媒体内でファイルを管理する仕組みのことです。ファイルシステムによって、記録媒体にファイルやディレクトリ(フォルダ)を作成する方法や、記録媒体のボリュームの最大容量などが決められています。OSによって、サポートされているファイルシステムは異なるため、使用するOSに合ったファイルシステムであらかじめボリュームをフォーマットしておく必要があります。

参考

開発フレームワーク

アプリケーション開発におけるひな型のことで、クラスやライブラリの集まりとして提供される。汎用的な機能をひな型として提供することによって、アプリケーション開発の生産性の向上やアプリケーションソフトウェアの標準化を図ることを目的とする。

参考

EUCとEUD

「EUC」とは、利用者がシステムを使って業務処理を行うだけでなく、システムの構築・運用に積極的に携わること。
「End User Computing」の略。
それに対して、「EUD」はEUCをさらに推し進めたもので、利用者がシステムを開発すること。インタフェースを開発したり、マクロを使って機能を追加したりするなど、作業効率向上のために、利用者自身がシステム開発に参加する。
「End User Developing」の略。

参考

ボリューム

記録媒体の論理的な区画のことで、物理ディスクを複数に区切ったときの、ひとつの領域を指す。
「パーティション」ともいう。

代表的なファイルシステムには、次のようなものがあります。

名 称	説 明
FAT (ファット)	Windowsで使われているファイルシステム。1つのボリュームとして定義できる最大容量は約32Gバイト。1つのファイルの最大サイズは約4Gバイト。「File Allocation Table」の略。
NTFS	Windowsで使われているファイルシステム。1つのボリュームとして定義できる最大容量は約16Eバイト。1つのファイルが約4Gバイト以上でも保存できる(最大サイズは約16Eバイト)。FATとは異なり、利用者アカウントごとのアクセス権を設定できる。「NT File System」の略。

参考

exFAT

SDメモリカードなどのリムーバブルメディアで使われているファイルシステム。最大2Tバイトの容量に対応できる。「Extended FAT」の略

参考

E(エクサ)

「E(エクサ)」は10^{18}を表す。

❷ アクセス手法とファイル編成

ファイルは複数の**「レコード」**で構成されており、コンピュータではレコード単位で処理を行います。ファイル内のレコードにアクセスする方法や、ファイルの編成方法には、次のようなものがあります。

参考

物理レコードと論理レコード

コンピュータで複数のレコードをまとめたものを「物理レコード」といい、物理レコード内での処理の単位を「論理レコード」という。

(1) アクセス手法

レコードを読み書きする方法を**「アクセス手法」**といいます。
アクセス手法には、次のようなものがあります。

名 称	説 明
順次アクセス	ファイルの先頭から順番に、レコードにアクセスする方法。「シーケンシャルアクセス」ともいう。
直接アクセス	ファイル内のレコードの順番に関係なく、任意のレコードに直接アクセスする方法。「ランダムアクセス」ともいう。
動的アクセス	順次アクセスと直接アクセスを組み合わせた方法。任意のレコードに直接アクセスしたあと、それ以降は順番にレコードにアクセスする。

(2) ファイル編成

ファイル内にどのような手順・構造でレコードを格納するかを決めたものを**「ファイル編成」**といいます。汎用コンピュータで使われています。
ファイル編成には、次のようなものがあります。

参考

ファイル編成

ファイル編成は、WindowsやUNIXをOSとしているコンピュータでは使われていない。

●順編成

「順編成」とは、ファイルの先頭から順番にレコードを格納するファイル編成のことです。先頭から順番にレコードを追加するため、記憶装置を効率よく使用できますが、ファイル内の途中の位置にレコードを追加できません。順編成では、順次アクセスだけ行えます。

●索引順編成

「索引順編成」とは、ファイルを**「索引域」**や**「基本データ域」**、**「あふれ域」**で構成するファイル編成のことです。

名 称	説 明
索引域	レコードの格納位置が索引として記録された領域。
基本データ域	レコードが記録される領域。レコードはキー値順に記録されている。
あふれ域	基本データ域に入りきらなかったレコードを記録する領域。

索引順編成では、索引域からレコードの格納位置を調べ、基本データ域のレコードに直接アクセスします。直接アクセス後、順次アクセスすることもできます。検索処理は高速ですが、レコードの削除や追加を行うと索引域の更新

処理に時間がかかるため、アクセス効率や使用効率が低下します。このアクセス効率や使用効率低下の解消には、ファイルの再編成が必要です。

●直接編成

「直接編成」とは、レコードのキー値からアドレスを求めるファイル編成のことです。直接編成では、ファイル内の任意の場所にレコードを書き込むことができるので、レコードにアクセスするときは直接アクセスで行われます。レコードの削除や追加が容易という特徴があります。
直接編成には、次の2つの方式があります。

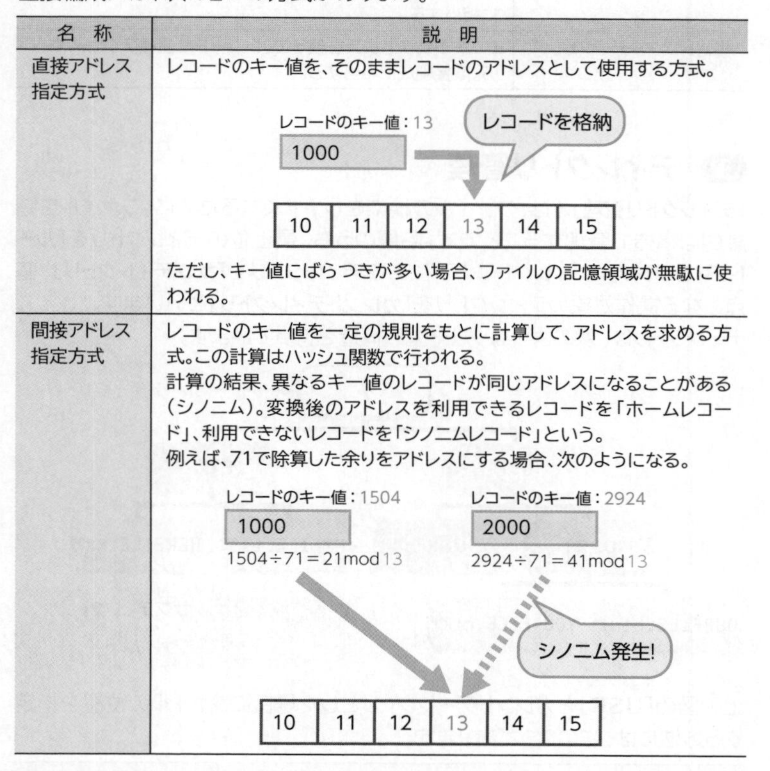

名称	説明
直接アドレス指定方式	レコードのキー値を、そのままレコードのアドレスとして使用する方式。 レコードのキー値：13 1000 レコードを格納 10 11 12 13 14 15 ただし、キー値にばらつきが多い場合、ファイルの記憶領域が無駄に使われる。
間接アドレス指定方式	レコードのキー値を一定の規則をもとに計算して、アドレスを求める方式。この計算はハッシュ関数で行われる。 計算の結果、異なるキー値のレコードが同じアドレスになることがある（シノニム）。変換後のアドレスを利用できるレコードを「ホームレコード」、利用できないレコードを「シノニムレコード」という。 例えば、71で除算した余りをアドレスにする場合、次のようになる。 レコードのキー値：1504 1000 1504÷71＝21mod13 レコードのキー値：2924 2000 2924÷71＝41mod13 シノニム発生! 10 11 12 13 14 15

●区分編成

「区分編成」とは、順編成と索引順編成を組み合わせたファイル編成のことで、ファイルを**「ディレクトリ域」**と複数の**「メンバ域」**で構成します。

名称	説明
ディレクトリ域	メンバの名前やアドレスなどの情報が記録された領域。「登録簿域」ともいう。直接編成になっている。
メンバ域	レコードが記録されている領域。順編成になっているので、ディレクトリ域からメンバ域にアクセス後は、メンバ内で順次アクセスが行われる。

区分編成では、メンバ内でレコードを削除・追加する場合にメンバ自体の再構成が必要になるためアクセス効率が下がりますが、メンバ単位での追加や削除は簡単に行うことができます。区分編成はバージョン管理が容易という特徴があるため、プログラムを格納するライブラリとして利用されます。

参考

メンバ
ファイルを分割した単位のこと。

●VSAM編成

「VSAM(ブイサム)編成」とは、順編成や索引順編成、直接編成を組み合わせて、アクセス効率の向上を図ったファイル編成のことで、仮想記憶管理で利用されます。VSAM編成ではファイルを**「データセット」**といい、次の3種類に分けられています。

名　称	説　明
入力順データセット	レコードが入力順に記録される。順編成に相当する。
キー順データセット	索引用とデータ用の記録領域から構成される。索引順編成に相当する。
相対レコードデータセット	レコードのアドレスを使って、レコードに直接アクセスできる。直接編成に相当する。

3 ディレクトリ管理

「ディレクトリ管理」とは、ファイルの検索をしやすくするために、ファイルを階層的な構造で管理することです。階層のうち、最上位のディレクトリを**「ルートディレクトリ」**、ディレクトリの下にあるディレクトリを**「サブディレクトリ」**、基点となる操作対象のディレクトリを**「カレントディレクトリ」**といいます。
ディレクトリは、次のようなツリー型の構造を持っています。

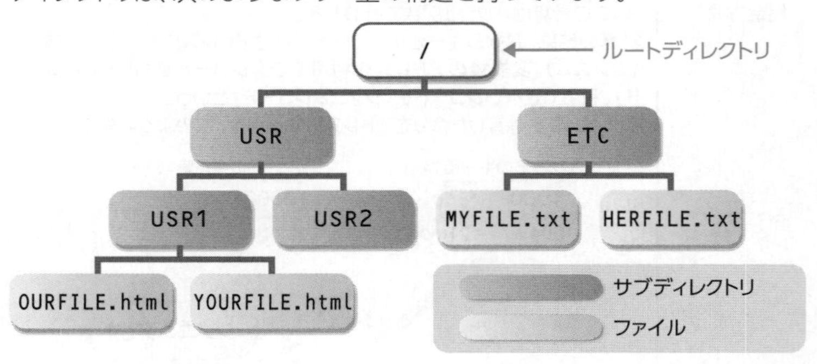

上の図の「USR」をカレントディレクトリとした場合にファイルの位置を指定する方法には、次の2つがあります。

指定方法	説　明	パスの記述
絶対パス	ルートディレクトリを基点として、目的のファイルまですべてのディレクトリ名とファイル名を階層順に指定する方法。	/ETC/MYFILE.txt
相対パス	現在のディレクトリ(カレントディレクトリ)を基点として、目的のファイルの位置を指定する方法。	../ETC/MYFILE.txt

参考
VSAM
「Virtual Storage Access Method」の略。

参考
「.」記号
相対パス指定で、カレントディレクトリを表す。

参考
「..」記号
相対パス指定で、基点となるディレクトリのひとつ上のディレクトリを表す。

参考
ディレクトリの表記方法
ディレクトリの表記方法は、OSによって異なる。「¥」や「\(バックスラッシュ)」を使用する場合もある。

参考
ディレクトリやファイルの検索方法
ディレクトリやファイルの検索は、OSに用意されている機能を利用する。その際は、ファイル名や更新日時などのキーワードを指定して検索する。

❹ ファイルの共有

ネットワークを構築していると、ネットワーク上でコンピュータのファイルを複数の利用者で共有して利用できます。例えば、企業などでは、商談事例や顧客情報などのファイルを、大容量のハードディスクやSSDを持っているコンピュータに保存し、そのファイルを共有することで社員の間で情報を共有できます。

ネットワーク上で、ディレクトリやファイルを共有するような場合は、**「アクセス権」**を設定し、利用者ごとに書込みや読取りを制限できます。

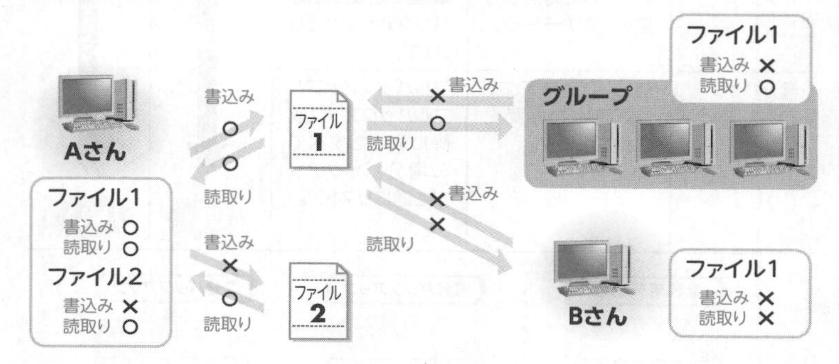

❺ バックアップ

「バックアップ」とは、コンピュータやストレージ（ハードディスクやSSD）などの障害によって、データやプログラムが破損した場合に備えて、補助記憶装置にファイルをコピーしておくことです。バックアップを行うことにより、万一の障害が発生した場合に、そのファイルからデータを復旧できます。

バックアップを行う場合の留意点には、次のようなものがあります。

- **毎日、毎週、毎月など定期的にバックアップを行う。**
- **業務処理の終了時など、日常業務に支障のないようにスケジューリングする。**
- **バックアップ用の媒体は、バックアップに要する時間や費用を考慮して、バックアップするデータがすべて格納できる媒体を選択する。**
- **バックアップファイルは、ファイルの消失などを回避するために、通常、正副の2つを作成し、別々の場所に保管する。**
- **紛失や盗難に注意し、安全な場所に保管する。**

(1) バックアップ対象ファイル

コンピュータ内にあるすべてのファイルやレジストリのバックアップを取ろうとすると大容量の記録媒体が必要になり、多くの時間がかかります。

OSやアプリケーションソフトウェアは再度インストールすれば、初期の状態に復元できるので、通常バックアップの対象にはしません。利用者が作成した大切なファイルや環境設定を格納したファイルなどをバックアップの対象にします。ただし、障害による影響が大きい場合には、ハードディスク全体やSSD全体をバックアップの対象にします。

参考

参照情報

ファイルやディレクトリへのパスなどの参照先の情報のこと。「シンボリックリンク」、「ショートカット」、「エイリアス」などのリンク機能は、参照情報を利用することでファイルやディレクトリの実体にアクセスできる。

参考

シンボリックリンク

主にUNIX系OSで提供されるリンク機能のひとつ。ファイルやディレクトリに対して別ファイル名を設定し、その別ファイル名を利用して、リンク先のファイルやディレクトリを実体と同様に扱うことができる。

参考

ショートカット

主にWindows系OSで提供されるリンク機能のひとつ。ファイルやディレクトリへのパス情報を設定し、ショートカットの起動時にそのファイルやディレクトリの実体を呼び出すことができる。

参考

エイリアス

主にmacOSで提供されるリンク機能のひとつ。ファイルやディレクトリのパス情報を設定し、エイリアスの起動時にそのファイルやディレクトリの実体を呼び出すことができる。

参考

多重バックアップ

二重・三重にバックアップを取ること。重要なデータをバックアップする場合、コスト面を考慮しながら多重バックアップを取るとよい。

(2) バックアップ方法の選択

バックアップには、復旧時間やバックアップ作業負荷などの条件により、次のような方法があります。

種　類	バックアップの対象データ	復旧方法	バックアップ時間	リストア(復旧)時間
フル(全体)バックアップ	ディスク上のすべてのデータ。	フルバックアップをリストア。	長い	短い
差分バックアップ	前回、フルバックアップした時点から変更されたデータ。	フルバックアップと最後に取った差分バックアップからリストア。	↕	↕
増分バックアップ	前回、バックアップした時点から変更されたデータ。	フルバックアップとフルバックアップ以降に取ったすべての増分バックアップを順にリストア。	短い	長い

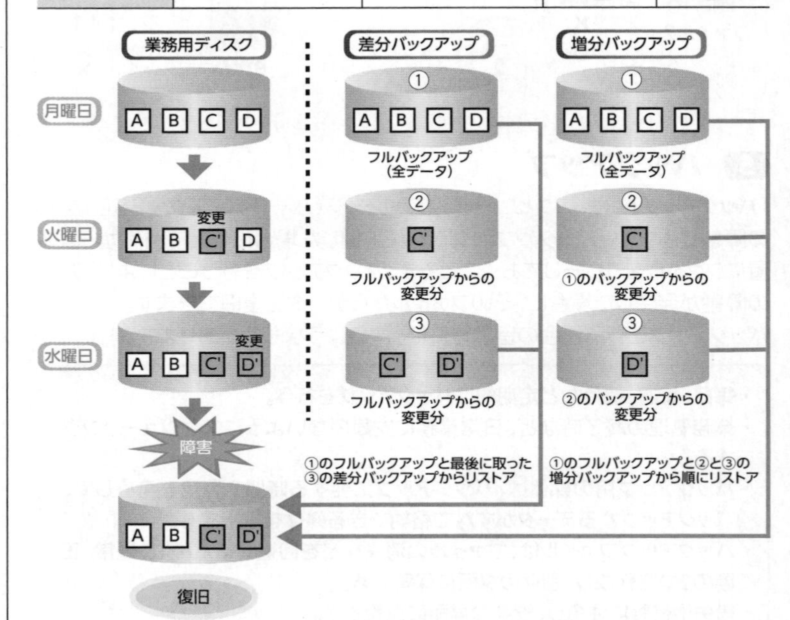

(3) バックアップの方法

大切なファイルは別のドライブやバックアップ用の記録媒体に保存しておきます。また、OSがインストールされているドライブ全体をバックアップすると、ハードディスクやSSDの破損などの緊急時にもすばやくファイルを復元できます。

方　法	説　明
ファイルやディレクトリ(フォルダ)をコピー	ファイルやディレクトリ(フォルダ)の単位でドラッグアンドドロップ、またはコピー・貼り付けでバックアップを取る。
バックアップツールの利用	専用のアプリケーションソフトウェアを使って、バックアップを取る。

参考

リストア
バックアップした内容をハードディスク上やSSD上に戻すこと。

(4) バックアップの記録媒体

バックアップ対象ファイルの容量や用途に応じて、記録媒体を選択します。
バックアップには、ハードディスクやSSD、DVD-R、DVD-RW、DATなどの記録媒体が利用されます。

2-3-5 OSS

「OSS」とは、ソフトウェアの作成者がソースコードを公開し、著作権を守りながら誰でもソフトウェアの改変や再頒布を可能にしたものです。**「オープンソースソフトウェア」**ともいいます。
商用ソフトウェアは、有償で頒布を行っていますが、一定期間内は無料で保証を行っています。それに対して、OSSは、無保証を原則とし再頒布を自由に行うことで、ソフトウェアを発展させようとする狙いがあります。
OSSには、次のような特徴があります。

- 自由な再頒布を許可する。
- ソースコードの頒布を許可する。
- 派生ソフトウェアの頒布を許可する。
- オリジナルのソースコードの完全性を守る。
- 個人やグループに対して差別をしない。
- 利用分野の差別をしない。
- 再頒布時に追加ライセンスを必要としない。
- 特定ソフトウェアに依存しない。
- 同じ媒体で頒布されるほかのソフトウェアを制限しない。
- 特定の技術やインタフェースに依存しない。

❶ OSSの種類と特徴

代表的なOSSには、次のようなものがあります。

(1) UNIX系OS

OSSとして配布されたUNIXは、当初、アメリカの企業や大学、政府機関で急速に普及し、その後企業や大学などでさらに独自の改良が行われた結果、いろいろなUNIX系OSが開発されました。
UNIX系のOSには、次のようなものがあります。

●System V(システムファイブ)系

オリジナルのUNIXをもとにした、一連のOSです。商用UNIXとして各メーカの汎用コンピュータに搭載されていることが多いという特徴があります。

参考

世代管理

過去のバックアップデータを何世代分か保管しておくこと。
バックアップデータはデータを復旧するとき必要となるが、データを誤って書き換えてしまった場合、古いデータが必要になることがあるため、世代管理しておくと役立つことがある。

参考

OSS

「Open Source Software」の略。

参考

OSI

OSSの促進を目的とする団体のこと。OSIではOSSとして頒布するプログラムの条件を定義してまとめている。
「the Open Source Initiative」の略。

参考

OSSのソースコードの公開

OSSのソースコードは公開するのが原則であるが、次のような場合には、OSSのソースコードを公開しなくてもよい。

- 公開されているOSSを改変しても再頒布をしない(社内での利用時に多い)

参考

オープンソースライブラリ

汎用性の高い機能のプログラム群を、オープンソースソフトウェアのライブラリとしてひとまとまりにしたもの。「CPAN」、「PEAR」、「jQuery」などがある。

●CPAN(シーパン)

スクリプト言語「Perl」のオープンソースライブラリ群のこと。
「Comprehensive Perl Archive Network」の略。

●PEAR(ペア)

スクリプト言語「PHP」のオープンソースライブラリ群のこと。
「PHP Extension and Application Repository」の略。

●jQuery(ジェイクエリ)

スクリプト言語「JavaScript」のオープンソースライブラリ群のこと。

System V系のOSには、次のようなものがあります。

名 称	説 明
SunOS (サンオーエス)	サン・マイクロシステムズ社が開発したUNIX互換OS。 バージョン5以降、「Solaris(ソラリス)」と改称された。
HP-UX	ヒューレット・パッカード社が開発したUNIX互換OS。 「Hewlett Packard UniX」の略。
AIX	IBM社が開発したUNIX互換OS。 「Advanced Interactive eXecutive」の略。
UnixWare (ユニックスウェア)	System Vのライセンスを取得したノベル社から配布されたUNIX互換OS。PC/AT互換機で動作する。 バージョン8以降、「Open UNIX(オープンユニックス)」と改称された。

●BSD系

カリフォルニア大学バークレー校が開発したUNIX系OSをもとにした、一連のOSです。BSD系のOSには、次のようなものがあります。

名 称	説 明
NetBSD (ネットビーエスディー)	4.4BSDをもとに開発されたUNIX互換OS。移植性が高く、PC/AT互換機やゲーム機などの様々なプラットフォームで動作する。
FreeBSD (フリービーエスディー)	386BSDと4.4BSDをもとに開発されたUNIX互換OS。
OpenBSD (オープンビーエスディー)	NetBSDをもとに開発されたUNIX互換OS。ほかのUNIX系OSに比べて、セキュリティが高いという特徴がある。

●Linux系

「Linux」は、UNIX互換として一から作成されたOSです。
通常、Linuxはカーネルとアプリケーションソフトウェアなどを組み合わせた**「ディストリビューション」**という形態で配布されます。そのため、厳密な意味でのLinuxは、OSのカーネルのことを指します(Linuxカーネル)。

(2) LAMP・LAPP

「LAMP(ランプ)」や**「LAPP(ラップ)」**とは、Webアプリケーション開発の環境構築のために使われるOSSの組合せのことで、それぞれのOSSの頭文字を並べたものです。

LAMP

Linux	OS
Apache	Webサーバソフトウェア
MySQL	リレーショナルデータベース管理システム
PHP/Perl/Python	プログラム言語(スクリプト言語)

LAPP

Linux	OS
Apache	Webサーバソフトウェア
PostgreSQL	リレーショナルデータベース管理システム
PHP/Perl/Python	プログラム言語(スクリプト言語)

参考

The Open Group

独自の改良が行われたUNIXの標準化を目的とした団体のこと。

参考

BSD

「Berkeley Software Distribution」の略。

参考

オープンソースコミュニティ

OSSの開発・利用・普及を目的とした団体のこと。OSSの利用者や開発者など、様々な団体がある。
特にLinuxでは、オープンソースコミュニティの不特定多数の参加者間で開発協力が行われた。この開発方法は、「バザール方式」ともいわれる。

参考

OSSのプログラム言語

「Perl」、「Python」、「Ruby」といったスクリプト言語も、OSSとして配布されている。

❷ ライセンスの種類と特徴

OSSは、無保証を原則としていますが、ソフトウェアの発展のために一定の条件での利用、改変、再頒布を認めています。
OSSのライセンスは、二次著作時のライセンスの適用などの違いによって、いろいろな種類があります。
代表的なライセンスには、次のようなものがあります。

名 称	説 明
GPL	FSFによって提唱された、コピーレフトを実現するライセンス。 GPLが適用された著作物はソースコードを公開する必要がある。また、GPLが適用された著作物を二次著作する場合にも、GPLが適用される。 FSFが進めているGNU(UNIX互換ソフトウェア群の開発プロジェクト)で採用されている。 「General Public License」の略。
BSDL	再頒布の際に著作権表示を行うことを条件に、利用、改変、再頒布を認めたライセンス。 条件を満たしたGPLが適用された著作物を二次著作する場合、ソースコードを公開せずに頒布できる。また、BSDLが適用された著作物を二次著作する場合、ライセンスは制限されない。 BSDLをもとに作成されたライセンスに「Apacheライセンス」がある。 「Berkeley Software Distribution License」の略。
MPL	ネットスケープコミュニケーションズ社とMozilla Organization(モジラオーガニゼーション)社によって提唱された、コピーレフトを実現するライセンス。 MPLが適用された著作物はソースコードを公開する必要がある。ただし、MPLが適用された著作物に独自に開発したソースコードを組み合わせ、そのバイナリコードを頒布する場合、MPLが適用された著作物のソースコードだけを公開する。 主に、Firefox(ファイアフォックス)、Thunderbird(サンダーバード)などのMozilla Foundation(モジラファウンデーション)社のソフトウェアで採用されている。 「Mozilla Public License」の略。

❸ OSSの利用・活用と考慮点

OSSには、UNIX系OSだけでなく、ミドルウェアや業務用のアプリケーションソフトウェアなど様々なものがあり、それらが活用されています。
しかし、OSSを業務に利用する場合、低コストに抑えることができる反面、瑕疵のために利用時の安全性や信頼性に問題がある可能性があります。OSSは基本的に無保証なため、問題が発生したときには利用者自身で対処するか、信頼できるメーカなどにサポートを依頼する必要がありますが、その際コスト面の考慮も必要です。サポートを有料で行っているOSSもあります。
また、OSSのライセンスによっては頒布時にソースコードの公開が必要になるため、OSSをもとに業務用のアプリケーションソフトウェアを開発する場合は、ライセンスについても考慮する必要があります。

参考

デュアルライセンス
ソフトウェアに2種類のライセンスが提示される形式のこと。利用者は一方(両方の場合もある)のライセンスを選択したあとに利用する。

参考

LGPL
GPLから派生したライセンス形態のこと。再頒布の際のソースコード開示は義務付けられていないという特徴がある。
「Lesser GPL」の略。

参考

FSF
フリーソフトの普及活動を行っている団体のこと。
「Free Software Foundation」の略。

参考

コピーレフト(Copyleft)
著作権者は著作権(コピーライト:Copyright)を保持したままではあるが、一度公開されたソフトウェアは、誰もが利用、改変、再頒布できるという考え方のこと。

参考

瑕疵(かし)
必要な機能や品質、性能が欠如していること。欠陥とほぼ同義。

参考

Apache Hadoop
多数のサーバで構成された大規模な分散ファイルシステム機能を持ち、MapReduceと呼ばれる分散処理モデルによって、大規模データの分散処理を実現するOSSの開発フレームワーク(アプリケーション開発におけるひな型)のこと。

2-4 章末問題

※解答は巻末にある別冊「章末問題 解答と解説」P.6に記載しています。

問題 2-1

1件のトランザクションについて80万ステップの命令実行を必要とするシステムがある。プロセッサの性能が200MIPSで、プロセッサの使用率が80%のときのトランザクションの処理能力（件／秒）は幾らか。

ア　20
イ　200
ウ　250
エ　313

平成25年秋期　問9

問題 2-2

キャッシュメモリに関する記述のうち、適切なものはどれか。

ア　キャッシュメモリにヒットしない場合に割込みが生じ、プログラムによって主記憶からキャッシュメモリにデータが転送される。
イ　キャッシュメモリは、実記憶と仮想記憶とのメモリ容量の差を埋めるために採用される。
ウ　データ書込み命令を実行したときに、キャッシュメモリと主記憶の両方を書き換える方式と、キャッシュメモリだけを書き換えておき、主記憶の書換えはキャッシュメモリから当該データが追い出されるときに行う方式とがある。
エ　半導体メモリのアクセス速度の向上が著しいので、キャッシュメモリの必要性は減っている。

平成30年春期　問11

問題 2-3

図のメモリマップで、セグメント2が解放されたとき、セグメントを移動（動的再配置）し、分散する空き領域を集めて一つの連続領域にしたい。1回のメモリアクセスは4バイト単位で行い、読取り、書込みがそれぞれ30ナノ秒とすると、動的再配置をするために必要なメモリアクセス時間は合計何ミリ秒か。ここで、1kバイトは1,000バイトとし、動的再配置に要する時間以外のオーバーヘッドは考慮しないものとする。

セグメント1	セグメント2	セグメント3	空き
500kバイト	100kバイト	800kバイト	800kバイト

ア　1.5
イ　6.0
ウ　7.5
エ　12.0

平成29年秋期　問19

問題2-4

USB3.0の説明として、適切なものはどれか。

ア　1クロックで2ビットの情報を伝送する4対の信号線を使用し、最大1Gビット／秒のスループットをもつインタフェースである。
イ　PCと周辺機器とを接続するATA仕様をシリアル化したものである。
ウ　音声、映像などに適したアイソクロナス転送を採用しており、ブロードキャスト転送モードをもつシリアルインタフェースである。
エ　スーパースピードと呼ばれる5Gビット／秒のデータ転送モードをもつシリアルインタフェースである。

平成30年秋期　問12

問題2-5

エッジコンピューティングに関する記述として、適切なものはどれか。

ア　1台のコンピュータを論理的に分割し、それぞれに異なるOSを動作させて、あたかも複数のコンピュータが同時に稼働しているように見せる。
イ　2組のシステムを用意して、一方を主系、もう一方を従系として利用し、主系に障害が発生した場合には従系に切り替えて処理を継続する。
ウ　IoTデバイスの近くにサーバを配置し、IoTサーバの負荷低減とIoTシステム全体のリアルタイム性を向上させる。
エ　インターネットを通じて、必要なソフトウェアの機能だけを利用したり、オンラインストレージなどのハードウェアを利用したりできる。

予想問題

問題2-6

RAIDの分類において、ミラーリングを用いることで信頼性を高め、障害発生時には冗長ディスクを用いてデータ復元を行う方式はどれか。

ア　RAID1
イ　RAID2
ウ　RAID3
エ　RAID4

令和元年秋期　問15

問題2-7

フェールセーフ設計の考え方に該当するものはどれか。

ア　作業範囲に人間が入ったことを検知するセンサーが故障したとシステムが判断した場合、ロボットアームを強制的に停止させる。
イ　数字入力フィールドに数字以外のものが入力された場合、システムから警告メッセージを出力して正しい入力を要求する。
ウ　専用回線に障害が発生した場合、すぐに公衆回線に切り替え、システムの処理能力が低下しても処理を続行する。
エ　データ収集システムでデータ転送処理に障害が発生した場合、データ入力処理だけを行い、障害復旧時にまとめて転送する。

平成26年春期　問15

問題2-8

東京～大阪及び東京～名古屋がそれぞれ独立した通信回線で接続されている。東京～大阪の稼働率は0.9、東京～名古屋の稼働率は0.8である。東京～大阪の稼働率を0.95以上に改善するために、大阪～名古屋にバックアップ回線を新設することを計画している。新設される回線の稼働率は、最低限幾ら必要か。

ア　0.167
イ　0.205
ウ　0.559
エ　0.625

平成26年秋期　問14

問題2-9

システム全体のスループットを高めるために、主記憶装置と低速の出力装置とのデータ転送を、高速の補助記憶装置を介して行う方式はどれか。

ア　スプーリング
イ　スワッピング
ウ　ブロッキング
エ　ページング

平成27年秋期　問16

問題2-10

キャッシュメモリと主記憶との間でブロックを置き換える方式にLRU方式がある。この方式で置換えの対象になるブロックはどれか。

ア　一定時間参照されていないブロック
イ　最後に参照されてから最も長い時間が経過したブロック
ウ　参照頻度の最も低いブロック
エ　読み込んでから最も長い時間が経過したブロック

平成26年秋期　問16

問題2-11

必要なライブラリのモジュール結合を、プログラムの実行時に行う。この方式として、適切なものはどれか。

ア　コンパイラ
イ　インタプリタ
ウ　静的リンキング
エ　動的リンキング

予想問題

問題2-12

オープンソースライセンスにおいて、“著作権を保持したまま、プログラムの複製や改変、再配布を制限せず、そのプログラムから派生した二次著作物（派生物）には、オリジナルと同じ配布条件を適用する”とした考え方はどれか。

ア　BSDライセンス
イ　コピーライト
ウ　コピーレフト
エ　デュアルライセンス

平成26年秋期　問20

第3章

技術要素

ヒューマンインタフェースやマルチメディア、データベース、ネットワーク、セキュリティなどコンピュータで扱う技術について解説します。

3-1 ヒューマンインタフェース

3-1-1 インフォメーションアーキテクチャ

人の目に触れる情報は、ただ羅列すればよいものではありません。収集した情報は、利用者にとってわかりやすく活用しやすいように分類・整理して発信していく必要があります。
「インフォメーションアーキテクチャ」とは、情報を構造化したり組織化したりして、分類・整理することです。**「情報アーキテクチャ」**ともいいます。発信する情報をデザインする方法として、Webページなど様々な場面で活用されています。

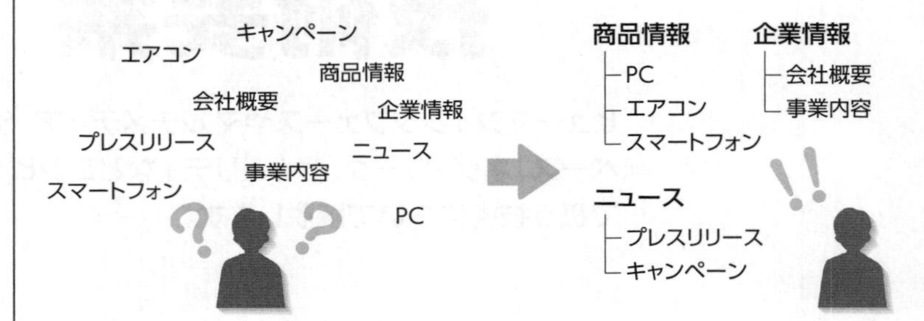

❶ 情報の構造化

「情報の構造化」とは、情報に構造をあたえることです。例えば、飲食店のデータを管理している場合に、"ジャンル"、"店舗名"、"住所"、"電話番号"などの構造を指定すると、利用者が情報を検索しやすくなります。また、マークアップ言語のタグによって情報の型を定義することも、構造化のひとつです。

参考

マークアップ言語
→「1-2-5 マークアップ言語」

❷ 情報の組織化

「情報の組織化」とは、構造化した情報を分類・整理することです。組織化した情報の塊・まとまりのことを**「チャンク」**、チャンクごとに決める名前のことを**「ラベル」**といいます。適切に分類することによって、あとから見てもわかりやすく活用しやすくなります。
組織化する方法には**「LATCH(ラッチ)法」**があります。LATCH法とは、次の名称の頭文字を並べたものです。

Location	場所や位置
Alphabet	アルファベットや五十音順
Time	時間
Category	分野
Hierarchy	階層

参考

ナビゲーション
情報の閲覧や移動を手助けする仕組みのこと。Webページであればサイトマップ、書籍であれば目次や索引などがナビゲーションにあたる。

3-1-2 ヒューマンインタフェース技術

「ヒューマンインタフェース」とは、人間とコンピュータの接点にあたる部分のことです。具体的には、操作画面や帳票のレイアウト、コンピュータの操作方法のことです。
システム開発の設計において、利用者の立場で使いやすさを考えたヒューマンインタフェースを実現することは重要であり、これを設計するための知識や手順を身に付ける必要があります。

1 GUI

「GUI」とは、グラフィックスを多用して情報を視覚的に表現し、基礎的な操作をマウスなどのポインティングデバイスによって行うことができるヒューマンインタフェースのことです。
GUIを構成するそれぞれの要素は、次のとおりです。

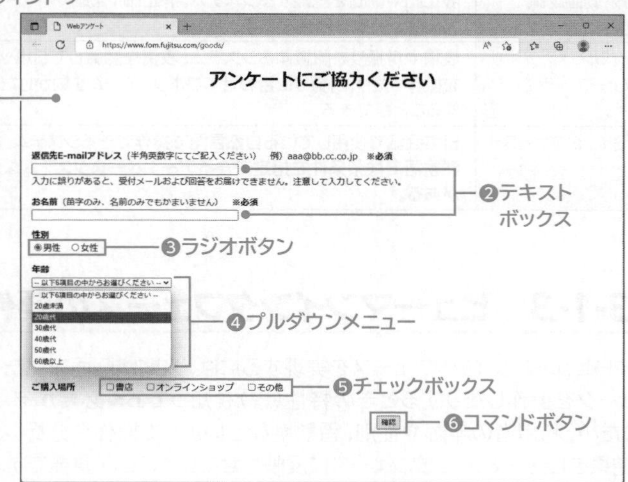

❶ウィンドウ
操作画面内に用意されたそれぞれ独立した小さな画面のこと。画像や文書の表示領域となる。

❷テキストボックス
文字列や数値などのデータを入力する。

❸ラジオボタン
複数の項目の中から1つだけ選択する。別の項目を選択すると、すでに選択されていた項目が自動的に解除される。**「ラジオボックス」**ともいう。

❹プルダウンメニュー
選択したメニューを画面上方向から下方向に向かって展開して表示する。また、選択項目にないものをテキストボックスから入力できるようにしたものを**「コンボボックス」**という。

参考
GUI
「Graphical User Interface」の略。

参考
リストボックス
1つ、または複数の項目を選択する。ラジオボタンやチェックボックスより項目数が多い場合に有効である。

参考
アイコン
ファイルやディレクトリ（フォルダ）などを表す図柄のこと。ファイルを選択したり、読み込んだりするときに使う。

参考
ポップアップメニュー
現在の画面の内容を維持しながら、画面の任意の位置に表示するメニューのこと。「ショートカットメニュー」ともいう。

参考
パンくずリスト
Webサイトのトップページから利用者が現在閲覧しているWebページまでの経路情報のこと。利用者がWebサイト内のどの位置にいるのかを階層で表現する。通常、Webページの上部に表示する。

❺ チェックボックス
複数の項目の中から該当する項目を選択する。選択する項目は1つでも複数でもよい。1つの項目についてON/OFFを選択する。

❻ コマンドボタン
ボタンに対応付けられた処理を実行する。

❷ インタラクティブシステム

「インタラクティブシステム」とは、音声や画像などの多種多様な方法を使って、コンピュータを操作するシステムのことです。利用者の立場で使いやすい操作を実現するためには、インタラクティブシステムの導入を検討することも必要です。
代表的なインタラクティブシステムには、次のようなものがあります。

種　類	説　明
音声認識	人間の発する音声を認識するシステム。手がふさがっている場合でも、音声によって操作できる。
画像認識・動画認識	静止画や動画を認識するシステム。静止画や動画の中から、人の顔や行動を検出できる。
ノンバーバルインタフェース	表情や身振りを認識するシステム。表情を認識してロボットを操作したり、身振りに合わせてロボットアームを動かしたりすることができる。
自然言語インタフェース	日常会話で使用している自然言語で操作できるシステム。自然言語で検索条件を指定できるデータベースシステムなどがある。

3-1-3　ヒューマンインタフェースの要件

使いやすいヒューマンインタフェースを実現するには、人間が画面を見たり、コンピュータを操作したりするときの特性（癖）を知っておく必要があります。そのため、利用者の年齢や性別、習熟度などによって操作を分析し、その評価結果をヒューマンインタフェースに反映させていくことが重要です。
使いやすいヒューマンインタフェースを実現する要件には、次のようなものがあります。

❶ ユーザビリティ

「ユーザビリティ」とは、操作のわかりやすさや見やすさなどを整えて、利用者が使いやすいヒューマンインタフェースを設計するための指標のことです。ISO 9241-11では、"特定の利用状況において、特定の利用者によって、ある製品が、指定された目標を達成するために用いられる際の、有効さ、効率、利用者の満足度の度合い"と定義しています。
ユーザビリティを実現する際のポイントは、次のとおりです。

（1）選択的知覚の理解

「選択的知覚」とは、自分にとってわかりやすい情報だけを選択して受け入れることです。何が受け入れられるかは、利用者の経験や心理状態によって大きく異なるため、より多くの利用者にとってわかりやすい情報を提供することが重要です。

参考
インタラクティブ
日本語で「双方向」、「対話型」などの意味。

参考
特徴抽出
静止画や動画、音声などのデータから、特徴となるデータを抽出する技術のこと。この技術によって、認識の精度が上がり、的確に人の操作指示を認識できるようになる。

参考
ノンバーバル
言語以外の方法でコミュニケーションをとること。

参考
人間中心設計
人間工学に基づき、人間にとって使いやすい設計にすること。利用者の利用状況やニーズなどを十分に把握し、デザインに盛り込んでいく。「JIS Z 8530（ISO 9241-210）」によって規格化されたプロセスに基づいて設計する。

参考
ユーザビリティ評価
ユーザビリティの有効性・効率性・満足度について評価すること。代表的なユーザビリティ評価には、「ヒューリスティック評価」がある。

参考
ヒューリスティック評価
専門家による経験則や、ヒューマンインタフェース設計のガイドラインに基づいて、ユーザビリティを評価する手法のこと。

(2) 身体的適合性の理解

「身体的適合性」とは、人の身体の動きを研究し、操作による疲労や苦痛などの負担を減らすことです。身長や筋力の違い、車椅子の有無などに柔軟に対応し、様々な負担を減らすことが、ユーザビリティの実現につながります。

2 アクセシビリティ

「アクセシビリティ」とは、高齢者や障がい者などを含む、できるかぎり多くの人々が情報に触れ、自分が求める情報やサービスを得ることができるように設計するための指標のことです。また、Webページの利用のしやすさ(設計するための指標)のことを、**「Webアクセシビリティ」**といいます。

3 Webデザイン

「Webデザイン」とは、利用者の立場で使いやすいWebページをデザインすることです。Webページを作成するうえでのユーザビリティともいえます。
Webページをデザインするにあたっては、Webデザインを考慮して、誰にとっても使いやすいものになることを目指す必要があります。
Webデザインを実現する際のポイントは、次のとおりです。

- **スタイルシート言語を利用して、色調やデザインを統一する。**
- **Webサイト内検索を利用して、欲しい情報を検索する機能を提供する。**
- **ナビゲーション(メニューやサイトマップ)を配置し、見たい情報に直接ジャンプできるようにする。**
- **画像の使用を最小限にし、ストレスのない操作性を実現する。**
- **特定のWebブラウザでしか表示できない機能は盛り込まず、どのWebブラウザでも表示できる作りにする。**

4 ユニバーサルデザイン

「ユニバーサルデザイン」とは、直訳すると**「万人のデザイン」**の意味で、生活する国や文化、性別や年齢、障がいの有無にかかわらず、すべての人が使えるようにヒューマンインタフェースをデザインする考え方のことです。
例えば、視覚障がい者は、画面に表示されている情報を音声で読み上げるソフトウェアや、点字ディスプレイ、点字印刷システムを使うことで、コンピュータの操作ができます。ほかにも、発声障がい者向けの会話システムや、聴覚障がい者が使用する手話をコンピュータで学習するシステムなど、様々な身体障がい者を支援する技術が開発されています。これらの技術は、子供が文章の読み方を学習したり、聴覚障がい者以外の人が手話を学習したりするなど、障がいのある人だけでなく、より多くの人にも使いやすいヒューマンインタフェースになります。

参考

情報バリアフリー
情報機器の操作や利用時に障がいとなるバリアを取り除いて、支障なく利用できるようにすること。基本的には、一部の障がいや特性を持った人にとって使いやすい機器や見やすい画面は、すべての人にとって使いやすく、見やすいと考えられている。

参考

JIS X 8341
高齢者や障がい者などが情報通信機器・ソフトウェア・サービスを、不便なく容易に使えるようにするために配慮すべき設計指針が記された国家規格のこと。JISC(日本産業標準調査会)が策定している。

参考

スタイルシート言語
→「1-2-5 1 (3) スタイルシート言語」

参考

フレーム
Webブラウザのウィンドウを複数に区切ったもの。各フレームには、別々の内容を表示させることができる。ただし、フレーム未対応のWebブラウザがあり、印刷にも不便なことから、推奨されていない。

参考

WCAG2.0
Webコンテンツのアクセシビリティを実現するために、W3Cによって勧告されたガイドラインのこと。
「Web Content Accessibility Guidelines 2.0」の略。

参考

WAI-ARIA
マウスが使えない利用者や音声読み上げソフトウェアの利用者でも、JavaScriptなどの動的コンテンツを利用できるようにするためのガイドラインのこと。
「Web Accessibility Initiative-Accessible Rich Internet Applications」の略。

3-1-4　インタフェース設計

インタフェースの設計は、**「画面設計」**と**「帳票設計」**の2つに分けることができます。さらに、コードを設計したり、入力内容をチェックしたりすることも、インタフェースを設計するうえで重要です。

❶ 画面設計

入力画面は、システムの中でも利用者が最も利用するインタフェースのひとつです。
利用者の立場で使いやすい入力画面を設計します。

(1) 画面設計時のポイント

画面設計時のポイントは、次のとおりです。

- 入力の流れが自然になるよう、左から右、上から下へと移動する並びにする。
- 選択肢の数が多いときは、選択肢をグループ分けするなどして選択しやすくする。
- 色の使い方にルールを設ける。
- 操作に慣れていない人のために操作ガイド(ヘルプ)を表示する。
- 利用目的に応じて、キーボード以外の入力装置(バーコード、タッチパネル、スキャナーなど)でも使用できるようにする。

(2) 画面設計の手順

画面を設計する手順は、次のとおりです。

1 画面の標準化

画面タイトルの位置やファンクションキーの割当てなど、各画面に共通する項目について標準化する。

2 画面の体系化

関連する画面の間での階層関係や遷移(フロー)を設計する。画面を体系化したときは、「画面階層図」や「画面遷移図」などの図に表す。

3 画面項目の定義とレイアウトの設計

それぞれの画面について、項目の配置やデフォルト値、入力方法などを決める。

参考

VUI
人間の発する音声を認識するインタフェース(人間とコンピュータとの接点)のこと。「Voice User Interface」の略。

参考

UXデザイン
「UX」とは、製品やサービスを通して得られる体験のこと。使いやすさだけでなく、満足感や印象なども含まれる。「User Experience」の略。
その得られた体験をもとにデザイン(設計)することを「UXデザイン」という。

参考

クロスブラウザ
Webブラウザでwebサイトを表示・動作させる場合に、どのWebブラウザでも、同じ表示・動作を実現すること。

参考

プログレッシブエンハンスメント
どのWebブラウザを使用しても同じ情報を提供する一方で、使用するWebブラウザに適した表示方法を実現すること。

参考

ファンクションキー
特定の機能が割り当てられているキーボード上のキーのこと。「F1」「F2」「F3」のように表記されている。

参考

デフォルト値
あらかじめ項目に設定しておく値のこと。データを入力すると、入力した値に置き換えることができる。

会議室予約システムを画面階層図で表した場合、次のようになります。

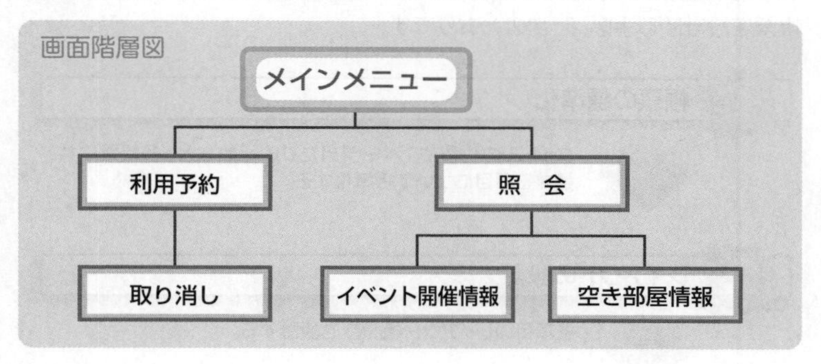

また、会議室予約システムを画面遷移図で表した場合、次のようになります。

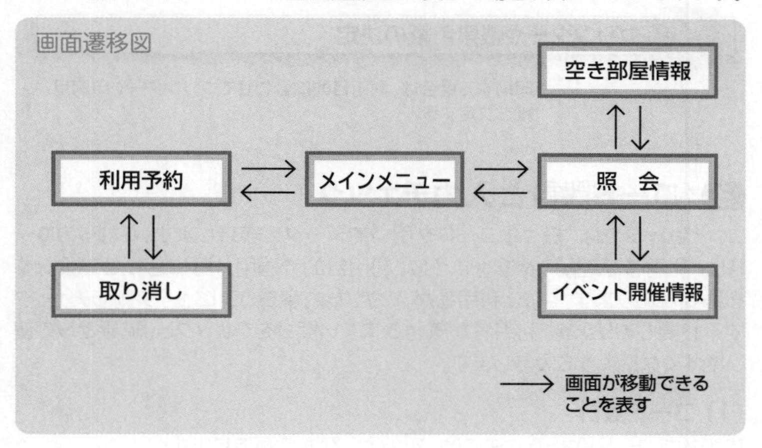

❷ 帳票設計

日常的に業務で使用される帳票は、誰にとっても使いやすい設計にする必要があります。

(1) 帳票設計時のポイント

帳票設計時のポイントは、次のとおりです。

- 各帳票に共通している項目は、同じような場所に配置する。
- 余分な情報は除いて必要最小限の情報を盛り込む。
- 数値データなどは3桁ごとにカンマを付けるなどして読みやすくする。
- 目的に応じて、表やグラフ、図形などを使い分けたレイアウトにする。
- 目的に応じて、バーコードなどの特殊な出力も考慮する。

参考

メインメニュー
システムを利用するときに最初に表示される画面のこと。

参考

Ajax
WebブラウザとWebサーバ間で、XML形式のデータによる非同期通信を行い、動的に画面を再描画する仕組みのこと。JavaScriptの非同期通信の機能を使うことによって、動的なユーザーインタフェースを画面遷移しないで実現できる。
「Asynchronous JavaScript+XML」の略。

参考

WYSIWYG（ウィジウィグ）
「見たものが、そのまま手に入るもの」という意味で、画面表示と印刷結果が同じであること。
「What You See Is What You Get」の略。

参考

フォームオーバーレイ
請求書や納品書など使用頻度の高い帳票のひな型をプリンターやサーバに登録しておき、データ転送時間を短縮する機能のこと。

参考

ビットマップフォント

文字を小さな点（ドット）の集合で表現したフォント（書体）のこと。表示や印字などの処理は高速であるが、拡大・縮小時にはドットの大きさを変化させるため、文字にギザギザが現れたり隙間がつぶれたりして文字の形が崩れる。

参考

アウトラインフォント

文字の輪郭（アウトライン）をデータとして表現したフォント（書体）のこと。文字の拡大・縮小時には、データを再計算して斜線や曲線を滑らかに描くことにより、文字をきれいに表現することができる。

(2) 帳票設計の手順

帳票を設計する手順は、次のとおりです。

1 帳票の標準化

タイトルの位置や1ページ当たりの行数など、各帳票に共通する項目について標準化する。

2 レイアウトの設計

各項目のレイアウト（配置）を設計する。

3 プリンターや帳票用紙の決定

印刷する場合は、利用目的に合わせてプリンターや印刷用紙を決定する。

3 コード設計と入力チェック

コンピュータでは、様々なコードを用いてデータを表現します。これらのコードは、利用者が理解しやすいように、利用目的や適用分野に合わせて設計する必要があります。また、利用者が入力した内容をコンピュータ側でチェックする必要もあります。利用者が気付きにくい誤りをチェックし、結果として使いやすくなるように設計します。

(1) コード設計

代表的なコード設計の方法には、次のようなものがあります。

名　称	説　明
順番コード	先頭から連続した番号を付ける方法。「シーケンスコード」ともいう。 例えば、「001」から始まる連番を振る。
区分コード	グループに分け、グループごとに連番を割り振る方法。「分類コード」ともいう。 例えば、「野球」、「テニス」、「ゴルフ」のグループに分け、それぞれ「1001」、「2001」、「3001」から始まる連番を振る。
桁別コード	コードの桁に、何らかの意味を持たせる方法。 例えば、先頭の桁から、入社年数4桁と社員番号3桁で合計7桁のコードにする。「2023001」や「2023002」など。
表意コード	コードに文字列を用いて、何らかの意味を持たせる方法。 例えば、先頭の桁から、紙の規格、サイズ、色、枚数を意味する文字列や数字を割り振る。「A4W500」でA4の白で500枚など。
合成コード	上記のコード設計を組み合わせる方法。

(2) コード設計の手順

一般的なコード設計の手順は、次のとおりです。

1 コード化するデータの検討

どのデータをコード化するのかを検討する。その際、コード化する目的を明確化する。

2 コードの使用範囲や使用期間の検討

コードが使用される影響範囲を調査し、一時的なコードなのか、永続的に使用するコードなのかを検討する。

3 コードの桁数の検討

コードを追加できる最大件数を見積もり、コードに必要な桁数を検討する。

4 入力チェックの検討

必要に応じて、入力チェックを検討する。

5 コードの体系化

上記の検討内容をもとに、コードを決定し、コード表を作成する。

(3) 入力チェック

代表的な入力チェックの方法には、次のようなものがあります。

名　称	説　明
ニューメリックチェック	利用者が入力したデータが、数値であるかどうかを判別する。例えば、数字だけ入力させたい場合に、文字列が含まれていないかなどをチェックする。
フォーマットチェック	利用者が入力したデータが、フォーマット(一定の形式)に従っているかどうかを判別する。例えば、郵便番号が「−」で区切られているかなどをチェックする。
リミットチェック	利用者が入力したデータが、一定の範囲に収まっているかどうかを判別する。例えば、月数に「13」と入力していないかなどをチェックする。
照合チェック	利用者が入力したデータが存在するかどうかを、マスタデータ(基準となるデータ)と照らし合わせる。
組合せチェック	利用者が入力した複数のデータの組合せに矛盾がないかどうかを判別する。
バランスチェック	利用者が入力した複数の関係のあるデータのバランスが正しいかどうかを判別する。例えば、仕入数と販売数の関係に矛盾がないかなどをチェックする。
重複チェック	利用者が入力したデータが、重複していないかどうかを判別する。
論理チェック	利用者が入力したデータが、論理的に正しいかどうかを判別する。例えば、注文日が入力日以前の営業日かどうかなどをチェックする。

参考

チェックキャラクター

誤りを検査するための文字のこと。「検査文字」ともいう。
また、追加する文字が数字であるときは、「チェックディジット」ともいう。

参考

コントロールトータルチェック

データを入力した件数の合計と、データを出力した件数の合計を照合することで、データの漏れや重複がないかどうかをチェックすること。

3-2 マルチメディア

3-2-1 マルチメディア技術

「マルチメディア」とは、文字列や数字だけでなく、静止画や動画、音声など、様々な種類のアナログデータをデジタル化し統合したものです。**「Webコンテンツ」**、**「ハイパーメディア」**、**「ストリーミング」**などのマルチメディアコンテンツを作成したり、文字列や画像などを**「PDF」**として電子文書化したりして、インタラクティブ性のある情報伝達の手段として利用できます。
また、文字列、静止画、動画、音声などを統合することを**「オーサリング」**と呼び、オーサリング環境を提供するソフトウェアのことを**「マルチメディアオーサリングツール」**といいます。

参考
Webコンテンツ
Webブラウザ上の静止画・動画・音声・文字列などの情報やデータの総称のこと。

参考
ハイパーメディア
文字列を対象としたハイパーテキストを拡張した概念で、文字列、静止画、動画、音声などを関係付けて、多様なアクセスを可能にした形態のこと。

参考
コンテナフォーマット
「コンテナ」は入れ物を意味し、「コンテナフォーマット」とは静止画や動画、音声などの様々なデータを格納するためのファイル形式のこと。主にマルチメディアのデータを格納するファイル形式のことを指す。

参考
ストリーミング
音声や動画などのWebコンテンツを効率的に配信・再生する技術のこと。データをダウンロードしながら再生するため、利用者はダウンロードの終了を待つ必要がない。インターネットから映画を見たり、音楽を聴いたりすることがより容易になる。

参考
PDF
PCの機種や環境にかかわらず、元のアプリケーションで作成したとおりに正確に表示できるファイル形式のこと。作成したアプリケーションがなくてもファイルを表示できるので、閲覧用によく利用されている。
「Portable Document Format」の略。

❶ 静止画

「静止画」とは、図形や絵画、写真などの動かない画像のことをいいます。読み込んだ画像を表示、加工、保存するには、色の表現や要素について理解しておく必要があります。

(1) 色の構成

ディスプレイでカラー表示したり、プリンターでカラー印刷したりするには、**「光の3原色（RGB）」**と**「色の3原色（CMYK）」**といった色の構成方法が使用されます。

名　称	説　明
光の3原色（RGB）	ディスプレイのカラー表示は、Red（赤）、Green（緑）、Blue（青）の3つの光る点で構成される。すべての色はRGBのそれぞれの光の強弱で表現し、RGBのすべてを光らせると白色、RGBのすべてを光らせないと黒色になる。
色の3原色（CMYK）	プリンターでカラー印刷する場合は、Cyan（水色）、Magenta（赤紫）、Yellow（黄）を混ぜ合わせて色が作り出される。CMYを混ぜると黒色になるが、鮮明な黒にするためにblacK（黒）を加えたCMYKインクが利用される。

光の3原色（RGB）

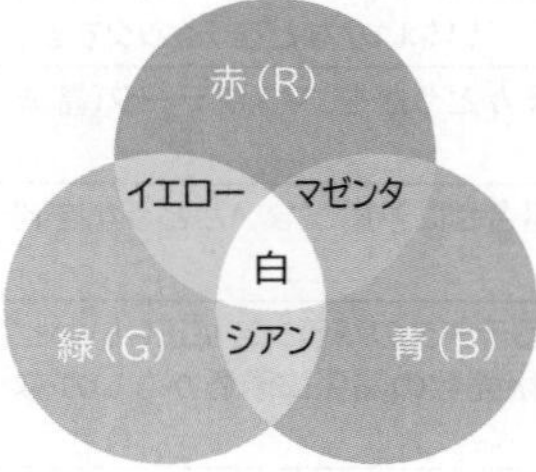

色の3原色（CMYK）

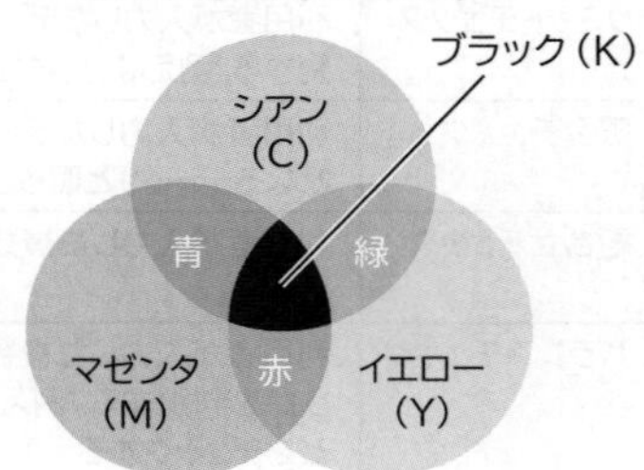

(2) 色の3要素

色には、**「色相」**、**「明度」**、**「彩度」**と呼ばれる3つの要素があります。これらの3つの要素を調整することで、色の統一感を出したり、アクセントとして目立つ色を用いたりするなど、様々な工夫ができます。

名　称	説　明
色相	色の持つ色合いのこと。色相は、色を環状に配置した「色相環」で表す。
明度	色の明るさのこと。明度が高いほど白に近くなり、低いほど黒に近くなる。
彩度	色の鮮やかさのこと。彩度が高いほど原色に近い派手な色味になり、低いほど落ち着いた地味な色味になる。

(3) 画像の品質

画像の品質は、画素や解像度、階調によって決まります。

名　称	説　明
画素	画像を構成する点のことで、画像の最小単位を表す。画素数が多いほど情報量は大きくなる。「ピクセル」、「ドット」ともいう。
解像度	画素の密度を表す値のことで、画像のきめ細やかさや滑らかさを表す尺度になる。解像度が高いほどより自然で鮮明な画像になり、低いと画像にギザギザが表示されたりする。
階調	色の濃淡の変化、つまりグラデーションのことで、画像表現の細やかさを表す尺度になる。階調が多いほど滑らかな画像になり、少ないほど色がはっきりした画像になる。「コントラスト」ともいう。

(4) 静止画のファイル形式

代表的な静止画のファイル形式は、次のとおりです。

形　式	拡張子	説　明
JPEG （ジェイペグ）	.jpg .jpeg	非可逆圧縮方式のファイル形式。24ビットフルカラー（約1677万色）を扱うことができ、圧縮率が変えられる。静止画の国際標準である。 「Joint Photographic Experts Group」の略。
GIF （ジフ）	.gif	可逆圧縮方式のファイル形式。8ビットカラー（256色）を扱うことができる。 「Graphics Interchange Format」の略。
BMP （ビットマップ）	.bmp	静止画を圧縮せず、ドットの集まりとして保存するファイル形式。 「Bit MaP」の略。
TIFF （ティフ）	.tif	可逆圧縮方式のファイル形式。圧縮を行うかどうかを指定できるほか、記憶形式の属性情報（タグ）が付いていて、この情報に基づいて再生されるため、解像度や色数などの形式にかかわらず画像を記録できる。 「Tagged Image File Format」の略。
PNG （ピング）	.png	可逆圧縮方式のファイル形式。48ビットカラーを扱うことができる。 「Portable Network Graphics」の略。
HEIF （ヒーフ）	.heif .heic	MPEGによって規格化された非可逆圧縮方式のファイル形式。JPEGと比較して圧縮率が高く、今後の普及が期待される。 「High Efficiency Image File Format」の略。

参考

映像の規格

テレビやディスプレイなどの映像の規格には、次のようなものがある。

名称	説　明
フルHD	解像度が1,920×1,080（横×縦）、約207万画素を持つ。一般家庭で普及している。「FHD」、「フルハイビジョン」、「2K」ともいう。
4K	解像度が3,840×2,160（横×縦）、約829万画素を持つ。フルHDの縦横2倍、面積では4倍であり、フルHDよりも高画質・高詳細な映像を再現する。一般家庭での普及が始まっている。
8K	解像度が7,680×4,320（横×縦）、約3,318万画素を持つ。4Kの縦横2倍、面積では4倍であり、4Kよりも高画質・高詳細な映像を再現する。一般家庭での普及が始まっている。

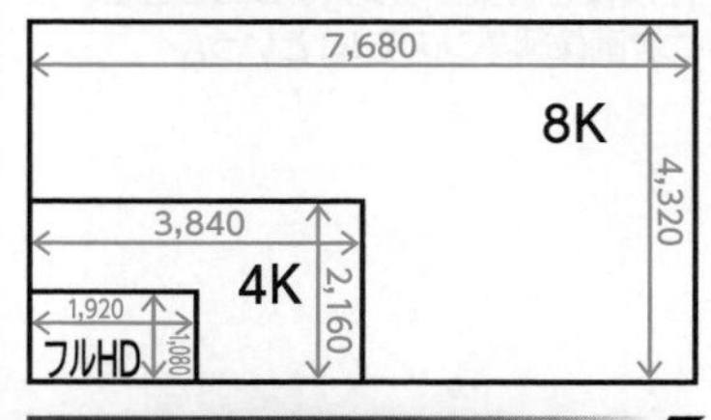

参考

非可逆圧縮方式

画像などのファイルを圧縮後、そのファイルを伸張しても完全にもとどおりに復元できないデータ圧縮方法のこと。

参考

可逆圧縮方式

画像などのファイルを圧縮後、そのファイルを伸張して完全にもとどおりに復元できるデータ圧縮方法のこと。

参考

圧縮率

データ圧縮の比率のこと。圧縮率が高いほど、ファイルサイズを小さくできる。

参考

Exif（エグジフ）

デジタルカメラで撮影した画像ファイルの規格のこと。撮影日付や解像度などの画像情報を追加でき、編集や印刷に活用できる。

「Exchangeable Image File Format」の略。

❷ 動画

「動画」とは、映画やアニメーションなどの動く画像のことです。動画を表示、加工、保存するには、動画の仕組みについて理解しておく必要があります。

（1）フレーム

「フレーム」とは、動画を構成する静止画のことで、フレームを連続的に再生したときの残像によって動いているように見えます。その際、1秒間に表示するフレームの数を表す指標のことを**「フレームレート」**といいます。

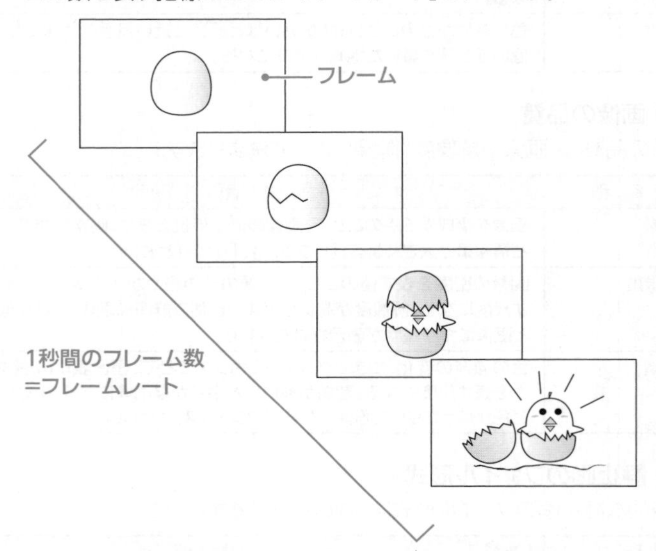

（2）動画のファイル形式

代表的な動画のファイルの形式は、次のとおりです。

形　式	拡張子	説　明
MPEG （エムペグ）	.mpg .mpeg	動画を圧縮して保存するファイル形式。カラー動画および音声の国際標準のデータ形式。 「Moving Picture Experts Group」の略。 MPEGには、次の3つの形式がある。 ●MPEG-1 CD（Video-CD）などで利用されている。画質はVHSのビデオ並み。 ●MPEG-2 DVD（DVD-Video）やデジタル衛星放送などで利用されている。画質はHD（ハイビジョン）並み。 ●MPEG-4 以前は携帯電話の動画配信など低速な回線で利用されてきたが、「H.264/MPEG-4 AVC」として、携帯端末の動画配信、デジタルハイビジョン対応のビデオカメラ、Blu-ray（BD-Video）などで利用されている。 最近では、その後継である「H.265/MPEG-H HEVC」が実用化されている。同じ画質でデータ圧縮効率が2倍となり、画面全体を細かく分解し、変化した部分だけを送信するためデータ量を抑えることができる。8Kや4Kの放送、インターネット放送、最新のスマートフォンなどで利用されている。

参考

fps

1秒間に表示できるフレーム数のこと。フレームレートを表す単位。
「frames per second」の略。

参考

ノンリニア画像編集システム

コンピュータを使って映像を編集する方式のこと。ノンリニア画像編集システムでは、映像をハードディスクやSSDなどに記録し、必要な場面の頭出しや削除、挿入などをすばやく行うことができる。
従来のように、ビデオテープに記録された映像を編集するシステムのことを、「リニア画像編集システム」という。

参考

HD（ハイビジョン）

解像度が1,280×720（横×縦）、約92万画素を持つ。

形　式	拡張子	説　明
AVI	.avi	マイクロソフト社によって規格された動画と音声の複合ファイル形式。Windowsで標準的に用いられる。AVIファイルを作成するには、画像と音声のそれぞれの圧縮形式に対応した「CODEC（コーデック）」というソフトウェアが必要になる。「Audio Video Interleaving」の略。
QuickTime（クイックタイム）	.mov	アップル社によって規格された動画のファイル形式。macOSで利用されている。

❸ 音声

「音声」とは、人の声や音楽などのことです。音声をマルチメディア処理するには、音声データのデジタル化について理解しておく必要があります。
代表的な音声ファイルの形式は、次のとおりです。

形　式	拡張子	説　明
MP3	.mp3	MPEG-1の音声を制御する部分を利用して、オーディオのデータを圧縮して保存するファイル形式。音楽CDの1/10程度にデータを圧縮できるため、携帯音楽プレーヤやインターネットでの音楽配信に利用されている。 「MPEG-1 Audio Layer-3」の略。
WAV（ウェーブ）	.wav	CDの音と同じく生の音をサンプリングしたデータを保存するファイル形式。Windows用音声データの形式として利用されている。圧縮されないので、データ容量が大きい。「WAVE」ともいう。 「WAVeform audio format」の略。
MIDI（ミディ）	.midi	音程や音の強弱、音色など音楽の楽譜データを保存するファイル形式。電子楽器（シンセサイザや音源ユニット）で作成されたデータをコンピュータで演奏させたり、通信カラオケに利用されたりしている。 「Musical Instrument Digital Interface」の略。

❹ 情報の圧縮・伸張

「圧縮」とは、ファイルのデータ量を小さくするための技術のことで、圧縮したファイルをもとに戻すことを**「伸張」**といいます。ファイルを圧縮・伸張するときはデータ圧縮ソフトを利用します。ほとんどのデータ圧縮ソフトで、**「ZIP（ジップ）形式」**や**「LZH形式」**などの代表的な圧縮ファイルの形式を選択できるので、用途に応じて適切な形式を指定します。

形　式	拡張子	説　明
ZIP	.zip	「WinZip」などのファイル圧縮ソフトで圧縮したファイル形式。可逆圧縮方式なので、圧縮したデータは伸張して完全にもとどおりに復元できる。
LZH	.lzh	「LHA」などのファイル圧縮ソフトで圧縮したファイル形式。可逆圧縮方式なので、圧縮したデータは伸張して完全にもとどおりに復元できる。

また、データ圧縮ソフトでは、ファイルサイズを小さくするとともに、**「アーカイブ」**も行えます。アーカイブとは、複数のファイルをひとつにまとめる処理のことで、容量の大きいファイルを圧縮して空き容量を増やしたり、複数のファイルをまとめて配布したりすることができます。ファイルをアーカイブすると、電子メールに添付したりWebページに公開したりする作業が簡便化され、ネットワークの負荷の軽減にもなります。

参考

音声フェード処理
音声データを再生するときに、音量が徐々に上がって聞こえるように（フェードイン）処理したり、音量が徐々に下がって聞こえなくなるように（フェードアウト）処理したりすること。

参考

MR符号
ファクシミリの画像を圧縮する方式のこと。G3規格のファクシミリで使われる。
MRは、「Modified Read」の略。

参考

MMR符号
MR符号を拡張したもの。業務用製品などのファクシミリであるスーパーG3規格で使われる。
MMRは、「Modified Modified Read」の略。

参考

JPEGやMPEGの圧縮
JPEGやMPEGなどは、ファイル形式自体が圧縮する仕組みを持っているため、自動的にデータが圧縮される。

3-2-2 マルチメディアの応用技術

マルチメディアを表現する応用技術を使うと、静止画や動画を作成したり、音響効果などを加えて人工的に現実感を作り出したりすることができます。これらは、テレビゲームなどの娯楽や様々な職業訓練などに利用されています。代表的な応用技術には、次のようなものがあります。

名　称	説　明
コンピュータグラフィックス（CG）	コンピュータを使って静止画や動画を処理・生成する技術、またはその技術を使って作成された静止画や動画。「CG」ともいう。CGは、「Computer Graphics」の略。 3次元の表現は、ゲームなどの仮想世界の表現や、未来の都市景観のシミュレーション、CADを利用した工業デザインなどに応用されている。 CG作成の最終段階で、図形や物体などのデータをディスプレイに描画できるように映像化する処理のことを「レンダリング」という。また、指定された視点から、手前にある面の陰に隠れて見えない線を消去する処理を「陰線消去」、手前にある面の陰に隠れて見えない面を消去する処理を「陰面消去」という。
バーチャルリアリティ（VR）	コンピュータグラフィックスや音響効果を組み合わせて、人工的な仮想現実を作り出す技術。「VR」ともいう。VRは、「Virtual Reality」の略。 遠く離れた世界や、過去や未来の空間などの仮想的な現実を作って、現実の時間空間にいながら、あたかも実際にそこにいるような感覚を体験できる。
拡張現実（AR）	現実の世界に、コンピュータグラフィックスで作成した情報を追加する技術。「AR」ともいう。ARは、「Augmented Reality」の略。 現実の風景にコンピュータが処理した地図を重ね合わせて表示するなど、現実の世界を拡張できる。
コンピュータシミュレーション	コンピュータを使って何らかの現象を擬似的に作り出す技術。実際に実験することが困難な事象について擬似的に実験することで、結果を検証できる。 コンピュータシミュレーションを行うハードウェアやソフトウェアを「シミュレーター」という。
インターネット放送	インターネットを通じて放送される動画。 あらかじめ放送時間が決められている場合と、「VOD」によって放送される場合がある。 VODとは、利用者の要求に応じてインターネット上で配信される再放送のドラマや、映画などの動画を視聴できるサービスのこと。「Video On Demand」の略。利用者は、レンタルビデオのような感覚で動画を見ることができる。
モーションキャプチャ	人物や物体にセンサーを取り付け、その動きや表情を測定して電子データとしてコンピュータに取り込む技術。
バーチャルサラウンド	人間の聴覚の特性を利用して、臨場感のある音響効果を再現する技術。
コラージュ	別々に撮影した風景と人物などの映像を、コンピュータを利用して合成し、実際とは異なる映像を作る手法。

参考

クリッピング
画像表示領域を特定の範囲だけに限定し、その限定した範囲内の見える部分だけを取り出す手法のこと。

参考

テクスチャマッピング
モデリングされた物体の質感を高めるために、表面に柄や模様などの画像（テクスチャ）を貼り付ける（マッピング）手法のこと。

参考

3次元映像
立体的に見える映像のこと。「3D映像」、「立体映像」ともいう。「3D」とは、コンピュータの3次元の表現のことで「3 Dimension」の略。

参考

CAD
→「8-3-3 2 コンピュータ支援システム」

参考

アンチエイリアシング
画像の斜め線や曲線部分のギザギザした感じを滑らかに表現する手法のこと。

参考

ブレンディング
ある画像に別の半透明の画像を重ね合わせる手法のこと。

参考

レイトレーシング
物体に対して光源の位置を定め、光のあたり具合を画像に表現する手法のこと。

参考

シェーディング
立体感を持たせるために、物体の表面に影付けを行う手法のこと。

参考

モーフィング
ある物体から別の物体へ変形する動画を表示するために、その中間画像を作成する手法のこと。

3-3 データベース

3-3-1 データベース方式

従来、業務に使われるデータは、プログラム(処理)ごとにファイルで保存していました。この方式では、データの形式に合わせてプログラムを作成するため、データ形式の変更にプログラムが柔軟に対応できない問題点があり、その問題点を解決するためにデータベースが考えられました。

1 データベース

「データベース」とは、様々なデータ(情報)を、ある目的を持った単位にまとめ、ひとつの場所に集中して格納したものです。例えば、商品情報や顧客情報といった単位でまとめ、データベースで集中して管理するときに使われます。
データベースは、データベース管理システムによって集中管理されます。複数の利用者が同時に利用したり、データの損失を防いだりすることができ、業務の効率化を図ることができます。

(1) データベースの特徴

データベースの特徴には、次のようなものがあります。これらの特徴は、データベース管理システムの機能によって実現されます。

特　徴	説　明
データの集中管理	データの重複を取り除いて管理するので、矛盾なくデータ間の関係を保ってデータを集中管理できる。
データの同時利用	データに対して、同時に操作(検索や更新など)できる。例えば、同じデータを同時に更新しても、矛盾が起こらない。これは、排他制御などの機能によって実現される。
データの保全	バックアップやリカバリ、障害復旧など、データを保全することが容易にできる。これは、バックアップ機能やログ運用などの機能によって実現される。
データの機密保護	利用者IDとパスワードなどを利用して、データに対してアクセス権を設定できる。利用者は、データベース管理者から設定されたアクセス権の範囲でデータを操作する。
データとプログラムの独立	データはプログラムと切り離し、独立して管理する。これによって、データ形式が変更されても、プログラムの修正が発生しないか、発生しても局所化できる。

参考

データベース管理システム
→「3-3-1 4 データベース管理システム」

(2) データベースの種類

データベースには、データを管理する構造の違いなどによって、様々な種類があります。
代表的なデータベースには、次のような種類があります。

●関係データベース

「関係データベース」とは、データを表形式で管理するデータベースのことです。複数の表同士が項目の値で関連付けられて構成されます。**「リレーショナルデータベース」**、**「RDB」**ともいいます。

学籍番号	授業名
2023010	数学1
2023021	英語
2023021	数学1
2023021	フランス語

授業名	教室
数学1	A103
英語	B211
フランス語	B211

●階層型データベース

「階層型データベース」とは、データを階層構造で管理するデータベースのことです。データ間は1対多の親子関係で構成されます。**「HDB」**ともいいます。

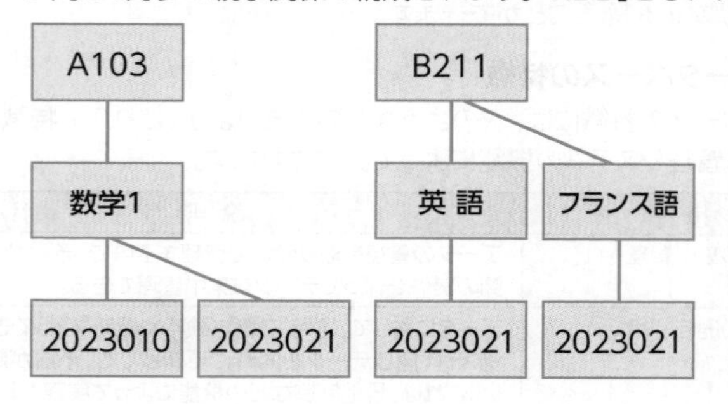

●網型データベース

「網型データベース」とは、データ同士が網の目のようにつながった状態で管理するデータベースのことです。データ間は多対多の親子関係で構成されます。**「ネットワーク型データベース」**、**「NDB」**ともいいます。

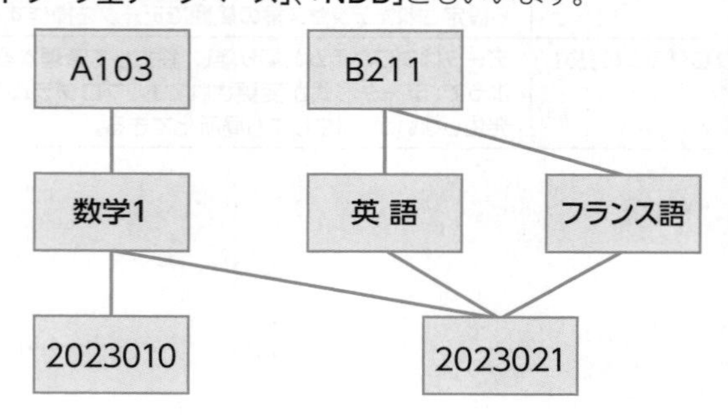

参考
RDB
「Relational DataBase」の略。

参考
関係モデル
関係データベース自体の構造を表現するときに使われる言葉のこと。

参考
HDB
「Hierarchical DataBase」の略。

参考
階層モデル
階層型データベース自体の構造を表現するときに使われる言葉のこと。

参考
構造型データベース
データ同士に階層やつながりを持たせることでデータを管理するデータベースのこと。階層型データベースや網型データベースは、構造型データベースに含まれる。

参考
NDB
「Network DataBase」の略。

参考
網モデル
網型データベース自体の構造を表現するときに使われる言葉のこと。「ネットワークモデル」ともいう。

●その他のデータベース
その他のデータベースには、次のようなものがあります。

名　称	説　明
オブジェクト指向データベース	オブジェクト指向の考え方でデータ(オブジェクト)を管理するデータベース。「OODB」ともいう。 OODBは、「Object Oriented DataBase」の略。
ハイパーテキストデータベース	テキスト内のあるキーワードから別のテキストを関連付けることができるハイパーテキスト形式のデータを管理するデータベース。
マルチメディアデータベース	静止画や動画、音声などのマルチメディアのデータを管理するデータベース。マルチメディアの種類を認識して管理できる。
XMLデータベース	XML形式のデータを管理するデータベース。XML形式のタグの情報を認識して管理できる。

❷ データベースの構造

データベースの構造を設計する考え方には、**「データモデル」**や**「3層スキーマ」**があります。

(1) データモデル

データベースは、データベースの概念設計、論理設計、物理設計を行うことで構築されていきます。**「データモデル」**とは、データベースの各設計を完了した段階で作成されるデータの構造を表現したものです。
データモデルには、次のようなものがあります。

名　称	説　明
概念データモデル	データベースの概念設計を完了した段階で、作成されるデータモデル。業務で必要となるデータについて、どのようなデータが存在し、それがどのような関係にあるかを定義する。
論理データモデル	データベースの論理設計を完了した段階で、作成されるデータモデル。「外部モデル」ともいう。 概念データモデルに対して、表間の関連として主キーや外部キーの関係など、さらに詳細に定義する。
物理データモデル	データベースの物理設計を完了した段階で、作成されるデータモデル。「内部モデル」ともいう。 データの容量、利用者の使用頻度などを考慮して、表の配置などデータベース管理システムに依存したデータの物理的な構造を定義する。

(2) 3層スキーマ

データベースでは、**「スキーマ」**と呼ばれるデータベースの枠組みを作成し、データベース内の役割を3つの枠組みに区別することでデータの独立性を高めています。
この3つの枠組みを**「3層スキーマ」**といい、**「概念スキーマ」**、**「外部スキーマ」**、**「内部スキーマ」**から構成されています。3層スキーマは、ANSIによって標準化されています。

参考
オブジェクト指向
→「4-3-4 3 オブジェクト指向設計」

参考
XML
→「1-2-5 2 (2) XML」

参考
データベースの概念設計
→「3-3-2 1 データベースの概念設計」

参考
データベースの論理設計
→「3-3-2 2 データベースの論理設計」

参考
データベースの物理設計
→「3-3-2 3 データベースの物理設計」

参考
ANSI
→「9-2-5 2 (3) その他」

名　称	説　明
概念スキーマ	システム化の対象となるデータのデータ項目やデータ構造などを定義したスキーマ。
外部スキーマ	利用者またはプログラム側から見て、概念スキーマから必要とする部分だけを取り出したスキーマ。
内部スキーマ	データベースに実際にデータを格納するための、物理的な構造を定義したスキーマ。

3層スキーマはCODASYLでも定義されています。CODASYLでは、ANSIの3層スキーマを次のように定義しています。

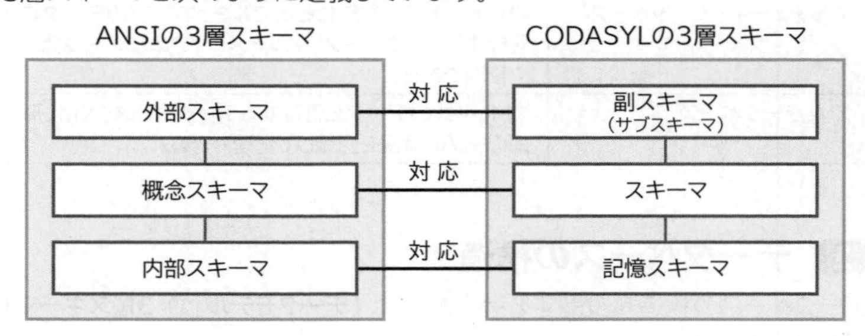

❸ 関係データモデルの概念

関係データモデルは、データを表形式で表現します。
表（テーブル）には、表名が付けられ、いくつかの**「列」**と**「行」**から構成されます。列は、**「項目」**、**「フィールド」**、**「属性（アトリビュート）」**ともいいます。表の実現値として1件分のデータを行として管理し、行は、**「レコード」**、**「組（タプル）」**ともいいます。
関係データベースでは、複数の表を項目によって関連付けて管理します。この関連を、**「リレーションシップ」**、**「リレーション」**といいます。
関係データモデルの表の構成は、次のとおりです。

顧客

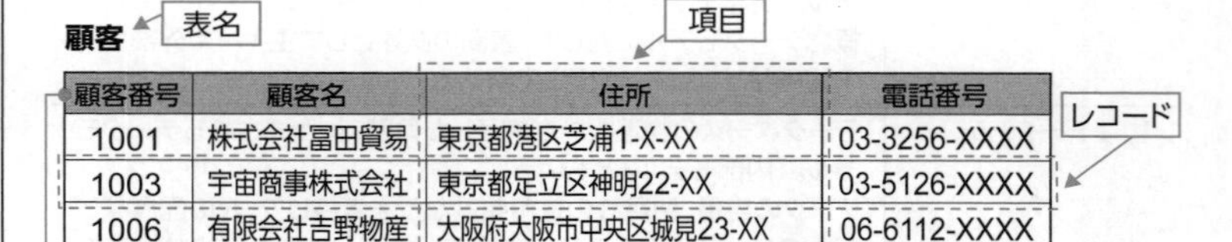

顧客番号	顧客名	住所	電話番号
1001	株式会社冨田貿易	東京都港区芝浦1-X-XX	03-3256-XXXX
1003	宇宙商事株式会社	東京都足立区神明22-XX	03-5126-XXXX
1006	有限会社吉野物産	大阪府大阪市中央区城見23-XX	06-6112-XXXX

表「顧客」と表「受注」を、項目「顧客番号」で関連付ける（リレーションシップ）

受注

受注番号	受注年月日	顧客番号	受注合計
00001	2023/04/01	1001	640,000
00002	2023/04/02	1006	518,000
00003	2023/04/02	1003	600,000
00004	2023/04/05	1001	3,000

参考

関係データベースとの対応関係
関係データベースの概念スキーマは、表の定義に相当する。
関係データベースの外部スキーマは、表への問合せ結果やビューの定義に相当する。

参考

ビュー
表の一部または複数の表を組み合わせて作成した仮想的な表のこと。
直接的に表からデータを取り出すのではなく、仮想表であるビューを通して間接的にデータを取り出すようにできる。

参考

CODASYL（コダシル）
情報システムに用いる標準言語を策定するために1959年に米国で設立された委員会のこと。COBOL言語の言語仕様を策定し、現在でも言語仕様の追加や保守をしている。
「Conference On DAta SYstems Language」の略。

参考

実現値
表に格納される実際のデータのこと。

参考

定義域
項目のテンプレート（ひな型）のことで、項目名、項目のデータ型やサイズなどの項目の情報が定義されている。「ドメイン」ともいう。
各表で同じような項目を定義する場合は、直接的に項目の情報を指定するのではなく、定義した定義域を指定することで、各表の定義の統一化を図ることができる。

4 データベース管理システム

「データベース管理システム」とは、データベースを利用できるようにするために、データベースを管理するソフトウェアのことです。**「DBMS」**ともいいます。データを構造的に蓄積して一貫性を保ち、効率的なデータ操作や障害回復などの機能を備えています。
データベース管理システムの代表的な機能には、次のようなものがあります。

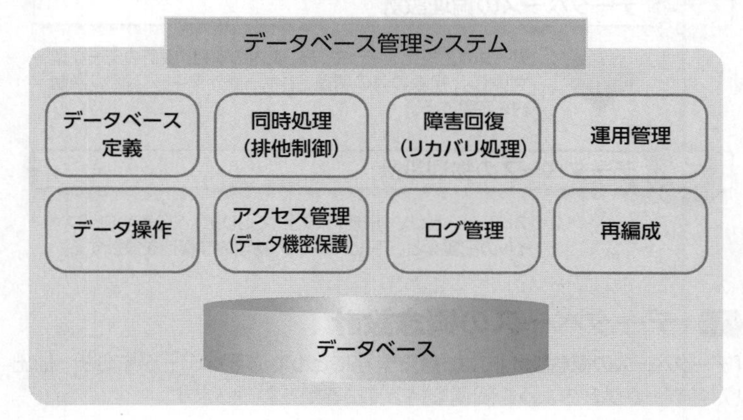

機　能	説　明
データベース定義	スキーマや表、ビューなど、データベースの構造を定義するための操作を統一する。
データ操作	データベースに対するデータの操作（検索、挿入、更新、削除）を統一する。
同時処理 （排他制御）	複数の利用者が同時にデータベースを操作しても、データの矛盾が発生しないようにデータの整合性を維持する。
アクセス管理 （データ機密保護）	利用者のデータベース利用権限を設定し、権限のない利用者がデータにアクセスできないようにする。
障害回復 （リカバリ処理）	ハードウェアやソフトウェアに障害が発生した場合でも、障害発生直前またはバックアップを取得した時点の状態にデータベースを回復する。
ログ管理	障害回復（リカバリ処理）に必要となるログファイルの保存・運用を行う。
運用管理	データベースのバックアップとリストア、データベースの格納状況やバッファの利用状況の表示など、データベースの運用に関する様々な機能を持つ。「バッファ」とは、データを一時的に保存しておくメモリ上の領域のこと。
再編成	データの追加や削除を繰り返したために生じる、データベースのフラグメンテーション（断片化）を解消する。データベースを再編成（連続する領域に再配置）すると、データを操作する速度が改善する。

3-3-2 データベースの設計

データベースの設計を行うときは、**「データベースの概念設計」**、**「データベースの論理設計」**、**「データベースの物理設計」**を行います。
データベースの設計の手順は、次のとおりです。

参考

DBMS
「DataBase Management System」の略。

参考

RDBMS
関係データベース（RDB）を管理したり利用したりするソフトウェアのこと。
「Relational DataBase Management System」の略。
日本語では「関係データベース管理システム」の意味。

参考

関係データベースとの対応関係
関係データベースでデータベース定義やデータ操作を行う場合、SQLを利用する。

参考

NoSQL
関係データベースではSQLを使用してデータベース定義やデータ操作を行うが、SQLを使用しないデータベース管理システム（DBMS）のことを「NoSQL」という。または、関係データベース管理システム（RDBMS）以外のデータベース管理システムを総称して「NoSQL」という。ビッグデータの基盤技術として利用されている。「Not only SQL」の略。
例えば、ビッグデータにおいて、大量・多様なデータを高速に処理するために、1つのキーに1つのデータを対応付けた「キーバリューストア」というデータ構造がある。このデータ構造で管理する「キーバリュー型データベース管理システム」は、SQLを使用しないデータベース管理システムであり、NoSQLに該当する。

参考

SQL
→「3-3-7 データベース言語（SQL）」

参考

ビッグデータ
→「7-1-5 2 (2) データの分析・活用」

1 データベースの概念設計

対象業務に必要なデータを分析・抽出し、各データがどのような関連を持っているかを整理する。

2 データベースの論理設計

データの正規化を行って、表、表内の項目、項目のデータ型やサイズ、複数の表の関連（主キーや外部キーなど）、各制約を定義する。

3 データベースの物理設計

ストレージ上（ハードディスク上やSSD上）への表やログファイルの配置など、データベースの物理的な構造を設計する。

❶ データベースの概念設計

「**データベースの概念設計**」では、対象業務にとって必要なデータを分析・抽出し、各データがどのような関連を持っているかを整理します。

(1) データの分析と抽出

システム化する対象業務に必要なデータを分析し、抽出します。
例えば、現在の業務において次のような伝票や帳票が利用されていて、システム化する対象業務で取り扱う場合には、伝票や帳票などからデータの項目を抽出していきます。

受注伝票

受注番号 ： 00001　　　顧客名 ： 株式会社富田貿易
受注日 ： 2023/04/01　　　（顧客番号 ： 1001）

商品番号	商品名	単価	数量	受注合計
A01	テレビ（大型液晶）	200,000	2	400,000
G02	HDDレコーダ	80,000	3	240,000
受注合計				640,000

顧客一覧

顧客番号	顧客名	住所	電話番号
1001	株式会社冨田貿易	東京都港区芝浦1-X-XX	03-3256-XXXX
1003	宇宙商事株式会社	東京都足立区神明22-XX	03-5126-XXXX
1006	有限会社吉野物産	大阪府大阪市中央区城見23-XX	06-6112-XXXX

⋮

データの項目の抽出にあたって、同じ意味の項目名は重複を排除するようにします。項目を抽出したあとに、同じ項目名でも意味が違ったり（同音異義語）、異なる項目名でも意味が同じだったり（異音同義語）することがあります。例えば、“顧客番号”と“顧客コード”という2種類の同じ意味の項目名が抽出された場合、どちらかひとつに統一するようにします。
データベースの設計担当者は、標準化された情報を共有して、データベースの設計を効率的に進めるようにします。

参考

データベース管理システムとの関係

データベースの概念設計は、データベース管理システムの仕様を意識せず、業務で必要なデータを抽出するため、データベース管理システムに依存しない。

(2) データの関連と整理

データの分析と抽出した内容をもとにして、各データがどのような関連を持っているかを整理します。データの関連を表現する方法として、E-R図があります。E-R図によって、エンティティ(実体)とリレーションシップ(関連)を定義します。

❷ データベースの論理設計

「データベースの論理設計」では、データベースの概念設計の結果をもとに、データの正規化や主キー・外部キー、関係データベースの制約などを検討・定義します。

(1) データの正規化

データベースを利用するためには、表の形を決める必要があります。このとき、**「データの正規化」**を行います。データの正規化とは、データベース内でデータの重複がないように表を適切に分割することで、複数の表からなるデータベースを作成するときに必要な作業です。

データの正規化を行うことで、データベース内のデータに重複や矛盾がなくなり、一元管理できるようになります。その結果、データの不整合が発生するリスクが低くなります。

(2) 関係データベースの概念

関係データベースでは、複数の表を**「主キー」**と**「外部キー」**によって関連付けます。例えば、次の2つの表(受注、顧客)の場合、表**「受注」**には顧客名がありません。2つの表を**「顧客番号」**で関連付けることにより、表**「受注」**の顧客番号の値をもとに、表**「顧客」**から該当する顧客名を参照できます。このとき、表**「顧客」**の顧客番号が主キー、表**「受注」**の顧客番号が外部キーになります。

主キーを参照する外部キーが設定されている場合、主キーにない値は、外部キーに追加できません。また、外部キー側から参照されている主キーの値は、削除や変更ができません。外部キー側の参照している値をすべて削除したあと、主キー側の参照されていた値の削除や変更ができるようになります。

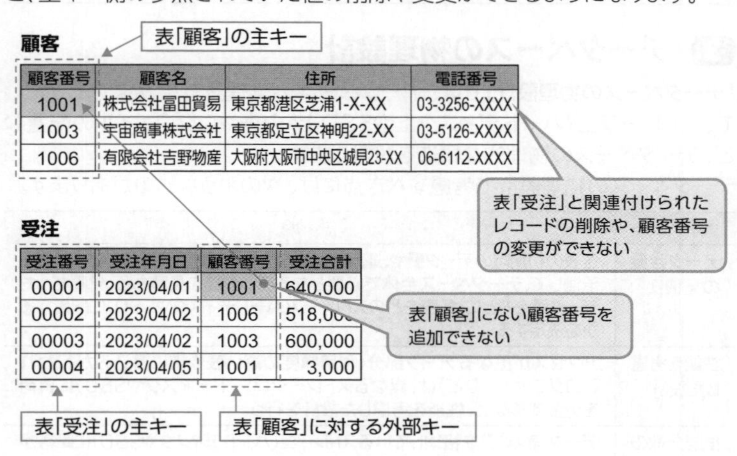

顧客番号	顧客名	住所	電話番号
1001	株式会社冨田貿易	東京都港区芝浦1-X-XX	03-3256-XXXX
1003	宇宙商事株式会社	東京都足立区神明22-XX	03-5126-XXXX
1006	有限会社吉野物産	大阪府大阪市中央区城見23-XX	06-6112-XXXX

受注番号	受注年月日	顧客番号	受注合計
00001	2023/04/01	1001	640,000
00002	2023/04/02	1006	518,00
00003	2023/04/02	1003	600,000
00004	2023/04/05	1001	3,000

参考

E-R図

→「4-2-4 2 E-R図」

参考

データベース管理システムとの関係

データベースの論理設計は、データベース管理システムで指定可能な項目のデータ型、各制約などを定義するため、データベース管理システムに依存する。

参考

データの正規化

→「3-3-3 データの正規化」

参考

非正規化の検討

「非正規化」とは、データベース内に重複したデータを持たせること。「逆正規化」ともいう。

通常はデータの正規化を行うが、データベースの性能(アクセス効率)を考慮して、必要に応じて非正規化する場合がある。

例えば、別の表に存在する項目や、項目から計算によって導出される項目(導出項目)を追加する。

参考

NULL（ヌル）

何のデータも含まれない状態、または空の文字列のこと。

参考

複合キー

複数の項目を組み合わせて設定した主キーのこと。複合キーは必ず一意になる。例えば、「受注明細」の「受注番号」と「商品番号」を組み合わせて複合キーを設定する。

●主キー

「主キー」とは、レコードを特定するための項目（列）のことで、項目内の値は必ず一意になります（値の重複を許しません）。**「PRIMARY KEY」**ともいいます。なお、1つの表に1つだけ設定することができ、**「NULL」**の値を入力できません。

主キーは、複数の項目を組み合わせて設定することもできます。これを**「複合キー」**といいます。

●外部キー

「外部キー」とは、項目の値が、別の表の主キーに存在する値であるようにする項目のことです。**「FOREIGN KEY」**、**「部分キー」**ともいいます。1つの表に対して、複数の外部キーを設定することができます。

●関係データベースの制約

関係データベースでは、様々な制約を付けることができます。

関係データベースの制約には、次のようなものがあります。

名　称	説　明
参照制約	外部キーの項目の値が、参照される主キー側の項目の値に必ず存在するように、表間の整合性を保つために設定する制約。 参照制約は、表間の関連において、データの矛盾を発生させないようにするために利用できる。データベース管理システムに依存するが、表に対して外部キー（主キーと外部キーの関係）を定義した場合は、自動的に参照制約が設定される。
一意性制約	表の項目の値が重複せず、必ず一意になるようにする制約。「UNIQUE制約」ともいう。 表にデータを追加・更新する場合に、項目の値が一意になっているかどうかをチェックするために利用できる。一般的にNULLの値は入力できるが、1件しか存在が許されない。
非NULL制約	表の項目の値がNULLにならないようにする制約。「NOT NULL制約」ともいう。 表にデータを追加・更新する場合に、項目の値がNULLになっていないことをチェックするために利用できる。
検査制約	表の項目の値が、設定した条件になるようにする制約。「CHECK制約」ともいう。 表にデータを追加・更新する場合に、項目の値が決められた範囲などから入力されているかをチェックするために利用できる。

3 データベースの物理設計

「データベースの物理設計」では、データベースの論理設計の結果をもとにして、ストレージ上（ハードディスク上やSSD上）の表やログファイルの配置など、データベースの物理的な構造を設計します。

データベースの物理設計で考慮すべき点には、次のようなものがあります。

項　目	説　明
データ容量の見積り	各表の初期時のデータ量や、運用開始してから一定期間経過後のデータ量を予測して、データベース全体で必要となるデータ量を見積もる。見積もったデータ量をもとに、各表をどのストレージ（ハードディスクやSSD）に配置するかを決定する。
性能を考慮した設計	アクセスが重なるデータ部分（利用頻度の高い表や常に書込みが行われるログファイルなど）は、異なるストレージ（ハードディスクやSSD）に負荷を分散するなど、性能を考慮した設計を行う。
危険分散の設計	データ（表など）を格納しているストレージ（ハードディスクやSSD）に障害が発生した場合に備えて、重要なデータを異なるストレージ（ハードディスクやSSD）に分散したり、データを二重化したりして、万が一の危険に備えた設計を行う。

参考

データベース管理システムとの関係

データベースの物理設計は、データベース管理システムで指定可能な方法に基づき、表やログファイルなどの配置を定義するため、データベース管理システムに依存する。

3-3-3 データの正規化

「正規化」とは、データの重複がないように表を適切に分割することです。
正規化された表を**「正規形」**、正規化されていない表を**「非正規形」**といいます。
次の表は、繰返し項目を持つため、非正規形になります。

受注伝票

受注番号	受注年月日	顧客番号	顧客名	住所	電話番号	商品番号	商品名	単価	数量	受注小計	受注合計
00001	2023/04/01	1001	株式会社冨田貿易	東京都港区芝浦1-X-XX	03-3256-XXXX	A01	テレビ(液晶大型)	200,000	2	400,000	640,000
						G02	HDDレコーダ	80,000	3	240,000	
00002	2023/04/02	1006	有限会社吉野物産	大阪府大阪市中央区城見23-XX	06-6112-XXXX	S05	ラジオ	3,000	6	18,000	518,000
						A11	テレビ(液晶小型)	50,000	10	500,000	
00003	2023/04/02	1003	宇宙商事株式会社	東京都足立区神明22-XX	03-5126-XXXX	A01	テレビ(液晶大型)	200,000	3	600,000	600,000
00004	2023/04/05	1001	株式会社冨田貿易	東京都港区芝浦1-X-XX	03-3256-XXXX	S05	ラジオ	3,000	1	3,000	3,000

繰返し項目（商品番号～受注小計）

❶ 正規化の手順

繰返し項目を含む、非正規形の表に対して、**「第1正規化」**、**「第2正規化」**、**「第3正規化」**の手順で実施します。第3正規化まで実施することによって、データの重複がなくなります。
正規化を実施する手順は、次のとおりです。

1 第1正規化

繰返し項目をなくす。繰返し項目の部分を別の表に分割する。

2 第2正規化

主キーの一部によって決まる項目を別の表に分割する。

3 第3正規化

主キー以外の項目によって決まる項目を別の表に分割する。

❷ 第1正規化

「第1正規化」とは、繰返し項目を別の表に分割して、繰返し項目をなくすことです。また、項目から計算によって導出される項目（導出項目）を削除します。

受注伝票

受注番号	受注年月日	顧客番号	顧客名	住所	電話番号	商品番号	商品名	単価	数量	受注小計	受注合計
00001	2023/04/01	1001	株式会社冨田貿易	東京都港区芝浦1-X-XX	03-3256-XXXX	A01	テレビ（液晶大型）	200,000	2	400,000	640,000
						G02	HDDレコーダ	80,000	3	240,000	
00002	2023/04/02	1006	有限会社吉野物産	大阪府大阪市中央区城見23-XX	06-6112-XXXX	S05	ラジオ	3,000	6	18,000	518,000
						A11	テレビ（液晶小型）	50,000	10	500,000	
00003	2023/04/02	1003	宇宙商事株式会社	東京都足立区神明22-XX	03-5126-XXXX	A01	テレビ（液晶大型）	200,000	3	600,000	600,000
00004	2023/04/05	1001	株式会社冨田貿易	東京都港区芝浦1-X-XX	03-3256-XXXX	S05	ラジオ	3,000	1	3,000	3,000

繰返し項目

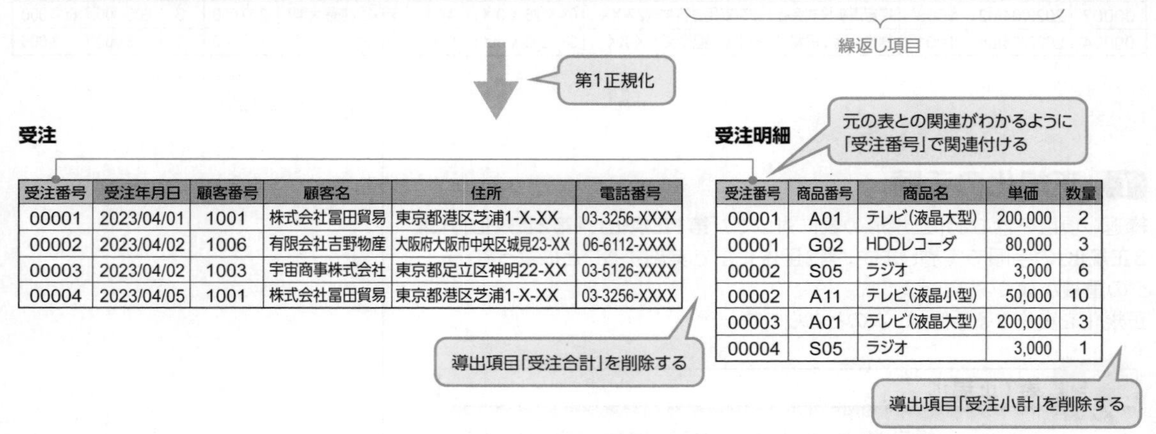

受注

受注番号	受注年月日	顧客番号	顧客名	住所	電話番号
00001	2023/04/01	1001	株式会社冨田貿易	東京都港区芝浦1-X-XX	03-3256-XXXX
00002	2023/04/02	1006	有限会社吉野物産	大阪府大阪市中央区城見23-XX	06-6112-XXXX
00003	2023/04/02	1003	宇宙商事株式会社	東京都足立区神明22-XX	03-5126-XXXX
00004	2023/04/05	1001	株式会社冨田貿易	東京都港区芝浦1-X-XX	03-3256-XXXX

受注明細

受注番号	商品番号	商品名	単価	数量
00001	A01	テレビ（液晶大型）	200,000	2
00001	G02	HDDレコーダ	80,000	3
00002	S05	ラジオ	3,000	6
00002	A11	テレビ（液晶小型）	50,000	10
00003	A01	テレビ（液晶大型）	200,000	3
00004	S05	ラジオ	3,000	1

① 表**「受注伝票」**は、繰返し項目を持つので、繰返し項目を別の表**「受注明細」**に分割する。なお、元の表名は**「受注」**とする。
第1正規化後は、関連付ける項目を**「受注番号」**とし、表**「受注」**では**「受注番号」**が主キーとなる。表**「受注明細」**では**「受注番号」**と**「商品番号」**が主キー、**「受注番号」**が外部キーとなる。

② 項目から計算によって導出される項目である**「受注合計」**と**「受注小計」**を削除する。

❸ 第2正規化

「第2正規化」とは、主キーの一部によって決まる項目を別の表に分割することです。

受注

受注番号	受注年月日	顧客番号	顧客名	住所	電話番号
00001	2023/04/01	1001	株式会社冨田貿易	東京都港区芝浦1-X-XX	03-3256-XXXX
00002	2023/04/02	1006	有限会社吉野物産	大阪府大阪市中央区城見23-XX	06-6112-XXXX
00003	2023/04/02	1003	宇宙商事株式会社	東京都足立区神明22-XX	03-5126-XXXX
00004	2023/04/05	1001	株式会社冨田貿易	東京都港区芝浦1-X-XX	03-3256-XXXX

受注明細

受注番号	商品番号	商品名	単価	数量
00001	A01	テレビ(液晶大型)	200,000	2
00001	G02	HDDレコーダ	80,000	3
00002	S05	ラジオ	3,000	6
00002	A11	テレビ(液晶小型)	50,000	10
00003	A01	テレビ(液晶大型)	200,000	3
00004	S05	ラジオ	3,000	1

受注

受注番号	受注年月日	顧客番号	顧客名	住所	電話番号
00001	2023/04/01	1001	株式会社冨田貿易	東京都港区芝浦1-X-XX	03-3256-XXXX
00002	2023/04/02	1006	有限会社吉野物産	大阪府大阪市中央区城見23-XX	06-6112-XXXX
00003	2023/04/02	1003	宇宙商事株式会社	東京都足立区神明22-XX	03-5126-XXXX
00004	2023/04/05	1001	株式会社冨田貿易	東京都港区芝浦1-X-XX	03-3256-XXXX

受注明細

受注番号	商品番号	数量
00001	A01	2
00001	G02	3
00002	S05	6
00002	A11	10
00003	A01	3
00004	S05	1

商品

商品番号	商品名	単価
A01	テレビ(液晶大型)	200,000
A11	テレビ(液晶小型)	50,000
G02	HDDレコーダ	80,000
S05	ラジオ	3,000

「商品番号」で関連付ける

① **「受注明細」**は、主キーが**「受注番号」**と**「商品番号」**からなり、主キーの一部（商品番号）によって決まる項目があるので、別の表**「商品」**に分割する。
- **「受注番号」**と**「商品番号」**によって、**「数量」**が決まる。
- **「商品番号」**によって、**「商品名」**、**「単価」**が決まる。

第2正規化後は、関連付ける項目を**「商品番号」**とし、表**「商品」**では**「商品番号」**が主キー、表**「受注明細」**では**「商品番号」**が外部キーとなる。

② 表**「受注」**は、主キーがひとつの項目（受注番号だけ）からなるので、別の表に分割する必要はない。

参考

関数従属

ある項目によって項目が決まる関係のこと。xによってyが決まる場合は、yはxに関数従属するという。

参考

部分関数従属

主キーが複合キーである場合に、主キーの一部によって項目が決まる関係のこと。例えば、第2正規化前の表「受注明細」は、部分関数従属の関係を持っている。

参考

完全関数従属

主キーによって、主キー以外の表のすべての項目が決まる関係のこと。
例えば、第2正規化後の表「受注明細」と「商品」は、各表内で完全関数従属の関係を持っている。

4 第3正規化

「第3正規化」とは、主キー以外の項目によって決まる項目を別の表に分割することです。

受注

受注番号	受注年月日	顧客番号	顧客名	住所	電話番号
00001	2023/04/01	1001	株式会社冨田貿易	東京都港区芝浦1-X-XX	03-3256-XXXX
00002	2023/04/02	1006	有限会社吉野物産	大阪府大阪市中央区城見23-XX	06-6112-XXXX
00003	2023/04/02	1003	宇宙商事株式会社	東京都足立区神明22-XX	03-5126-XXXX
00004	2023/04/05	1001	株式会社冨田貿易	東京都港区芝浦1-X-XX	03-3256-XXXX

受注明細

受注番号	商品番号	数量
00001	A01	2
00001	G02	3
00002	S05	6
00002	A11	10
00003	A01	3
00004	S05	1

商品

商品番号	商品名	単価
A01	テレビ(液晶大型)	200,000
A11	テレビ(液晶小型)	50,000
G02	HDDレコーダ	80,000
S05	ラジオ	3,000

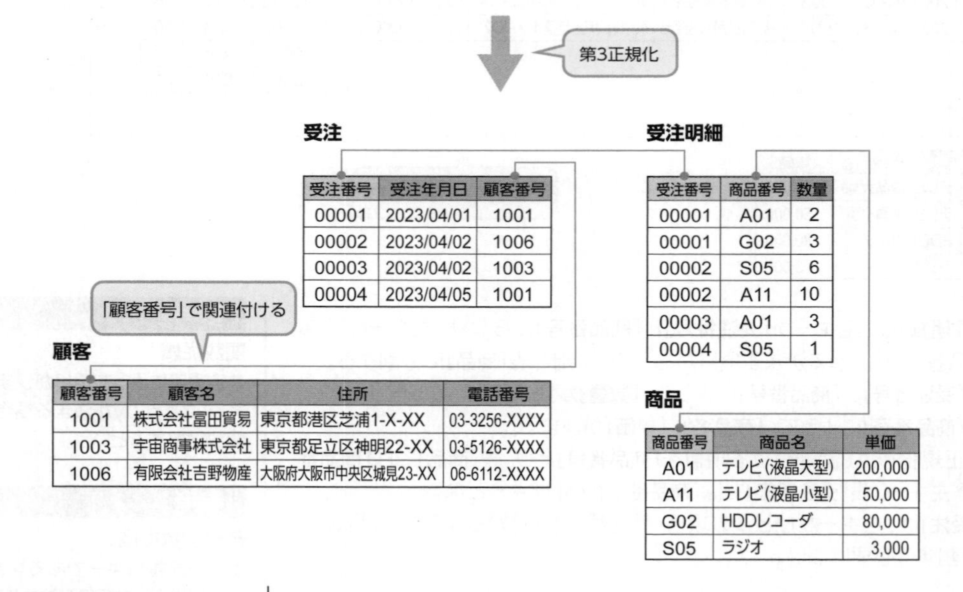

受注

受注番号	受注年月日	顧客番号
00001	2023/04/01	1001
00002	2023/04/02	1006
00003	2023/04/02	1003
00004	2023/04/05	1001

受注明細

受注番号	商品番号	数量
00001	A01	2
00001	G02	3
00002	S05	6
00002	A11	10
00003	A01	3
00004	S05	1

顧客

顧客番号	顧客名	住所	電話番号
1001	株式会社冨田貿易	東京都港区芝浦1-X-XX	03-3256-XXXX
1003	宇宙商事株式会社	東京都足立区神明22-XX	03-5126-XXXX
1006	有限会社吉野物産	大阪府大阪市中央区城見23-XX	06-6112-XXXX

商品

商品番号	商品名	単価
A01	テレビ(液晶大型)	200,000
A11	テレビ(液晶小型)	50,000
G02	HDDレコーダ	80,000
S05	ラジオ	3,000

①表**「受注」**は、主キー以外の項目(顧客番号)によって決まる項目があるので、別の表**「顧客」**に分割する。

- **「受注番号」**によって、**「受注年月日」**、**「顧客番号」**が決まる。
- **「顧客番号」**によって、**「顧客名」**、**「住所」**、**「電話番号」**が決まる。

第3正規化後は、関連付ける項目を**「顧客番号」**とし、表**「顧客」**では**「顧客番号」**が主キー、表**「受注」**では**「顧客番号」**が外部キーとなる。

②表**「受注明細」**、表**「商品」**は、主キー以外の項目によって決まる項目がないので、別の表に分割する必要はない。

参考

推移関数従属

主キー以外の項目によって項目が決まる関係のこと。
例えば、第3正規化前の表「受注」は、推移関数従属の関係を持っている。

3-3-4 トランザクション処理

「トランザクション」とは、ひとつの完結した処理単位のことです。例えば、"商品Aを15個発注する"という処理が、トランザクションになります。
データベースは、トランザクションという処理単位で実行し、排他制御や障害回復などの機能によって、データベースの整合性を維持します。

❶ ACID特性

データベースには、複数の利用者が同時にアクセスするので、トランザクション処理には**「ACID特性」**が求められます。ACID特性とは、次の4つの特性からなり、それぞれの頭文字を並べたものです。

Atomicity	原子性	：トランザクションは、正しく完全に処理されるか、異常時に全く処理されないかのいずれかになる。
Consistency	一貫性	：トランザクションが処理されても、データ間に矛盾が生じない。
Isolation	分離性	：複数のトランザクションが同時に実行されても、あるトランザクションは別のトランザクションの影響を受けない。
Durability	耐久性	：正しく完了したトランザクションは、障害が発生しても失われることがない。

❷ 排他制御

「排他制御」とは、データに矛盾が生じることを防ぐために、複数のトランザクションがデータベースの同じデータに、同時にアクセスしないように制御する機能のことです。データの整合性を保つためには、排他制御が必要になります。

(1) ロック方式

「ロック」をかけると、ある利用者が更新したり参照したりしているデータを、ほかの利用者が一時的に利用できないようにできます。データベースは、このロックの方式によって、データの整合性を維持します。

●専有ロックと共有ロック

ロックには、データの更新と参照の両方をロックする**「専有ロック(排他ロック)」**と、データの更新だけをロックする**「共有ロック(読込ロック)」**があります。
一般的に、更新処理(挿入や更新、削除)を実行する場合は、データベース管理システムが自動的に専有ロックをかけます。また、参照処理を実行する場合は、共有ロックをかけるかどうか指定できます。
同じデータに対してアクセスが重なった場合、専有ロックと共有ロックの獲得は、次のようになります。

		先に実行して獲得しているロック	
		専有ロック	共有ロック
あとから実行して獲得するロック	専有ロック	×	×
	共有ロック	×	○

○：ロックを獲得できる
×：ロックを獲得できない

先に専有ロックがかけられているデータに対して、あとから専有ロックと共有ロックをかけることはできません。また、先に共有ロックがかけられているデータに対して、あとから専有ロックをかけることはできませんが、共有ロックをかけることはできます。

> **例**
> ある商店で、商品Aの在庫が50個あるときに、2人が同時に商品Aを発注して、在庫数を減らす場合

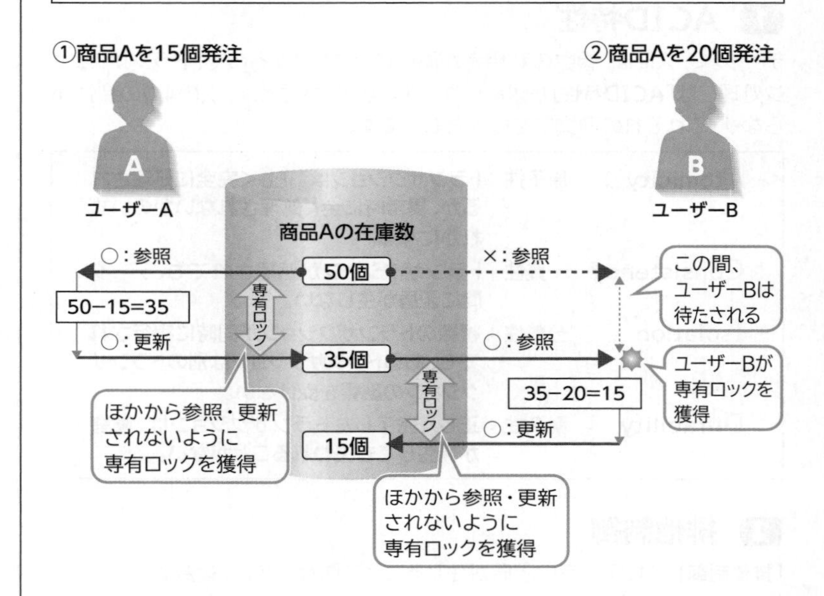

●ロック粒度

「ロック粒度」とは、ロックをかける単位（範囲）のことです。ロック粒度には、レコード、ページ、表、データベース全体などがあります。レコードのロック粒度が一番小さく、ページ、表、データベース全体の順番で大きくなっていきます。ロック粒度は、データベース管理システムが自動的に設定しますが、利用者が設定することもできます。
トランザクションを同時に実行する確率を上げるには、ロック粒度を小さくします。データベース管理システムは、データ操作が実行された場合、基本的にロック粒度をレコード単位でかけるように自動的に設定します。
また、データベースのメンテナンス作業を行うときなどには、表単位でロックをかけてロック粒度を大きくすることで、トランザクションを同時に実行できないようにします。

参考

ページ
データベース管理システムが管理するデータを格納する単位のこと。ページには、一般的に複数のレコードが格納できる。

参考

ロック粒度とメモリ使用領域
更新する場合、ロック粒度を小さくすると、複数のトランザクションを同時に実行できるので、複数のロックを管理するためにRDBMSのメモリ使用領域がより多く必要になる。例えば、並列に処理するトランザクションがそれぞれ1つの表内の複数の行を更新するときに、ロック粒度がレコード単位と表単位の場合を比較すると、レコード単位の方がRDBMSのメモリ使用領域が多く必要になる。

●デッドロック

「デッドロック」とは、2つのトランザクションがお互いにデータのロックを獲得して、双方のロックの解放を待った状態のまま、処理が停止してしまうことです。

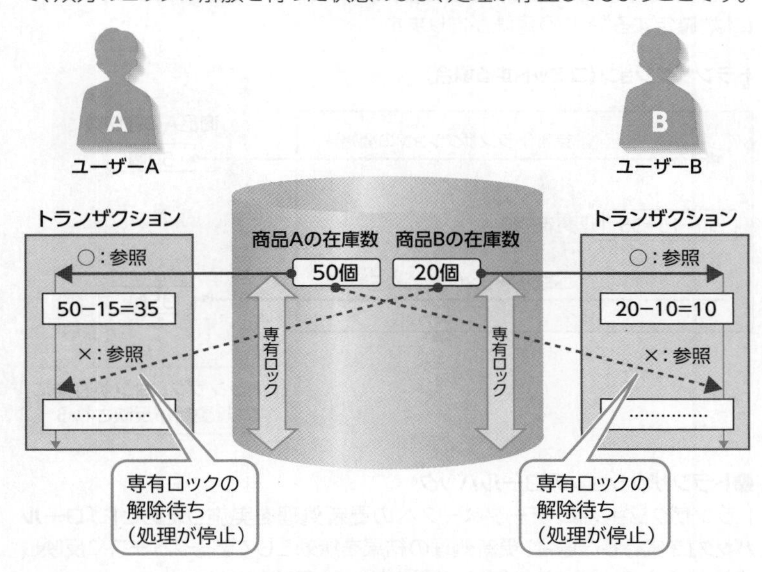

デッドロックの発生は、完全に抑制できません。しかし、ロック粒度を低くして、データへのアクセスの順番を決めることで、デッドロックの発生を少なくすることができます。

(2) コミットメント制御

トランザクションは、正しく完全に処理されるか（コミット）、異常となって全く処理されないか（ロールバック）のいずれかとなります。正常にトランザクションが終了した場合は、データベースに更新内容が反映されますが、途中で異常終了した場合は、更新内容がデータベースに反映されません。この仕組みによって、データベースの整合性が維持されます。

「コミットメント制御」とは、トランザクションを正しく完全に処理させるか（コミット）、異常となって全く処理させないか（ロールバック）を制御することです。

●トランザクションのコミット

トランザクションは、データベースへの更新処理を実施したあとに**「コミット」**を実行した場合だけ、更新処理の結果をデータベースに反映します。コミットには"確定する"という意味があります。

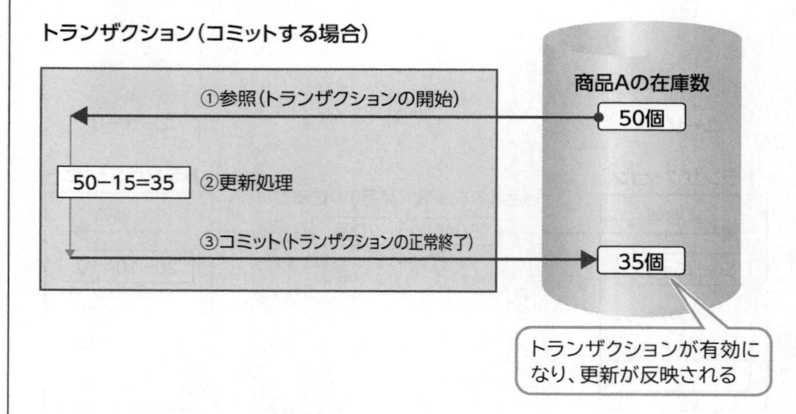

●トランザクションのロールバック

トランザクションは、データベースへの更新処理を実施したあとに**「ロールバック」**を実行した場合、更新処理の結果を無効としてデータベースに反映しません。ロールバックには"もとに戻す"という意味があります。

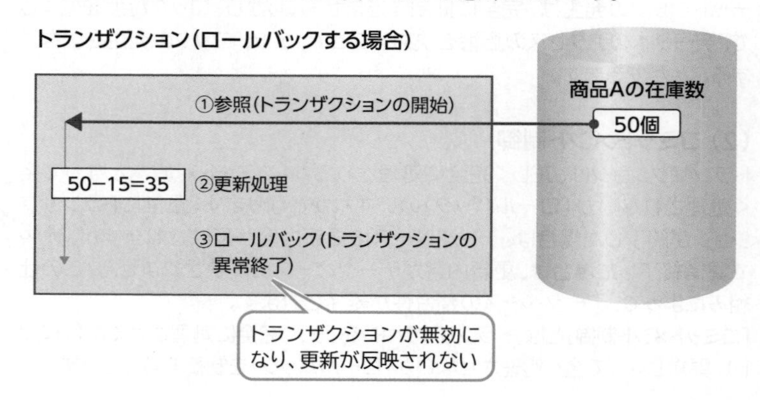

（3）2相コミットメント

データベースを更新するためのコミットメント制御の方式には、通常のコミットメント制御（1相コミットメント）だけでなく、**「2相コミットメント」**という方式があります。

2相コミットメントは、ひとつのトランザクションからネットワーク上の複数のデータベースに対して同時に更新するような場合に、2つのフェーズ（段階）に分けてコミットメント制御することです。**「2フェーズコミットメント」**ともいいます。

参考

コミットの実行

コミットは、利用者がコミットの命令を指定することによって実行される。データベース管理システムによっては、更新処理の実行後、自動的にコミットを実行するものもある。

参考

トランザクションのアクティブ状態

トランザクションを処理している状態のこと。

参考

ロールバックの実行

ロールバックは、利用者がロールバックの命令を指定することによって実行される。トランザクションが実行途中に異常終了する場合は、データベース管理システムによって自動的にロールバックが実行される。

参考

トランザクションのアボート

トランザクションを処理している途中で、強制終了すること。その結果、トランザクションはロールバックされることになる。

参考

フェーズ

2相コミットメントでは、2つのフェーズ（段階）に分けてコミットメント制御する。「フェーズ1」とは、1段階目のフェーズのこと。「フェーズ2」とは、2段階目のフェーズのこと。

トランザクション（コミットする場合）

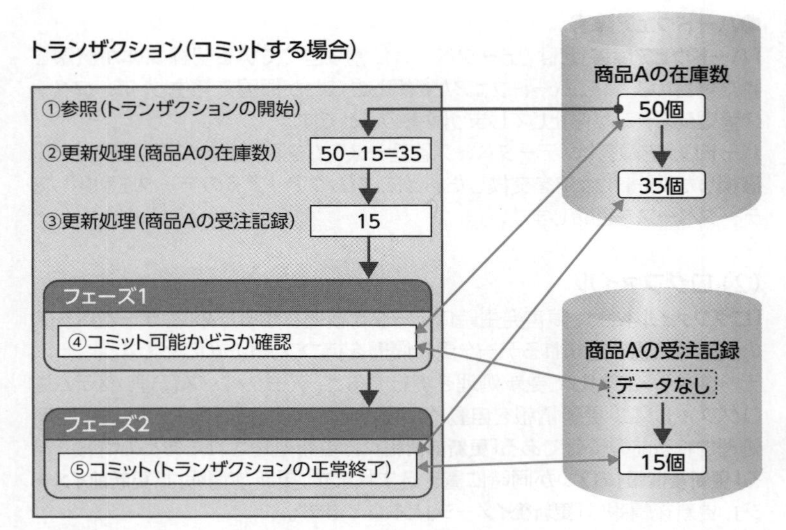

フェーズ1では、すべてのデータベースに対してコミットが可能かどうか問合せを行います。すべてのデータベースからコミットが可能であるという結果を受け取った場合だけ、フェーズ2に進み、一定時間経過しても結果を受け取れない場合は、コミットが不可能であると認識します。
フェーズ2では、すべてのデータベースに対してコミットするように指示を出します。コミットできた場合は、各データベースからコミットできたという結果を受け取ります。コミットできないデータベースがあった場合やデータベースから一定時間経過しても結果が返ってこない場合は、すべてのデータベースをロールバックします。

3 障害回復

データベース管理システムでは、データベースに対する更新内容をログファイルに自動的に書き込む機能を持っています。障害が発生したときには、このログファイルを利用して、障害が発生した直前、またはバックアップを取得した最新の状態までデータベースを回復（復旧）させることができます。

（1）障害の種類

データベースの障害の種類には、次のようなものがあります。

●トランザクション障害

「トランザクション障害」とは、トランザクションが異常終了したことが原因で発生し、データベース管理システムが停止しない障害のことです。
トランザクション障害は、トランザクション開始直前までデータベースを回復します。

●システム障害

「システム障害」とは、OSが何らかの原因でシステムダウンするような場合のように、システムが停止したことが原因で発生し、データベース管理システムが停止してしまう障害のことです。
システム障害は、データベース管理システムを再起動することでデータベースを回復できます。

参考

セマフォ方式
共有資源にデータの不整合が生じないようにするために共有資源を管理する方式のこと。あるデータに対して、使用を許可するか、許可しないかのいずれかになるように管理する。
セマフォ方式では、あるデータに対してセマフォ変数という変数を設定し、あるプロセスがそのデータに対してアクセスした場合、セマフォ変数の値によってそのデータの利用を許可するかどうかが決定される。

参考

OLTP
ネットワークに接続された端末が、サーバに対して処理要求を行い、サーバが要求を受けたトランザクションを処理したあと、即座に端末に処理結果を送り返す処理方式のこと。
「OnLine Transaction Processing」の略。
日本語では「オンライントランザクション処理」の意味。

●ハードウェア障害

「ハードウェア障害」とは、データベースに割り当てている記録媒体が破壊された場合のように、ハードウェアが故障したことが原因で発生し、データベース管理システムが停止してしまう障害のことです。

ハードウェア障害は、データベース管理システムを再起動しても回復できず、破損したハードウェアを交換したあとに、バックアップ済のデータを利用してデータベースを回復します。

(2) ログファイル

「ログファイル」とは、障害発生時にデータを復旧させるために、データベースの更新時に書き込まれるデータ更新履歴を持つファイルのことです。

データベースに対して更新処理を実行すると、データベース管理システムはログファイルに、更新情報を自動的に書き込みます。ログファイルには、更新処理される前の情報である**「更新前情報」**と、更新処理されたあとの情報である**「更新後情報」**の2つが同時に書き込まれます。更新前情報は**「更新前イメージ」**、更新後情報は**「更新後イメージ」**ともいいます。

また、ログファイルは**「ジャーナルファイル」**ともいい、ログファイルの更新前情報のことを**「更新前ジャーナル」**、ログファイルの更新後情報のことを**「更新後ジャーナル」**といいます。

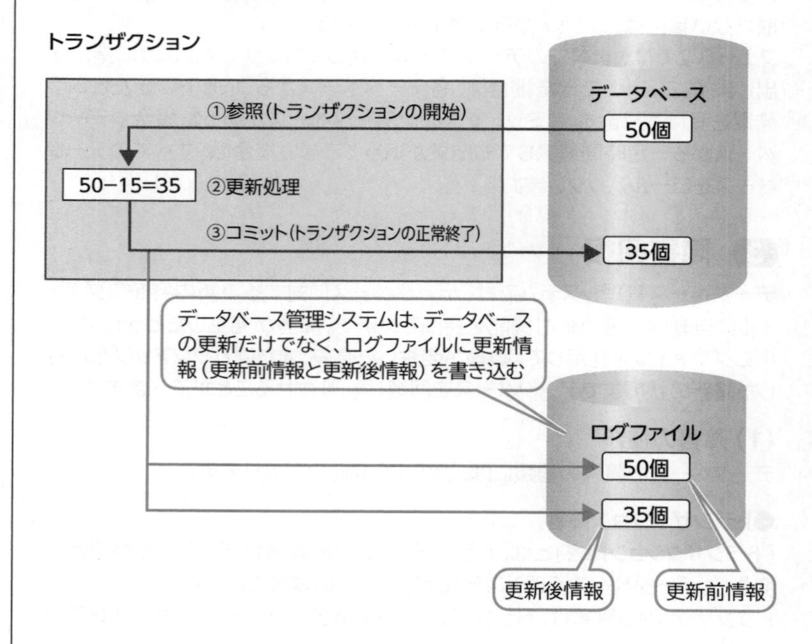

(3) ハードウェア障害に備えたバックアップ

ハードウェア障害に備えて、定期的にデータベースとログファイルをバックアップしておきます。2つをバックアップしておくことで、ハードウェア障害が発生した場合でも、バックアップした時点までデータベースを回復させることができます。

データベースのバックアップは、データベースの全体をバックアップします。毎週末に実施するなど運用スケジュールを決め、定期的に行うようにします。

参考

ログファイルの更新

データベースに対する更新処理時にログファイルに書き込まれる更新前情報と更新後情報は、実際にはメモリ上のログバッファに対して書き込まれる。ログバッファ上の更新情報は、コミットまたはロールバックのタイミングでログファイルに反映される。

参考

ログバッファ

データベース管理システムが管理し、ログファイル(ハードディスク上やSSD上)への更新処理を高速化するために、更新データを一時的に保存しておくメモリ上の領域のこと。

ログファイルのバックアップは、データベース管理システムが自動的に行います。ログファイルは、容量と個数を決めて、複数のログファイルを循環させて運用します。あるログファイルの容量が満杯になると、別のログファイルに運用が切り替わります。

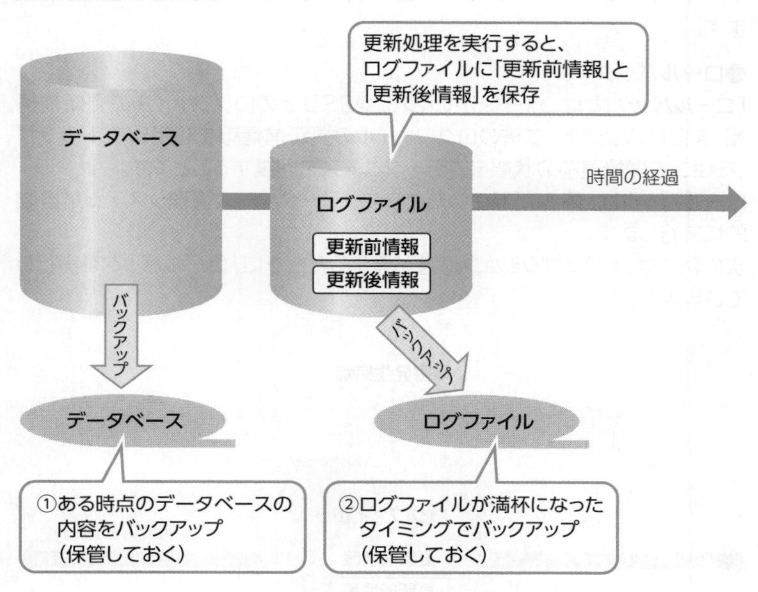

(4) チェックポイント

「チェックポイント」とは、メモリ上の**「データベースバッファ」**に存在する更新データを、ハードディスク上やSSD上のデータベースに反映するタイミングのことで、データベース管理システムがチェックポイントを発生させます。
データベースの更新は、データベースそのものに対して更新を行うのではなく、いったんメモリ上にあるデータベースバッファに対して更新が行われます。これは処理速度を向上させるために、データベース管理システムが持っている仕組みです。
データベースバッファ上の更新データは、チェックポイントの発生によって、データベースに反映されます。一般的にチェックポイントは、データベース管理システムで決められた間隔や設定する間隔で、強制的に発生させます。

参考

データベースバッファ
データベース管理システムが管理し、データベース(ハードディスク上やSSD上)への更新処理を高速化するために、更新データを一時的に保存しておくメモリ上の領域のこと。

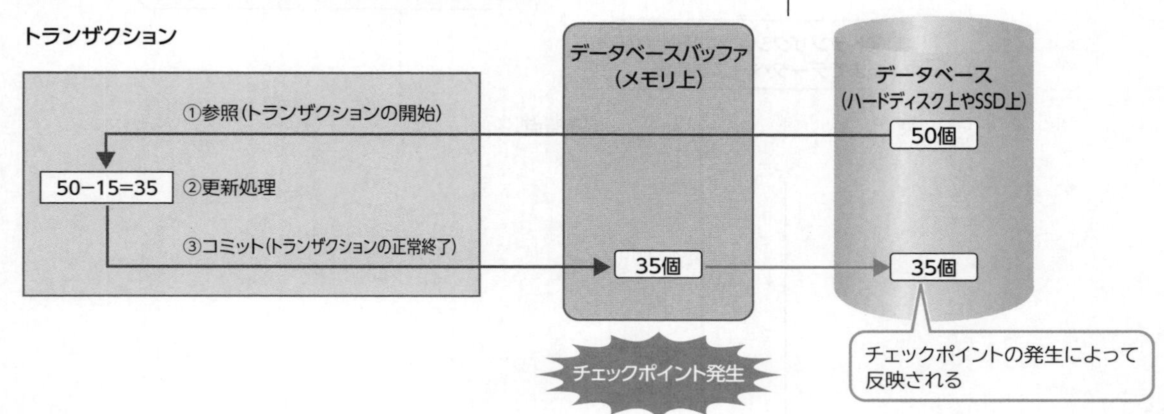

(5) リカバリ処理を実現する仕組み

「リカバリ処理」とは、システム障害またはハードウェア障害が発生したときに、データベースを回復する処理のことです。
リカバリ処理を行う仕組みには、**「ロールバック」**と**「ロールフォワード」**があります。

●ロールバック

「ロールバック」とは、ハードディスク上やSSD上のログファイルの更新前情報、またはバックアップ済のログファイルの更新前情報を利用して、トランザクションの開始直前の状態までデータベースを回復することです。
ロールバックは、障害が発生したときに、データベース管理システムが自動的に実行します。
次の例では、トランザクション障害が発生したときに、ロールバックを実行しています。

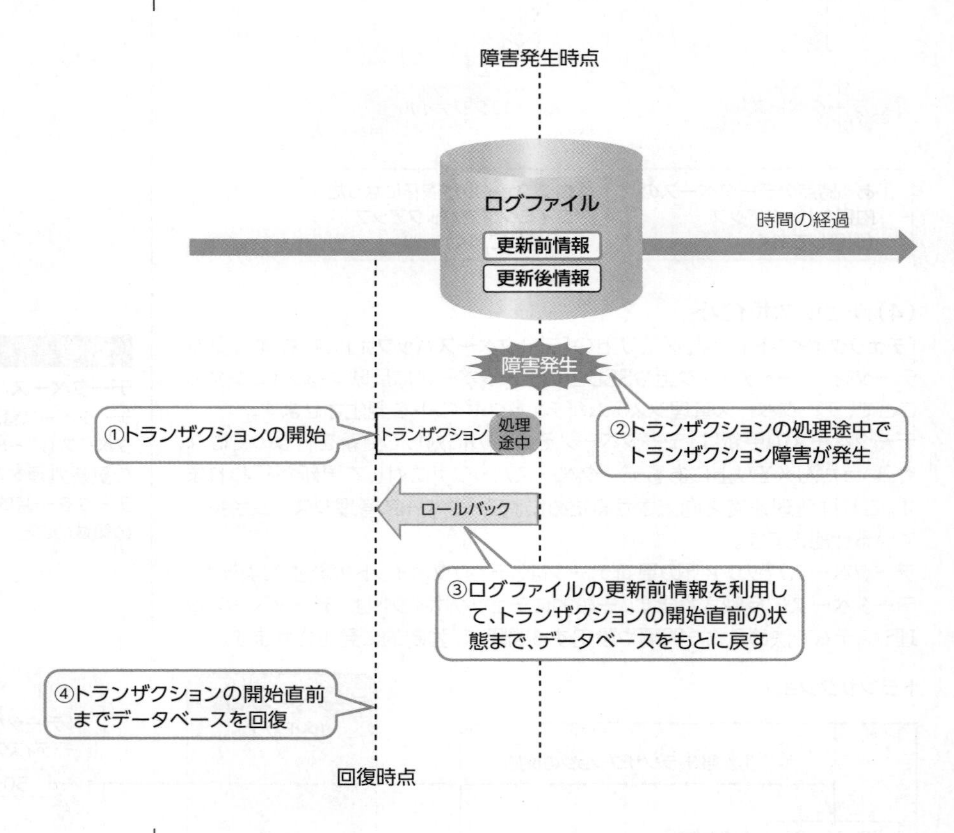

●ロールフォワード

「ロールフォワード」とは、ハードディスク上やSSD上のログファイルの更新後情報、またはバックアップ済のログファイルの更新後情報を利用して、トランザクションのコミット時点の状態までデータベースを回復することです。ロールフォワードでは、ログファイルの内容を読んで、すでにコミットしたトランザクションを再処理していきます。

ロールフォワードは、障害が発生したときに、データベース管理システムが自動的に実行します。

次の例では、システム障害が発生したときに、ロールフォワードを実行しています。

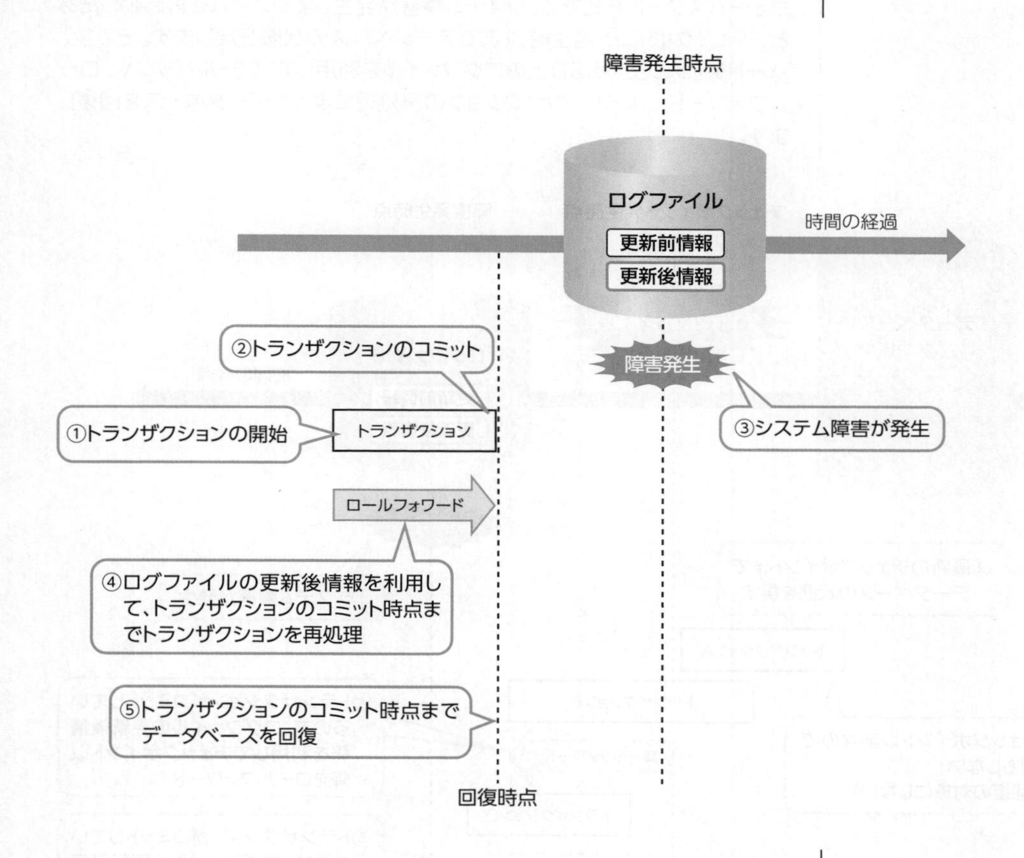

(6) リカバリ処理による回復方式

リカバリ処理では、ロールバックとロールフォワードによって、トランザクションを再処理したり、もとに戻したりしてデータベースを回復します。
リカバリ処理によってデータベースを回復する方式には、**「ウォームスタート方式」**と**「コールドスタート方式」**があります。

●ウォームスタート方式

「ウォームスタート方式」とは、最新のチェックポイントまでデータベースの状態を戻し、ハードディスク上やSSD上のログファイルを利用してデータベースを回復する方式のことです。
ウォームスタート方式では、システム障害が発生してシステムを再起動したあと、チェックポイント発生時点までデータベースの状態を戻します。その後、ハードディスク上やSSD上のログファイルを利用して、ロールバックや、ロールフォワードによるトランザクションの再処理によってデータベースを回復します。

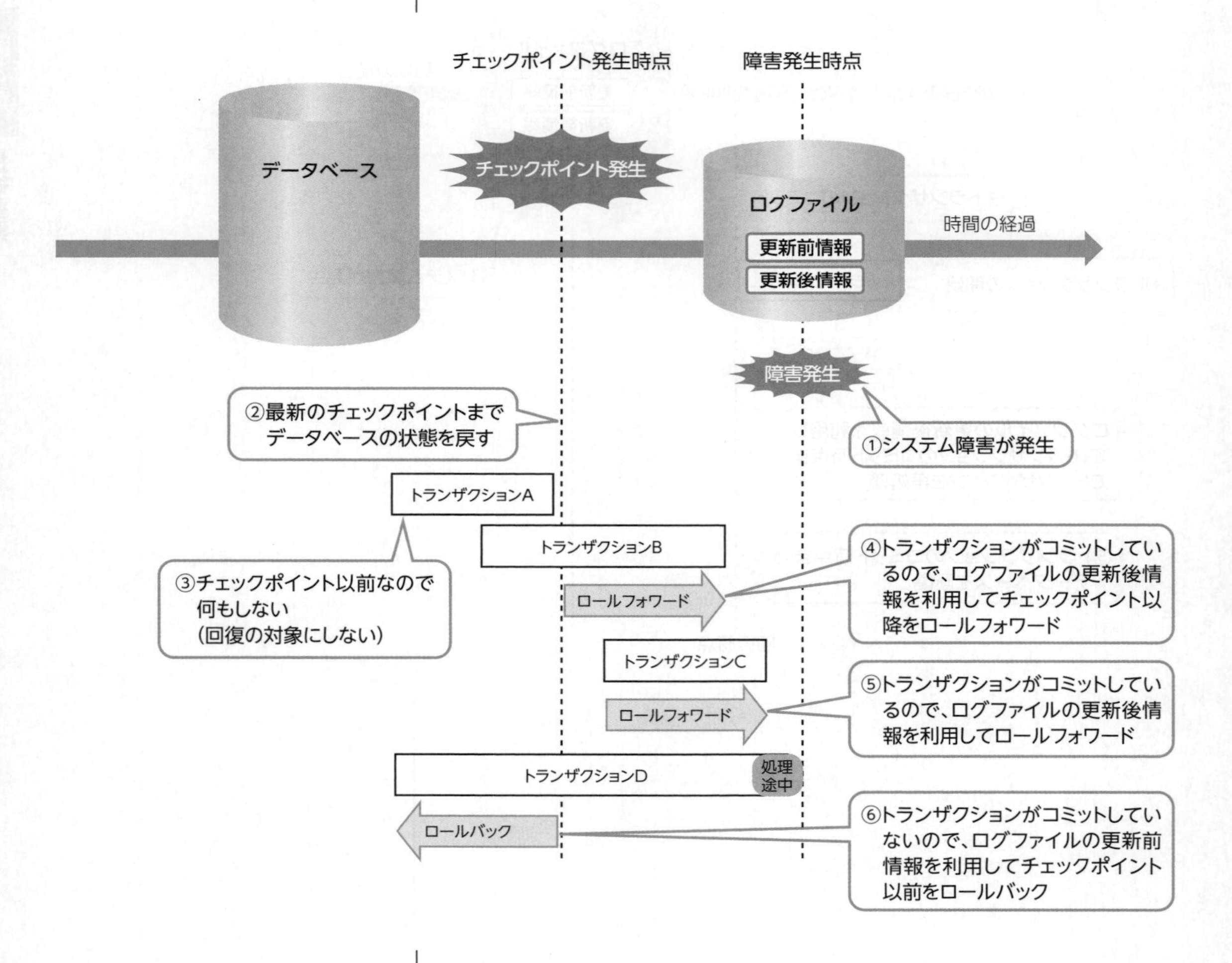

●コールドスタート方式

「コールドスタート方式」とは、データベースを初期状態に戻し、バックアップ取得済のデータベースとログファイルを利用してデータベースを回復する方式のことです。

コールドスタート方式では、ハードウェア障害が発生し、ハードウェアを交換してデータベースの利用環境の準備を行ったあと、データベースを初期状態に戻します。その後、バックアップ取得済のデータベースとログファイルを利用して、ロールフォワードによるトランザクションの再処理によってデータベースを回復します。

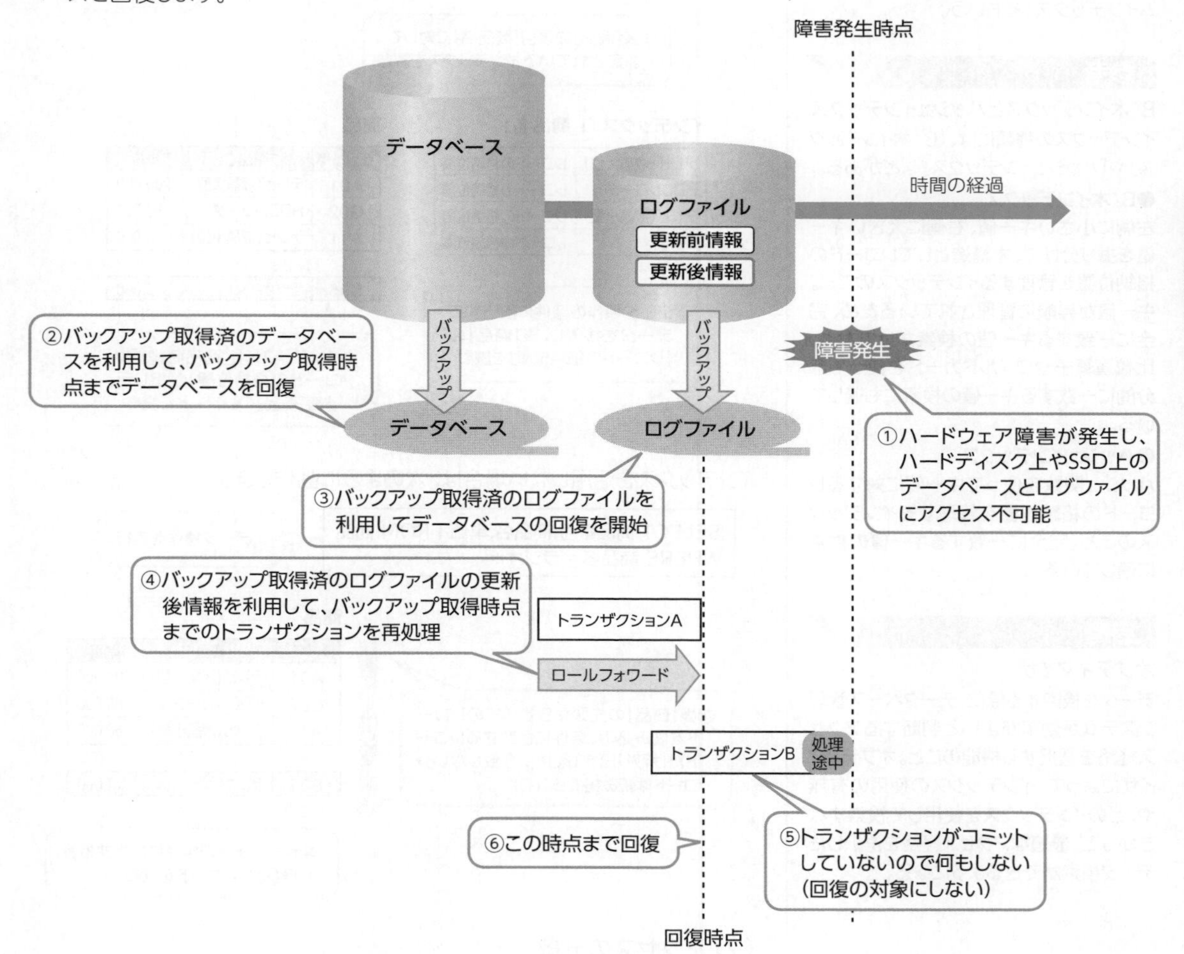

4 データベースの性能向上

データベースの性能(アクセス効率)を向上させるためには、**「インデックスの活用」**、**「アクセスの分散」**、**「データベースの再編成」**、**「ストアドプロシージャの利用」**などがあります。

(1) インデックスの活用

「インデックス」とは、データの検索を高速化するために作成する索引のことです。インデックスは、検索の条件で指定する表の項目に対して作成します。

参考

インデックスの更新

データの更新処理(追加、更新、削除)を実行すると、インデックスも更新されるため、むやみにインデックスを作成すると、処理速度が遅くなる。

参考

複合インデックス

複数の項目の値を条件に検索するようなデータ操作を実行する場合は、各項目に対してではなく、複数の項目に対してひとつのインデックスを設定した方が処理効率がよくなる場合がある。複数の項目に対して作成するインデックスのことを「複合インデックス」という。「マルチカラムインデックス」ともいう。

参考

B^+木インデックスとハッシュインデックス

インデックスの種類には、「B^+木インデックス」や「ハッシュインデックス」などがある。

●B^+木インデックス

左側に小さいキー値、右側に大きいキー値を振り分けて、木構造としてレコードの格納位置を管理するインデックスのこと。キー値が昇順に管理されているため、完全に一致するキー値の検索だけでなく、比較演算子やワイルドカードを使って部分的に一致するキー値の検索にも適している。

●ハッシュインデックス

ハッシュ関数を使ってキー値に対するレコードの格納位置を管理するインデックスのこと。完全に一致するキー値の検索に適している。

参考

オプティマイザ

データを検索する際に、データベース管理システムが効率がよいと判断するアクセス経路を選択する機能のこと。オプティマイザによって、インデックスの使用の有無や、どのインデックスを使用して検索すべきかなど、最適なアクセス経路を選択したデータ検索ができるようになる。

ただし、インデックスは一意性の高い項目（学生番号など）に対して作成すると検索が速くなりますが、一意性の低い項目（性別など）に対して作成すると検索が遅くなります。また、件数の少ない表に作成しても検索が速くなりません。これはインデックスの特性上、検索ですべてのレコードのうち、よりレコードの数を特定できる方が活用する効果がでるためです。

インデックスを活用した場合は、次のように動作します。

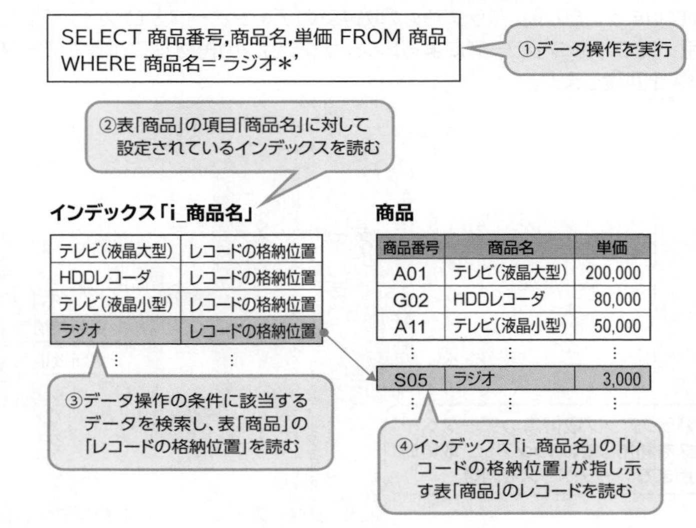

インデックスを活用しない場合は、次のように動作します。

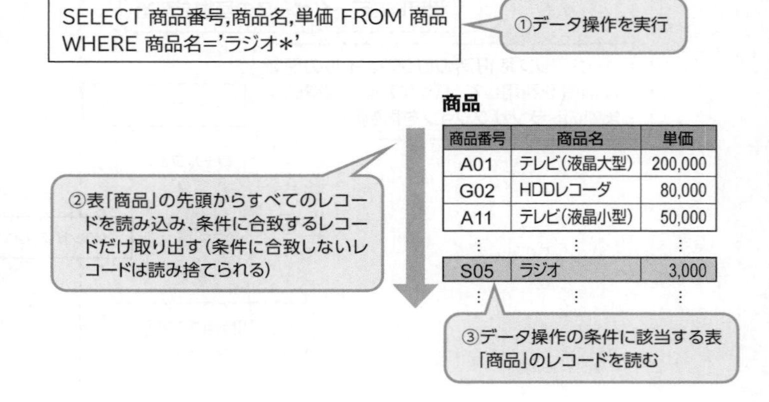

(2) アクセスの分散

ひとつのデータに対してアクセスが集中すると、データベースの性能が悪くなります。アクセスが集中するようなデータは、できるだけ競合しないようにするためにストレージ（ハードディスクやSSD）を分散し、性能が向上するようにします。

例えば、マスタ表と受注表に対して互いにアクセスが集中する場合は、各表を別々のストレージ（ハードディスクやSSD）に配置するようにします。また、書込み処理が頻繁に発生するログファイルは、表などの実データとは別の専用のストレージ（ハードディスクやSSD）を割り当てるようにします。なお、アクセスの分散は、データベースの物理設計の段階で考慮するようにします。運用後に性能が悪くなった場合は、アクセスの集中が発生していないかどうかを調査して、該当する場合にはストレージ(ハードディスクやSSD)の追加と再配置を検討します。

(3) データベースの再編成

データベースの運用後、追加したデータに対して、削除や更新を繰り返すと、データベースの格納領域内で空き領域が不連続に発生します。これによって、格納領域内でデータが不連続に並ぶことになり、格納効率が悪くなります。結果的にデータベースへのアクセス効率が悪くなります。
これを解消するためには、データベースの再編成が必要になります。データベースの再編成では、空き領域や不連続に並ぶデータを順番どおりに並べ替えたりして、格納効率を上げることができます。定期的にデータベースの格納状況を調査して、メンテナンスを行うようにします。
データベースの再編成は、データベース管理システムの再編成の機能を利用します。一般的な動作では、表のデータをCSVファイルなどの外部ファイルとして出力し、表を再作成して格納領域を初期化します。その後、出力済の外部ファイルからデータをロード(ファイル入力)するという手順をとります。

(4) ストアドプロシージャの利用

「ストアドプロシージャ」とは、データベースに対するいくつかの処理(SQL文)をデータベース管理システム側に保存したものです。クライアント側からデータベース管理システムに保存されているストアドプロシージャを呼び出すことで、ストアドプロシージャを実行できます。
クライアント側からいくつかの処理を実行する場合は、SQL文を一文ずつ送信して実行するより処理命令の送信時間を短縮(ネットワーク負荷を軽減)できるので、処理時間を短縮することができます。

5 データ制御

データベースには、個人情報などの重要な情報が格納されます。データベース管理者は、不正アクセスをされないように、利用者ごとにデータに対するアクセス制御を行う必要があります。
設定できるアクセス権限は、データベース管理システムに依存します。
一般的に設定できるアクセス権限には、**「データベースに接続する権限」**、**「データを検索する権限(参照権限)」**、**「データを新規登録する権限(挿入権限)」**、**「データを更新する権限(更新権限)」**、**「データを削除する権限(削除権限)」**などがあります。
実際にアクセス権限を設定する場合は、利用者ごとに割り当てるのではなく、いくつかの**「ロール(グループ)」**に各利用者を割り当てておき、ロールに対してアクセス権限を設定します。

3-3-5 データベースの応用

データベースは、集中的に管理するだけでなく、蓄積したデータを分析して有効活用されています。

参考

CSVファイル
データを「,(カンマ)」で区切って並べたテキスト形式のファイルのこと。異なる種類のソフトウェア間でデータ交換するときに、よく利用されている。
CSVは、「Comma Separated Values」の略。

❶ データを分析する技術

データを分析する技術には、次のようなものがあります。

名　称	説　明
OLAP(オーラップ)	データを多次元で分析するシステムやツール。 データウェアハウスなどの蓄積された大量のデータをもとに、システムやツールを操作して、"受注された商品を月別、価格別、顧客住所地域別"など、多次元の軸で切り替えて分析する。 「OnLine Analytical Processing」の略。日本語では「オンライン分析処理」の意味。
データマイニング	データウェアハウスなどに蓄積された大量のデータを分析して、法則性や規則性を導き出す方法。 "日曜日にAという商品を購入する男性は同時にBも購入する"など、複数の項目での相関関係を発見するために利用される。

データを分析する技術は、次のような業務システムで利用されています。

名　称	説　明
企業会計システム	企業の会計において、損益計算書や貸借対照表などの会計に関する情報を管理するためのシステム。 例えば、利益や経費、資産などの財務諸表のデータについて、様々な角度から分析し、深く掘り下げて課題を導き出す。
在庫管理システム	企業で販売する商品の在庫量を最適に管理するためのシステム。 例えば、過去の実績によるデータ分析の結果に基づいて、販売する商品の機会損失や無駄をなくすように、適切な在庫量を判断できるようにする。
文書管理システム	企業などで扱う文書を効率的に管理するためのシステム。 例えば、膨大な文書のデータを分析し、様々な切り口で必要とする文書を検索できるようにする。
営業支援システム	企業の営業活動を支援するためのシステム。 例えば、様々な角度からデータを分析し、経営戦略を決定するために必要とする情報を導き出す。

参考

データウェアハウス

通常の業務で利用しているデータベースから、大量のデータを整理し取り出して蓄積したデータのこと。蓄積したデータを分析することで、意思決定に利用される。
データウェアハウスから、特定の目的のために取り出されたデータのことを「データマート」という。

参考

ETL

企業内に分散している複数のデータベースからデータを抽出し、適切な形に変換・加工したあと、データウェアハウスを構築すること。
「Extract（データ抽出）」、「Transform（変換・加工）」、「Load（データ書込み）」の3つの工程の略。

参考

データクレンジング

データベース内のデータの誤り、重複などを補正・排除することにより、データの精度を高めること。

参考

ビッグデータ

従来の一般的なデータベース管理システムでは取り扱うことが困難なほど大量かつ多様なデータのこと。

❷ 分散データベース

「分散データベース」とは、互いに関連するデータベースが、ネットワーク上の複数の場所に分散して配置され、あたかもひとつのデータベースとしてアクセスできるようにしたデータベースのことです。
本来、データベースは、集中管理をすることが目的であるため、1か所で管理します。しかし、データベースの大規模化や企業の運用形態によっては、ネットワーク上の離れた場所で管理する運用が要求される場合もあります。このような要求に対して、分散データベースという考え方が登場しました。

(1) 2相コミットメントとレプリケーション

分散データベースでは、異なるデータベース間のデータを同時に更新する場合、データの整合性を保証するための仕組みとして**「2相コミットメント」**で解決しています。
また、データベースの複製（レプリカ）を、ネットワーク上の離れたデータベースに持つことができます。あるデータベースの複製データベースをネットワーク上に持ち、更新した結果などは一定時間をおいて複製データベースにコピーします。この方式のことを**「レプリケーション」**といいます。

参考

2相コミットメント

→「3-3-4 2 (3) 2相コミットメント」

分散データベースは、2相コミットメントやレプリケーションなどの機能によって実現できます。なお、分散データベースを運用するには、ひとつのデータベースの運用と比較して、コミットメント制御や障害回復などが複雑になることに留意する必要があります。

(2) データベースの透過性

分散データベースでは、データベースがネットワーク上に分散されていることを、利用者が意識しないで利用できるようにします。これを**「透過性」**といいます。利用者は、論理的に決められたデータベース名などでアクセスすることによって、透過的にアクセスできます。

3 データ資源の管理

データベースを効率的に管理するためには、データそのものだけではなく、メタデータやリポジトリなどのデータ資源の管理が重要になります。

(1) メタデータ

「メタデータ」とは、データの項目名や意味(内容)、項目のデータ型やサイズ、格納場所など、データについての情報を記述したデータのことです。メタデータは、メタデータを登録した辞書である**「データディクショナリ」**で管理します。メタデータは、設計工程において異音同義語のようなデータの項目を標準化するなど、決定した内容を管理します。また、データベースの運用後にデータの項目が変更された場合は、メタデータに変更内容を反映し、最新情報を保持します。

(2) リポジトリ

「リポジトリ」とは、設計仕様書やソフトウェアコードなど、ソフトウェア開発と保守における様々な情報を一元的に管理する場所のことです。リポジトリで一元管理することによって、設計工程や開発工程での情報共有が可能になります。システムの運用後に変更された情報は、リポジトリに変更内容を反映し、最新情報を保持します。

参考

IRDS

データ資源のすべてを管理するデータベースのこと。「情報資源辞書システム」ともいう。

「Information Resource Dictionary System」の略。

3-3-6 データベースの操作

関係データベースのデータ操作には、検索系のデータ操作と更新系のデータ操作があります。

1 検索系のデータ操作

「検索系のデータ操作」とは、データベースから必要なデータを取り出すことです。これを**「演算」**といい、演算の種類には**「関係演算」**と**「集合演算」**があります。

(1) 関係演算

「関係演算」とは、表(テーブル)から目的とするデータを取り出す演算のことです。

関係演算には、次のようなものがあります。

参考

関係代数

文字を用いた演算の体系や総称のこと。関係演算や集合演算がある。

名　称	説　明
選択	表から指定したレコードを取り出す。
射影	表から指定した項目を取り出す。
結合	2つ以上の表で、ある項目の値が同じものについて、表同士を連結させたデータを取り出す。
商	2つの表を比較し、一方の表と同じ項目を含むレコードをもう一方の表から取り出す。その後、結果からその項目を削除する。

選択、射影、結合、商の例は、次のとおりです。

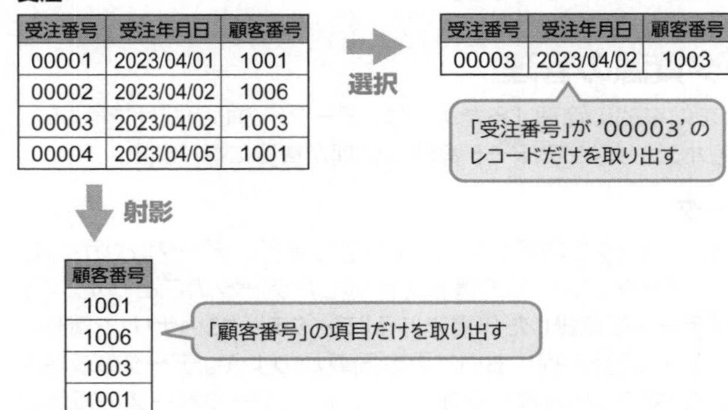

受注

受注番号	受注年月日	顧客番号
00001	2023/04/01	1001
00002	2023/04/02	1006
00003	2023/04/02	1003
00004	2023/04/05	1001

受注番号	受注年月日	顧客番号
00003	2023/04/02	1003

顧客番号
1001
1006
1003
1001

受注

受注番号	受注年月日	顧客番号
00001	2023/04/01	1001
00002	2023/04/02	1006
00003	2023/04/02	1003
00004	2023/04/05	1001

顧客

顧客番号	顧客名	住所
1001	株式会社冨田貿易	東京都港区芝浦1-X-XX
1003	宇宙商事株式会社	東京都足立区神明22-XX
1006	有限会社吉野物産	大阪府大阪市中央区城見23-XX

結合

受注番号	受注年月日	顧客番号	顧客名	住所
00001	2023/04/01	1001	株式会社冨田貿易	東京都港区芝浦1-X-XX
00002	2023/04/02	1006	有限会社吉野物産	大阪府大阪市中央区城見23-XX
00003	2023/04/02	1003	宇宙商事株式会社	東京都足立区神明22-XX
00004	2023/04/05	1001	株式会社冨田貿易	東京都港区芝浦1-X-XX

「顧客番号」が同じレコードを連結する

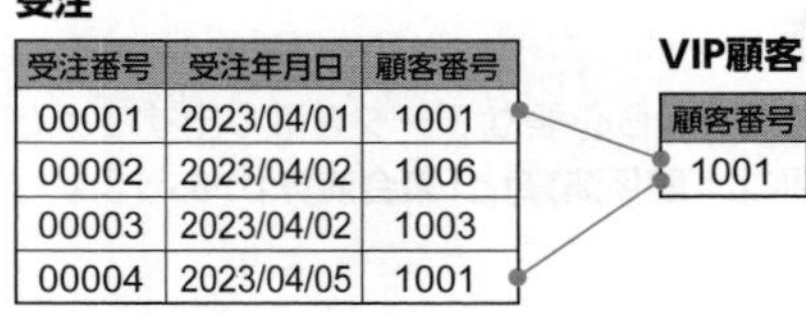

受注

受注番号	受注年月日	顧客番号
00001	2023/04/01	1001
00002	2023/04/02	1006
00003	2023/04/02	1003
00004	2023/04/05	1001

VIP顧客

顧客番号
1001

商(受注÷VIP顧客)

受注番号	受注年月日
00001	2023/04/01
00004	2023/04/05

表「VIP 顧客」のデータ「1001」を含むレコードを表「受注」から取り出したあと、結果から「顧客番号」の項目を削除する

(2) 集合演算

「集合演算」とは、2つの表から集合の考え方を利用して、データを取り出す演算のことです。集合演算をする場合は、2つの表の項目名と数が一致している必要があります。
集合演算には、次のようなものがあります。

名　称	説　明
和	2つの表のすべてのデータを取り出す。
差	2つの表で一方の表だけにあるデータを取り出す。
積(共通)	2つの表で共通するデータを取り出す。
直積	一方の表にある各レコードに対して、もう一方の表のすべてのレコードを連結して取り出す。

和、差、積(共通)、直積の例は、次のとおりです。

受注商品

商品番号	商品名	単価
A01	テレビ(液晶大型)	200,000
A11	テレビ(液晶小型)	50,000
G02	HDDレコーダ	80,000
S05	ラジオ	3,000

在庫商品

商品番号	商品名	単価
G02	HDDレコーダ	80,000
Z01	冷蔵庫	150,000
Z11	エアコン	98,000

和

商品番号	商品名	単価
A01	テレビ(液晶大型)	200,000
A11	テレビ(液晶小型)	50,000
G02	HDDレコーダ	80,000
S05	ラジオ	3,000
Z01	冷蔵庫	150,000
Z11	エアコン	98,000

表「受注商品」または表「在庫商品」にあるレコードを取り出す
※2つの表に共通するレコードは
　1行にまとめる

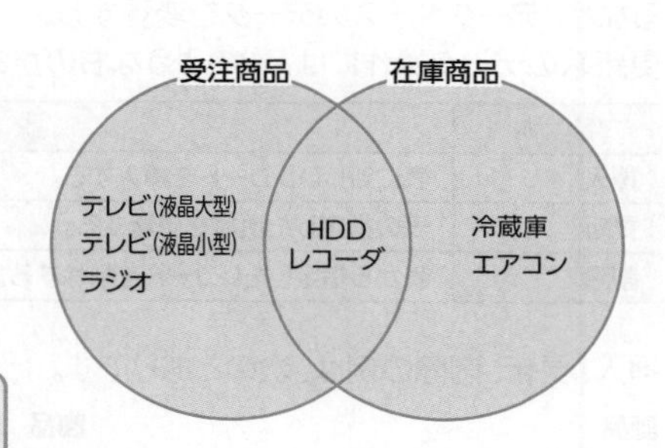

差(受注商品ー在庫商品)

商品番号	商品名	単価
A01	テレビ(液晶大型)	200,000
A11	テレビ(液晶小型)	50,000
S05	ラジオ	3,000

表「受注商品」から表「在庫商品」にあるレコードを引いたレコードを取り出す

受注商品
在庫商品
テレビ(液晶大型)
テレビ(液晶小型)
ラジオ
HDD
レコーダ
冷蔵庫
エアコン

積(共通)

商品番号	商品名	単価
G02	HDDレコーダ	80,000

表「受注商品」と表「在庫商品」の両方にあるレコードを取り出す

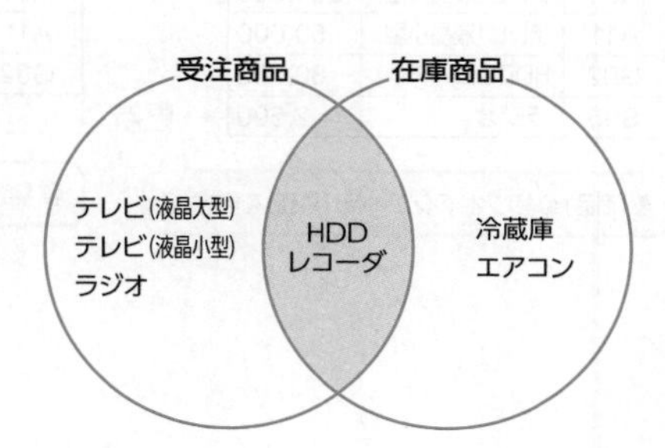

直積

商品番号	商品名	単価	商品番号	商品名	単価
A01	テレビ(液晶大型)	200,000	G02	HDDレコーダ	80,000
A01	テレビ(液晶大型)	200,000	Z01	冷蔵庫	150,000
A01	テレビ(液晶大型)	200,000	Z11	エアコン	98,000
A11	テレビ(液晶小型)	50,000	G02	HDDレコーダ	80,000
A11	テレビ(液晶小型)	50,000	Z01	冷蔵庫	150,000
A11	テレビ(液晶小型)	50,000	Z11	エアコン	98,000
G02	HDDレコーダ	80,000	G02	HDDレコーダ	80,000
G02	HDDレコーダ	80,000	Z01	冷蔵庫	150,000
G02	HDDレコーダ	80,000	Z11	エアコン	98,000
S05	ラジオ	3,000	G02	HDDレコーダ	80,000
S05	ラジオ	3,000	Z01	冷蔵庫	150,000
S05	ラジオ	3,000	Z11	エアコン	98,000

表「受注商品」の各1レコードに対して、
表「在庫商品」のすべてのレコードを連結してレコードを取り出す

❷ 更新系のデータ操作

「更新系のデータ操作」とは、表にデータを追加したり、更新や削除をしたりするなど、データベースのデータを変更することです。
更新系のデータ操作には、次のようなものがあります。

名 称	説 明
挿入	表に新しいレコードを挿入する。
更新	表の指定した項目を更新する。
削除	表から指定したレコードを削除する。

挿入、更新、削除の例は、次のとおりです。

商品

商品番号	商品名	単価
A01	テレビ(液晶大型)	200,000
A11	テレビ(液晶小型)	50,000
G02	HDDレコーダ	80,000
S05	ラジオ	3,000

商品

商品番号	商品名	単価
A01	テレビ(液晶大型)	200,000
A11	テレビ(液晶小型)	50,000
G02	HDDレコーダ	80,000
S05	ラジオ	3,000
Z01	冷蔵庫	150,000

← 挿入

表「商品」に '冷蔵庫' のレコードを挿入する

商品

商品番号	商品名	単価
A01	テレビ(液晶大型)	200,000
A11	テレビ(液晶小型)	50,000
G02	HDDレコーダ	80,000
S05	ラジオ	2,500

← 更新

表「商品」の 'ラジオ' のレコードの「単価」を更新する

商品

商品番号	商品名	単価
A01	テレビ(液晶大型)	200,000
A11	テレビ(液晶小型)	50,000
G02	HDDレコーダ	80,000

← 削除

表「商品」の 'ラジオ' のレコードを削除する

3-3-7 データベース言語（SQL）

データベース管理システムでは、表の定義やデータ操作（検索系・更新系）を行うために、**「SQL」**を使います。
SQLとは、データベース言語のことで、表を定義したりデータ操作を実行したりするときに利用されます。SQLは、国際規格や日本産業規格により標準化されているため、データベース管理システムの種類を意識せずに、データを扱うことができます。
SQLには、**「DDL」**や**「DML」**があります。

名　称	説　明
DDL	表やビューなど、データベースの構造（スキーマ）を定義するための命令。 「データ定義言語」ともいう。 「Data Definition Language」の略。
DML	表に格納されたデータを検索したり、更新したりするための命令。データベースのデータを操作するために利用する。「データ操作言語」ともいう。 「Data Manipulation Language」の略。

1 SQLの記述方法

SQLの記述方法には、**「独立言語方式」**と**「親言語方式」**があります。

名　称	説　明
独立言語方式	SQLを直接的に記述する方法のこと。SQLを記述して実行結果が返ってくる会話的な形式であることから「会話型SQL」とも呼ばれる。会話形式なので、利用者は比較的簡単にデータベースを利用できる。SQLを入力するフォーム領域に、SQL文をコマンドのように記述し、実行結果が返ってくるものが一般的である。
親言語方式	データ操作を行うSQLを拡張命令としてプログラムに埋め込む方法のこと。「埋込型SQL」、「モジュール言語方式」ともいう。プログラム言語に直接記述するため、プログラムをコンパイルしたあとに実行する。複雑な処理や、大量のデータ処理を行う場合によく利用される。

2 データベースの定義

スキーマや表、ビューなどデータベースの構造を定義したり、アクセス権を設定したりするには、DDLを使います。

(1) スキーマの定義

データベースを作成するには、スキーマを定義しておく必要があります。スキーマを定義する場合は、**「CREATE DATABASE文」**を使います。
一般的に、表やインデックスなどを配置するための領域として定義し、この領域に対して表やインデックスなどを配置します。
CREATE DATABASE文では、データベース名を定義できます。
CREATE DATABASE文の構文は、次のとおりです。

```
CREATE DATABASE データベース名
```

参考

SQL
「Structured Query Language」の略。

参考

クエリ
表のデータ操作を行うことを「クエリ」と呼ぶ場合もある。

参考

スキーマの削除
スキーマを削除する方法は、次のとおり。

```
DROP DATABASE データベース名
```

(2) 表の定義

データベースにデータを格納するためには、データベースの構造である表（テーブル）を定義しておく必要があります。
表を定義する場合は、**「CREATE TABLE文」**を使います。
CREATE TABLE文では、表名や項目名、データ型、主キーや外部キーなどを定義できます。
CREATE TABLE文の構文は、次のとおりです。

```
CREATE TABLE 表名
(項目名 データ型 [列制約],
…,
[表制約, …]
)
```

※[　]内は、必要に応じて記述します。

例えば、CREATE TABLE文で表**「受注」**を定義する場合は、次のように記述します。

```
CREATE TABLE 受注 ……………………………………………………… ①
(受注番号 CHAR(5) PRIMARY KEY, …………………………… ②
  受注年月日 DATE NOT NULL, ……………………………………… ③
  顧客番号 CHAR(4), ……………………………………………………… ④
  受注合計 NUMBER, ……………………………………………………… ⑤
  FOREIGN KEY(顧客番号) REFERENCES 顧客) ………………… ⑥
```

① 表**「受注」**を作成する。
② 項目**「受注番号」**は、表**「受注」**の主キーで、5バイトの文字データを格納する。
③ 項目**「受注年月日」**は、必須入力項目で日付データを格納する。
④ 項目**「顧客番号」**は、4バイトの文字データを格納する。
⑤ 項目**「受注合計」**は、数値データを格納する。
⑥ 項目**「顧客番号」**は、表**「受注」**の外部キーで、表**「顧客」**の主キーを参照する。

この例のCREATE TABLE文で定義される表は、次のとおりです。

受注

受注番号	受注年月日	顧客番号	受注合計

●項目のデータ型

「項目のデータ型」とは、表の項目に定義するデータの種類のことです。
代表的なデータ型には、次のようなものがあります。

名　称	設定例	説　明
文字列型 (固定長)	CHAR(バイト数) TEXT	文字列として格納するデータ型。入力されるデータの値に関係なく、文字列のデータ長を固定して格納する。

参考

表の削除

表を削除する方法は、次のとおり。

```
DROP TABLE 表名
```

参考

インデックスの定義と削除

「インデックス」とは、データの検索を高速化するために作成する索引のこと。
インデックスを定義する方法は、次のとおり。

```
CREATE INDEX インデックス名
```

インデックスを削除する方法は、次のとおり。

```
DROP INDEX インデックス名
```

参考

表の定義の変更

表を作成したあとで、項目を追加したり削除したりするなど、表の定義を変更することができる。
表に項目を追加する方法は、次のとおり。

```
ALTER TABLE 表名 ADD 項目名
データ型 [列制約]
```

※[ ]内は、必要に応じて記述する。

表の項目を削除する方法は、次のとおり。

```
ALTER TABLE 表名 DROP 項目名
```

表の項目のデータ型や列制約を変更する方法は、次のとおり。

```
ALTER TABLE 表名 MODIFY 項目
名 データ型 [列制約]
```

※[ ]内は、必要に応じて記述する。

名　称	設定例	説　明
文字列型 （可変長）	VARCHAR（最大文字数）	文字列として格納するデータ型。入力されるデータの値によって、文字列のデータ長を変えて格納する。
数値型	NUMBER DECIMAL	数値として格納するデータ型。
日付型	DATE DATETIME	日付を識別して格納するデータ型。

●列制約

「列制約」とは、ひとつの項目に設定できる制約のことです。
代表的な列制約には、次のようなものがあります。

名　称	設定例	説　明
一意性制約 （UNIQUE制約）	PRIMARY KEY	主キーを設定する。項目内の値が重複せず、必ず一意になるようにする制約。NULLの入力は不可。 ※暗黙的に非NULL制約も設定されます。
	UNIQUE	主キー以外の項目を設定する。項目内の値が重複せず、必ず一意になるようにする制約。 ※1件だけNULLの入力も許されます。
参照制約	REFERENCES 参照する表	外部キーを設定する。外部キーの項目の値が、参照される主キー側の項目の値に必ず存在するように、複数の表で整合性を保つために設定する制約。
非NULL制約	NOT NULL	表の項目の値がNULLにならないようにする制約。 「NOT NULL制約」ともいう。
検査制約	CHECK（チェック条件） ※チェック条件は、 「CHECK（数量 BETWEEN 1 AND 10）」 のように指定します。	表の項目の値が、設定した条件になるようにする制約。 「CHECK制約」ともいう。
既定値	DEFAULT デフォルト値	既定（デフォルト）の値を設定する。

●表制約

「表制約」とは、表自体に設定できる制約のことです。表制約は、複数の項目を組み合わせて一意性制約を設定するときのように、列制約として設定できない場合などに利用します。表制約は、CREATE TABLE文の最後に記述します。
代表的な表制約には、次のようなものがあります。

参考

NULL（ヌル）
何のデータも含まれない状態、または空の文字列のこと。

名　称	設定例	説　明
一意性制約 （UNIQUE制約）	PRIMARY KEY（主キーに設定する項目名1, …） ※複合キーの設定は、項目名を「,」で区切って並べます。	主キーを設定する。表の中で項目の値が重複せず、必ず一意になるようにする制約。NULLの入力は不可。 複合キー（複数の項目を主キーとする）は列制約で設定不可のため、表制約として設定する。なお、列制約で設定可能な単一項目の主キーでも、表制約で設定可能。 ※暗黙的に非NULL制約も設定されます。
	UNIQUE（項目名1, …） ※複数の項目に対する一意性の設定は、項目名を「,」で区切って並べます。	主キー以外の項目を設定する。表の中で項目の値が重複せず、必ず一意になるようにする制約。NULLの入力は可能だが1件だけしか入力できない。 複数の項目に対する設定は列制約で設定不可のため、表制約として設定する。なお、列制約で設定可能な単一項目でも表制約で設定可能。
参照制約	FOREIGN KEY（外部キーに設定する項目名） REFERENCES 参照する表	外部キーを設定する。外部キーの項目の値が、参照される主キー側の項目の値に必ず存在するように、表間の整合性を保つために設定する制約。

(3) ビューの定義

「ビュー」とは、ある実表をもとにして必要な項目だけを抽出して集め、仮想的に作成する表のことです。ビューは、実表のある項目を隠して、参照させたい項目だけを集めてデータ操作させたいときなどに利用すると便利です。
ビューにアクセスすると、内部的には実表に対してアクセスします。例えば、ビューにアクセスしてデータを更新した場合には、それに対応する実表のデータが更新されます。
ビューを定義する場合は、**「CREATE VIEW文」**を使います。
CREATE VIEW文の構文は、次のとおりです。

```
CREATE VIEW ビュー名 [(ビューの項目名, …)]
AS SELECT 項目名, …FROM 表名
```

※[ ]内は、必要に応じて記述します。省略した場合は、実表の項目名と同じになります。

例えば、CREATE VIEW文でビュー**「顧客名簿」**を定義する場合は、次のように記述します。

```
CREATE VIEW 顧客名簿……………………………………………… ①
AS SELECT 顧客番号, 顧客名 FROM 顧客………………………… ②
```

① ビュー**「顧客名簿」**を作成する。
② 表**「顧客」**から、**「顧客番号」**と**「顧客名」**の項目だけを抽出する。

上の例のCREATE VIEW文で定義されるビューは、次のとおりです。

顧客

顧客番号	顧客名	住所	電話番号
1001	株式会社冨田貿易	東京都港区芝浦1-X-XX	03-3256-XXXX
1003	宇宙商事株式会社	東京都足立区神明22-XX	03-5126-XXXX
1006	有限会社吉野物産	大阪府大阪市中央区城見23-XX	06-6112-XXXX

ビュー「顧客名簿」

顧客番号	顧客名
1001	株式会社冨田貿易
1003	宇宙商事株式会社
1006	有限会社吉野物産

ビューにアクセスしてデータを更新する場合に、更新が可能なビューと、更新が不可能なビューがあります。
更新が可能なビューは、単一の表をもとにして作成したビューです。上のビュー**「顧客名簿」**の場合、単一の表**「顧客」**から作成しているため更新が可能ですが、一般的に複数の表をもとにして作成したビューは、更新が不可能です。

参考

実表
データが実際に格納される表のこと。CREATE TABLE文で定義する表がこれに相当する。

参考

ビューの削除
ビューを削除する方法は、次のとおり。

```
DROP VIEW ビュー名
```

(4) アクセス権の設定

「アクセス権」とは、表やビューなどのデータベースを利用するための権限のことで、データベース管理システムの利用者に対して設定します。アクセス権を設定する場合は、**「GRANT文」**を使います。
GRANT文の構文は、次のとおりです。

```
GRANT アクセス権 ON 表名 TO 利用者名
```

※"利用者名"には、データベース管理システムの利用者名を指定します。
※すべての利用者に対してアクセス権を設定するには、"利用者名"に「PUBLIC」を指定します。

GRANT文で設定できる代表的なアクセス権には、次のようなものがあります。

項　目	説　明
SELECT	表を検索(参照)する権限。
INSERT	表にレコードを挿入する権限。
UPDATE	表の項目を更新する権限。
DELETE	表のレコードを削除する権限。
ALL	表に対するすべての権限。

表「受注」を検索するアクセス権を利用者Aに設定する。

```
GRANT SELECT ON 受注 TO 利用者A
```

表「受注」を検索および更新するアクセス権を利用者Bに設定する。

```
GRANT SELECT, UPDATE ON 受注 TO 利用者B
```

表「受注」のすべてのアクセス権をすべての利用者に設定する。

```
GRANT ALL ON 受注 TO PUBLIC
```

3 検索系のデータ操作

表のデータを検索する場合は、DMLの**「SELECT文」**を使います。
SELECT文を使うと、条件を指定した検索や、複数の表を結合した検索など、様々な検索ができます。
SELECT文の構文は、次のとおりです。

```
SELECT [DISTINCT] 項目名 FROM 表名
[WHERE 検索条件]
[GROUP BY グループ化する項目名]
[HAVING グループ化したデータの検索条件]
[ORDER BY ソートする項目名]
```

※[　]内は、必要に応じて記述します。

参考

グループ名の指定

アクセス権の設定先には利用者名を指定するが、データベース管理システムによっては、複数の利用者をグループにまとめ、グループ名を指定できるものがある。利用者が多い場合は、効率的に設定できる。

参考

アクセス権の取り消し

アクセス権の設定を取り消す方法は、次のとおり。

```
REVOKE アクセス権 ON 表名
FROM 利用者名
```

(1) 項目の検索

表から項目を検索する場合は、SELECTのあとに表示する項目名、FROMのあとに表名を指定します。
ここでは、次の表に対して検索を実行することを前提に説明します。

受注

受注番号	受注年月日	顧客番号	受注合計
00001	2023/04/01	1001	640,000
00002	2023/04/02	1006	518,000
00003	2023/04/02	1003	600,000
00004	2023/04/05	1001	3,000
00005	2023/04/05	1001	10,000

●すべての項目の検索

表からすべての項目を検索する場合は、項目名に**「＊(アスタリスク)」**を指定します。

```
SELECT ＊ FROM 表名
```

表「受注」のすべての項目を検索する。

```
SELECT ＊ FROM 受注
```

実行結果

受注番号	受注年月日	顧客番号	受注合計
00001	2023/04/01	1001	640,000
00002	2023/04/02	1006	518,000
00003	2023/04/02	1003	600,000
00004	2023/04/05	1001	3,000
00005	2023/04/05	1001	10,000

●特定の項目の検索

表から特定の項目を検索する場合は、項目名を並べて指定します。各項目名は**「,(カンマ)」**で連結します。

```
SELECT 項目名1, 項目名2, … FROM 表名
```

表「受注」の「受注番号」と「受注合計」の項目を検索する。

```
SELECT 受注番号, 受注合計 FROM 受注
```

実行結果

受注番号	受注合計
00001	640,000
00002	518,000
00003	600,000
00004	3,000
00005	10,000

参考

語句の区切り

SQL文では、語句の区切りとして、「空白」または「改行」を使用する。
次の例のSQL文は、同じ結果が表示される。
例

```
SELECT ＊ FROM 受注
```

```
SELECT ＊
FROM 受注
```

参考

算術演算子

SQL文で使用できる算術演算子は、次のとおり。

項　目	説　明
＋	加算
－	減算
＊	乗算
／	除算

●計算結果の表示

計算結果を表示する場合は、表から検索した項目名に算術演算子を使った計算式を指定します。

表「受注」の「受注番号」の項目と「受注合計*1.1」の計算結果を表示する。

```
SELECT 受注番号, 受注合計*1.1 FROM 受注
```

実行結果

受注番号	受注合計 *1.1
00001	704,000
00002	569,800
00003	660,000
00004	3,300
00005	11,000

●ひとつの項目で重複するデータを除いた検索

ひとつの項目を表示するとき、重複するデータを除いて検索できます。この場合、項目名の前に**「DISTINCT」**を指定します。

```
SELECT DISTINCT 項目名, … FROM 表名
```

表「受注」から「受注年月日」の重複するデータを除いて検索する。

```
SELECT DISTINCT 受注年月日 FROM 受注
```

実行結果

受注年月日
2023/04/01
2023/04/02
2023/04/05

●複数の項目で重複するデータを除いた検索

複数の項目を表示するとき、重複するデータの組合せを除いて検索できます。この場合、項目名を並べる前に**「DISTINCT」**を指定します。

表「受注」から「受注年月日」と「顧客番号」で重複するデータを除いて検索する。

```
SELECT DISTINCT 受注年月日, 顧客番号 FROM 受注
```

実行結果

受注年月日	顧客番号
2023/04/01	1001
2023/04/02	1006
2023/04/02	1003
2023/04/05	1001

参考

項目名の変更

検索結果として表示される表の項目名には、表の項目名や計算式が表示されるが、表示させたい項目名を任意に変更できる。項目名を変更する場合は、SELECT文の項目名の後ろに「AS」と、表示させたい項目名を指定する。

```
SELECT 受注番号, 受注合計*1.1 AS
受注合計(税込) FROM 受注
```

実行結果

受注番号	受注合計(税込)
00001	704,000
00002	569,800
00003	660,000
00004	3,300
00005	11,000

(2) 条件を指定したデータの検索

データを絞り込む条件を指定して検索する場合は、**「WHERE」**を指定します。

```
SELECT 項目名, … FROM 表名 WHERE 絞り込む条件
```

ここでは、次の表に対して検索を実行することを前提に説明します。

受注

受注番号	受注年月日	顧客番号	受注合計
00001	2023/04/01	1001	640,000
00002	2023/04/02	1006	518,000
00003	2023/04/02	1003	600,000
00004	2023/04/05	1001	3,000
00005	2023/04/05	1001	

商品

商品番号	商品名	単価
A01	テレビ(液晶大型)	200,000
A11	テレビ(液晶小型)	50,000
G02	HDDレコーダ	80,000
S05	ラジオ	3,000

絞り込む条件は、比較演算子、論理演算子、述語を使って記述できます。

●比較演算子

比較演算子には、次のようなものがあります。

項　目	説　明	使用例
=	左辺と右辺が等しい	数量=1
<>	左辺と右辺が等しくない	数量<>1
>	左辺が右辺より大きい	数量>10
<	左辺が右辺より小さい	数量<10
>=	左辺が右辺以上	数量>=10
<=	左辺が右辺以下	数量<=10

●論理演算子

複数の条件を記述する場合には、論理演算子が利用できます。
論理演算子には、次のようなものがあります。

項　目	説　明	使用例
AND	条件Aと条件Bを両方とも満たすレコードを検索する。	条件A AND 条件B
OR	条件Aと条件Bのいずれかを満たすレコードを検索する。	条件A OR 条件B
NOT	条件Aでないレコードを検索する。	NOT 条件A

●述語

「述語」とは、SQLで予約されているキーワードのことです。述語には、次のようなものがあります。

項　目	説　明	使用例
IS NULL	項目のデータがNULLのレコードを検索する。	電話番号 IS NULL
IS NOT NULL	項目のデータがNULLでないレコードを検索する。	電話番号 IS NOT NULL
BETWEEN 値1 AND 値2	項目のデータが値1以上、値2以下のレコードを検索する。	数量 BETWEEN 1 AND 10
IN(値1, 値2)	項目のデータが値1または値2のレコードを検索する。	数量 IN(10, 20)
LIKE '条件文字列'	項目のデータが '条件文字列' に一致するレコードを検索する。 ※ '条件文字列' にはワイルドカード(%や _)を指定できます。	商品名 LIKE 'テレビ%' ※「%」は0文字以上の任意の文字列を表します。 商品番号 LIKE 'A _ _' ※「 _ 」は任意の1文字を表します。

●条件を満たすデータの検索

表から指定した条件を満たすデータを検索する場合は、WHEREのあとに条件を指定します。

表「受注」の「顧客番号」が1001のレコードを検索する。

```
SELECT * FROM 受注 WHERE 顧客番号='1001'
```

実行結果

受注番号	受注年月日	顧客番号	受注合計
00001	2023/04/01	1001	640,000
00004	2023/04/05	1001	3,000
00005	2023/04/05	1001	

●すべての条件を満たすデータの検索

指定する条件を複数組み合わせ、すべての条件を満たすデータを検索する場合は、各条件を「**AND**」で連結します。

表「受注」の「顧客番号」が1001かつ「受注合計」が600,000より大きいレコードを検索する。

```
SELECT * FROM 受注
WHERE 顧客番号='1001' AND 受注合計>600000
```

実行結果

受注番号	受注年月日	顧客番号	受注合計
00001	2023/04/01	1001	640,000

●いずれかの条件を満たすデータの検索

指定する条件を複数組み合わせ、いずれかの条件を満たすデータを検索する場合は、各条件を「**OR**」で連結します。

表「受注」の「顧客番号」が1001または「受注合計」が600,000以上のレコードを検索する。

```
SELECT * FROM 受注
WHERE 顧客番号='1001' OR 受注合計>=600000
```

実行結果

受注番号	受注年月日	顧客番号	受注合計
00001	2023/04/01	1001	640,000
00003	2023/04/02	1003	600,000
00004	2023/04/05	1001	3,000
00005	2023/04/05	1001	

●条件を満たさないデータの検索
指定した条件を満たさないデータを検索する場合は、条件の先頭に**「NOT」**を指定します。

表「受注」の「顧客番号」が1001でないレコードを検索する。

```
SELECT * FROM 受注 WHERE NOT 顧客番号='1001'
```

※WHERE 顧客番号<>'1001' と同じ意味

実行結果

受注番号	受注年月日	顧客番号	受注合計
00002	2023/04/02	1006	518,000
00003	2023/04/02	1003	600,000

●NULLを含むレコードの検索
NULLを含むレコードを検索する場合は、条件の項目名のあとに**「IS NULL」**を指定します。

表「受注」から、「受注合計」がNULLのレコードを検索し、「受注番号」と「受注合計」の項目を表示する。

```
SELECT 受注番号,受注合計 FROM 受注
WHERE 受注合計 IS NULL
```

実行結果

受注番号	受注合計
00005	

●NULLを含まないレコードの検索
NULLを含まないレコードを検索する場合は、条件の項目名のあとに**「IS NOT NULL」**を指定します。

表「受注」から、「受注合計」がNULLでないレコードを検索し、「受注番号」と「受注合計」の項目を表示する。

```
SELECT 受注番号,受注合計 FROM 受注
WHERE 受注合計 IS NOT NULL
```

実行結果

受注番号	受注合計
00001	640,000
00002	518,000
00003	600,000
00004	3,000

●2つの値の間にあるデータを含むレコードの検索

2つの値の間にあるデータを含むレコードを検索する場合は、条件の項目名のあとに**「BETWEEN」**を指定し、2つの値を**「AND」**で連結します。

表「受注」から、「受注合計」が600,000と1,000,000の間（600,000以上1,000,000以下）のレコードを検索し、「受注番号」と「受注合計」の項目を表示する。

```
SELECT 受注番号, 受注合計 FROM 受注
WHERE 受注合計 BETWEEN 600000 AND 1000000
```

※WHERE 受注合計>=600000 AND 受注合計<=1000000と同じ意味

実行結果

受注番号	受注合計
00001	640,000
00003	600,000

●リストの値と一致するデータを含むレコードの検索

リストの値と一致するデータを含むレコードを検索する場合は、条件の項目名のあとに**「IN」**を指定し、カッコの中にリストの値を並べます。

表「受注」から、「受注番号」が00001と00004のいずれかと一致するレコードを検索し、「受注番号」と「受注合計」の項目を表示する。

```
SELECT 受注番号, 受注合計 FROM 受注
WHERE 受注番号 IN('00001', '00004')
```

※WHERE 受注番号='00001' OR 受注番号='00004'と同じ意味

実行結果

受注番号	受注合計
00001	640,000
00004	3,000

●リストの値のすべてと一致しないデータを含むレコードの検索

リストの値のいずれとも一致しないデータを含むレコードを検索する場合は、条件の項目名のあとに**「NOT IN」**を指定し、カッコの中にリストの値を並べます。

表「受注」から、「受注番号」が00001と00004のいずれとも一致しないレコードを検索し、「受注番号」と「受注合計」の項目を表示する。

```
SELECT 受注番号, 受注合計 FROM 受注
WHERE 受注番号 NOT IN('00001', '00004')
```

※WHERE NOT (受注番号='00001' OR 受注番号='00004') または
WHERE 受注番号<>'00001' AND 受注番号<>'00004'と同じ意味

実行結果

受注番号	受注合計
00002	518,000
00003	600,000
00005	

●文字列の一部を条件とした検索

文字列の一部や文字数などのパターンを条件として検索する場合は、条件の項目名のあとに**「LIKE」**と検索条件とする文字列を連結します。

LIKEでは、検索条件とする文字列に、**「%(パーセント)」**や**「_(アンダーバー)」**を組み合わせたものを指定して検索できます。%や_を**「ワイルドカード」**といい、ワイルドカードを使って条件を指定すると、部分的に等しい文字列を検索できます。

表「商品」から、「商品名」が「ラ」で始まる3文字のデータを持つレコードを検索し、「商品番号」と「商品名」の項目を表示する。

```
SELECT 商品番号, 商品名 FROM 商品
WHERE 商品名 LIKE 'ラ＿＿'
```

実行結果

商品番号	商品名
S05	ラジオ

表「商品」から、「商品名」に「液晶」を含むレコードを検索し、「商品番号」と「商品名」の項目を表示する。

```
SELECT 商品番号, 商品名 FROM 商品
WHERE 商品名 LIKE '%液晶%'
```

実行結果

商品番号	商品名
A01	テレビ(液晶大型)
A11	テレビ(液晶小型)

参考

ワイルドカード

ワイルドカードを使って条件を指定すると、部分的に等しい文字列を検索できる。「%(パーセント)」は「0文字以上の任意の文字列」を意味し、「_(アンダーバー)」は「任意の1文字」を意味する。

なお、「%」の代わりに「*(アスタリスク)」を、「_」の代わりに「?(疑問符)」を指定することもできる。

種　類	使用例	説　明
%	東京%	「東京」の後ろに何文字続いても検索される。
*	東京*	
_	東京都_区	「東京都港区」は検索されるが、「東京都品川区」は検索されない。
?	東京都?区	

(3) 表の結合

関連のある表同士を結合する場合は、**「WHERE」**に結合条件を指定します。

```
SELECT 項目名1, 項目名2, … FROM 表名1, 表名2
WHERE 表名1. 項目名=表名2. 項目名
```

ここでは、次の表に対して検索を実行することを前提に説明します。

受注

受注番号	受注年月日	顧客番号	受注合計
00001	2023/04/01	1001	640,000
00002	2023/04/02	1006	518,000
00003	2023/04/02	1003	600,000
00004	2023/04/05	1001	3,000

受注明細

受注番号	商品番号	数量	受注小計
00001	A01	2	400,000
00001	G02	3	240,000
00002	S05	6	18,000
00002	A11	10	500,000
00003	A01	3	600,000
00004	S05	1	3,000

顧客

顧客番号	顧客名	住所	電話番号
1001	株式会社冨田貿易	東京都港区芝浦1-X-XX	03-3256-XXXX
1003	宇宙商事株式会社	東京都足立区神明22-XX	03-5126-XXXX
1006	有限会社吉野物産	大阪府大阪市中央区城見23-XX	06-6112-XXXX

商品

商品番号	商品名	単価
A01	テレビ(液晶大型)	200,000
A11	テレビ(液晶小型)	50,000
G02	HDDレコーダ	80,000
S05	ラジオ	3,000

参考

INNER JOIN

結合条件の記述には、INNER JOINで指定することもできる。次のように指定すると、WHEREで指定した場合と同じ結果を得ることができる。

```
SELECT 項目名1, 項目名2, … FROM 表名1
INNER JOIN 表名2 ON 表名1. 項目名=表名2. 項目名
```

●2つの表の結合

2つの表を結合する場合は、「**WHERE**」で各表の結合する項目名(結合キー)を「=」で連結します。

表「受注」と表「顧客」を「顧客番号」で結合し、「受注番号」、「顧客番号」、「顧客名」の項目を表示する。

```
SELECT 受注番号, 受注. 顧客番号, 顧客名 FROM 受注, 顧客
WHERE 受注. 顧客番号=顧客. 顧客番号
```

※複数の表に共通する項目名を表示する場合は、「表名. 項目名」と記述し、どの表の項目名かがわかるように表名を指定する必要がある

実行結果

受注番号	顧客番号	顧客名
00001	1001	株式会社冨田貿易
00002	1006	有限会社吉野物産
00003	1003	宇宙商事株式会社
00004	1001	株式会社冨田貿易

●3つ以上の表の結合

3つ以上の表を結合する場合は、各表の結合する項目名(結合キー)を「=」で連結し、その複数の条件を「**AND**」で連結します。

表「受注」と表「顧客」を「顧客番号」で結合、表「受注」と表「受注明細」を「受注番号」で結合、表「受注明細」と表「商品」を「商品番号」で結合し、必要な項目を表示する。

```
SELECT 受注. 受注番号, 受注. 顧客番号, 顧客名, 受注明細. 商品番号, 商
品名, 単価, 数量, 受注小計 FROM 受注, 顧客, 受注明細, 商品
WHERE 受注. 顧客番号=顧客. 顧客番号 AND 受注. 受注番号=受注明
細. 受注番号 AND 受注明細. 商品番号=商品. 商品番号
```

実行結果

受注番号	顧客番号	顧客名	商品番号	商品名	単価	数量	受注小計
00001	1001	株式会社冨田貿易	A01	テレビ(液晶大型)	200,000	2	400,000
00001	1001	株式会社冨田貿易	G02	HDDレコーダ	80,000	3	240,000
00002	1006	有限会社吉野物産	S05	ラジオ	3,000	6	18,000
00002	1006	有限会社吉野物産	A11	テレビ(液晶小型)	50,000	10	500,000
00003	1003	宇宙商事株式会社	A01	テレビ(液晶大型)	200,000	3	600,000
00004	1001	株式会社冨田貿易	S05	ラジオ	3,000	1	3,000

(4) データの集計

項目のデータの個数や平均などを計算する場合は、「**集合関数**」を使います。集合関数は、「**集約関数**」ともいいます。

```
SELECT 集合関数(項目名) FROM 表名
```

参考

INNER JOINによる記述

次のように、INNER JOINを使用して表を結合しても、同じ結果を得ることができる。

```
SELECT 受注番号, 受注. 顧客番号, 顧
客名 FROM 受注
INNER JOIN 顧客 ON 受注. 顧客番
号=顧客. 顧客番号
```

参考

相関名

表名が長いときや、WHEREやGROUPの中で何度も同じ表名を使用する場合などに、表に付ける別名のこと。例えば、表名をXやYなどの短い相関名に置き換えて使用できる。このとき、相関名の定義は、FROMの中で表名のあとに「AS」と相関名を連結する。なお、ASは省略が可能。

```
SELECT 受注番号, X.顧客番号, 顧客名
FROM 受注 AS X, 顧客 AS Y
WHERE X.顧客番号=Y.顧客番号
```

参考

INNER JOINによる記述

次のように、INNER JOINを使用して表を結合しても、同じ結果を得ることができる。なお、3つ以上の表を結合する場合は、カッコで囲んで記述する。

```
SELECT 受注.受注番号, 受注.顧客番
号, 顧客名, 受注明細. 商品番号, 商品
名, 単価, 数量, 受注小計 FROM 顧客
INNER JOIN (受注 INNER JOIN (受
注明細 INNER JOIN 商品 ON 受注明
細.商品番号=商品.商品番号) ON 受
注.受注番号=受注明細.受注番号) ON
顧客.顧客番号=受注.顧客番号
```

参考

ソートマージ結合法

結合する項目名(結合キー)の値で、各表のデータを並べ替えておき、先頭から順に結合していく手法のこと。

代表的な集合関数には、次のようなものがあります。

項　目	説　明	使用例
COUNT	検索結果の行数を数える。	COUNT(＊) ※すべてのレコード数を数えます。
		COUNT(受注合計) ※項目の値がNULLの行は数えません。
SUM(項目名)	項目の値の合計値を求める。	SUM(受注合計)
AVG(項目名)	項目の値の平均値を求める。	AVG(受注合計)
MAX(項目名)	項目の値の最大値を求める。	MAX(受注合計)
MIN(項目名)	項目の値の最小値を求める。	MIN(受注合計)

※集合関数SUM、AVG、MAX、MINは、項目の値がNULLのレコードを集計対象としません。

ここでは、次の表に対して検索を実行することを前提に説明します。

受注

受注番号	受注年月日	顧客番号	受注合計
00001	2023/04/01	1001	640,000
00002	2023/04/02	1006	518,000
00003	2023/04/02	1003	600,000
00004	2023/04/05	1001	3,000
00005	2023/04/05	1001	

●レコード数の表示

レコード数を表示する場合は、「**COUNT(＊)**」を指定します。検索条件を指定した場合は、条件に一致した行数を表示します。

表「受注」のレコード数を表示する。

```
SELECT COUNT(＊) FROM 受注
```

実行結果

COUNT(＊)
5

●指定した項目の合計値の表示

指定した項目の値の合計値を表示する場合は、「**SUM(項目名)**」を指定します。

表「受注」の「受注合計」の項目の合計値を表示する。

```
SELECT SUM(受注合計) FROM 受注
```

※NULLのレコードは含めずに合計値を求めます。

実行結果

SUM(受注合計)
1,761,000

参考

COUNT(項目名)の指定

COUNTに項目名を指定した場合は、その項目がNULLのレコードを数えない。

```
SELECT COUNT(受注合計)
FROM 受注
```

実行結果

COUNT(受注合計)
4

●指定した項目の平均値の表示

指定した項目の値の平均値を表示する場合は、**「AVG(項目名)」**を指定します。

表「受注」の「受注合計」の項目の平均値を表示する。

```
SELECT AVG(受注合計) FROM 受注
```

※NULLのレコードは含めずに平均値を求めます。

実行結果

AVG(受注合計)
440,250

●指定した項目の最大値の表示

指定した項目の値の最大値を表示する場合は、**「MAX(項目名)」**を指定します。

表「受注」の「受注合計」の項目の最大値を表示する。

```
SELECT MAX(受注合計) FROM 受注
```

※NULLのレコードは含めずに最大値を求めます。

実行結果

MAX(受注合計)
640,000

●指定した項目の最小値の表示

指定した項目の値の最小値を表示する場合は、**「MIN(項目名)」**を指定します。

表「受注」の「受注合計」の項目の最小値を表示する。

```
SELECT MIN(受注合計) FROM 受注
```

※NULLのレコードは含めずに最小値を求めます。

実行結果

MIN(受注合計)
3,000

(5) データのグループ化

項目ごとの合計などを求める場合は、集合関数と**「GROUP BY」**を組み合わせて指定します。GROUP BYは項目ごとにデータをグループ化します。さらに、集合関数で求めた値を絞り込む場合は**「HAVING」**を指定します。

```
SELECT 項目名, … FROM 表名
[WHERE…]
GROUP BY 項目名, …
HAVING グループ化したデータの検索条件
```

※SELECT文で指定する項目名には集合関数も利用できます。
※[ ]内は、必要に応じて記述します。

ここでは、次の表に対して検索を実行することを前提に説明します。

受注

受注番号	受注年月日	顧客番号	受注合計
00001	2023/04/01	1001	640,000
00002	2023/04/02	1006	518,000
00003	2023/04/02	1003	600,000
00004	2023/04/05	1001	3,000

●項目ごとにグループ化して表示

ある項目ごとにグループ化する場合は、GROUP BYのあとにグループ化する項目名を指定します。

表「受注」を「受注年月日」ごとにグループ化して、「受注年月日」、グループ化した行数、「受注合計」の合計値を表示する。

```
SELECT 受注年月日, COUNT(*), SUM(受注合計) FROM 受注
GROUP BY 受注年月日
```

実行結果

受注年月日	COUNT(*)	SUM(受注合計)
2023/04/01	1	640,000
2023/04/02	2	1,118,000
2023/04/05	1	3,000

●項目ごとにグループ化して条件を絞り込んで表示

ある項目ごとにグループ化し、条件を満たすグループを検索する場合は、HAVINGのあとに条件を指定します。

表「受注」を「受注年月日」ごとにグループ化し、「受注合計」の合計が1,000,000より大きいものだけに絞り込んで、「受注年月日」、グループ化した行数、「受注合計」の合計値を表示する。

```
SELECT 受注年月日, COUNT(*), SUM(受注合計) FROM 受注
GROUP BY 受注年月日
HAVING SUM(受注合計)>1000000
```

実行結果

受注年月日	COUNT(*)	SUM(受注合計)
2023/04/02	2	1,118,000

(6) データの並べ替え

検索した結果を並べ替える(ソートする)場合は、**「ORDER BY」**を指定します。

```
SELECT 項目名, … FROM 表名
[WHERE… GROUP BY… HAVING…]
ORDER BY 並べ替えの基準となる項目名 [ASCまたはDESC]
```

※「ASC」を指定すると昇順、「DESC」を指定すると降順に並べ替えます。
※[ ]内は、必要に応じて記述します。

参考

ASC
「Ascending」の略。

参考

DESC
「Descending」の略。

ここでは、次の表に対して検索を実行することを前提に説明します。

受注

受注番号	受注年月日	顧客番号	受注合計
00001	2023/04/01	1001	640,000
00002	2023/04/02	1006	518,000
00003	2023/04/02	1003	600,000
00004	2023/04/05	1001	3,000

●ひとつの項目による並べ替え

ある項目を昇順に並べ替える場合は、ORDER BYのあとに並べ替える項目名を指定します。

表「受注」を「受注合計」の昇順に並べ替えて、「受注番号」、「顧客番号」、「受注合計」の項目を表示する。

```
SELECT 受注番号, 顧客番号, 受注合計 FROM 受注
ORDER BY 受注合計
```

※ASCまたはDESCの指定を省略したときは、昇順で並べ替える

実行結果

受注番号	顧客番号	受注合計
00004	1001	3,000
00002	1006	518,000
00003	1003	600,000
00001	1001	640,000

●複数の項目による並べ替え

複数の項目を組み合わせて並べ替える場合は、ORDER BYのあとに並べ替える項目名を並べて指定します。

表「受注」を「顧客番号」の昇順と「受注合計」の降順に並べ替えて、「受注番号」、「顧客番号」、「受注合計」の項目を表示する。

```
SELECT 受注番号, 顧客番号, 受注合計 FROM 受注
ORDER BY 顧客番号 ASC, 受注合計 DESC
```

実行結果

受注番号	顧客番号	受注合計
00001	1001	640,000
00004	1001	3,000
00003	1003	600,000
00002	1006	518,000

1つ目の並べ替えの項目「顧客番号」が同じレコードは、2つ目の並べ替えの項目「受注合計」の降順になる

(7) 副問合せ

検索条件WHEREの中でSELECT文を利用できます。これを**「副問合せ」**といいます。ある表を検索した結果を条件に指定する場合に使用します。
副問合せには、**「単一行副問合せ」**と**「複数行副問合せ」**があります。
ここでは、次の表に対して検索を実行することを前提に説明します。

受注

受注番号	受注年月日	顧客番号	受注合計
00001	2023/04/01	1001	640,000
00002	2023/04/02	1006	518,000
00003	2023/04/02	1003	600,000
00004	2023/04/05	1001	3,000

顧客

顧客番号	顧客名	住所	電話番号
1001	株式会社冨田貿易	東京都港区芝浦1-X-XX	03-3256-XXXX
1003	宇宙商事株式会社	東京都足立区神明22-XX	03-5126-XXXX
1006	有限会社吉野物産	大阪府大阪市中央区城見23-XX	06-6112-XXXX

●単一行副問合せ

副問合せの実行結果が1件だけと予想される場合は、**「単一行副問合せ」**を行います。
単一行副問合せでは、WHEREで指定する項目名と、カッコで囲んだSELECT文を**「=」**で連結します。

表「受注」から、「受注番号」が00001のレコードの「顧客番号」を検索する（副問合せ）。次に、表「顧客」から、副問合せで検索した「顧客番号」と一致するレコードを表示する。

```
SELECT ＊ FROM 顧客
WHERE 顧客番号=
（SELECT 顧客番号 FROM 受注 WHERE 受注番号='00001'）
```

実行結果

顧客番号	顧客名	住所	電話番号
1001	株式会社冨田貿易	東京都港区芝浦1-X-XX	03-3256-XXXX

●複数行副問合せ

副問合せの実行結果が2件以上と予想される場合は、**「複数行副問合せ」**を行います。
複数行副問合せでは、WHEREで指定する項目名と、カッコで囲んだSELECT文を**「IN」**で連結します。

表「受注」から、「受注合計」が600,000以上のレコードの「顧客番号」を検索する（副問合せ）。次に、表「顧客」から、副問合せで検索した「顧客番号」と一致するレコードを表示する。

```
SELECT ＊ FROM 顧客
WHERE 顧客番号 IN
（SELECT 顧客番号 FROM 受注 WHERE 受注合計>=600000）
```

実行結果

顧客番号	顧客名	住所	電話番号
1001	株式会社冨田貿易	東京都港区芝浦1-X-XX	03-3256-XXXX
1003	宇宙商事株式会社	東京都足立区神明22-XX	03-5126-XXXX

参考

副問合せ結果の予想

一般的に、副問合せで主キーを条件に指定して検索するときは、副問合せの結果が1件と予想される。主キー以外を条件に指定して検索するときは、副問合せの結果が2件以上と予想される。

参考

副問合せのエラー

副問合せの結果が2件以上になるとき、WHEREで指定する項目名と「=」で連結すると実行時にエラーとなる。なお、副問合せの結果が1件だけのときでも「IN」で連結できる。副問合せの結果の件数が不明のときには「IN」を指定するとよい。

(8) 相関副問合せ

「相関副問合せ」とは、副問合せを使うことによって、複数の表を比較して一致するまたは一致しないレコードを検索することです。

```
SELECT 項目名1, 項目名2, … FROM 表名1
WHERE EXISTSまたはNOT EXISTS
(SELECT * FROM 表名2 WHERE 表名1. 項目名=表名2. 項目名)
```

ここでは、次の表に対して検索を実行することを前提に説明します。

受注明細

受注番号	商品番号	数量	受注小計
00001	A01	2	400,000
00001	G02	3	240,000
00002	S05	6	18,000
00002	A11	10	500,000
00003	A01	3	600,000
00004	S05	1	3,000

商品

商品番号	商品名	単価
A01	テレビ(液晶大型)	200,000
A11	テレビ(液晶小型)	50,000
G02	HDDレコーダ	80,000
S05	ラジオ	3,000
Z01	冷蔵庫	150,000
Z11	エアコン	98,000

●複数の表で一致するレコードの検索

複数の表を比較して、一致する項目のデータを含むレコードを検索する場合は、WHEREと副問合せのSELECT文を**「EXISTS」**で連結します。

表「商品」から「商品番号」と「商品名」を取り出す。次に、表「商品」から取り出した「商品番号」と、表「受注明細」の「商品番号」を比較し、一致する項目のデータを含むレコードを検索して、「商品番号」と「商品名」の項目を表示する。

```
SELECT 商品番号, 商品名 FROM 商品
WHERE EXISTS
(SELECT * FROM 受注明細 WHERE 商品. 商品番号=受注明細. 商品
番号)
```

実行結果

商品番号	商品名
A01	テレビ(液晶大型)
A11	テレビ(液晶小型)
G02	HDDレコーダ
S05	ラジオ

●複数の表で一致しないレコードの検索

複数の表を比較して、一致しない項目のデータを含むレコードを検索する場合は、WHEREと副問合せのSELECT文を**「NOT EXISTS」**で連結します。

表「商品」から「商品番号」と「商品名」を取り出す。次に、表「商品」から取り出した「商品番号」と、表「受注明細」の「商品番号」を比較し、一致しない項目のデータを含むレコードを検索して、「商品番号」と「商品名」の項目を表示する。

```
SELECT 商品番号, 商品名 FROM 商品
WHERE NOT EXISTS
(SELECT * FROM 受注明細 WHERE 商品.商品番号=受注明細.商品
番号)
```

実行結果

商品番号	商品名
Z01	冷蔵庫
Z11	エアコン

4 更新系のデータ操作

表のデータを挿入や更新、削除する場合は、DMLの次のような構文を使います。

(1) 挿入(INSERT文)

表にレコードを挿入する場合は、DMLの**「INSERT文」**を使います。
INSERT文の構文は、次のとおりです。

```
INSERT INTO 表名(項目名1, …)
VALUES(データ1, …)
```

※表の「項目名1」に、挿入する項目の「データ1」を対応させます。
※表内のすべての項目にデータを設定する場合は、「(項目名1, …)」の指定を省略できます。

ここでは、次の表に対して挿入を実行することを前提に説明します。

顧客

顧客番号	顧客名	住所	電話番号
1001	株式会社冨田貿易	東京都港区芝浦1-X-XX	03-3256-XXXX
1003	宇宙商事株式会社	東京都足立区神明22-XX	03-5126-XXXX
1006	有限会社吉野物産	大阪府大阪市中央区城見23-XX	06-6112-XXXX

●すべての項目にデータを持つレコードの挿入

すべての項目にデータを持つレコードを挿入する場合は、**「INSERT INTO」**のあとに表名を指定し、**「VALUES」**のあとに表内のすべての項目に対応する値を指定します。

表「顧客」のすべての項目にデータを持つレコードを挿入する。

```
INSERT INTO 顧客
VALUES('2001', '株式会社こあら百貨店', '埼玉県入間市東町1-XX',
'04-2119-XXXX')
```

実行結果

顧客番号	顧客名	住所	電話番号
1001	株式会社冨田貿易	東京都港区芝浦1-X-XX	03-3256-XXXX
1003	宇宙商事株式会社	東京都足立区神明22-XX	03-5126-XXXX
1006	有限会社吉野物産	大阪府大阪市中央区城見23-XX	06-6112-XXXX
2001	株式会社こあら百貨店	埼玉県入間市東町1-XX	04-2119-XXXX

●一部の項目にデータを持つレコードの挿入

一部の項目にデータを持つレコードを挿入する場合は、**「INSERT INTO」**のあとに一部の項目名を並べ、**「VALUES」**のあとにそれに対応するデータを指定します。データを指定していない箇所には、自動的にNULLが設定されます。

表「顧客」の「顧客番号」、「顧客名」にデータを持つレコードを挿入する。

```
INSERT INTO 顧客(顧客番号, 顧客名)
VALUES('2001', '株式会社こあら百貨店')
```

実行結果

顧客番号	顧客名	住所	電話番号
1001	株式会社冨田貿易	東京都港区芝浦1-X-XX	03-3256-XXXX
1003	宇宙商事株式会社	東京都足立区神明22-XX	03-5126-XXXX
1006	有限会社吉野物産	大阪府大阪市中央区城見23-XX	06-6112-XXXX
2001	株式会社こあら百貨店		

データを指定していない箇所には自動的にNULLが設定される

(2) 更新(UPDATE文)

表の項目を更新する場合は、DMLの**「UPDATE文」**を使います。
UPDATE文の構文は、次のとおりです。

```
UPDATE 表名
SET 項目名1=更新するデータ1, 項目名2=更新するデータ2 …
[WHERE 更新する条件]
```

※[　]内は、必要に応じて記述します。

条件に合った項目だけ更新する場合は、WHEREで更新するレコードを指定し、SETのあとに更新する項目名と更新するデータを**「=」**で連結します。複数の項目を更新する場合は、これを並べて指定します。WHEREを省略すると、表のすべてのレコードが更新されます。

表「顧客」の「顧客番号」が2001のレコードの「住所」を埼玉県入間市東町1-XXに更新する。

```
UPDATE 顧客 SET 住所='埼玉県入間市東町1-XX'
WHERE 顧客番号='2001'
```

顧客

顧客番号	顧客名	住所	電話番号
1001	株式会社冨田貿易	東京都港区芝浦1-X-XX	03-3256-XXXX
1003	宇宙商事株式会社	東京都足立区神明22-XX	03-5126-XXXX
1006	有限会社吉野物産	大阪府大阪市中央区城見23-XX	06-6112-XXXX
2001	株式会社こあら百貨店		

実行結果

顧客番号	顧客名	住所	電話番号
1001	株式会社冨田貿易	東京都港区芝浦1-X-XX	03-3256-XXXX
1003	宇宙商事株式会社	東京都足立区神明22-XX	03-5126-XXXX
1006	有限会社吉野物産	大阪府大阪市中央区城見23-XX	06-6112-XXXX
2001	株式会社こあら百貨店	埼玉県入間市東町1-XX	

(3) 削除(DELETE文)

表からレコードを削除する場合は、DMLの**「DELETE文」**を使います。
DELETE文の構文は、次のとおりです。

```
DELETE FROM 表名
[WHERE 削除する条件]
```

※[　]内は、必要に応じて記述します。

指定した条件に合うレコードを削除する場合は、DELETE FROM 表名のあとに、WHEREで削除するレコードの条件を指定します。WHEREを省略すると、表のすべてのレコードが削除されます。

表「顧客」の「顧客番号」が2001のレコードを削除する。

```
DELETE FROM 顧客 WHERE 顧客番号='2001'
```

顧客

顧客番号	顧客名	住所	電話番号
1001	株式会社冨田貿易	東京都港区芝浦1-X-XX	03-3256-XXXX
1003	宇宙商事株式会社	東京都足立区神明22-XX	03-5126-XXXX
1006	有限会社吉野物産	大阪府大阪市中央区城見23-XX	06-6112-XXXX
2001	株式会社こあら百貨店	埼玉県入間市東町1-XX	04-2119-XXXX

実行結果

顧客番号	顧客名	住所	電話番号
1001	株式会社冨田貿易	東京都港区芝浦1-X-XX	03-3256-XXXX
1003	宇宙商事株式会社	東京都足立区神明22-XX	03-5126-XXXX
1006	有限会社吉野物産	大阪府大阪市中央区城見23-XX	06-6112-XXXX

❺ カーソル操作

親言語方式では、実行結果が複数件になる場合、カーソル操作を行います。プログラム言語では検索したレコードを1件ずつしか取り出せないため、今どのレコードを処理しているかをカーソルによって管理します。
カーソル操作は、宣言したSELECT文の実行結果をメモリ上に展開し、レコード単位で現在の位置（カーソル）を指し示して動作します。

顧客番号	顧客名	住所	電話番号
1001	株式会社冨田貿易	東京都港区芝浦1-X-XX	03-3256-XXXX
1003	宇宙商事株式会社	東京都足立区神明22-XX	03-5126-XXXX
1006	有限会社吉野物産	大阪府大阪市中央区城見23-XX	06-6112-XXXX

← カーソル（1001の行）

カーソルは、実行結果の1行目の位置を指し示している状態

↓

顧客番号	顧客名	住所	電話番号
1001	株式会社冨田貿易	東京都港区芝浦1-X-XX	03-3256-XXXX
1003	宇宙商事株式会社	東京都足立区神明22-XX	03-5126-XXXX
1006	有限会社吉野物産	大阪府大阪市中央区城見23-XX	06-6112-XXXX

← カーソル（1003の行）

カーソルは、実行結果の2行目の位置を指し示している状態

プログラムの中でカーソル操作を記述する順序は、次のとおりです。

1 DECLARE カーソル名 CURSOR FOR SELECT…

カーソルを宣言する。実行するSELECT文を記述する。

2 OPEN カーソル名

カーソル操作を開始する。カーソル宣言で記述したSELECT文を実行し、実行結果をメモリ上に展開する。

3 FETCH カーソル名 INTO ホスト変数

メモリ上に展開されたSELECT文の実行結果から、カーソルを使ってレコードを1件ずつ取り出す。取り出したレコードのデータを「ホスト変数」に代入し、プログラム言語で処理をする。FETCHはループで繰り返し実行し、カーソルを1行ずつ移動させて処理を繰り返す。カーソルが最終レコードに達するまでFETCHを実行する。

4 CLOSE カーソル名

カーソル操作を終了する。メモリ上からSELECT文の実行結果が削除される。

参考

非カーソル操作
カーソルを利用する必要のないデータ操作のこと。親言語方式で実行結果が1件の場合や独立言語方式の場合は、非カーソル操作をする。

参考

ホスト変数
カーソル宣言で記述したSELECT文の実行によって取り出されたレコードのデータを格納するための変数のこと。ホスト変数は、プログラム言語で宣言する。

3-4 ネットワーク

3-4-1 ネットワーク

「ネットワーク」とは、複数のコンピュータを通信回線で接続して利用する形態のことです。プリンターや記憶装置などのハードウェア資源を共有したり、様々な情報をやり取りしたりなど、コミュニケーション手段としても利用できます。

❶ ネットワークの種類

ネットワークの形態やネットワークを利用した技術、接続形態には、次のような種類があります。

(1) ネットワークの形態

ネットワークの形態には、次のような種類があります。

種　類	説　明
LAN (ラン)	同一の建物や敷地内など比較的狭い範囲で、複数のコンピュータやプリンターなどをケーブルで接続したネットワークのこと。「構内情報通信網」ともいう。 3F　企画部 2F　営業部 1F　総務部
WAN (ワン)	離れたLAN同士を相互に接続した広域のネットワークのこと。LAN同士を接続するには、電気通信事業者が提供する通信サービス(回線サービス)を利用する。「広域通信網」ともいう。 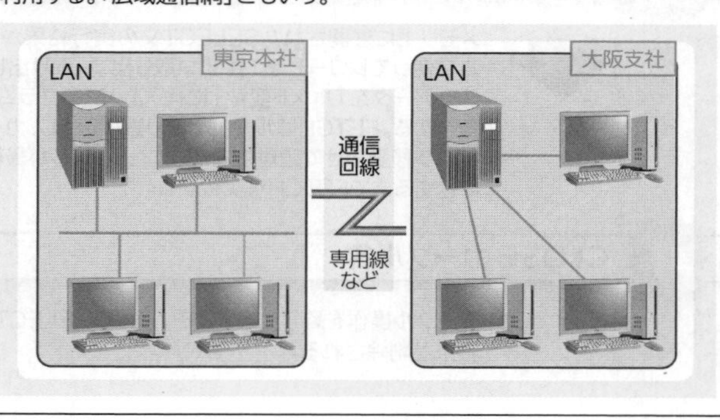

参考

LAN
「Local Area Network」の略。

参考

WAN
「Wide Area Network」の略。

(2) ネットワークを利用した技術

ネットワークを利用した技術には、次のようなものがあります。

名　称	説　明
インターネット	企業におけるLANやWAN、各家庭内における単一のコンピュータなどが、全世界規模で相互接続されたネットワーク。
イントラネット	社内ネットワークにインターネット技術を適用したネットワーク。インターネット技術を利用することで安価に社内ネットワークが構築でき、電子メールやWebページなどで情報を交換できる。
エクストラネット	複数の企業のイントラネットを結んだもの。EC(電子商取引)や、企業間で協力して事業活動をするEDIなどの情報伝達に役立てることができる。

(3) ネットワークトポロジ

ネットワークの接続形態のことを、**「ネットワークトポロジ」**といいます。
ネットワークトポロジには、次のようなものがあります。

●LANのネットワークトポロジ

名　称	説　明
バス型	バス(母線)と呼ばれる1本の伝送路を中心に、コンピュータや周辺機器をバスから分岐して接続する形態。 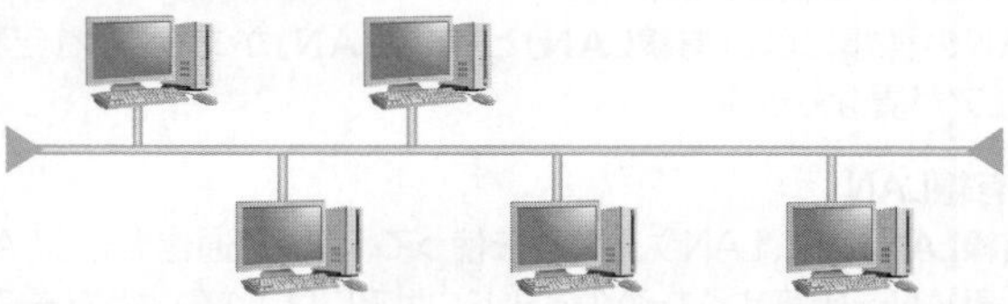
スター型	ハブなどの集線装置を中心として、コンピュータや周辺機器を放射状に接続する形態。 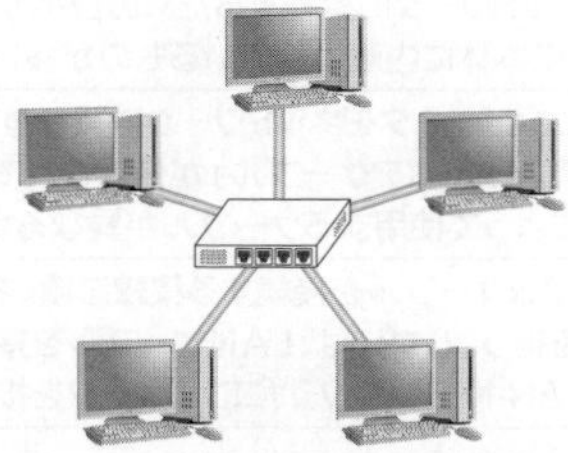
リング型	伝送路をリング状に配線し、コンピュータや周辺機器を接続する形態。 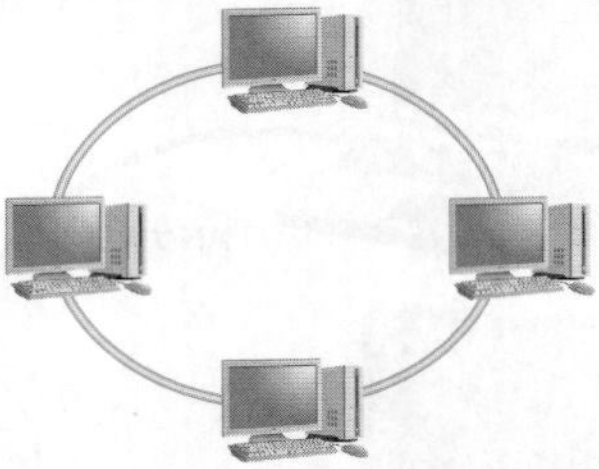

参考

EC

→「8-3-1 1 電子商取引」

参考

EDI

→「8-3-1 2 EDI」

●WANのネットワークトポロジ

名　称	説　明
ポイントツーポイント	1対1で2つの地点を接続する形態。専用線を使って接続する。「2地点間接続」ともいう。 LAN ― LAN
ツリー型	ひとつの地点をもとに、木の枝が分かれるように地点間を接続する形態。広い範囲のネットワークを接続できる。 LAN LAN　LAN LAN　LAN　LAN　LAN

❷ ネットワークの構成要素

ネットワークを構築するには、ネットワークの構成機器や規格を理解する必要があります。

(1) LANの構成機器

LANの種類には、**「有線LAN」**と**「無線LAN」**があり、それぞれ必要なハードウェアが異なります。

●有線LAN

「有線LAN」とは、LANケーブルを使って、有線で通信を行うLANのことです。有線LANを構築するためのハードウェアには、次のようなものがあります。

名　称	説　明
LANボード	ネットワークに接続するためのLANケーブルを差し込む「LANポート」。PC本体に内蔵されているものが多い。
LANケーブル	コンピュータをネットワークに接続するためのケーブル。一般的には、「ツイストペアケーブル」が使用されている。ただし、ネットワークの規格によって使用するケーブルが異なる場合がある。
ハブ(HUB)	LANケーブルを接続する集線装置。ネットワークの中継点としての役割を担う。ハブには、LANケーブルを接続するためのLANポートがあり、LANポートの数だけコンピュータを接続できる。

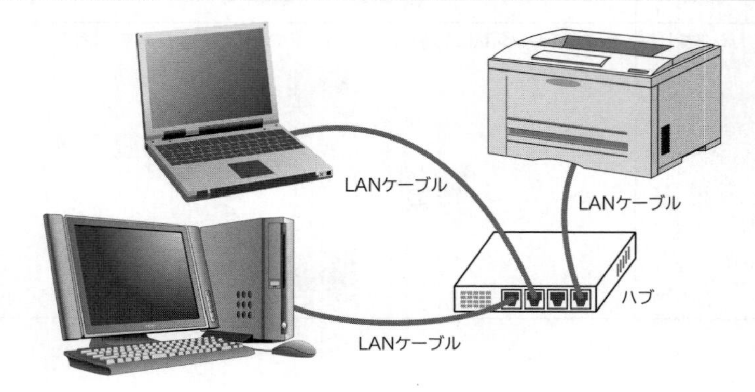

参考

ケーブルの種類

LANケーブルには、次のような種類がある。

●同軸ケーブル

絶縁体の中心にある銅線と、それを囲んだ編み目状の銅線で構成されたケーブル。外部からのノイズに強い。太さによって、直径10mmの標準同軸ケーブルと5mmの細心同軸ケーブルがある。

●ツイストペアケーブル

銅線をより合わせてできていることから「より対線」とも呼ばれる。主に10BASE(ベース)-Tや100BASE-TX、1000BASE-TなどのLANの規格に沿って構築するネットワークで使用される。LANボードとハブを接続するケーブルで、比較的短い距離の伝送に使用される。
また、ツイストペアケーブルの一種で、ケーブル内部で入力と出力の信号線を交差させたケーブルを「クロスケーブル」という。

●光ファイバケーブル

石英ガラスやプラスチックなどでできている細くて軽いケーブル。データの劣化や減衰がほとんどなく信号を伝達することができ、電磁波の影響を受けない。データの伝送には電気信号ではなく光を使用する。

●無線LAN

「無線LAN」とは、電波や赤外線を使って、無線で通信を行うLANのことです。LANケーブルを使わないので、オフィスのレイアウトを頻繁に変更したり、配線が容易でなかったり、または美観を重視したりするような場所で利用されます。

無線LANを構築するためのハードウェアには、次のようなものがあります。

名　称	説　明
無線LANカード	通信機能を備えた拡張カードで、無線LANアクセスポイントを介してネットワークに接続するための装置。PC本体に内蔵されているものが多い。無線LANアクセスポイントを介さず、無線LANカード同士で直接通信を行う製品もある。
無線LANアクセスポイント	無線LANカード同士のデータのやり取りを仲介する装置。通信エリア内であれば障害物をある程度無視できるため、コンピュータの設置場所を自由に移動して使用できる。

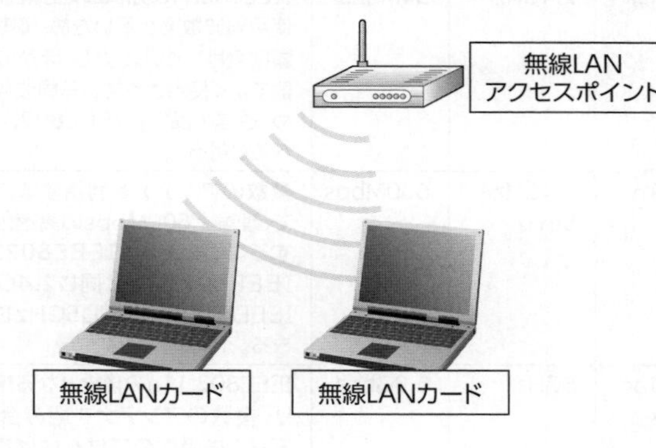

(2) LANの規格

LANには様々な規格があり、使用するケーブルや通信方法などが決められています。

LANの代表的な規格として、**「イーサネット」**や**「IEEE802.11」**などがあります。

●イーサネット

「イーサネット」とは、有線LANを構築するための国際標準規格のことです。

イーサネットには、次のような種類があります。

種　類	説　明
イーサネット	通信速度は10Mbpsで、主に企業や家庭内のコンピュータを接続する用途で使われる。ツイストペアケーブルを利用した「10BASE-T」などがある。
ファスト・イーサネット	通信速度を100Mbpsに高めた、高速なイーサネット規格。ツイストペアケーブルを利用した「100BASE-TX」や、光ファイバケーブルを利用した「100BASE-FX」などがある。
ギガビット・イーサネット	通信速度を1Gbps(1000Mbps)に高めた、高速なイーサネット規格。ツイストペアケーブルを利用した「1000BASE-T」や、光ファイバケーブルを利用した「1000BASE-LX」などがある。

参考

テザリング

スマートフォンなどの携帯端末をアクセスポイントのように用いて、PCやゲーム機などをインターネットに接続する機能のこと。

参考

ホットスポット

無線LANアクセスポイントを設置し、無線でインターネットに接続できる空間のこと。無線LANカードを搭載したコンピュータは、外出先でホットスポットを利用すれば、インターネットに接続できる。ただし、ホットスポットを提供する企業によって、コンピュータの設定方法などが異なる。

参考

センサーネットワーク

様々な機器に搭載されたセンサーを使って構築するネットワークのこと。センサーの計測結果を個別に判断するのではなく、複数のセンサーを総合的に判断して機器を制御できる。

参考

Wi-Fi

高品質な接続環境を実現した無線LANのこと、または無線LANで相互接続性が保証されていることを示すブランド名のこと。現在では無線LANと同義で使われている。無線LANが登場して接続が不安定だった頃は、高品質な接続が実現できるものをWi-Fiと呼んで区別した。
「Wireless Fidelity」の略。直訳すると「無線の忠実度」の意味。
近年では、様々な場所にWi-Fiのスポットが設置されており、PCや携帯端末などを接続できる。家庭用のWi-Fiも普及している。

参考

メッシュWi-Fi

「メッシュ」とは網の目を意味し、「メッシュWi-Fi」とは複数のアクセスポイントを設置して網の目のようにWi-Fiを張り巡らせること。多くの機器を接続したり、家庭内や企業内などの様々な場所で安定した接続を実現したりするのに有効である。

参考

カスケード接続

中継装置同士を接続することをいう。ハブのLANポートが足りないときに、ハブ同士を接続し、LANポート数を増やしてより多くのコンピュータを接続できる。リピータハブの場合は、コンピュータとコンピュータの間に介在するハブは最大4台（100BASE-TXは最大2台まで）に制限されている。接続には、専用のカスケードポート（アップリンクポート）を利用する方法と、通常のLANポート同士をクロスケーブルで接続する方法がある。

参考

パケット

データを一定の長さ以下に分割したデータ転送の単位のこと。インターネットでデータを送るときは、データをパケットに分割し、宛先や分割した順序などを記したヘッダーを付けて送信する。

●IEEE802.11

「IEEE802.11」とは、無線LANを構築するための国際標準規格のことです。使用する周波数帯や通信速度によっていくつかの規格があり、代表的な規格には次のようなものがあります。

名　称	使用周波数帯	通信速度	説　明
IEEE802.11a	5GHz	54Mbps	使用周波数帯が高いため、障害物などの影響を受けることがある。しかし、ほかの電子機器であまり使用されていない周波数帯のためノイズに強い。
IEEE802.11b	2.4GHz	11Mbps	使用周波数帯が低いため、障害物の影響は受けにくい。しかし、ほかの電子機器でよく使用されている周波数帯のため、通信の品質がIEEE802.11aに比べると劣る。
IEEE802.11g	2.4GHz	54Mbps	IEEE802.11b規格との互換性がある。使用周波数帯が低いため、障害物の影響は受けにくい。しかし、ほかの電子機器でよく使用されている周波数帯のため、通信の品質がIEEE802.11aに比べると劣る。
IEEE802.11n	2.4GHz/5GHz	600Mbps	複数のアンテナを利用することなどで、理論上600Mbpsの高速化を実現する。周波数帯はIEEE802.11gやIEEE802.11bと同じ2.4GHzと、IEEE802.11aと同じ5GHzを使用できる。
IEEE802.11ac	5GHz	6.9Gbps	IEEE802.11nの後継となる規格であり、複数のアンテナを組み合わせてデータ送受信の帯域を広げるなどして、高速化を実現する。周波数帯は5GHzを使用する。現在の主流となっている。

IEEE802.11の使用周波数帯には、**「2.4GHz帯」**と**「5GHz帯」**があります。2.4GHz帯は、電波が回り込みやすく、障害物に強いという特徴があります。電子レンジなどの家電製品やBluetooth機器では2.4GHz帯が利用されていることが多く、電波の干渉が起こりやすくなります。また、2.4GHz帯は、5GHz帯よりも電波が遠くまで届きやすくなっています。
5GHz帯は、電波の直進性が高く、回り込みにくいため、障害物に弱いという特徴があります。一方で、電波の干渉が少ないため、通信が安定しているといえます。

(3) 中継装置

LAN内やLAN同士、LANとWANを接続してネットワークを拡張するには、様々な中継装置が利用されます。

●LAN内の中継装置

LAN内を接続するときの代表的な中継装置には、次のようなものがあります。

名称	説明
リピータ	伝送距離を延長するためにケーブル上を流れる電気信号を増幅する装置。OSI基本参照モデルの第1層(物理層)で接続する。最もシンプルなハブのことを、「リピータハブ」という。
スイッチングハブ	宛先MACアドレスが存在するLANポートだけにパケット転送する機能を持っているハブのこと。そのために、各MACアドレスがどのLANポートに存在するかを学習する機能がある。また、リピータハブと違い、介在するハブの台数には制限がない。OSI基本参照モデルの第2層(データリンク層)で接続する。

●LAN同士・LANとWANの中継装置

LAN同士、LANとWANを接続するときの代表的な中継装置には、次のようなものがあります。

名称	説明
ブリッジ	複数のLAN同士を接続する装置。各コンピュータ内のLANボードなどのMACアドレスを記憶し、通信に関係しないLANに不要なデータは流さないので、トラフィック(ネットワーク上のデータ)を減らすことができる。OSI基本参照モデルの第2層(データリンク層)で接続する。
ルータ	複数のLANやWANを接続する装置。コンピュータ間においてパケットを最適な伝送経路で転送する(ルーティング)。OSI基本参照モデルの第3層(ネットワーク層)で接続する。
ゲートウェイ	プロトコルの異なるLANやWANをプロトコル変換して接続する装置。OSI基本参照モデルの第4層以上で接続する。

●回線接続装置

通信サービスを利用してデータ通信をするには、次のような機器が必要です。

回線の種類	必要な機器	機器の役割
FTTH	メディアコンバータ	光信号と電気信号とを変換する。
ADSL	ADSLモデム	ADSLのアナログ信号とデジタル信号とを変換する。コンピュータ側の接続ポートにはイーサネットやUSB対応のインタフェースがある。
	スプリッタ	音声信号とデータ信号とを帯域で分離する。
CATV	ケーブルモデム	ケーブルテレビ回線で使用されていない帯域をデータ通信で利用できるように変換する。
ISDN	DSU (回線終端装置)	コンピュータのデジタル信号形式とネットワーク上のデジタル信号形式とを変換する。デジタル回線の終端に接続する。
	TA (ターミナルアダプタ)	ISDNのデジタル信号とアナログ信号とを変換する。DSUを内蔵するものが多い。
	ダイヤルアップルータ	TAやDSU、ハブの機能を備えたルータ。一般的にLANから同時に複数のコンピュータをISDN回線でインターネット接続させる役割を持つ。
アナログ回線	モデム(変復調装置)	デジタル信号とアナログ信号とを変換する。

参考

OSI基本参照モデル

→「3-4-3 1 OSI基本参照モデル」

参考

MAC(マック)アドレス

→「3-4-4 IPアドレス」

参考

レイヤー2スイッチとレイヤー3スイッチ

●レイヤー2スイッチ

OSI基本参照モデルの第2層で接続する中継装置のこと。「L2スイッチ」ともいう。専用のハードウェアで処理するためブリッジより処理能力が高い。

●レイヤー3スイッチ

OSI基本参照モデルの第3層で接続する中継装置のこと。「L3スイッチ」ともいう。専用のハードウェアで処理するためルータより処理能力が高い。

参考

デフォルトゲートウェイ

ネットワーク外のコンピュータにアクセスする際に使用するコンピュータやルータなどの機器のこと。通信を可能とするための出入り口となる。

参考

ISDN

音声や画像、FAXなど、様々な種類のデータ通信ができるデジタル通信サービスのこと。代表的なISDNサービスのひとつに「基本インタフェース(2B+D)」があり、1回線が2本の情報チャネル(Bチャネル)と1本の制御チャネル(D)から構成される。それぞれの情報チャネルでデータ通信や音声通信ができるので、1台のコンピュータでインターネットを利用し、もう1台の電話機で通話するということが同時にできる。

参考

アナログ回線

一般の電話回線を利用して、音声を通信することを主目的とした通信サービスのこと。通信速度は最大56kbpsと低速である。

3-4-2 データの制御

ネットワークでデータをやり取りするには、伝送制御やメディアアクセス制御方式を理解する必要があります。

❶ 伝送制御

「伝送制御」とは、データを正しく伝送するためのルールのことです。データを伝送するときの、基本的な流れは次のとおりです。

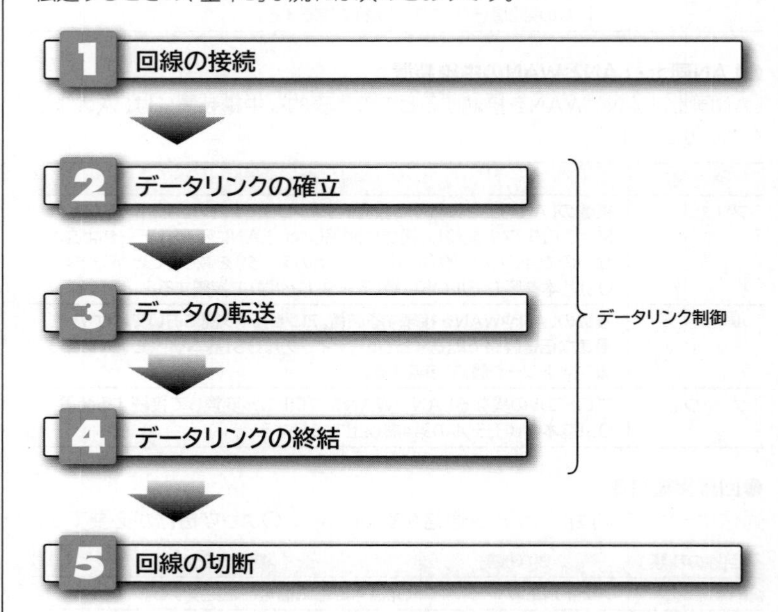

データリンクの確立から終結の流れを制御する手順のことを、**「データリンク制御」**といいます。
データの伝送路を制御する**「ルーティング制御」**と、データの流れを制御する**「フロー制御」**があります。

❷ 伝送制御の種類

代表的な伝送制御の手順には、**「ベーシック手順」**と**「HDLC手順」**があります。

(1) ベーシック手順

「ベーシック手順」は、データをブロックに分割し、**「伝送制御キャラクター」**を追加してデータを伝送する手順のことです。**「基本形データ伝送制御手順」**ともいいます。キャラクター同期方式を使い、伝送できるのはテキストデータだけで、銀行のホストコンピュータとATM端末との伝送など確実性が要求される場合に使われる手順です。

参考
スパニングツリー
LANの中でデータが永遠にループするのを防ぐ制御機能のこと。ブリッジに組み込まれる機能である。

参考
データリンク
論理的な伝送経路のこと。

参考
コネクション方式
データリンクを確立してからデータを送受信する方式のこと。ベーシック手順とHDLC手順はコネクション方式に相当する。一方、データリンクが確立したことを確認せず送受信する方法のことを「コネクションレス方式」という。

参考
キャラクター同期
→「1-1-4 1 (3) 信号同期方式」

代表的な伝送制御キャラクターには、次のようなものがあります。

符　号	意　味
SOH	ヘディング開始
STX	テキスト開始
ETX	テキスト終了
ENQ	問合せ
ACK	肯定応答
NAK	否定応答
SYN	同期信号

●メッセージの構成

「メッセージ」とは、ベーシック手順で伝送するデータの単位のことです。メッセージは、**「ヘディング」**と呼ばれるヘッダー情報と、テキストデータ、伝送制御キャラクターを組み合わせたものです。

SOH	ヘディング	STX	テキスト	ETX

●データリンクの確立方法

データリンクの確立方法には、**「コンテンション方式」**と**「ポーリング/セレクティング方式」**があります。

名　称	説　明
コンテンション方式	ポイントツーポイント(1対1)の通信において、データリンクを確立させる方法。送信側から「ENQ」を伝送し、受信側が「ACK」を返すことによってデータリンクが確立する。受信側が「NAK」を返した場合は、「ACK」になるまで「ENQ」を繰り返す。
ポーリング/セレクティング方式	マルチポイント(1対多)の通信において、データリンクを確立させる方法。ホスト側から「ENQ」を伝送し、各端末が「ACK」を返すことによってデータリンクが確立する。このとき、送信するデータがあるかどうかを問い合わせることを「ポーリング」といい、受信可能かどうかを問い合わせることを「セレクティング」という。

(2) HDLC手順

「HDLC手順」とは、フラグシーケンスやアドレスなどを含んだフレームを構成し、フレーム単位でデータを伝送する手順のことです。フラグ同期方式を使い、ベーシック手順と比べて効率と性能に優れ、高速にデータを伝送する場合に使われます。

フレームの構成は、次のとおりです。

フラグシーケンス	アドレス	制御	情報	FCS	フラグシーケンス
8ビット	8ビット	8ビット	nビット	16ビット	8ビット

名　称	説　明
フラグシーケンス	フラグ同期のためのビット(01111110)
アドレス	送信側のアドレス
制御	送信したフレーム番号
情報	伝送データ
FCS	CRC符号

参考

パリティチェック

ベーシック手順の誤り制御は「パリティチェック」によって行われる。

→「1-1-4 1 (4) 誤り制御方式」

参考

マルチリンク手順

複数のデータリンクを束ねて、ひとつのデータリンクとしてデータを送受信する手順のこと。HDLC手順で採用されている。

参考

HDLC

「High-level Data Link Control」の略。

参考

フラグ同期

→「1-1-4 1 (3) 信号同期方式」

参考

FCS

「Frame Check Sequence」の略。

参考

CRC符号

HDLC手順の誤り制御は「CRC符号」によって行われる。

→「1-1-4 1 (4) 誤り制御方式」

❸ メディアアクセス制御方式

「メディアアクセス制御方式」とは、データをどのような方法で伝送路に送受信するかなどを制御する方式のことです。**「MAC方式」**ともいいます。メディアアクセス制御方式は、LANのネットワークトポロジによって異なり、**「CSMA/CD方式」**や**「トークンパッシング方式」**などがあります。

(1) CSMA/CD方式

「CSMA/CD方式」とは、伝送路が空いているかどうかを確認してから、データを送信する方式のことです。そのとき、伝送路が空いていればデータを送信し、空いていなければ一時待機してからデータを送信します。複数のコンピュータから同時にデータが送信されると、**「衝突(コリジョン)」**が発生します。衝突が検出されると、データを送信したそれぞれのコンピュータが一時待機し、時間をずらして再送信します。
そのため、LAN上に流すべきデータが多くなればなるほど、同時にデータを送信する可能性が高くなり、伝送効率が下がります。バス型やスター型のLANで多く使われている方式です。

●コンピュータAからDへ送信
キャリア検出(伝送路上にデータが流れていないかを確認)
伝送路上にデータが流れているときは、伝送路が空いてから送信し、伝送路上にデータが流れていないときは、すぐに送信します。

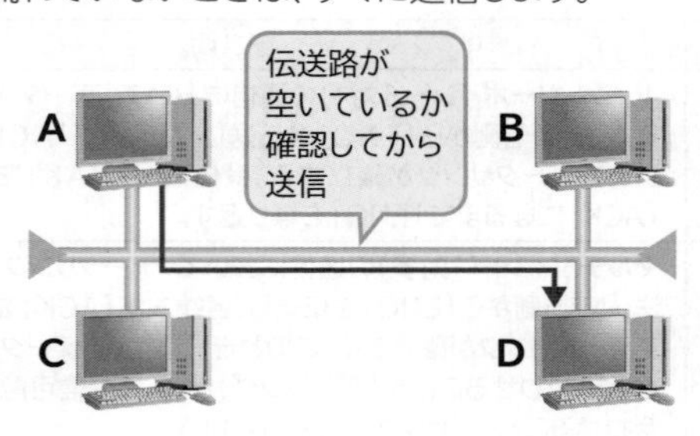

●コンピュータAとBが同時に送信
多重アクセス(複数のコンピュータから同時に送信)

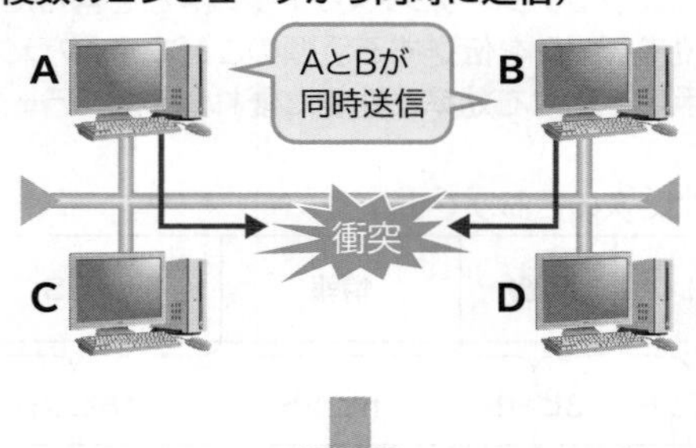

参考
MAC
「Media Access Control」の略。

参考
CSMA/CD
「Carrier Sense Multiple Access with Collision Detection」の略。

参考
CSMA/CA方式
CSMA/CD方式と同様に、同一の伝送路に複数のコンピュータがアクセスする際の衝突を回避する方式のこと。CSMA/CD方式では、衝突が検出されるとすぐに送信を中止し待機してから再送信するのに対し、CSMA/CA方式では、送信の前に毎回待機時間を入れて、一定時間以上継続して空いていることを確認する。衝突を検出しにくい無線LANなどで使用される。
CSMA/CAは、「Carrier Sense Multiple Access with Collision Avoidance」の略。

データの衝突を検出

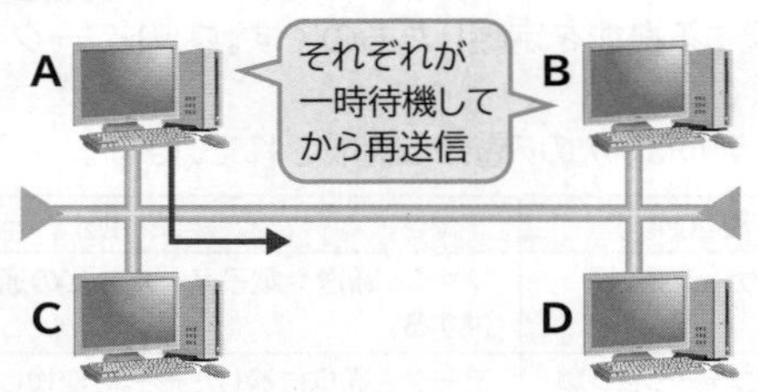

(2) トークンパッシング方式

「トークンパッシング方式」とは、データの送信権を表す**「トークン」**を伝送路上に一定方向で巡回させ、トークンを受け取ったコンピュータだけがデータを送信する権利を得ることができる方式のことです。送信先のコンピュータがデータを受け取り、送信元のコンピュータにデータを送り届けたことが知らされると、トークンは解放され、再び巡回します。トークンを持たないコンピュータはデータを送信できないため、同時に複数のコンピュータが送信することはなくデータの衝突は発生しません。主にリング型のLANで使われている方式です。

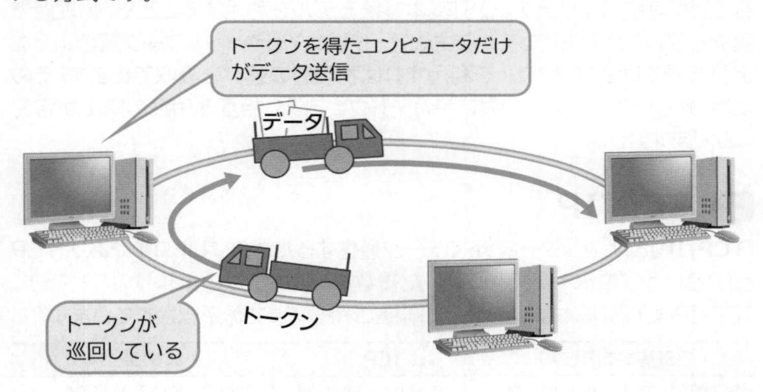

3-4-3 通信プロトコル

「プロトコル」とは、ネットワーク上でコンピュータ同士がデータ通信をするための決まりごと（ルール）のことです。**「通信プロトコル」**ともいいます。代表的なプロトコルである**「TCP/IP」**と、基礎となる**「OSI基本参照モデル」**について理解しておく必要があります。

❶ OSI基本参照モデル

ハードウェアやプロトコルなど、ネットワークの構成要素は多岐にわたっています。これらが独自の仕様に従って構成されていると、ハードウェアやプロトコルの組合せが固定され、ネットワークを拡張することが難しくなります。

参考

OSI
「Open Systems Interconnection」の略。

「OSI基本参照モデル」とは、通信プロトコルを階層（レイヤー）に分け、それぞれの階層で実現する機能を定義したものです。ネットワークを考えるうえで基本となる概念です。
OSI基本参照モデルは、次の7層から構成されています。

階　層		説　明
第7層	アプリケーション層	ファイル転送や電子メールなどの通信サービスを提供する。
第6層	プレゼンテーション層	データを通信に適した形式に変換したり、アプリケーション層に適した形式に変換したりする。
第5層	セション層	通信の開始と終了を認識する。
第4層	トランスポート層	通信異常が発生したときに、再送するなどの信頼性のある通信を保証する。
第3層	ネットワーク層	複数のネットワークにまたがったコンピュータ間のデータ転送やデータの中継をする。
第2層	データリンク層	隣接するコンピュータ間でデータを送信する。
第1層	物理層	データを電気信号に変換し、伝送する。

プロトコルを使用するハードウェアが、OSI基本参照モデルに従って定義されていれば、物理的なデバイスと利用されるプロトコルを柔軟に組み合わせることが可能になります。OSI基本参照モデルを利用することで、物理層で異なるプロトコルを使っていても、データリンク層やネットワーク層のような上位の層で同じプロトコルを利用すれば物理層の違いを吸収できます。そのため、新しいサービスへの対応やハードウェア間の相互運用性の向上が容易になります。

参考

データの単位

OSI基本参照モデルでは、それぞれの階層で作成されたデータは、下位層へ渡される前に、ヘッダーとしてアドレス情報などの制御情報が追加される。それに応じて、データの単位が変化する。

階　層	データの単位
トランスポート層	セグメント
ネットワーク層	パケット
データリンク層	フレーム
物理層	ビット

2 TCP/IP

「TCP/IP」とは、インターネットでデータ通信するためのプロトコルであり、TCPとIPというプロトコルを中心とした複数のプロトコルの集まりのことです。
TCP/IPは、OSI基本参照モデルと同様に階層構造で体系化されています。

OSI基本参照モデル		TCP/IP	主なプロトコル
第7層	アプリケーション層	アプリケーション層	SMTP、POP3、IMAP4、HTTP、FTP、TELNET、SNMP、DNS、DHCP、NTP
第6層	プレゼンテーション層		
第5層	セション層		
第4層	トランスポート層	トランスポート層	TCP、UDP
第3層	ネットワーク層	インターネット層	IP、ICMP、ARP
第2層	データリンク層	ネットワークインタフェース層	PPP、PPPoE、IPoE
第1層	物理層		

(1) アプリケーション層

TCP/IPのアプリケーション層は、OSI基本参照モデルのアプリケーション層（第7層）、プレゼンテーション層（第6層）、セション層（第5層）に相当します。
TCP/IPのアプリケーション層に位置付けられているプロトコルには、次のようなものがあります。

名　称	説　明
SMTP	電子メールを送信またはメールサーバ間で転送する。 「Simple Mail Transfer Protocol」の略。
POP3 （ポップ）	メールサーバから電子メールを受信する。 「Post Office Protocol version3」の略。
IMAP4 （アイマップ）	メールサーバから電子メールを受信する。メールサーバに保存されている電子メールを選択して受信することができる。 「Internet Message Access Protocol version4」の略。
HTTP	ハイパーテキストを転送する。 「HyperText Transfer Protocol」の略。
FTP	ファイルを転送する。 「File Transfer Protocol」の略。
TELNET （テルネット）	ネットワークを介してコンピュータをリモートで遠隔操作する。
SNMP	ネットワークを介してネットワークに接続された通信機器を管理する。 「Simple Network Management Protocol」の略。
DNS	IPアドレスとドメイン名を対応付ける。 「Domain Name System」の略。
DHCP	ネットワークに接続しているコンピュータに対し、使用していないIPアドレスを自動的に割り振る。 「Dynamic Host Configuration Protocol」の略。
NTP	ネットワークを介して各装置の時刻を同期する。 「Network Time Protocol」の略。

（2）トランスポート層

TCP/IPのトランスポート層は、OSI基本参照モデルのトランスポート層（第4層）に相当します。
TCP/IPのトランスポート層に位置付けられているプロトコルには、次のようなものがあります。

名　称	説　明
TCP	データが正しく送信されたことを確認しながら通信を行い、信頼性の高いデータ転送サービスを提供する。「コネクション型プロトコル」のひとつ。 「Transmission Control Protocol」の略。
UDP	データが正しく送信されたことを確認しないため信頼性は保証しないが、高速データ転送サービスを提供する。「コネクションレス型プロトコル」のひとつ。 「User Datagram Protocol」の略。

TCPによる信頼性のある通信を実現するために、どのアプリケーションソフトウェアのデータであるかを識別する番号を、**「ポート番号」**といいます。このポート番号によって、どのアプリケーションソフトウェアにデータを送信するのかを指定します。
代表的なポート番号には、次のようなものがあります。

ポート番号	プロトコル
20,21	FTP
23	TELNET
25	SMTP
80	HTTP
8080	代替HTTP

参考

ハイパーテキスト

→「3-4-5 3 Web」

参考

TCPとUDPの違い

いずれもOSI基本参照モデルの第4層に相当する。TCPは、通信相手に送信されたことを確認しながら通信を行うため、信頼性が高い。UDPは、通信相手に送信されたことを確認しないで通信を行い、信頼性よりも速度を重視して通信する。

(3) インターネット層

TCP/IPのインターネット層は、OSI基本参照モデルのネットワーク層(第3層)に相当します。

TCP/IPのインターネット層に位置付けられているプロトコルには、次のようなものがあります。

名 称	説 明
IP	ネットワーク上で一意のアドレスを使って個別のコンピュータやサーバを識別する。「Internet Protocol」の略。
ICMP	IPパケットによる通信状況をメッセージで送信する。 「Internet Control Message Protocol」の略。
ARP	データを送信する際に、送信先IPアドレスから相手のMACアドレスを検知する。 「Address Resolution Protocol」の略。

(4) ネットワークインタフェース層

TCP/IPのネットワークインタフェース層は、OSI基本参照モデルのデータリンク層(第2層)と物理層(第1層)に相当します。

TCP/IPのネットワークインタフェース層に位置付けられているプロトコルには、次のようなものがあります。

名 称	説 明
PPP	2つの地点を接続して通信を行う。電話回線を利用したコンピュータ間の接続などで使われる。「Point to Point Protocol」の略。
PPPoE	LAN上でPPP機能を提供する。PPPを応用して、インターネットで利用できるようにしたもの。「PPP over Ethernet」の略。
IPoE	LAN上でIPパケットを伝送して通信を行う。インターネットで使われる。PPPoEでは電話回線を前提とした接続が必要になるが、IPoEでは直接インターネットに接続する。PPPoEと比較して、より高速通信が可能となる。 「IP over Ethernet」の略。

3-4-4 IPアドレス

「IPアドレス」とは、ネットワークに接続されているコンピュータやサーバを識別するための番号のことです。

IPアドレスは2進数32ビットで表現され、複数のネットワークを区別する**「ネットワークアドレス」**とネットワーク内の各コンピュータを区別する**「ホストアドレス」**から構成されています。ただし、2進数は見づらいため、8ビットごとに**「.(ドット)」**で区切り、各オクテットを10進数で表します。

	第1オクテット	第2オクテット	第3オクテット	第4オクテット
2進数表記	11000000 .	10101000 .	00000001 .	00011001
10進数表記	192 .	168 .	1 .	25

❶ アドレスクラス

IPアドレスは、規模の異なるネットワークに適合するように**「アドレスクラス」**を定義しています。各ネットワークアドレスは、最初のオクテットの値によって、A、B、C、D、Eの5つのアドレスクラスに分けられます。アドレスクラスDとアドレスクラスEは特別な用途に予約されているため、通常のコンピュータに割り当てて使うのは、A、B、Cの3つのクラスになります。

参考

VLAN

物理的に接続せず、仮想的に構築されたLANのこと。「仮想LAN」ともいう。レイヤー3スイッチの各ポートにそれぞれコンピュータを接続している場合に、任意のポートだけを束ねて仮想的にLANを構築できる。

例えば、1~8ポートに接続しているコンピュータはネットワークAとし、9~16ポートに接続しているコンピュータはネットワークBとして、ネットワークAとネットワークBの間の通信を制御できる。

「Virtual LAN」の略。

参考

認証VLAN

VLANと利用者認証の機能を組み合わせた方式のこと。利用者IDやパスワードといった利用者認証が許可されなければ、LANにアクセスできないため、不正な利用者が持ち込んだコンピュータなどからの接続を排除できる。

参考

MAC(マック)アドレス

LANボードなどに製造段階で付けられる48ビットの一意の番号のこと。前半の24ビットは「ベンダーID」、後半の24ビットは「固有製造番号」で構成されている。ネットワーク内の各機器を識別するために付けられている。「物理アドレス」ともいう。

MACは、「Media Access Control」の略。

参考

オクテット

2進数で8ビットを表す単位のこと。

名 称	説 明
アドレスクラスA	IPアドレスの上位1ビットが「0」で始まるアドレスクラス。 ネットワークアドレスは第1オクテットまでで、第1オクテットが「1～127」になる。しかし、127で始まるアドレスは、ループバックアドレスとして予約されているため、実際にホストに割り当てることができるのは、「1～126」になる。 ホストアドレスは第2オクテットから第4オクテットになり、ひとつのネットワークで約1,677万のIPアドレスを割り当てることができる。 0 (7ビット) | (24ビット) ネットワークアドレス 8ビット | ホストアドレス 24ビット
アドレスクラスB	IPアドレスの上位2ビットが「10」で始まるアドレスクラス。 ネットワークアドレスは第1オクテットから第2オクテットまでで、第1オクテットが「128～191」、第2オクテットが「0～255」になる。 ホストアドレスは第3オクテットから第4オクテットになり、ひとつのネットワークで約65,000のIPアドレスを割り当てることができる。 1 0 (14ビット) | (16ビット) ネットワークアドレス 16ビット | ホストアドレス 16ビット
アドレスクラスC	IPアドレスの上位3ビットが「110」で始まるアドレスクラス。 ネットワークアドレスは第1オクテットから第3オクテットまでで、第1オクテットが「192～223」、第2オクテットと第3オクテットが「0～255」になる。 ホストアドレスは第4オクテットになり、ひとつのネットワークで254のIPアドレスを割り当てることができる。 1 1 0 (21ビット) | (8ビット) ネットワークアドレス 24ビット | ホストアドレス 8ビット
アドレスクラスD、E	IPアドレスの上位4ビットが「1110」のアドレスクラスDと、上位4ビットが「1111」のアドレスクラスEは、通常のコンピュータには割り当てない。アドレスクラスDは、複数のホストに同一のデータを送信するマルチキャストに利用されるアドレスとして予約され、アドレスクラスEは実験用として予約されている。

❷ グローバルIPアドレスとプライベートIPアドレス

「グローバルIPアドレス」とは、インターネットで使用できるIPアドレスのことです。インターネットで使用するIPアドレスは、インターネットで一意なものでなければならないため、自由に設定できません。日本では、IPアドレスの管理を**「JPNIC」**が行い、指定する事業者（プロバイダなど）に割り当てます。
「プライベートIPアドレス」とは、グローバルIPアドレスを取得していなくても、ある範囲のIPアドレスに限り自由に設定できるIPアドレスのことです。
アドレスクラスごとのプライベートIPアドレスの範囲は、次のとおりです。

アドレスクラス	プライベートIPアドレスの範囲
アドレスクラスA	10.0.0.0～10.255.255.255
アドレスクラスB	172.16.0.0～172.31.255.255
アドレスクラスC	192.168.0.0～192.168.255.255

※各アドレスクラスのホストアドレスがすべて0（開始アドレス）の場合は「ネットワークアドレス」、各アドレスクラスのホストアドレスがすべて1（終了アドレス）の場合は「ブロードキャストアドレス」という特殊なIPアドレスに使用されるため、これらはコンピュータに割り当てることはできません。

参考

ループバックアドレス
「127.0.0.0」で始まり、コンピュータに割り当てられない特殊なIPアドレスのこと。自分自身を表すIPアドレスとして使われる。

参考

マルチキャスト
ネットワーク内の複数の相手を指定してデータを送信すること。単一の相手を指定してデータを送信することを「ユニキャスト」と呼ぶ。

参考

JPNIC（ジェーピーニック）
日本国内のIPアドレスやドメイン名の割当てを一元管理している機関のこと。
「JaPan Network Information Center」の略。

参考

ブロードキャスト
同一ネットワーク内に接続するすべての機器に対して、一度にデータを送信すること。

❸ サブネッティング

「サブネッティング」とは、ひとつのネットワークを複数のネットワーク（サブネット）に分割して運用することです。ネットワークにIPアドレスを設定するにあたって、IPアドレスをアドレスクラスの考え方で管理していくと、例えば172.21.0.0というアドレスクラスBのネットワークでは、ネットワークアドレスが上位16ビット、ホストアドレスが下位16ビットとなり、約65,000台のコンピュータにIPアドレスを割り当てることができます。しかし、これでは大きなネットワークになってしまい、管理が大変で煩雑になってしまいます。また、同一ネットワーク内にこれだけ多くのコンピュータを配置することも少ないため、使用しないIPアドレスもでてきてしまい、効率的ではありません。サブネッティングによってネットワークを複数に分割すると、IPアドレスを効率的に管理できます。

サブネッティングによってIPアドレスを管理するには、**「サブネットマスク」**を使います。サブネットマスクとは、IPアドレスのネットワークアドレスとホストアドレスを区別するための、32ビットの情報のことです。IPアドレスとサブネットマスクの論理積によって、ネットワークアドレスを識別します。IPアドレスとサブネットマスクを並べたときに、サブネットマスクの32ビットの情報の先端から1が連続している部分に重なるIPアドレスをネットワークアドレス、それ以降の0が連続している部分に重なるIPアドレスをホストアドレスとして識別します。

> **例**
> アドレスクラスBのネットワーク172.21.0.0をサブネットマスク255.255.254.0で分割する場合、このネットワーク全体では最大いくつのホストアドレスを割り当てることができるか。

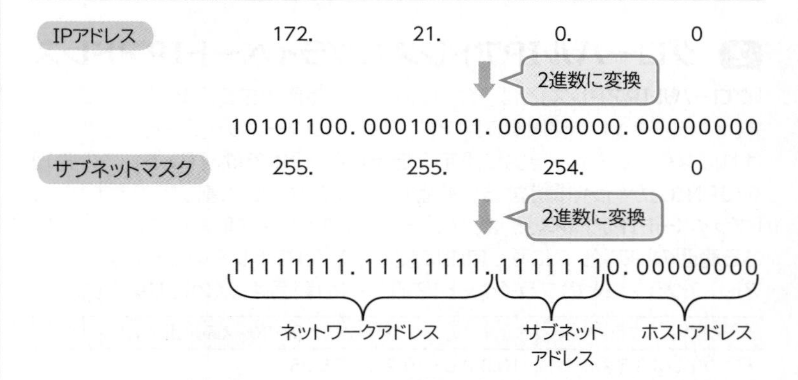

アドレスクラスBのネットワークアドレスは16ビットなので、サブネットマスクは7ビット拡張されていることがわかり、サブネットの個数は2^7=128になる。
ホストアドレスは9ビットなので、各サブネットで使用できるIPアドレスの数は2^9=512になり、すべてのビットが0または1の場合は使用できないので、接続できるIPアドレスの数は512−2=510になる。
したがって、ホストアドレスの最大値はサブネットの個数×IPアドレスの数＝128×510=65,280になる。

> **参考**
> **NAT（ナット）**
> プライベートIPアドレスとグローバルIPアドレスを相互に変換する技術のこと。NATでは、ひとつのグローバルIPアドレスに対して、ひとつのプライベートIPアドレスというように、1対1でアドレスを変換する。したがって、同時に複数のコンピュータが外部と通信する場合は、同時に接続する数だけグローバルIPアドレスが必要になる。
> 「Network Address Translation」の略。日本語では「ネットワークアドレス変換」の意味。

> **参考**
> **IPマスカレード**
> プライベートIPアドレス（TCPのポート番号まで含む）をグローバルIPアドレスに「n対1」で変換する技術のこと。そのため、社内のネットワークに接続されたすべてのコンピュータで、インターネットへ同時に接続できる。
> 「NAPT」、「マルチNAT」ともいう。
> NAPTは、「Network Address Port Translation」の略。

> **参考**
> **オーバーレイネットワーク**
> インターネット上に構築された仮想ネットワークのこと。代表的なものに「P2P」がある。
> P2Pとは、利用者同士でファイルのやり取りができるようにする技術のことで、サーバに依存せず、いつでも欲しい情報を手に入れたり、相手に提供したりできる。
> P2Pは、「Peer to Peer」の略。

> **参考**
> **CIDR（サイダー）**
> サブネットマスクの値によって、ネットワークアドレスとホストアドレスの境界を決める方法のこと。
> 「Classless Inter Domain Routing」の略。

> **参考**
> **サブネットアドレス**
> サブネッティングによって拡張されたネットワークアドレスのこと。

ネットワークアドレスは、必ず32ビットのIPアドレスの上位ビットから連続していることから、サブネットマスクのビットが1になっている数をIPアドレスのあとに**「/(スラッシュ)」**を付けて表記することがあります。これを**「ネットワークプレフィックス表記法」**といい、この例では**「172.21.0.0/23」**と表記します。

4 ルーティング

「ルーティング」とは、データを宛先のコンピュータに届けることを目的とし、最適な伝送経路で転送することです。通信を行うコンピュータ間において途中に位置付けられる各ルータが、次に送るべきルータを決定し中継していきます。次のルータの決定は、IPパケット内の宛先IPアドレスをルータ内のルーティングテーブルから検索して行います。
ルーティングは、**「経路制御」**、**「経路選択」**ともいいます。

3-4-5 インターネット

「インターネット」は、1969年に米国国防総省の分散型コンピュータネットワーク**「ARPANET(アーパネット)」**として誕生しました。1970年代前半に大学などの研究機関にネットワークが接続され、1991年には商用プロバイダにも開放され、爆発的に普及して現在に至ります。
インターネット上では、プロトコルに従って、世界中のコンピュータを相互に接続し、情報のやり取りを行うことができます。

1 DNS

「DNS」とは、IPアドレスとドメイン名を1：1の関係で対応付けて管理するサービスの仕組みのことです。コンピュータ同士が通信する際、相手のコンピュータを探すためにIPアドレスを使用します。しかし、IPアドレスは数字の羅列で人間にとって扱いにくいので、別名としてドメイン名が使用されます。

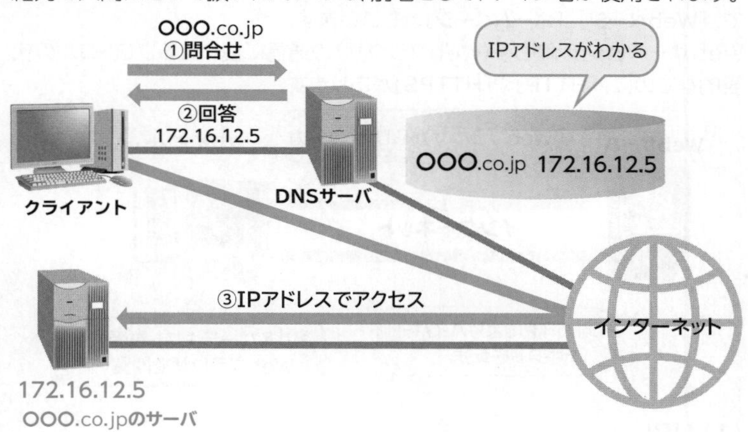

参考
IPv6
現在利用されているインターネットプロトコル(IPv4)の機能を拡張した次世代インターネットプロトコルのこと。16ビットごとに「:(コロン)」で区切って、16進数で表記する。
IPv6では、管理できるアドレス空間を32ビットから128ビットに拡大し、インターネットの急速な普及によって起きるIPアドレス不足を解消できる。
その他、ルーティングの高速化、プラグアンドプレイ機能、セキュリティ機能、マルチメディア対応、機能の拡張性・柔軟性などの特徴がある。
「Internet Protocol version6」の略。
また、IPv6では暗号化プロトコルである「IPsec」を標準で使用できる。

参考
ARPANET
「Advanced Research Project Agency NETwork」の略。

参考
ドメイン名
IPアドレスを人にわかりやすい文字の組合せで表したもの。インターネット上のサーバにアクセスするには、一般的にドメイン名が使われる。
ドメイン名は、右側から「トップレベルドメイン(TLD)」、「第2レベルドメイン」と「.(ピリオド)」で区切られた部分に分かれ、右側にあるほど広い範囲を表す。
TLDは、「Top Level Domain」の略。

参考
DNSサーバ
DNS機能を持つサーバのこと。DNSサーバは、ドメイン名での問合せをIPアドレスに変換するサービスを提供する。

参考
ルーティングテーブル
ルータが管理しているパケットの送信先を一覧にした経路情報のこと。

❷ 電子メール

「電子メール」は、メッセージのやり取りを行うサービスのことです。**「E-mail」**ともいいます。電子メールを利用するには、プロバイダなどから**「メールアドレス(メールアカウント)」**を取得する必要があります。プロバイダに加入すると、プロバイダの**「メールサーバ」**に、利用者ごとのメールボックス(私書箱)が与えられます。このメールボックスを経由して、ほかの利用者からの電子メールを受け取ることができます。
電子メールは、直接相手のコンピュータに届けられるわけではなく、契約しているプロバイダのサーバを経由してやり取りされます。企業内のネットワークの場合は、送信された電子メールは社内のメールサーバに送られ、メールサーバが相手先のメールアドレス宛てに配信します。
コンピュータAからBへの電子メールを送信するときの流れは、次のとおりです。

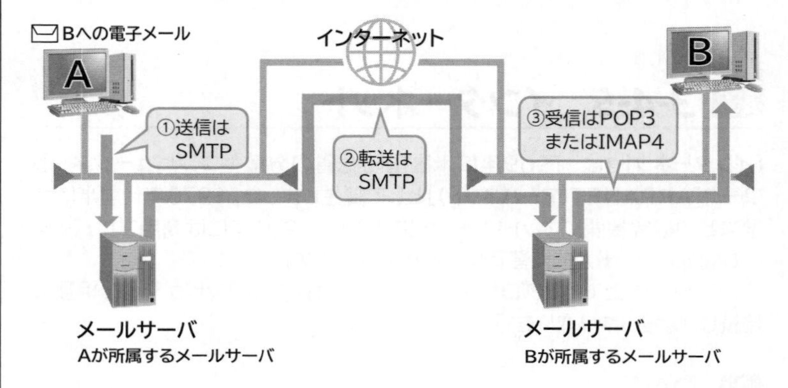

❸ Web

「WWW」とは、インターネット上の**「ハイパーテキスト」**の情報を検索・閲覧するためのサービスやシステムのことで、**「Web」**ともいいます。ハイパーテキストとは、HTMLやXMLなどのマークアップ言語で記述されたファイルのことで、**「Webページ」**、**「ホームページ」**ともいいます。
Webサーバとクライアント(Webブラウザ)の通信に使われるプロトコルの代表的なものに、**「HTTP」**や**「HTTPS」**があります。

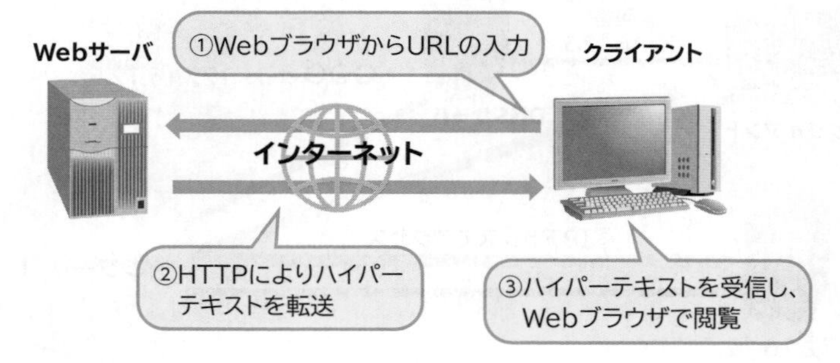

(1) URL

「URL」は、Webページを受信するためのプロトコルや、そのWebページのあるドメイン名、ディレクトリ名、ファイル名を一定の書式に従って記述したものです。WebブラウザでURLを指定すると、目的のWebページを閲覧できます。
また、ハイパーリンクをたどって、別のWebページにジャンプすることもできます。

参考

MIME(マイム)

電子メールで送受信できるデータ形式を拡張するプロトコルのこと。もともとテキスト形式しか扱えなかったものに、静止画や動画、音声などのマルチメディアも添付ファイルとして送受信できる。
「Multipurpose Internet Mail Extensions」の略。

参考

電子メールの宛先

電子メールを送信する場合は、宛先の種類を次のように使い分けられる。宛先には、複数のメールアドレスを指定できる。

宛 先	説 明
TO	相手のメールアドレスを指定する。
CC	TOに指定した相手以外に、参考として読んでほしい相手のメールアドレスを指定する。「Carbon Copy」の略。
BCC	BCCに指定するメールアドレスは、当人以外に公開されない。電子メールを別の人に送信したことを知られたくない場合や、電子メールを送信する複数の相手がお互いに面識がない場合に使う。「Blind Carbon Copy」の略。

参考

SMTP/POP3/IMAP4

→「3-4-3 2 (1) アプリケーション層」

参考

WWW

「World Wide Web」の略。

参考

HTTP

→「3-4-3 2 (1) アプリケーション層」

参考

HTTPS

→「3-5-6 4 (1) セキュアプロトコル」

参考

URL

「Uniform Resource Locator」の略。

参考

ハイパーリンク

URL情報を含んだ文字列や図などのこと。

URLの書式は、次のとおりです。

プロトコル名://FQDN/ディレクトリ名/ファイル名

例 http://www.fom.fujitsu.com/goods/index.html
プロトコル名 FQDN ディレクトリ名 ファイル名

「FQDN」とは、ホスト名(コンピュータ名)を合わせた形の完全なドメイン名のことです。**「完全修飾ドメイン名」**ともいいます。IPアドレスを人にわかりやすい文字の組合せで表したものであり、インターネット上のサーバにアクセスするには、厳密的に完全なドメイン名であるFQDNが使われます。FQDNの一番左は、ドメイン名に属するコンピュータなどのホスト名を表しています。
上の例の場合、URL中の"www.fom.fujitsu.com"はFQDNを表しています。FQDN中の"fom.fujitsu.com"はドメイン名を表し、FQDN中の"www"はホスト名を表しています。

(2) 検索エンジン

「検索エンジン」とは、見たいWebページのURLがわからないときに、キーワードなどを入力すると、検索してくれるサービスのことです。
検索エンジンは、大きく2つに分類されます。

名　称	説　明
ディレクトリ型	人間がデータベースにWebページの情報を登録する検索エンジン。「登録型」ともいう。
ロボット型	ロボットといわれるプログラムがインターネット上を巡回し、Webページの情報を拾い、キーワードやURLなどを自動的にデータベースに登録する検索エンジン。

4 ファイル転送

「ファイル転送」とは、FTPサーバとクライアント間でファイルを転送するサービスのことです。ファイル転送において、データをFTPサーバに送ることを**「アップロード」**、データをFTPサーバから受け取ることを**「ダウンロード」**といいます。代表的なプロトコルに**「FTP」**があり、FTP対応のWebブラウザやソフトウェアを使ってファイルを転送します。

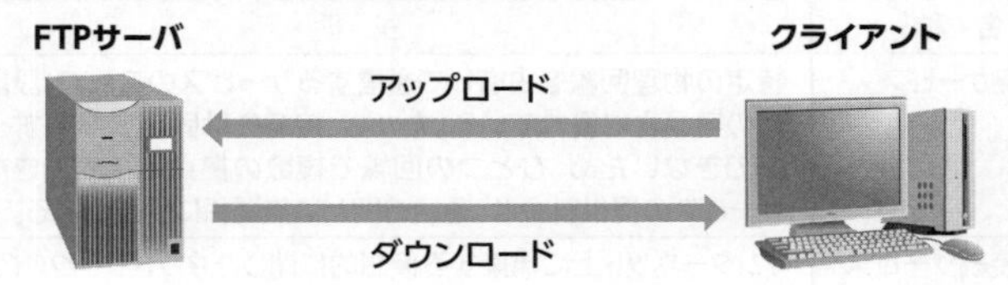

3-4-6 インターネットへの接続

インターネットへの通信サービスは**「インターネットサービスプロバイダ(ISP)」**によって提供されます。**「インターネット接続サービス事業者」**や、単に**「プロバイダ」**ともいいます。利用者から接続料金を徴収し、その対価としてインターネットへの接続や電子メールの利用サービス、Webページの公開サービスなどを提供します。

参考
セッションID
通信を行う際にクライアントを識別するための値のこと。セッションIDをやり取りすることによって、Webサーバとクライアントの間で、通信を連続して行うことができる。

参考
FQDN
「Fully Qualified Domain Name」の略。

参考
CGI
Webページを利用してWebサーバ側のプログラムを利用するための仕組みのこと。CGIを利用したサービスに、電子掲示板などがある。
「Common Gateway Interface」の略。

参考
cookie(クッキー)
Webサイトを管理しているWebサーバが、Webブラウザと情報を交換するために一時的に保存するファイルのこと、またはその仕組みのこと。閲覧したWebページの内容や、ユーザーアカウントのような入力したデータなどが記録されている。cookieに保存されている情報に基づき、ユーザーごとにカスタマイズした画面を表示したり、入力の手間を省いたりできる。Webサーバは、cookieを用いて、ユーザーの識別が可能となる。

参考
全文検索
複数の文書やWebページの中から、該当する単語を検索する方法のこと。Webページ以外にも、企業内の文書検索などでも使われる。

参考
ISP
「Internet Service Provider」の略。

参考
回線事業者
インターネットに接続するための回線を提供する業者のこと。

❶ 通信サービスの種類

通信サービスには、個人向けに提供するサービスや、企業向けに提供するサービスなどがあります。

(1) 個人向けの通信サービス

個人向けに提供する代表的な通信サービスには、次のようなものがあります。

名 称	説 明
FTTH	電話局から利用者宅までを光ファイバを使用して、最大10Mbps～100Mbpsにおよぶ、超高速データ通信を提供するサービスのこと。電気信号ではなく、光を使ってデータを送受信する。「光通信」ともいう。
ADSL	電話回線(アナログ回線)上の使われていない帯域を利用し、高速データ通信ができる非対称型サービスのこと。「非対称デジタル加入者回線」ともいう。 非対称とは、上り(コンピュータからネットワーク)と下り(ネットワークからコンピュータ)で通信速度が違うことで、上りで640kbps～1Mbps、下りで1.5Mbps～数10Mbps以上の通信ができる。特にインターネットのWebページの閲覧やファイルのダウンロードなど、下りの通信量が多い場合に適した回線サービスである。
CATV	映像を送るためのケーブルテレビ回線の使われていない帯域を利用して、高速データ通信を提供するサービスのこと。ケーブルテレビ会社にもよるが、数10Mbps程度の高速通信ができる。
IP電話	デジタル化した音声を、インターネットを利用して通信するサービスのこと。電話回線よりも設備コストを抑えることができるため、比較的使用料が低く設定されている。また、通話距離による料金格差もないため、遠隔地への通話コストを低く抑えることもできる。
衛星通信サービス	人工衛星を使ってインターネットに接続するサービスのこと。家庭用の衛星放送受信アンテナを使って、人工衛星からの電波を受信する。このアンテナは、電波を送信する機能を持っていないため、データを送信する場合は専用線などによってインターネットに接続する必要がある。

(2) 企業向けの通信サービス

企業向けに提供する代表的な通信サービスには、次のようなものがあります。

名 称	説 明
専用線サービス	特定の物理回線を占有して通信するサービスのことで、設計・管理の容易さに優れている。ただし、接続先は固定で変更することができないため、ひとつの回線で複数の拠点と接続できない。サービスの提供料金は、通話時間とは無関係に固定である。
VPN接続サービス	インターネット上に構築する仮想的に閉じたネットワーク(イントラネット)を提供するサービスのこと。VPN接続サービスには、「IP-VPN」や「広域イーサネット」などがある。 IP-VPNとは、プロバイダの提供するIP網を使って構築するVPNのこと。WANなど遠隔地のネットワーク同士を接続する場合に、プロバイダのサービスを介して接続しているにもかかわらず、あたかも自社内で構築したネットワークのような使い勝手で利用できる。
回線交換サービス	必要に応じて送信先との接続を確立し、通信を行う形態のサービスのこと。通信のたびに接続を行うため、ひとつの回線で複数の拠点と切り替えて接続できる。電話回線やISDNは回線交換サービスに含まれる。

参考

WDM

1本のケーブル上で、複数の光信号を多重化する技術のこと。
「Wavelength Division Multiplexing」の略。
日本語では「波長分割多重」の意味。

参考

TDMA

無線通信を制御する方式のこと。周波数帯を複数の発信者で共有するもので、海外での通話に対応した携帯電話の通信制御として使われる。
「Time Division Multiple Access」の略。
日本語では「時分割多元接続」の意味。

参考

VoIP

IPを使って、音声データを送受信する電話技術のこと。音声がデータ通信網に統合されるので通信網を効率的に使え、通話コストを下げるのが本来の目的である。VoIP技術を使った通話サービスにIP電話やインターネット電話がある。
「Voice over Internet Protocol」の略。

参考

VPN

公衆回線(不特定多数の利用者によって共有して利用される回線)を利用したネットワークの中に、仮想的な専用線を構築する技術のこと。通信データを暗号化し、さらに通信を行う者が認証を行うことで、仮想的な専用線を作り、脅威から通信内容を守る。
「Virtual Private Network」の略。
日本語では「仮想私設網」の意味。

参考

広域イーサネット

本来はLANの中継機器であるスイッチングハブを使って構成した、大規模なネットワークのこと。あたかも自社内で構築したネットワークのような使い勝手で利用できる。

名　称	説　明
パケット交換サービス	送信するデータをパケットに分割し、通信を行う形態のサービスのこと。パケット交換サービスで相手先固定接続を行うと、接続相手を固定した状態で通信できるため、仮想専用線を実現することもできる。誤り手順を簡素化し高速化させた通信サービスの「フレームリレーサービス」や、セルと呼ばれる固定長（53バイト）のフレームを転送する通信サービスの「ATMサービス（セルリレー）」などは、パケット交換サービスに含まれる。

(3) モバイル通信サービス

「モバイル通信サービス」とは、スマートフォンやタブレット端末、携帯電話などの持ち運びができる携帯端末や、ノートPCを利用して、無線でデータ通信するサービスのことです。

モバイル通信サービスを利用するためには、携帯端末に**「SIMカード」**を装着します。SIMカードとは、携帯端末に装着するICチップカードのことで、SIMカードを装着することによって電話番号を特定することができ、音声通話やデータ通信が可能になります。

●通信事業者

モバイル通信サービスを提供する通信事業者には、次のようなものがあります。

名　称	説　明
移動体通信事業者	携帯電話やスマートフォンなどの無線通信回路網のサービスを提供する通信事業者のこと。
MVNO	すでに設置されている携帯電話やスマートフォンなどの無線通信回線網を借りて、自社ブランドとして低価格でサービスを提供する通信事業者のこと。「Mobile Virtual Network Operator」の略。日本語では「仮想移動体通信事業者」の意味。

●5G

「5G」とは、**「第5世代移動通信システム」**ともいい、2020年に実用が開始された携帯電話やスマートフォンなどの次世代移動通信の通信規格のことです。現在普及している4G（第4世代移動通信システム、LTE-Advanced）の後継技術となります。これらの技術と比較した場合、5Gの特徴としては**「超高速」「超低遅延」「多数同時接続」**の3点が挙げられます。

特　徴	内　容
超高速	現在使われている周波数帯に加え、広帯域を使用できる新たな周波数帯を組み合わせて使うことにより、4Gの10倍以上の高速化を実現する。例えば、2時間の映画なら3秒でダウンロードが完了する（4Gでは30秒かかる）。
超低遅延	ネットワークの遅延が1ミリ秒（1000分の1秒）以下となり、遠隔地との通信においてもタイムラグの発生が非常に小さくなる（4Gでは10ミリ秒）。例えば、リアルタイムに遠隔地のロボットを操作・制御すること（遠隔制御や遠隔医療）ができる。
多数同時接続	多くの端末での同時接続が可能となる。例えば、自宅程度のエリアにおいて、PCやスマートフォンなど100台程度の同時接続が可能となる（4Gでは10台程度）。

参考

ATM

「Asynchronous Transfer Mode」の略。
日本語では「非同期転送モード」の意味。

参考

モバイル端末

「モバイル」とは、持ち運びできるという意味を持ち、持ち運びできる端末のことを「モバイル端末」という。携帯端末やノートPCなどが該当する。

参考

移動体通信の規格

携帯電話やスマートフォンなどの通信規格として、「3G（第3世代移動通信システム）」や、3Gをさらに高速化した「LTE（第3.9世代移動通信システム）」、LTEをさらに高速化した「4G（第4世代移動通信システム、LTE-Advanced）」、4Gをさらに高速化した「5G（第5世代移動通信システム）」などがある。
また、LTEを利用した音声通話サービスとして「VoLTE（ボルテ）」があり、高品質な音声通話を実現する。「Voice over LTE」の略。

(4) モバイル通信技術

モバイル通信技術には、次のようなものがあります。モバイル通信技術の中には、モバイル端末の接続だけでなく、近年注目されているIoTデバイス(IoT機器)を接続する**「LPWA」**のような技術もあります。

名 称	説 明
LPWA	消費電力が小さく、広域の通信が可能な無線通信技術の総称のこと。IoTにおいては、広いエリア内に多くのセンサーを設置し、計測した情報を定期的に収集したいなどのニーズがある。通信速度は低速でも問題がない一方で、低消費電力・低価格で広い範囲をカバーできる通信技術が求められる。特徴として、一般的な電池で数年以上の運用が可能な省電力性と、最大で数10kmの通信が可能な広域性を持っている。「Low Power Wide Area」の略。
IoTエリアネットワーク	工場・学校・家庭など、狭いエリアでIoTデバイス(IoT機器)を接続するための通信技術のこと。IoTエリアネットワークでは、無線LANや、有線の場合はPLCなどが多く利用される。
MIMO	無線LANの通信を高速化する技術のひとつで、送信側と受信側の両方にアンテナを複数用意し、同じ周波数帯で同時に通信を行うことによって、高速通信を実現する。LTEで採用されている。「Multiple Input Multiple Output」の略。
キャリアアグリゲーション	無線LANの通信を高速化する技術のひとつで、複数の異なる周波数を同時に利用して通信を行うことによって、高速通信を実現する。LTE-Advancedで採用されている。
ハンドオーバー	スマートフォンなどの携帯端末を移動しながら使用するときに、通信接続先である基地局(移動体通信事業者の接続点)を切り替える動作のこと。
ローミング	無線LANで接続している機器を移動しても、自動的に無線LANアクセスポイントを切り替えて接続が維持できるようにする仕組みのこと。

参考

IoT

→「8-3-5 1 IoTシステム」

参考

PLC

電源コンセントを利用して、LANを構築できる技術のこと。
「Power Line Communications」の略。日本語では「電力線通信」の意味。

参考

無線LANアクセスポイント

→「3-4-1 2 (1) ●無線LAN」

2 通信サービスの課金方式

通信サービスの課金方式には、次のようなものがあります。

方 式	説 明
定額制	「月額1,000円」などのように、利用時間の長さにかかわらず常に一定の利用料金が課金される。
従量制	「3分10円」などのように、利用時間に応じて課金される。
半従量制	基本料金に一定時間分の利用料金を含み、超過した部分について従量制で追加料金が課金される。
キャップ制	「1時間まで3分10円、それ以上はいくら利用しても月額1,000円」などのように、料金の上限が決まっている。

3 回線に関する計算

データを伝送する際に必要な時間を**「伝送時間」**と呼びます。伝送時間を求めるには、次のような計算式を使います。

$$伝送時間 = \frac{伝送するデータ量}{回線速度 \times 回線利用率}$$

例

次の条件でデータを送信するのに必要な時間は何秒か。

［条件］

・伝送するデータ量：1.5GBの動画
・回線速度　　　　：100Mbpsの光回線
・回線利用率　　　：60%

伝送するデータ量は1.5GB=1,500MBであり、回線速度は100Mbps=100Mbps÷8ビット=12.5MB／秒であるため、伝送時間は次のとおりとなる。

$$\frac{1{,}500\text{MB}}{12.5\text{MB／秒}\times 0.6}=200\text{秒}$$

（1,500MB：伝送するデータ量、12.5MB／秒：回線速度、0.6：回線利用率）

したがって、データを伝送するのに必要な時間は200秒となる。

3-4-7 ネットワーク管理

ネットワークを正常に動作させるために、ネットワークを運用管理する必要があります。

1 ネットワーク運用管理

ネットワークを運用管理する際には、次の点に注意します。

(1) 構成管理

「構成管理」では、ネットワーク構成、IPアドレスの割り振り、サーバやクライアントの設定情報、変更手続きなどを管理します。
具体的には、ネットワーク構成図によって、ネットワーク上のコンピュータや周辺機器の配置を図式化したり、IPアドレスの一覧表やコンピュータや周辺機器の設定情報を記録したりします。これらのドキュメントは、新旧を区別するために、バージョンを管理します。一般的に、社内基準に基づいてバージョンを追加し、変更箇所や変更内容、変更年月日などをドキュメントの更新履歴に記載します。

(2) 障害管理

「障害管理」では、ネットワーク障害の検出と分析を行い、復旧のための対応を行う一連の過程を管理します。
障害管理の手順は、次のとおりです。

参考

回線速度
一定時間内に伝送できるデータの量のこと。1秒間に送ることができるデータ量を示す「bps」や「ビット／秒」という単位が使われる。
bpsは、「bit per second」の略。

参考

回線利用率
回線容量のうち、実際のデータが伝送できる割合のこと。「伝送効率」ともいう。

参考

ビット誤り率
伝送したデータにエラーが発生する割合のこと。ビット誤り率が1/300,000の場合、300,000ビット中に1ビットのエラーが発生することを意味する。

参考

QoS
ネットワーク上に流れるデータの種類を識別し、リアルタイム性が要求されるインターネット電話や動画配信などのアプリケーションは優先度を上げて、一定の通信速度を保証する技術のこと。
「Quality of Service」の略。
日本語では「サービス品質」の意味。

1 情報収集

ログやエラーメッセージなどを確認する。

2 障害の切り分け、原因の特定

障害の範囲を確認し、原因（設定ミス・故障など）を特定する。

3 復旧作業

原因に合わせた復旧作業を行い、結果を確認する。

4 記録

再発防止や今後の対策のために、一連の情報を記録する。

(3) 性能管理

「性能管理」では、トラフィックを監視し、分析します。**「トラフィック」**とは、ネットワーク上を移動するデータ、またはデータの情報量のことです。トラフィック量や転送時間の関係などを分析することによって、ネットワークの性能を維持・管理できます。

参考

呼量
回線を使用する単位時間当たりのトラフィック量のこと。呼量の単位を「アーラン」という。

2 TCP/IPユーティリティ

「TCP/IPユーティリティ」とは、TCP/IPのトラブルシューティングに利用できるコマンドのことです。ネットワークで多いトラブルは、ほかのコンピュータと通信ができないというものです。TCP/IPユーティリティのコマンドを使用すると、コンピュータや周辺機器のどこで障害が発生しているのかを、切り分けて特定できます。
代表的なコマンドには、次のようなものがあります。

コマンド	説　明
ipconfig （アイピーコンフィグ）	Windows系のOSにおいて、TCP/IPの構成情報を確認するコマンド。正しく設定されている場合、IPアドレスやサブネットマスクなどの値が表示される。
ifconfig （アイエフコンフィグ）	UNIX系のOSにおいて、TCP/IPの構成情報を確認するコマンド。正しく設定されている場合、IPアドレスやサブネットマスクなどの値が表示される。
arp （アープ）	ARPテーブル（IPアドレスとMACアドレスの対応情報）を表示および変更するためのコマンド。
ping （ピング）	コンピュータや周辺機器の接続確認をするためのコマンド。コンピュータや周辺機器が正しく接続されているかを判別でき、通信にかかる時間なども表示される。
netstat （ネットスタット）	TCP/IPの通信状況を表示するためのコマンド。接続しているコンピュータの一覧やルーティングテーブルなどを表示できる。

❸ SNMP

「SNMP」とは、ネットワークに接続された通信機器（コンピュータやルータなど）を管理するプロトコルのことです。SNMPによって管理する側を**「SNMP管理ステーション」**、管理される側を**「SNMPエージェント」**と呼びます。SNMPに対応した中継装置やコンピュータにはSNMPエージェントが組み込まれており、ネットワーク経由で中継装置やコンピュータを監視・制御できます。

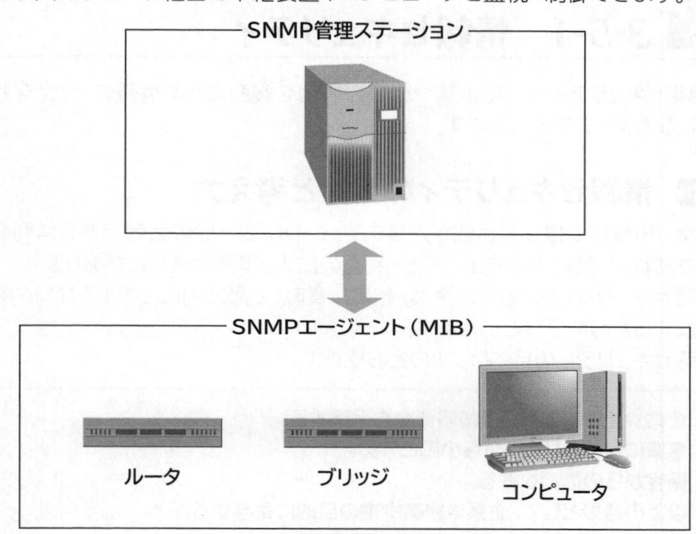

> **参考**
> **SNMP**
> 「Simple Network Management Protocol」の略。

> **参考**
> **MIB**
> SNMPエージェントに組み込まれている管理データベースのこと。
> 「Management Information Base」の略。
> 日本語では「管理情報ベース」の意味。

❹ 仮想ネットワーク

仮想的なネットワークの仕組みには、次のようなものがあります。

（1）SDN

「SDN」とは、仮想的なネットワークを構築し、ネットワークの構成や機能をソフトウェアによって一括して制御することができる技術の総称のことです。ネットワークの構築や変更の際にかかっていた膨大な手間を削減し、運用の効率化を図ることができます。
SDNを実現するためには、**「OpenFlow」**という技術仕様を使います。OpenFlowでは、ネットワーク機器の制御機能とデータ転送機能を分離し、制御機能をソフトウェアによって一括して集中制御して、どのネットワーク機器にどのような動作をさせるかを柔軟に設定できます。

> **参考**
> **SDN**
> 「Software Defined Networking」の略。

（2）NFV

「NFV」とは、仮想化技術を利用し、ネットワーク機器の機能を汎用サーバ上にソフトウェアとして実現した部品を用いて、ネットワークを構築することです。従来、ネットワーク機器の機能（ルータやファイアウォールなど）は、専用のハードウェアによって構成する必要がありましたが、NFVではネットワーク機器の機能を汎用サーバ内で実現します。また、仮想化技術により、ネットワークの機能を随時切り替えられるため、トラフィックの急増などにも柔軟に対応できます。

> **参考**
> NFV
> 「Network Functions Virtualization」の略。
> 日本語では「ネットワーク機能の仮想化」の意味。

3-5 セキュリティ

参考

セキュリティバイデザイン

システム企画・設計の段階から、セキュリティを確保した設計にすること。システム開発の早い段階からセキュリティを確保する対策を組み込んでおくことで、システム運用後のセキュリティ対策のコストを抑えることが期待できる。

参考

プライバシーバイデザイン

システム開発の上流工程において、システム稼働後に発生する可能性がある、個人情報の漏えいや目的外の利用などのリスクに対する予防的な機能を検討し、その機能を組み込んだ設計にすること。システム開発の早い段階からプライバシー対策を組み込んでおくことで、システム運用後のプライバシー対策のコストを抑えることが期待できる。

参考

真正性/責任追跡性/否認防止/信頼性

ISMS（情報セキュリティマネジメントシステム）の国際規格であるISO/IEC 27000ファミリーでは、機密性、完全性、可用性の維持に加えて、「真正性」、「責任追跡性」、「否認防止」、「信頼性」の維持を含めることもあると定義している。

要素	説明
真正性 (Authenticity)	利用者、システム、情報などが、間違いなく本物であると保証（認証）すること。
責任追跡性 (Accountability)	利用者やプロセス（サービス）などの動作・行動を一意に追跡でき、その責任を明確にできること。
否認防止 (Non-Repudiation)	ある事象や行動が発生した事実を、あとになって否認されないように保証できること。
信頼性 (Reliability)	情報システムやプロセス（サービス）が矛盾なく、一貫して期待した結果を導くこと。

3-5-1 情報セキュリティ

「情報セキュリティ」とは、企業や組織の大切な資産である情報を、安全な状態となるように守ることです。

❶ 情報セキュリティの目的と考え方

企業・組織には様々な目的があります。いわゆる一般の会社である営利企業であれば、競争力の向上、売上・利益の拡大、事業継続などがあります。
情報セキュリティは、自らの企業・組織に貢献し、最終的にこのような目的を達成するための手段といえます。
情報セキュリティの目的は、次のとおりです。

- **企業や組織で取り扱う情報資産を保護する。**
- **事業におけるリスクを最小限とする。**
- **顧客からの信頼を得る。**
- **以上の結果として、企業や組織本来の目的に寄与する。**

情報セキュリティの目的を達成するためには、情報の**「機密性」**、**「完全性」**、**「可用性」**の3つの要素を確保・維持することが重要です。これらの3つの要素をバランスよく確保・維持することによって、様々な脅威から情報システムや情報を保護し、情報システムの信頼性を高めることができます。

要素	説明
機密性 (Confidentiality)	アクセスを許可された者だけが、確実に情報にアクセスできること。
完全性 (Integrity)	情報および処理方法が正確であり、完全である状態に保たれていること。
可用性 (Availability)	認可された利用者が必要なときに、情報および関連する資産に確実にアクセスできること。

なお、機密性、完全性、可用性の要素のことを**「情報セキュリティの三大要素」**といい、それぞれの要素の英頭文字をとって**「CIA」**と呼ばれることがあります。

❷ OECDセキュリティガイドライン

「OECDセキュリティガイドライン」とは、参加者のセキュリティに対する意識を高めることを目的に、情報システムを利用する際に意識すべきことを9つの原則としてまとめたものです。正式名称は**「情報システム及びネットワークのセキュリティのためのガイドライン」**といいます。

OECDセキュリティガイドラインの9つの原則には、次のようなものがあります。

原　則	説　明
認識の原則	参加者は、情報システム及びネットワークのセキュリティの必要性ならびにセキュリティを強化するために自分たちにできることについて認識すべきである。
責任の原則	すべての参加者は、情報システム及びネットワークのセキュリティに責任を負う。
対応の原則	参加者は、セキュリティの事件に対する予防、検出及び対応のために、時宜を得たかつ協力的な方法で行動すべきである。
倫理の原則	参加者は、他者の正当な利益を尊重するべきである。
民主主義の原則	情報システム及びネットワークのセキュリティは、民主主義社会の本質的な価値に適合すべきである。
リスクアセスメントの原則	参加者は、リスクアセスメントを行うべきである。
セキュリティの設計及び実装の原則	参加者は、情報システム及びネットワークの本質的な要素としてセキュリティを組み込むべきである。
セキュリティマネジメントの原則	参加者は、セキュリティマネジメントへの包括的アプローチを採用するべきである。
再評価の原則	参加者は、情報システム及びネットワークのセキュリティのレビュー及び再評価を行い、セキュリティの方針、実践、手段及び手続きに適切な修正をすべきである。

❸ 情報セキュリティの重要性

現在は、情報通信技術が進歩し、一般家庭や各組織でコンピュータが当たり前のように使われる時代です。コンピュータがない時代に紙で扱っていた情報も電子データ化され、手軽さゆえに組織が扱う情報の量も飛躍的に増加しています。情報の取扱いにおいても、大量のデータをコピーしたり、ネットワーク経由で送信したりすることが簡単にでき、利便性の向上が見受けられます。一方、取り扱う情報が増えると、取扱いのミスなどで**「情報セキュリティインシデント」**が発生する可能性が高まります。また、情報の重要性が高いと、悪意のある者などに狙われる可能性が高まります。このようなことから情報を守るために、情報セキュリティへの取組みが必要となっています。

情報セキュリティにおいて、安全に守るべき対象は**「情報資産」**です。その情報資産を適切に守るには、それぞれの情報資産に対する**「脅威」**と**「脆弱性」**を洗い出し、どのように守っていくかを検討しなくてはなりません。また、**「脅威」**と混同してしまいやすい言葉に**「リスク」**というものがありますが、これらは異なる概念です。**「リスク」**とは、不確実性のことであり、情報セキュリティインシデントが起こる可能性と言い換えることができます。そのため、情報セキュリティインシデントが発生することを**「リスクが顕在化する」**という表現をします。

リスクは、次の条件がそろったときに顕在化します。

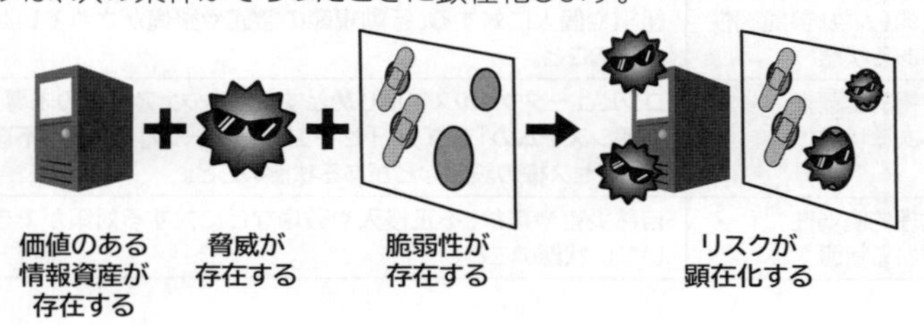

参考

OECD

経済協力開発機構のことで、ヨーロッパ諸国を中心に、日本や米国を含め37か国が加盟する国際機関である。国際マクロ経済の動向、貿易、開発援助の分野に加えて、持続可能な開発、ガバナンスといった新たな分野について加盟国間の分析・検討を行っている。

「Organization for Economic Co-operation and Development」の略。

参考

OECDセキュリティガイドラインにおける参加者

OECDセキュリティガイドラインでは、「情報システム及びネットワークを開発、所有、提供、管理、サービス提供及び使用する政府、企業、その他の組織及び個人利用者」を「参加者」としている。

参考

情報セキュリティインシデント

ネットワークへの不正侵入や情報漏えいなど、情報セキュリティに関する事件、事故のこと。

参考

情報セキュリティインシデントの事例

情報セキュリティインシデントが発生した場合は、企業・組織に直接損害が発生することだけでなく、市場に対する信頼やブランドが棄損され、企業・組織の存続すら危ぶまれることも少なくない。

情報セキュリティインシデントの事例には、次のようなものがある。

・ある教育関連企業から3,500万件以上の顧客情報が流出し、260億円以上の対策費用が発生した。
・米国の映像関連企業がハッカー集団のテロにあい、情報漏えいやサービスの停止に追い込まれた。
・金融機関のシステム障害により、ATMが利用できなくなった。
・航空会社の座席予約システムの障害により、航空機の運行ができなくなった。

4 脅威

「脅威」とは、情報資産を脅かし、損害を与える直接の要因となるものです。例えば、**「紙の書類」**にとっての脅威のひとつが**「火」**であり、**「PC」**にとっての脅威のひとつが**「マルウェア」**になります。
現在、多くの企業などにおいてシステムやインターネットが活用されています。誰でもすばやく簡単に情報を利用できるメリットがある反面、マルウェアに感染したりシステムに不正にアクセスされたりする事例があとを絶ちません。
脅威には、次のようなものがあります。

種　類	説　明
人的脅威	人間によって引き起こされる脅威のこと。悪意のある者が攻撃したり盗み見したりという故意犯による脅威よりも、誤操作・紛失・破損などのミス、つまり過失や誤謬が統計的には最も多い脅威である。また、組織の内部者の不正行為による情報詐取など、「内部不正」による脅威も多くなっている。 悪意のある者が人的な手口によって重要な情報を入手し、その情報を悪用することをセキュリティの世界では「ソーシャルエンジニアリング」という。技術的な手口を知らなくても、人間の心理的な弱点を突くことで誰でも簡単に情報を悪用できるため、警戒が必要である。
技術的脅威	IT技術によって引き起こされる脅威のこと。Webサーバやメールサーバなどの外部からアクセスできるサーバに対して様々な手口を使って不正アクセスし、サーバ内のデータを盗聴したり改ざんしたり、サーバに過負荷をかけてエラーを発生させたり停止させたりすることがある。悪意を持って情報システムやネットワークなどに攻撃をかけることを「クラッキング」という。 また、マルウェアや不正プログラムなど悪意のあるプログラムは日々進化、巧妙化しており、大きな脅威となっている。
物理的脅威	物理的な要因によって引き起こされる脅威のこと。自然災害（水害・落雷・地震・火災など）や、破壊・妨害行為、事故や故障、不正侵入や盗難などによって、情報にアクセスできなかったり情報が壊れてしまったりすることで、業務の遂行やサービスの提供に支障をきたしてしまうことがある。

5 脆弱性

「脆弱性（ぜいじゃくせい）」とは、脅威を受け入れてしまう情報セキュリティ上の欠陥や弱点のことです。例えば、**「火」**を受け入れてしまう脆弱性のひとつが**「紙は燃えやすいこと」**であり、**「マルウェア」**を受け入れてしまう脆弱性のひとつが**「セキュリティに対する無知」**になります。
脅威そのものをゼロにすることは現実的には難しいことが多く、情報セキュリティの対策のほとんどは、脆弱性をなくす（防ぐ）ことを目的としています。脆弱性の多くは**「脅威に対する不備」**といった表現がされます。そのため、脅威の種類別に脆弱性も大別することができます。

種　類	説　明
人的（人為的）脆弱性がある状態	組織や個人に対する、行動規範の徹底や整備がされていない状態のこと。
技術的脆弱性がある状態	コンピュータウイルスをはじめとするマルウェア対策の未導入、情報システムの「バグ」や「セキュリティホール」の放置、不適切なアクセス権の設定などがある状態のこと。
物理的脆弱性がある状態	自然災害や事故、不正侵入や破壊などに対する対策ができていない状態のこと。

参考
ビジネスメール詐欺
取引先や自社の経営者などを装って、電子メールを使って振込先口座の変更を指示するなど、金銭を要求する攻撃のこと。「BEC」ともいう。「Business E-mail Compromise」の略。

参考
誤謬（ごびゅう）
言葉や思考に間違いがあること。

参考
サラミ法
不正行為が気付かれない程度に、多くの資産から少しずつ詐取すること。

参考
シャドーIT
従業員が私的に保有する情報機器（PCや携帯端末など）を、企業側の許可を得ずに業務のために使用すること。
シャドーITによって、マルウェアに感染するリスクや、情報漏えいのリスクなどが増大する。

参考
BYOD
従業員が私的に保有する情報機器（PCや携帯端末など）を、企業内の業務のために使用すること。BYODによって、マルウェアに感染するリスクや、情報漏えいのリスクなどが増大する。
「Bring Your Own Device」の略。

参考
バグ
ソフトウェアコードの誤りや欠陥のこと。

参考
セキュリティホール
開発段階では想定していないセキュリティ上の脆弱性のこと。セキュリティホールを悪用されると、マルウェアに感染させられたり、外部から攻撃を受けたりする恐れがある。

6 不正のメカニズムと攻撃者

不正行為を発生させないためには、不正行為がどのようなメカニズム（仕組み）で発生するのか、どのような攻撃者が起こすのかを把握することが重要です。

（1）不正のトライアングル

米国の犯罪学者クレッシーが、実際の犯罪者を調べるなどして**「人が不正行為を働くまでには、どのような仕組みが働くのか」**を理論として取りまとめたものが**「不正のトライアングル」**です。この理論では、不正行為は**「機会」**、**「動機」**、**「正当化」**の3要素がそろったときに発生するとしています。

要　素	説　明
機会	不正行為を実行しやすい環境が存在すること。例えば、「機密資料の入っている棚に鍵がかけてあっても、鍵の保管場所は社員全員が知っている」などは機会に該当する。
動機	不正を起こす要因となる事情のこと。例えば、「経済的な困窮や、会社への恨み」などは動機に該当する。
正当化	不正行為を自分自身が是認するための主観的な理由のこと。例えば、「この会社は経営者が暴利を貪っているのだから、少しぐらい金銭を盗んだって問題ない」などと勝手に考えることは正当化に該当する。あくまで主観的な理由なので、本人がそのように考えていれば正当化の要素は成立する。

（2）攻撃者の種類

攻撃者の種類には、次のようなものがあります。

種　類	説　明
ハッカー	高いコンピュータ技術を持つ者のこと。「善悪」の区別はなく、コンピュータ技術に精通した能力を情報社会の進展化など、正しい方向に活用する者も多くいる。
クラッカー	コンピュータ技術を悪用する者のこと。クラッカーには高い技術を持つ者もいるので、狙われた場合、運が悪かったとあきらめるしかないと考える人もいる。
スクリプトキディ	技術に劣る（子供のような）ハッカーのこと。他人の作ったツール（＝スクリプト）を使う幼稚な攻撃者（＝キディ）を指す俗称である。自分でクラッキングツールなどを開発できないので、インターネット上で公開されているクラッキングツールを使い、不正アクセスなどを行う。すでに知られているセキュリティホールを狙う者が多い。
ボットハーダー	「ハーダー」とは、「放牧民」を意味する言葉で、「ボットハーダー」とは、家畜ならぬ「ボット」を多く統制し、不正アクセスやサービス攻撃などを仕掛けるクラッカーのことを指す。一般的に、ボットハーダーは、多くのゾンビコンピュータで構成されるボットネットを統制しており、そこに指示を出してサイバー攻撃を実行する。
内部関係者	情報資産に対する正規のアクセス権を持っているため、いったん彼らに狙われてしまうと、情報資産の保護は難しくなる。内部関係者による不正行為の動機は、経済的事情や組織・人への怨恨といったものが多い。また、正規のアクセス権を持っているために、被害が甚大なものになる傾向がある。
愉快犯	不正行為や攻撃により、社会や人々を混乱させたり不安にさせたりして、その様子を眺めて楽しむような犯罪者のこと。
詐欺犯	フィッシングやワンクリック詐欺など、他人を欺く手法で金銭を奪う犯罪者のこと。
故意犯	自らの意志で、悪意を持って犯罪を行う者のこと。

参考

状況的犯罪予防

犯罪者を対象にするのではなく、外部からコントロール可能な環境を整備していくことで、結果的に犯罪の発生を予防しようとする考え方のこと。

状況的犯罪予防の技法では、次の5つのカテゴリに分類し、さらに25の犯罪予防技術に細分化している。

- 犯罪の実施が困難な状況を作る。
- 犯罪の発覚や逮捕しやすい状況を作る。
- 犯罪の実施によるリターンが小さくなる状況を作る。
- 犯行に及ぶことを考えるような状況を減らす。
- 犯罪の言い訳ができない環境を作る。

参考

ホワイトハッカー

ハッカーのうちでも特に、コンピュータやネットワークに対して高い技術やノウハウなどを正しい方向に利用する者のこと。企業や自治体などが情報セキュリティの観点から、スペシャリストとしてホワイトハッカーを雇用するケースも多い。

参考

ボット/ゾンビコンピュータ/ボットネット

→「3-5-2 2 マルウェア・不正プログラムの種類」

参考

フィッシング/ワンクリック詐欺

→「3-5-3 6 その他の攻撃」

参考

サイバー攻撃

コンピュータシステムやネットワークに不正に侵入し、データの搾取や破壊、改ざんなどを行ったり、システムを破壊して使用不能に陥らせたりする攻撃の総称のこと。

参考

サイバー空間

コンピュータシステムやネットワークの作り出す仮想空間のこと。

参考

ダークウェブ

ユーザーの発信元を隠す専用ソフトウェアを利用しないと接続できないWebサイトの総称のこと。ダークウェブでは、アクセスが匿名化されるため、アクセス履歴を追跡することが困難である。

(3) 攻撃の動機

攻撃の動機には、次のようなものがあります。

動　機	説　明
金銭奪取	以前は人々を混乱させて、その様子を眺めて楽しむ愉快犯的な目的の「サイバー攻撃」が多かったが、現在では「金銭奪取」を目的とする犯罪が増えている。背景として、個人情報などお金になる情報を多くの企業が大量に情報システム上に保有していることがあり、特に内部関係者に狙われるケースが増えているといわれている。
ハクティビズム	「ハック」と「アクティビズム」からなる造語であり、政治的主張や目的を達成するために、ハッキング活動を行うこと。自分たちの思想に反する企業や組織に対し、「サイバー攻撃」などを行う。著名なハッカー集団「アノニマス」もハクティビズムのグループとされる。
サイバーテロリズム	情報システムやネットワークに対して行われるテロ活動のこと。現在は情報化が高度に進展しているため、「サイバー攻撃」の影響によっては、物理的な破壊活動などと比べても被害が甚大になるケースが多くある。サイバーテロリズムでは、何らかの社会的主張や政治的主張を通すために行われるため、国をはじめとする公共機関、テロ実施側が敵とみなす企業・組織などが狙われるケースが多くある。

3-5-2　マルウェア・不正プログラム

「マルウェア」とは、**「malicious software」**（悪意のあるソフトウェア）を略した造語です。コンピュータウイルスより概念としては広く、利用者に不利益を与えるソフトウェアや不正プログラムの総称として使われます。
マルウェアは、技術の進展とともに日々新しい種類のものが発生しているため、厳密に分類できないものもあります。

❶ コンピュータウイルスの定義

「コンピュータウイルス」とは、ネットワークや記録媒体を介して第三者のコンピュータシステム（サーバ、PC、スマートフォンなど）に侵入し、コンピュータ内のデータを破壊したり、ほかのコンピュータに増殖したりすることなどを目的に作られた、悪意のあるプログラムのことです。単に**「ウイルス」**ともいいます。
経済産業省のコンピュータウイルス対策基準では、次の3つの機能のうち、少なくとも1つ以上の機能を持つものをコンピュータウイルスと定義しています。

機　能	説　明
自己伝染機能	ウイルス自身の機能でほかのプログラムに自身をコピーしたり、または感染先のコンピュータの機能を利用してほかのコンピュータに自身をコピーしたりして、ほかのシステムへと伝染する機能のこと。
潜伏機能	一定期間、一定処理回数などの何らかの条件が満たされるまで発病することなく、ウイルスとしての機能を潜伏させておく機能のこと。
発病機能	データやプログラムなどのファイルを破壊したり、コンピュータやソフトウェアの設計者が意図していない行動をしたりする機能のこと。

❷ マルウェア・不正プログラムの種類

コンピュータウイルスも、マルウェアのひとつに分類されます。
マルウェアや不正プログラムの種類には、次のようなものがあります。

種　類	説　明
マクロウイルス	ワープロソフトや表計算ソフトなどのマクロ機能を悪用して作られたウイルスであり、それらのソフトのデータファイルに感染する。マクロウイルスは、感染しているファイルを開くことで感染する。マクロ機能を無効にすることで、ファイルを開いても感染を防ぐことができる。
ワーム	ネットワークに接続されたコンピュータに対して、次々と自己増殖していくプログラムのこと。ネットワークにも負荷をかけて、被害を増大させる。
ボット（BOT）	コンピュータを悪用することを目的に作られたウイルスのこと。感染すると、悪意のある第三者が感染したコンピュータを操り、メール爆弾、DoS攻撃といった迷惑行為をするなど、深刻な被害をもたらす。第三者が感染したコンピュータを「ロボット（robot）」のように操れることから、この名前が付いた。第三者が遠隔地からコンピュータを操れることから「遠隔操作型ウイルス」ともいう。 また、ボットに乗っ取られたコンピュータを「ゾンビコンピュータ」といい、ゾンビコンピュータを大量に組織し、攻撃などに使うネットワークを「ボットネット」という。
トロイの木馬	ユーティリティツールなどの有用なプログラムを装い、それを実行すると不正な処理を行うプログラムのこと。不正な処理には、システム内部からのデータ破壊や、キー入力情報の自動送信などがある。
スパイウェア	コンピュータ内部からインターネットに個人情報などを送り出すソフトウェアの総称のこと。利用者はコンピュータにスパイウェアがインストールされていることに気付かないことが多いため、深刻な被害をもたらす。
ランサムウェア	コンピュータの一部の機能を使えないようにして、復旧させる代わりに金銭を要求するマルウェアのこと。ランサムとは「身代金」のことであり、具体的には、コンピュータに感染後、コンピュータの操作をロックしたり、ディスク内のファイルを暗号化したりして、利用者がアクセスできないようにする。その後、ランサムウェアは画面メッセージなどで「復旧してほしければ金銭を支払うこと」などの内容を利用者に伝え、金銭の支払い方法は銀行口座振込や電子マネーの送信などが指示される。
キーロガー	キーボードから入力される内容を記録するソフトウェアまたはその仕組みのこと。トロイの木馬の性質を合わせ持つ場合がある。もともとはプログラムの不具合などを調査するために使用されていたものが、他人の利用者IDやパスワードを奪取する目的で使用されるなど、情報セキュリティ上の大きな脅威となっている。
バックドア	コンピュータへの攻撃者が、通常のアクセス経路以外から侵入するために組み込む裏口のようなアクセス経路のこと。攻撃者はバックドアを確保することによって、コンピュータの管理者に気付かれないようにして、コンピュータに何度でも侵入する。
ルートキット（rootkit）	コンピュータへの侵入者が不正侵入したあとに使うソフトウェアをまとめたパッケージのこと。ルート権限を奪うツール、侵入の痕跡を削除するツール、再びサーバに侵入できるようにバックドアを設置するツールなどがある。
偽セキュリティ対策ソフト	無償版のセキュリティソフトであると見せかけてインストールさせたあと、「ウイルスに感染しました」、「このウイルスを駆除するためには有償版の購入が必要です」など、巧みなメッセージで利用者をだまして金銭の支払いをさせるウイルスのこと。

参考

C&Cサーバ
侵入して乗っ取ったコンピュータ（ゾンビコンピュータ）に対して、他のコンピュータへの攻撃などの不正な操作をするように、外部から命令を出したり応答を受け取ったりする役割を持つサーバのこと。「Command and Control Server」の略。

参考

ルート権限
そのコンピュータに対するほぼすべての操作が可能な権限のこと。「管理者権限」ともいう。

3-5-3 サイバー攻撃手法

「サイバー攻撃」とは、コンピュータシステムやネットワークに不正に侵入し、データの搾取や破壊、改ざんなどを行ったり、システムを破壊して使用不能に陥らせたりする攻撃の総称のことです。サイバー攻撃に対する防御のことを**「サイバーセキュリティ」**といいます。

悪意のある者は様々なIT技術を利用してサイバー攻撃を行います。その手法はITの進展とともに多岐にわたり、私たちの貴重な情報資産を脅かしています。ひとくちに不正アクセスといっても、事前準備から実際のアクセス手法、次回の不正アクセスへの準備など様々な手法が巧妙に使われます。悪意のある者の手から情報資産を守るためには、それぞれの手法を適切に理解しておく必要があります。

❶ パスワードクラック攻撃

「パスワードクラック」とは、コンピュータを不正に利用するときに必要となる利用者IDとパスワードを解析することです。**「パスワードクラック攻撃」**は、不正に入手した利用者IDとパスワードを使って、不正アクセスすることを目的としています。

パスワードクラック攻撃には、次のようなものがあります。

攻　撃	説　明
総当たり(ブルートフォース)攻撃	「総当たり」という名称のとおり、一定の桁数の範囲で、すべての文字の組合せをパスワードとして、順番にログインを試す攻撃のこと。 ブルートフォースとは「力ずく」という意味であり、単純ながらもいつかは確実に正解にたどり着いてしまう強力な方法を意味する。 また、パスワードを固定し、利用者IDを総当たりにして、ログインを試す攻撃のことを「逆総当たり(リバースブルートフォース)攻撃」という。
辞書攻撃	専用の辞書を持ち、その辞書に掲載されているフレーズを順番にパスワードとして、ログインを試す攻撃のこと。攻撃に使われる辞書には、一般的な単語のほかに、パスワードとして利用されやすい単語が掲載されているのが特徴である。
パスワードリスト攻撃	あるWebサイトから入手した利用者IDとパスワードのリストを使い、別のWebサイトに不正にログインすることを試す攻撃のこと。複数のWebサイトで、同一の利用者IDとパスワードを使っている利用者がいる状況に着目した攻撃である。

❷ 標的型攻撃

「標的型攻撃」とは、特定の企業やユーザーを標的として行われる攻撃のことです。近年、手口が巧妙化しており、攻撃者は事前に攻撃対象の企業やユーザーの情報を収集し、攻撃方法を検討します。例えば、実在の会議の議事録を偽った添付ファイルなどで電子メールが送られてくると、怪しく感じることもなく添付の議事録ファイルなどを開封してしまうことがあります。実はその議事録ファイルがマルウェアであり、そのマルウェアに感染したPCから機密文書が流出するというような事故が頻発しています。

標的型攻撃には、次のようなものがあります。

参考

サイバーキルチェーン

標的型攻撃における攻撃者の行動を分解して示したもので、攻撃者の視点から攻撃プロセスについて、軍事行動に例えている。7段階のプロセスからなる。情報資産を守るためには、サイバーキルチェーンを踏まえたセキュリティ対策が求められる。

攻　撃	説　明
APT攻撃	標的型攻撃のうち、気付かれないように行われる執拗な攻撃のこと。気付かれないように行われるので、「標的型諜報攻撃」とも呼ばれる。 APTは、「Advanced Persistent Threats」の略。日本語では「先進的かつ執拗な脅威」の意味。
水飲み場型攻撃	標的とする組織や個人がアクセスしそうなWebサイトを調べ、そこにドライブバイダウンロードでマルウェアを仕込むなどし、標的となる者がアクセスするのを待つ攻撃のこと。「水飲み場型攻撃」という名称は、草食動物が水を飲むために川や池に現れるのを狙って、肉食動物がその近辺に潜む姿に似ていることに由来する。
やり取り型攻撃	標的とする相手に合わせて、電子メールなどを使って段階的にやり取りを行い、相手を油断させることによって行われる攻撃のこと。

❸ サービス妨害攻撃

「サービス妨害攻撃」とは、攻撃対象に大量のデータ（パケットや電子メールなど）を送りつけ、システムやネットワークに負荷をかけて停止に追い込むような攻撃のことです。通常の通信が混雑している状況と、攻撃との線引きが難しいのも特徴です。

サービス妨害攻撃には、次のようなものがあります。

攻　撃	説　明
DoS攻撃	サーバに過負荷をかけ、その機能を停止させる攻撃のこと。一般的には、サーバが処理することができないくらいの大量のパケットを送る方法が使われる。DoS攻撃によってネットワークが混雑することで、一般の利用者がサーバを利用できなくなる場合もある。 DoSは「Denial of Service」の略。日本語では「サービス妨害」の意味。 DoS攻撃のうち、ICMPプロトコルの「pingコマンド」を、攻撃対象に大量に送りつける攻撃のことを「ICMP Flood」という。ICMP Floodの拡張型の攻撃で、pingコマンドの送信元を偽装し、攻撃対象にpingコマンドを大量に送りつける攻撃のことを「Smurf攻撃」という。
DDoS攻撃	複数の端末からDoS攻撃を行う攻撃のこと。DoS攻撃の規模を格段に上げたもので、「分散型DoS攻撃」ともいう。 DDosは「Distributed DoS」の略。 DDoS攻撃では、脆弱性のある端末をボット（BOT）で乗っ取った「ゾンビコンピュータ」がよく使われる。技術力のあるクラッカーは大量のゾンビコンピュータで構成される「ボットネット」を組織しており、これらのボットネットから攻撃対象の端末を一斉に攻撃する。DoS攻撃と比較にならないほど規模が巨大になるだけでなく、攻撃元が操られたゾンビコンピュータなので、真犯人の足がつきにくいという特徴がある。
メールボム	企業や個人に対する嫌がらせ・業務妨害を目的に、同一メールアドレスや同一サーバに大量かつ大容量の電子メールを送りつける攻撃のこと。「メール爆弾」、「メール爆撃」ともいう。メールサーバの容量が足りなくなって新しい電子メールを受け取れなくなったり、メールフォルダに不要な電子メールが溢れることで必要な電子メールを探しにくくなったりするといった影響が出る。また、メールサーバに大量の受信を行わせることにより、処理能力の低下やサーバダウンを引き起こし、業務を妨害する。

❹ なりすましによる攻撃

「なりすまし」とは、攻撃者が他人の名前やIDを利用するなどして正規のユーザーを装い、情報資産の奪取や破壊などを行う活動全般のことです。攻撃者は自分の素性を隠すために、様々ななりすまし行為や技術を利用します。

なりすましによる攻撃には、次のようなものがあります。

参考

ドライブバイダウンロード

→「3-5-3 5 不正なスクリプト・命令による攻撃」

参考

ICMPプロトコル

IPパケットによる通信状況をメッセージで送信するプロトコル。OSI基本参照モデルのネットワーク層（第3層）に位置付けられる。

「Internet Control Message Protocol」の略。

参考

ボット（BOT）

→「3-5-2 2 マルウェア・不正プログラムの種類」

参考

スパムメール

主に宣伝・広告・詐欺などの目的で不特定多数のユーザーに大量に送信される電子メールのこと。「迷惑メール」、「SPAM」ともいう。

スパムメールを送信する業者も多数存在し、ユーザーにとってはメールボックスが様々なスパムメールで溢れ、メールボムと同じように業務に支障をきたすことになる。

攻　撃	説　明
セッションハイジャック	ネットワーク上で通信を確立している2つの機器の間に割り込み、片方のふりをして、もう一方の機器からの情報を詐取したり、誤った情報を提供して業務を妨害したりする攻撃のこと。 TCPプロトコルではセッションIDを利用して、通信の相手先を特定しているが、介入した攻撃者は、詐取したセッションIDを使ったり、次のセッションIDを予測したりして一方の機器に送信し、自らが正しい通信相手であると詐称する。
踏み台	クラッカーが攻撃目標のコンピュータを攻撃する場合に、セキュリティ対策が不十分である第三者のコンピュータを隠れ蓑として利用し、そこを経由して攻撃を行うこと、またはこの第三者のコンピュータのこと。 踏み台の一種で、第三者のコンピュータを利用して、電子メールの配信を行うことを「第三者中継」や「オープンリレー」という。
IPスプーフィング	攻撃元を隠ぺいするために、偽りのIPアドレスを送信元IPアドレスに設定して、パケットを送信する攻撃のこと。外部から入るパケットの送信元IPアドレスが、自社ネットワークのIPアドレスとなっている攻撃も多い。
キャッシュポイズニング	DNSサーバの「名前解決情報」が格納されているキャッシュ（記憶領域）に対して、偽の情報を送り込む攻撃のこと。「DNSキャッシュポイズニング」ともいう。 DNSサーバがクライアントからドメインの名前解決の依頼を受けると、キャッシュに設定された偽のIPアドレスを返すため、クライアントは本来アクセスしたいWebサイトではなく、攻撃者が用意した偽のWebサイトに誘導される。
MITB攻撃	マルウェアを侵入させるなどして利用者の通信を監視し、Webブラウザから送信されるデータを改ざんする攻撃のこと。「Man-in-the-browser攻撃」ともいう。 例えば、オンラインバンキングにおいて、利用者のPCにマルウェアを侵入させてWebブラウザを乗っ取り、正式な取引画面の間に不正な画面を介在させ、振込先の情報を不正に書き換えて、攻撃者の指定した口座に送金するなどの不正な操作を行う。
SEOポイズニング	検索サイトの検索結果の上位に、悪意のあるWebサイトが並んで表示されるように細工する攻撃のこと。 SEOは、「Search Engine Optimization」の略。

参考

中間者攻撃

セッションハイジャックの中でも、特にAとBの2者の間に割り込み、AにはBのふりをし、BにはAのふりをするなどして双方を詐称する攻撃を「中間者（Man-in-the-middle）攻撃」という。
中間者攻撃では双方に全く気付かれることなく情報を取得することができるほか、それぞれから送られてくる情報を改ざんし、通信内容を都合のよいようにコントロールすることさえできる。

参考

名前解決情報

ドメイン名とIPアドレスを紐付けしたリストのこと。

5 不正なスクリプト・命令による攻撃

検索サイトや掲示板サイト、ショップサイトなど、ユーザーが入力したデータを処理するシステムは多くあります。脆弱性のあるサイトは、ユーザーが入力するデータに細工をすることにより、サイト管理者の意図しない不正なスクリプトや命令が実行できてしまいます。
不正なスクリプトや命令による攻撃には、次のようなものがあります。

攻　撃	説　明
クロスサイトスクリプティング（XSS）	悪意のあるスクリプトを脆弱性のあるWebサイトに埋め込み、そのスクリプトを利用者のWebブラウザで実行させることによって、個人情報を盗み出したり、コンピュータ上のファイルを破壊したりする攻撃のこと。複数のWebサイトを横断して罠を仕掛けることから、このように呼ばれる。
クロスサイトリクエストフォージェリ（CSRF）	悪意のあるスクリプトを脆弱性のあるWebサイトに埋め込み、そのスクリプトを利用者のWebブラウザで実行させることによって、利用者が意図していない操作を実行する攻撃のこと。掲示板やアンケートのWebサイトへの書込みや、意図しない買い物をさせるなど、本来利用者がログインしなければ実行できないような処理を実行する。

参考

XSS

「Cross Site Scripting」の略。CSS（Cascading Style Sheets）と同じ略となるため、これを避けるために「XSS」と略される。

参考

CSRF

「Cross Site Request Forgeries」の略。

攻　撃	説　明
SQL インジェクション	データベースと連携しているWebサイトにおいて、利用者が入力するフォームなどから不正なSQL文の一部を入力して、結果的にWebサイトの管理者が意図しないSQL命令を発行させ、データベースを操作したり、情報を盗み出したりする攻撃のこと。
ディレクトリ トラバーサル	管理者が意図していないディレクトリやファイルにアクセスする攻撃のこと。脆弱性のあるWebサイトでは、ファイル名を入力するエリアに、上位のディレクトリを意味する記号("../"など)を受け付けてしまい、その結果、悪意のある者はほかのディレクトリやその中に存在するファイルにアクセスできてしまう。
クリック ジャッキング	Webページ上に悪意のある見えないボタン(透明なボタン)を埋め込んでおき、そのボタンを利用者にクリックさせることで、利用者が意図していない操作を実行させる攻撃のこと。例えば、SNSの退会ボタンを押すように誘導されたり、会員サイトの非公開情報を公開するように誘導されたりする事例が発生している。
ドライブバイ ダウンロード	Webサイトを表示しただけで、利用者が気付かないうちに不正なプログラムを自動的にダウンロードさせる攻撃のこと。

6 その他の攻撃

その他にも、次のような様々な攻撃があります。

攻　撃	説　明
フィッシング	銀行やクレジット会社、通販サイトなどを装って偽の電子メールを送信し、偽のWebサイトへ誘導することにより、利用者IDやパスワード、クレジット番号などを入力させ、情報を盗む詐欺行為のこと。語源は「fishing(釣り)」であるが、スペルは「phishing」である。
ゼロデイ攻撃	OSやアプリケーションソフトウェアのセキュリティホールが発見されると、セキュリティホールを修復するプログラムが配布される。「ゼロデイ攻撃」とは、このセキュリティホールの発見から修復プログラムの配布までの期間に、セキュリティホールを悪用して行われる攻撃のこと。「ゼロデイ」という名称は、「セキュリティホールが発見されて日を置かずに(ゼロデイ)」という意味から付けられた。
サイドチャネル 攻撃	暗号化を処理する装置やデバイスに対して、暗号化を処理する際の物理量(消費電力や処理時間など)を測定することによって、機密情報を盗み出す攻撃のこと。
バッファオーバー フロー	コンピュータ上で動作しているプログラムで確保しているメモリ容量(バッファ)を超えるデータを送り、バッファを溢れさせ、クラッカーが意図する不正な処理を実行する攻撃のこと。
フットプリン ティング	ネットワーク上のコンピュータに攻撃を仕掛ける準備として、事前に様々な情報を収集すること。具体的に、ドメイン名、IPアドレス、OSの種類、稼働サービスなどの情報を収集する。
ポートスキャン	コンピュータのポートに順番にアクセスして、コンピュータの開いているポート(サービス)を調べること。攻撃者は、ポートスキャンを行って、開いているポートを特定することで、侵入できそうなポート(攻撃できそうなサービス)があるかどうかを事前に調査する。 また、ポートスキャンを行うソフトウェアのことを「ポートスキャナー」という。

参考

ワンクリック詐欺

フィッシングの一種で、画面上の画像や文字をクリックしただけで入会金や使用料などの料金を請求するような詐欺のこと。多くは、利用規約や料金などの説明が、小さい文字で書かれていたり、別のページで説明されていたりと、利用者が読まないことを想定したページの作りになっている。

参考

セキュリティホール

開発段階では想定しないセキュリティ上の脆弱性のこと。

3-5-4 情報セキュリティ管理

企業などでは、個人情報や機密情報などの様々な情報が扱われたり、コンピュータを利用した情報の共有化が行われたりします。
このような**「情報」**は、企業や団体、教育機関などの立場にかかわらず、大切な**「資産」**です。これらの資産は厳重に管理する必要があります。

1 情報資産の管理

「情報資産」とは、データやソフトウェア、コンピュータやネットワーク機器などの守るべき価値のある資産のことです。組織が保有する情報資産の価値を認識し、正しく運用することが大切です。
情報資産の管理では、組織の保有する情報資産を調査・特定し、その重要性を**「機密性」**、**「完全性」**、**「可用性」**の3つの側面で分類し、管理します。すべての情報資産は**「情報資産台帳」**に記載し、各情報資産のライフサイクルに合わせ、常に最新の状態を維持することが必要です。

参考

有形資産と無形資産

情報資産は、「有形資産」と「無形資産」に分類できる。

資　産	説　明
有形資産	物理的に存在するモノのことで、「物理的資産」とも呼ばれる。紙に印刷されたデータ、サーバやコンピュータなどのハードウェア、ネットワーク機器などがある。
無形資産	論理的なデータやソフトウェアのことで、「ソフトウェア資産」とも呼ばれる。顧客情報・人事情報・営業情報・知的財産関連情報などの電子データ、OSやアプリケーションソフトウェア、人間の知識や経験などがある。

参考

公開情報と非公開情報

「公開情報」とは、製品カタログやWebページに掲載する情報などの、一般に公開している情報や、公開しても問題のない情報のこと。
「非公開情報」とは、新製品開発情報などのように公開することで不利益が発生するような機密情報や、顧客情報などのような個人情報のこと。

2 リスクマネジメント

「リスクマネジメント」とは、組織におけるリスクに対して対応を行ったり、受容したりする一連のプロセスのことです。リスクマネジメントは、主に**「リスクアセスメント」**と**「リスク対応」**から成り立っています。
リスクマネジメントの手順は、次のとおりです。

1 リスク特定

リスク分析の対象となる情報資産が、どこに、どのように存在しているのかを特定する。

2 リスク分析

公開情報か非公開情報か、その情報資産にはどのような価値があるのか、その情報資産をどの範囲で人が利用するのかを分析する。その際、機密性、完全性、可用性の側面から重要度のランク付けをする。

3 リスク評価

脅威が発生するとどれだけの影響があるのかを評価し、予測される発生頻度や損失額の大きいものから優先順位を決定する。評価は、資産価値や脅威などをもとに行う。

（1～3：リスクアセスメント）

4 リスク対応

リスクの評価結果に基づいて、情報セキュリティを維持するための具体的な対策を決定し、実施する。

(1) リスクアセスメント

「リスクアセスメント」とは、リスクを特定し、分析し、評価する一連のプロセスのことです。リスクを分析し評価することで、組織のどこにどのようなリスクがあるか、また、それはどの程度の大きさかということを明らかにします。
リスクアセスメントを行うことにより、組織やシステムにどのようなリスクが潜んでいるのかを明確にできます。それぞれのリスクを洗い出すだけではなく、そのリスクの大きさや影響度まで明確にすることにより、限られた予算の中で、最大の効果を出せるような情報セキュリティ対策計画の策定につなげることができます。

(2) リスクの種類

リスクの種類には、次のようなものがあります。

種　類	説　明
オペレーショナルリスク	企業・組織の業務活動に関連するリスクのこと。例えば、内部犯による情報漏えいなどが挙げられる。
サプライチェーンリスク	情報機器や情報システムなどを納入者(サプライヤ)から納入することに関連して発生するリスクのこと。例えば、開発元から納入された情報システムに、意図しない機能が実装されていたなどが挙げられる。
外部サービス利用のリスク	外部サービスを利用することにより発生するリスクのこと。例えば、外部サービスにマルウェアが混入していたなどが挙げられる。
SNSによる情報発信リスク	SNSで情報発信することにより発生するリスクのこと。例えば、不適切な発言をSNS上で行った結果の炎上などが挙げられる。

(3) リスク基準

「リスク基準」とは、優先順位を付けて適切な手法で対応するために、各リスクの大きさを客観的に測るための基準値のことです。
リスク基準には、次のようなものがあります。

基　準	説　明
リスク受容基準	頻度(事象の起こりやすさ)と結果(損害の大きさ)を乗じた大きさがどの程度までのリスクであれば、組織として受容できるかという基準値のこと。一般的には、リスク対応を行ってリスクを小さくしようとすればするほど費用が大きくなる。すべてのリスクをゼロにすることは不可能なので、リスクの受容基準を決め、対策費用の増大を防ぐ。
情報セキュリティリスクアセスメントを実施するための基準	再び情報セキュリティリスクアセスメントの実施判断をするために用意する客観的な指標のこと。企業や組織を取り巻く環境は常に変動しており、一度、情報セキュリティリスクアセスメントを実施しても、環境変化により、新たなリスクが発生する可能性がある。

(4) リスク分析・評価

リスクアセスメントでは、リスクを特定し、そのリスクの生じやすさや実際に生じた場合に、発生し得る結果を定量的または定性的に把握して**「リスクレベル」**を決定し、組織が定めたリスク受容基準に基づく評価を行います。
リスクの評価方法は、大きく**「定量的リスク分析手法」**と**「定性的リスク分析手法」**の2つに分かれます。

参考

損失

リスクが顕在化すると「損失」が発生する。損失の種類には、次のようなものがある。

種　類	説　明
財産損失	設備や情報機器などが壊されたり盗まれたりして発生する損失のこと。
責任損失	賠償責任により発生する損失のこと。
純収益の喪失	信用失墜や商品回収などにより収益が減少して発生する喪失のこと。
人的損失	役員や従業員が業務に従事できなくなることによる損失のこと。

参考

SNS

友人、知人間のコミュニケーションの場を提供するコミュニティ型の会員制Webサイトのこと。友人、居住地域、出身校などの交流の場として活用できる。
「Social Networking Service」の略。

参考

ハザードとペリル

「ハザード」とは、損失を発生させる間接的要因のこと。情報セキュリティ対策の未徹底や知識不足などが該当する。
また、道徳意識の低下が間接的要因になることを「モラルハザード」という。
「ペリル」とは、ハザードによって引き起こされる事故や、損失を発生させる直接的要因のこと。情報漏えいやマルウェアの感染などが該当する。

参考

リスクレベル

結果(予測される損失額)と、予測される発生確率との組合せとして表現されるリスクの大きさのこと。

種　類	説　明
定量的リスク分析手法	リスクの大きさを金額で評価する方法のこと。「年間予想損失額」などの客観的な金額で評価できれば、リスク対策費用などを見積もるうえで非常に有効であるが、例えば「企業の信用失墜」などリスクの種類によっては金額で見積もることは大変難しく、手法として完全に確立されたものはない。
定性的リスク分析手法	リスクを金額以外の手法(情報資産の重要性や脅威・脆弱性の大中小など)で表す方法のこと。「得点法」などがよく使われる。知識や経験が少ない評価者でも比較的評価がしやすい手法であるが、主観も混じりやすいため、対象となる業務や情報システムに詳しい者がレビューするなど、適切な対応が必要である。

(5) リスク対応

リスクの評価結果に基づいて、情報セキュリティを維持するための具体的な対策を決定します。対策を決定する際に、損失の発生を防止または軽減するために技術を利用したり行動したりする手法のことを**「リスクコントロール」**といい、損失が発生した場合の経済的損失を補てんするための手法のことを**「リスクファイナンシング」**といいます。
また、リスクが顕在化した際の被害を回避したり損失を軽減したりする取組みを**「リスクヘッジ」**といいます。リスク発生後の損失を低く抑えることや再発防止のためにも、被害状況の調査手法を定め、文書化しておきます。

種　類		説　明
リスクコントロール	リスク回避	リスクが発生しそうな状況を避けること。情報資産をインターネットから切り離したり、情報資産を破棄したりする。
	リスク分散	損失をまねく原因や情報資産を複数に分割し、影響を小規模に抑えること。情報資産を管理するコンピュータや人材を複数に分けて管理したり、情報セキュリティ対策を行ったりする。「リスク軽減」、「リスク低減」ともいう。
	リスク集約	損失をまねく原因や情報資産をひとつに集約すること。ひとつにまとめることで、より専門的かつ堅牢な管理ができる。
リスクファイナンシング	リスク移転	契約などにより、他者に責任を移転すること。情報資産の管理を外部委託したり、保険に加入したりする。「リスク転嫁」ともいう。
	リスク保有	自ら責任を負い、損失を負担すること。リスクがあまり大きくない場合に採用されるもので、引当金や補償金を用意して対処する。「リスク受容」ともいう。

参考

リスク源
「リスクソース」ともいい、それ自体あるいはほかのものと組み合わせることにより、リスクを発生させる力を持っているもの。

参考

リスク所有者
「リスクオーナー」ともいい、当該リスクを管理し対応する責任を持つ者のこと。企業や組織で洗い出した各リスクは、それぞれリスク所有者を決定し、責任を持って対応させることが必要である。また、リスク所有者は経営者などのステークホルダに対し、リスク管理状況や対応状況などの説明責任も有する。

参考

リスク共有
リスクを共有することであり、リスク分散やリスク移転などが該当する。

参考

リスク最適化
リスクの大きさを小さくすること。リスク分散とリスク集約をまとめて、リスク最適化ということがある。

参考

残留リスク
リスクの対応後に残るリスクのこと。

参考

リスクコミュニケーション
組織のリスクにかかわる関係者同士で、リスクに関する情報を共有したり交換したりしてコミュニケーションを図ること。

(6) リスクマトリックス

「リスクマトリックス」とは、**「事象の起こりやすさ(頻度)」**と**「損害の大きさ(結果)」**を2軸としたマトリックスのことで、リスクの定性分析に優れています。
洗い出した各リスクは、リスクマトリックスなどを利用して評価し、適切な対応策を検討します。

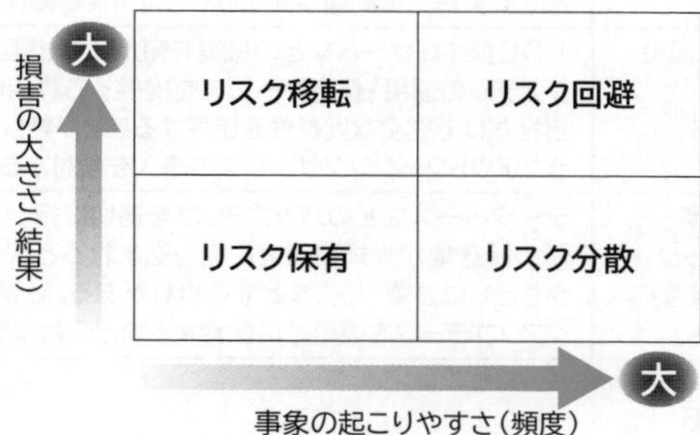

上の図では、それぞれのリスク評価の結果、どのような対応が相当するかを示しています。例えば、発生頻度が大きく、損害も大きいと評価されるリスクであれば、リスク回避を行います。上の図の区分は一般的なものなので、各組織においては、それぞれの情報セキュリティポリシーに従って、最適な対応策を判断します。各リスクは**「リスク登録簿」**に記載し、さらに各リスクの対応策を総合した**「リスク対応計画」**としてまとめます。

参考
情報セキュリティポリシー
→「3-5-4 4 情報セキュリティポリシー」

❸ 情報セキュリティ継続

「情報セキュリティ継続」とは、継続した情報セキュリティの運用を確実にするためのプロセスのことです。現代社会においてはIT化の重要性が飛躍的に高まっているため、大規模災害時においても情報セキュリティの一定レベルの確保が必須となっています。情報セキュリティ継続は、企業全体のBCM(事業継続マネジメント)と相互に連携させて、平素より準備しておく必要があります。

(1) BCMとコンティンジェンシープラン

「BCM(事業継続マネジメント)」とは、不測時の事業継続を確実にするためのマネジメントサイクルで、あらかじめ作成した**「コンティンジェンシープラン(緊急時対応計画)」**をもとに、運用・監視・改善を実行していく一連のプロセスのことです。情報化社会が高度化するにつれ、情報システムやネットワークの重要性は高まるばかりです。その結果、自然災害やテロ・大規模障害などにより、情報システムやネットワークが停止したり破壊されたりすることになれば、社会に与える影響は計り知れなくなってしまいます。このような状況の中、企業や組織ではBCMに対する取組みに力を入れています。BCMにおいては、緊急事態の区分としていくつかのレベルに設定し、それぞれのレベルに合わせた対応を考えることが必要です。
また、コンティンジェンシープランにおいては、**「有事の際に事業を停止しない、または迅速に復旧を開始するための方針・対応方法・手順」**を策定し、記載します。これは災害や事故だけに限らず、情報システムに対する不正アクセスやマルウェアへの感染、情報漏えいなどの不測事態に備え、その被害や損失を最小限に抑えたり、早期に復旧させたりすることを目的に、あらかじめ対策や行動手順を定めたものです。

参考
BCM
「Business Continuity Management」の略。

情報セキュリティ要求事項の例としては、次のようなものがあります。

要求事項	説　明
ネットワークや情報システムの冗長化	「冗長化」とは、設備や装置を必要より多めに用意することにより、万が一の場合に備えたシステム構成をとること。例えば、電源、サーバ、ハードディスクやSSD、ケーブルなどを二重化することにより、一方に問題が発生しても可用性を確保しやすくなる。
サーバをIDCに設置	「IDC」とは、サーバなどの機器を預かり、通信回線を含む情報システムの運用・保守サービスを提供する専用の施設のこと。自社だけで完全な冗長性を確保することが難しい場合、このようなアウトソーシングサービスの導入を検討する。
バックアップ対策（遠隔地へのバックアップデータ保管）	データベースなどのバックアップを適切に行っていても、事業所の所在地が大規模災害に巻き込まれるとバックアップデータもともに破壊・紛失などする恐れがある。必要に応じて、バックアップデータを遠隔地に保管するなどの対策を検討する。

参考

IDC
「Internet Data Center」の略。

参考

アウトソーシングサービス
→「7-1-4 2（3）アウトソーシングサービス」

(2) 復旧計画

「復旧計画」とは、コンティンジェンシープランのあとに、本格的・恒常的な復旧を目指す計画のことです。多くの場合、一度に完全復旧は難しいものなので、事前に中核事業を選定しておき、当面は暫定的に中核事業を復旧させ、順次もとの状態へ近づけるなどの現実的な計画を立案します。通常、復旧計画には**「災害復旧」**と**「障害復旧」**のそれぞれを記載する部分と、共通で記載する部分があります。また、災害から復旧することや、そのための体制・仕組みのことを**「ディザスタリカバリ」**といいます。

4 情報セキュリティポリシー

「情報セキュリティポリシー」とは、**「情報セキュリティ方針」**ともいい、組織全体で統一のとれた情報セキュリティ対策を実施するために、技術的な対策だけでなくシステムの利用面や運用面、組織の体制面など、組織における基本的なセキュリティ方針を明確にしたものです。組織内の重要な情報資産を明確にしたうえで、どのように守るのかという対策を立てます。

「情報セキュリティポリシーに関するガイドライン」においては、情報セキュリティポリシーとは**「情報セキュリティ基本方針」**と**「情報セキュリティ対策基準」**の2つを指し、さらに**「情報セキュリティ実施手順」**を含めた3階層をもって、情報セキュリティの諸規程の全体概念としています。ただし、情報セキュリティポリシーの構成の考え方は組織によって様々で、特に正規のものが決められているわけではありません。

参考

情報セキュリティポリシーに関するガイドライン
2000年に国が各省庁向けに発表したもので、各省庁が自組織の情報セキュリティポリシーを策定するうえでのガイドラインが書かれている。情報セキュリティポリシーには、特に決められた構成や形式があるわけではないが、「情報セキュリティポリシーに関するガイドライン」は各省庁だけではなく、民間企業や組織などでも汎用的に使える内容となっている。

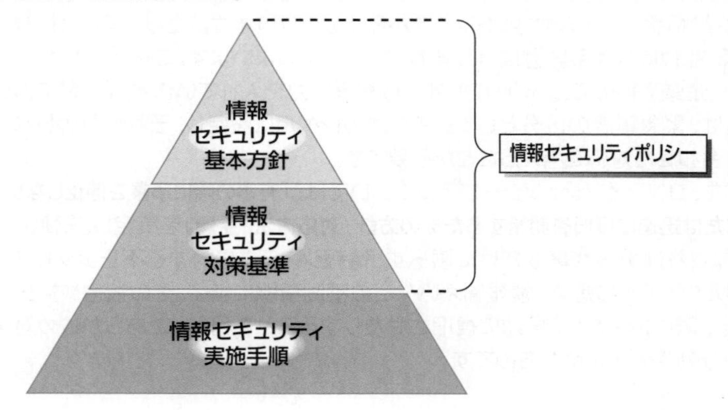

名　称	説　明
情報セキュリティ基本方針	組織の情報セキュリティに関しての取組み方針を、経営トップの方針として示すもので、下位の文書を制定するための憲法のような存在にあたるもの。 対外的なアピールにも使われる、組織としての基本的な考え方のため、頻繁に変更される性質のものではない。そのため、あまり詳細なことには触れず、基本理念や原則のほか、情報セキュリティの目的、情報セキュリティ管理を実現する組織体制や教育、情報セキュリティポリシーに違反した者の罰則などを記載する。
情報セキュリティ対策基準	情報セキュリティ基本方針に基づき、「どの情報資産をどのような脅威から、どの程度守るのか」といった具体的な守るべき行為や判断基準を記したもの。 情報セキュリティ対策基準の策定に先立ってリスクアセスメントを実施し、その結果を踏まえて各管理策（対策）を策定する。具体的な記述が多くなるため、情報セキュリティ対策基準は情報セキュリティ基本方針に比べて文書量が多くなる。
情報セキュリティ実施手順	情報セキュリティ対策基準に定められた内容を個々の具体的な業務や情報システムにおいて、どのような手順で実行していくのかを示したもの。 業務マニュアルのレベルにあたり、業務の実施手順にとどまらず、社員に対する情報セキュリティ意識を高めるための教育規程も含まれている。必ずしも情報セキュリティ意識の高くない社員でも、これら実施手順のとおり業務を実施することで、情報セキュリティが守られる状態を目指す。

5 ISMS（情報セキュリティマネジメントシステム）

「情報セキュリティマネジメント」とは、組織の方針や規程に基づき、情報資産に対する様々な脅威を防止し、**「機密性」**、**「完全性」**、**「可用性」**を確保・維持するものです。情報セキュリティマネジメントにおいて、組織が継続して改善を繰り返す仕組みの部分をさらに強化したものが**「ISMS」**といえます。

（1）ISMSの概要

「ISMS」とは、組織において情報セキュリティマネジメントの水準を高め、それを維持し、改善していく仕組みのことです。

ISMSでは、**「計画（Plan）」**、**「運用（Do）」**、**「評価（Check）」**、**「改善（Act）」**の4つのステップを何度も繰り返しながら運用していきます。この一連のサイクルを**「PDCAマネジメントサイクル」**といい、効率的に組織が継続して改善を繰り返す仕組みの根幹部分といえます。

ISMSの各フェーズでは、次のような内容を実施します。

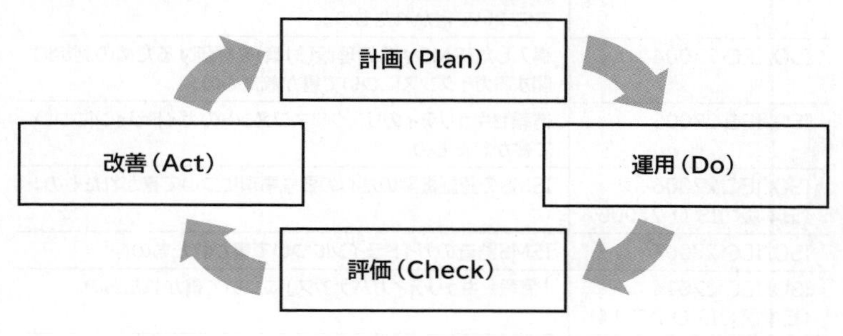

参考

情報セキュリティの諸規程

実際に組織で運用する情報セキュリティの諸規程には、次のようなものがある。

- 情報管理規程
- 機密管理規程
- 文書管理規程
- 情報セキュリティインシデント対応規程（マルウェア感染時の対応ほか）
- 情報セキュリティ教育の規程
- プライバシーポリシー（個人情報保護方針）
- 職務規程
- 罰則の規程
- 対外説明の規程
- 例外の規程
- 規則更新の規程
- 規程の承認手続き

参考

ISMS

「Information Security Management System」の略。
日本語では「情報セキュリティマネジメントシステム」の意味。

参考

情報セキュリティガバナンス

社会的責任に配慮したコーポレートガバナンス、およびそれを支える内部統制の仕組みを、企業内に情報セキュリティの観点から構築・運用すること。

フェーズ	説　明
計画 (Plan)	ISMS適用範囲の決定、基本方針の策定を行う。続いて、リスクアセスメントを行い、組織に潜むリスクの詳細を明らかにする。損失の起こりやすさとその大きさをもとに、対策の優先順位を決める必要がある。情報セキュリティの目的、情報セキュリティ基本方針、情報セキュリティ対策基準などを策定する。
運用 (Do)	各セキュリティ対策(人的、技術的、物理的)を実施する。また、セキュリティ事件や事故(インシデント)が発生した場合に、適切な「情報セキュリティインシデント管理」を行う。さらに、組織のメンバに対する情報セキュリティの教育や訓練、法的および契約上の要求事項の順守なども実施する。
評価 (Check)	各セキュリティ対策やインシデント管理が適切に行われているかを評価する。自部門内での監視・測定・評価のほか、「内部監査」や「マネジメントレビュー」も評価計画に従って実施する。マネジメントレビューとは、経営陣が情報セキュリティマネジメントのPDCAの効果を適切に把握し、さらなる改善に向けた意思決定を行うためのプロセスのこと。
改善 (Act)	発生した問題(現象)および、その問題が引き起こした結果に対して修正を行う。また、問題を評価し、必要に応じてその問題の根本原因の除去(再発防止・是正処置)を行う。さらに、適切性・妥当性・有効性の観点からISMSそのものを評価し、必要に応じてISMSそのものにも繰り返し改善を行う。

(2) ISMSの規格

ISMSに関する国際規格が**「ISO/IEC 27000ファミリー」**であり、これらに基づく認証制度が**「ISMS適合性評価制度」**です。ISO/IEC 27000ファミリーの一部はJIS化され、日本においても国際規格に則ったISMS適合性評価制度が運用されています。

●ISO/IEC 27000ファミリー

「ISO/IEC 27000ファミリー」とは、**「ISO」**と**「IEC」**が共同で策定した情報セキュリティマネジメントに関する規格群のことです。これらのファミリーのうち、一部はJIS化されています。
主な規格は、次のとおりです。

名　称	説　明
ISO/IEC 27000 (日本版:JIS Q 27000)	ISMSファミリーの規格の概要や、その中で使用される用語について規定している。
ISO/IEC 27001 (日本版:JIS Q 27001)	ISMSを確立、導入、運用、監視、レビュー、維持、そして改善するための要求事項が定められている。
ISO/IEC 27002 (日本版:JIS Q 27002)	ISMSのベストプラクティスをまとめたもの。
ISO/IEC 27003	ISMSの導入を計画してから導入完了するまでのガイダンスについて書かれたもの。
ISO/IEC 27004	導入したISMSや各管理策(対策)を評価するための測定に関するガイダンスについて書かれたもの。
ISO/IEC 27005	情報セキュリティのリスクマネジメントのガイドラインについて書かれたもの。
ISO/IEC 27006 (日本版:JIS Q 27006)	ISMSの認証機関のための要求事項について書かれたもの。
ISO/IEC 27007	ISMS監査のガイドラインについて書かれたもの。
ISO/IEC 27014 (日本版:JIS Q 27014)	「情報セキュリティガバナンス」について書かれたもの。
ISO/IEC 27017 (日本版:JIS Q 27017)	クラウドサービス(提供者側・利用者側)向けの情報セキュリティ管理策の実践規範について書かれたもの。

参考

情報セキュリティインシデント管理
業務を正常に遂行することを妨げるセキュリティ事件や事故(インシデント)を検知し、解決するまでの一連の活動のこと。

参考

パフォーマンス評価
組織が計画し運用している仕組みが、ISMS要求事項を満たしているか、そして、それは有効に機能しているかを評価すること。具体的には、自部門内での評価や内部監査でその状況を確認する。

参考

ISMS適合性評価制度
ISMSが国際的に整合性のとれた基準に適合しているかどうかを、第三者である審査登録機関が評価し、認定する制度のこと。

参考

ISO
「International Organization for Standardization」の略。
日本語では「国際標準化機構」の意味。

参考

IEC
「International Electrotechnical Commission」の略。
日本語では「国際電気標準会議」の意味。

参考

ベストプラクティス
経営や業務のやり方において、最も優れているとされる方法のこと。最良事例や成功事例を意味している。

参考

JIS
→「9-2-5 2 (2) 日本産業規格」

6 情報セキュリティ組織・機関

情報セキュリティに関する組織や機関では、不正アクセスやサイバー攻撃などの被害状況の把握、役立つ情報発信、再発防止のための提言などを行います。
情報セキュリティに関する組織や機関には、次のようなものがあります。

名 称	説 明
情報セキュリティ委員会	企業・組織における情報セキュリティマネジメントの最高意思決定機関のこと。CISO（最高情報セキュリティ責任者）が主催し、経営陣や各部門の長が出席する。この場で、情報セキュリティポリシーなどの組織全体における基本的な方針が決定される。
CSIRT（シーサート）	情報セキュリティインシデントの対処を行う組織の総称のこと。企業・組織内に設置されたものから国レベルのものまで、様々な規模のものがある。問題を単独で解決するのではなく、社内外で連携し、情報の共有や解決の協力を行うという特徴がある。日本の国レベルの代表的なCSIRTとしては「JPCERT/CC（一般社団法人JPCERTコーディネーションセンター）」があり、国際連携の窓口として機能している。 「Computer Security Incident Response Team」の略。
SOC	企業や組織のセキュリティ監視を行う拠点のこと。通常24時間365日不休でネットワークや機器の監視を行い、サイバー攻撃や侵入の検出・分析や、各部門への対応やアドバイスなどを行う。自社で運営・組織化を行う場合と、専門ベンダーに委託（アウトソーシング）する場合がある。「Security Operation Center」の略。
サイバーセキュリティ戦略本部	「サイバーセキュリティ基本法」に基づいて設置された我が国のセキュリティ組織のこと。内閣官房長官を本部長とし、サイバーセキュリティ戦略案の作成、政府機関などの防御施策評価、重大事象の施策評価などの役割を持つ。
内閣サイバーセキュリティセンター（NISC）	「サイバーセキュリティ基本法」に基づき、サイバーセキュリティ戦略本部と同時に内閣官房に設置された組織のこと。「NISC」ともいう。政府機関情報セキュリティ横断監視・即応調整チームの運用、サイバー攻撃や国内外のセキュリティ関連情報の収集、国際連携などを行う。 NISCは、「National center of Incident readiness and Strategy for Cybersecurity」の略。
IPAセキュリティセンター	情報処理推進機構（IPA）内に設置されている、情報システムの脆弱性対策、マルウェア・不正アクセス対策、セキュリティ認証などを中心に情報セキュリティに関する施策を実施している組織のこと。また、情報セキュリティに関する啓発活動、再発防止のための提言など、様々な情報発信も行っている。
CRYPTREC	電子政府推奨暗号の安全性を評価・監視するほか、暗号技術実装や運用について適切な手法の調査や検討を行うプロジェクトのこと。「CRYPTography Research and Evaluation Committees」の略。
NIST	米国国立標準技術研究所のこと。米国商務省管轄の組織で、科学技術に関する研究や標準化を行っている。情報セキュリティ分野においては、米国連邦政府が利用する暗号技術の選定・推奨を行っている。「National Institute of Standards and Technology」の略。
コンピュータ不正アクセス届出制度	経済産業省の「コンピュータ不正アクセス対策基準」によりスタートした届出制度であり、届出機関として情報処理推進機構（IPA）が指定されている。
コンピュータウイルス届出制度	経済産業省の「コンピュータウイルス対策基準」によりスタートした届出制度であり、届出機関として情報処理推進機構（IPA）が指定されている。

参考

CISO
「Chief Information Security Officer」の略。

参考

CSIRTマテリアル
JPCERT/CCによって、組織内CSIRTの構築を支援する目的で作成されたもの。構想フェーズ（フェーズ1）、構築フェーズ（フェーズ2）、運用フェーズ（フェーズ3）から構成される。

参考

サイバーセキュリティ基本法
→「9-2-2 1 サイバーセキュリティ基本法」

名　称	説　明
ソフトウェア等の脆弱性関連情報に関する届出制度	経済産業省の「ソフトウェア等脆弱性関連情報取扱基準」(現在は「ソフトウェア製品等の脆弱性関連情報に関する取扱規程」)によりスタートした届出制度であり、届出機関として情報処理推進機構(IPA)が指定されている。
情報セキュリティ早期警戒パートナーシップ	経済産業省の「ソフトウェア製品等の脆弱性関連情報に関する取扱規程」の告示を踏まえ、日本国内におけるソフトウェアなどの脆弱性の関連情報を適切に流通させるために作られた枠組みのこと。情報処理推進機構(IPA)やJPCERT/CCなどの機関がガイドラインを策定・運営している。脆弱性の関連情報の適切な流通により、マルウェア、不正アクセスなどによる被害発生の抑制を目的としている。
J-CSIP(サイバー情報共有イニシアティブ)	サイバー攻撃による被害拡大防止のため、重工、重電等、重要インフラで利用される機器の製造業者を中心に、サイバー攻撃の情報共有を行い、対策につなげていく取組みのこと。経済産業省の協力により、情報処理推進機構(IPA)が運営している。「Initiative for Cyber Security Information sharing Partnership of Japan」の略。
JVN	「情報セキュリティ早期警戒パートナーシップ」に基づき、日本で使われているソフトウェア等における脆弱性関連情報、および対策情報を公表している脆弱性対策情報ポータルサイトのこと。JPCERT/CCと情報処理推進機構(IPA)により共同で運営されている。「Japan Vulnerability Notes」の略。

7 セキュリティ評価基準

「セキュリティ評価基準」とは、IT製品やシステムのセキュリティ品質を客観的に評価するための基準のことです。**「CC」**、**「コモンクライテリア」**ともいいます。

情報セキュリティの重要性が高まる中で、個々の情報処理製品(データベース管理システム、ファイアウォール、ICカードなど)や情報処理システム(インターネットバンキング、認証サービスなど)のセキュリティ完備状況を評価するための制度が必要とされています。セキュリティ評価基準では、個々の情報処理製品や情報処理システムのセキュリティ機能と品質を、設計書やプログラム(ソフトウェアコード)、テスト結果、マニュアルなどの内容のチェック、テストの実施などによって検査し、問題がないことを証明します。なお、評価基準として保証レベルを定義しています。

セキュリティ評価基準は、**「ISO/IEC 15408」**として国際標準化されており、日本では**「JIS X 5070」**としてJIS化されています。

また、その他の評価を行うための仕組みやテスト方法には、次のようなものがあります。

名　称	説　明
JISEC(ITセキュリティ評価及び認証制度)	ISO/IEC 15408に基づいて情報システムや製品のセキュリティ評価・認証を行うための仕組みのこと。2001年に開始され、情報処理推進機構(IPA)により運営されている。「Japan Information technology Security Evaluation and Certification scheme」の略。
JCMVP(暗号モジュール試験及び認証制度)	デジタル署名や暗号化、ハッシュ関数などを提供するハードウェアやソフトウェアの暗号モジュールを試験・認証するための仕組みのこと。2007年に開始され、情報処理推進機構(IPA)により運営されている。「Japan Cryptographic Module Validation Program」の略。

参考

CC

「Common Criteria」の略。

参考

セキュリティ機能要件

実装すべきセキュリティ機能を定めた要件のこと。

参考

セキュリティ保証要件

保証レベル(保証を測定する尺度)などを定めた要件のこと。

名　称	説　明
PCI DSS	JCB、American Express、Discover、マスターカード、VISAの5社が共同で策定したもので、クレジットカードの情報や取引情報の保護を目的としたセキュリティ基準のこと。「PCIデータセキュリティ基準」ともいう。 「Payment Card Industry Data Security Standard」の略。
CVSS	情報システムの脆弱性の深刻度を共通の基準で定量的に比較するための評価の枠組みのこと。「共通脆弱性評価システム」ともいう。「Common Vulnerability Scoring System」の略。 3つの側面から評価を実施する。 ●基本評価基準（Base Metrics） 脆弱性そのものの特性を評価する。 ●現状評価基準（Temporal Metrics） 脆弱性の現時点における深刻度を評価する。 ●環境評価基準（Environmental Metrics） 製品に関する利用環境も含めた総合的な脆弱性の深刻度を評価する。
CVE	個別製品中の脆弱性を対象として付与する一意の識別番号のこと。「共通脆弱性識別子」ともいう。製品の脆弱性に「CVE識別番号（CVE-ID）」を付与することにより、複数の組織が発行する脆弱性対策情報が共通の脆弱性についての対策情報であることがわかるなど、対策情報同士の参照や関連付けに役立つ。 「Common Vulnerabilities and Exposures」の略。
IT製品の調達におけるセキュリティ要件リスト	IT製品の調達の際に、適切な情報セキュリティ対策が必要な製品分野を特定し、セキュリティ上の脅威とそれに対抗する要件をまとめたもの。2016年5月に、経済産業省と情報処理推進機構（IPA）が共同で作成した。 デジタル複合機やファイアウォール、データベース管理システム、ICカードなどのIT製品の分野ごとに、考慮すべきセキュリティ上の脅威とそれに対抗するためのセキュリティ要件を明示している。
ペネトレーションテスト	外部からの攻撃や侵入を実際に行ってみて、システムのセキュリティホール（セキュリティ上の脆弱性）やファイアウォールの弱点などを検出するテスト方法のこと。「侵入テスト」、「脆弱性検査」ともいう。

3-5-5 情報セキュリティ対策

情報セキュリティへの様々な脅威に対し、必要な対処を適切に行うために、あらゆる側面から対策を講じ、実施する必要があります。
人的脅威・技術的脅威・物理的脅威に対し、それぞれセキュリティ対策を講じ、情報セキュリティを維持することが重要です。

1 人的セキュリティ対策

人的脅威による被害を最小限にするための体制作りや教育・訓練などの人的セキュリティ対策が必要です。

参考

耐タンパ性
外部からデータを読み取られることや解析されることに対する耐性（抵抗力）のこと。外部から不正に行われる内部データの取出しや解読、改ざんなどがされにくくなっている性質を表す。

参考

組織における内部不正防止ガイドライン
企業や組織が効果的な内部不正対策を実施できることを目的として、「IPAセキュリティセンター」が公開しているもの。このガイドラインでは、状況的犯罪予防の考え方を内部不正防止に応用し、次の5つを基本原則としている。

基本原則	説　明
犯行を難しくする（やりにくくする）	対策を強化することで犯罪行為を難しくする。
捕まるリスクを高める（やると見つかる）	管理や監視を強化することで捕まるリスクを高める。
犯行の見返りを減らす（割に合わない）	標的を隠したり、排除したり、利益を得にくくすることで犯行を防ぐ。
犯行の誘因を減らす（その気にさせない）	犯罪を行う気持ちにさせないことで犯行を抑止する。
犯罪の弁明をさせない（言い訳させない）	犯行者による自らの行為の正当化理由を排除する。

人的セキュリティ対策には、次のようなものがあります。

対　策	説　明
情報セキュリティポリシーの実現	情報セキュリティポリシーの目的は、組織として統一された情報セキュリティを実現することである。ひとつの脅威には複数の情報セキュリティ対策がある。その中から「その対策を組織の標準化とする」ということを示すことで、組織において統一された情報セキュリティを実現できる。
情報セキュリティ啓発	定期的に情報セキュリティ教育を実施し、情報セキュリティに対する利用者の意識を高めていくことが重要である。情報漏えい対策としてノートPCやUSBの紛失、電子メール誤送信などの発生事故の背景や影響範囲を利用者に知らせることが効果的である。動画やe-ラーニングなどメディア活用をすることで、効率的に教育を実施できる。また、情報処理推進機構（IPA）のWebページから様々なセキュリティ啓発資料が入手可能なので、配付を検討するとよい。普段から情報セキュリティインシデントの発生時に適切な対応がとれるように訓練しておくことも重要である。
アカウント管理・パスワード管理	必要な利用者だけにユーザーアカウントを発行する。ユーザーアカウントの新規発行、変更、不要なユーザーアカウントの削除など、守るべき規定を定め、管理者が遵守する。 また、ユーザーアカウントに対して適切なパスワードの管理を行う。パスワード設定の規定を定め、その規定に従うように運用して、利用者以外の者のなりすましを防止する。
アクセス管理	社内のネットワークに不正に侵入されてしまうと、共有ディレクトリ（フォルダ）にあるデータが盗まれたり、改ざんされたりする可能性がある。そのため、「need-to-know」の原則に基づいて「アクセス権」を設定し、利用者や利用内容を制限する必要がある。 また、上位者やシステム管理者などに通常のアクセス権以上の「特権的アクセス権」を渡す場合も、アカウントごとに識別できるよう適切な管理を行う。特権的アクセス権を持つ利用者であっても、業務ごとにアカウントを分け、必要最低限の権限を付与する。
ログ管理	個々のPCやネットワークでどのようなことが行われたかを記録した情報としてログ（履歴）を管理する。ログの管理では、いつ、誰が、何をしたのかを正確に記録する仕組みを作ることが重要である。ログは、情報セキュリティインシデントの発生時に証拠ともなる。また、監視を行っていることを明らかにすることで、不正の抑止につながる。

参考

need-to-know

最小権限のことで、情報を必要な人に必要な部分だけ開示するという意味である。開示してもよいデータに対してだけ、データのアクセス権を許可するようにする。

参考

特権的アクセス権

特別な権限が付与されたアクセス権のこと。
例えば、OSの管理者権限が付与された特権的アクセス権や、データベース管理システムの管理者権限が付与された特権的アクセス権、アプリケーションソフトウェアの管理者権限が付与された特権的アクセス権などがある。

❷ 技術的セキュリティ対策

ソフトウェアやデータ、ネットワークなどに、技術的脅威による被害が発生しないように技術的セキュリティ対策を施すことが必要です。
技術的セキュリティ対策には、次のようなものがあります。

（1）不正アクセス・クラッキングへの対策

「不正アクセス」とは、通信回線やネットワークを通じてコンピュータや情報システムに侵入し、許可されていない操作を行うことです。また、**「クラッキング」**とは、侵入後、情報を破壊したり改ざんしたりして違法行為を行うことです。
不正アクセスやクラッキングへの対策は、適切なアクセス制御を実施し、いかに許可されていない通信を遮断するかということから始まります。

●入口対策と出口対策

不正アクセスとクラッキングでは、侵入することに焦点をあてるか、侵入後の活動に焦点をあてるかという点に違いがあります。

対　策	説　明
入口対策	インターネットなど外部のネットワークと組織内部のネットワークの境界にファイアウォールなどを設置して不正アクセスを防いだり、ネットワーク内部への侵入を防いだりする対策のこと。従来からある対策の多くが入口対策である。
出口対策	万が一侵入されてしまった場合でも、情報の改ざんや漏えいなど、悪意のある者の目的を阻止し、その被害の拡大を少しでも軽減させるために行う対策のこと。現在、悪意のある者によるサイバー攻撃は、より高度に、かつ被害が甚大になるケースが多くなっているため、出口対策という新しい考え方が採用されるようになった。

●ファイアウォールの設置

「ファイアウォール」とは、インターネットからの不正侵入を防御する仕組みのことです。社内のネットワークとインターネットの出入り口となって、通信を監視し、不正な通信を遮断します。
ファイアウォールの中で最も基本となる機能が**「パケットフィルタリング」**です。パケットフィルタリングとは、許可されたIPアドレスやTCPのポート番号宛てのパケットだけを通過させる機能のことです。これにより、許可されていないパケットの侵入を防ぎます。
なお、この機能はルータでも代用できます。ただし、ルータではすべてのパケットを通過させることを原則とし、通過させないパケットを登録しておきます。それに対して、ファイアウォールでは通過させないことを原則とし、通過させるパケットを登録しておくという違いがあります。

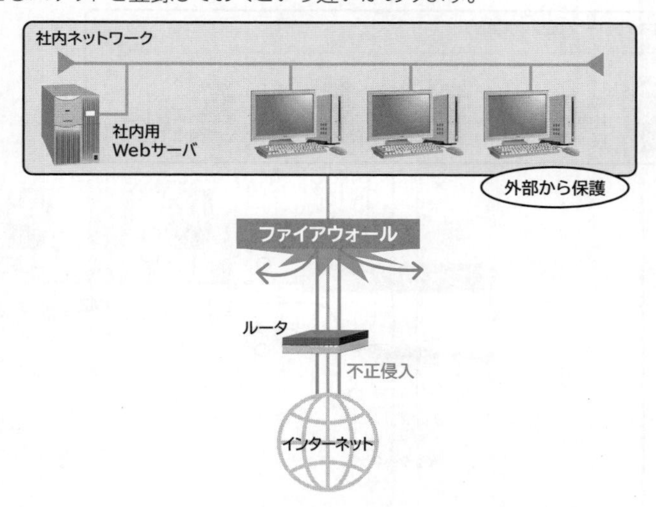

参考

多層防御

複数の対策を多層的に展開すること。例えば、入口対策と出口対策はどちらが優れているかというものではなく、両者を並行して実施することが重要である。

参考

アクセス制御

不正アクセスやクラッキングに対する入口対策として、「アクセス制御」の技術を持ったファイアウォールや侵入検知システム（IDS）、侵入防止システム（IPS）などの機器が利用される。これらの機器のアクセス制御では、ネットワークを監視・チェックして許可されていない通信を特定し、その通信を遮断するなどあらかじめ決められている動作を実施する。

参考

WAF（ワフ）

Webアプリケーションに特化したファイアウォールのこと。Webサーバとクライアントの間に配置する。特徴的なパターン（シグネチャ）が含まれるかなど、Webアプリケーションに対するHTTP通信の内容を監視し、不正な操作を遮断する。クロスサイトスクリプティングやSQLインジェクションなどの対策に有効である。
「Web Application Firewall」の略。

参考

秘匿化

必要な人以外には情報が見えないように隠すこと。
秘匿化の代表的な例として「暗号化」がある。万が一、不正アクセスを許し、情報を盗まれても、暗号化しておけば、情報を読み取られることを防止できる可能性がある。これは出口対策のひとつと考えることができる。
また、ほかの秘匿化の代表的な例として「プロキシサーバ」がある。企業内部のクライアントPCなどがインターネットに接続する際、そのクライアントPCの代理としてインターネットに接続する役割を持っているので、外部からはプロキシサーバの情報（IPアドレスなど）しか見えず、結果として企業内部の情報を隠すことができる。これは入口対策のひとつと考えることができる。

参考

リバースプロキシ

特定のサーバに接続する際に、リクエストを代行するプロキシサーバのこと。一般的なプロキシサーバと違い、不特定多数のサーバを対象としていない。リバースプロキシを設置すると、あらかじめ指定されたサービスを利用する際は、必ずリバースプロキシを経由することになる。

参考

URLフィルタリング

URLを指定して、閲覧させたくないWebサイトを閲覧できないように制限すること。企業では業務に関係のないWebサイトを社員が閲覧できないようにしたり、家庭では子供に閲覧させたくないWebサイトを閲覧できないようにしたりできる。ファイアウォール製品を利用する方法や、専用のソフトウェアを利用する方法などがある。

参考

DMZ

「DeMilitarized Zone」の略。

参考

MACアドレスフィルタリング

無線LANや有線LANのアクセスポイントやルータなどに、接続を許可したいPCなどのMACアドレスを登録しておき、MACアドレスが登録されていない端末からの接続は受け付けないようにする機能のこと。特に無線LANでは、電波の届く範囲にある機器であれば接続できてしまう可能性があるため、ルータ側でMACアドレスを登録しておくことで、許可した端末からの接続だけを受け付けるようにすることができる。

参考

MACアドレス

→「3-4-4 IPアドレス」

参考

IDS

「Intrusion Detection System」の略。

●プロキシサーバの設置

「プロキシサーバ(Proxyサーバ)」とは、社内のコンピュータがインターネットにアクセスするときに通信を中継するサーバのことです。**「プロキシ」**、**「アプリケーションゲートウェイ」**ともいいます。なお、プロキシとは**「代理」**という意味です。

プロキシサーバの機能は、次のとおりです。

機能	説明
通信の中継	各コンピュータのIPアドレス(プライベートIPアドレス)を隠匿し、社内のコンピュータが攻撃の対象となる危険性を減少させることができる。また、一度アクセスしたデータを一時的に記憶(キャッシュ)することで、次に同じデータへアクセスするときに高速化できる。
コンテンツフィルタリング	アダルトサイトや暴力サイトなど、閲覧させたくない有害なWebページへのアクセスを規制できる。有害なWebページのURLリストを作成して通さない方法(URLフィルタリング)や、特定の語句を含むWebページへのアクセスをブロックする方法などがある。

●DMZの設置

「DMZ」とは、社内のネットワークとインターネットなどの外部のネットワークとの間に設置するネットワーク領域のことです。**「非武装地帯」**ともいいます。

企業がインターネットに公開するWebサーバやメールサーバ、プロキシサーバなどは、DMZに設置します。

DMZに設置されたサーバは、社内のネットワークからのアクセスはもちろんのこと、インターネットからのアクセスも許可します。しかし、DMZを経由して社内のネットワークにアクセスすることは許可しません。DMZを設置することにより、万が一、インターネットに公開するサーバが不正アクセスされても、社内のネットワークに被害が拡散することを防止するのに役立ちます。

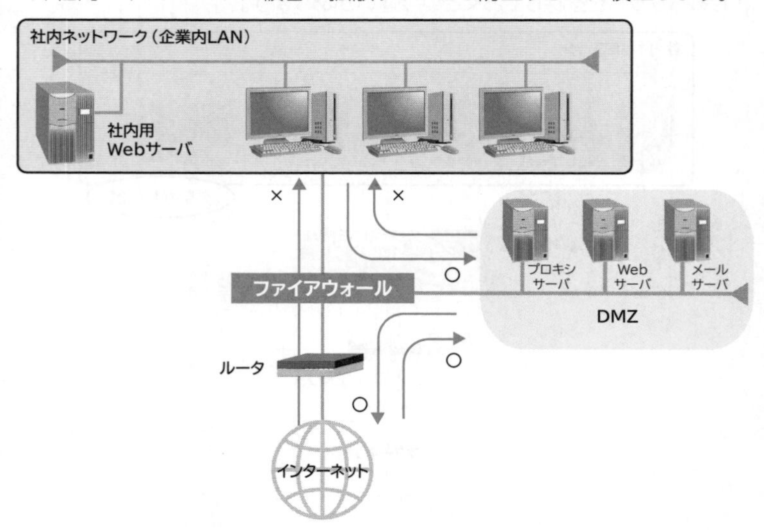

●侵入検知システム（IDS）

「侵入検知システム」とは、不正アクセスを検出・通知するシステムのことです。外部だけではなく内部からの不正アクセスも検出します。ファイアウォールでは防ぎきれない不正アクセスに対処します。**「IDS」**ともいいます。

侵入検知システムで侵入を検知する方法には、次のようなものがあります。

名　称	説　明
不正検出 (Misuse検出)	「シグネチャ」(侵入の特徴を示すコード)によるパターンマッチングによって検出する。既知の手口への対策として有用である。メーカから提供される新しいシグネチャに定期的に更新することで、最新のシグネチャにも対応できる。ただし、未知の手口への対応はできない。
異常検出 (Anomaly検出)	通常の状態を定義しておき、通常とは異なる動作を検出する。未知の手口への対策として有用である。ただし、通常の場合とはどの程度の幅を持たせてよいかなど定義が難しく、誤検出が増える可能性がある。

●侵入防止システム(IPS)

「侵入防止システム」とは、不正アクセスを防御するシステムのことです。侵入検知システムを補完するもので、侵入検知システムで検出した不正アクセスを、侵入防止システムによって遮断することができます。**「IPS」**ともいいます。

●パスワードクラックへの対策

「パスワードクラック」とは、コンピュータを不正に利用するときに必要となる利用者IDとパスワードを解析することです。第三者からの不正アクセスを防ぐためには、パスワードを推測されないようにする必要があります。
パスワードクラックへの対策には、次のようなものがあります。

- **パスワードで利用する文字種や桁数を増やす(パスワードを破られるまでの時間を稼ぐ)。**
- **一定回数以上パスワードを間違えた場合に、その利用者IDでのログインを不可とする(ユーザーアカウントをロックする)。**
- **辞書に掲載されているような単語をパスワードとして使わない。**
- **自身に身近な文字列や数値をパスワードとして使わない。**
- **パスワードを暗号化して管理する場合は、「ソルト」を使う。**

●脆弱性管理

OSやソフトウェアの脆弱性管理は、不正アクセス対策だけでなくマルウェア対策にも有効です。特に、ソフトウェアの脆弱性情報は、開発メーカから公開情報としてアナウンスされるので、対策をせずに放置しておくことは攻撃者へ不正アクセスの機会を与えることになってしまいます。
脆弱性情報を入手した場合は、速やかにOSアップデートや、ソフトウェアの脆弱性修正プログラム(セキュリティパッチ)を取得・適用する必要があります。

対　策	説　明
OSアップデート	「アップデート」とは、ソフトウェアの一部をより新しいものに更新することで、小規模な機能の追加や、不具合の修正などを目的とする。OSにセキュリティホールが発見されると、OSメーカはセキュリティホールを修復するための更新プログラムをWebサイトで配布する。OSをアップデートすると更新プログラムが適用され安全な状態になる。OSのアップデートは常に最新にしておくことが重要である。
ソフトウェアの 脆弱性修正 プログラム (セキュリティパッチ)	OS以外のソフトウェアにおいても、セキュリティホールなどの脆弱性が見つかった場合、不具合の修正を目的としたプログラムを適用することが必要である。配布・取得方法は開発メーカによって異なるため、各ソフトウェア導入時に、配布・取得方法について確認しておき、組織のセキュリティパッチの適用手順に従い、常に最新のプログラムを適用するようにする。

参考

IPS
「Intrusion Prevention System」の略。

参考

ソルト
→「3-5-6 2 (4) ハッシュ関数」

参考

データベースセキュリティ
データベース管理システム(DBMS)における情報セキュリティの対策のこと。データベースに対する不正アクセス、不正利用、破壊などの脅威に対応する必要がある。
具体的には、データベース管理システムを利用する際の利用者IDとパスワードによるアクセス制御、ログファイルの取得、格納データの暗号化、データベースのバックアップなどを行う。

参考

デジタルフォレンジックス
情報漏えいや不正アクセスなどのコンピュータ犯罪や事件が発生した場合に、ログの内容を解析するなど、立証するための手段や技術のこと。
証拠として認められるためには、ログの改ざんなどがないことを証明する必要があり、そのような証拠保全の活動もデジタルフォレンジックスに含まれる。

参考

バッファオーバーフロー

→「3-5-3 6 その他の攻撃」

参考

クロスサイトスクリプティング/SQLインジェクション

→「3-5-3 5 不正なスクリプト・命令による攻撃」

参考

エスケープ処理

スクリプトの中に、特別の意味を持つ記号がユーザーの入力した文字列の中に入っていた場合、別の文字に置き換えて処理すること。

参考

バインド機構

あらかじめ用意されているSQL命令文のひな型の構文解析を先に済ませておき、ユーザーが入力する部分である「プレースホルダ」("?"などの特殊文字)は、あくまでもデータとして取り扱うことでSQL命令文を完成させる方法のこと。悪意のある者がSQL命令文を入力してもデータとして取り扱われるので、意図しない動作は起こらない。

参考

サニタイジング

不正なSQLが実行されないようにするため、バインド機構やエスケープ処理により、特別の意味を持つ文字列を無害化すること。

参考

マルウェアに感染時の対処

コンピュータがマルウェアに感染した場合は、正しい対処をしなければ、そのコンピュータからマルウェアが拡散し、ネットワークを通じてほかのコンピュータにまで被害が拡大しかねない。
感染が疑われるコンピュータが見つかった場合は、次のように対処する。
①ネットワークの接続を遮断
②関連部署や利用者へのアナウンス
③マルウェアの調査と特定、除去
④対応プロセスの振り返り、再発防止策の策定

また、開発するソフトウェアコードにおいても、脆弱性のない安全なプログラミングを行う必要があります。脆弱性のない安全なプログラミングを行うことを**「セキュアプログラミング」**といいます。脆弱性を低減するために、セキュアプログラミングでは、コーディング標準などで脆弱性に関するルールを決めて静的検査を行ったり、入力フォームなどに任意の値を入力した際の動的検査を行ったりします。また、検査対象のソフトウェアに問題が発生しそうなテストデータを送り、応答や挙動から脆弱性を検出する**「ファジング」**も効果的です。
その他、脆弱性のあるアプリケーションで発生する主な攻撃として、**「バッファオーバーフロー」**や**「クロスサイトスクリプティング」**、**「SQLインジェクション」**などがありますが、これらの対策も必要になります。

対　策	説　明
バッファオーバーフローの対策	メモリを溢れさせないようにするため、プログラムが利用可能なメモリサイズを決めておき、それを超えたかどうかをチェックする機能などを追加する。
クロスサイトスクリプティングの対策	悪意のあるスクリプトが実行されないようにするため、「エスケープ処理」を追加したり、「WAF」を導入したりする。
SQLインジェクションの対策	不正なSQL文が実行されないようにするため、「バインド機構」を使用したり、「エスケープ処理」を追加したり、「WAF」を導入したりする。

(2) マルウェア・不正プログラムへの対策

マルウェア・不正プログラムへの対策の基本は、**「マルウェア対策ソフト」**を導入することです。マルウェアの情報を定義したパターンファイル(マルウェア定義ファイル)を常に最新にしておくことが重要です。

●マルウェア対策ソフト

「マルウェア対策ソフト」とは、サーバやPCにインストールし、メモリに常駐させることでマルウェアの検知、駆除、感染防止などを行うソフトウェアのことです。
マルウェア対策ソフトはネットワークからファイルを取得したタイミングや、ファイルが作成・更新などされたタイミングで自動的にチェックを行うほか、ユーザーが任意に指定するファイルやディレクトリ(フォルダ)を手動でチェックするなどして利用します。マルウェアの検出手法としては、既知のマルウェアだけを検知する**「パターンマッチング法」**、未知のマルウェアも検知できる**「ヒューリスティック法」**や**「ビヘイビア法」**などがあります。

名　称	説　明
パターンマッチング法	「パターンファイル」と照合し、マルウェアの感染を判断する手法のこと。既知のマルウェアだけに対応でき、新しいマルウェアは検知できないという特徴がある。パターンファイルは「マルウェア定義ファイル」ともいう。
ヒューリスティック法	マルウェアの特徴的な行動パターン(迷惑メールの大量送信、Webサイトへの大量アクセスなど)を監視して、マルウェアの感染を判断する手法のこと。未知のマルウェアも発見できるという特徴があるが、誤検知が多くなるケースもある。
ビヘイビア法	検査対象のプログラムを実行してその動作を監視し、マルウェアの感染を判断する手法のこと。マルウェアの感染によるデータの書込み動作の異常や、通信量の異常増加などの変化を監視して、感染を検出する。ヒューリスティック法よりも信頼性が高い。

現在、最も多く利用されている検知方法はパターンマッチング法で、ほとんどのマルウェア対策ソフトはパターンファイルを利用しています。既知のマルウェアであればパターンファイルに情報があるため検知できますが、パターンファイルを常に最新のものに更新しなければ、新しいマルウェアを検知できません。

パターンファイルはマルウェア対策ソフトのメーカが定期的に最新のものを公開しています。また、ほとんどのマルウェア対策ソフトに最新パターンファイルの通知機能や自動ダウンロード機能が付いているので、それらの機能を有効にし、常にパターンファイルを最新にしておくことが重要です。

(3) 電子メールのセキュリティ対策

電子メールのセキュリティ対策としては、迷惑メールであるスパムメールへの対策が必要です。スパムメールへの対策として、利用者がスパムメールを開かずに削除することや、電子メールソフトの迷惑メールフィルタ機能を利用することなどがありますが、そのほかの有効な対策として、次のようなものがあります。

対　策	説　明
SPF	電子メールの送信元アドレスのドメイン認証技術のこと。送信側ドメインのDNSサーバ上で、送信元アドレスのドメインと、そのドメインのメール送信可能な正規の送信側メールサーバのIPアドレスをリストで管理する。受信側メールサーバでは、電子メールを受信すると、送信側ドメインのDNSサーバに問い合わせ、送信側メールサーバのIPアドレスの情報を得て、これがSMTP接続先（送信側メールサーバ）のIPアドレスと一致しているかどうかを照合することでなりすましを検出する。送信者をなりすましたスパムメールや、フィッシングメール（偽の電子メール）を防ぐことができる。「Sender Policy Framework」の略。
DKIM（ディーキム）	電子メールの送信元アドレスが不正なものでないことを認証するドメイン認証技術のこと。デジタル署名を利用して送信元アドレスを認証する。送信側は秘密鍵で電子メールに署名し、受信側は公開鍵で署名を検証する。公開鍵は、送信側のDNSサーバから受信側のメールサーバに提供される。送信者をなりすましたスパムメールや、フィッシングメールは、正しい署名を添付していないため、受信側に届く前に見破られて破棄される。「DomainKeys Identified Mail」の略。
SMTP-AUTH	電子メールを送信するために使用するアプリケーション層の認証プロトコルのこと。電子メールの送信時に、送信側のメールサーバでユーザーアカウントとパスワードによる利用者認証を行い、許可された場合だけ送信可能となる。 「SMTP AUTHentication」の略。
OP25B	外部ネットワークの境界にあるルータなどで、外部のサーバへのSMTPポート番号25宛ての通信をブロックすること。スパムメールは、外部に接続されているSMTPサーバを利用して送信されることが多いので、外部に接続されたサーバのポート番号25宛ての通信をブロックすることで、ネットワーク内部の利用者が、外部のメールサーバを利用してスパムメールを送信することを防ぐ。 「Outbound Port 25 Blocking」の略。

(4) 携帯端末のセキュリティ対策

スマートフォンやタブレット端末、携帯電話などの携帯端末は、近年利用する機会が増大しています。携帯端末は、外出先で利用することも多く、盗難のリスクが高くなります。マルウェア対策ソフトの利用、OSやソフトウェアのアップデートだけでなく、盗難に備えた携帯端末のセキュリティ対策として、暗証番号の設定や、SIMカードのPINコード設定などが有効な手段です。

参考

マルウェアの動的解析と静的解析

「マルウェアの動的解析」とは、検体をサンドボックス（保護された領域）上で実行し、その動作や外部との通信を観測すること。一方、「マルウェアの静的解析」とは、検体をネットワーク上の通信データから抽出し、逆コンパイルして取得したコードから機能を調べること。

参考

検疫ネットワーク

社内のネットワークに接続しようとするコンピュータを隔離された検査専用のネットワークに接続して検査し、問題がないことを確認したコンピュータだけ社内のネットワークに接続することを許可する仕組み、または隔離された検査専用のネットワークのこと。

OSのアップデートやマルウェア対策ソフトのパターンファイルなどを確認し、最新化されていないコンピュータを一時的に隔離することで、マルウェアの感染の広がりを予防する。

参考

スパムメール

主に宣伝・広告・詐欺などの目的で不特定多数のユーザーに大量に送信される電子メールのこと。「迷惑メール」、「SPAM」ともいう。

参考

デジタル署名

→「3-5-6 3 (1) デジタル署名」

また、**「MDM」**を利用することにより、企業が従業員に貸与する携帯端末に対して、情報セキュリティポリシーに従った一元的な設定をしたり、同じバージョンのアプリケーションソフトウェアしか導入できないようにしたりすることもできます。

(5) 無線LANのセキュリティ対策

無線LANでは、電波の届く範囲内であれば通信ができてしまうということから、有線LAN以上にセキュリティを考慮しなければいけません。情報セキュリティ対策でよく使用されるものとして、**「認証機能」**や**「通信暗号化機能」**があります。

対 策	説 明
認証機能	電波の届く範囲であれば、無関係の利用者がネットワークに接続できる。この状態を放置すると、隣家の住人によって無線LANが盗用されたり、建物に接近したクラッカーによってネットワークへの侵入を試みられたりする危険性がある。また、複数の無線LANが隣接している場合、通信が混信する可能性も考えられるので、無線LANアクセスポイントと無線LANカードの通信を制御する必要がある。具体的には、「SSID」によってネットワークに利用者IDを設定して認証したり、あらかじめ登録された無線LANカードだけ通信を許可したりするなどの認証方法がある。
通信暗号化機能	ネットワークに侵入されると、通信が盗聴される可能性がある。そのため、通信時の情報セキュリティとして、通信を暗号化する必要がある。従来の暗号化方式の規格である「WEP(ウェップ)」には、脆弱性が報告されているため、WEPの後継である「WPA」や、さらにWPAの後継である「WPA2」によって、電波そのものを暗号化して保護する。認証機能と組み合わせることで、より強固な情報セキュリティが実現する。なお、2018年には、WPA2の後継である「WPA3」が規格化された。WPA3では、認証機能の強化、暗号化機能の強化、IoTデバイスの保護を目的としている。 WEPは、「Wired Equivalent Privacy」の略。 WPAは、「Wi-Fi Protected Access」の略。

(6) クラウドサービスのセキュリティ対策

「クラウドサービス」とは、クラウドコンピューティングで提供されるサービスのことです。**「クラウドコンピューティング」**とは、ユーザーが必要最低限の機器構成でインターネットを通じてサービスを受ける仕組みのことです。
クラウドサービスを使えば、PCとインターネット接続環境など、最低限の利用者環境があれば、すぐにサービスを利用することができ、利用した分だけ利用料を支払うので、コストの削減にもつながります。利用できるサービスには、オフィスソフト、電子メール、グループウェア、人事・会計などの業務ソフト、ストレージサービスなど多くの種類があり、これらが多くの事業者から提供されています。
良いことが目立つクラウドサービスですが、自社運営の場合と異なり、クラウドサービスならではの情報セキュリティ対策を意識する必要があります。特に、**「必ずネットワークを経由してアクセスすること」**、**「自社サーバではなく事業者の管理するサーバにデータを預ける」**という2点について注意が必要です。
自社でサーバの運営・管理や保守の負担がなくなるというメリットは、同時に事業者任せになってしまうというデメリットでもあります。クラウドサービスを導入する際には、事業者のセキュリティ環境が自社の求める水準に達しているかどうかの確認が必要です。

参考

MDM

モバイル端末を遠隔から統合的に管理する仕組みのこと。この仕組みを実現するためには、専用のソフトウェアを利用する。例えば、モバイル端末の状況の監視や、セキュリティの設定、リモートロック(遠隔操作によるロック)などを実施し、適切な端末管理を実現する。
「Mobile Device Management」の略。
日本語では「モバイル端末管理」の意味。

参考

SSID

正式には「ESSID」といい、無線LANアクセスポイントなどを識別するための最大32文字の文字列のこと。ある端末を任意のアクセスポイントに接続するためには、その端末に当該アクセスポイントのSSIDと暗号化キーをセットすることが必要になる。
「Service Set IDentifier」の略。
ESSIDは、「Extended SSID」の略。

参考

SSIDステルス

正式には「ESSIDステルス」といい、無線LANのネットワークを識別するための文字列であるSSIDを知らせる発信を停止すること。これにより、無線LANアクセスポイントを周囲に知られにくくすることができる。

参考

公衆無線LANのセキュリティ対策

公衆無線LANのアクセスポイントを設置するときは、同一のアクセスポイントに無線で接続している端末同士の通信を、遮断する設定にするとよい。これにより、ある端末が、別の端末に無断でアクセスすることを防止することができる。

参考

クラウドサービス/クラウドコンピューティング

→「7-1-4 2 (1) クラウドコンピューティング」

また、利用者側のインターネット接続の不調で利用できなくなることが考えられます。インターネット接続はクラウドサービス利用の生命線ともいえるので、複数の経路を確保しておくなど、ネットワークの冗長化も欠かせません。

(7) IoTのセキュリティ対策

インターネットに接続される機器の数は年々増加しており、IoTの普及が進んでいます。**「IoT」**とは、**「モノのインターネット」**ともいい、コンピュータなどのIT機器だけでなく、産業用機械や家電、自動車など、ありとあらゆるモノをインターネットに接続する技術のことです。また、ありとあらゆるモノに相当する機器のことを**「IoT機器」**といいます。
様々なモノがインターネットにつながるということは、現在のコンピュータに対するのと同様のセキュリティへの意識を持ち、適切な対策をとることが求められます。
IoTの普及が進むと便利になる一方で、次のようなセキュリティのリスクが発生します。

- **様々なモノに対してリスクが発生する**
  家電や自動車、住宅などがIoT機器になるということは、これまで使用していたコンピュータだけでなく、社会にある様々なモノがセキュリティのリスクにさらされることになる。
- **被害にあっても気付きにくい**
  インターネットに接続されているという意識が持ちにくくなり、IoT機器がマルウェアに感染しても、気付かないで長期間放置されたままになる可能性がある。
- **知らないうちに加害者になる可能性がある**
  インターネットに接続されており、知らない間に攻撃の踏み台になって、加害者になることもある。

これらのセキュリティのリスクからIoT機器を守る対策には、次のようなものがあります。

- **IoTのリスクを認識する**
  IoT機器は、PCやスマートフォンと同様にインターネットに接続して情報のやり取りをするため、それに伴うリスクも同様にあることを認識する。
- **パスワードを設定する**
  パスワードを設定して第三者による不正侵入を防ぐ。また、初期設定のパスワードは必ず変更するようにする。
- **インターネットに直接接続しない**
  IoT機器をインターネットに直接接続することは、セキュリティ上の危機にさらされることになる。インターネットに接続する場合は、ルータなどを経由して接続するようにする。
- **IoT機器を最新の状態にする**
  コンピュータのOSで行うアップデートなどと同様に、IoT機器のファームウェア(制御するために組み込まれたソフトウェア)を常に最新の状態に保つ。

参考

クラウドサービス提供事業者の実施水準
クラウドサービス提供事業者の実施水準について、確認すべき情報セキュリティ項目には、次のようなものがある。
- サーバ設置環境における物理的セキュリティ対策(災害対応、入退室管理など)
- 不正アクセス対策
- ログ管理の状況
- 通信の暗号化の状況
- 機器やネットワークの障害対策
- OSやソフトウェアの脆弱性対策
- 不正プログラムやマルウェアの対策
- データのバックアップ

(8) ブロックチェーン

「ブロックチェーン」とは、ネットワーク上にある端末同士を直接接続し、暗号化技術を用いて取引データを分散して管理する技術のことです。暗号資産（仮想通貨）に用いられている基盤技術です。

ブロックチェーンでは取引データを分散管理するため、従来型の取引データを一元管理する方法に比べて、ネットワークの一部に不具合が生じてもシステムを維持しやすく、なりすましやデータの改ざんが難しいという特徴があります。一方で、トランザクションが多くなり、処理時間が増加するという課題もあります。

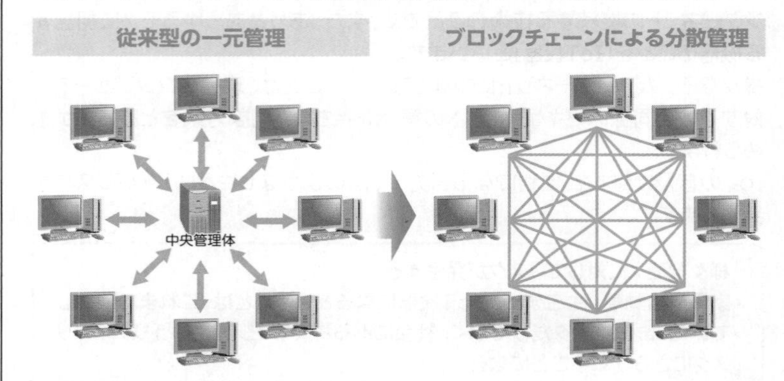

直前の取引履歴などのデータからハッシュ値を生成し、順次つなげて記録した分散型の台帳（ブロック）を、ネットワーク上の多数のコンピュータで同期して保有・管理します。これによって、一部の台帳で取引データが改ざんされても、取引データの完全性と可用性などが確保されることを特徴としています。

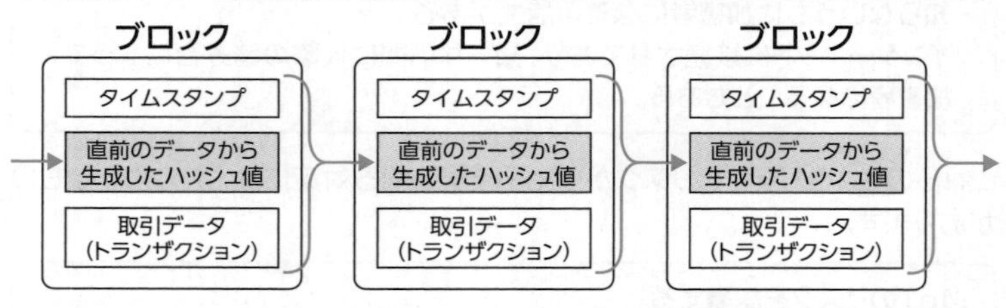

ブロックチェーンによる分散管理では、従来型の取引データの一元管理と比較して、次のような効果があります。

効　果	説　明
高い完全性	ブロックチェーンは取引ごとに暗号化した署名を用いるため、なりすましの行為が困難である。また、取引データは過去のものと連鎖して保存されているため、一部分を改ざんしても、過去のデータもすべて改ざんする必要があり、改ざんがほとんど不可能となる。また、台帳により過去のデータを参照することができるため、データの改ざんをリアルタイムで監視できる。
高い可用性	従来型の取引データの一元管理では、中央管理体に不具合があった場合にすべてのシステムが停止してしまう可能性がある。分散管理を行うことで、ネットワークの一部に不具合が生じてもシステムを維持することができる。
取引の低コスト化	従来型の取引データの一元管理では、一元管理を行う第三者に仲介手数料を支払う必要がある。ブロックチェーンのシステムを用いれば、仲介役がいなくても、安全な取引が行えるため、取引の低コスト化が望める。

参考

暗号資産（仮想通貨）

紙幣や硬貨のように現物を持たず、デジタルデータとして取引する通貨のこと。世界中の不特定の人と取引ができる。ブロックチェーンという技術をもとに実装されており、「仮想通貨」ともいう。

交換所や取引所と呼ばれる事業者（暗号資産交換業者）から購入でき、一部のネットショップや実店舗などで決済手段としても使用できる。

参考

ハッシュ値

ハッシュ関数によって生成される値のこと。元のデータを要約した短いデータである。比較するデータが同じかどうかを判断する目的で利用することができる。

「ハッシュ関数」とは、元のデータから一定長のハッシュ値を生成する関数のこと。

ハッシュ値には、次のような特性がある。

- データ（ファイル）が同じであれば、常に同じハッシュ値が生成される。
- データが1文字でも異なっていれば、生成されるハッシュ値は大きく異なったものになる。
- ハッシュ値から元のデータを復元することができない。
- 異なるデータから同じハッシュ値が生成される可能性が非常に低い。

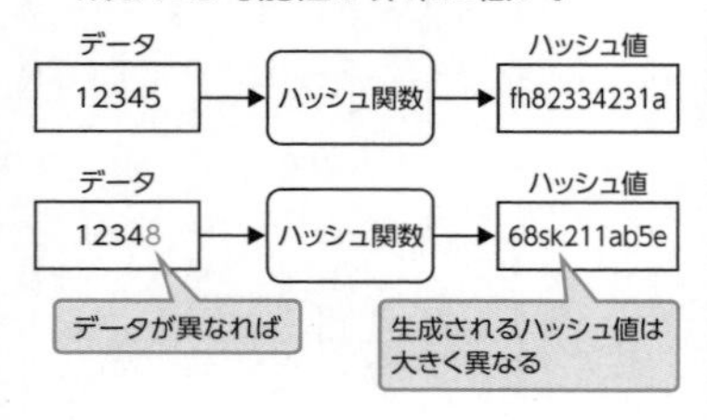

(9) その他のセキュリティ対策

その他のセキュリティ対策には、次のようなものがあります。

対 策	説 明
電子透かし	データの不正コピーや改ざんなどを防ぐために、品質に影響を及ぼさない程度に作成日や著作権などの情報をデータに埋め込む技術のこと。埋め込んだ情報は、一見して判別できないが、専用の電子透かし検出ソフトウェアで確認できるので、不正コピーや改ざんなどを見破ることができる。
UTM	ファイアウォールや侵入防止システム(IPS)、迷惑メールフィルタ機能など、複数のセキュリティ機能を1台でまとめて提供するハードウェア、または複数のセキュリティ機能を総合的に管理すること。 UTMを導入することで、管理する機器の減少やコスト削減などのメリットがあるが、設定が複雑になったり、1台で多くのことを行うためネットワーク負荷が増大したり障害が発生したりするなどのデメリットもある。 「Unified Threat Management」の略。日本語では「統合脅威管理」の意味。
SIEM	各種サーバやネットワーク、セキュリティ製品などのログを一元的かつリアルタイムで管理・分析し、外部からの侵入やマルウェア感染などの異常が認められれば管理者に通知する仕組みのこと。SIEMを導入することで、脅威を迅速に識別し、対応することができる。 「Security Information and Event Management」の略。 日本語では「セキュリティ情報イベント管理」の意味。
syslog	ログを収集したり転送したりするプロトコルのこと。UNIXなどでよく使われている。ログ管理サーバを用意してsyslogを利用することで、各機器に保存されるログのほかに、ログ管理サーバにも同一のログを集約して二重管理できる。ログの安全な保存や、2つのログを突き合わせることによる改ざんのチェックなどが可能となる。
ハニーポット	不正アクセスやマルウェアなどを調査するためのサーバや通信機器のこと。悪意のある者に対して、それらのサーバなどに有益な情報が存在すると思わせたり、脆弱性などがあるように見せかけたり、侵入しやすいように思わせたりする。そうして侵入してきた不正アクセスやマルウェアを観察し、調査に役立てるものである。 ハニーポットとは「甘い蜜の入った壺」という意味で、おとり捜査に似た手法といえる。
ネットワークモニター	ネットワーク上に流れる「トラフィック」を監視し、急激なトラフィックの増加や異常なパターンを検知する装置のこと。トラフィックとは、ネットワーク上を移動するデータ、またはデータの情報量のこと。マルウェアの活動によって、異常なトラフィックが発生したり、PCまたはサーバが異常な振る舞いをしたりすることがあるが、ネットワークモニターを使うと、このような異常を発見することができる。

❸ 物理的セキュリティ対策

物理的脅威による被害を最小限にするために、建物や部屋などの物理的セキュリティ対策を施し、システム全体の信頼性と可用性を確保することが重要です。

物理的セキュリティ対策には、次のようなものがあります。

対 策	説 明
入退室管理	人の出入り(いつ・誰が・どこに)を管理すること。不審者対策に利用できる。重要な情報や機密情報を扱っている建物や部屋には、許可された者だけ入室を許可するとともに、入退室の記録を保存する必要がある。ICカードを用いることが多い。
施錠管理	建物や部屋、ロッカーなどを施錠し、外部からの侵入と権限のない者の利用を防止する。利用者の利便性を考慮して、電子錠で施錠することが多くなっている。

参考

許可リストと拒否リスト

フィルタリングなどで利用されるリストには、次のようなものがある。

●許可リスト

安全が確認されているWebサイトやメールアドレスの一覧のこと。許可リストにあるWebサイトやメールアドレスだけを受信・閲覧できるようにするので、許可リストにない対象を排除できるというメリットがある。その反面、安全な対象が一部に限られてしまい、利用者の利便性が失われるというデメリットがある。

「パスリスト」ともいう。

●拒否リスト

安全が確認されていないWebサイトやメールアドレスの一覧のこと。拒否リストにあるWebサイトやメールアドレスの受信・閲覧を制限できるというメリットがある。その反面、すべての有害なWebサイトなどを一覧にするのは不可能なうえに、次々と新しいWebサイトなどが増えていくため、拒否リストで制限できるWebサイトなどは一部に限られてしまうというデメリットがある。

「ブロックリスト」ともいう。

参考

フォールスネガティブとフォールスポジティブ

不正侵入の検知で、実際に侵入しているものを、侵入していないと判断してしまう誤検出のことを「フォールスネガティブ」という。逆に、実際には侵入していないものを、侵入しているとみなしてしまう誤検出のことを「フォールスポジティブ」という。

例えば、マルウェア対策ソフトにおいて、マルウェアに感染しているファイルをマルウェアに感染していないと判断するのはフォールスネガティブに該当し、マルウェアに感染していないファイルをマルウェアに感染していると判断するのはフォールスポジティブに該当する。

フォールスネガティブが増えるほど、コンピュータに悪影響を与え得る攻撃を通過させてしまう可能性が高くなり、フォールスポジティブが増えるほど、正常な操作の阻害回数が増えてしまう。双方のバランスを考慮し、どちらも最小になるように改善し続ける必要がある。

対　策	説　明
監視カメラの設置	不審者の行動を監視するために、カメラやビデオカメラを設置する。ドアなどの出入り口付近や機密情報の保管場所などに設置し、盗難や情報漏えいを抑止できる。
遠隔バックアップ	システムやデータをあらかじめ遠隔地にコピーしておくこと。災害時のコンピュータの障害や、ハードディスクやSSDの障害によって、データやプログラムが破損した場合に備えておくもの。
USBキー	USBメモリの形状をしたセキュリティツールのこと。固有情報が書き込まれているUSBキーをPCに挿入することで利用者を認証して、なりすましを防止できる。PCにUSBキーを抜き挿しするだけで操作できる。
クリアデスク	書類やPCなど、情報が記録されたものを机の上に放置しないこと。帰宅時、書類やノートPCを机の上に出したままにせず、施錠ができる机の引出しなどに保管することで、外部や権限のない者への情報漏えいを防ぐことができる。
クリアスクリーン	離席するときにPCのスクリーンをロックするなど、ディスプレイを見られないようにすること。
セキュリティゲート	ICカードによる認証や生体認証などにより、正しいと識別された者の通行を許可するゲート(出入り口)のこと。
UPS	停電や瞬断時に電源の供給が停止してしまうことを防ぐための予備の電源のこと。「無停電電源装置」ともいう。停電時は、UPSが内蔵するバッテリーから電源を供給するが、UPSが継続して供給できる時間は一般的に10～15分程度である。 「Uninterruptible Power Supply」の略。
セキュリティワイヤ	ノートPCなどに取り付けられる、盗難を防止するためのワイヤ(金属製の固定器具)のこと。ノートPCなどの機器にセキュリティワイヤを装着し、机などに固定すると、容易に持出しができなくなるため、盗難を防止するのに役立つ。

3-5-6　情報セキュリティ技術

情報セキュリティを確保するためには、様々なセキュリティ技術を利用することになります。利用者が間違いなく利用者本人であることを認証するための利用者認証の技術はもちろん、万が一情報を盗まれてもリスクを低減できる暗号化技術などがあります。

❶ 利用者認証

「利用者認証」は、情報セキュリティにおけるアクセス制御を行う技術として、最も基本的なものです。セキュリティにおける**「アクセス制御」**とは、利用の許可や拒否を制御することです。情報システムの利用において、利用者本人であることを認証することは、大変重要になります。
利用者認証の技術には、利用者IDとパスワードなどの**「知識による認証」**や、ICカードなどの**「所有品による認証」**、さらに本人が持つ**「生体情報による認証」**があります。

参考

RAS技術
「Reliability：信頼性（故障しにくい）」、「Availability：可用性（使える時間が長い）」、「Serviceability：保守性（復旧しやすい）」を備えたコンピュータを実現するための仕組み、または性能を示す指標のこと。
RASに「Integrity：完全性（矛盾が発生しない）」、「Security：安全性（機密性が高い）」を加えた「RASIS」がある。

参考

二重化技術
設備・機器・回線などを複数用意し、障害発生などに備える技術のこと。問題発生時に停止することなく瞬時に切り替えるか（ホットスタンバイ）、一定時間後に切り替えるか（コールドスタンバイ）を決定する。
具体的な方式としては、ディスクを二重化して同じデータを複数持つ「ミラーリング」、主系と従系のシステムからなり、主系に問題が発生すると従系に切り替わる「デュプレックスシステム」、システム全体が同じ構成で、問題が発生した側を切り離す「デュアルシステム」などがある。

参考

耐震耐火設備
地震や火災に備えた設備のこと。重要な情報システムを設置する建物は、地盤や活断層の有無などを考慮し、良い立地を選定する必要がある。さらに、耐震耐火設備によって、建物が免震構造になっていることや、耐火設計になっていることなどが重要である。

技　術	説　明
知識による認証	本人しか知り得ない情報によって識別する照合技術のこと。利用者IDとパスワードによる認証などがある。
所有品による認証	本人だけが所有するものに記録されている情報によって識別する照合技術のこと。ICカードによる認証などがある。
生体情報による認証	本人の生体情報の特徴によって識別する照合技術のこと。指紋認証や静脈パターン認証などがある。

これら3つの利用者認証の技術のうち、異なる複数の利用者認証の技術を使用して認証を行うことを**「多要素認証」**といいます。複数の利用者認証の技術を使用することで、セキュリティを強化することができます。なお、異なる2つの利用者認証の技術を使用して認証を行うことを**「二要素認証」**といいます。

また、認証手順を複数の段階に分けて認証を行うことを**「多段階認証」**といいます。例えば、オンラインショッピングでの商品購入において、代金を支払う際に、利用者IDとパスワードによる認証を行い（1段階目の認証）、その次にスマートフォンのショートメッセージサービス（SMS）で送られてきた認証コードで認証を行う（2段階目の認証）ことが該当します。知識による認証と所有品による認証との二要素認証でもありますが、2つの要素の認証を一度に実施せず、段階的に実施するので多段階認証となります。なお、この例のように、2つの段階で認証を行うことを**「二段階認証」**といいます。

(1) 利用者IDとパスワード

「利用者ID」とは、システムの利用者を識別するために与えられた利用者名のことです。**「パスワード」**とは、正当な利用者であることを認証するための秘密の文字列のことです。この2つの組合せが一致した場合だけ、本人であると確認される仕組みになっています。
パスワードを管理する際は、次の点に注意します。

- パスワードは、必ず設定する（空白のパスワードは認めない）。
- パスワードは、紙などに記述しない。
- 組織全体などで共通のパスワードは設定しない。
- 電話でのパスワードの問合せには応じない。
- パスワードを電子メールで送らない。

(2) ICカード

「ICカード」とは、ICチップ（半導体集積回路）が埋め込まれたプラスチック製のカードのことです。カード内部にCPUが組み込まれており、本人認証をはじめ暗号化・その他各種演算などが行え、セキュリティも高くなっています。
ICカードは携帯することが多いため、盗難や紛失による不正利用や情報漏えいといった脅威にさらされることになります。このような脅威に対抗するため、ICカードには**「PIN」**と呼ばれる認証機能が併用されています。また、ICカードには、悪意のある者に奪われたあと、カード内部の情報を盗み見られないよう、**「耐タンパ性」**を高める仕組みも設けられています。
ICカードには接触型と非接触型の2種類があり、前者は自動車のETCカードなどで使われており、後者は鉄道系ICカード（JR東日本のスイカ、東京メトロのパスモ）などで使われています。また、企業において本人を認識する従業員カードなどでも、非接触型が多く使われています。

参考
ログイン
利用者が入力した利用者IDとパスワードを、システム管理者があらかじめ登録しておいた情報と照合し、正規の利用者として認証すること。

参考
シングルサインオン
一度の認証で、許可されている複数のシステムを利用できる認証方法のこと。シングルサインオンを利用すると、一度システムにログインすれば再び利用者IDとパスワードを入力することなく複数のシステムを利用できる。利用者の使用する利用者IDとパスワードが少なくなるというメリットがある。

参考
パスワードリマインダ
パスワードを忘れた利用者を救済する仕組みのこと。例えば、「母の旧姓は」という質問に対してその答え（合い言葉）を登録しておき、パスワードを忘れた際にその質問に答えて、正解するとパスワードを再発行する処理を行う。
合い言葉が一致したあとの処理は、通常、あらかじめ登録されている利用者のメールアドレス宛てに、パスワード再設定用Webページにアクセスするための推測困難なURLを送信する。

参考
IC
「Integrated Circuit」の略。

参考
PIN
ICカードの利用者が正しい所有者であることを証明するための任意の文字列のこと。通常、PINは利用者自身で決定し、あらかじめICカード内部に記憶させる。新しい認証システムなどを初めて利用する際、ICカード利用者はPINを認証システムに入力する。認証システム側では、利用者が入力したPINとICカードに記憶されたPINを比較し、同値であれば、ICカードの利用者が、正規の所有者であると確認することができる。
「Personal Identification Number」の略。

(3) 生体認証

「生体認証」とは、本人の固有の身体的特徴や行動的特徴を使って、本人の正当性を識別する照合技術のことです。**「バイオメトリクス認証」**ともいいます。身体的特徴や行動的特徴を使って本人を識別するため、安全性が高く、なおかつパスワードのように忘れないというメリットがあります。あらかじめ指紋や静脈などの**「身体的特徴」**や、署名の字体などの**「行動的特徴」**を登録しておき、その登録情報と照合させることによって認証を行います。
代表的な身体的特徴を使った生体認証には、次のようなものがあります。

名　称	説　明
指紋認証	手指にある紋様を照合する方法のこと。特徴点を抽出して照合する方法(特徴点抽出方式)や、紋様の画像を重ね合わせて照合する方法(パターンマッチング方式)がある。
静脈パターン認証	手指や手のひらの静脈を流れる血が赤外線光を吸収するという性質を利用して、静脈のパターンを照合する方法のこと。静脈パターンは外部から確認するのが難しく、血管は体内にあるため、指紋などよりもコピーされにくいというメリットがある。
網膜認証・虹彩認証	網膜(眼球の奥にある薄い膜)の毛細血管の模様や、虹彩(瞳孔の縮小・拡大を調整する環状の膜)の模様を照合する方法のこと。指紋などよりも、コピーされにくいというメリットがある。
顔認証	顔のパーツ(目や鼻など)を特徴点として抽出し、照合する方法のこと。ほかの認証方法より認証精度が欠けるといった問題点も指摘されている。
声紋認証	声の特徴を照合する方法のこと。人の声の、時間、周波数、強さをグラフ化した声紋をもとに照合する。加齢・声枯れ・風邪などで波形が変化することもあり、また録音した音声への対処など、検討すべき事項が残されている。身体的特徴だけでなく、声の出し方の癖など行動的特徴もある。

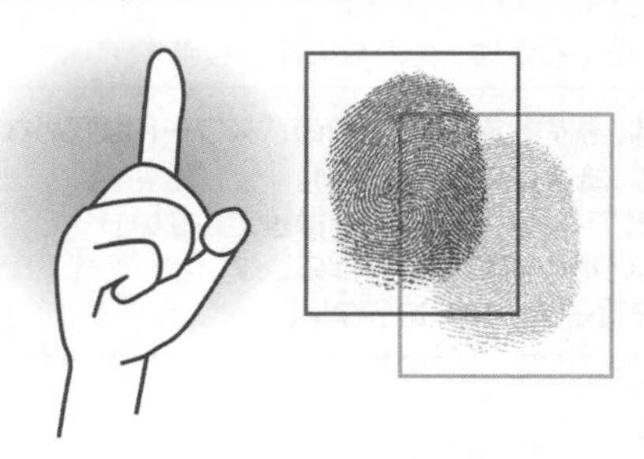

なお、身体的特徴では、偽造が難しく、**「経年変化」**が小さいものが優れています。経年変化とは、ある年数を経過して、特徴が変化することです。

(4) ワンタイムパスワード

「ワンタイムパスワード」とは、その名のとおり、一度限りの使い捨てパスワード、または、そのパスワードを生成することを可能にした仕組みのことです。トークン(セキュリティトークン)と呼ばれるパスワード生成機を使用して、ワンタイムパスワードを生成します。
ワンタイムパスワードは、毎回ログインするたびに別の値となるため、万が一、ワンタイムパスワードが漏えいした場合でも、安全性が保てるというメリットがあります。

参考

耐タンパ性
外部からデータを読み取られることや解析されることに対する耐性(抵抗力)のこと。

参考

バイオメトリクス認証
「Biology(生物学)」と「Metrics(計測)」の組合せのこと。

参考

行動的特徴を使った生体認証
生体認証には、身体的特徴を使った認証方式だけでなく、行動的特徴を使った認証方式もある。
行動的特徴を使った認証方式には、次のようなものがある。
・署名の字体(筆跡)
・署名時の書き順や筆圧、速度
・キーストローク(キーの押し方)

参考

本人拒否率と他人受入率
生体認証では、本人を判定する基準として、本人を誤って拒否する確率である「本人拒否率」と、他人を誤って許可する確率である「他人受入率」を利用する。
本人拒否率を高くした場合は本人であるのに認証されないケースが増え、他人受入率を高くした場合は他人であるのに認証されるケースが増える。生体認証を行う装置では、双方の確率を考慮して調整する必要がある。

参考

リスクベース認証
利用者が普段と異なる環境からアクセスしたと判断した場合、追加の利用者認証を行うこと。
「母親の旧姓は?」「ペットの名前は?」といった、利用者が登録済の本人しか知らない秘密の質問が追加認証としてよく利用される。例えば、通常使用していないコンピュータからインターネットバンキングにアクセスした場合、あらかじめ登録した秘密の質問が表示され、すべて回答することでログインが可能となる。第三者が利用者IDやパスワードを不正に入手した場合、それだけでは正規の利用者となりすましを区別することができないが、リスクベース認証を併用することによって、不正なアクセスを水際で防げることが期待できる。

(5) CAPTCHA

「CAPTCHA(キャプチャ)」とは、チャレンジレスポンス認証のひとつで、Webサイトにアクセスしようとしているのがプログラムなのか、人間なのかを識別するための技術のことです。
人間には読み取ることができても、プログラムでは読み取ることが難しい、ゆがめたり一部を隠したりした文字列の画像をWebサイトに表示し、同じ文字列を入力させることによって識別します。これによって、プログラムによる自動入力を防ぎます。

❷ 暗号技術

「暗号化」とは、情報を決まった規則に従って変換して、第三者に解読できないようにすることです。暗号化される前の、私たちが理解できる情報を**「平文(クリアテキスト)」**といいます。
平文を暗号化して解読できなくなった情報を**「暗号文」**といい、暗号文から平文に戻すことを**「復号」**といいます。
例えば、平文を**「五十音順に1文字ずらす」**という暗号化が行われた場合は、次のように復号します。

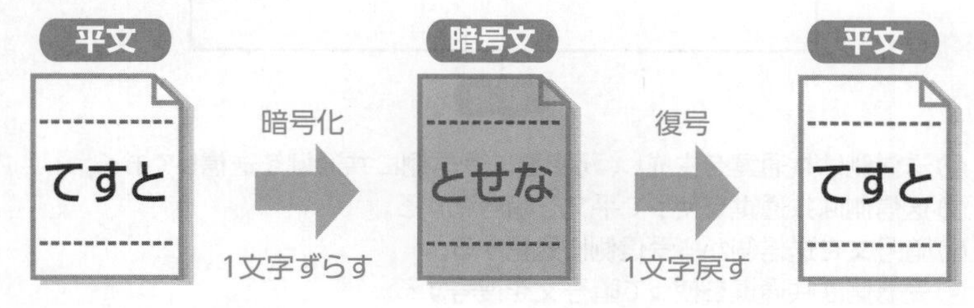

暗号技術においては、**「暗号アルゴリズム」**と**「鍵(キー)」**を利用して、暗号化や復号を実現します。**「暗号アルゴリズム」**とは、**「どのように暗号化するか」**という方式(ロジック)のことです。例えば、DESという暗号アルゴリズムでは、DESで暗号化したものはDESで復号します。その際、ある長さのビット列を変数として使います。この変数が鍵となります。
DESという仕組みは同じでも、暗号化するときにユーザーがそれぞれ独自の暗号化用の鍵(これを**「暗号鍵」**といいます)を使うことにより、その鍵に対応した復号用の鍵(これを**「復号鍵」**といいます)を持つ者だけが、その暗号文を復号することができます。
暗号化は、暗号鍵と復号鍵を同一のものとするか、別のものとするかで、大きく2つの方式に分かれます。

参考

CAPTCHA
「Completely Automated Public Turing test to tell Computers and Humans Apart」の略。

参考

チャレンジレスポンス認証
ネットワークにパスワードそのものを流さないで認証する方式のこと。

参考

危殆化(きたいか)
機密として管理すべき情報が開示されたり、セキュリティ規定の違反が発生したりして、セキュリティ上の安全性のレベルが低下した状態のこと。

参考

DES

共通鍵暗号方式の代表的な暗号アルゴリズムであり、データを64ビット単位のブロックごとに暗号化する。鍵長は56ビット。IBM社が開発し、1977～2005年までNISTが標準暗号として採用し、普及した。DESの開発当初は非常に強力な暗号として知られていたが、現在ではコンピュータ機器の処理性能の向上により、比較的短時間での解読ができるようになり、安全性が低いといわれている。
「Data Encryption Standard」の略。

参考

AES

DESの後継規格であり、DESと比較して暗号化・復号の処理が高速で強度が高いという特徴がある。AESは、データを128ビットのブロックに分けて暗号化し、鍵長は128ビット、192ビット、256ビットから選択する。
「Advanced Encryption Standard」の略。

参考

ブロック暗号とストリーム暗号

共通鍵暗号方式は、「ブロック暗号」と「ストリーム暗号」に大別することができる。

●ブロック暗号

データを一定の長さのブロックに区切り、ブロック単位で暗号化する方式のこと。代表的な暗号アルゴリズムに、DESやAESがある。

●ストリーム暗号

データを1ビット単位または1バイト単位で逐次暗号化する方式のこと。代表的な暗号アルゴリズムに、KCipher-2やRC4がある。

参考

暗号利用モード

一定の長さのブロックごとに暗号化処理を行う際、そのブロック長よりも長いメッセージをアルゴリズムによって暗号化する方法のこと。

(1) 共通鍵暗号方式

「共通鍵暗号方式」とは、暗号化と復号で同一の鍵（共通鍵）を使う暗号方式のことです。暗号化する者と復号する者以外の第三者に鍵を知られてしまっては、盗聴や改ざんを防ぐことができないため、共通鍵は秘密裏に共有しなければなりません。このことから**「秘密鍵暗号方式」**とも呼ばれます。
代表的な暗号アルゴリズムには、**「DES」**や**「AES」**があります。

共通鍵暗号方式を利用した特徴と通信の仕組みは、次のとおりです。

- **暗号化と復号の速度が速い。**
- **共通鍵の送信時に共通鍵が漏えいする危険性を伴う。**
- **通信相手ごとに別々の共通鍵を用意する必要がある。**

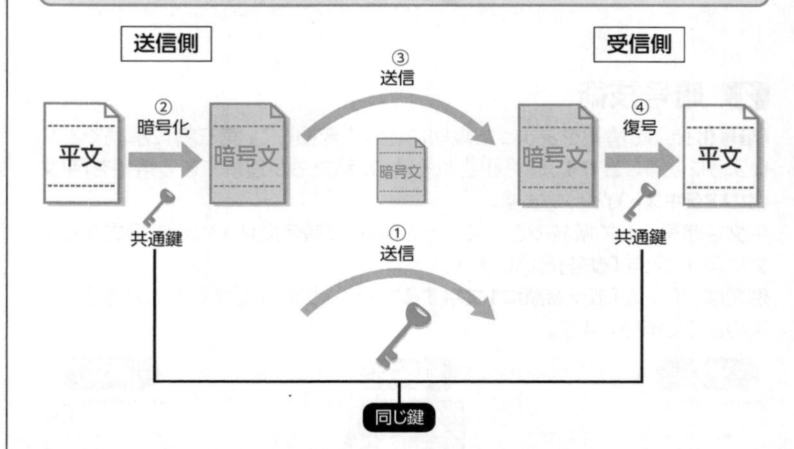

① 送信側は共通鍵を生成し、秘密裏に受信側に共通鍵を送信しておく。
② 送信側は共通鍵を使って平文を暗号化する。
③ 暗号文を送信側から受信側に送信する。
④ 受信側は共通鍵を使って暗号文を復号する。

また、共通鍵は**「通信を行う当事者」**だけでしか使えないので、多数の人と通信を行う場合、その組合せの数だけ鍵が必要になります。
n人が相互に通信を行う場合、必要な共通鍵の総数は、次の計算式で求めることができます。

$$\text{必要な共通鍵の総数} = \frac{n(n-1)}{2}$$

例えば、100人が相互に通信を行う場合は、$\frac{100(100-1)}{2}$=4,950個の共通鍵が必要になります。多くの鍵が必要となり、鍵管理にかかる工数が大きくなります。

(2) 公開鍵暗号方式

「公開鍵暗号方式」とは、暗号化と復号で異なる鍵(秘密鍵と公開鍵)を使用する暗号方式のことです。秘密鍵と公開鍵は必ず1対(ペア)で生成され、公開鍵で暗号化された暗号文は、その対となる秘密鍵でしか復号できません。
秘密鍵は自分だけが持つもので第三者に公開してはいけません。公開鍵は第三者に広く公開するため、**「認証局(CA)」**に登録して公開します。
代表的な暗号アルゴリズムには、**「RSA」**があります。

公開鍵暗号方式を利用した特徴と通信の仕組みは、次のとおりです。

- **公開鍵を使うため、多数の送信相手と通信するのに適している。**
- **鍵の管理が容易である。**
- **暗号化と復号の速度が遅い。**

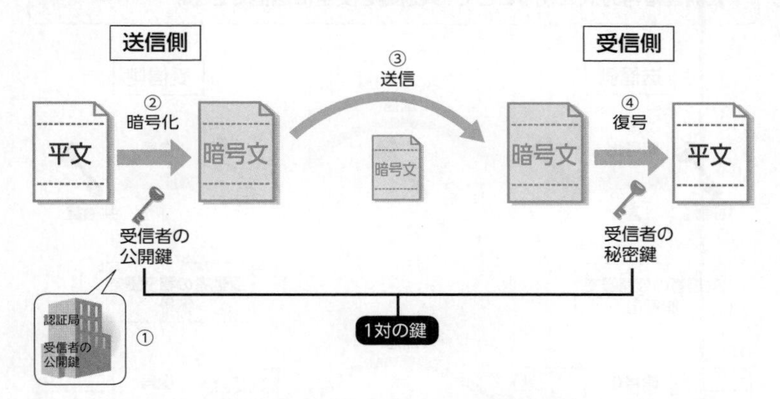

①受信側は、秘密鍵と公開鍵を生成し、認証局に公開鍵を登録する。
②送信側は、受信相手が認証局に登録している公開鍵を使って平文を暗号化する。
③暗号文だけを送信側から受信側に送信する。
④受信側は公開鍵と対になっている自分の秘密鍵を使って暗号文を復号する。

また、公開鍵暗号方式は、参加者が何人でも、1人のユーザーは鍵を2つ(秘密鍵と公開鍵の1対)持つだけで、相互に通信できます。
n人が相互に通信を行う場合、必要な鍵の総数は、次の計算式で求めることができます。

必要な鍵の総数 = 2n

例えば、100人が相互に通信を行う場合は、2×100=200個の鍵が必要になります。公開鍵暗号方式では、共通鍵暗号方式と比較して管理する鍵の数が少なく、鍵管理が容易という特徴があります。

参考

認証局
公開鍵暗号方式やデジタル署名などに使用される公開鍵の正当性を保証するための証明書(デジタル証明書)を発行する機関のこと。「CA」ともいう。
CAは、「Certificate Authority」の略。

参考

RSA
公開鍵暗号方式の代表的な暗号アルゴリズムであり、大きな数を素因数分解することの難しさに着目して開発された。米国マサチューセッツ工科大学の3名の技術者によって開発され、その3名の頭文字から暗号の名称が付けられている。
「Rivest, Shamir, Adleman」の略。
RSAの公開鍵の鍵長は512ビット、1,024ビット、2,048ビット、4,096ビットなどがあるが、現在NISTでは鍵長2,048ビット以上のRSAを米国の政府推奨としている。

参考

楕円曲線暗号
公開鍵暗号方式の暗号アルゴリズムであり、楕円曲線を用いて暗号化する。公開鍵暗号方式のデファクトスタンダードであるRSAに比べて、短い鍵長で同じレベルの安全性が実現できるため、注目されている。「ECC」ともいう。ECCは、「Elliptic Curve Cryptography」の略。

(3) ハイブリッド暗号方式

「ハイブリッド暗号方式」とは、共通鍵暗号方式と公開鍵暗号方式を組み合わせて使用する暗号方式のことです。共通鍵暗号方式の暗号化する速度が速いというメリットと、公開鍵暗号方式の鍵の管理が容易であるというメリットを組み合わせて、より実務的な方法で暗号化できます。
ハイブリッド暗号方式では、公開鍵暗号方式を利用して共通鍵を暗号化し、暗号化した共通鍵を受信者に送信します。互いに同じ共通鍵を持つことができたら、共通鍵暗号方式を利用して平文を暗号化したり、暗号文を復号したりできます。

ハイブリッド暗号方式を利用した特徴と通信の仕組みは、次のとおりです。

- **共通鍵暗号方式を使うことで、暗号化と復号の速度が速い。**
- **公開鍵暗号方式を使うことで、共通鍵を安全に送信できる。**

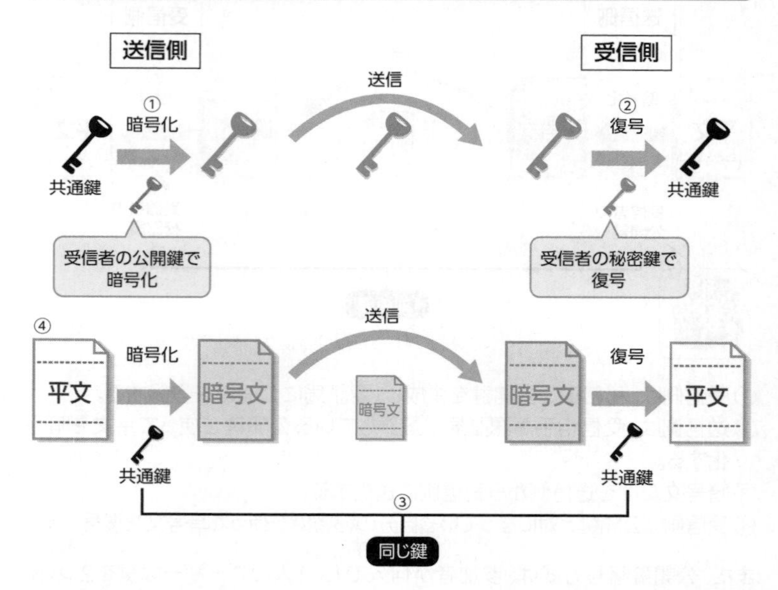

① 公開鍵暗号方式を利用して、送信側は、受信相手の公開鍵で共通鍵を暗号化し、受信側に送信する。
② 受信側は、暗号化された共通鍵を受信し、自分の秘密鍵を使って共通鍵を復号する。
③ 送信側と受信側で、互いが同じ共通鍵を持つことができる。
④ 共通鍵暗号方式を利用した通信ができるようになる。

(4) ハッシュ関数

「ハッシュ関数」とは、平文などのデータから、一定長のハッシュ値(メッセージダイジェスト)を生成する関数のことです。元のデータが少しでも異なると、異なったハッシュ値を生成するという特徴があります。

参考

ソルト
データを暗号化する際に、元のデータと合わせて付加するデータのこと。
元のデータが同じ場合、生成されるハッシュ値は同一の値になるが、ソルトを付加してハッシュ値を生成すると、元のデータが同じ場合でも、ソルトが異なると生成されるハッシュ値が変わる。
パスワードをハッシュ値として管理する場合において、万が一ハッシュ値のリストが盗まれても、パスワードが推測されないようにする対策としてよく使われる。

ハッシュ関数は、元のデータの長短にかかわらず、同じ長さのハッシュ値を生成します。また、ハッシュ関数は一方向性の関数であり、ハッシュ値から元のデータに戻すことはできないため、元のデータを判別されたくない用途でよく使われます。
代表的なハッシュ関数には、次のようなものがあります。

名 称	説 明
SHA-1	NISTが開発し、1995年から米国政府の標準として使われているハッシュ関数。 任意のデータから160ビットのハッシュ値を生成する。広く使われてきたが、衝突に関する脆弱性が発見されたため、安全性が低下している。 「Secure Hash Algorithm 1」の略。
SHA-2	SHA-1の後継であり、現在の代表的なハッシュ関数。 SHA-2は、正確にはSHA-224、SHA-256、SHA-384、SHA-512の総称で、それぞれ224ビット、256ビット、384ビット、512ビットのハッシュ値を生成する。2010年からNISTによって、SHA-1からSHA-2の切り替えが推奨されるようになった。また、ハッシュ関数は、同一の関数であればビット長が長いほど強度が高くなる。SHA-2のうち、「SHA-256」、「SHA-384」、「SHA-512」の3点は、「CRYPTREC暗号リスト」のうち、電子政府推奨暗号リストにも登録されている。 「Secure Hash Algorithm 2」の略。
MD5	RSAデータセキュリティ社で開発された、任意のデータを入力して128ビットのハッシュ値を出力するハッシュ関数。広く使われて来たが、衝突に関する脆弱性が発見されたため、安全性が低下している。 「Message Digest Algorithm 5」の略。

(5) 電子メールの暗号技術

電子メールそのものを暗号化する技術として、次のようなものがあります。

名 称	説 明
S/MIME （エスマイム）	電子メールに暗号化とデジタル署名の付加を行う規格のことで、従来のMIMEを拡張したもの。暗号化方式はハイブリッド暗号方式を採用しているが、暗号化されるのはメール本文だけで、ヘッダー情報は暗号化されないので注意が必要である。信頼できる認証局（CA）から公開鍵を取得するなど、PKIの仕組みを使っている。 「Secure MIME」の略。
PGP	もとはフリーソフトウェアとして公開され、一般に広まった電子メールの暗号技術のこと。デジタル署名の機能も付加されている。S/MIMEと同じく、ハイブリッド暗号方式を採用しているが、公開鍵を証明するために第三者機関である認証局（CA）などのPKIの仕組みを使わない点が、S/MIMEと大きく異なる。PGPでは、「信用の輪」と呼ばれる考え方に基づいて、利用者同士が相互に信用を担保する形式を採用している。 「Pretty Good Privacy」の略。

3 認証技術

「認証技術」とは、データの正当性を証明する技術のことです。本人が送信したことやデータが改ざんされていないことを証明することで、ネットワークを介した情報のやり取りの完全性を高めます。
代表的な認証技術には、**「デジタル署名」**があります。

参考

NIST

→「3-5-4 6 情報セキュリティ組織・機関」

参考

CRYPTREC暗号リスト

電子政府推奨暗号リスト、推奨候補暗号リスト、運用監視暗号リストの3つのリストから構成されているもの。2013年に策定され、正式には「電子政府における調達のために参照すべき暗号のリスト」という。
CRYPTRECは、「Cryptography Research and Evaluation Committees」の略。

参考

ストレージ暗号化とファイル暗号化

ストレージやファイルを暗号化する技術がある。

名称	説 明
ストレージ暗号化	ストレージ（外部記憶装置）のすべてを丸ごと暗号化する技術のこと。ノートPCの盗難や紛失、データ未消去のままの廃棄による情報漏えいは大きな社会問題となっており、リスク低減に有効な手段のひとつとして、利用者の裁量に任せることなく、強制的にストレージを丸ごと暗号化するソフトウェアを利用する。
ファイル暗号化	ファイル単位で暗号化する技術のこと。暗号化ツールを使って任意のファイルを暗号化したり、オフィスソフトのデータファイルに備わっている暗号化機能を利用したりする。ディスク暗号化と異なり、利用者がひとつひとつのファイルを意識して暗号化する。

(1) デジタル署名

「デジタル署名」とは、公開鍵暗号方式とメッセージダイジェストを組み合わせることによって、電磁的記録（デジタル文書）の正当性を証明する方法のことです。日常生活で押印や署名によって正当性を保証するのと同じ効力を持ち、**「電子署名」**ともいいます。

デジタル署名を利用した特徴と通信の仕組みは、次のとおりです。

- **送信者の秘密鍵を使って暗号化することで、送信者本人であることを証明できる。**
- **受信後に生成したメッセージダイジェストと、送信前のメッセージダイジェストを照合することで、データが改ざんされていないことを保証できる。**

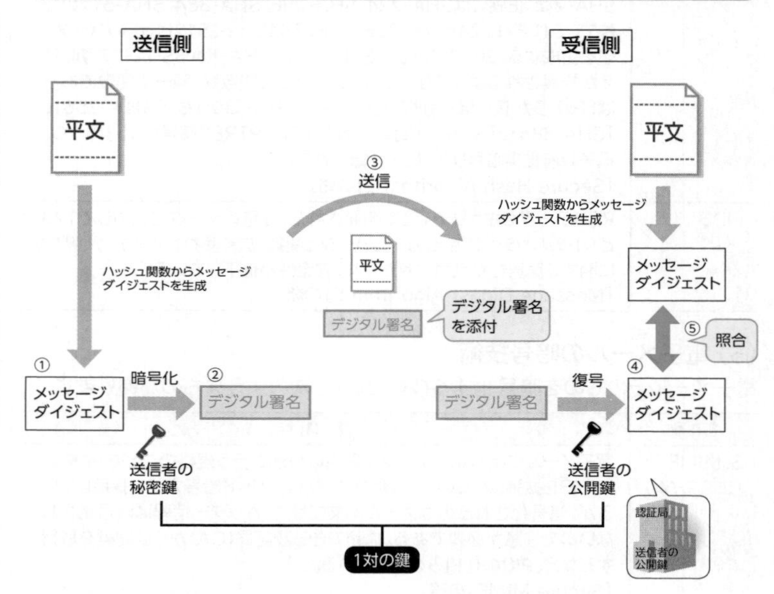

①送信側は、平文からメッセージダイジェストを生成する。
②送信側は、メッセージダイジェストを自分の秘密鍵を使って暗号化し、デジタル署名を生成する。
③送信側は、平文とデジタル署名を受信側に送信する。
④受信側は、送信相手が認証局に登録している公開鍵を使って、受信したデジタル署名を復号する（送信側の送信前のメッセージダイジェストを取り出す）。
⑤受信側は、受信した平文からメッセージダイジェストを生成し、④で取り出した送信側の送信前のメッセージダイジェストと照合して、一致しているかどうかを確認する。

参考

メッセージダイジェスト

元の平文を要約した短いデータ（ハッシュ値）のこと。元の平文の要約にはハッシュ関数が使われる。メッセージダイジェストから元の平文を逆生成できない、元の平文が1文字でも変わればメッセージダイジェストも全く異なる値に変わるという特徴がある。

参考

XMLデジタル署名

XMLにデジタル署名を埋め込むための標準化技術のこと。XMLの中の指定した要素に対して署名することができる。W3Cで標準化されている。

参考

メッセージ認証符号（MAC）

「メッセージ認証」とは、送信されたデータ（メッセージ）が改ざんされていないことを確認すること。
「メッセージ認証符号」とは、メッセージ認証において、メッセージの改ざんの有無を検出するためにメッセージ本文から作られる、一定長の短いデータのこと。「MAC」ともいう。共通鍵暗号方式を利用するものと、ハッシュ関数を利用するものがある。
MACは、「Message Authentication Code」の略。

参考

署名鍵と検証鍵

送信者は自分の秘密鍵を使いメッセージダイジェストを暗号化して、デジタル署名を生成する。デジタル署名の生成を目的とした場合、送信者の秘密鍵のことを「署名鍵」という。
受信者はデジタル署名（暗号化されたメッセージダイジェスト）を、送信者の公開鍵を使って復号する。送付されたデジタル署名の検証を目的とした場合、送信者の公開鍵のことを「検証鍵」という。

参考

セキュアブート

コンピュータの起動時に、OSやドライバのデジタル署名を検証し、許可されていないものを実行しないようにする技術のこと。マルウェアの実行を防止し、安全な起動が可能になる。

(2) タイムスタンプ

「タイムスタンプ」とは、“いつ”という時間を記録したタイムスタンプによって、電磁的記録の作成時間を証明する方法のことです。**「時刻認証」**ともいいます。
デジタル署名では、他人が改ざんしたことは検出できますが、最初に作成したものを、本人が改ざんした場合は検出できません。この方式では、**「TSA」**から取得した時刻情報を付加してタイムスタンプ（メッセージダイジェスト）を作成します。
タイムスタンプでは、次の2点を証明します。

- **電磁的記録がその時間には確かに存在していたこと。**
- **その時間以降はメッセージが改ざんされていないこと。**

(3) チャレンジレスポンス認証

「チャレンジレスポンス認証」とは、ネットワークにパスワードそのものを流さないで認証する方式のことです。**「チャレンジ」**と**「レスポンス」**と呼ばれる予測困難な値を使って認証を実現しています。チャレンジとレスポンスは、一度限りの使い捨ての値であり、毎回認証のたびに別の値となるため、漏えいした場合でも安全性が保てるというメリットがあります。

チャレンジレスポンス認証の流れは、次のとおりです。
① サーバは、**「チャレンジ」**をクライアントに送信する。
② クライアントは、自身のパスワードと、受け取った**「チャレンジ」**を加えたものにハッシュ関数を使って**「レスポンス」**（メッセージダイジェスト）を生成し、サーバへ返送する。
③ サーバは、クライアントのパスワードと、①の**「チャレンジ」**を加えたものからハッシュ関数を使って**「レスポンス」**を生成し、②で返送されてきた**「レスポンス」**と照合して、一致しているかどうか（正しいかどうか）を確認し、クライアントを認証する。

(4) 公開鍵基盤（PKI）

「公開鍵基盤」とは、公開鍵暗号方式を利用した社会基盤のことです。**「PKI」**ともいいます。**「認証局（CA）」**といわれる信頼できる第三者機関が、個人や法人の公開鍵が真正であることを証明します。
具体的には、公開鍵の真正性を担保したい（認証局に証明してほしい）個人や法人は、あらかじめ身分を証明する書類とともに公開鍵を認証局に提出し、登録を依頼します。登録された公開鍵は、認証局が証明したデジタル証明書とともに、公開鍵を求める利用者（登録者からのデータを受信する者）に渡されることにより、その公開鍵の真正性が証明されます。

●デジタル証明書

登録依頼のあった公開鍵を審査して真正性が認められた場合に、認証局が発行するものが**「デジタル証明書」**です。デジタル証明書は**「公開鍵証明書」**ともいいます。デジタル証明書には、登録のあった公開鍵とともに、登録者（被認証者）の情報や、その認証局自体のデジタル署名も含まれており、認証局のデジタル署名がデジタル証明書自体の真正性を証明する根拠となります。

参考

TSA
タイムスタンプを発行する信頼できる第三者機関のこと。「タイムスタンプ局」、「時刻認証局」ともいう。
「Time Stamping Authority」の略。

参考

PKI
「Public Key Infrastructure」の略。

参考

認証局（CA）
公開鍵暗号方式やデジタル署名などに使用される公開鍵の正当性を保証するための証明書を発行する機関のこと。この証明書のことを「デジタル証明書（電子証明書）」という。
認証局は、「CA」または「CA局」ともいう。
CAは、「Certificate Authority」の略。

参考

GPKI

日本政府が運営する公開鍵基盤のこと。「政府認証基盤」ともいう。「Government PKI」の略。

各省庁を集約した「政府共用認証局」と、民間認証局や商業登記認証局と連携して相互認証を行うための「ブリッジ認証局(BCA)」によって運営されている。BCAは、「Bridge CA」の略。

また、地方公共団体による認証基盤である「地方公共団体組織認証基盤(LGPKI)」との連携も整備されている。これにより、行政機関に対する申請や届け出などを、インターネットを利用して電子的に行うことができるようになっている。

LGPKIは、「Local Government PKI」の略。

参考

CRL

「Certificate Revocation List」の略。

参考

OCSP

デジタル証明書の失効状況をオンラインで検証するためのプロトコルのこと。利用者がデジタル証明書のシリアル番号で、認証局にある「OCSPサーバ」にアクセスすることにより、デジタル証明書の有効性を確認できる。

「Online Certificate Status Protocol」の略。

●**認証局の階層構造**

大規模なPKIでは多くの認証局が存在します。ひとつひとつの認証局が信頼できるものかどうか、利用者からみてわかりにくくなるので、大規模なPKIでは数多くの認証局を階層構造に分類しています。また、下位の認証局の正当性は上位の認証局が認証する形式をとっています。階層構造の最上位に位置する認証局のことを**「ルート認証局(ルートCA)」**といいます。

ルート認証局には、自分のことを認証してくれる上位の認証局が存在しません。そのため、ルート認証局は自分自身で自らの正当性を認証するデジタル証明書を発行します。このデジタル証明書のことを**「ルート証明書」**といいます。

●**サーバ証明書とクライアント証明書**

「サーバ証明書」とは、サーバが自己の正当性を証明するために発行するデジタル証明書のことで、サーバからクライアントに渡されます。特にクライアントがインターネット上のサーバに対し、個人情報など重要情報を提供する場合などは、そのサーバのサーバ証明書を取得(サーバ認証)していることを確認する必要があります。

「クライアント証明書」とは、クライアントが自己の正当性を証明するためのデジタル証明書のことで、クライアントからサーバに渡されます。

●**CRL(証明書失効リスト)**

デジタル証明書には有効期限があり、有効期限内では、登録されている公開鍵は安全に使えると証明されています。しかし、有効期限内であっても、当該公開鍵と対になっている秘密鍵が漏えいしたなどの情報セキュリティインシデントが発生した場合、その公開鍵の信頼性はなくなるので、デジタル証明書も無効にしなければなりません。

このように、有効期限内に何らかの理由で無効になったデジタル証明書のシリアル番号をリスト化したものを**「CRL(証明書失効リスト)」**といいます。CRLを確認することで、デジタル証明書の有効性をチェックできます。

4 セキュリティ実装技術

セキュリティの実装技術を利用することにより、認証、暗号化、改ざんの検出などができるようになり、安全性の高い通信を実現できます。

セキュリティの実装技術には、次のようなものがあります。

(1) セキュアプロトコル

「セキュアプロトコル」とは、インターネット上での個人情報や商取引情報の送受信に使われるプロトコルのことです。通信データの盗聴や不正接続を防止するために利用します。

代表的なセキュアプロトコルには、次のようなものがあります。

名　称	説　明
SSH	telnetを使ってリモートでコンピュータにアクセスする際に、通信データをすべて暗号化し、安全な形に置き換えるプロトコルのこと。 「Secure SHell」の略。 「telnet」とは、遠隔地のコンピュータにリモートログインするツールのこと。古くから使われているツールのため、パスワードやデータはすべて平文で送受信される。

名　称	説　明
SSL/TLS	TCP/IPのトランスポート層とアプリケーション層の間で動作するセキュアプロトコルのこと。データを暗号化して送受信し、第三者に情報が悪用されることを防ぐ。Web通信（HTTP）を安全に行うプロトコルとしてネットスケープ・コミュニケーション社で開発され、現在でもWeb通信によく使われるが、TCP上で動作するFTPやPOP3などでも利用できる。 なお、SSL 3.0の次バージョンがTLS 1.0という関係があり、「SSL」および「TLS」と個々に呼ばれてきたが、最近では「SSL/TLS」と呼ばれる。 「Secure Sockets Layer/Transport Layer Security」の略。
IPsec	OSI基本参照モデルのネットワーク層のIPパケットを暗号化し、PCからサーバに対して通信を行うプロトコルのこと。IPv6では標準で使用できる。IPsecには、認証と改ざん防止を行う「認証ヘッダー（AH）」や、データ暗号化を行う「暗号ペイロード（ESP）」などのプロトコルが含まれる。 「IP security protocol」の略。

（2）認証プロトコル

「認証プロトコル」とは、利用者認証に使われるプロトコルのことです。なりすましによる不正接続や、サービスの不正利用を防止するために利用します。代表的な認証プロトコルには、次のようなものがあります。

名　称	説　明
OAuth	Web上の異なるサービス（Webメールやスケジュール、アドレス帳など）へのアクセスを、利用者IDやパスワードを知らせることなく第三者にアクセス権限を渡し、代理で利用できるようにするための認証プロトコルのこと。これにより異なるサービスをシームレスに複数使用できるようになる。 「Open Authorization」の略。
DNSSEC	DNSサーバから送られてくるドメイン名とIPアドレスの組合せが正しいものであると証明できるようにする認証プロトコルのこと。DNSの拡張機能である。送信側のDNSサーバが秘密鍵を使って署名し、受信側が公開鍵で署名を検証する。署名の検証によって安全性を確認する。 「キャッシュポイズニング」の対策に有効である。 「DNS SECurity extensions」の略。
EAP	PPPの内部にあるOSI基本参照モデルのデータリンク層の認証プロトコルのこと。いくつかの異なる認証方式を利用するための手続きをまとめたものである。 「Extensible Authentication Protocol」の略。
EAP-TLS	「EAP」の認証方式のひとつ。クライアントとサーバの両方がデジタル証明書をやり取りし、相互に認証を行う。クライアント証明書を持たない利用者はネットワークに接続させない。利用者が利用者IDやパスワードを入力する必要がないためセキュリティ性は高いが、デジタル証明書の発行・管理がクライアントとサーバの両方で必要となる。 「Extensible Authentication Protocol-Transport Layer Security」の略。
PEAP	「EAP」の認証方式のひとつ。サーバの認証にはデジタル証明書を使い、利用者認証は利用者IDとパスワード、ワンタイムパスワードなど複数の方式から選択する。 「Protected Extensible Authentication Protocol」の略。
RADIUS	認証サーバの考え方を取り入れた、利用者認証やアクセス管理を一元化して行う通信プロトコルのこと。 RADIUSには、「RADIUSサーバ」と「RADIUSクライアント」という概念があり、「RADIUSサーバ」とは利用者認証を管理する認証サーバのことで、「RADIUSクライアント」とは携帯端末などのリモートクライアントから接続要求を受けるリモートアクセスサーバなどのこと。 「Remote Authentication Dial In User Service」の略。

参考

HTTPS

Web通信（HTTP）にSSL/TLSによるデータの暗号化機能を付加したプロトコルのこと。HTTPSを使うと、Web通信を暗号化することができる。
「HTTP over SSL/TLS」の略。
多くのWebブラウザでは、SSL/TLSで通信を行う際には、URLアドレス表示欄に鍵マークが表示され、アドレスの「http://」の表示が「https://」に変わる。

参考

SSL/TLSアクセラレータ

SSL/TLSによる通信で必要となるデータの暗号化や復号の処理を代行する専用ハードウェアまたはソフトウェアのこと。

参考

キャッシュポイズニング

→「3-5-3 4 なりすましによる攻撃」

参考

PPP

2つの地点を接続して通信を行う、TCP/IPのネットワークインタフェース層のプロトコルのこと。
「Point to Point Protocol」の略。

参考

認証サーバ

リモートアクセスにおいて、リモートアクセスするサーバの利用者認証情報が流出すると大変な被害になる可能性がある。そのため、リモートアクセスするサーバには利用者認証情報を直接保存しないで、専用のサーバに保存して管理する方法がとられる。この専用サーバのことを「認証サーバ」という。

3-6 章末問題

※解答は巻末にある別冊「章末問題 解答と解説」P.9に記載しています。

問題3-1

ある商店では、約200品目の商品を取り扱っている。商品データの新規登録画面の入力項目のうち、入力方式としてプルダウンメニューを用いるのが適しているものはどれか。

	項目	様式と規則
ア	商品番号	5桁の英数字項目で、商品ごとに付番する。
イ	商品名	40字以内の日本語項目で、商品ごとに命名する。
ウ	商品区分	10字以内の日本語項目で、5区分ある。
エ	価格	6桁の数字項目で、範囲は10,000～100,000円である。

平成25年秋期　問26

問題3-2

7ビットの文字が3つあり、それぞれの文字コードが「7B」「3A」「48」の16進数で表せるとする。これらの文字コードの最上位ビットに、チェックディジットを追加した場合、それぞれの文字コードの並びはどうなるか。なお、文字コードは16進数で表すこととする。

ア　7B、3A、48
イ　7C、3B、49
ウ　8B、4A、58
エ　FB、BA、C8

予想問題

問題3-3

コントロールトータルチェックの説明として、適切なものはどれか。

ア　データが数値であるかどうかを判別する。
イ　データが一定の範囲に収まっているかどうかを判別する。
ウ　データに誤りを検査するための文字を追加して、データに誤りがないかどうかを確認する。
エ　データを入力した件数の合計と、データを出力した件数の合計を照合して、データの漏れや重複がないかどうかを確認する。

予想問題

問題3-4

3次元グラフィックス処理におけるクリッピングの説明はどれか。

ア　CG映像作成における最終段階として、物体のデータをディスプレイに描画できるように映像化する処理である。
イ　画像表示領域にウィンドウを定義し、ウィンドウの外側を除去し、内側の見える部分だけを取り出す処理である。
ウ　スクリーンの画素数が有限であるために図形の境界近くに生じる、階段状のギザギザを目立たなくする処理である。
エ　立体感を生じさせるために、物体の表面に陰影を付ける処理である。

平成28年春期　問25

問題 3-5

“発注伝票”表を第3正規形に書き換えたものはどれか。ここで、下線部は主キーを表す。

発注伝票(注文番号，商品番号，商品名，注文数量)

ア　発注(注文番号，注文数量)
　　商品(商品番号，商品名)

イ　発注(注文番号，注文数量)
　　商品(注文番号，商品番号，商品名)

ウ　発注(注文番号，商品番号，注文数量)
　　商品(商品番号，商品名)

エ　発注(注文番号，商品番号，注文数量)
　　商品(商品番号，商品名，注文数量)

平成22年春期　問30

問題 3-6

DBMSが、データベースの更新に対して保証すべき原子性(atomicity)の単位はどれか。

ア　DBMSの起動から停止まで
イ　チェックポイントから次のチェックポイントまで
ウ　データベースのバックアップ取得から媒体障害の発生時点まで
エ　トランザクションの開始からコミット又はロールバックまで

平成24年秋期　問30

問題 3-7

DBMSにおいて、複数のトランザクション処理プログラムが同一データベースを同時に更新する場合、論理的な矛盾を生じさせないために用いる技法はどれか。

ア　再編成
イ　正規化
ウ　整合性制約
エ　排他制御

平成28年春期　問30

問題 3-8

DBMSにおけるログファイルの説明として、適切なものはどれか。

ア　システムダウンが発生したときにデータベースの回復処理時間を短縮するため、主記憶上の更新データを定期的にディスクに書き出したものである。
イ　ディスク障害があってもシステムをすぐに復旧させるため、常に同一データのコピーを別ディスクや別サイトのデータベースに書き出したものである。
ウ　ディスク障害からデータベースを回復するため、データベースの内容をディスク単位で複写したものである。
エ　データベースの回復処理のため、データの更新前後の値を書き出してデータベースの更新記録を取ったものである。

平成24年春期　問32

問題3-9 データベースのロールバック処理の説明はどれか。

ア　更新後ジャーナルを用いて、トランザクション開始後の障害直前の状態にまでデータを復旧させる。
イ　更新後ジャーナルを用いて、トランザクション開始直前の状態にまでデータを復旧させる。
ウ　更新前ジャーナルを用いて、トランザクション開始後の障害直前の状態にまでデータを復旧させる。
エ　更新前ジャーナルを用いて、トランザクション開始直前の状態にまでデータを復旧させる。

平成22年秋期　問56

問題3-10 関係モデルにおいて、関係から特定の属性だけを取り出す演算はどれか。

ア　結合(join)
イ　射影(projection)
ウ　選択(selection)
エ　和(union)

令和元年秋期　問27

問題3-11 "商品"表、"在庫"表に対する次のSQL文の結果と同じ結果が得られるSQL文はどれか。ここで、下線部は主キーを表す。

```
SELECT 商品番号 FROM 商品
    WHERE 商品番号 NOT IN (SELECT 商品番号 FROM 在庫)
```

商品

商品番号（下線）	商品名	単価

在庫

倉庫番号（下線）	商品番号（下線）	在庫数

ア
```
SELECT 商品番号 FROM 在庫
    WHERE EXISTS (SELECT 商品番号 FROM 商品)
```

イ
```
SELECT 商品番号 FROM 在庫
    WHERE NOT EXISTS (SELECT 商品番号 FROM 商品)
```

ウ
```
SELECT 商品番号 FROM 商品
    WHERE EXISTS (SELECT 商品番号 FROM 在庫
                      WHERE 商品.商品番号 = 在庫.商品番号)
```

エ
```
SELECT 商品番号 FROM 商品
    WHERE NOT EXISTS (SELECT 商品番号 FROM 在庫
                          WHERE 商品.商品番号 = 在庫.商品番号)
```

平成26年春期　問28

問題3-12 "商品"表に対してデータの更新処理が正しく実行できるUPDATE文はどれか。ここで、"商品"表は次のCREATE文で定義されている。

```
CREATE TABLE 商品
    (商品番号 CHAR(4), 商品名 CHAR(20), 仕入先番号 CHAR(6),
    単価 INT, PRIMARY KEY(商品番号))
```

商品

商品番号	商品名	仕入先番号	単価
S001	A	XX0001	18000
S002	A	YY0002	20000
S003	B	YY0002	35000
S004	C	ZZ0003	40000
S005	C	XX0001	38000

ア　UPDATE 商品 SET 商品番号 = 'S001' WHERE 商品番号 = 'S002'
イ　UPDATE 商品 SET 商品番号 = 'S006' WHERE 商品名 = 'C'
ウ　UPDATE 商品 SET 商品番号 = NULL WHERE 商品番号 = 'S002'
エ　UPDATE 商品 SET 商品名 = 'D' WHERE 商品番号 = 'S003'

平成22年秋期　問31

問題3-13

OSI基本参照モデルの各層で中継する装置を、物理層で中継する装置、データリンク層で中継する装置、ネットワーク層で中継する装置の順に並べたものはどれか。

ア　ブリッジ、リピータ、ルータ
イ　ブリッジ、ルータ、リピータ
ウ　リピータ、ブリッジ、ルータ
エ　リピータ、ルータ、ブリッジ

平成26年春期　問30

問題3-14

2台のPCにIPv4アドレスを割り振りたい。サブネットマスクが255.255.255.240のとき、両PCのIPv4アドレスが同一サブネットに所属する組合せはどれか。

ア　192.168.1.14と192.168.1.17
イ　192.168.1.17と192.168.1.29
ウ　192.168.1.29と192.168.1.33
エ　192.168.1.33と192.168.1.49

平成28年秋期　問33

問題3-15

インターネットにおける電子メールの規約で、ヘッダーフィールドの拡張を行い、テキストだけでなく、音声、画像なども扱えるようにしたものはどれか。

ア　HTML　　イ　MHS　　ウ　MIME　　エ　SMTP

平成26年春期　問33

問題3-16

1.5Mビット／秒の伝送路を用いて12Mバイトのデータを転送するのに必要な伝送時間は何秒か。ここで、伝送路の伝送効率を50%とする。

ア　16　　イ　32　　ウ　64　　エ　128

平成30年秋期　問31

問題3-17

次の条件でクライアントとサーバ間で通信を行う場合、応答時間は何秒か。ここで、クライアントから送信処理を開始し、受信処理を終了するまでの応答時間とする。

〔条件〕
・伝送するデータ量　：上り10MB、下り5MB
・回線速度　：40Mbps
・回線利用率　：60%
・サーバの処理時間　：0.5秒（送信処理と受信処理の合計）
・クライアントの処理時間　：0.7秒（送信処理と受信処理の合計）

ア　4.2　　イ　6.2
ウ　8.2　　エ　11.2

予想問題

問題3-18

緊急事態を装って組織内部の人間からパスワードや機密情報を入手する不正な行為は、どれに分類されるか。

ア　ソーシャルエンジニアリング　　イ　トロイの木馬
ウ　パスワードクラック　　エ　踏み台攻撃

平成26年春期　問41

問題3-19

スパイウェアに該当するものはどれか。

ア　Webサイトへの不正な入力を排除するために、Webサイトの入力フォームの入力データから、HTMLタグ、JavaScript、SQL文などを検出し、それらを他の文字列に置き換えるプログラム
イ　サーバへの侵入口となり得る脆弱（ぜい）なポートを探すために、攻撃者のPCからサーバのTCPポートに順番にアクセスするプログラム
ウ　利用者の意図に反してPCにインストールされ、利用者の個人情報やアクセス履歴などの情報を収集するプログラム
エ　利用者のパスワードを調べるために、サーバにアクセスし、辞書に載っている単語を総当たりで試すプログラム

平成28年春期　問38

問題3-20

別のサービスやシステムから流出したアカウント認証情報を用いて、アカウント認証情報を使い回している利用者のアカウントを乗っ取る攻撃はどれか。

ア　パスワードリスト攻撃　　イ　ブルートフォース攻撃
ウ　リバースブルートフォース攻撃　　エ　レインボー攻撃

平成28年秋期　問44

問題3-21

コンピュータやネットワークのセキュリティ上の脆弱（ぜい）性を発見するために、システムを実際に攻撃して侵入を試みる手法はどれか。

ア　ウォークスルー　　イ　ソフトウェアインスペクション
ウ　ペネトレーションテスト　　エ　リグレッションテスト

平成29年秋期　問45

問題3-22

攻撃者が用意したサーバXのIPアドレスが、A社WebサーバのFQDNに対応するIPアドレスとして、B社DNSキャッシュサーバに記憶された。これによって、意図せずサーバXに誘導されてしまう利用者はどれか。ここで、A社、B社の各従業員は自社のDNSキャッシュサーバを利用して名前解決を行う。

ア　A社Webサーバにアクセスしようとする A社従業員
イ　A社Webサーバにアクセスしようとする B社従業員
ウ　B社Webサーバにアクセスしようとする A社従業員
エ　B社Webサーバにアクセスしようとする B社従業員

令和元年秋期　問35

問題3-23

WAFの説明はどれか。

ア　Webサイトに対するアクセス内容を監視し、攻撃とみなされるパターンを検知したときに当該アクセスを遮断する。
イ　Wi-Fiアライアンスが認定した無線LANの暗号化方式の規格であり、AES暗号に対応している。
ウ　様々なシステムの動作ログを一元的に蓄積、管理し、セキュリティ上の脅威となる事象をいち早く検知、分析する。
エ　ファイアウォール機能を有し、ウイルス対策、侵入検知などを連携させ、複数のセキュリティ機能を統合的に管理する。

平成28年秋期　問42

問題3-24

SQLインジェクション攻撃による被害を防ぐ方法はどれか。

ア　入力された文字が、データベースへの問合せや操作において、特別な意味をもつ文字として解釈されないようにする。
イ　入力にHTMLタグが含まれていたら、HTMLタグとして解釈されない他の文字列に置き換える。
ウ　入力に上位ディレクトリを指定する文字列(../)が含まれているときは受け付けない。
エ　入力の全体の長さが制限を越えているときは受け付けない。

平成30年春期　問41

問題3-25

二要素認証に該当するものはどれか。

ア　2本の指の指紋で認証する。
イ　虹彩とパスワードで認証する。
ウ　異なる2種類の特殊文字を混ぜたパスワードで認証する。
エ　異なる二つのパスワードで認証する。

平成27年秋期　問45

問題3-26

人間には読み取ることが可能でも、プログラムでは読み取ることが難しいという差異を利用して、ゆがめたり一部を隠したりした画像から文字を判読して入力させることによって、プログラムによる自動入力を排除するための技術はどれか。

ア　CAPTCHA　　イ　QRコード
ウ　短縮URL　　エ　トラックバックping

平成28年秋期　問36

問題3-27

AES-256で暗号化されていることがわかっている暗号文が与えられているとき、ブルートフォース攻撃で鍵と解読した平文を得るまでに必要な試行回数の最大値はどれか。

ア　256　　イ　2^{128}　　ウ　2^{255}　　エ　2^{256}

平成30年秋期　問37

問題3-28

公開鍵暗号方式を用いて、図のようにAさんからBさんへ、他人に秘密にしておきたい文章を送るとき、暗号化に用いる鍵Kとして、適切なものはどれか。

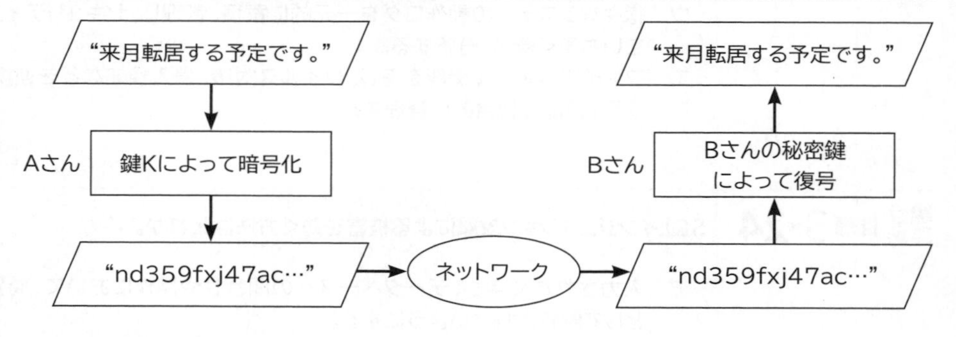

ア　Aさんの公開鍵
イ　Aさんの秘密鍵
ウ　Bさんの公開鍵
エ　共通の秘密鍵

平成27年春期　問40

問題3-29

デジタル証明書をもつA氏が、B商店に対して電子メールを使って商品の注文を行うときに、A氏は自分の秘密鍵を用いてデジタル署名を行い、B商店はA氏の公開鍵を用いて署名を確認する。この手法によって実現できることはどれか。ここで、A氏の秘密鍵はA氏だけが使用できるものとする。

ア　A氏からB商店に送られた注文の内容は、第三者に漏れないようにできる。
イ　A氏から発信された注文は、B商店に届くようにできる。
ウ　B商店に届いた注文は、A氏からの注文であることを確認できる。
エ　B商店は、A氏に商品を売ることが許可されていることを確認できる。

平成26年秋期　問37

第4章

開発技術

企業で運用するシステムを作成するときの工程や開発管理技術などについて解説します。

4-1 システム開発技術

4-1-1 システム開発の流れ

「システム開発」とは、企業の目的を達成するために必要となるシステムを作成することです。
システム開発を行う手順は、次のとおりです。

1 要件定義

システムやソフトウェアに要求される機能や要件を整理する。

2 設計

要件定義に基づき、システムやソフトウェアを設計する。

3 実装・構築

設計した内容に基づき、ソフトウェアコードを作成する。

4 テスト

開発したソフトウェアが設計したとおりに動作するかどうかを確認する。

5 導入・受入れ支援

完成したシステムを導入し、利用者は運用開始前の動作検証を行う。

6 運用・保守

利用者が実際にシステムを運用し、不都合があれば改善する。

4-2 要件定義

4-2-1 要件定義の流れ

「要件定義」とは、要求分析の結果に基づいて、システムや業務全体の枠組み、システム化の範囲、システムを構成するハードウェアやソフトウェアに要求される機能や性能などを決定することです。
要件定義には、業務上必要な要件を定義する**「業務要件定義」**と、業務要件を実現するために必要なシステムの機能要件を定義する**「機能要件定義」**、パフォーマンスや信頼性、移行要件などの機能以外の要件を定義する**「非機能要件定義」**の3つがあります。
要件定義の流れは、次のとおりです。

1 システム要件定義

システムに必要な機能や性能などの要件を定義する。利用者がどのような機能を必要としているか要望を調査・分析し、業務処理手順や入出力情報要件など、技術的に実現可能かどうかの判断を行う。利用者が主体となってシステム開発部門と共同で実施する。

2 ソフトウェア要件定義

システムを構成するソフトウェアについて、利用者から見える部分の要件を定義する。業務モデリング、ヒューマンインタフェースの設計、データベースの概念設計・論理設計などを行う。利用者が主体となってシステム開発部門と共同で実施する。

参考

要求分析
→「7-2-2 1 要求分析」

参考

業務要件定義/機能要件定義/非機能要件定義
→「7-2-2 2 (2) 要件の定義」

4-2-2 システム要件定義

「システム要件定義」とは、システムに必要な機能や性能などを明確にしたものです。利用者がどのような機能を必要としているか要望を調査・分析し、技術的に実現可能かどうかを判断します。その後、要望の実現に向けた要件を細かく定義し、**「システム要件定義書」**として整理します。
システム化を行う目的や意義、システム化する対象範囲、システムの境界部分などを明確にするほかに、システム要件定義書には次のような点を整理します。

1 機能や能力の要件

システムに求められる機能や性能は、**「機能要件」**や**「性能要件」**として**「システム機能仕様」**にまとめます。
特に、システムの性能要件は、システムに処理を依頼してから最初の反応が返ってくるまでの時間である**「レスポンスタイム」**や、システムの単位時間当たりの処理量である**「スループット」**を使って、システムに必要な性能を明確にします。

参考

ヒアリング
利用者に対して、インタビューなどによって要件を聞き出すこと。システムに何が要求されているかを明らかにするためには、利用者からのヒアリングが有効である。
システム要件をスムーズに漏れなく確立するために、あらかじめヒアリングすべき項目を明確にしておき、計画を立てて実施する。また、ヒアリングした結果は、あとで確認できるように議事録などに残しておく。

❷ 業務・組織および利用者からの要件

次のような要件を明確にすることで、対象業務や対象組織、利用者からの要望を調査・分析します。

要　件	説　明
業務処理手順	利用者の行う業務処理の手順を明確にする。利用者の行う業務処理の手順によって、システムでの処理の流れも左右されるため重要なポイントとなる。
システムの操作要件	利用者がシステムを操作するときのイメージなどの要件を明確にする。さらに、システムの操作を効率的に行うために利用者への操作教育(訓練)などの実施条件を明確にする。
入出力情報要件	入出力する情報の前提条件などを明確にする。前提条件には、システムで入出力情報をどの範囲まで扱えばよいか、セキュリティ上どこまで入出力項目を閲覧できるようにするかなどがある。
データベース要件	データベースとして管理するデータ量、データベースの障害回復の条件、データベース管理システムの選択など、データベースに要求される要件を明確にする。
運用要件	障害が発生した場合の対処方法や、費用を考慮したシステムの運用時間や保守など、システム運用上の要件を明確にする。
テスト・移行の要件	テストを実施する環境やテストデータの利用条件、旧システムから新システムへの移行の条件などの要件を明確にする。

❸ システム要件定義の評価・レビュー

システム要件定義書を作成後、レビュー方式に基づき、システムの利用者や開発者が共同でレビューを行います。その際には、システム要件定義にあげた内容がコストに見合うかどうか、限られた予算の中で最大限の効果を発揮できるか、費用対効果の面から優先順位を付けることも必要です。

4-2-3　ソフトウェア要件定義

「ソフトウェア要件定義」では、システムを構成するソフトウェアについて、利用者から見える部分の要件を定義します。

ソフトウェア要件定義では、詳細な業務の流れを明確にしたり、画面や帳票などのヒューマンインタフェースを設計したり、データベースでのデータの構成などを定義したりする作業を行います。設計した内容は、**「ソフトウェア要件定義書」**に整理します。

システム設計と同様に、利用者が主体となってシステム開発部門と共同で実施します。

参考

その他の要件

次のような要件を明確にすることで、システム構成や開発環境などを明確にする。

要　件	説　明
システムの構成要件	入出力装置や補助記憶装置など、システムを構成する要件を明確にする。
設計・実装の制約要件	入出力インタフェースなど、システムの設計や実装の制約となる要件を明確にする。
システムの品質要件	システムが利用可能な品質であることを確認する基準(システムに求められる品質要件)を明確にする。
システムの開発環境要件	システム開発に使用するソフトウェアや、コンピュータの性能など、システムを開発する環境を明確にする。
システムの実行環境要件	システムを実行する環境について要件を明確にする。基本的にシステム開発環境要件とは別に定義する。

参考

レビュー方式

→「4-3-5 レビュー」

❶ 業務モデリング

「業務モデリング」とは、業務の詳細な流れを明確にする手法のことです。
業務は、データ（情報）とプロセス（処理）の要素から成るといわれます。業務モデリングもこれに対応して、データを中心に業務モデリングを行う**「データモデリング」**と、プロセスを中心に業務モデリングを行う**「プロセスモデリング」**という考え方があります。
また、業務モデリングでは、DFDやE-R図、UMLなどの手法を利用します。

❷ ヒューマンインタフェースの設計

「ヒューマンインタフェース」とは、人間とコンピュータとの接点にあたる部分のことです。**「ユーザーインタフェース」**ともいいます。
ヒューマンインタフェースの設計では、画面設計や帳票設計、伝票設計、コード設計を行います。
画面設計ではシステムの入出力画面（GUI）、帳票設計では印刷イメージ、伝票設計では伝票フォーマットのイメージ、コード設計ではコード化する項目やルール決定などを行います。

❸ データベースの概念設計・論理設計

データベースの概念設計・論理設計では、システムで関係データベースを利用するために、表を設計します。
ヒューマンインタフェースの設計で取り扱う対象データをすべて洗い出し、正規化によって重複する項目を取り除いたうえで、関係データベースの表、表内の項目、項目のデータ型や桁数、主キーや外部キーなどの複数の表の関連、各制約などを定義します。また、必要に応じて項目の追加など非正規化を検討します。

❹ その他の要件

その他の要件には、次のようなものがあります。

要　件	説　明
ソフトウェアの品質要件	開発するソフトウェアが利用可能な品質であることを確認する基準（ソフトウェアに求められる品質要件）を明確にする。
セキュリティの実現方式の要件	セキュリティに関する実現方式を明確にする。例えば、ヒューマンインタフェースで設計した入出力項目について、あるグループに閲覧可能とし、あるグループに閲覧不可能とするような実現方式を決める。

❺ ソフトウェア要件定義の評価・レビュー

ソフトウェア要件定義書を作成後、レビュー方式に基づき、決定したソフトウェアの要件がシステム方式に合致しているか、実現可能かなどを、システムの利用者や開発者が共同でレビューを行います。
また、ソフトウェア要件を評価する手段として、**「プロトタイピング」**による評価があります。プロトタイピングとは、早い段階から**「プロトタイプ」**を作成して、利用者の確認を得ながら開発を進めることです。

参考

DFD/E-R図
→「4-2-4 ソフトウェア要件定義に用いられる手法」

参考

UML
→「4-3-4 3（6）UML」

参考

ヒューマンインタフェースの設計
→「3-1-4 インタフェース設計」

参考

データベースの概念設計
→「3-3-2 1 データベースの概念設計」

参考

データベースの論理設計
→「3-3-2 2 データベースの論理設計」

参考

プロトタイピングモデル
→「4-8-1 1（1）ソフトウェア開発モデル」

参考

プロトタイプ
→「4-2-4 4 プロトタイプとモックアップ」

4-2-4 ソフトウェア要件定義に用いられる手法

ソフトウェア要件定義の業務モデリングやデータベースの論理設計を行うときに用いられる手法には、次のようなものがあります。

❶ DFD

「DFD」とは、業務モデリングを行うときに、業務のデータの流れと処理を図で表現する手法のことです。DFDでは、次の4つの要素を使って表現します。

記 号	名 称	意 味
⟶	データフロー	データや情報の流れを表現する。
○	プロセス(処理)	データの処理を表現する。
＝	データストア(ファイル)	データの蓄積を表現する。
□	外部(データの源泉/データの吸収)	データの発生源や行き先を表現する。

顧客から商品を受注して、在庫引当、納品するまでの処理をDFDで表した場合、次のようになります。

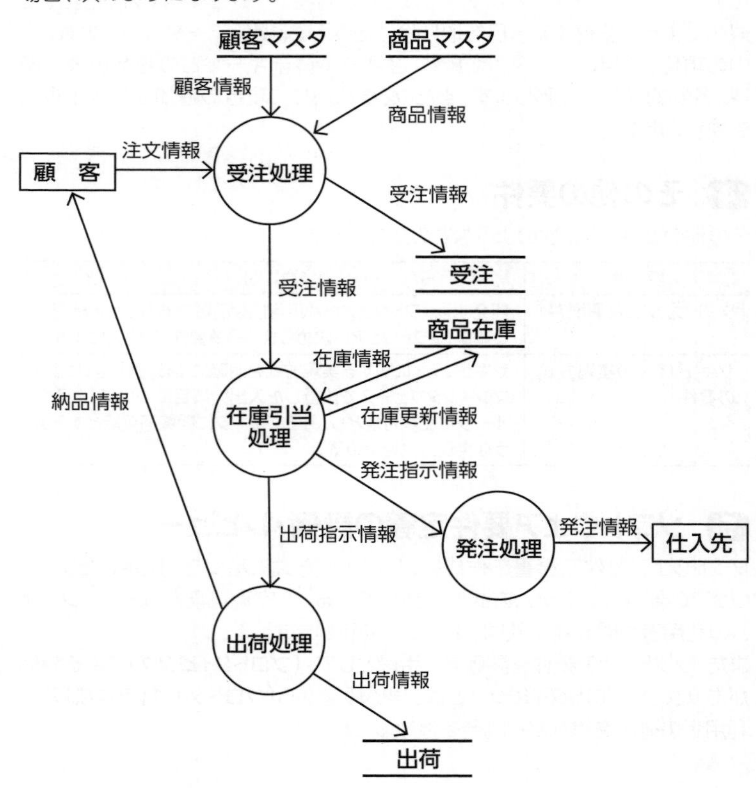

参考

DFD

「Data Flow Diagram」の略。

参考

コンテキストダイアグラム

DFDの最上位に位置するもので、システムの全体像をひとつのフローで表したもの。DFDをコンテキストダイアグラムから書き始め、段階を追って詳細に記述していく方法がある。

参考

ミニスペック

DFDで細分化したプロセスの詳細な説明のこと。「ミニ仕様書」ともいう。

①“受注処理”は、“顧客”から注文情報を受けます。次に、“顧客マスタ”と“商品マスタ”を読み込んで受注処理を行い、受注情報を“受注”に書き込みます。その後、“在庫引当処理”に移ります。
②“在庫引当処理”は、“受注処理”で注文を受けた商品の在庫状況を確認し、在庫引当(在庫数を差し引く)します。次に、出荷指示情報を出します。もし、商品在庫がない場合は、“仕入先”に商品の“発注処理”を依頼します。
③“出荷処理”は、“在庫引当処理”から出荷指示情報を受けて出荷処理を行い、出荷情報を“出荷”に書き込みます。その後、“顧客”に納品情報を出します。

2 E-R図

「E-R図」とは、**「エンティティ(Entity:実体)」**と**「リレーションシップ(Relationship:関連)」**を使ってデータの関連を図で表現する手法のことです。**「概念E-R図」**、**「E-Rモデル」**ともいいます。
業務で扱うデータ(情報)を抽象化して、エンティティとリレーションシップを表現する場合には、E-R図を使用します。主に、E-R図は、データベースの概念設計に使用します。
リレーションシップの種類には、1対1、1対多、多対多の3種類があります。なお、関連名は必要に応じて記述します。

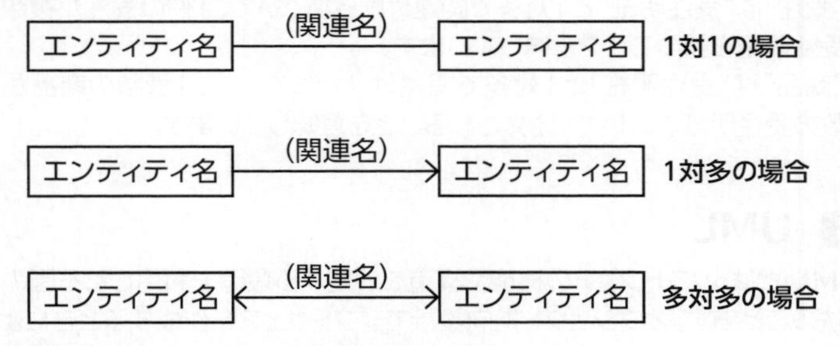

①長方形の中にエンティティ名を記入する。
②エンティティ間の関連を直線または矢印で表す。線のわきに関連名を“(関連名)”として記入する。
「1対1」の関連は、直線で表す。
「1対多」の関連は、多側を指す片方向矢印とする。
「多対多」の関連は、両方向矢印とする。

参考
抽象化
複数の対象(物事)から共通の特徴を抜き出して一般化すること。

参考
カーディナリティ
エンティティ間の対応関係の多重度のこと。1対1、1対多、多対多の3種類がある。

参考

データベースの論理設計

→「3-3-2 2 データベースの論理設計」

E-R図は、データベースの論理設計を利用して、さらに詳しく表現できます。これを**「詳細E-R図」**といいます。
詳細E-R図では、データを正規化することでリレーションシップの多対多の関係をなくし、**「アトリビュート」**を追加します。さらに、主キーには実線の下線、外部キーには点線の下線を付けます。

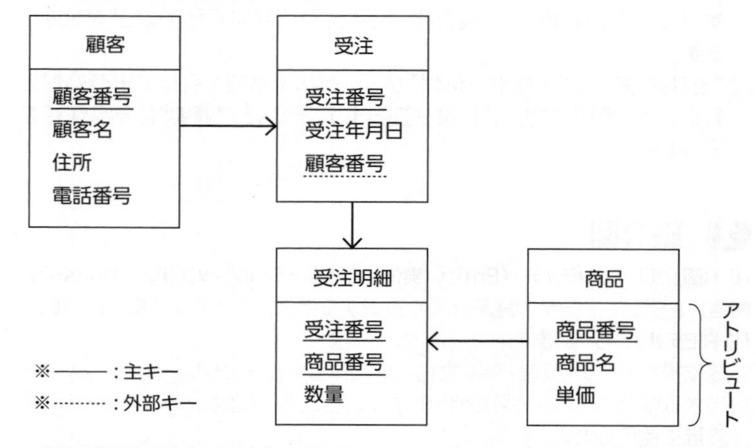

・“顧客”は“受注”と1対多で関連付けられていて、1人の顧客が複数の注文を行うことを意味しています。
・“受注”は“受注明細”と1対多で関連付けられていて、1件の受注が複数の受注明細を持つことを意味しています。
・“商品”は“受注明細”と1対多で関連付けられていて、1種類の商品が複数の受注明細において、注文されることを意味しています。

参考

UML

→「4-3-4 3 (6) UML」

3 UML

「UML」とは、ソフトウェアの機能や構造を決定する段階で利用される図の表記法のことです。オブジェクト指向設計でソフトウェアを作成するときによく利用されます。代表的なものに**「ユースケース」**があり、ひとつの目標を達成するための利用者とソフトウェアのやり取りを定義するために用いられます。UMLには、ユースケース図やクラス図など、様々な図式の種類があります。

4 プロトタイプとモックアップ

「プロトタイプ」とは、システムの試作品のことです。早い段階で、プロトタイプを利用者に評価してもらうことで、手戻りの発生を防ぎ、ソフトウェア要件を確定できます。利用者には、仕様の有効性や、仕様に漏れがないかどうかなどを評価してもらいます。
また、外見だけをそっくりに似せたシステムの試作品のことを**「モックアップ」**といいます。モックアップは、外見だけの見本品なので、プロトタイプのように細かい仕様までは確認できません。

4-3 設計

4-3-1 設計の流れ

「設計」とは、システム要件定義やソフトウェア要件定義に基づいて、システムやソフトウェアを設計することです。
設計の流れは、次のとおりです。

1 システム設計

システム要件定義書をもとにして、ハードウェアやソフトウェアなどのシステム構成を設計する。利用者が主体となってシステム開発部門と共同で実施する。

2 ソフトウェア設計

ソフトウェア要件定義書をもとにして、ソフトウェア要素（コンポーネント）の設計、ソフトウェア要素をモジュールの単位に分割することを設計（モジュールの設計）、ヒューマンインタフェースの詳細設計、データベースの物理設計などを行う。システム開発部門が実施する。

4-3-2 システム設計

「システム設計」では、システム要件定義書をもとにシステムの構成を設計します。設計の最初の段階で行う作業として、利用者が主体となってシステム開発部門と共同で実施します。

❶ システム構成の設計

システム設計では、システム要件定義書にあるすべてのシステム要件を、“ハードウェアで実現する内容（ハードウェア構成品目）”や“ソフトウェアで実現する内容（ソフトウェア構成品目）”、“利用者が手作業で実現する内容（手作業）”に分割します。この3つを**「ソフトウェアシステム」**として、利用者の作業範囲を明確にします。
これらの分割をもとに、ソフトウェアシステムへの要求の実現、リスクなどを考慮した選択肢の提案、効率的な運用や保守などを次のような観点から検討・決定し、システムの構成を設計します。設計した内容は、**「システム設計書」**に整理します。

項　目	説　明
ハードウェア構成	信頼性や性能要件に基づいて、ハードウェアの冗長化(二重化)やフォールトトレラント設計、サーバやストレージ(ハードディスクやSSD)などの機能分散や負荷分散、危険分散(信頼性配分)などを検討し、ハードウェア構成を決定する。
ソフトウェア構成	システム開発者がすべて新規で開発するか、ソフトウェアパッケージなどを利用するかなど、作業コストや作業効率の面からソフトウェアの開発方針を決定する。また、使用するミドルウェアの選択などを検討し、ソフトウェア構成を決定する。
システム処理方式	業務に応じた集中処理・分散処理の選択、Webシステム、クライアントサーバシステムなど、システムの処理方式を検討し、決定する。
データベース方式	システムで使用する関係データベースやNoSQLなど、データベースの種類を検討し、決定する。

❷ システム統合テストの設計

システム設計書に整理された要件をすべて満たしているかどうかを確認するために、システム統合テストの設計を行います。テストの範囲、テスト計画、テスト手順などのテスト方針を明確にして、**「システム統合テスト仕様書」**に定義します。必ずテストの要求事項を盛り込むようにします。

❸ システム設計の評価・レビュー

システム設計書を作成後、レビュー方式に基づき、設計したシステム方式がシステム要件に合致しているか、実現可能かなどを、システムの利用者や開発者が共同でレビューを行います。また、利用者がシステムを利用時に参照する**「利用者マニュアル」**の暫定版も作成します。

4-3-3　ソフトウェア設計

「ソフトウェア設計」では、ソフトウェア要件定義書をもとに、ソフトウェア要素の設計(ソフトウェアの構造化)、ヒューマンインタフェースの設計、データベースの物理設計などを行います。また、設計した内容は、**「ソフトウェア設計書」**に整理し、システム設計で作成した利用者マニュアルを更新します。
ソフトウェア設計は、開発者側の視点から実施します。システムの内部機能を設計するため、利用者は設計に関与しません。

❶ ソフトウェア要素の設計

「ソフトウェア要素」とは、ソフトウェアを構成する機能の単位のことです。**「コンポーネント」**ともいいます。ソフトウェア要素の設計では、ソフトウェアシステムをソフトウェア要素の単位まで分割します。ソフトウェア要素を分割する際は、各ソフトウェア要素の機能仕様やソフトウェア要素間の入出力インタフェース(処理の手順や関係)を決定し、ソフトウェアの構造を明確にします。
例えば、次のようにソフトウェア要素を設計します。

参考

ハードウェアの冗長化
最低限必要な設備だけでなく、設備に故障や障害が発生しても、機能を継続して提供するために設備を二重化すること。

参考

フォールトトレラント
→「2-2-1 7 信頼性設計」

参考

危険分散
信頼性を上げるために、複数のサーバやストレージ(ハードディスクやSSD)などにデータを分散すること。万が一、一方に障害が発生しても、もう一方によってその影響を最小限に抑えて、処理を継続できるようにする。

参考

データベースの種類
→「3-3-1 1 (2) データベースの種類」

参考

システム統合テスト
→「4-5-5 システム統合テスト」

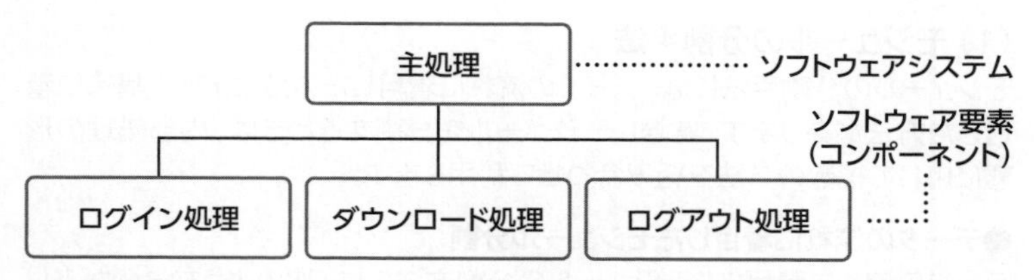

・“主処理”というソフトウェアシステムを、“ログイン処理”、“ダウンロード処理”、“ログアウト処理”のソフトウェア要素に分割します。

(1) ソフトウェア要素の分割基準

ソフトウェアシステムをソフトウェア要素に分割する基準は、処理パターンや処理タイミング、処理効率の違いや、同時に資源(データ)が利用できるかどうか(ファイル統合や分割)、入出力装置の違いなどを考慮して決定します。
例えば、処理パターンで分割する場合は、処理のパターンに着目して、データ更新やデータ削除などを分割基準とします。
また、処理タイミングで分割する場合は、処理の周期に着目して、日次処理や月次処理などを分割基準とします。
なお、ソフトウェアシステムをソフトウェア要素に分割する際には、わかりやすさや安全性、開発の生産性や運用性、保守性や再利用性、処理能力などを考慮して行います。

(2) ソフトウェア要素の部品化と再利用

よく利用するソフトウェア要素は部品化しておくと、ほかのソフトウェアシステムを作成するときに再利用できるので、新規でソフトウェアシステムを開発する場合と比較して開発コストを大幅に削減できます。ただし、再利用に備えてインタフェースや利用方法について利用者マニュアルを作成するなどの作業が発生するため、部品化の開発コストを多く見積もる必要があります。

2 モジュールの設計

「モジュール」とは、ソフトウェア要素を構成する最小単位のことです。**「ソフトウェアユニット」**ともいいます。一般的に、複数のモジュールをまとめることで、ひとつのソフトウェア要素ができあがります。
モジュール設計では、分割されたソフトウェア要素を、モジュールの単位まで分割します。モジュールを分割する際は、モジュールの分割手法や分割基準を踏まえて実施し、モジュールの処理内容や、分割したモジュール間の入出力インタフェースを明確にします。

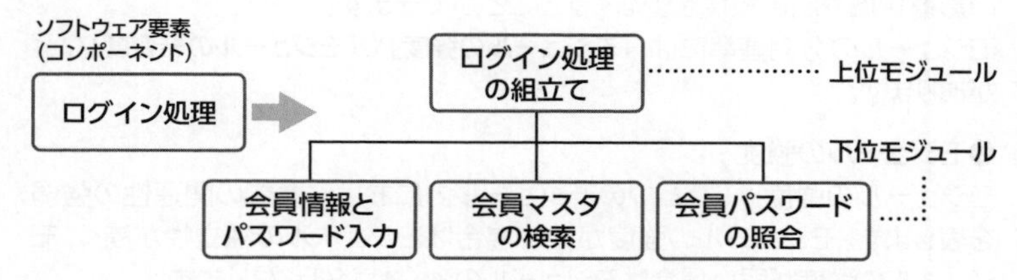

・“ログイン処理”というソフトウェア要素を、“ログイン処理の組立て”、“会員情報とパスワード入力”、“会員マスタの検索”、“会員パスワードの照合”のモジュールに分割します。

参考

部品化の開発コスト

再利用度の低いソフトウェア要素は、部品化のための開発コストの比重が大きいため、再利用による効率化が見込めない。再利用度の高いソフトウェア要素を部品化するとよい。

参考

コンポーネントウェア

再利用できる部品を組み合わせて、ソフトウェアを動作させる技術の総称のこと。

参考

STS

「Source Transform Sink」の略。

参考

トランザクション

→「3-3-4 トランザクション処理」

参考

共通モジュール

何度も利用する機能（モジュール）を共通化したもの。「サブルーチン」ともいう。

(1) モジュールの分割手法

モジュールの分割手法には、データの流れに着目した方法とデータ構造に着目した方法があります。実際にモジュールを分割するときは、内部処理の形態に応じて複数の方法を組み合わせて利用します。

●データの流れに着目したモジュール分割

データの流れに着目したモジュールの分割方法には、次のようなものがあります。

名　称	説　明
STS分割	ソフトウェア要素の構造を、「源泉」、「変換」、「吸収」の3つにモジュールとして分割する方法。 ●源泉（Source） データの入力処理をする部分 ●変換（Transform） データの変換処理をする部分 ●吸収（Sink） データの出力処理をする部分
TR分割	ソフトウェア要素を、トランザクションの種類ごとにモジュールとして分割する方法。「トランザクション分割」ともいう。 TRは、「TRansaction」の略。
共通機能分割	共通する機能を取り出し、共通モジュールとして分割する方法。共通する機能を何度も記述せずに、共通モジュールとして呼び出して利用できるので効率的になる。

●データの構造に着目したモジュール分割

データの構造に着目したモジュールの分割方法には、次のようなものがあります。

名　称	説　明
ジャクソン法	入力データと出力データの構造を対比させ、主に出力データの構造をもとにモジュールに分割する方法。
ワーニエ法	入力データが「いつ、どこで、何回」使われるかをもとにモジュールに分割する方法。

(2) モジュールの分割基準

モジュールを分割するときには、モジュール同士の関係に着目し、基本的にモジュールの独立性を高くするように考慮します。モジュールの独立性を高くすることで、機能拡張などの保守が発生した場合に、ほかのモジュールへの影響領域や制御領域を少なくすることができます。

モジュールの分割基準には、**「モジュールの強度」**や**「モジュールの結合度」**などがあります。

●モジュールの強度

モジュールの強度は、ひとつのモジュール内における機能の関連性の強弱を表します。モジュールの強度が強い場合はモジュールの独立性が高く、モジュールの強度が弱い場合はモジュールの独立性が低くなります。

モジュールの強度の種類には、次のようなものがあります。

種　類	説　明	強　度	独立性
機能的強度	モジュール内に、ひとつの機能だけを持つ。	強	高
情報的強度	モジュール内に複数の機能を持ち、各機能から同じデータを利用する。	↑	↑
連絡的強度	モジュール内に複数の機能を持ち、各機能から同じデータを順番に参照や受け渡しを行いながら利用する。		
手順的強度	モジュール内に複数の機能を持ち、各機能を決められた順番に実行する。		
時間的強度	モジュール内に複数の機能を持ち、各機能を同じタイミングで連続して実行する。		
論理的強度	モジュール内に複数の機能を持ち、呼び出し元のパラメータで決定した条件によって、ひとつの機能を選択・実行する。	↓	↓
暗合的強度	モジュール内に複数の機能を持ち、モジュール内の各機能の関連性がない。	弱	低

●モジュールの結合度

モジュールの結合度は、モジュール間の結合の強弱（モジュール間の従属関係）を表します。モジュールの結合度が弱い場合はモジュールの独立性が高く、モジュールの結合度が強い場合はモジュールの独立性が低くなります。

モジュールの結合度の種類には、次のようなものがあります。

種　類	説　明	結合度	独立性
データ結合	データ項目だけを引数として、モジュール間で受け渡す。	弱	高
スタンプ結合	データ構造（テーブルデータなど）を引数として、モジュール間で受け渡す。	↑	↑
制御結合	制御パラメータを引数としてモジュール間で受け渡し、その引数の内容によって渡されたモジュール内のひとつの機能を選択・実行する。		
外部結合	モジュール同士で共通領域に定義したデータを参照する。		
共通結合	モジュール同士で共通領域に定義したデータ構造を参照する。	↓	↓
内容結合	モジュール間でほかのモジュールの内容を直接参照する。	強	低

(3) モジュール仕様書の作成

分割したモジュールについて、モジュールの処理内容や、モジュールのインタフェースなど各モジュール内における仕様を記述した**「モジュール仕様書」**を作成します。

モジュール仕様書は、流れ図や決定表、ジャクソン法、ワーニエ法、NSチャートなどの手法を用いて作成します。

参考

分割量

ソフトウェア要素のステップ数（行数）を基準にして、モジュールを分割する方法のこと。モジュールが大きくなりすぎないようにするため、ソフトウェア要素のステップ数に制限を設ける。この方法を採用して制限を超えた場合は、モジュールを再分割する。

参考

モジュールの部品化と再利用

よく利用する機能は、モジュールとして部品化しておくとよい。モジュールを設計する場合は、再利用できるモジュールがないかどうか検討する。モジュールを再利用できると、新規でモジュールを作成する場合と比較して、開発コストを削減できる。

参考

流れ図

→「1-2-2 1 (1) 流れ図」

参考

決定表

→「1-2-2 1 (3) 決定表」

参考

NSチャート

→「4-3-4 2 (3) 構造化設計の手法」

❸ ヒューマンインタフェースの詳細設計

ヒューマンインタフェースの詳細設計では、画面や帳票などのヒューマンインタフェースを詳細に設計します。
入出力装置を介して扱われるインタフェースを設計するときは、ソフトウェア要件定義書をもとに操作性や応答性、視認性などを考慮する必要があります。

参考
データベースの物理設計
→「3-3-2 3 データベースの物理設計」

❹ データベースの物理設計

データベースの物理設計では、データベースの概念設計・論理設計の結果をもとにして、表やログファイルのストレージ上(ハードディスク上やSSD上)への配置など、データベースの物理的な構造を設計します。

参考
ソフトウェアユニットテスト
→「4-5-2 ソフトウェアユニットテスト」

❺ ソフトウェアユニットテストの設計

分割したモジュール単位で、ソフトウェア設計書に整理された要件をすべて満たしているかどうかを確認するために、ソフトウェアユニットテストの設計を行います。テストの範囲、テスト計画、テスト方式を明確にして、**「ソフトウェアユニットテスト仕様書」**に定義します。ソフトウェアユニットテスト仕様書には、必ずテストの要件を盛り込み、チェックすべき事項をリスト化して漏れなくチェックができるようにします。

参考
ソフトウェア統合テスト
→「4-5-3 ソフトウェア統合テスト」

❻ ソフトウェア統合テストの設計

ソフトウェア設計書に整理された要件をすべて満たしているかどうかを確認するために、ソフトウェア統合テストの設計を行います。テストの範囲、テスト計画、テスト方式を明確にして、**「ソフトウェア統合テスト仕様書」**に定義します。ソフトウェア統合テスト仕様書には、必ずテストの要件を盛り込み、チェックすべき事項をリスト化して漏れなくチェックができるようにします。

❼ ソフトウェア設計の評価・レビュー

ソフトウェア設計書を作成後、レビュー方式に基づき、設計したソフトウェア(ソフトウェア要素やモジュールなど)がソフトウェア要件に合致しているか、ソフトウェア要素間やモジュール間の内部一貫性が正しいかなどを、複数の開発者が共同でレビューを行います。

4-3-4 ソフトウェア設計に用いられる手法

ソフトウェア設計の手法には、**「プロセス中心設計」**や**「データ中心設計」**、**「構造化設計」**、**「オブジェクト指向設計」**などがあります。実際にソフトウェアを設計するときは、これらの手法を組み合わせて利用します。

❶ プロセス中心設計・データ中心設計

「プロセス中心設計」とは、業務プロセス(処理)に着目してシステムを設計する方法のことです。業務内容に基づき各システムを作成しているため、業務内容が変更された場合にシステムを大幅に改変する必要があります。プロセス中心設計では、プロセスモデリングというプロセス中心の業務モデリングを行います。

それに対して、**「データ中心設計」**とは、業務で使用するデータ（情報）の構造に着目してデータベースを作成し、それに基づきシステムを設計する方法です。基本的にひとつの事実は1か所に存在するように設計します。データの構造は業務の内容が変更になっても変わらないことが多いので、システムを改変するときに容易になります。データ中心設計では、データモデリングというデータ中心の業務モデリングを行います。

参考
業務モデリング
→「4-2-3 1 業務モデリング」

❷ 構造化設計

「構造化設計」とは、システムを個々の処理に分割し、階層的な構造にして設計する方法のことです。構造化設計では、機能を中心に考え、大きな機能を段階的に詳細化していきます。上位の機能を満たすために、下位の機能を構成するように、構造的な設計を行います。
構造化設計によって、システムは、次のような構造になります。

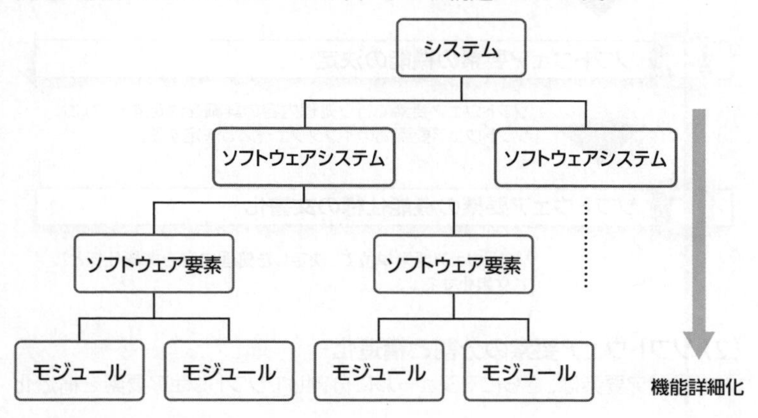

（1）機能の分割と構造化

構造化設計では、機能（ソフトウェアシステム）を洗い出し、さらに機能をソフトウェア要素単位まで分割します。機能の分割と構造化は、ソフトウェア設計のソフトウェア要素の設計で利用されます。
機能の分割と構造化には、次のようなメリットがあります。

- **上位レベルから機能を分析し、ソフトウェア要素単位に分割するので、必要な機能の不足を防ぐことができる。**
- **構造化することで、システムの中でどの部分の機能なのかがわかりやすい。**
- **よく使うソフトウェア要素を部品化しておけば、その部品を再利用しやすい。**

参考
ソフトウェア要素の設計
→「4-3-3 1 ソフトウェア要素の設計」

また、機能の分割や構造化を行うときは、ソフトウェア要素の独立性を保つようにします。独立性を保つことで、システムに機能拡張を行うときやシステム自体にエラーが発生したときに、動作の検証や修正、保守が容易になります。
機能の分割と構造化の手順は、次のとおりです。

1 機能の洗い出し

ソフトウェア要件定義書をもとにして、システムに必要な機能の洗い出しを行う。

2 データフローの明確化

洗い出した機能のデータの流れを明確にする。

3 機能のグループ化

同じような機能をグループ化する。

4 機能の構造化

段階的に機能を詳細化する。機能をソフトウェア要素単位に分割して構造化する。

5 ソフトウェア要素の機能の決定

ソフトウェア要素で行う処理内容の詳細を決定する。なお、ソフトウェア要素間のインタフェースも決定する。

6 ソフトウェア要素の機能仕様の文書化

ソフトウェア要素単位で、決定した処理内容を機能仕様として文書化する。

(2) ソフトウェア要素の分割と構造化

ソフトウェア要素は、さらにモジュールに分割してソフトウェア要素を構造化します。

ソフトウェア要素をモジュールに分割すると、部品化や再利用が行いやすくなり、特にソフトウェアの保守性が向上します。

ソフトウェア要素の分割と構造化は、ソフトウェア設計のモジュールの設計で利用されます。

ソフトウェア要素の分割と構造化の手順は、次のとおりです。

1 ソフトウェア要素の処理内容の確認

ソフトウェア要素の機能仕様を確認して、処理内容を把握する。

2 ソフトウェア要素の構造化

ソフトウェア要素をモジュール単位に分割して、階層を持たせるようにして構造化する。

3 モジュールの機能の決定

モジュールで行う処理内容の詳細を決定する。なお、モジュール間のインタフェースも決定する。

参考

保守性

ソフトウェアの修正がしやすいか（修正の影響範囲が少ないか）どうかの度合い。

参考

モジュールの設計

→「4-3-3 2 モジュールの設計」

4 モジュールの機能仕様の文書化

モジュール単位で、決定した処理内容を機能仕様として文書化する。

(3) 構造化設計の手法

構造化設計を行うときは、流れ図やDFD、状態遷移図などの図を使って、処理の流れを明確にしたり、ジャクソン法やワーニエ法などを使って、機能やソフトウェア要素の分割と構造化を行ったりします。
そのほかにも、次のような図や手法が使われます。

名称	説明
構造化チャート	ソフトウェア要素の構造を階層構造で表現するときに使われる図。ソフトウェア要素を構成するモジュールの階層構造や、モジュール間のインタフェースを表現する。
NSチャート	モジュールの処理内容を表現する図。順次や選択、繰返しの3つの基本構造だけで構成する。 「Nassi-Shneiderman(ナッシシュナイダマン)チャート」の略。
HIPO(ハイポ)	システムを階層的に表現する手法。システム階層構造を表現する図式目次と、ソフトウェアシステムの入力、処理、出力の詳細を記述したIPOダイアグラムからなる。 「Hierarchy plus Input Process Output」の略。

❸ オブジェクト指向設計

「オブジェクト指向設計」とは、オブジェクトと呼ばれる単位でシステムを設計する方法です。単に**「オブジェクト指向」**ともいいます。
オブジェクトは**「属性」**と**「メソッド(操作)」**を持ちます。属性とはオブジェクトが固有に持つデータ、メソッドとはデータに対する処理(機能)のことで、それぞれのオブジェクトは、異なる属性やメソッドを持ちます。
例えば、次のような**「車」**のオブジェクトがあった場合、それぞれのオブジェクトは異なる属性やメソッドを持っているため、異なるオブジェクトといえます。

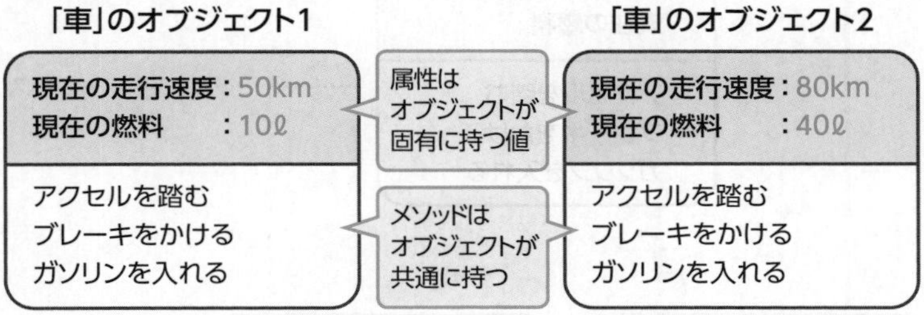

「車」のオブジェクト1

現在の走行速度：50km
現在の燃料：10ℓ

アクセルを踏む
ブレーキをかける
ガソリンを入れる

属性はオブジェクトが固有に持つ値

メソッドはオブジェクトが共通に持つ

「車」のオブジェクト2

現在の走行速度：80km
現在の燃料：40ℓ

アクセルを踏む
ブレーキをかける
ガソリンを入れる

(1) 情報隠ぺいとカプセル化

オブジェクトの属性を変更(参照)する場合は、オブジェクトのメソッドを利用します。ほかのオブジェクトによって直接属性を変更(参照)できないようにすることを**「情報隠ぺい」**といい、情報隠ぺいによってオブジェクトの独立性を高めることができます。
また、オブジェクト内で属性とメソッドを一体化し、情報隠ぺいを実現することを**「カプセル化」**といいます。

参考
流れ図
→「1-2-2 1 (1) 流れ図」

参考
DFD
→「4-2-4 1 DFD」

参考
状態遷移図
→「1-1-3 5 (2) 状態遷移図」

参考
ジャクソン法/ワーニエ法
→「4-3-3 2 (1) モジュールの分割手法」

参考
OMG
オブジェクト指向技術の標準化を行う団体のこと。
「Object Management Group」の略。

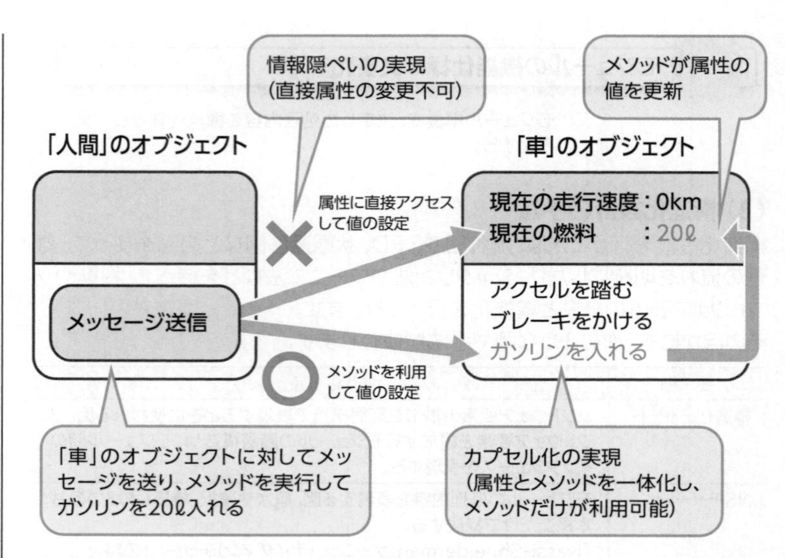

オブジェクトに対してアクセスを行う場合、オブジェクトにメッセージを送ります。オブジェクトは、メッセージを介してほかのオブジェクトと情報をやり取りします。

(2) クラス

「クラス」とは、属性とメソッドをまとめてオブジェクトのひな型を定義したものです。クラスは、オブジェクトを作り出すための設計図のような役割を持ちます。

クラスの定義をもとにして、オブジェクトが作成されます。クラスから作成されるオブジェクトのことを、**「インスタンス」**ともいいます。

例えば、次のような**「車」**というクラスを定義した場合（クラス名が**「車」**になる）、そのクラスから**「車」**のオブジェクト（インスタンス）が作成されます。

現在の走行速度
現在の燃料
アクセルを踏む
ブレーキをかける
ガソリンを入れる
……クラス

現在の走行速度：50km
現在の燃料　　：10ℓ
アクセルを踏む
ブレーキをかける
ガソリンを入れる

現在の走行速度：80km
現在の燃料　　：40ℓ
アクセルを踏む
ブレーキをかける
ガソリンを入れる
……オブジェクト
（インスタンス）

参考

抽象化

複数の対象（物事）から共通の特徴を抜き出して一般化すること。複数のオブジェクトを抽象化して、クラスを定義する。

参考

クラスの部品化と再利用

よく利用するクラスを部品化しておくと、そのクラスを再利用できる。
クラスを再利用できるようにするには、再利用する対象のクラスを「パッケージ」にまとめる。

参考

委譲

あるオブジェクトに対するメソッド（操作）を、その内部で他のオブジェクトに依頼する仕組みのこと。オブジェクトのメソッドの内部で、委譲先となる他のオブジェクトのメソッドを呼び出すことで動作する。

参考

コンストラクタ

オブジェクトが作成されるタイミングで、自動的に実行される特殊なメソッド（操作）のこと。クラス名と同じ名前のメソッドを定義する必要がある。オブジェクトの作成時に1回だけ実行され、オブジェクトの属性に値を代入する場合などに利用する。

(3) 関連

クラスとクラスが関係を持つことを**「関連」**といいます。
例えば、顧客によって車が注文される場合は、**「車」**、**「受注」**、**「顧客」**の3つのクラスが関連を持ちます。

・"顧客"と"受注"が関連付けられていて、顧客が注文を行うことを意味しています。
・"受注"と"車"が関連付けられていて、車が注文されることを意味しています。

また、複数のクラス(部分クラス)によってあるひとつのクラス(全体クラス)を構成するような特別な関連のことを**「集約関係」**といいます。集約関係を作成する方法には、**「集約」**と**「分解」**があります。

名　称	説　明
集約	複数のクラスをひとつのクラスにまとめること。
分解	ひとつのクラスを複数のクラスに分けること。

次の例では、車はエンジンやボディから構成されているので、集約関係を持ちます。車は全体クラスにあたり、エンジンやボディ、タイヤは部分クラスにあたります。この場合、エンジンやボディなどから車にまとめる方法は集約、車からエンジンやボディなどに分ける方法は分解になります。

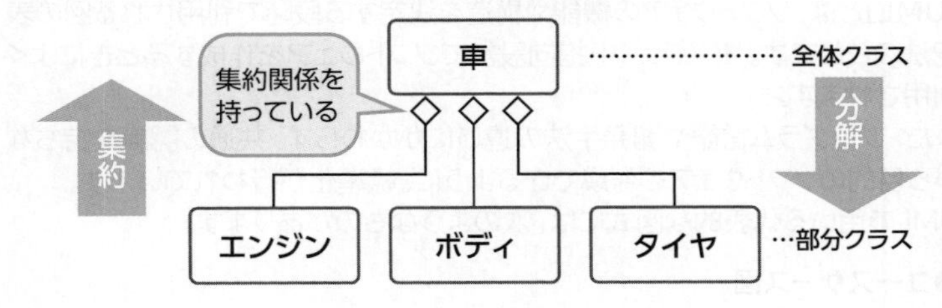

(4) 継承

ある基準となるクラスに対して、機能を加えて新しいクラスを作成できます。この基準になるクラスを**「スーパークラス」**、新しく作成するクラスを**「サブクラス」**といいます。スーパークラスは**「基底クラス」**、サブクラスは**「派生クラス」**ともいいます。
サブクラスは、スーパークラスの属性やメソッドを利用でき、さらに別の属性やメソッドを追加できます。このスーパークラスを利用してサブクラスを作成することを**「継承」**、**「インへリタンス」**といいます。
また、スーパークラスやサブクラスを作成する方法には、**「汎化」**と**「特化」**があります。

名　称	説　明
汎化	サブクラスの性質を分析・整理してスーパークラスを作成すること。
特化	スーパークラスをもとにサブクラスを作成すること。

参考

メンバ変数とローカル変数
オブジェクトの「属性」のことを、クラスのメンバであることから「メンバ変数」ともいう。メンバ変数は、メソッド内で宣言される「ローカル変数(局所変数)」とは区別される。メンバ変数は、クラスで直接管理する変数なので、クラス内に記述したどのメソッドからも利用することができるが、ローカル変数はメソッド内でしか利用できない。

参考

オーバーロード
同じクラス内で、メソッド名やコンストラクタ名が同じで、引数の数やデータ型、順序のいずれかが異なるメソッドやコンストラクタを定義すること。メソッド名やコンストラクタ名が同じでも、引数の数やデータ型、順序のいずれかが異なれば、それぞれを区別して動作する。

参考

オーバーライド
クラスを継承するときに、スーパークラスのメソッドをサブクラスで再定義すること。オーバーライドすることによって、サブクラスで定義したメソッドを動作させることができる。

参考

多相性
同じメッセージを複数のオブジェクトに送信したときに、複数のオブジェクトがそれぞれ異なる動作をすること。「ポリモフィズム」ともいう。
多相性は、継承された異なるクラスのメソッドを再定義(オーバーライド)することによって実現する。

参考

アーキテクチャパターン

ソフトウェア構造（アーキテクチャ）のパターンのこと。代表的なアーキテクチャパターンには「MVCモデル」がある。

参考

MVCモデル

ソフトウェア構造（アーキテクチャ）を次のような3つの要素に分割してシステムを実装する方式のこと。3つの要素に分割することによって、開発作業の分業が容易になり、互いに影響を受けにくいソフトウェア構造にすることができる。

●Model（モデル）
データとそのデータに対する処理を行う。入出力処理は行わない。

●View（ビュー）
画面を通して表示・入出力を行う。

●Controller（コントローラ）
利用者の入力を解釈し、ModelとViewに適切な調整を施す。

参考

UML

「Unified Modeling Language」の略。日本語では「統一モデリング言語」の意味。

例えば、車をスーパークラスとした場合、少し属性を加えたバスやトラックはサブクラスになり、汎化・特化の関係は次のように表現できます。

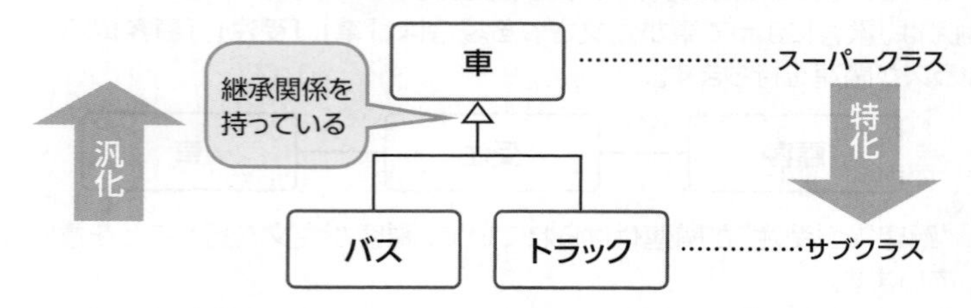

(5) デザインパターン

「デザインパターン」とは、オブジェクト指向設計に深くかかわってきた人の設計ノウハウを蓄積して、設計パターンとして利用できるようにしたものです。主にオブジェクト指向設計に用いられ、“生成に関するパターン”、“構造に関するパターン”、“振る舞いに関するパターン”の3種類に分類されます。

デザインパターンにはすでにノウハウが入っているので、効率的にソフトウェアを作成できます。ただし、デザインパターンの適用には専門知識が必要になるため、これに留意して適用を判断します。

(6) UML

「UML」とは、ソフトウェアの機能や構造を決定する段階で利用される図の表記法のことです。オブジェクト指向設計でソフトウェアを作成するときによく利用されます。

また、プログラム言語や開発手法の違いにかかわらず、共通の認識を持ちながら目的のソフトウェアを作成できるように、標準化が行われています。

UMLで用いる代表的な図式には、次のようなものがあります。

●ユースケース図

「ユースケース」とは、ひとつの目標を達成するための利用者とソフトウェアのやり取りを定義するために用いるもので、システムの利用者とシステムが提供する機能、外部システムとの関係を表現した図を**「ユースケース図」**といいます。

ユースケース図では、システムがどのような機能を持つのか、操作した場合にどのように反応するのかなど、システムの外部から見た役割をわかりやすい図で表すことによって、システムの全体を大まかに把握できます。

ユースケース図は、次のような記号でシステムの役割を表現します。

記号	名称	役割
人型	アクター	システムにアクセスする何らかの役割を持つ。人またはシステムが該当する。
楕円	ユースケース	システムが外部に対して提供する機能を持つ。
直線	関連	アクターとユースケースの関連を表現する。
長方形	システム境界	システムの内側と外側を区切る役割を持つ。

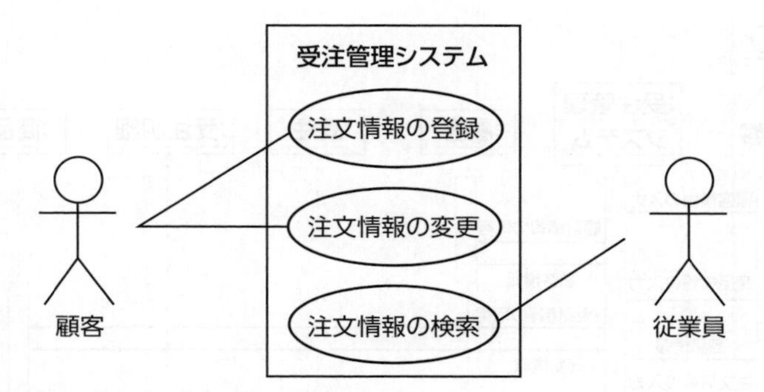

① アクターはシステム境界の外側に描く。
② ユースケースはシステム境界の内側に描く。
③ アクターとユースケースを関連でつなぐ。

●クラス図

「クラス図」とは、クラスの構造やクラス間の関係を表現する図のことです。クラス図では、属性とメソッドをまとめたオブジェクトのひな型の構造を表現します。クラス図の表現は、3つの部分からなり、1番上にクラス名、2番目に属性、3番目にメソッドを記載します。
また、関連の両端の位置に、関連についての**「ロール名(役割名)」**を必要に応じて記述できます。ロール名は、**「関連端名」**ともいいます。

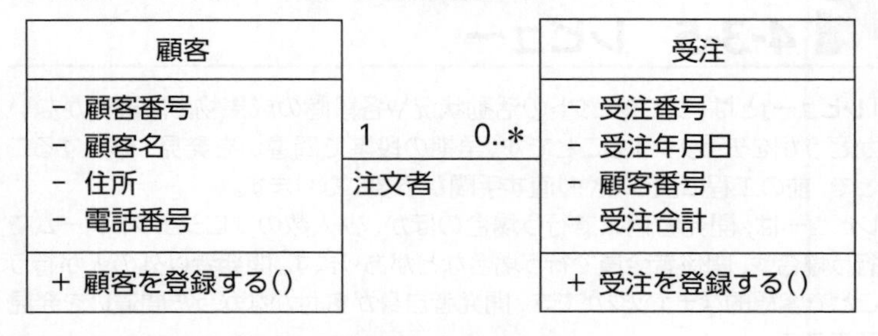

① クラスの関連は、**「1対多」**を**「1対*」**と表現する。
② クラスの関連は、**「0以上多」**を**「0..*」**と表現する。
③ すべてのクラスから直接アクセスできる属性の前には**「+」**を付ける。
④ 対象の属性を持つクラス(自分自身)以外からはアクセスできない属性の前には**「－」**を付ける。
⑤ 顧客は、受注との関係において注文者というロール名を付ける。

●シーケンス図

「シーケンス図」とは、オブジェクト同士のメッセージのやり取りを、時間の経過に沿って表す図のことです。時系列に従って、オブジェクト同士の相互作用を表現することができます。なお、シーケンス図では、オブジェクト同士の関係は表しません。

参考

クラス図での集約関係・継承関係

クラス図では集約関係や継承関係は次のように表される。

●集約関係

部分クラスから全体クラスに対して、◇付きの直線を引く。

●継承関係

サブクラスからスーパークラスに対して、△付きの直線を引く。

参考

オブジェクト図

ある時点におけるオブジェクト同士の関係を表現する図のこと。クラスの定義をもとにして作成されるオブジェクトについて、クラスの情報をより具体化し、オブジェクト同士の関係を把握できる。

参考

コミュニケーション図

オブジェクト同士の接続関係に着目して、オブジェクト間のメッセージの流れを表現する図のこと。あるオブジェクトから、別のオブジェクトのメソッドの呼び出しなどを把握できる。シーケンス図は時間の経過に沿ったメッセージのやり取りに焦点をあてるが、コミュニケーション図はオブジェクト間のメッセージのやり取りに焦点をあてる。

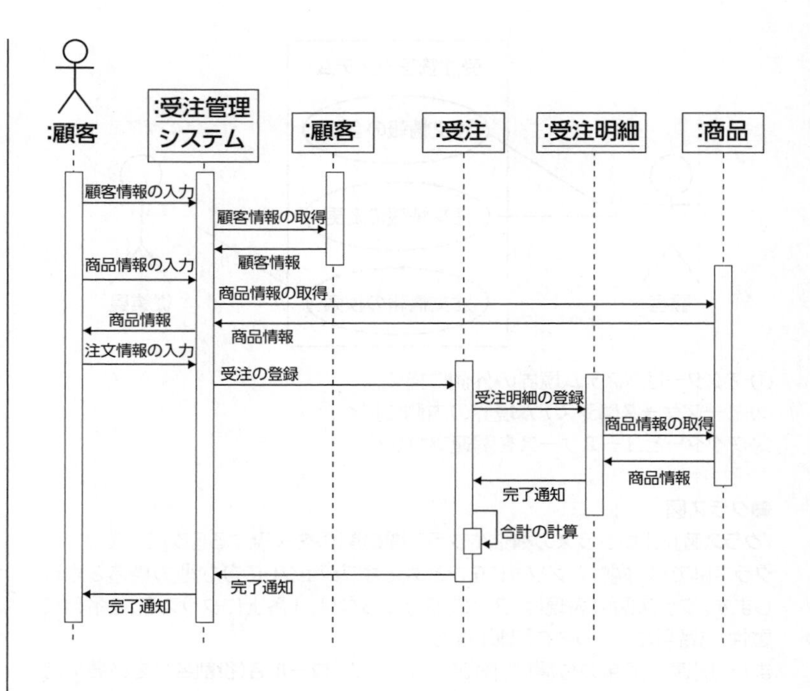

参考

アクティビティ図

業務プロセスの実行順序や条件分岐など、業務フローを表現する図のこと。ある振る舞いから次の振る舞いへといった、業務の流れを明確にすることができる。

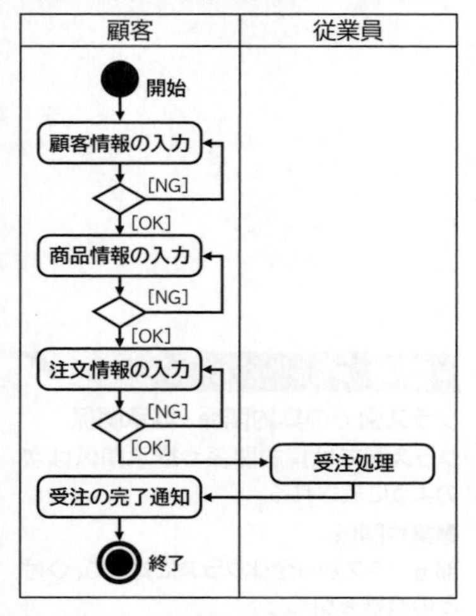

参考

ステートチャート図

時間の経過とともにオブジェクトの状態を表現する図のこと。あるオブジェクトの状態が、時間の経過とともにどのように変化していくかを把握できる。

4-3-5 レビュー

「レビュー」とは、プロジェクトの活動状況や各段階の成果物に間違いがないかどうかをチェックすることです。早期の段階で間違いを発見・修正することで、前の工程に戻ってやり直す手間が不要になります。

レビューは、開発者個人で行う場合のほか、少人数のプロジェクトチームで行う場合や、関係者全員で行う場合などがあります。開発者以外の人が行うことで客観的なチェックができ、開発者自身が気付かなかった間違いを発見できます。

一般的にレビューは、レビュー方式の決定、レビューの評価基準の決定、レビュー参加者の選出、レビューの実施、レビュー結果の文書などへの反映作業という手順で行います。

代表的なレビュー方式には、次のようなものがあります。

名　称	説　明
デザインレビュー	設計工程で行うチェック。設計した内容の不備や誤りなどを早期に発見し、開発作業が進んでから、前工程に戻ってやり直す時間を削減できる。「設計レビュー」ともいう。
ウォークスルー	ソフトウェア開発の各工程で、ソフトウェアの作成者と複数のソフトウェアの開発メンバが討議を行い、各設計書やソフトウェアそのものに欠陥や問題点がないかどうかをチェックする。
インスペクション	ソフトウェア開発の各工程で、各設計書やソフトウェアそのものを第三者が検証して、誤りや問題点を検出する。なお、インスペクションを主催し、レビューについての知識や技術を持つ専門家のことを「モデレーター」という。
コードレビュー	ソフトウェアコードがコーディング標準を守っているか、効率的に作られているかなどをチェックする。

4-3-6 ソフトウェアの品質

開発するソフトウェアには、高い品質が求められます。
ソフトウェアの品質を評価するための標準規格として「**JIS X 25010(ISO/IEC 25010)**」があります。ソフトウェアの品質を評価する際には、この規格に対応することが求められます。したがって、ソフトウェアの要件定義や設計の段階から、この基準を満たすように留意しなければなりません。ソフトウェアの品質への対応は、ソフトウェアそのものに求められる品質特性はもちろん、利用者が必要とする機能を高い満足度として実現することも重要です。

参考

JIS
→「9-2-5 2 (2) 日本産業規格」

参考

ISO 9000
品質マネジメントシステムの要求仕様を定めた規格のこと。この規格を満たしている製品であれば、世界中のどこで生産されたものであっても安心して使用できることを保証している。日本では、「JIS Q 9000」としてJIS化されている。

1 ソフトウェアに求められる品質特性

ソフトウェアは、主に機能や性能といったソフトウェアそのものに求められる品質特性を満たさなければなりません。
ソフトウェアそのものに求められる品質特性には、次のような8つの特性があり、これを「**製品品質モデル**」といいます。

品質特性	説　明
機能適合性	ソフトウェアに求められる必要な機能が適切に盛り込まれているかどうかの度合い。
性能効率性	ソフトウェアに求められる応答時間や少ない資源で動作するかどうかの度合い。
互換性	ソフトウェアに求められるプラットフォームやデバイスなどで正しく動作するかどうかの度合い。
使用性	ソフトウェアが使いやすいか(操作性がよいか)どうかの度合い。
信頼性	ソフトウェアが継続して正しく動作するかどうかの度合い。
セキュリティ	ソフトウェアがセキュリティ上のリスクに対応しているかどうかの度合い。
保守性	ソフトウェアの修正がしやすいか(修正の影響範囲が少ないか)どうかの度合い。
移植性	ソフトウェアを簡単に別環境に移せるかどうかの度合い。

2 利用者に求められる品質特性

利用者にとって品質への期待は、ソフトウェアの機能や性能などにとどまらず、快適さや楽しさといったことまで含まれるようになってきています。
利用者に求められる品質特性には、次のような5つの特性があり、これを「**利用時の品質モデル**」といいます。

品質特性	説　明
有効性	ソフトウェアを利用することで、業務目標が達成されたかどうかの度合い。
効率性	ソフトウェアを利用することで、業務目標に対する時間や人材、コストなどが合理的に使用されたかどうかの度合い。
満足性	ソフトウェアに満足しているかどうかの度合い。
リスク回避性	ソフトウェアが想定されるリスクを回避できているかどうかの度合い。
利用状況網羅性	ソフトウェアの様々な利用状況(シーン)が想定されているかどうかの度合い。

4-4 実装・構築

4-4-1 ソフトウェア構築

ソフトウェア設計書をもとにして、**「ソフトウェアコード」**を作成します。ソフトウェアコードとは、アルゴリズムやデータ処理をプログラム言語でコードとして作成したもので、ソフトウェアコードを作成することを**「プログラミング」**、**「コーディング」**といいます。
ソフトウェアコードは、定められたプログラミング作法やコーディング標準、利用するプログラム言語の仕様に従って作成します。ソフトウェアコードを作成したあとは、共同で**「コードレビュー」**を行います。また、必要に応じて**「デバッグ」**を行います。

参考
プログラミング
→「1-2-3 プログラミング」

参考
プログラミング作法
→「1-2-3 1 プログラミング作法」

参考
コーディング標準
→「1-2-3 2 コーディング標準」

❶ コーディング支援

ソフトウェアコードを作成する際には、ソフトウェアコードの入力を容易にしたり、規約に違反しないようにしたりするコーディングの支援ツールを活用するとよいでしょう。
コーディングの支援ツールの機能には、次のようなものがあります。

(1) コード補完

「コード補完」とは、利用者が入力しようとしているコードをすべて入力する前に選択肢を表示する機能のことです。コード補完は、入力しようとしているコードが入力済のコードから容易に予測可能な場合に効力を発揮します。

(2) コードオーディター

「コードオーディター」とは、独自に決められたソフトウェアコードの書き方の規約に違反しているものがないかをチェックするツールのことです。組織で開発する際などに多く使われます。

(3) シンタックスハイライト

「シンタックスハイライト」とは、ソフトウェアコードの一部分をその分類ごとに異なる色やフォントで表示する機能のことです。シンタックスハイライトを使うと、プログラムの構造や構文上の誤りが視覚的に区別しやすくなるため、ソフトウェアコードの記述が容易になります。

参考
コードインスペクション
作成したソフトウェアコードが、ソフトウェア設計書どおりに動作するかどうかを第三者が検証して、誤りや問題点を検出すること。

参考
ピアコードレビュー
作成したソフトウェアコードが、ソフトウェア設計書どおりに動作するかどうか、開発チームのメンバ同士で相互に検証して、誤りや問題点を検出すること。

参考
メトリクス計測
要求されたソフトウェアの品質特性を備えている度合いを数値化すること。

❷ コードレビュー

「コードレビュー」とは、作成したソフトウェアコードをレビューすることです。**「ソースレビュー」**ともいいます。
コードレビューでは、ソフトウェアコードがプログラミング作法やコーディング標準を守っているか(コードの書き方が効率的か、保守性がよいかなど)、ソフトウェア設計書に基づいているかを確認します。
コードレビューは、レビュー参加者やレビュー方式を決めて、共同レビューを行い、テスト工程に入る前に実施します。コードレビューをしっかり行って**「バグ」**をなくすことが大切です。

❸ デバッグ

「デバッグ」とは、ソフトウェアコードのバグを探して、その原因を調査し、そのバグを修正することです。コードレビューのあと、ある程度バグの存在が予測できるソフトウェアコードに対して、必要に応じて実施します。
デバッグを行うには、机上でデバッグを行う方法のほかに、デバッグを支援するソフトウェアの**「デバッガ」**を使って行う方法があります。この2つの方法の違いは、次のとおりです。

名　称	説　明
机上デバッグ	印刷したソフトウェアコードを目で追ってバグを探すため、単純なバグの場合は発見しやすいが、見落とすことも多い。
デバッガを使用したデバッグ	ソフトウェアの精度にも依存するが、一般的に漏れなくバグを探し、修正できる。

デバッガを使ったデバッグには、次のような方法があります。

(1) トレーサー

「トレーサー」とは、ソフトウェアコードを1行ずつ実行しながら、処理の順序やメモリの内容を確認する方法のことです。ソフトウェアコードの実行を途中で停止するための停止位置をブレークポイントとして設定し、ソフトウェアコードを実行しながらブレークポイントでメモリの内容を確認します。

(2) ダンプ

「ダンプ」とは、ソフトウェアコードを実行したときのメモリの内容をファイルなどに出力して確認する方法のことです。ソフトウェアの異常終了時などのタイミングでメモリ内容を出力する**「メモリダンプ」**と、ソフトウェアコードの特定の命令を実行したタイミングでメモリ内容を出力する**「スナップショットダンプ」**があります。

(3) アサーション

「アサーション」とは、変数に代入された値を画面に出力するために、ソフトウェアコードの任意の位置にソフトウェアコードの動きを確認するための命令文を埋め込んで確認する方法のことです。通常、この埋め込んだ命令文は決められた方法で記述するのでソフトウェアコードの実行には影響せず、ソフトウェアが識別して実行するように指定します。

参考

バグ
ソフトウェアコードの誤りや欠陥のこと。

参考

静的解析
ソフトウェアコードを実行せずに、プログラミング作法やコーディング標準に従ってソフトウェアコードを作成しているかどうかを解析すること。「静的テスト」ともいう。
コーディング標準に従っていないソフトウェアコードの箇所を指摘し、その解決策を開発担当者に提示する。

参考

動的解析
静的解析とは反対に、ソフトウェアコードを実行して解析すること。「動的テスト」ともいう。

4-5 テスト

4-5-1 テストの流れ

「テスト」とは、ソフトウェアのバグを発見し、設計書どおりに正しく動作するかどうかを確認し、ソフトウェアの品質を評価することです。各テストは、要件定義、設計、実装・構築の工程に対応し、次の手順で行います。

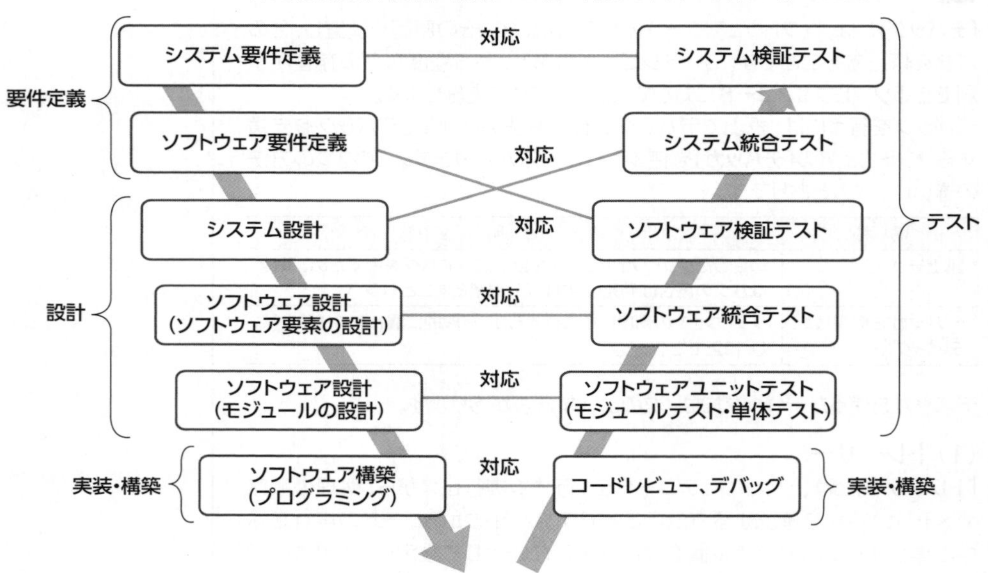

※「コードレビュー、デバッグ」は、「ソフトウェア構築」の工程で実施する作業です。基本的に、テスト工程には含まれません。

また、各テストは次の手順を踏みながら行います。

1 テスト計画の作成

テストのスケジュールや体制、テスト方法やテスト範囲、評価基準、テストに使用するツールなどを決定する。

2 テストケースの設計

設計仕様に基づいて、テストデータや予測結果の対応などをテストケースとして設計する。

3 テストの準備

設計したテストケースに基づいて、テストデータの作成やテストに使用する機器などのテスト環境を準備する。

テストの実施

テストを実施する。

テスト結果の評価

テスト結果から障害や欠陥を発見し、テスト結果を評価する。

6 障害や欠陥の修正

テストして発見された障害や欠陥を修正する。

4-5-2 ソフトウェアユニットテスト

「ソフトウェアユニットテスト」とは、モジュール単体で行うテストのことです。ソフトウェア設計で定義したソフトウェアユニットテスト仕様書に従って、各モジュールが要求事項を満たしているかどうかを確認します。**「モジュールテスト」**、**「単体テスト」**ともいいます。
ソフトウェアユニットテストは、システム開発部門（一般的にソフトウェアの開発者自身）が実施します。

❶ テストケースの設計

「テストケース」とは、テストするパターンを想定したテスト項目や条件のことです。**「テスト仕様」**ともいいます。
テストケースの設計では、入力したデータに対して期待どおりの結果が出力されるかを検証するためのデータを準備します。しかし、正しいデータが入力された場合の結果を確認するだけで、テストを終了させるのでは不十分です。実際の業務では、正常な状態でシステムが使われるとは限らないため、様々なケースを想定して次のようなテストデータを用意します。

種　類	説　明
正常データ	業務が正常に処理されることを確認する。
例外データ	業務で発生する例外のケースが例外として処理されるかを確認する。
エラーデータ	誤ったデータがエラーとして正確に検出されるかを確認する。

※一般的には、正常データでのテストを行ってから、次に例外データやエラーデータでテストを行います。

❷ テストの実施

設計したテストケースに基づいて、テストデータの作成やテストに使用する機器などのテスト環境を準備し、テストを実施します。
ソフトウェアユニットテストの手法には、**「ブラックボックステスト」**と**「ホワイトボックステスト」**があります。

参考

テストデータジェネレーター
テストデータを自動的に作成してくれるソフトウェアのこと。条件を指定し、データベースなどと連携してテストデータを作成する。顧客の個人データをあるパターンで変換し、個人が特定できないテストデータを作成する場合に利用される。

参考

実験計画法
効率よく無駄のない実験を設計して、精度の高い結果を導き出す統計手法のこと。

参考

ブラックボックステストの特性

ブラックボックステストでは、ホワイトボックステストのようにプログラムの中身や論理をチェックしないため、プログラムに冗長なコードがあったり、インデンテーションが不適切であったりしても、検出することができない。

参考

インデンテーション

→「1-2-3 1 プログラミング作法」

参考

原因結果グラフ法

入力条件（原因）と出力結果（結果）の関係をグラフで表し、決定表などに整理して、テストケースを設計する方法のこと。

参考

エラー埋込法

プログラムのテストを行う際に、プログラムの中に意図的にエラーを埋め込む方法のこと。テスト時に発見したエラー数から、まだ発見されていない残りのエラー数を推定する。残りのエラー数は、発見した埋込みエラー数とすべての埋込みエラー数の比率から求めることができる。

(1) ブラックボックステスト

「ブラックボックステスト」とは、入力データに対する出力結果に着目し、機能が仕様書どおりかをチェックする手法のことです。

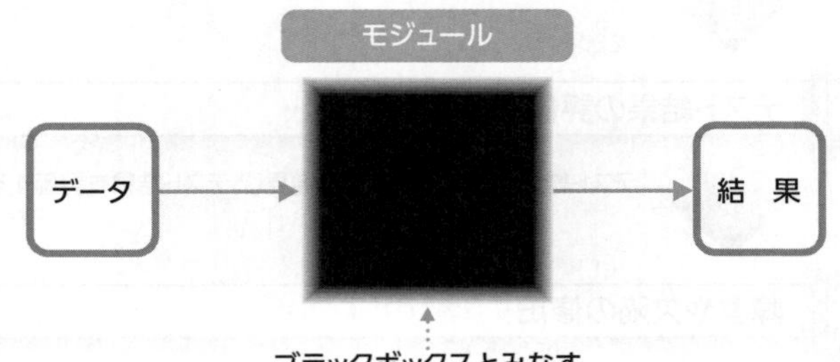

ブラックボックステストを実施するためのテストケースを設計する代表的な方法には、**「同値分割法」**や**「限界値分析法」**があります。

●同値分割法

「同値分割法」とは、入力するデータを**「有効同値クラス」**と**「無効同値クラス」**に分け、それぞれを代表する値をテストデータとして採用する方法のことです。特徴としては、テストデータを作成しやすいことが挙げられます。

名　称	説　明
有効同値クラス	入力データとして正常に処理される値の範囲。
無効同値クラス	入力データとしてエラーとなるような値の範囲。

有効同値クラス…20歳以上49歳以下

無効同値クラス…19歳以下または50歳以上

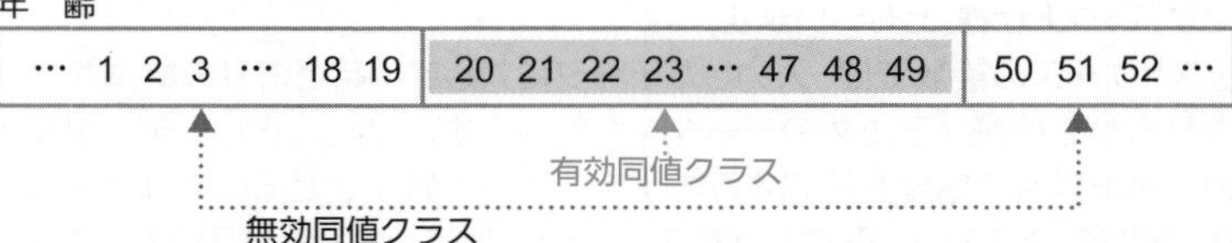

同値分割法によって最低限のテストケースを作成する場合は、有効同値クラスより小さい範囲の無効同値クラス、有効同値クラス、有効同値クラスより大きい範囲の無効同値クラスを代表するデータをテストデータとします。上の図の場合、“3”、“23“、“51”の3つの値がテストデータとして適当といえます。

●限界値分析法

「限界値分析法」とは、同値分割のクラスの境界にあたる値を、テストデータとして採用する方法のことです。境界の条件が複雑な場合には、テストデータの漏れが発生しやすいため注意が必要です。

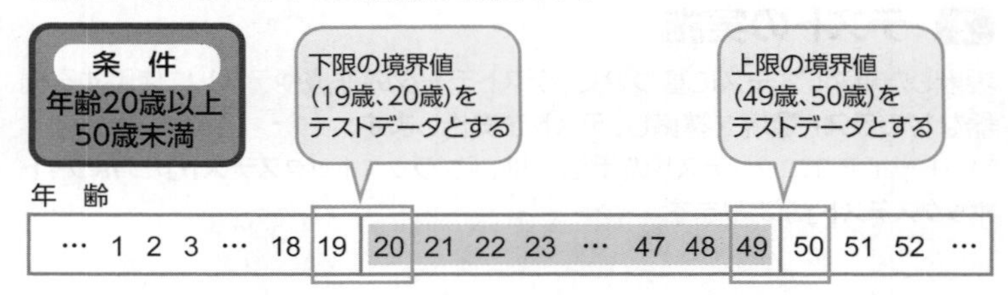

（2）ホワイトボックステスト

「ホワイトボックステスト」とは、プログラムのアルゴリズムに着目し、プログラムの内部構造や論理をチェックする手法のことです。

ホワイトボックステストで使用するテストケースは、命令や分岐条件が網羅されたものにするために、**「命令網羅」**や**「判定条件網羅」**、**「条件網羅」**、**「複数条件網羅」**といった方法を利用して設計します。

ここでは、次のような条件文をもとにテストケースを設計する方法を記載します。

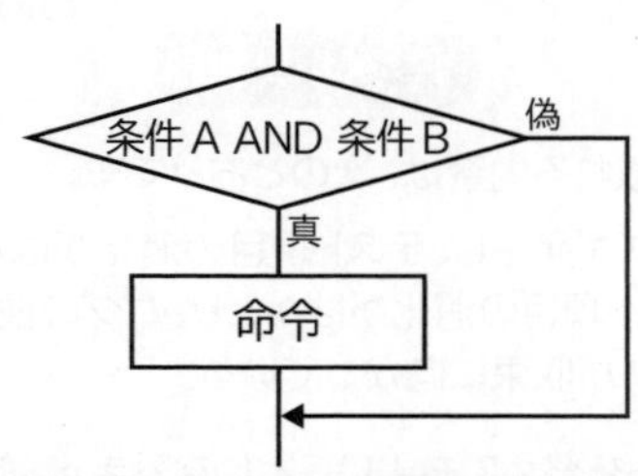

種　類	説　明	テストケースの例	
		条件A	条件B
命令網羅	すべての命令を少なくとも1回は実行されるようにテストケースを作成する方法のこと。	真	真
判定条件網羅	判定条件の真と偽を少なくとも1回は実行するようにテストケースを作成する方法のこと。「分岐網羅」ともいう。	真 真	真 偽
条件網羅	判定条件が複数条件である場合に、それぞれの条件が真の場合と偽の場合を組み合わせてテストケースを作成する方法のこと。	真 偽	偽 真
複数条件網羅	判定条件が複数条件である場合に、それぞれの判定条件のすべての組合せを網羅し、判定条件の真と偽を少なくとも1回実行するようにテストケースを作成する方法のこと。	真 真 偽 偽	真 偽 真 偽

❸ テスト結果の評価

テストを実施したら、テスト結果を記録し、テスト結果の評価基準に従って評価を行います。テスト結果を評価したときにモジュールの障害や欠陥が発見された場合は、障害や欠陥を分析し、モジュールの修正や改良作業を行います。

代表的な評価基準には、**「網羅率」**や**「バグ管理図」**があります。

（1）網羅率

「網羅率」とは、ソフトウェアの全体の経路のうち、テスト（一般的にプログラムの内部構造をチェックするホワイトボックステスト）によってカバーされた比率のことです。**「カバレッジ」**ともいいます。この比率が100％になると、テストを完了したと判断できます。

（2）バグ管理図

「バグ管理図」とは、時間経過と検出されたバグの累積数の関係をグラフで表したものです。このグラフの曲線のことを**「バグ曲線」**といいます。理想的なバグ管理図は、**「ゴンペルツ曲線（信頼度成長曲線）」**と呼ばれる形のバグ曲線になります。

参考

アルゴリズム

→「1-2-2 アルゴリズム」

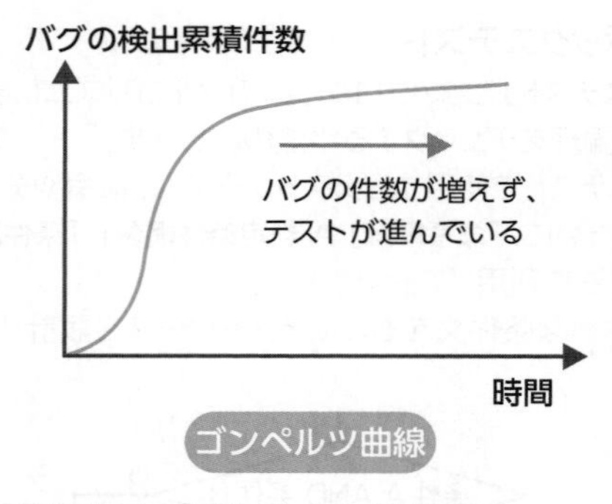

ゴンペルツ曲線

上のグラフから読み取れる内容は、次のとおりです。

・初期段階では、バグが発生し、テスト項目の消化がはかどっていない。
・中期段階では、テスト項目の消化がはかどり、バグの検出も多くなっている。
・終期段階では、バグが収束に向かっている。

以上のことからテストを終えてもよいことになります。ただし、バグが収束に向かっていても、未消化テスト項目が残っている場合は、テストがはかどっていない可能性が考えられます。

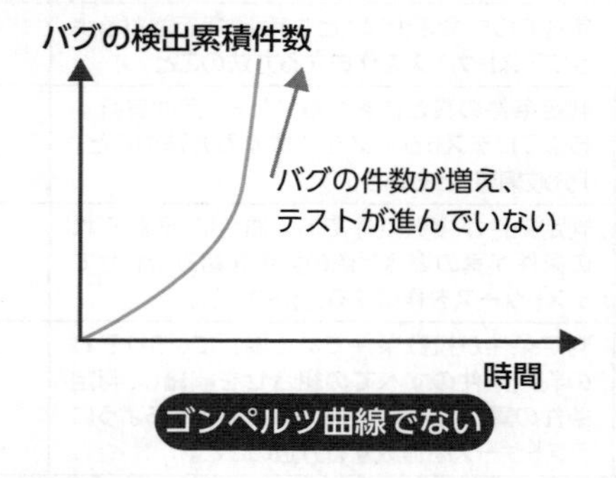

ゴンペルツ曲線でない

上のグラフから読み取れる内容は、次のとおりです。

・初期段階では、バグが発生し、テスト項目の消化がはかどっていない。
・中期段階では、バグ曲線が収束せず、バグが加速して増えている。

以上のことから未消化テスト項目数は多い状態で、プログラムの品質やテスト方法に問題があると考えられます。

4-5-3 ソフトウェア統合テスト

「ソフトウェア統合テスト」とは、モジュール同士をソフトウェア要素（コンポーネント）単位まで統合（結合）して、ソフトウェア要素がソフトウェア設計どおりに正しく実行できるかを検証するテストのことです。**「ソフトウェア結合テスト」**ともいいます。ソフトウェア要素間のデータの受け渡しが正しく行われているかどうかを確認できます。ソフトウェア設計で定義したソフトウェア統合テスト仕様書に従って行います。
ソフトウェア統合テストは、システム開発部門が実施します。

参考

ソフトウェア統合
統合する順序に基づいてソフトウェア統合計画を作成し、構築されたソフトウェア（モジュール）を統合すること。

❶ テストの実施

ソフトウェア統合テストは、あらかじめソフトウェア統合計画を作成し、テストデータやテスト環境を準備したあとに実施します。
代表的なソフトウェア統合テストの手法には、**「トップダウンテスト」**と**「ボトムアップテスト」**があります。

(1) トップダウンテスト

「トップダウンテスト」とは、上位のモジュールから順番にテストしていく方法のことです。
ソフトウェア統合テストを実施するには、ソフトウェア要素内のモジュールがそろっていなければなりません。しかし、下位のモジュールが完成していないことが多いため、上位のモジュールに呼び出される仮の下位モジュールである**「スタブ」**を用意します。スタブを用意することで、ソフトウェア統合テストが実施でき、モジュール間のインタフェースを検証できます。

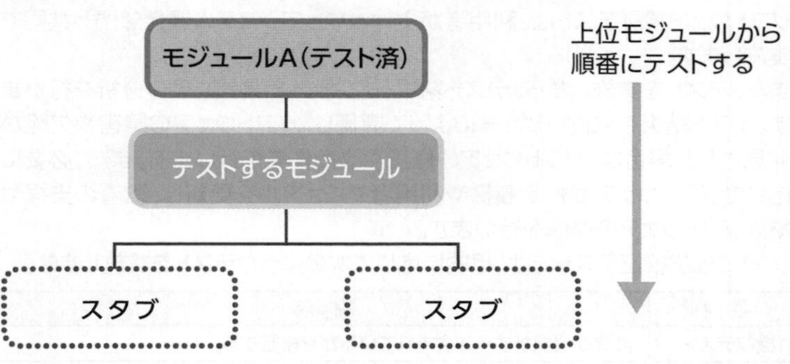

(2) ボトムアップテスト

「ボトムアップテスト」とは、下位のモジュールから順番にテストしていく方法のことです。
ソフトウェア統合テストを実施するには、ソフトウェア要素内のモジュールがそろっていなければなりません。上位のモジュールが完成していない場合は、下位のモジュールを呼び出す仮の上位モジュールである**「ドライバ」**を用意します。ドライバを用意することで、ソフトウェア統合テストが実施でき、モジュール間のインタフェースを検証できます。

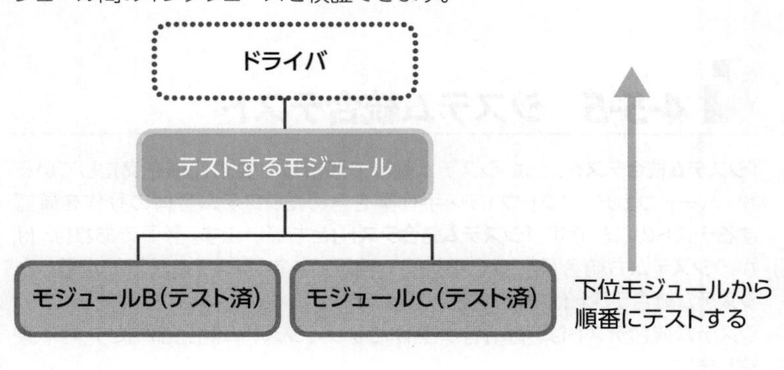

参考

折衷(せっちゅう)テスト
上位のモジュールにはトップダウンテスト、下位のモジュールにはボトムアップテストを組み合わせて行う方法のこと。ソフトウェア統合テストのひとつ。「サンドイッチテスト」ともいう。

参考

ビッグバンテスト
ソフトウェアユニットテストを完了したすべてのモジュールを一斉に統合してテストを行う方法のこと。ソフトウェア統合テストのひとつ。

❷ テスト結果の評価

テストを実施したら、テスト結果を記録し、テスト結果の分析を行います。テスト結果を共同レビューによって評価し、プログラムの障害や欠陥が発見された場合は、プログラムの修正や改良作業を行います。また、必要に応じてソフトウェア設計書や利用者マニュアルを更新し、次に行うソフトウェア検証テストの準備を行います。

4-5-4　ソフトウェア検証テスト

「ソフトウェア検証テスト」とは、ソフトウェアがソフトウェア要件定義どおりに実現されているかを確認するテストのことです。ソフトウェア要件定義で定義したソフトウェア要件定義書に従って行います。
ソフトウェア検証テストは、利用者が主体となってシステム開発部門と共同で実施します。
また、テストを実施したら、テスト結果を記録し、テスト結果の分析を行います。テスト結果を共同レビューによって評価し、ソフトウェアの障害や欠陥が発見された場合は、ソフトウェアの修正や改良作業を行います。また、必要に応じてソフトウェア要件定義書や利用者マニュアルを更新し、監査の支援や納入ソフトウェアの準備を行います。
ソフトウェア検証テストでは、目的に応じて次のようなテストを実施します。

名　称	説　明
機能テスト	必要な機能がすべて含まれているかを検証する。
性能テスト	レスポンスタイムやターンアラウンドタイム、スループットなどの処理性能が要求を満たしているかを検証する。
負荷テスト	大量のデータの投入や同時に稼働する端末数を増加させるなど、システムに負荷をかけ、システムが耐えられるかを検証する。「ラッシュテスト」ともいう。
セキュリティテスト	セキュリティ上のリスクを特定し、予想される動作を定義して、予想外の事態が起こらないことを検証する。
回帰テスト	発見されたソフトウェアのエラーを修正したり仕様を変更（機能を追加）したりしたときに、その変更がソフトウェアのほかの箇所に影響がないかどうかを検証する。「リグレッションテスト」、「退行テスト」ともいう。

参考

非機能要件テスト
ソフトウェアの開発に際して定義される要件のうち、具体的な機能以外の要件を検証すること。可用性、信頼性、使用性、性能、セキュリティなどに関する要件が含まれる。

参考

回帰テスト
→「4-7-1 2 回帰テスト」

4-5-5　システム統合テスト

「システム統合テスト」とは、システム設計で設計した要求仕様を満たしているか、ハードウェア・ソフトウェア・手作業を含めたシステム全体の動作を確認するテストのことです。**「システム結合テスト」**ともいいます。必要であれば、ほかのシステムも統合（結合）した状態で検証します。システム設計で定義したシステム統合テスト仕様書に従って行います。
システム統合テストは、利用者が主体となってシステム開発部門と共同で実施します。

参考

システム統合
統合する順序に基づいてシステム統合計画を作成し、構築されたシステム（ソフトウェア要素）を統合すること。

❶ テストの実施

システム統合テストでは、システム統合計画を作成し、テストデータやテスト環境を準備して、システム統合テストを実施します。
システム統合テストでは、目的に応じて次のようなテストを実施します。

名 称	説 明
操作性テスト	利用者が操作しやすいかを検証する。
例外処理テスト	エラー処理機能や回復機能が正常に動作するかを検証する。「例外テスト」ともいう。
ペネトレーションテスト	外部からの攻撃や侵入を実際に行ってみて、システムのセキュリティホール(セキュリティ上の脆弱性)やファイアウォールの弱点を検出する。「侵入テスト」ともいう。

❷ テスト結果の評価

テストを実施したら、テスト結果を記録し、テスト結果の分析を行います。テスト結果を共同レビューによって評価し、問題があれば、システムの**「チューニング」**を行います。また、必要に応じてシステム設計書や利用者マニュアルを更新し、次に行うシステム検証テストの準備を行います。

参考

チューニング
性能を改善するなど、システムの問題点を解決すること。

4-5-6 システム検証テスト

「システム検証テスト」とは、実際の業務データを使用し、業務の実態に合ったシステムかどうか、利用者マニュアルどおりに稼働できるかどうかを確認するテストのことです。システム要件定義で定義したシステム要件定義書に従って行います。
システム検証テストは、利用者が主体となってシステム開発部門と共同で実施します。

❶ テストの実施

システム検証テストでは、次のような項目をテストします。

項 目	説 明
業務機能	業務を行う上で必要な機能を満たしているかを検証する。
操作性	利用者が操作しやすいシステムかを検証する。
異常対策	データ異常、異常な操作、機器異常などの場合の対策が講じられているかを検証する。
処理能力	現行の機器構成で処理能力が十分かを検証する。
処理時間	レスポンスタイムなどが許容範囲かを検証する。

❷ テスト結果の評価

テストを実施したら、テスト結果を記録し、テスト結果の分析を行います。
テスト結果を共同レビューによって評価し、問題があれば、システムのチューニングを行います。また、必要に応じてシステム要件定義書や利用者マニュアルを更新し、監査の支援、納入可能なシステムの準備や、運用および保守に引き継ぐシステムの準備を行います。

4-6 導入・受入れ支援

4-6-1 導入

完成したシステムは、開発を行った環境から、実際に運用する環境に移行します。
新しいシステムに移行することで、既存のソフトウェアにエラーが発生するなどの予期しない不具合が発生することもあるため、システムを移行するときは次のような手順に従って行います。

1 新システムに移行するデータの決定

旧システムから新システムに移行するデータを決める。

2 データの移行方法の決定

移行するデータをそのまま利用するか、データ変換が必要になるかなどデータの移行方法（システム移行要件）を明確にする。

3 システム導入計画の作成

システムをインストールする手順やスケジュールなど、システムを導入する際の計画を作成する。

4 システムの導入

システム導入計画に従って、システムを導入する。

❶ システム導入計画の作成

システム導入計画では、次のような項目を明確にします。また、作成したシステム導入計画は、**「システム導入計画書」**として文書化します。

項目	説明
システムの実環境への導入	新システムの稼働に必要な環境整備（システム導入要件）や、導入や運用にかかる費用（システム導入可否判断基準）などを明確にする。
新システムの移行方法	常時稼働が求められる旧システムから、新システムへ移行するときの方法を明確にする。休日などに一度に移行を行うか、支店など部分ごとに移行を行うのかなどの方法がある。
データの保全	旧システムで使用していたデータを新システムへ移行するときに、データのバックアップ方法を明確にする。
業務への影響範囲	システムを導入することによる業務への影響範囲を明確にする。影響範囲に応じて、必要な対処を行うように計画する。

参考

インストール
ソフトウェアやハードウェアをコンピュータシステムに組み込むこと。

項　目	説　明
スケジュール	どのようなスケジュールでシステムを導入するのかを明確にする。
体制	どのような体制でシステムを導入するのかを明確にする。システム運用部門などが利用者のシステム導入を支援する場合は、支援体制を計画する。

❷ システムの導入

システム導入手順やシステム導入体制が整ったら、システム導入計画に従って、システムの導入作業を行います。なお、データベースなどのソフトウェア製品の実行環境を整備する場合は、製品元の提示する条件に従ってインストールや環境設定などの初期化を行います。
システムの導入は、一般的にシステム運用部門などが利用者を支援する形で行われます。システム導入の作業結果は、あとで事実を確認できるように文書化して残すようにします。

4-6-2 受入れ支援

利用者が外部の専門業者にシステム開発を委託した場合、委託先であるシステム開発部門は利用者にシステムを引き渡します。このときに、利用者はシステム開発部門からシステムの受入れを行います。
システム開発部門は、システムを納入（納品）し、利用者によるシステムの**「受入れテスト」**を支援します。さらに、利用者への教育訓練などの支援を行います。

❶ 受入れテストと納入

利用者は、受入れ基準や手順に従って受入れ体制を整え、システムを受け入れます。
「受入れテスト」とは、利用者の要求がすべて満たされているか、システムが正常に稼働するか、契約で示されたとおりにシステムが完成しているかどうかについて、システム開発部門と利用者が相互に確認するテストのことです。
受入れテストでは、運用環境において、システムが利用者や利害関係者の本来の要求を満たしているかどうか、システムを利用して業務が正しく行えるかどうか、つまり意図したとおりにシステムが利用できるかどうかもテストします。このテストのことを**「妥当性確認テスト」**といいます。
利用者は受入れテストの結果を文書化します。受入れテストに問題がなかった場合は、システム開発部門は利用者にシステムを納入し、利用者は**「検収」**を行います。検収とは、利用者がシステムをテストし、受け入れることです。
検収は、利用者の企業方針に従って、検収に必要とするチェック項目などの基準が設けられています。

❷ 教育訓練

システム開発部門は、利用者に対してシステム運用のための教育訓練や支援を提供します。一般的に支援の期間は、システム保守の契約内容や期間に依存します。利用者は、システム開発部門の支援を受けて、教育の体制を整備したり、教育訓練の計画や実施を行ったりします。

参考

利用者マニュアル
システムの利用方法が書かれた説明書のこと。システムを利用するための運用手順やコンピュータの操作方法、運用規程などが文書化されている。「利用者文書」ともいう。
一般的に、利用者マニュアルは教育・訓練の場で使われ、基本的な業務フローに合わせて操作教育が行われる。システムの稼働後は、業務内容に合わせて利用者マニュアルを確認しながら操作を習得することになる。

参考

チュートリアル
ソフトウェアなどの操作方法を覚えるための教材のこと。従来は、ソフトウェアの操作方法が書かれた説明書である「ソフトウェア利用文書」を利用することが多かったが、最近では、指示に従って進めていくだけで機能や操作を簡単にマスターできるチュートリアルが利用されることが多い。ソフトウェア利用文書を読むのが面倒だと感じている利用者に対して、そのソフトウェアに親しんでもらえるよう、わかりやすさを重視し、丁寧に説明しているチュートリアルが活用されている。

4-7 運用・保守

4-7-1 運用・保守

システムが導入され利用者がシステムを**「運用」**している段階で、システムの利用状況や稼働状況に問題があったり、バグなどが原因で不安定な動作があったりする場合は、システムの改善を行います。また、組織の変革や法律の改正、情報技術（IT）の進展に伴って、プログラムの追加や修正などが発生することがあります。このようなシステムの改善・修正などを**「保守」**といい、システムを継続的に運用するために必要な作業になります。

1 保守要件

システムを保守するときは、目的やサービスレベル、費用などを考慮したうえで、保守要件を決定します。
決定すべき保守要件には、次のようなものがあります。

項　目	説　明
保守の実現可能性	保守を実現する可能性を明確にする。どのような保守を実施し、どのような保守を実施しないかを明確にする。
保守手順	実施する保守について、手順を明確にする。
保守体制	実施する保守について、体制を明確にする。
保守テスト	回帰テストなどの保守時に行うテストのテストケースを明確にする。

2 回帰テスト

保守では、既存システムの安全性を維持しつつ、改善・修正を行う必要があります。
保守テストとして行う**「回帰テスト」**とは、発見されたソフトウェアのエラーを修正したり仕様を変更（機能を追加）したりしたときに、その変更がソフトウェアのほかの箇所に影響がないかどうかを検証するテストのことです。**「リグレッションテスト」**、**「退行テスト」**ともいいます。ソフトウェアのバグを修正したことによって、そのバグが取り除かれた代わりに新しいバグが発生していないかどうかを検証します。
大規模なシステム開発では、各部分のソフトウェアが複雑に関係しあっています。ソフトウェアのバグを修正したことで画面表示や帳票印刷の内容に悪影響を与えるケースなど、一見何の関係もない部分に影響して誤動作を引き起こすことがあるので注意が必要です。

参考

システムライフサイクル
システムの要件定義から設計、実装・構築、テスト、運用・保守、廃棄に至るまでの一連のプロセスのこと。システムライフサイクル内のうち保守にかかる費用は、全体の半分を超える場合も多い。

参考

IT
情報技術のこと。
「Information Technology」の略。

参考

ICT
情報通信技術のこと。
「Information and Communication Technology」の略。
「IT」と同じ意味で用いられるが、ネットワークに接続されることが一般的になり、「C」（Communication）を加えてICTという言葉がよく用いられる。

参考

リバースエンジニアリング
すでに完成しているソフトウェアコードを解析して、その仕組みや仕様などの情報を取り出すこと。ソフトウェア設計書などの文書が存在しない場合は、リバースエンジニアリングが有効になる。
→「4-8-1 1（4）リバースエンジニアリング」

❸ 保守の形態

システム保守の形態には、**「予防保守」**と**「是正保守」**があります。

(1) 予防保守

「予防保守」とは、実際に障害や問題が発生する前に、予防を目的として実施する保守のことです。
代表的な予防保守には、次のようなものがあります。

●日常点検

「日常点検」とは、日常的に実施するシステムの点検のことです。例えば、システムを実行したログなどを日常的にチェックして、システムのエラーやハードウェアの異常が発生していないかどうかを点検します。日常点検は遠隔保守と組み合わせて利用する場合があり、基本的にシステムを稼働した状態で実施します。

●定期保守

「定期保守」とは、月末や週末などのタイミングで定期的に実施する保守のことです。例えば、ハードウェアの消耗度合いなどを点検して、消耗が激しい場合などは部品を交換します。定期保守は、基本的にシステムを停止した状態で実施します。

(2) 是正保守

「是正保守」とは、実際に障害や問題が発生したあとに、是正を目的として実施する保守のことです。**「事後保守」**ともいいます。障害が発生した場合は、システムを正常時の運用に戻すために、緊急度の高い保守作業が求められます。
代表的な是正保守には、次のようなものがあります。

●緊急保守

「緊急保守」とは、緊急で実施する保守のことです。例えば、何らかの原因でシステムが停止してしまった場合に、緊急に原因調査をして、正常稼働するようにします。必要に応じて遠隔保守などを利用することを検討します。

●臨時保守

「臨時保守」とは、システム運用後、定期的ではなく臨時のタイミングで実施する保守のことです。例えば、システムの応答性能が悪いなど、正常時の動作と違う異常な状態が確認された場合に実施します。必要に応じて遠隔保守などを利用することを検討します。

❹ 保守の手順

システムの保守を行う手順は、次のとおりです。

1 保守の準備

前工程からシステムや設計書、利用者マニュアルなどを引き継ぎ、保守を行うときの手順(保守計画や修正手続き、保守文書作成のルールなど)を決定する。

参考

オンサイト保守
現地で保守作業を実施すること。企業内の保守スキルや体制などの事情によっては、オンサイト保守を検討する。

参考

遠隔保守
ネットワークを利用して遠隔地から操作して保守をすること。遠隔保守ができるように環境を設定しておくと、ハードウェアの設置場所が離れている場合に、遠隔地から効率的かつ早急に保守作業ができる。トラブル発生による緊急な保守が必要となった場合に、出張先や自宅から保守作業をしたという事例も多い。

参考

WOL
LANに接続された電源の入っていないコンピュータを、LAN経由でほかのコンピュータから電源を入れ、起動させる機能のこと。起動させるコンピュータは、電源、LANボード、マザーボードのすべてがWOLに対応していなければならない。WOLを利用してLANに接続されたコンピュータの電源を入れたあと、ネットワーク経由によるコンピュータの集中管理が可能となるので、遠隔地にある多くのコンピュータのソフトウェア保守が効率よく行えるようになる。「Wake On LAN」の略。

参考

ハードウェア保守
ハードウェアに異常が発生していないかどうか点検したり、ハードウェアに障害が発生したあとに修理したりする保守のこと。

参考

保守契約
システム開発を委託した外部の専門業者に、さらにシステムの保守を依頼する場合は、保守要件の定義に基づいた「保守契約」が必要になる。また、導入したミドルウェアなどのソフトウェアの販売元と保守契約を結ぶことで、トラブル対応の依頼や安価なバージョンアップなどが実施できるようになる。

参考

適応保守
運用環境の変化に順応するために実施する保守のこと。

参考

完全化保守
システムの性能や保守性を改善するために実施する保守のこと。

参考

特性要因分析
業務上問題となっている特性（結果）と要因（原因）の関係を、線で結んだ図で表して分析を行うこと。特性要因図を使って分析する。

参考

特性要因図
→「9-1-2 5（1）QC七つ道具」

参考

移行
→「6-1-3 11（3）構築・移行」

2 問題や改善要求の把握と分析、修正方法の計画

問題を検証（再現）したり、改善要求を把握・分析したりして、解決するための修正方法を計画する。修正するシステムや設計書、利用者マニュアルを決定する。

3 修正の実施

修正方法の計画に従って、機能修正や機能追加、性能改良などシステムの修正を実施する。また、必要に応じて設計書や利用者マニュアルを修正する。なお、システムを修正したあとは、ほかのソフトウェアに影響がないかどうか回帰テストを実施する。

4 保守レビュー

修正したシステムの動作確認や設計書、利用者マニュアルのレビューを行う。問題がなければ完了の承認を行う。

5 再発防止策の実施

今回発生した問題の原因や、今後同様の問題が発生する可能性を分析することで問題の再発防止を行う。この分析には「特性要因分析」などが用いられる。分析の結果、必要に応じてシステムの改善、設計書や利用者マニュアルの修正を行う。

6 移行の計画と実施

業務への影響などを考慮しながら移行するための手順を計画し、利用者に事前通知したうえで保守を行ったシステムに移行する。ただし、移行後しばらくの期間、問題発生時に旧システムに切り替えられるように新旧のシステムを並行運用しておくとよい。また、移行後しばらくの期間は、問題が発生していないかどうかシステムの検証や評価を行う。さらに、必要に応じて、利用者への教育訓練を行う。

4-7-2 廃棄

移行によって不要となったハードウェアやソフトウェアがある場合は、廃棄計画を立案し、利用者に事前に通知したうえで**「廃棄」**を行います。ただし、廃棄に伴う必要なデータを確実に移行したり、問題発生時に旧システム環境に切り替えられるように新旧のシステムを並行運用したりするなど、廃棄しても運用に支障がないようにする必要があります。

4-8 ソフトウェア開発管理技術

4-8-1 開発プロセス・手法

ソフトウェアを開発する場合は、システム全体の規模や処理内容に応じた開発プロセスや手法を選ぶ必要があります。

1 ソフトウェア開発手法

ソフトウェア開発手法には、様々な開発モデルや開発のライフサイクルなどがあります。

(1) ソフトウェア開発モデル

「ソフトウェア開発モデル」とは、高品質のソフトウェアを効率的に開発するために用いられるモデルのことです。
代表的なソフトウェア開発モデルには、次のようなものがあります。

●ウォーターフォールモデル

「ウォーターフォールモデル」とは、"滝が落ちる"という意味があり、システム開発を各工程に分割し、上流工程から下流工程へと各工程を後戻りしないで順番に進めていく開発モデルのことです。基本的に、前の工程が完了してから、次の工程に進みます。
ウォーターフォールモデルは、開発コストの見積りや要員管理などが比較的行いやすく、大規模な開発でよく使用されます。
ただし、システムの仕様変更やミスが発生した場合は、すでに完了した前工程にも影響が及ぶことがあり、修正の作業量が非常に多くなる傾向があります。

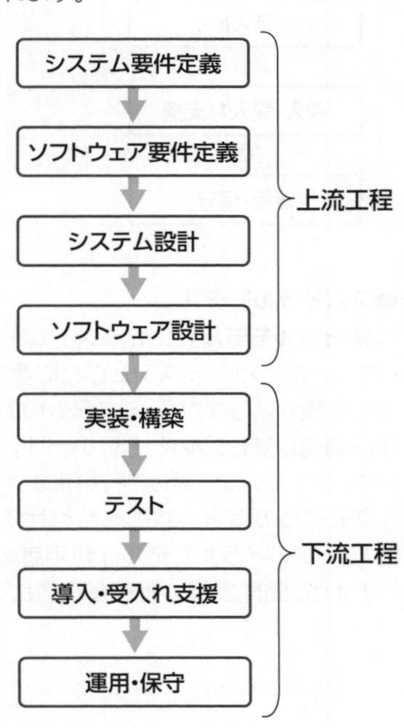

●プロトタイピングモデル

「プロトタイピングモデル」とは、システム開発の早い段階から**「プロトタイプ」**（システムの試作品）を作成して、利用者の確認を得ながら開発を進める開発モデルのことです。

ウォーターフォールモデルは、システムがある程度完成してから利用者の確認を得るのに対して、プロトタイピングモデルでは、プロトタイプを通して早い段階で利用者の確認を得ます。これによって、システムの誤解や認識の食い違いなどを早期に発見でき、利用者のシステムへの意識を高める効果があります。

ただし、利用者の参加が必要なため、スケジュール調整がうまくいかないことや、プロトタイプの作成と評価が繰り返されて、コストが増加してしまうこともあります。

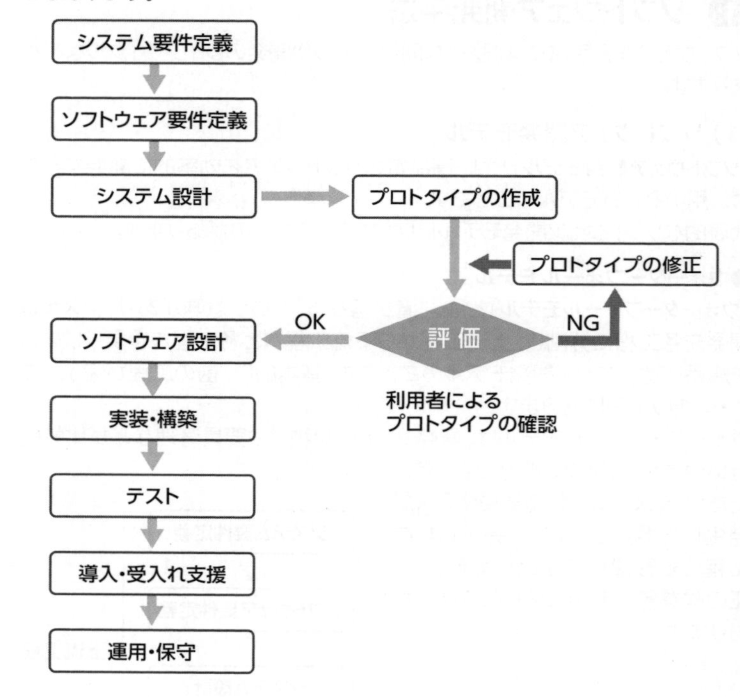

●スパイラルモデル

「スパイラルモデル」とは、システムをいくつかのソフトウェアシステムに分割して、ソフトウェアシステムごとに要件定義、設計、実装・構築、テストのサイクルを繰り返しながら、システムの完成度を高めていく開発モデルのことです。**「繰返し型モデル」**ともいいます。スパイラルモデルは、独立性の高いソフトウェアシステムに対して行います。ウォーターフォールモデルとプロトタイピングモデルの両方の特徴を合わせ持った開発モデルともいえます。

ただし、スパイラルモデルは利用者の要求を反映させやすく満足度は高くなりますが、開発工程の管理が複雑になる傾向があります。

参考

プロトタイプ

→「4-2-4 4 プロトタイプとモックアップ」

参考

進展的モデル

要件定義、設計、実装・構築、テストの一連の開発サイクルを繰り返しながら、システムの完成度を高めていく開発モデルのこと。バージョンアップをするような形で、完成度を高めていく。利用者の要求を反映させやすく利用者の満足度は高くなるが、開発工程の管理が複雑になる傾向がある。「進化的モデル」ともいう。
英語では「Evolutionary Model」の意味。

参考

インクリメンタルモデル（Incremental Model）

システムをいくつかのソフトウェアシステムに分割して、ソフトウェアシステムごとに要件定義、設計、実装・構築、テストのサイクルを繰り返しながら、システムの完成度を段階的に高めていく開発モデルのこと。スパイラルモデルと異なる点は、ソフトウェアシステム内で機能を段階的に作成し、上乗せしていくところである。「段階的モデル」ともいう。

参考

RAD（ラド）

開発するシステムをいくつかのソフトウェアシステムごとに分割し、優先度の高いものから開発を進めること。
高機能なソフトウェア開発ツールを用いて短期間に低コストでシステムを開発することを目的とする。スパイラルモデルで利用されることが多い。
「Rapid Application Development」の略。

参考

ソフトウェアプロダクトライン

共通に利用するソフトウェアの一部分をコア資産（部品）としてあらかじめ開発しておき、新規でソフトウェアを開発するときにそのコア資産を組み合わせて効率的に開発を進める手法のこと。新規でソフトウェアを開発し、コア資産の利用頻度が高い場合に有効である。

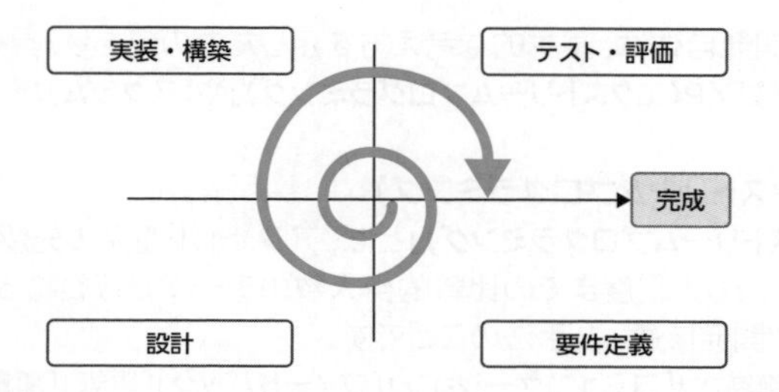

(2) アジャイル

「アジャイル」には、“俊敏な”という意味があります。ビジネス環境が比較的安定していた時代であれば、中長期計画に基づき、仕様を精緻に固め、信頼性・安定性の高いシステムを開発するウォーターフォールモデルのような手法は有効でした。しかし、現在、ビジネス環境はますます不確実性が高くなり、絶えず変化する状況です。さらに、ビジネスとITは切り離して考えることができない状況になっています。そのような中で広がってきたのが**「アジャイル開発」**です。
アジャイル開発とは、システムをより早く、仕様変更に柔軟に対応し、効率よく開発する手法のことです。**「アジャイルソフトウェア開発」**、単に**「アジャイル」**ともいいます。
アジャイル開発では、まず開発期間を1～2週間といった非常に短い期間に区切り、開発するシステムを小さな機能に分割します。この短い作業期間の単位を**「イテレーション(イテレータ)」**といい、イテレーションの単位ごとに、開発サイクルを一通り行って1つずつ機能を完成させます。この単位ごとに、課題についての**「ふりかえり(レトロスペクティブ)」**を行って進めることも重要です。
また、1つの機能の完成のたびにユーザーからのフィードバックを得ていくため、リスクの最小化にもつながります。そして、このようなイテレーションを繰り返すことで、段階的にシステム全体を作成します。なお、アジャイル開発では、システムをより早く、仕様変更に柔軟に対応できるようにするため、詳細な設計書の作成には手間をかけないようにします。

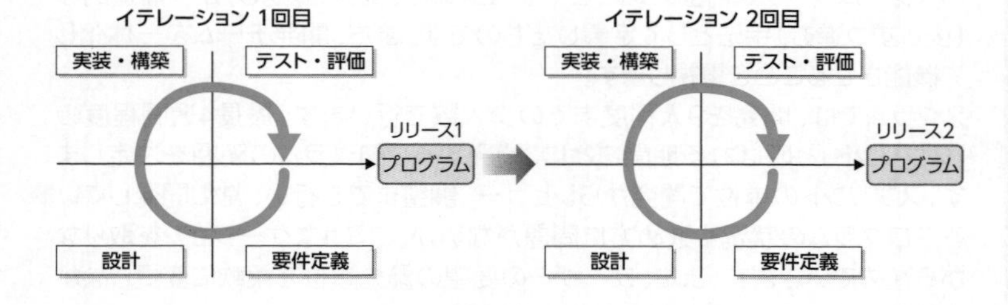

参考

アジャイルソフトウェア開発宣言
アジャイルソフトウェア開発をする際に、心に留めておくべき心構えのこと。従来型のソフトウェア開発のやり方とは異なる手法を実践していた17名のソフトウェア開発者が、それぞれの主義や手法について議論を行い、2001年に公開された。次のような心構えがある。

- プロセスやツールよりも、個人と対話に価値をおく。
- 包括的なドキュメントよりも、動くソフトウェアに価値をおく。
- 契約交渉よりも、顧客との協調に価値をおく。
- 計画に従うことよりも、変化への対応に価値をおく。

参考

アジャイルソフトウェアの12の原則
アジャイルソフトウェア開発をする際に、どのような行動をとるべきかを示したもの。アジャイルソフトウェア開発宣言と同時に、2001年に公開された。次のような12の原則がある。

原則	説　明
1	顧客満足を最優先し、価値のあるソフトウェアを早く継続的に提供する。
2	要求の変更はたとえ開発の後期であっても歓迎する。変化を味方につけることによって、顧客の競争力を引き上げる。
3	動くソフトウェアを、2～3週間から2～3か月というできるだけ短い時間間隔でリリースする。
4	ビジネス側の人と開発者は、プロジェクトを通して日々一緒に働かなければならない。
5	意欲に満ちた人々を集めてプロジェクトを構成する。環境と支援を与え仕事が無事終わるまで彼らを信頼する。
6	情報を伝える最も効率的で効果的な方法はフェイス・トゥ・フェイスで話をする。
7	動くソフトウェアこそが進捗の最も重要な尺度である。
8	アジャイル・プロセスは持続可能な開発を促進する。一定のペースを継続的に維持できるようにしなければならない。
9	技術的卓越性と優れた設計に対する不断の注意が、機敏さを高める。
10	シンプルさ(ムダなく作れる量を最大限にすること)が本質である。
11	最良のアーキテクチャ・要求・設計は、自己組織的なチームから生み出される。
12	チームがもっと効率を高めることができるかを定期的に振り返り、それに基づいて自分たちのやり方を最適に調整する。

アジャイル開発自体は、基本的な考え方を示したものであり、具体的な開発手法としては**「XP(エクストリームプログラミング)」**や**「スクラム」**があります。

●XP(エクストリームプログラミング)

「XP(エクストリームプログラミング)」とは、アジャイル開発の先駆けとなった手法であり、10人程度までの比較的少人数のチームで行われる、小規模のソフトウェア開発に適した手法のことです。
XPでは、**「単純さ」「コミュニケーション」「フィードバック」「勇気」「尊重」**などを重視する価値として提唱しています。特徴としては、設計よりもコーディングやテストを重視し、常にチームメンバやユーザーのフィードバックを得ながら、修正や設計変更を行っていく点が挙げられます。また、XPには、**「プラクティス」**と呼ばれる実践的な技法が定義されています。
主なプラクティスには、次のようなものがあります。

名　称	説　明
ペアプログラミング	2人のプログラマがペアとなり、共同で1つのプログラムを開発する。2人のプログラマは相互に役割を交替し、チェックし合うことで、コミュニケーションを円滑にし、プログラムの品質向上を図る。
テスト駆動開発	プログラムの開発に先立ってテストケースを記述し、そのテストケースをクリアすることを目標としてプログラムを開発する。
リファクタリング	外部からソフトウェアを呼び出す方法を変更せずに、ソフトウェアの中身(ソフトウェアコード)を変更することでソフトウェアを改善する。
継続的インテグレーション	ソフトウェアコードの結合とテストを継続的に繰り返すことで、プログラムの課題を早期に発見する。「CI」ともいう。CIは、「Continuous Integration」の略。

●スクラム

「スクラム」とは、アジャイル開発の手法のひとつであり、ラグビーのスクラムから名付けられた、複雑で変化の激しい問題に対応するためのシステム開発のフレームワーク(枠組み)のことです。これは反復的(繰返し)かつ漸進的な(少しずつ進む)手法として定義したものです。また、開発チームを一体化して機能させることを重視します。
スクラムでは、開発を9人程度までの少人数で行います。最長4週間程度の**「スプリント」**と呼ばれる期間ごとに、開発するプログラムの範囲を決定します。スプリントの単位で開発からレビュー、調整までを行い、常に開発しているプログラムの状況や進め方に問題がないか、コミュニケーションを取りながら進めていきます。また、ユーザーの要望の優先順位を柔軟に変更しながら開発を進めていくことも、スクラムの特徴といえます。
スプリントが終わって、次のスプリントが始まる前には、**「スプリントレトロスペクティブ」**を実施します。スプリントレトロスペクティブとは、スプリントを振り返る機会のことです。今回のスプリントの状況や課題を開発チーム内で情報共有し、次のスプリント計画(スプリントプランニング)に活かす機会になります。また、この機会がチーム内の学習や改善の活動にもなります。
なお、スクラムでは、スプリントの単位で期間を固定し、繰り返して開発を行うため、予定されている機能が完成できなくても期間(スプリント)は延長されることはありません。

参考

XP
「eXtreme Programming」の略。

参考

ユーザーストーリー
ユーザーが実現したいことや、ユーザーにとって価値のあることを簡潔に表現した文章のこと。
ユーザーストーリーを整理することで、顧客満足を最優先し、顧客との協調に価値をおくことができる。

参考

テストケース
テストするパターンを想定したテスト項目や条件のこと。

参考

DevOps
開発(Development)と運用(Operations)を組み合わせて作られた用語であり、ビジネスのスピードを止めないことを目的に、情報システムの開発チームと運用チームが密接に連携し、開発から本番移行・運用までを進めていくこと。
アジャイル開発に通じる考え方であり、開発チームと運用チームが連携し、完成したソフトウェアを速やかにリリースし続けるためには、DevOpsの考え方に則った組織体制とすることが求められる。

(3) ソフトウェア再利用

ソフトウェアを開発するときは、あとからソフトウェアを構成する部品が再利用されるという前提に立って、設計や作成に取り組む必要があります。信頼性の高いソフトウェア部品が存在する場合は、それらを組み合わせてソフトウェアを開発できるため、開発生産性や品質を向上させることができます。

ソフトウェアを再利用しやすくするためには、モジュールの独立性が高く、カスタマイズがしやすくなるようにソフトウェア部品を標準化します。そのためには、わかりやすいソフトウェアコードを作成したり、テストを徹底して実施したり、ソフトウェア部品の利用者マニュアルをしっかり作成したりします。

(4) リバースエンジニアリング

「リバースエンジニアリング」とは、すでに完成しているソフトウェアコードを解析して、その仕組みや仕様などの情報を取り出すことです。反対に、仕組みや仕様を明確にしたうえでソフトウェアコードを作成することを**「フォワードエンジニアリング」**といいます。

システムの保守を確実に行うには、ソフトウェア設計書などの文書が必要ですが、ソフトウェア設計書などの文書が存在しない場合はリバースエンジニアリングが有効です。そのほかにも、モジュール間の関係の解明など、既存ソフトウェアとの互換性を保つために利用されることもあります。

また、リバースエンジニアリングを実施して、元のソフトウェアの著作権者に許可なくソフトウェアを開発したり販売したりすると、知的財産権を侵害する可能性があります。利用許諾契約によっては、リバースエンジニアリングを禁止している場合もあるので注意が必要です。

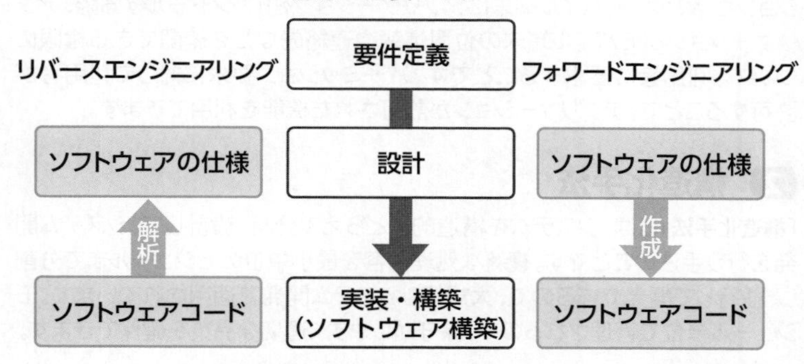

また、ソフトウェアを開発する方法に**「リエンジニアリング」**があります。リエンジニアリングとは、まずリバースエンジニアリングを行って既存システムを解析したうえで設計情報を復元し、そのあとにフォワードエンジニアリングを行って、設計情報をもとにした新しい仕様を盛り込んでソフトウェアを開発することです。

(5) マッシュアップ

「マッシュアップ」とは、複数の提供元によるAPIやWeb上で提供されるサービスなどを組み合わせることで、新しいサービスを構築する手法のことです。

APIはWebサービスとして公開されており、複数のAPIを組み合わせることで新しいサービスを構築できます。ただし、品質面は提供元のAPIの品質に依存するため、サービスの利用期間を確認したり、サービスの内容に変更がないかどうかなどに注意したりする必要があります。

マッシュアップは、Web2.0に関連する技術のひとつとして注目されています。

参考

ソフトウェアパッケージの活用

ソフトウェアパッケージには、ある特定の業務機能がシステム化されている。利用者のニーズにあったソフトウェアパッケージを活用すると、開発コストの削減やソフトウェア品質が期待できる。

参考

コールグラフ

あるソフトウェアから別のソフトウェアに対する呼び出し(コール)の依存関係を表したグラフのこと。リバースエンジニアリングを実施して、ソフトウェアの仕様を明確にするのに有効な情報となる。

参考

API

→「2-3-2 ミドルウェア」

参考

Web2.0

従来からインターネット上で提供されてきたサービスや技術とは異なり、新しい発想によるインターネット上のサービスや技術の総称のこと。2.0というのは、インターネットの大幅なバージョンアップを表している。

従来では、インターネットで行われるサービスは製作者が作ったWebサイト内で完結していたが、Web2.0ではインターネット上で公開されたAPIを組み合わせることで新しいサービスを構築する。Web2.0で行われるサービスにはSaaSやSOAなどがある。

参考

User-Agent

WebブラウザからWebページにアクセスする際に、クライアントからWebサーバに通知されるクライアント側の情報、またはその仕組みのこと。

例えば、クライアントからWebブラウザの種類やバージョンなどの情報がWebサーバに通知されることで、Webサーバではその情報をもとに判別し、クライアントに最適な実行結果を返すことができる。

(6) モバイルアプリケーションソフトウェア開発

スマートフォンやタブレット端末などの携帯端末の急速な普及に伴い、持ち運びできるコンピュータで動作するように設計されたアプリケーションを開発する**「モバイルアプリケーションソフトウェア開発」**のニーズが高まっています。持ち運びできるコンピュータのことを**「モバイル端末」**といいます。
モバイルアプリケーションソフトウェアの種類には、次のようなものがあります。

種　類	説　明
ネイティブアプリケーションソフトウェア	モバイル端末にインストールする形態のアプリケーションのこと。OSごとにアプリケーションがあり、利用者がモバイル端末にインストールして利用する。
モバイル用Webアプリケーションソフトウェア	外部にモバイル用のWebサービスを作成し、そこにWebブラウザからアクセスして利用する形態のアプリケーションのこと。インターネット経由でアプリケーションを利用するので、ネットワーク環境が必須である。
ハイブリッドアプリケーションソフトウェア	アプリケーション自体はモバイル端末にインストールするネイティブアプリケーションソフトウェアであるが、データの送受信において、モバイル用Webアプリケーションソフトウェアと同様にネットワーク環境を必要とするアプリケーションのこと。

モバイルアプリケーションソフトウェアを利用者がインストールできる状態にするためには、通常審査が必要であり、その審査を通過してはじめて利用者に配布できるようになります。
また、利用者がモバイルアプリケーションソフトウェアを利用する際は、**「パーミッション要求」**などがあるので、留意して利用するようにします。パーミッション要求とは、モバイル端末にアプリケーションをインストールする際、アプリケーションがモバイル端末の位置情報や連絡先などを確認できる権限について、利用者に要求することです。パーミッション要求に対して利用者が許可することで、アプリケーションが許可された機能を利用できます。

参考
アプリケーションソフトウェア審査
アプリケーションを利用者に配布するにあたり、それらが信頼できること、期待どおりに動作すること、不快な表現が含まれていないことなどを審査すること。
例えば、iOS対応のアプリケーションの場合、「App Store審査ガイドライン」(App Store Review Guidelines)で審査基準を定めている。

参考
アプリケーションソフトウェア配布
審査を通過したアプリケーションを、アプリケーションストアを通じて配布すること。アプリケーションストアには、Android対応の「Google Play」や、iOS対応の「App Store」などがある。無料で配布されるアプリケーションと有料で配布されるアプリケーションがある。

2 構造化手法

「構造化手法」とは、システムを構造的にとらえて分析、設計して、システム開発を行う手法のことです。複雑な処理内容を最小単位のモジュールまで分割し、並行して開発できるので、大規模なシステム開発で適用されています。モジュール単位で管理されるので、保守がしやすく適切な品質を確保できます。

参考
構造化設計
→「4-3-4 2 構造化設計」

3 形式手法

「形式手法」とは、ある厳密的な規則に従ってシステムの仕様を記述する手法のことです。**「Formal Method」**ともいいます。
システムの仕様を、日本語や英語などの自然言語で記述すると、表現の仕方によって複数の解釈が生まれやすくなるために、ソフトウェアの品質が低下します。しかし、形式手法では、**「形式仕様記述言語」**を使って規則どおりに厳密的に記述することで、ソフトウェアの品質を高めることができます。
代表的な形式手法には、**「VDM」**などがあります。VDMでは、**「VDM-SL」**と**「VDM++」**という2つの形式仕様記述言語を持っています。

参考
形式仕様記述言語
形式手法に従って、システム仕様を記述するために用いられる言語のこと。

参考
VDM
「Vienna Development Method」の略。

参考
VDMTools
VDMの開発支援ツールのこと。

❹ 開発プロセス

開発プロセスでは、設計された計画どおりの期間、品質でソフトウェアが開発されることを目的としています。その目的を達成するために、次のようなものが利用できます。

(1) ソフトウェアライフサイクルプロセス

「ソフトウェアライフサイクルプロセス」とは、ソフトウェアを中心としたソフトウェア開発と取引のための共通フレームのことです。**「SLCP」**ともいいます。

「共通フレーム」とは、ソフトウェア開発において、要件定義、設計、実装・構築、テスト、運用・保守までの作業内容を標準化し、用語などを統一した共通の枠組み(フレーム)のことです。システム開発部門と利用者で共通の枠組みを持つことで、お互いの役割、業務範囲、作業内容、責任の範囲など取引内容を明確にし、誤解やトラブルが起きないように、双方が共通認識を持てるようになります。

ISO/IECが標準化した国際規格**「ISO/IEC 12207(JIS X 0160)」**をもとに、日本的な商取引やソフトウェア産業界の特徴を加味して、日本では**「SLCP-JCF98(共通フレーム98)」**として策定されています。2007年9月にSLCP-JCF98の内容を強化・拡張した**「SLCP-JCF2007(共通フレーム2007)」**が発表され、さらに2013年3月にはSLCP-JCF2007の内容を強化・拡張した**「SLCP-JCF2013(共通フレーム2013)」**が発表されています。最近では、**「JIS X 0160:2021」**に引き継がれています。

(2) プロセス成熟度

「プロセス成熟度」とは、システムの開発と保守の工程を評価したり、改善したりするための指標のことです。プロセス成熟度によって、組織としてのソフトウェアの開発能力を客観的に評価できます。プロセス成熟度をモデル化したものには、**「CMMI」**があります。

CMMIでは、プロセス成熟度を5段階のレベルで定義しています。

レベル	プロセス成熟度	説　明
1	初期の状態	システム開発の開発ルールが定義されておらず、個人のスキルに依存している状態。
2	管理された状態	システムの開発ルールが組織の経験則として存在し、管理されている状態。
3	定義された状態	システムの開発ルールが組織で定義されており、安定して一定の水準のシステムが開発できる状態。
4	定量的に管理された状態	レベル3に加えて、さらに一定の基準で数値化して評価できるようになっている状態。
5	最適化している状態	レベル4に加えて、組織として継続的に工程の改善に取り組んでいる状態。

参考

SLCP
「Software Life Cycle Process」の略。

参考

SLCP-JCF98
「SLCP-Japan Common Frame 1998」の略。

参考

SLCP-JCF2007
「SLCP-Japan Common Frame 2007」の略。

参考

SLCP-JCF2013
「SLCP-Japan Common Frame 2013」の略。

参考

CMMI
「Capability Maturity Model Integration」の略。
日本語では「能力成熟度モデル統合」の意味。

4-8-2 開発環境の管理

システムの設計が完了したら、実際に開発工程に入って、ソフトウェアコードの作成やテストを実施します。開発工程以降では、ソフトウェアの開発環境を構築して開発を行い、ソフトウェアの開発環境を管理します。

❶ 開発環境の構築

効率的に開発を行うためには、開発用のハードウェアやソフトウェア、ネットワークなど、開発要件に従って適切な開発環境を準備します。開発環境は、基本的にシステム設計で定義したハードウェア構成やソフトウェア構成などの内容に基づいて、構築します。
開発環境の構築にあたって、自社が権利を所有しないソフトウェアを利用する場合は、ソフトウェアの販売者から**「ソフトウェアライセンス」**を受けている必要があります。また、利用者のデータなど個人情報の取扱いや不正アクセスがされないようにするなど、セキュリティにも考慮するようにします。開発環境を準備するときには、必要に応じて開発支援ツールも用意します。

参考

ソフトウェアライセンス
ソフトウェアの使用許諾のこと。使用許諾の範囲を超えて、ソフトウェアをコピーしたり加工したりすることはできない。

参考

開発支援ツール
→「2-3-3 開発支援ツール」

❷ 開発環境の管理対象

開発環境の管理対象には、稼働状況、設計データ、ツール、ライセンスなどがあります。

(1) 稼働状況の管理

開発環境を構築したあとは、コンピュータ資源の稼働状況を適切に把握し、管理することが必要です。システムを運用・保守する工程に入ってシステムの運用管理を行う場合は、稼働状況などコンピュータ資源を管理することで、性能の劣化を発見して対処したり、障害を未然に防いだりすることができます。

(2) 設計データの管理

様々な設計データは、更新履歴やバージョンを管理し、プロジェクトでの共有管理、安全管理などを行う必要があります。また、企業機密や個人情報が含まれている設計データは、誰がいつ何の目的で利用したのか、不適切な持出しや改ざんがないかなど、厳重に管理する必要があります。なお、設計データは、アクセス権管理を行ったうえで、関係者が必要なときにいつでも検索して利用できるようにしておくと便利です。

(3) ツールの管理

多数の人が開発に携わる場合、開発に利用するツールの管理を行う必要があります。ツールのバージョンが異なると、作成したソフトウェアの互換性の問題が生じる可能性があるため、ツールのバージョン管理も重要です。
また、ツールに起因するバグやセキュリティホールの発生など、ツールの選択によって開発対象のソフトウェアの信頼性に影響を及ぼす可能性があります。

(4) ライセンスの管理

ソフトウェアの不正コピーなど、ライセンスの契約に違反した利用はソフトウェアの不正利用にあたり、違法行為として法的処罰の対象となります。ソフトウェア管理者は、ライセンスの契約内容を理解する必要があります。
また、特に多くの人が開発に携わる場合は、ライセンスの運用ルールの徹底が必要です。定期的にインストール数と保有ライセンス数を照合するなど、ライセンスの運用が正しく行われているかどうか棚卸をして確認することも重要です。
なお、同じソフトウェアの場合でも、バージョンが異なるとライセンスの考え方が異なることがあるため、各ソフトウェアのバージョンに対するライセンスの管理も行うようにします。

参考

ライセンス
→「9-2-1 4 (3) ライセンス契約」

4-8-3 構成管理・変更管理

システムは、資産の増大とともに管理が複雑になります。システムの運用・保守の段階に入ったあとにソフトウェアの変更が発生すると、バージョン管理が複雑になっていきます。また、正常に動作するソフトウェア製品との組合せ条件なども管理しておかなければなりません。このような問題を解決するためには、**「構成管理」**や**「変更管理」**を行います。

1 構成管理

ソフトウェアに対して構成管理を行うことを**「ソフトウェア構成管理(SCM)」**、ソフトウェア構成管理で管理するソフトウェア資源や関連ドキュメント、ライセンスなどのことを**「ソフトウェア構成品目(SCI)」**といいます。
ソフトウェア構成管理では、各ソフトウェア構成品目がどのような組合せで構成されているかを体系化したうえで構成管理計画を立て、担当者やスケジュールなどを決定します。
また、ソフトウェアライフサイクルプロセスでは、設計から保守で実施する作業が標準化されています。これによって、利用者は保守作業の業務範囲や作業内容などを明確にできます。

2 変更管理

ソフトウェアの変更管理では、ソフトウェアを変更する際のルールを定義したうえで、変更要求を受理、検討、承認、変更作業の実施、確認という一連の作業を行います。
また、変更した情報は、構成管理によって把握できるようにします。

(1) 構成状況の記録

ソフトウェア構成品目に変更が発生した場合は、次の内容を文書化するようにします。

名　称	説　明
変更履歴	変更対象や、追加・削除などの変更種別、変更担当者、変更内容などを記録する。
構成情報	ソフトウェアの最新バージョンや構成、ソフトウェアの変更回数などを記録する。

(2) 品目の完全性保証

ソフトウェアの変更を行った場合、ソフトウェア構成品目の完全性(一貫性や正確性など)を保証する必要があります。ソフトウェア構成品目の完全性を保証することは、ソフトウェアの変更を実施したあとに、ソフトウェアが正常に動作することにつながります。

(3) リリース管理と出荷

ソフトウェア構成品目の完全性が保証されたあとは、ソフトウェアや関連ドキュメントのバージョン管理、新しい版の出荷などの手続きを行います。また、変更前のソフトウェアコードや関連ドキュメントについては、少なくとも変更後のソフトウェアの稼働期間は、保守の発生時に備えて保管しておくようにします。

参考

構成管理
→「6-1-3 3 構成管理」

参考

SCM
「Software Configuration Management」の略。

参考

SCI
「Software Configuration Item」の略。

参考

ソフトウェアライフサイクルプロセス
→「4-8-1 4 (1) ソフトウェアライフサイクルプロセス」

参考

変更管理
→「6-1-3 10 変更管理」

4-9 章末問題

※解答は巻末にある別冊「章末問題 解答と解説」P.19に記載しています。

問題4-1

図は、構造化分析法で用いられるDFDの例である。図中の“○”が表しているものはどれか。

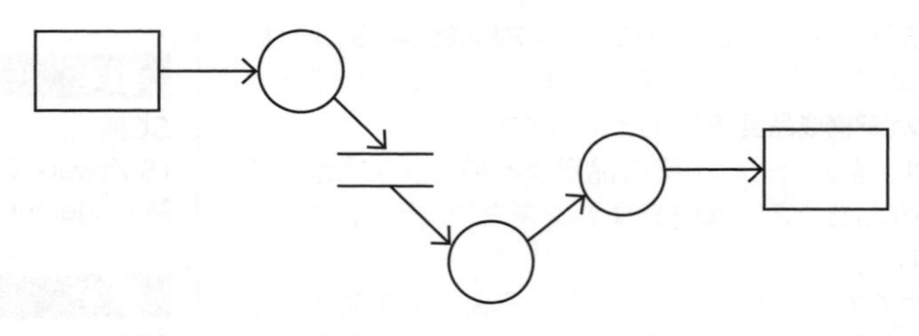

ア　アクティビティ　　　イ　データストア
ウ　データフロー　　　　エ　プロセス

令和元年秋期　問45

問題4-2

プロトタイプを1回作成するごとに未確定な仕様の50%が確定するとき、プロトタイプ開始時点で未確定だった仕様の90%以上を確定させるには、プロトタイプを何回作成する必要があるか。

ア　1　　　イ　2　　　ウ　3　　　エ　4

平成22年春期　問50

問題4-3

モジュール結合度が最も弱くなるものはどれか。

ア　一つのモジュールで、できるだけ多くの機能を実現する。
イ　二つのモジュール間で必要なデータ項目だけを引数として渡す。
ウ　他のモジュールとデータ項目を共有するためにグローバルな領域を使用する。
エ　他のモジュールを呼び出すときに、呼び出したモジュールの論理を制御するための引数を渡す。

令和元年秋期　問46

問題4-4

オブジェクト指向の基本概念の組合せとして、適切なものはどれか。

ア　仮想化、構造化、投影、クラス
イ　具体化、構造化、連続、クラス
ウ　正規化、カプセル化、分割、クラス
エ　抽象化、カプセル化、継承、クラス

平成29年春期　問48

問題4-5

オブジェクト指向に基づく開発では、オブジェクトの内部構造が変更されても利用者がその影響を受けないようにすることができ、それによってオブジェクトの利用者がオブジェクトの内部構造を知らなくてもよいようにすることができる。これを実現するための概念を表す用語はどれか。

ア　カプセル化
イ　クラス化
ウ　構造化
エ　モジュール化

平成26年春期　問47

問題4-6

UMLにおける振る舞い図の説明のうち、アクティビティ図のものはどれか。

ア　ある振る舞いから次の振る舞いへの制御の流れを表現する。
イ　オブジェクト間の相互作用を時系列で表現する。
ウ　システムが外部に提供する機能と、それを利用する者や外部システムとの関係を表現する。
エ　一つのオブジェクトの状態がイベントの発生や時間の経過とともにどのように変化するかを表現する。

平成31年春期　問46

問題4-7

UMLを用いて表した図のデータモデルの多重度の説明のうち、適切なものはどれか。

組織 1 ―― 1..* 社員

ア　社員が1人も所属しない組織は存在しない。
イ　社員は必ずしも組織に所属しなくてもよい。
ウ　社員は複数の組織に所属することができる。
エ　一つの組織に複数の社員は所属できない。

平成23年特別　問29

問題4-8

ブラックボックステストにおけるテストケースの設計方法として、適切なものはどれか。

ア　プログラム仕様書の作成又はコーディングが終了した段階で、仕様書やソースリストを参照して、テストケースを設計する。
イ　プログラムの機能仕様やインタフェースの仕様に基づいて、テストケースを設計する。
ウ　プログラムの処理手順や内部構造に基づいて、テストケースを設計する。
エ　プログラムの全ての条件判定で、真と偽をそれぞれ1回以上実行させることを基準に、テストケースを設計する。

平成26年春期　問49

問題4-9

階層構造のモジュール群から成るソフトウェアの結合テストを、上位のモジュールから行う。この場合に使用する、下位モジュールの代替となるテスト用のモジュールはどれか。

ア　エミュレーター
イ　シミュレーター
ウ　スタブ
エ　ドライバ

平成28年秋期　問49

問題4-10

ソフトウェアのテストの種類のうち、ソフトウェア保守のために行った変更によって、影響を受けないはずの箇所に影響を及ぼしていないかどうかを確認する目的で行うものはどれか。

ア　運用テスト
イ　結合テスト
ウ　システムテスト
エ　リグレッションテスト

平成26年秋期　問49

問題4-11

XP（eXtreme Programming）において、プラクティスとして提唱されているものはどれか。

ア　インスペクション
イ　構造化設計
ウ　ペアプログラミング
エ　ユースケースの活用

令和元年秋期　問50

問題4-12

ソフトウェア開発の活動のうち、アジャイル開発においても重視されているリファクタリングはどれか。

ア　ソフトウェアの品質を高めるために、2人のプログラマが協力して、一つのプログラムをコーディングする。
イ　ソフトウェアの保守性を高めるために、外部仕様を変更することなく、プログラムの内部構造を変更する。
ウ　動作するソフトウェアを迅速に開発するために、テストケースを先に設定してから、プログラムをコーディングする。
エ　利用者からのフィードバックを得るために、提供予定のソフトウェアの試作品を早期に作成する。

平成29年春期　問50

問題4-13

プログラムからUMLのクラス図を生成することを何と呼ぶか。

ア　バックトラッキング
イ　フォワードエンジニアリング
ウ　リエンジニアリング
エ　リバースエンジニアリング

平成26年秋期　問50

マネジメント系

Fundamental Information Technology Engineer Examination

第5章

プロジェクトマネジメント

プロジェクトマネジメントの目的や考え方、プロセスや知識エリアのそれぞれの役割や機能などについて解説します。

5-1 プロジェクトマネジメント

5-1-1 プロジェクトマネジメントの目的と考え方

新しい情報システムやサービスを開発する際には、**「ステークホルダ」**と呼ばれる関係者が明確な目的意識を持ち、一丸となって計画を遂行することが重要です。一般的に、**「プロジェクト組織」**を編成し、プロジェクトの進捗やコスト、品質、人員などを管理しながら組織的にプロジェクトを進めることで、効率的に計画を遂行できます。

❶ プロジェクト

「プロジェクト」とは、一定期間内に特定の目的や目標を達成するために行う活動のことです。プロジェクトの主な特徴は、次のとおりです。

- **目的や目標の達成に向けた一連の活動である。**
- **「始まり」と「終わり」のある期限付きの活動である。**
- **明確な目的や目標が存在する。**
- **プロジェクトのための組織を編成する。**
- **様々な分野から専門知識や豊富な経験を持つ人が集まる。**
- **繰返しのない非日常的な業務を行う。**
- **決められた経営資源を使って活動する。**
- **目的の達成後は解散する。**

プロジェクトは、日常的に繰り返される作業とは異なり、新しい情報システムや独自のサービスを開発するといった非日常的な活動です。このような特定の目的を一定期間内に確実に達成するためには、決められた経営資源（ヒト・モノ・カネ・情報）を効率よく使い、円滑にプロジェクトを推進する必要があります。

❷ プロジェクトマネジメント

「プロジェクトマネジメント」とは、プロジェクトの要求事項を満たすために、知識やツール、技法、コンピテンシー（行動特性）などをプロジェクトに適用することです。プロジェクトマネジメントによって、プロジェクトの立上げから終結に至るまで、各工程で発生する作業をより円滑に遂行することを目指します。

❸ PMBOK

「PMBOK（ピンボック）」とは、1969年に設立された米国のプロジェクトマネジメント協会（PMI）が、プロジェクトマネジメントに必要な知識を体系化したものです。プロジェクトマネジメントの**「デファクトスタンダード」**や世界標準ともいわれるように、PMBOKに記載されている内容は、業界に関係なく、あらゆるプロジェクトで利用できます。

参考

ステークホルダ

プロジェクトマネジメントでいう「ステークホルダ」とは、プロジェクトの発足によって様々な影響や利害を受ける人のこと。

プロジェクトには、利用者（顧客）、プロジェクトマネージャ、プロジェクトメンバ、プロジェクトスポンサーなどの複数のステークホルダが関与する。

参考

プロジェクトのプロセスの種類

プロジェクトを進めるための一連の工程（プロセス）には、次のような3つの種類がある。これらは、プロジェクトを進めるうえで相互に影響し合う。

種類	説明
プロジェクトマネジメントのプロセス	プロジェクトの立上げから完了に至るまでを管理するプロセスのこと。プロジェクトマネジメント（PMBOKなど）の手順は、プロジェクトマネジメントプロセスに相当する。
引渡しのプロセス	プロジェクトで作成する完成物に着目したプロセスのこと。システム開発を行う手順は、引渡しのプロセスに相当する。「成果物指向プロセス」ともいう。
支援のプロセス	プロジェクトで発生する作業を支援するプロセスのこと。

参考

プロジェクトライフサイクル

プロジェクトの開始から、計画、実行、終結までのサイクルのこと。プロジェクトライフサイクルの特性としては、初期のフェーズではリスクが高く、プロジェクトが進むにつれ徐々にリスクが減り、リスクが最小になるとプロジェクトが終結する。

参考

PMBOK

「Project Management Body Of Knowledge」の略。

日本語では「プロジェクトマネジメント知識体系」の意味。

PMBOKは、国家規格である**「JIS Q 21500」**、および国際規格である**「ISO 21500」**に準拠しています。なお、2020年11月現在のPMBOKの最新バージョンは、2017年に発表された第6版です。

(1) プロジェクトマネジメントの5つのプロセス群

プロジェクトにおいては、目的や目標を達成するための様々な工程(プロセス)が発生します。PMBOKでは、これらを次の5つのプロセス群に分類しています。

プロセス群	説　明
立上げプロセス群	プロジェクトの目的や目標、予算、成果物などを定義し、プロジェクトを認可する。
計画プロセス群	目的や目標を達成するための計画を作成する。
実行プロセス群	決められた計画に基づいて作業を実行する。
監視・コントロールプロセス群	計画と実行の差異について継続的な監視を行い、検出された差異に対して是正措置を講じる。
終結プロセス群	成果物の受入れを確認し、公式にプロジェクトの終結を承認する。

(2) プロジェクトマネジメントの10の知識エリア

プロジェクトマネジメントでは、管理対象によって複数の領域に分けられます。この管理対象のことを**「知識エリア」**といいます。PMBOKでは、これらを次の10の知識エリアに分類しています。

知識エリア	説　明
プロジェクト統合マネジメント	ほかの9つの知識エリアを統合的に管理する。
プロジェクトスコープマネジメント	各工程の成果物や作業範囲を明確にし、必要な作業を洗い出す。
プロジェクトスケジュールマネジメント	作業の工程やスケジュールを調整し、プロジェクトを一定期間内に完了させる。
プロジェクトコストマネジメント	プロジェクトを予算内で完了させる。
プロジェクト品質マネジメント	品質目標に基づいて品質を確保する。
プロジェクト資源マネジメント	プロジェクト要員や物的資源を有効に機能させる。
プロジェクトコミュニケーションマネジメント	プロジェクト組織内の意思疎通や情報共有を図る。
プロジェクトリスクマネジメント	プロジェクトに影響を与えるリスクを特定し、分析・対処して継続的な監視を行う。
プロジェクト調達マネジメント	必要な経営資源を選定し、発注や契約を行う。
プロジェクトステークホルダマネジメント	ステークホルダの要求を的確にとらえて、プロジェクトへの適切な関与を促す。

参考

PMI

「Project Management Institute」の略。

参考

デファクトスタンダード

事実上の業界標準のこと。公式な標準規格ではないが、業界における利用率が高く、事実上の業界標準として扱われているもの。

参考

PMP

PMBOKに準拠した国際的なプロジェクトマネジメントの認定制度のこと。
「Project Management Professional」の略。

参考

JIS Q 21500

プロジェクトマネジメントの国家規格のこと。プロジェクトマネジメントに必要な概念と工程(プロセス)が定められている。
5つのプロセス群と10の対象群に分類されている。
10の対象群には、次のようなものがあり、これはPMBOKにおける知識エリアに相当する。

- 統合
- スコープ
- 時間
- コスト
- 品質
- 資源
- コミュニケーション
- リスク
- 調達
- ステークホルダ

参考

プロジェクトガバナンス

プロジェクトの遂行状況を監視し、プロジェクトを目的の達成に導くための仕組みのこと。プロジェクトに影響を与えるリスクを評価・分析し、プロジェクトを戦略的にコントロールする。

❹ プロジェクトの体制と自己管理

プロジェクトを進める際には、プロジェクト組織を構成するすべての**「プロジェクトメンバ」**に適切な役割が与えられ、その能力を十分に発揮することが求められます。

（1）プロジェクトの体制

プロジェクトの体制には、次のような種類があります。

種　類	説　明
プロジェクトチーム	本来の組織とは別に、各種の専門的な能力を持つ人材によって一時的に編成される組織のこと。プロジェクトメンバやプロジェクトマネージャなどで構成される。
プロジェクトマネジメントオフィス	「PMO」ともいい、複数のプロジェクトを束ねて戦略的にマネジメントを行う専門の管理組織のこと。開発標準化やツール共有化などを推進して各プロジェクトのマネジメントを支援したり、要員調整など複数のプロジェクト間の調整をしたりする。
プロジェクトマネジメントチーム	プロジェクトの活動を指揮し、プロジェクトマネージャを支援する組織のこと。

また、プロジェクトは、次のような人員で構成されます。

人　員	説　明
プロジェクトメンバ	プロジェクトを構成する人員のこと。
プロジェクトマネージャ	プロジェクトを管理し、統括する人のこと。PMBOKでは、「プロジェクトマネジメントに責任を有する人」と定義している。責任の大きさや権限はプロジェクトごとに異なる。
プロジェクトスポンサー	プロジェクトを許可し、経営的な決定ができる人のこと。プロジェクトマネージャの権限を超える問題などを解決する。

（2）自己管理

実際に作業を行うのはプロジェクトメンバです。各自が与えられた役割を十分に果たすためには、担当する作業について、自ら**「作業計画立案」**や**「進捗管理」**、**「工数管理」**、**「コスト管理（費用管理）」**、**「品質管理」**、**「リスク管理」**、**「変更管理」**などを行うことが重要です。進捗管理やコスト管理が同時に行える**「トレンドチャート」**を用いると、**「マイルストーン」**に対して予定どおりに作業が進捗しているかどうか、費用が予算を上回っていないかどうかなど、現状を正確に把握できます。

参考

PMO
「Project Management Office」の略。

参考

作業計画立案
具体的な作業内容や所要時間などについて計画を作成すること。

参考

進捗管理
計画したスケジュールと実際の進行状況とのずれを把握し、計画どおりに作業が進んでいるかどうかを管理すること。

参考

マイルストーン
プロジェクトの進捗状況などを判断するためのプロジェクトの日程や節目、目標のこと。

また、進捗会議などを通じて実績と計画との差異について定期的に報告を行い、関係者間で問題点を発見・分析し、共有します。このように、コミュニケーションの基本となる**「報告・連絡・相談」**を徹底することで、早い段階で問題を解決できます。問題点は、あとで事実を確認できるように文書化して残すようにします。

5-1-2　プロジェクトマネジメントの知識エリア

プロジェクトマネジメントにおいては、PMBOKにおける10の知識エリアを適切に管理することで、計画どおりにプロジェクトを進行し、確実にプロジェクトの目的や目標を達成できます。

❶ プロジェクト統合マネジメント

「プロジェクト統合マネジメント」とは、プロジェクトマネジメントの対象となるスコープ、スケジュール、コスト、品質、資源、コミュニケーション、リスク、調達、ステークホルダの9つの知識エリアを統合的に管理することです。各知識エリアは相互に密接に関係しており、これらの全体的なバランスを取ることで、プロジェクトで発生する様々な変更にも適切かつ柔軟に対応できるようになります。
PMBOKでは、プロジェクト統合マネジメントに含まれる活動として、次のようなものがあります。

(1) プロジェクト憲章の作成

「プロジェクト憲章」とは、プロジェクトの認可を得るために、プロジェクトの実施内容を文書化したものです。プロジェクトの目的や概要、成果物、制約条件、前提条件、概略スケジュール、概算コストの見積りなどが含まれます。プロジェクトの発足について認可を得るため、プロジェクト憲章を作成します。

(2) プロジェクトマネジメント計画書の作成

プロジェクトの実行、監視・コントロール、終結の方法について記載した**「プロジェクトマネジメント計画書」**を作成します。

(3) プロジェクト作業の指揮・マネジメント

プロジェクトマネジメント計画書に従ってプロジェクトの実行を指揮し、作業の達成を支援します。

(4) プロジェクト知識のマネジメント

プロジェクトの目標を達成するために、既存の知識を使用し、新しい知識を生み出します。

(5) プロジェクト作業の監視・コントロール

プロジェクトの立上げから終結までの各プロセスを監視し、必要に応じて是正措置や予防措置を講じます。

(6) 統合変更管理

「変更管理委員会」を設置し、プロジェクトで発生する変更を変更管理表として管理します。また、プロジェクトへの影響を見極めつつ必要な調整を行います。

参考

工数
システム開発などで必要とする作業量のこと。一般的に「人月」という単位で表される。工数を管理することで、コスト意識を高めることにもつながる。

参考

人月
工数の単位のこと。1人が1か月で行う作業を1人月という。
例えば、1人で3か月かかる作業は3人月の作業、2人で3か月かかる作業は6人月の作業になる。

参考

ベースライン
プロジェクトにおける「ベースライン」とは、プロジェクトの実現のために策定される計画の基準値のこと。ベースラインは、品質やコスト、スケジュールなどに対して作成する。
ベースラインは、プロジェクトマネジメントにおいて、プロジェクトの実績値と比較して、品質やコスト、スケジュールなどの差異(かい離)を分析するために使われる。

参考

変更管理委員会
スコープやスケジュール、予算など、プロジェクトに関する様々な変更要求への対応について決定し、承認を行う組織体のこと。プロジェクトのステークホルダで構成される。
英語では「Change Control Board」の意味となり、略して「CCB」ともいう。

参考

フェーズ

プロジェクトにおける作業工程のこと。PMBOKでは、「論理的に関連のあるプロジェクト活動の集まりであり、ひとつ以上の成果物の完了をもって終了する。」と定義している。

参考

スコープ

プロジェクトの最終的な成果物と、成果物を得るために必要とする作業範囲のこと。

参考

スコープ規定書

JIS Q 21500における「スコープ規定書」は、PMBOKにおけるプロジェクトスコープ記述書に相当する。

参考

WBS

「Work Breakdown Structure」の略。

参考

要素成果物

プロジェクトが目指す最終的な成果物ではなく、各工程で生み出される成果物のこと。

参考

ワークパッケージ

WBSで階層化した要素の最下層レベルのこと。プロジェクトマネジメントにおけるコントロールの単位であり、スケジュール、コスト、資源などの見積りに活用される。

(7) プロジェクトやフェーズの終結

最終的な成果物の受入れ処理や、各種契約の終了手続き、関連文書の整理などを通じて、プロジェクトを正式に終結させます。成功点や失敗点などを分析し、文書化しておくことも重要です。

2 プロジェクトスコープマネジメント

「プロジェクトスコープマネジメント」とは、プロジェクトの最終的な成果物(成果物スコープ)と、成果物を得るために必要な作業範囲(プロジェクトスコープ)を明確にし、プロジェクト全体を通じてこの2つの関係を管理していくことです。プロジェクトを成功させるために、必要な作業を過不足なく含めます。

PMBOKでは、プロジェクトスコープマネジメントに含まれる活動として、次のようなものがあります。

(1) スコープマネジメントの計画

スコープの定義方法および管理方法を決定し、**「プロジェクトスコープマネジメント計画書」**として文書化します。また、ステークホルダの要求を正確に把握・管理するための**「要求事項マネジメント計画書」**を作成します。

(2) 要求事項の収集

要求事項マネジメント計画書に従って、ステークホルダから要求事項を収集し、**「要求事項文書」**を作成します。

(3) スコープの定義

プロジェクトスコープマネジメント計画書に従い、要求事項文書をもとに詳細なスコープを定義して、**「プロジェクトスコープ記述書」**を完成させます。

(4) WBSの作成

プロジェクトスコープ記述書をもとに、WBSを作成します。**「WBS」**とは、プロジェクトの作業範囲を詳細な項目に細分化し、階層的に構造化した図表のことです。作業をトップダウン方式で細かく分割するため、作業管理がしやすくなります。**「作業分解構成図」**ともいいます。

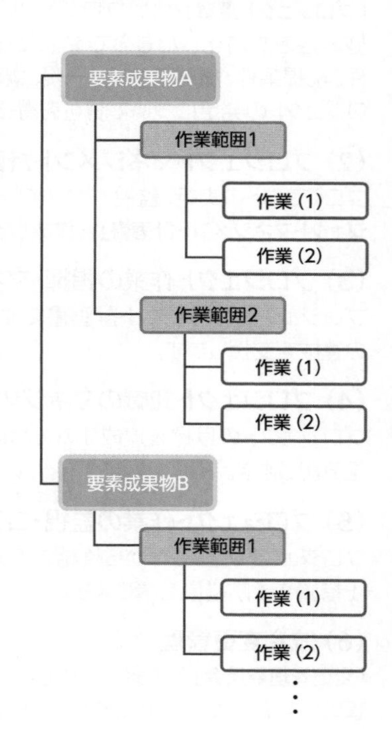

WBSを作成する際は、まずプロジェクトにおける**「要素成果物」**を明確にし、次に要素成果物を得るために必要な作業範囲を決定します。そこから具体的な作業を過不足なく洗い出していきます。作成したWBSはPMBOKにおけるほかの知識エリアのベースとなり、スケジュール、コスト、資源、品質などの計画、管理に活用されます。

(5) スコープの妥当性確認

プロジェクトにおける要素成果物のレビューを実施し、作業の完了と要素成果物の受入れについて、ステークホルダから承認を得ます。

(6) スコープのコントロール

スコープの変更に伴う影響範囲を評価し、変更が必要な場合はプロジェクト統合マネジメントの統合変更管理を通じて、各種文書や計画などに反映します。

3 プロジェクトスケジュールマネジメント

「プロジェクトスケジュールマネジメント」とは、プロジェクトを決められた期間内に完了させるため、実際の作業単位となる**「アクティビティ」**を明確にし、各アクティビティの順序や、実行に必要な作業期間や経営資源などを見極めながら、精度の高いスケジュールの作成や管理を行うことです。

PMBOKでは、プロジェクトスケジュールマネジメントに含まれる活動として、次のようなものがあります。

(1) スケジュールマネジメントの計画

スケジュールの定義方法および管理方法を決定し、**「プロジェクトスケジュールマネジメント計画書」**として文書化します。

(2) アクティビティの定義

WBSの最下層にあたる**「ワークパッケージ」**をさらに細分化し、最小の作業単位であるアクティビティを洗い出します。

(3) アクティビティの順序設定

複数のアクティビティ間の依存関係を明らかにし、守るべき順序を設定します。

(4) アクティビティ所要期間の見積り

結果や過去の実績などを参考にしながら、各アクティビティの実行に必要な作業期間を見積もります。

所要期間の代表的な見積手法には、**「PERT(パート)」**があります。

PERTとは、作業計画、日程計画など、プロジェクトを最短で完了させるためには、どの作業からいつ開始すればよいのかを分析する手法のことです。

PERTでは、**「アローダイアグラム」**、**「PERT図」**と呼ばれる図を使って**「クリティカルパス」**を求めることができます。

クリティカルパスとは、日程計画において、全体の日程の中で最も作業日数のかかる経路のことです。クリティカルパスのいずれかの作業に遅れが生じるとプロジェクト全体の致命的な遅延につながるため、特に注意して管理する必要があります。

参考

WBS辞書

WBSを構成する各要素について詳細な情報を記載した文書のこと。プロジェクト名やWBSコード識別子、作業担当者、上位または下位に続く要素などが記載され、WBSを補足する役割を果たす。

参考

スコープクリープ

適切に承認されずにスコープが変更されること。スコープクリープは、スコープのコントロールの活動で防ぐ必要がある。

参考

PERT

「Program Evaluation and Review Technique」の略。

参考

クリティカルパス法

クリティカルパスの分析に基づいて、スケジュールや投資額などを決定する手法のこと。「CPM」ともいう。

CPMは、「Critical Path Method」の略。

参考

スケジュールネットワーク分析

アクティビティの順序や依存関係を分析すること。クリティカルパス法などの手法を用いて実施する。

参考

PDM

アクティビティをノード（箱）で表記し、各ノードの依存関係を矢印でつなぐ方法のこと。PDMを使って、クリティカルパスを求めることができる。「プレシデンスダイアグラム法」ともいう。

「Precedence Diagramming Method」の略。

2つのアクティビティ間の論理的な依存関係には、次のようなものがある。

依存関係	説　明
終了-開始 (Finish-to-Start)	先行アクティビティが終了したら後続アクティビティを開始。 例えば「Aの終了から20分経過したら、Bを開始する」が該当する。
開始-開始 (Start-to-Start)	先行アクティビティが開始したら後続アクティビティも開始。 例えば「Aの開始から20分経過したら、Bを開始する」が該当する。
終了-終了 (Finish-to-Finish)	先行アクティビティが終了したら後続アクティビティも終了。 例えば「Aの終了から20分経過したら、Bを終了する」が該当する。
開始-終了 (Start-to-Finish)	先行アクティビティが開始したら後続アクティビティを終了。 例えば「Aの開始から20分経過したら、Bを終了する」が該当する。

参考

パラメトリック見積法

過去の実績や経験から、開発する機能の難易度を数値化した係数とし、開発する期間を定量的に見積もる手法のこと。経験値が高く、正確な係数を算出している場合は、見積りの精度が高くなる。「係数見積法」ともいう。

参考

クリティカルチェーン

要員や設備などの資源の競合によって発生する作業の遅れを考慮し、その待ち時間を含めた最も作業日数のかかる経路のこと。

例えば、次のアローダイアグラムの場合、作業Gは作業D、作業E、作業Fの3つがすべて終了した時点で作業を開始できることを示しています。

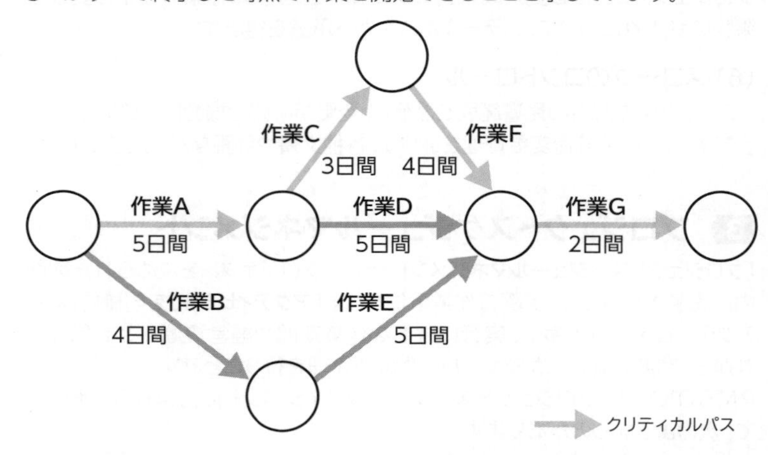

作業D、作業E、作業Fを完了させるのに必要な日数は、それぞれ次のとおりです。

作業D：作業A（5日間）＋作業D（5日間）＝10日間
作業E：作業B（4日間）＋作業E（5日間）＝9日間
作業F：作業A（5日間）＋作業C（3日間）＋作業F（4日間）＝12日間

つまり、作業Gは、作業を開始してから12日後に着手できることになります。ここから全体の作業期間を算出すると、12日間＋作業G（2日間）＝14日間です。したがって、ここから求められるクリティカルパスは、作業A→作業C→作業F→作業Gです。作業を開始してから14日後を予定納期とした場合、この経路において遅延が発生すると、納期を守れないことになります。

（5）スケジュールの作成

各アクティビティの開始予定日と終了予定日を決め、プロジェクトのスケジュールを作成します。

スケジュールには、プロジェクト全体の実行計画を示した**「大日程計画表（マスタスケジュール）」**、工程ごとの作業計画を示した**「中日程計画表（工程別作業計画）」**、作業単位または担当者ごとの作業計画を示した**「小日程計画表（週間作業計画）」**などがあり、目的に応じてこれらを組み合わせて作成します。

計画したスケジュールを図に表す場合は、**「ガントチャート」**などを利用します。ガントチャートとは、作業の予定や実績を横棒で表したもので、横方向に時間、日、週、月などの時間目盛りを取り、縦方向に作業項目やプロジェクトを記入して進捗状況を管理します。

	1	2	3	4	5	6	7	8	9	10	(week)
計　画											
設　計											
運　用											

(6) スケジュールのコントロール

作成したスケジュールに従って、実際の進捗状況を管理し、必要に応じてスケジュールの再調整を行います。進捗報告の際には、前回との比較ではなく、計画との比較を行うことが重要です。
進捗管理の代表的な手法には、**「EVM」**があります。

4 プロジェクトコストマネジメント

「プロジェクトコストマネジメント」とは、プロジェクトを決められた予算内で完了させるため、プロジェクトの進捗状況を評価するための重要な基準となる**「コストベースライン」**を作成し、プロジェクト全体を通じてコストを管理することです。プロジェクトメンバも作業工数の自己管理を行い、コスト意識を持ってプロジェクトに臨む必要があります。
PMBOKでは、プロジェクトコストマネジメントに含まれる活動として、次のようなものがあります。

(1) コストマネジメントの計画

コストの定義方法および管理方法を決定し、**「プロジェクトコストマネジメント計画書」**として文書化します。

(2) コストの見積り

各アクティビティの実行に必要とされる経営資源をもとに、コストを見積もります。プロジェクトごとに環境や経験値、スキルなどの前提条件が異なるため、これらを加味することが重要です。また、初期段階での概算コストは精度が低いため、継続的な見直しが不可欠となります。
コストの見積手法には、次のようなものがあります。

名称	説明
ファンクションポイント(FP)法	入出力画面や使用するファイル数、開発する機能の難易度を数値化して、システムの開発規模や工数を算出する。数値化したものは「ファンクションポイント(FP)」という。 FPは、「Function Point」の略。
三点見積法	各アクティビティに対して、楽観値、通常値、悲観値を設定し、確率計算によって工数を算出する。不確定要素の多いプロジェクトで用いられる。
類推見積法	過去の類似した実績を参考に、開発規模や工数を算出する。類似性が高いほど、信頼性の高い見積りになる。
ボトムアップ見積法	アクティビティごとにコストを見積もり、その合算により総額を算出する。アクティビティがより小さい単位であるほど精度が高まるが、見積り費用は増大する。 反対に、プロジェクト全体のコストを見積もり、個々のアクティビティに工数を分配する方法のことを「トップダウン見積法」という。
LOC法	ソフトウェアコードのプログラムステップ数(行数)をもとに工数を算出する。「プログラムステップ法」ともいう。 LOCは、「Lines Of Code」の略。
COCOMO(ココモ)法	LOC法をベースとした手法。システム全体のプログラムステップ数に、スキルや難易度などの補正係数を掛け合わせて工数を算出する。 COCOMO法の見積手法を改良したものを「COCOMOⅡ法」といい、さらにファンクションポイント法の要素を取り入れることで、見積り精度が高まった。 COCOMOは、「COnstructive COst MOdel」の略。

参考

EVM
プロジェクトの進捗状況を金銭的な価値(出来高)に換算し、計画値と実績値の差異を定量的に評価する手法のこと。「出来高管理」ともいう。計画との差異の大きさを把握し、是正措置の必要性を判断するのに有効である。
「Earned Value Management」の略。

参考

クラッシング
要員や設備などの資源を追加することによって、作業日数の短縮を図ること。クリティカルパスのいずれかの作業に遅れが生じた場合に用いられることがある。

参考

ファストトラッキング
順番どおりに進めていくアクティビティに対して、先行アクティビティが終了する前に、後続アクティビティを開始し、作業を並列に進めていくこと。作業日数を短縮する目的で用いることが多い。作業を並列に進めていくので、作業の手戻りの発生リスクが増加したり、要員などの資源の割当てが複雑になったりする。

参考

予備設定分析
不測の事態が発生することを想定し、費用(コスト)や期間(スケジュール)に対して予備を設定するための分析のこと。予備設定分析では、コンティンジェンシー予備とマネジメント予備を設定する。

参考

コンティンジェンシー予備
予測はできるが発生することが確実ではないイベント(リスク)に対する対策費用や対策期間のこと。イベントが発生した場合でもプロジェクトを支障なく遂行させるために、ある程度の費用や期間を見積もっておくとよい。

参考

マネジメント予備
予測ができないイベント（リスク）に対する対策費用や対策期間のこと。

参考

資源単価
コストの見積りには、アクティビティを完了するために必要な資源や期間のほかに、資源の単価を考慮する必要がある。人的資源であれば人月当たりの単価を考慮し、経営資源であれば市場の変化などを見極めて単価を考慮する。

参考

品質管理
→「9-1-2 5 品質管理」

これらのコストの見積手法は、プロジェクトの特徴に応じて使い分けたり、複数の手法を組み合わせたりします。また、プロジェクトメンバは発生コストを常に記録・集計して、コストを管理します。

(3) 予算の設定

各アクティビティのコストの見積りを積算し、**「コストベースライン」**を作成します。コストベースラインとは、コストに関する現在の計画のことです。プロジェクトが計画どおりに進捗しているかどうかを評価するための基準となります。

(4) コストのコントロール

コストベースラインと実際の発生コストとの差異を把握し、コスト超過を回避するための是正措置や、コストベースラインの変更を行います。
コスト管理の代表的な手法には、進捗管理にも有効な**「EVM」**があります。

5 プロジェクト品質マネジメント

「プロジェクト品質マネジメント」とは、プロジェクトおよびその成果物に求められる品質を満たすために、品質管理の方針や目標、責任などを明確にし、その達成に向けて必要なプロセスの実施や管理を行うことです。また、品質管理においては、プロジェクトメンバによる自己管理も重要です。
PMBOKでは、プロジェクト品質マネジメントに含まれる活動として、次のようなものがあります。

(1) 品質マネジメントの計画

品質の管理対象や、達成すべき品質レベル、その具体的な実現方法、判断基準などを明確にします。すべてのステークホルダ間で品質に関する認識を共有することが重要です。

(2) 品質のマネジメント

品質マネジメントの計画に従って、必要なプロセスが実行されているかどうかを監視し、品質および作業手順などの継続的な改善を行います。

(3) 品質のコントロール

プロジェクトおよびその成果物が、品質マネジメントの計画で定めた品質レベルを達成しているかどうかを評価します。
代表的な品質管理の手法には、次のようなものがあります。

名　称	説　明
ベンチマークテスト	システム性能を測定して、評価するための基準（要件）との比較を行う。
ウォークスルー	早い段階での問題点の検出を目的に、成果物の妥当性を確認する。開発者が参加者を選択し、比較的少人数で非公式に行われる。
レビュー	第三者を交えて公式な審査を行う。
テスト	ソフトウェアのバグを発見し、設計書どおりに正しく動作するかどうかを確認し、ソフトウェアの品質を評価する。

6 プロジェクト資源マネジメント

「プロジェクト資源マネジメント」とは、プロジェクトの目的や目標の達成に向けて、プロジェクトメンバなどの人的資源が有効に機能するように管理し、施設・機器・材料などの物的資源を適切に管理することです。プロジェクトマネージャは、特に人的資源を管理する場合、単に有能な人材を参加させるだけでなく、個人のモチベーションやストレスにも目を配りながら、プロジェクトを的確にリードしていく必要があります。
PMBOKでは、プロジェクト資源マネジメントに含まれる活動として、次のようなものがあります。

(1) 資源マネジメントの計画

プロジェクトに必要とされる人材を明確にし、プロジェクトメンバの役割、責任を設定します。さらに、プロジェクトメンバの調達方法や調達時期、報酬などの計画を作成します。また、必要とする設備や資材などを明確にし、調達方法や調達時期などの計画を作成します。

(2) アクティビティ資源の見積り

アクティビティを完了させるために、必要な人的資源の種類と人数を見積もり、物的資源の種類と数量を見積もります。なお、人的資源を見積もる際は、次のような点に考慮しながら慎重に検討することが重要です。

- **プロジェクトに参加可能な期間**
- **能力や専門知識の有無**
- **過去のプロジェクト経験**
- **人員の調達コスト**

(3) 資源の獲得

アクティビティを完了させるために、必要な人的資源の種類と人数を獲得し、物的資源の種類と数量を確保します。

(4) チームの育成

プロジェクトチームとしてのパフォーマンスを高めるため、個人のスキルアップを図るだけでなく、チーム内のコミュニケーションを促進するなど、チームワークの強化策を計画し、実施します。

(5) チームのマネジメント

プロジェクトチームおよびプロジェクトメンバのパフォーマンスを評価し、問題点を把握、改善します。必要であれば、スケジュールやコストへの影響を見極めつつ要員計画の見直しを行います。

(6) 資源のコントロール

割り当てられた物的資源が計画どおりに利用可能であることを確認し、計画に対する実際の利用を監視して、必要に応じて計画の見直しを行います。

参考

RAM

組織を構成する要員の役割や責任を、2次元マトリックス上にプロットした表のこと。通常、縦軸に仕事の内容や成果物、横軸に担当部門や担当者などを並べ、両軸の交差する部分に責任や役割を記入する。
「Responsibility Assignment Matrix」の略。
日本語では、「責任分担マトリックス」の意味。

参考

OBS

WBSのそれぞれのワークパッケージ(階層化した要素の最下層レベル)に、担当する組織(人員)を配置していくことで、プロジェクトを遂行する組織図ができる。この階層図のことを「OBS」という。各作業の責任の所在を明確にすることができる。
「Organizational Breakdown Structure」の略。
日本語では、「組織ブレークダウンストラクチャ」の意味。

7 プロジェクトコミュニケーションマネジメント

「プロジェクトコミュニケーションマネジメント」とは、プロジェクトに関する情報の生成から配布、廃棄までを適切に管理することにより、ステークホルダと情報を効果的に結び付け、プロジェクトの成功を促すことです。プロジェクトメンバ自身がコミュニケーションの重要性を認識し、コミュニケーションスキルの向上に努めることも重要です。
PMBOKでは、プロジェクトコミュニケーションマネジメントに含まれる活動として、次のようなものがあります。

(1) コミュニケーションマネジメントの計画

ステークホルダが必要とする情報を洗い出し、それぞれの適切な伝達方法(伝達する相手、タイミング、手段など)を決定します。コミュニケーションマネジメント計画をおろそかにすると、情報伝達の漏れやミスを引き起こし、プロジェクトの進捗に重大な影響を与えかねません。

(2) コミュニケーションのマネジメント

コミュニケーションマネジメントの計画に従って、ステークホルダが必要としている情報を適切なタイミングで提供します。情報を提供する際には、個人のコミュニケーションスキルが問われます。次のような点に考慮しながら、正確な情報伝達を心がけます。

- **文書、口頭、電子メール、ボイスメール、電子会議(オンライン会議)などの伝達手段の長所、短所を知る。**
- **状況に応じて複数の伝達手段を使い分ける。**
- **相手の経験や知識レベルに合わせて用語を使い分ける。**
- **相手の表情から理解度を読み取る。**
- **一方的に伝えるだけでなく、相手の意見や感想を引き出す。**

(3) コミュニケーションの監視

コミュニケーションマネジメントの計画に従って情報伝達が正しく実施されているかどうかを把握し、必要に応じてコミュニケーションを改善します。

8 プロジェクトリスクマネジメント

PMBOKにおけるリスクとは、プロジェクトにマイナスまたはプラスの影響を与える不確実な事象のことです。
「プロジェクトリスクマネジメント」とは、プロジェクトにマイナスの影響を与えるリスク(脅威)の発生確率や影響度を軽減し、プロジェクトにプラスの影響を与えるリスク(好機)の発生確率や影響度を高めるために、プロジェクト全体を通じてリスクを適切に管理し、コントロールすることです。
PMBOKでは、プロジェクトリスクマネジメントに含まれる活動として、次のようなものがあります。

(1) リスクマネジメントの計画

プロジェクトで発生するリスクへの取組みについて、方針や体制、リスクの分析方法や監視方法、リスクの発生確率や影響度の定義などを明確にします。

参考

コミュニケーションの形式

コミュニケーションの形式には、次のようなものがある。

名称	説明
プッシュ型コミュニケーション	特定の人に情報を送信する。電子メールやボイスメールでのコミュニケーションなどが該当する。
プル型コミュニケーション	自分の意思で必要な情報にアクセスする。イントラネットサイトや掲示板サイトでのコミュニケーションなどが該当する。
双方向コミュニケーション	2人以上の参加者が情報を交わす。電子会議(オンライン会議)でのコミュニケーションなどが該当する。

参考

ボイスメール

電子メールと留守番電話機能を組み合わせたサービスのこと。送信者が受信者への音声メッセージを録音すると、受信者に電子メールが送信され、受信者は録音されたメッセージを任意の時間に確認できる。

(2) リスクの特定

プロジェクトに影響を与えるリスクを洗い出し、具体的な事象、根本原因、リスク区分などを記載した**「リスク登録簿」**を作成します。リスクは様々な要因によって常に変動するため、継続的に見直すことが重要です。
代表的なリスク特定の手法には、次のようなものがあります。

名　称	説　明
デルファイ法	将来起こり得る事象に関する予測を行う。
ブレーンストーミング	ルールに従ってグループで意見を出し合うことによって、新たなアイディアを生み出し、問題解決策を導き出す。

(3) リスクの定性的分析

特定されたリスクの発生確率と影響度をもとに、対応の優先順位を判断し、リスク登録簿に追記します。

(4) リスクの定量的分析

リスクの定性的分析の結果、優先順位が高いと判断されたリスクについて、プロジェクトへの影響度を定量的分析により数値化し、リスク登録簿に追記します。

(5) リスク対応の計画

リスク登録簿をもとに、優先順位に従ってリスクへの対応策を検討します。リスクへの対応には、脅威に対して適用できる対応戦略と、好機に対して適用できる対応戦略があります。

(6) リスク対応策の実行

リスク対応の計画に基づいて、リスク対応策を実施します。

(7) リスクの監視

リスク登録簿に基づいてリスクの発生状況を監視するとともに、顕在化したリスクに適切に対処します。プロジェクトマネージャは、定例のミーティングなどで状況報告を受け、プロジェクトのリスク監視やコントロールを行います。
また、新たなリスク特定とリスク分析・リスク対応を定期的に行い、リスク登録簿を更新します。

9 プロジェクト調達マネジメント

「プロジェクト調達マネジメント」とは、作業の実行に必要なモノやサービスを外部から購入、取得するために、購入者と納入者（サプライヤ）の間での契約を管理することです。プロジェクトによっては、要素成果物の作成を外部に依頼する場合もあるため、契約内容がプロジェクトに与える影響にも考慮しながら、適切に管理することが重要です。
PMBOKでは、プロジェクト調達マネジメントに含まれる活動として、次のようなものがあります。

(1) 調達マネジメントの計画

外部からモノやサービスを調達する際の方針や基準、具体的な方法、契約タイプなどを明確にします。さらに、外部調達を必要とするアクティビティについて、調達するモノやサービスの要件、納入に関する要求事項などをまとめた**「作業範囲記述書」**を作成します。

参考

脅威に対して適用できる対応戦略

脅威に対して適用できる対応戦略には、次のようなものがある。

名　称	説　明
回避	脅威の発生を避ける。
転嫁	他者に責任を移転する。
軽減	脅威の発生確率と影響度を下げる。
受容	脅威の発生時に対処する。コンティンジェンシー予備に備える。

参考

好機に対して適用できる対応戦略

好機に対して適用できる対応戦略には、次のようなものがある。

名　称	説　明
活用	好機の発生を確実にする。
共有	他者と好機を共有する。
強化	好機の発生確率と影響度を上げる。
受容	好機を受け入れる。

参考

サプライヤ

モノやサービスを供給（サプライ）する企業や組織のこと。

参考

作業範囲記述書

プロジェクトの目標、作業範囲、納入時期などを記載した文書のこと。一般的に、委託/受託関係において契約書の付属文書として作成されることが多い。
英語では「Statement Of Work」の意味となり、略して「SOW」ともいう。

参考

調達文書

納入候補者から提案書や見積書を入手する際に作成する文書のこと。提案や見積りに必要な前提条件や要求事項などが記載される。一般的には、「提案依頼書（RFP）」や「見積依頼書（RFQ）」、「入札招請書」などがある。

参考

提案依頼書/見積依頼書

→「7-2-3 2（2）提案依頼書（RFP）の作成、システム提案の依頼」

参考

外部資源の活用方法

外部資源を活用する方法には、次のようなものがある。

名　称	説　明
アウトソーシング	専門的な技術やノウハウを持つ外部の業者に、自社の業務の一部を委託する。
コソーシング	アウトソーシングの形態のひとつ。自社の業務を外部の業者に全面的に委託するのではなく、一部を委託し、自社と外部の業者が共同で業務を実施する。
システムインテグレータ	情報システムの設計から開発、テスト、運用・保守までの業務を一括して請け負う企業のこと。
IDC	サーバなどの機器を預かり、通信回線を含む情報システムの運用・保守サービスを提供する専用の施設のこと。「DC」、「データセンター」ともいう。 IDCは「Internet Data Center」の略。 DCは「Data Center」の略。

参考

ステークホルダ登録簿

ステークホルダの利害や関与に関する情報を文書化したもの。所属や役職などのほか、プロジェクトへの影響度や関心度なども登録する。

契約タイプには、次のようなものがあります。

名　称	説　明
定額契約	購入者は、契約時に決定した固定金額を支払う。「一括契約」ともいう。
実費償還契約	購入者は、実費に納入者の利益相当分が加算された金額を支払う。
タイム・アンド・マテリアル契約	購入者は、決められた単価に納入者が作業に費やした時間を掛け合わせた金額を支払う。「T&M契約」ともいう。

納入者を選定するための評価基準や契約条件を明示するため、納入候補者に対して配布する**「調達文書」**を作成します。

（2）調達の実行

作成した調達文書を納入候補者に配布し、回答を依頼します。
納入候補者から回答を受領し、調達マネジメントの計画で定めた評価基準に基づいて納入者を選定して、選定した納入者と契約を締結します。

（3）調達のコントロール

購入者および納入者が、ともに契約内容に沿って行動しているかどうかを監視します。また、受入れ検査を行い、契約条件どおりに納入されている場合は、決められた手順に従って契約を完了させます。

⑩ プロジェクトステークホルダマネジメント

「プロジェクトステークホルダマネジメント」とは、プロジェクトの計画を遂行するために、プロジェクトに影響を及ぼすステークホルダをコントロールすることです。プロジェクトを成功させるためには、ステークホルダの協力が不可欠であり、プロジェクトへの適切な関与を促すことが重要です。
PMBOKでは、プロジェクトステークホルダマネジメントに含まれる活動として、次のようなものがあります。

（1）ステークホルダの特定

プロジェクトに影響を受けたり、影響を及ぼしたりするステークホルダを特定し、利害や影響力の大きさを分析します。

（2）ステークホルダエンゲージメントの計画

ステークホルダの利害や影響力の大きさによって、ステークホルダがどのようにプロジェクトに関与するべきかを明確にします。

（3）ステークホルダエンゲージメントのマネジメント

ステークホルダと問題や課題を共有し、解決を目指します。ステークホルダがプロジェクトに何を期待しているのかを的確にとらえて、ステークホルダがプロジェクトへ適切に関与できるようにします。

（4）ステークホルダエンゲージメントの監視

プロジェクトの遂行状況により、ステークホルダの立場やプロジェクトに対する意識も変化するため、定期的にステークホルダとのコミュニケーションを通じて監視し、関与する度合いの変更を検討します。

5-2 章末問題

※解答は巻末にある別冊「章末問題 解答と解説」P.23に記載しています。

問題5-1

プロジェクトの目的及び範囲を明確にするマネジメントプロセスはどれか。

ア　コストマネジメント
イ　スコープマネジメント
ウ　タイムマネジメント
エ　リスクマネジメント

平成28年春期　問52

問題5-2

図に示すアローダイアグラムは、あるシステムの開発作業を表したものである。クリティカルパスはどれか。

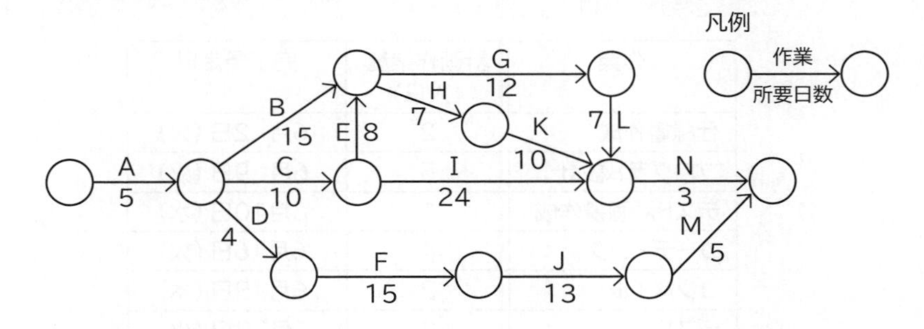

ア　A→B→G→L→N
イ　A→B→H→K→N
ウ　A→C→E→G→L→N
エ　A→C→I→N

平成26年秋期　問52

問題5-3

開発規模が200人月、開発期間が10か月のプロジェクトがある。次の工数配分と工程配分で実施する場合、最も人員数が必要になる工程はどれか。なお、各工程内では、同じ人員数で進めるものとする。

	要件定義	設計	実装・構築、テスト	導入・受入れ支援
工数配分（%）	18	33	42	7
工程配分（%）	20	30	40	10

ア　要件定義　　イ　設計　　ウ　実装・構築、テスト　　エ　導入・受入れ支援

予想問題

問題 5-4

システムを構成するプログラムの本数とプログラム1本当たりのコーディング所要工数が表のとおりであるとき、システムを95日間で開発するには少なくとも何人の要員が必要か。ここで、システムの開発にはコーディングのほかに、設計及びテストの作業が必要であり、それらの作業にはコーディング所要工数の8倍の工数が掛かるものとする。

	プログラムの本数	プログラム1本当たりのコーディング所要工数（人日）
入力処理	20	1
出力処理	10	3
計算処理	5	9

ア　8　　イ　9　　ウ　12　　エ　13

平成31年春期　問54

問題 5-5

表は、1人で行うプログラム開発の開始時点での計画表である。6月1日に開発を開始し、6月11日の終了時点でコーディング作業の25%が終了した。6月11日の終了時点で残っている作業量は全体の約何%か。ここで、開発は、土曜日と日曜日を除く週5日間で行うものとする。

作業	計画作業量（人日）	完了予定日
仕様書作成	2	6月 2日（火）
プログラム設計	5	6月 9日（火）
テスト計画書作成	1	6月10日（水）
コーディング	4	6月16日（火）
コンパイル	2	6月18日（木）
テスト	3	6月23日（火）

ア　30　　イ　47　　ウ　52　　エ　53

平成30年秋期　問53

問題 5-6

あるソフトウェアにおいて、機能の個数と機能の複雑度に対する重み付け係数は表のとおりである。このソフトウェアのファンクションポイント値は幾らか。ここで、ソフトウェアの全体的な複雑さの補正係数は0.75とする。

ユーザーファンクションタイプ	個数	重み付け係数
外部入力	1	4
外部出力	2	5
内部論理ファイル	1	10

ア　18　　イ　24　　ウ　30　　エ　32

平成30年春期　問54

第6章

サービスマネジメント

サービスの価値を提供するために行うサービスマネジメントの計画や運用、システムの検証・評価を行うシステム監査などについて解説します。

6-1 サービスマネジメント

6-1-1 サービスマネジメント

「サービスマネジメント」とは、サービスの価値を提供するために、サービスの計画立案、設計、移行、提供、改善のための組織の活動や資源を指揮・管理するための一連の能力やプロセスのことです。

❶ サービスマネジメントの目的と考え方

情報システムには、利用者のビジネスや目的の達成を支援する様々な機能が求められます。サービスマネジメントでは、これらの機能を**「サービス」**ととらえ、利用者の求める要件に合致したサービスを提供するため、情報システムの運用や保守などの管理を行うことが求められます。利用者の満足度を高めると同時に、適切なコストで安定的にサービスを提供していくためにも、サービスマネジメントは重要な活動です。サービスの利用者は、組織内の業務担当者だけに限りません。オンラインの金融サービスやショッピングサイトなどに代表されるように、一般消費者である場合もあります。

❷ サービスマネジメントシステム

「サービスマネジメントシステム」とは、サービスマネジメントを適切に実施していくための仕組みのことです。**「SMS」**ともいいます。サービスマネジメントシステムを適用することによって、サービスの安定的かつ効率的な運用が可能になります。
サービス提供者が、利用者のサービスの要求事項を満たすためには、サービスマネジメントシステムを確立し、実施・維持・改善していくことが重要になります。サービスマネジメントシステムを構築する際には、国家規格である**「JIS Q 20000」**や**「ITIL」**などが参考になります。

❸ ITIL

「ITIL（アイティル）」とは、サービスマネジメントの**「ベストプラクティス」**を集めたフレームワーク（枠組み）のことです。1980年代後半に、英国政府機関の**「OGC」**が作成し、サービスマネジメントにおける**「デファクトスタンダード」**として世界中で広く活用されています。
2007年に発表されたITIL Version3や、2011年に発表されたITIL 2011 Editionでは、**「サービスライフサイクル」**を重視した視点から、ライフサイクルごとに**「サービスストラテジ（戦略）」**、**「サービスデザイン（設計）」**、**「サービストランジション（移行）」**、**「サービスオペレーション（運用）」**、**「継続的サービス改善」**の5つの書籍で構成されていました。

参考

サービスライフサイクル
サービスの計画立案から、設計、移行、提供、改善に至るまでの一連のプロセスのこと。

参考

サービス品質
サービスに付随する信頼性や安全性、使用性、効率性、必要性などのレベルのこと。

参考

サービスコンポーネント
サービスを構成する部品のこと。例えば、サーバやネットワーク機器、ソフトウェアなどが該当する。

参考

SMS
「Service Management System」の略。

参考

JIS Q 20000の規格群
サービスマネジメントの成熟度の認定基準となる国家規格のこと。次の2部構成になっている。国際規格である「ISO/IEC 20000シリーズ」に対応するもの。
●JIS Q 20000-1
サービスマネジメントを実施する際の要求事項を定義している。第三者による認証審査を行う際の基準となる。
●JIS Q 20000-2
JIS Q 20000-1で定義された要求事項を満たすための具体的な適用の手引きについて記載されている。

参考

ITIL
「Information Technology Infrastructure Library」の略。

2019年に発表された最新のITIL Version4(ITIL4)では、近年のデジタルトランスフォーメーション(DX)などの変化を取り入れ、**「ITIL4 ファンデーション」**の書籍で、必要となる**「マネジメントプラクティス」**として再整理されています。ITIL4において、マネジメントプラクティスとは、仕事の実施において目標達成するために設計された組織的なリソース一式と定義されています。

4 SLA

「SLA」とは、提供するサービス内容とサービスレベル目標を明文化し、サービス提供者と利用者(顧客)との間で交わされる合意文書のことです。**「サービスレベル合意書」**ともいいます。
SLAには、サービス内容、サービス時間や応答時間をはじめ、顧客満足度を左右するサービスの可用性、信頼性、データ保全性などに関する合意事項が含まれます。また、SLAの合意内容に基づいてサービスレベルを維持・改善していく一連の活動のことを**「サービスレベル管理」**といいます。

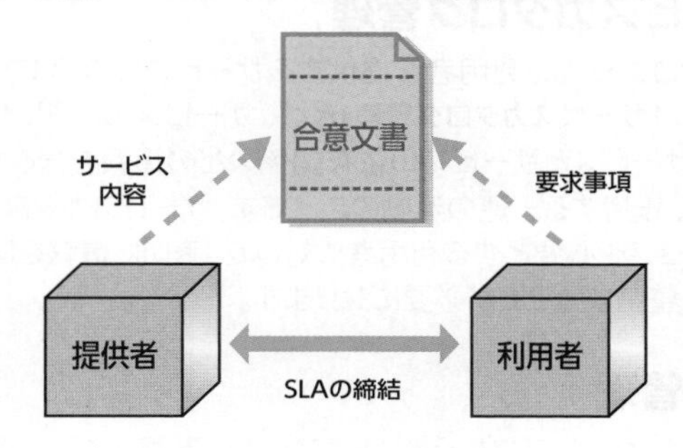

6-1-2 サービスマネジメントシステムの計画

サービスマネジメントシステムの計画にあたっては、次のようなことに留意する必要があります。

1 サービスマネジメントシステムの計画と支援

サービスマネジメントシステムの計画を作成し、実施、維持します。また、サービスマネジメントシステムやサービスの運用を支援するために必要な知識を決定して、この知識を維持することも必要になります。
サービスマネジメントシステムの計画においては、主に次のようなことを含めるようにします。

- 適用範囲にあるサービスの一覧
- 影響を及ぼし得る何らかの制限(要員の技能不足など)
- 関連する方針、規格、法令、規則、契約上の要求事項などの義務の適用方法
- 責任や権限の割当て
- 運用するために必要な人、技術、情報、財務に関する資源
- 支援するために使用する技術(システムやツールなど)
- 有効性を測定、監査、報告、改善する方法

参考

ベストプラクティス
経営や業務のやり方において、最も優れているとされる方法のこと。最良事例や成功事例を意味している。

参考

OGC
「Office of Government Commerce」の略。

参考

デファクトスタンダード
事実上の業界標準のこと。公式な標準規格ではないが、業界における利用率が高く、事実上の業界標準として扱われているもの。

参考

SLA
「Service Level Agreement」の略。

参考

サービスレベル管理
→「6-1-3 5 サービスレベル管理」

❷ サービスの計画

サービスの要求事項を決定し、利用可能な資源を考慮して、変更要求、新規サービス、サービス変更の提案に対する優先順位付けを行います。サービス全体を見渡して把握できるように**「サービスポートフォリオ」**を作成し、サービスの状態を“計画中”、“開発中”、“稼働中”、“廃止”などとわかるようにして管理します。

参考
サービスポートフォリオ
サービス提供者によって提供されるすべてのサービスを集めたもの。サービス全体を見渡してサービスの価値を把握できる。

参考
サービス・パイプライン
将来提供する予定である開発中のサービスを説明したもの。

6-1-3 サービスマネジメントシステムの運用

サービスマネジメントシステムの運用にあたっては、次のような一連の活動を実施します。

❶ サービスカタログ管理

「サービスカタログ」とは、利用者に提供するサービスについて文書化した情報のことです。**「サービスカタログ管理」**とは、サービスの説明、サービスの意図した成果、サービスとサービスの依存関係などの情報を含むサービスカタログを作成し、維持する一連の活動のことです。サービスカタログ管理では、サービスカタログを必要とする利用者に対して、適切に情報を開示できる仕組みや環境を整備することが必要になります。

❷ 資産管理

「資産管理」とは、サービスマネジメントシステムの計画における要求事項および義務を満たすため、サービスを提供するために使用されている資産を確実に管理する一連の活動のことです。
サービスマネジメントにおける資産管理の目的は、資産に関するリスクやコストを適切に管理することです。資産管理には、ハードウェアやソフトウェアなどのIT資産を管理する**「ITアセットマネジメント(ITAM)」**、ソフトウェアの資産を管理する**「ソフトウェアアセットマネジメント(SAM)」**、ソフトウェアライセンスの資産を管理する**「ライセンスマネジメント」**などがあります。

参考
ITAM
「IT Asset Management」の略。

参考
SAM
「Software Asset Management」の略。

❸ 構成管理

「構成管理」とは、サービスを構成するハードウェアやソフトウェア、ネットワーク、ドキュメントなどの**「構成品目(CI)」**の情報(構成情報)を正確に把握し、維持していく一連の活動のことです。変更管理、リリース管理・展開管理、問題管理、インシデント管理などの他の活動に情報を提供する重要な活動です。
構成管理を実施する際には、構成情報を格納するための**「構成管理データベース(CMDB)」**を構築する必要があります。構成管理データベースには、構成品目の版(バージョン)、所有者、用途、変更履歴、ほかの構成品目との関係性(組合せ)など、詳細な情報を記録します。なお、構成情報は、常に最新情報に更新することが重要であり、定められた間隔で構成情報が正確であるかどうかを検証することも必要です。

参考
CI
「Configuration Item」の略。

参考
CMDB
「Configuration Management DataBase」の略。

❹ 事業関係管理

「事業関係管理」とは、顧客との間に良好な関係を確立するために、その関係を適切に管理する一連の活動のことです。顧客満足度やサービス満足度を維持し、顧客や他の利害関係者との間の必要なコミュニケーションのための取決めを確立することが重要です。
事業関係管理の一連の活動には、顧客とのコミュニケーション、サービスの評価、苦情処理、顧客満足度やサービス満足度の測定・分析などがあります。

❺ サービスレベル管理

「サービスレベル管理」とは、サービス提供者と利用者（顧客）との間で、提供するサービス内容やサービスレベル目標を明確にしたうえで合意し、サービスレベル目標を満たしているかどうかを継続的に監視し維持・改善していくための一連の活動のことです。**「SLM」**ともいいます。
利用者の合意に基づくサービスレベルを定義、合意、記録、管理するために、顧客と提供するサービスについて、SLAを合意します。また、あらかじめ決められた間隔で、サービスレベル目標に照らしたパフォーマンスや実績の周期的な変化を監視し、レビューを行って報告する必要があります。

❻ 供給者管理

「供給者管理」とは、サービス提供者がサービスマネジメントシステムの運用のために、外部委託するなど**「外部供給者」**（外部のサービス提供者）を用いる場合に、その外部供給者を適切に管理する一連の活動のこと、または、組織内部の技術支援を依頼するなど**「内部供給者」**（内部のサービス提供者）を用いる場合に、その内部供給者を適切に管理する一連の活動のことです。
外部供給者の管理では、外部供給者との関係、契約、外部供給者のパフォーマンスを監視するようにします。なお、外部供給者には、SaaSやPaaS、IaaSなどのクラウドサービスの利用も含まれます。
内部供給者の管理では、サービスレベル目標や関係者間の役割・責任などを定義するための合意文書を作成し、それに合意するようにします。また、内部供給者のパフォーマンスを監視するようにします。

❼ サービスの予算業務・会計業務

「サービスの予算業務・会計業務」とは、サービスの提供に必要な費用を管理するための一連の活動のことです。サービスでは、提供すべきサービスの範囲や達成すべきサービスレベルによって、必要な費用が変わります。したがって、利用者の要求に応えるためのサービスの内容を明確にし、予算と実際に発生した費用を比較しながら、サービス全体にわたって予算や会計の状況を適切にコントロールしていく必要があります。あらかじめ定めた期間で、予算に照らして実際の費用を管理・報告し、財務予測をレビューし、費用を管理することが重要です。コストを正確に把握することで、コストの最適化を促し、**「TCO」**の削減にもつながります。

参考

SLM
「Service Level Management」の略。

参考

パフォーマンス
→「6-1-4 パフォーマンス評価と改善」

参考

クラウドサービス
→「7-1-4 2 (1) クラウドコンピューティング」

参考

TCO
→「2-2-2 3 システムの経済性と評価」

❽ 需要管理

「需要管理」とは、あらかじめ定めた間隔で、サービスに対する現在の需要を決定し、将来の需要を予測する一連の活動のことです。サービスの需要や消費を監視して、報告するようにします。
需要管理においては、利用者の要求（需要）と実際に利用可能なサービス（供給）のバランスを追求します。また、需要を満たすためには、十分な容量や能力が必要になるため、容量管理・能力管理との連携が必要になります。

❾ 容量管理・能力管理

「容量管理・能力管理」とは、予算や費用対効果を考慮しつつ、サービスが必要な性能を満たすように管理する一連の活動のことです。サービスの利用に影響が及ぶことのないよう、現在および将来にわたってシステムを安定的に稼働させることが目的です。
「容量・能力」とは、**「キャパシティ」**ともいい、システムを構成するハードウェアやソフトウェア、ネットワークなどの処理能力のことです。容量・能力の管理指標には、CPU使用率、メモリ使用率、ディスク使用率、ネットワーク使用率などがあります。
容量管理・能力管理においては、容量・能力の利用を監視し、その容量・能力を分析し、パフォーマンスを改善するための機会を特定します。また、実現すべき容量・能力と、その維持にかかるコストのバランスの2つを追求します。

参考
パフォーマンス
→「6-1-4 パフォーマンス評価と改善」

❿ 変更管理

「変更管理」とは、様々な理由で申請された**「変更要求（RFC）」**を受理し、変更を実施することによる影響を評価（アセスメント）し、変更の承認と実装、変更実施後のレビュー（PIR）を確実に実施するための一連の活動のことです。変更作業の失敗はインシデントの発生にもつながり、結果としてビジネスに悪影響を及ぼしかねません。変更によるリスクを最小化し、サービス品質を維持するためにも、標準化された手法を用いて確実かつ迅速に行うことが重要です。

参考
変更要求（RFC）
変更についての提案のこと。「RFC」ともいう。
RFCは、「Request For Change」の略。

参考
PIR
変更実施後のレビューのこと。
「Post Implementation Review」の略。

（1）変更管理の開始

サービスの追加や廃止、提案を含む変更要求を記録・分類し、**「変更管理の活動」**または**「サービスの設計および移行」**のどちらで変更管理を行うのかを決定します。

（2）変更管理の活動

変更管理の活動では、主に次のような活動を行います。

- **変更要求の優先度を決定する。**
- **リスク、事業利益、実現可能性、財務影響を考慮し、変更要求を承認する。**
- **承認された変更を計画、開発（構築）、試験する。**
- **成功しなかった変更を戻す、または、修正する活動を計画し、可能であれば試験する。**
- **試験された変更は、リリース管理・展開管理に送られ、稼働環境に展開する。**

(3) 変更のカテゴリ

変更には、緊急に対応しなければならない**「緊急変更」**や、あらかじめ決まった手順で処置できる**「標準変更」**などのパターンがあります。変更管理では、緊急変更から優先的に検討を行います。
また、変更に伴う影響度と、変更作業に必要なリソース（労力、時間、コストなど）を加味し、影響が深刻または重大なものについては、**「変更諮問委員会(CAB)」**を中心に最終的な検討を実施します。

⓫ サービスの設計および移行

サービスの計画で決定した新規サービスやサービス変更を計画・設計し、構築・移行します。

(1) 計画

サービスの計画で決定した新規サービスやサービス変更について、サービスの要求事項をもとに、具体的にサービスの計画を立案します。

(2) 設計

立案した計画で決定したサービスの要求事項を満たすように、具体的にサービス受入れ基準や非機能要件などを設計します。また、設計した内容は文書化するようにします。

(3) 構築・移行

文書化した設計に適合する構築を行い、サービス受入れ基準を満たしていることを検証するために試験を実施します。リリース管理・展開管理によって、新規サービスやサービス変更を稼働環境に展開します。

●移行

スムーズな移行を実現するためには、新旧環境の違いを踏まえて綿密な移行計画を作成し、利用者への移行計画の通知や、**「移行テスト」**の実施といった移行準備を経て、移行の実施に備えます。移行テストを実施する目的は、確実性や効率性の観点で、旧環境から新環境への切替え手順や切替えに伴う問題点を確認することです。
移行方法には、業務単位または地域単位で段階的に移行する方式と、システム全体を一斉に移行する方式である**「一斉移行方式」**があります。一斉移行方式を採用すると、移行期間を短縮できますが、移行時のトラブルが業務に及ぼす影響も大きくなるため、業務単位または地域単位で移行を行うことがあります。また、移行後しばらくの期間は、問題発生時に旧環境に切り替えられるようにするために、新旧環境を並行運用することもあります。

⓬ リリース管理・展開管理

「リリース管理・展開管理」とは、変更管理で承認された変更（リリース）を、本稼働環境に対して確実かつ適切に展開するための一連の活動のことです。単に変更を実施するだけでなく、変更後にサービスが安定的に提供されることを保証する重要な活動です。確立された手法を用いることで、変更の実施によるサービス品質の低下を防ぐことができます。
リリース管理の対象となるリリースは、その規模や緊急度によって、主に**「大規模リリース」**、**「小規模リリース」**、**「緊急リリース」**の3つに分類されます。

参考

変更諮問委員会（CAB）

変更要求（RFC）の評価を行い、変更の承認や実装の優先順位の決定などを行う組織のこと。「CAB」ともいう。CABは、「Change Advisory Board」の略。

参考

サービスの計画

→「6-1-2 2 サービスの計画」

参考

非機能要件

情報システムで実現すべき具体的な機能以外の要件のことで、可用性、信頼性、使用性、性能、セキュリティなどに関する要件を指す。

参考

移行テスト

旧環境から新環境へ移行するために確認するテストのこと。移行の手順や問題点を確認するために実施する。

参考

リリース

サービスに対する承認された変更の集合のこと。

⑬ インシデント管理

「インシデント」とは、サービスが計画外に中断する事象、サービスの品質が低下する事象、サービスに悪影響を及ぼすまたはその可能性のある事象のことです。

「インシデント管理」とは、サービスの提供において、何らかのインシデントが発生したことを検知し、解決するまでの一連の活動のことです。サービスデスクの機能を支える重要な活動といえます。インシデントが発生した際に、可能な限り迅速に通常のサービス運用を回復し、ビジネスへの悪影響を最小限に抑え、サービス品質を維持することが目的です。

インシデントの具体例としては、ハードウェアの故障やアプリケーションソフトウェアの不具合など、サービスの提供側の要因によるものを指します。

> **参考**
>
> **サービスデスク**
>
> →「6-1-5 3 サービスデスク」

(1) インシデントの対応

インシデントの対応は、次のように定められた手順に従って実施します。

1 インシデントの検知・検出

インシデントを検知・検出する。

2 記録の開始

インシデントの記録を開始する。

3 分類

検出されたインシデントに対して、いくつかの観点から分類する。なお、サービス要求の場合は、サービス要求管理で対応する。

4 優先順位付け

インシデントの影響度や緊急度などをもとに、優先順位を付ける。なお、重大なインシデントの場合は、重大なインシデントとして対応する。

5 調査と診断

あらかじめ準備されている解決策や回避策などを活用して、調査と診断を行う。なお、サービスデスクだけでSLAで合意されている解決目標時間内に解決できない場合は「エスカレーション」する。

6 解決と復旧

インシデントを解決し、サービスを復旧する。また、処置を含んだ対処方法を記録に残す。

7 終了(クローズ)

利用者の合意のもとに、インシデントを終了する。

> **参考**
>
> **エスカレーション**
>
> 問合せに対応できない場合に、適切な担当者(組織)へと段階的に対応を引き継ぐこと。例えば、問題がソフトウェアに起因している場合、技術面に詳しいソフトウェア開発部門に対応を引き継ぐ。日本語では「段階的取扱い」の意味。
>
> エスカレーションの種類には、より専門的な知識を持つ担当者に引き継ぐ「機能的エスカレーション」と、より権限を持つ担当者に引き継ぐ「階層的エスカレーション」がある。

(2) 重大なインシデントの対応

重大なインシデントが発生した場合は、文書化された手順に従って分類・管理し、トップマネジメントに通知します。サービスを提供している関係者を招集し、改善策を検討します。対策と活動を記録し、インシデントの一部として記録に残します。

参考

トップマネジメント

最高位で組織を指揮し、管理する個人または人々の集まりのこと。

⑭ サービス要求管理

「サービス要求」とは、利用者が間違った使い方をしたことによる誤動作や、パスワードの忘却など、サービスの利用者側の要因によるものであり、事前に対応手順を決定しておくことが可能な要求のことです。

「サービス要求管理」とは、サービス要求を定められた手順に従って実施する一連の活動のことです。インシデント管理と同様に、サービス要求を記録・分類し、優先度を付けて実施します。

⑮ 問題管理

「問題管理」とは、問題を特定するために、インシデントのデータや傾向を分析すること、およびインシデントの根本原因の分析を行い、インシデントの発生や再発を防止するための処置を決定する一連の活動のことです。問題管理はインシデント管理とも密接な関係にありますが、インシデント管理では、サービスの迅速な回復を最優先し、暫定的な対応策を講じることが多いのに対し、問題管理では、インシデントの発生や再発の防止に向けて根本原因を徹底的に突き止め、排除することに重点が置かれます。

参考

既知の誤り

根本原因が特定されている、または解決策が存在している問題のこと。

⑯ サービス可用性管理

「サービス可用性」とは、利用者がサービスを利用したいときに確実に利用できることです。

「サービス可用性管理」とは、利用者が必要なときに、いつでもサービスを利用できるように、サービス可用性を監視し、サービス可用性の維持・管理を行う一連の活動のことです。現代社会においてはITとビジネスが切り離せなくなっており、サービスの中断はそのままビジネスの停止につながりかねません。したがって、サービス可用性を確保することは、ビジネスの継続を保証するという意味でも非常に重要です。

サービス可用性管理においては、次のような観点から管理を行います。

項　目	説　明
信頼性	障害が発生しないようにすること。この信頼性の指標として、「稼働率」や「MTBF(平均故障間隔)」がある。
保守性	障害が発生した場合に、通常の運用状態への回復力に優れること。この保守性の指標として、「MTTR(平均修復時間)」がある。

参考

稼働率/MTBF（平均故障間隔）/MTTR（平均修復時間）

→「2-2-2 2 (1) システムの稼働率」

⑰ サービス継続管理

「サービス継続管理」とは、災害や事故、障害といった不測の事態が発生した場合のサービス継続について、サービスの提供者と利用者（顧客）とで合意した内容を確実に実施するための一連の活動のことです。どのような状況下であっても、サービスの中断によるビジネスへの影響を最小限にとどめ、事業の継続性を確保することが目的です。
サービス継続管理においては、サービスを継続するための方法をまとめた**「サービス継続計画」**を作成したり、通常状態への復旧目標をまとめた**「RTO（目標復旧時間）」**や**「RPO（目標復旧時点）」**を決定したり、何らかのリスクが発生した場合に安定して事業を継続するための方法をまとめた**「BCP（事業継続計画）」**などを作成したりして、定期的なトレーニングやレビュー、テストなどを通じて、不測の事態が発生したときに有効に機能するようにします。

⑱ 情報セキュリティ管理

「情報セキュリティ管理」とは、**「情報資産」**の機密性、完全性、可用性を確保するための一連の活動のことです。情報資産とは、データやソフトウェア、コンピュータやネットワーク機器などの守るべき価値のある資産のことです。
サービスを安定的に提供するためには、情報資産に対する情報漏えいや不正アクセス、マルウェアへの脅威、特定の企業やユーザーを標的として行われる標的型攻撃など、リスクへの対応は不可欠です。情報資産に対する価値を認識し、サービスの利用者や利用目的などに応じて適切な情報セキュリティ対策を講じて、情報資産を厳重に管理する必要があります。
情報セキュリティ管理では、情報セキュリティ方針を設定し、情報セキュリティマネジメントシステム（ISMS）などに沿って実施します。

参考

RTO（目標復旧時間）
どの程度の時間でデータを復旧させるかを示す目標値のこと。
「Recovery Time Objective」の略。

参考

RPO（目標復旧時点）
どの時点までのデータを復旧させるかを示す目標値のこと。
「Recovery Point Objective」の略。

参考

BCP（事業継続計画）
→「9-1-1 1（4）ゴーイングコンサーン」

参考

情報セキュリティ管理
→「3-5-4 情報セキュリティ管理」

6-1-4 パフォーマンス評価と改善

「パフォーマンス」とは、測定可能な結果のことです。サービスのパフォーマンスを評価し、改善を行います。

❶ パフォーマンス評価

サービスの要求事項に照らして、サービスの有効性を評価します。サービスを監視、測定、分析することによって評価します。
また、サービスの報告の要求事項や目的を決定して、サービスマネジメントシステムとサービスのパフォーマンスや、その有効性に関する報告をします。

❷ 改善

不適合な事象が発生した場合には、その不適合な事象を管理し、修正するための処置を行います。不適合な事象によって発生した結果にも対処します。
また、不適合な事象が再発しないようにするための是正処置を決定し、評価して、その必要な是正処置を実施するようにします。
なお、サービスマネジメントシステムやサービスの適切性、妥当性、有効性を継続的に改善することが重要です。**「ギャップ分析」**を行って、現状の姿とあるべき姿のずれを分析し、改善策を検討することも有効です。なお、承認された改善活動は、実施した結果として管理するようにします。

参考

ギャップ分析
「ギャップ」とは現在の姿とあるべき姿との“ずれ”を意味し、「ギャップ分析」とはそのギャップを埋めるためには何が足りないのか、どこを重点的に改善していけばよいのかなど、現状の問題点を分析すること。

6-1-5 サービスの運用

サービスを日常的に運用するためには、システムの運用管理が重要になります。

1 システム運用管理

「システム運用管理」は、日常の運用設計、障害発生時の運用を適切に行うための計画、運用負荷を低減させるための改善計画に加えて、容量管理・能力管理、情報セキュリティ管理、サービス可用性管理、サービス継続管理の方針を受けて実施します。
具体的な活動は、組織の目標と照らし合わせながら、サービスを構成する様々な資源を適切に維持・管理することです。維持・管理する資源には、コンピュータやネットワーク、データだけでなく、設備、マニュアル、作成した成果物、システムを運用する要員、これらにかかわるコストなども含まれます。
コンピュータやデータの維持・管理の例としては、次のようなものがあります。

名　称	説　明
ジョブ管理	システム上で設定されている様々なジョブを確実に実行するため、ジョブの実行状況や実行結果を継続的に監視し、定型業務やバッチ処理の自動化を支援する。
ユーザー管理	利用者や利用内容を制限するため、ユーザーアカウントで利用者認証をしたり、管理者権限やアクセス権を設定したりする。
データ管理	組織が所有するデータを適切に維持・管理する。データの破損または消失に備えて、データの復旧方法についても検討しておく。
仮想環境の運用管理	擬似的な構成として、仮想化した環境を使用している場合は、その環境を適切に維持・管理する。

参考

管理情報の取扱い
ひとつのシステムでシステム管理者が複数存在する場合は、管理者権限のユーザーアカウントを個々に用意したうえで作業を行う。個々のユーザーアカウントを使用することで、運用管理を行ったシステム管理者を特定することができる。
また、管理情報を一般ユーザーに公開する場合は、セキュリティを考慮したうえで実施する。

参考

ジョブ管理
→「2-3-1 6 ジョブ管理」

参考

ユーザー管理
→「2-3-1 9 ユーザー管理」

参考

仮想化
→「2-2-1 3（4）その他のシステム」

2 運用オペレーション

システムを安定稼働させるためには、定められた手順に従って、システムを監視したり、操作したりします。

（1）システム運用管理者の役割

システム運用管理者は、サービスを提供しているという認識のもとに、ビジネスの観点から情報システムのあるべき姿を考えることが重要です。
システム運用管理者の日常業務には、次のようなものがあります。

- **インフラストラクチャの利用状況を監視する。**
- **情報システムの利用方法について、利用者からの問合せに対応する。**
- **運用上のルールに従って、決められたオペレーションを実施する。**
- **情報システムに関するトラブルを解決する。**

また、インフラストラクチャに関する知識やスキルを備え、業務を熟知した人材の育成・訓練が必要になります。

参考

インフラストラクチャ
ハードウェアやソフトウェア、ネットワークなど、情報システムの基盤として必要となる設備のこと。「インフラ」ともいう。

（2）システムの操作

サービスの利用者がシステムを操作する際には、利用者マニュアルなどに従って正しい手順で操作を行う必要があります。また、データの入出力などの操作ログを保存し、誤操作や不正な操作がなかったかどうかを、あとで分析できるようにしておきます。人為的なミスや不正を回避するためには、**「ジョブスケジューリング」**によって定型的な業務を自動化し、ジョブの正確かつ確実な実行を保証することが可能です。
また、システムを安定的に稼働させるために、コンピュータやストレージ（ハードディスクやSSD）の障害によって、データやプログラムが破損した場合に備えて**「バックアップ」**を行い、障害発生時には**「リストア」**して復旧できるようにします。

(3) 運用支援ツール

「運用支援ツール」とは、安定的かつ効率的な運用を支援するツールのことです。

●監視ツール

「監視ツール」とは、システムの運用状況や情報セキュリティについて監視を行い、検知した異常を通知するツールのことです。監視対象には、OSやアプリケーションソフトウェアの稼働状況、CPUやメモリ、ネットワークの利用率、サーバやファイルなどへのアクセス数などがあります。
監視ツールには、次のようなものがあります。

名 称	説 明
自動運用ツール	アップデート作業などの日々の運用業務を自動化し、運用の負荷を軽減する。
サーバ監視ツール	サーバを構成する要素を監視し、障害発生などの異常を検知して通知する。
ネットワーク監視ツール	ネットワークを監視し、障害発生などの異常を検知して通知する。
クライアント監視ツール	クライアントとなるコンピュータを監視し、情報漏えいや私的利用などを検知して通知する。

●診断ツール

「診断ツール」とは、監視ツールなどから取得した情報をもとに、運用上のトラブルやセキュリティにかかわるリスクなどを検証し、問題点の指摘と解決策の提示を行うツールのことです。
診断ツールには、次のようなものがあります。

名 称	説 明
自動診断ツール	システムに関する問題を検証し、問題点の指摘と解決策の提示を行う。診断結果に応じて自動的に修正を実行するツールもある。
サーバ診断ツール	サーバのパフォーマンスや信頼性などについて検証し、問題点の指摘と解決策の提示を行う。
ネットワーク診断ツール	ネットワークの品質や安全性などについて検証し、問題点の指摘と解決策の提示を行う。
クライアント診断ツール	クライアントとなるコンピュータのセキュリティの脆弱性などを検証し、問題点の指摘と解決策の提示を行う。

3 サービスデスク

「サービスデスク」とは、サービスの利用者からの問合せに対して、単一の窓口（SPOC）の機能を提供し、適切な部署への引継ぎ、対応結果の記録、その記録の管理などを行う一連の活動のことです。**「ヘルプデスク」**ともいいます。

参考
ジョブスケジューリング
コンピュータが処理する仕事の単位（ジョブ）をグループ化したものを定義し、その実行のタイミングを設計すること。

参考
バックアップとリストア
→「2-3-4 5 バックアップ」

参考
インベントリ収集
社内ネットワークに接続しているクライアントのハードウェア構成や、インストールされているソフトウェア構成などの情報を、ネットワークを経由して収集する機能のこと。インベントリ収集を行うことで、ハードウェアやソフトウェアの資産管理だけでなく、業務に無関係なソフトウェアがインストールされているクライアントの検出を、効率的に行うことができる。

参考
コールセンター
電話で問合せを受け付ける窓口のこと。

一般的には、製品の使用方法やサービスの利用方法、トラブルの対処方法、故障の修理依頼、クレームや苦情への対応など、様々な問合せを受け付けます。受付方法には、電話やFAX、電子メールなどがありますが、問合せ内容によって窓口を複数設置してしまうと、どこが適切な窓口かわかりづらくなったり、調べる手間が発生したりするため、窓口を一本化した**「SPOC」**を提供することが必要です。
サービスデスクを機能させるメリットには、次のようなものがあります。

- **利用者からの問合せに迅速かつ的確に対応する。**
- **顧客サービスが向上し、顧客満足度が高まる。**
- **利用者とのコミュニケーションが強化される。**
- **問合せなどへの対応状況を正確に把握する。**
- **製品やサービスに関する問題の根本的な原因を取り除く。**
- **サポートに関する様々な情報やノウハウを共有し、有効活用する。**
- **製品やサービスに対する顧客の声を収集し、次の戦略に活かす。**

サービスデスクは、一次サポートとしての役割を持ちます。サービスデスクで受け付けた問合せは、回答ができない場合、適切な部署へ引き継いで回答します。問合せ内容や対応結果は、データベースなどに登録して管理し、知識ベースとして利用したり、よくある問合せを**「FAQ」**としてWebページに公開したり、内容を分析して製品やサービスの改善に役立てたりします。
FAQとは、よくある質問とその回答を対として集めたものです。Webページや掲示板サイトなどで、自由に参照できるように公開されているものも多く、利用者が質問を検索して回答が得られるものもあります。利用者にFAQを提供することで、利用者が問題を自己解決できるようにすることを支援します。
サービスデスクの業務に**「チャットボット」**を活用することにより、24時間365日、担当者に代わって問合せ業務を行うことができます。チャットボットとは、**「対話(chat)」**と**「ロボット(bot)」**という2つの言葉から作られた造語であり、人間からの問いかけに対し、リアルタイムに自動で応答を行うロボット(プログラム)のことです。一般的に、ユーザーがWeb上に用意された入力エリアに問合せ内容を入力すると、システムが会話形式で自動的に問合せに応答します。もちろん、チャットボットを活用して、すべての問合せに応答できるわけではありませんが、チャットボットで応答できない問合せは担当者がシームレス(途切れのないよう)に引き継ぐなどの機能を持つチャットボットも開発されています。

6-1-6　ファシリティマネジメント

「ファシリティマネジメント」とは、組織が保有するコンピュータやネットワーク、施設、設備などを維持・保全し、より良い状態に保つための一連の活動のことです。経営管理手法のひとつとされており、もともとは、組織が所有する不動産や建物などの施設を効率的に運用するとともに、より戦略的に活用するための手法として誕生しました。

参考
SPOC
単一の窓口のこと。
「Single Point Of Contact」の略。

参考
ローカルサービスデスク
利用者と同一の場所または近い場所に配置したサービスデスクのこと。

参考
バーチャルサービスデスク
複数の場所に分散しているが、利用者からはひとつに見えるサービスデスクのこと。

参考
応対マニュアル
サービスの利用者からの問合せや問題の報告などを受けた際、状況に応じてどのように対応すべきかが箇条書きなどの形でまとめられているもの。

参考
FAQ
「Frequently Asked Questions」の略。

参考
AIを活用したチャットボット
最近では、AIを活用したチャットボットがある。AIを活用したチャットボットは、人間からの問いかけに対して日々学習を行い、新しい質問に応答できるように成長する。ただし、学習には一定の時間がかかり、完全に正しい応答ができるようになるわけではない点には注意が必要となる。

参考
CTI
電話やFAXとコンピュータを連携させた利用技術のこと。電話やFAXに対して自動応答をしたり、発信者に応じて適切な着信者に振り分けたりする。サービスデスクなどの業務で広く使われている。
「Computer Telephony Integration」の略。

❶ ファシリティマネジメントの目的と考え方

情報システムは、様々なシステム環境によって支えられています。したがって、ファシリティマネジメントを情報システムにも応用し、コンピュータやネットワーク機器などが設置される施設の設計、構築、運用を適切に行うことで、利用者に対し、サービスを最適な状態で提供できます。特にハードウェアやソフトウェアの導入、保守、修理などのカスタマサービスを実施する要員にとって、ファシリティマネジメントは重要な活動のひとつとされています。
ファシリティマネジメントを構成する活動には、施設・設備の管理と維持保全の2つがあります。

❷ 施設管理・設備管理

「施設管理・設備管理」とは、データセンターなどの施設やコンピュータ、ネットワーク機器などのファシリティを管理することです。
ファシリティは重要な経営資源でもあるため、これらを適切に管理することにより、次のような効果が期待できます。

- **施設・設備の運営コストを可視化し、コストの最適化を促進する。**
- **施設・設備の戦略的活用に向けた意思決定を支援する。**
- **常に最適な環境のもとでサービスを提供し、顧客満足度を高める。**
- **施設・設備にかかわるトラブルに速やかに対応する。**
- **セキュリティレベルや事業継続性が向上する。**
- **電力量や排熱量を抑え、環境負荷を低減する。**

情報システムにおけるファシリティマネジメントでは、地震・水害などの自然災害への対策、火災などの事故への対策を行うことが重要であると考えられています。窓の有無、空調、ノイズ、漏水・漏電など、機器の運用に障害となるものが発生していないかどうかを定期的に点検し、必要に応じて対策を講じます。

(1) 建物施設

建物施設としては、落雷や地震などの災害から情報システムを守るために、次のような装置の設置を検討します。

名　称	説　明
サージ防護機能付き装置	「サージ」とは、瞬間的に発生する異常に高い電圧のこと。近くに落雷があった場合、高い電圧によって発生した電流(数千～数万A)が電線や電話回線を通じて流れ込み、コンピュータが壊れてしまうことがある。「サージ防護機能」とは、こうしたサージによる被害を防ぐための機能のことで、サージプロテクト機能の付いたOAタップや、「アレスタ」などサージを放電するサージ保護デバイスを使ってコンピュータを守る。
耐震装置・免震装置	データセンターなどの施設の基礎部分や各階の間、機器と床の間などに設置され、建物の揺れに耐えたり抑えたりする装置のこと。コンピュータやネットワークなどの機器を震動から守り、災害による故障や破損を回避できるため、有効な事業継続対策のひとつとされている。床に設置する「床免震」や、機器の下に設置する「機器免震」などがある。

参考

ファシリティ
施設や設備のこと。

参考

データセンター
サーバなどの機器を預かり、通信回線を含む情報システムの運用・保守サービスを提供する専用の施設のこと。「DC」、「IDC」ともいう。
DCは「Data Center」の略。
IDCは「Internet Data Center」の略。

参考

オンサイトサポート
保守や修理などの作業を現地に出向いて行うこと。

参考

ホットアイルとコールドアイル
空調設備としては、空調機器の維持だけでなく、空調空間にも考慮する必要がある。データセンターで各サーバラックの前面と背面をそろえて横に並べて配置した場合、前面側または背面側のサーバ室内の暖気だけを集めた空間のことを「ホットアイル」という。また、前面側または背面側のもう一方の冷気だけを集めた空間のことを「コールドアイル」という。サーバは処理するとサーバ内で熱を発生し、一般的に背面側から熱排気をするので、背面側をホットアイルにし、前面側をコールドアイルにすることが多い。
ホットアイルとコールドアイルを明確に分けて、暖気と冷気が混ざらないようにすることによって、サーバ室内の冷却効率が向上し空調機の消費電力を大幅に削減できる。さらに、暖気をデータセンターの換気口から外に出すようにし、冷気を空調コントロールでサーバ室内に入れるようにする。

(2) 電気設備

電気設備としては、停電などによる電源の供給の停止を防ぐために、次のような装置の設置を検討します。

名　称	説　明
UPS	停電や瞬断時に電源の供給が停止してしまうことを防ぐための予備の電源のこと。「無停電電源装置」ともいう。停電時は、UPSが内蔵するバッテリーから電源を供給するが、UPSが継続して供給できる時間は一般的に10～15分程度である。そのため、速やかに作業中のデータを保存したり、システムを停止したりする必要がある。 「Uninterruptible Power Supply」の略。
自家発電装置	停電などにより主電源が使えなくなった場合に、専用のコンセントから電源を供給する装置のこと。太陽光発電装置、風力発電装置、ディーゼル発電装置、ガス発電装置など複数の種類がある。一般的に通常時は使用されないため、いざというときに動作するよう、定期的に点検を行っておくことが重要である。

(3) 防犯設備

施設・設備の管理においては、災害対策のほか、人的脅威によるリスクから情報システムを守るためのセキュリティ対策も重要です。セキュリティ対策としては、次のような防犯設備の導入を検討します。

名　称	説　明
セキュリティワイヤ	ノートPCなどに取り付けられる、盗難を防止するためのワイヤ(金属製の固定器具)のこと。ノートPCなどの機器にセキュリティワイヤを装着し、机などに固定すると、容易に持出しができなくなるため、盗難を防止するのに役立つ。
入退室管理	施設内への立ち入りを禁止するために、IDカードや指紋認証、顔認証などを用いて入退室を管理すること。

3 施設・設備の維持保全

「施設・設備の維持保全」とは、施設・設備を適切な状態に維持保全することです。施設・設備を点検し、償却の期限を迎えた資産は新しい資産に移行し、古いものは廃棄します。施設・設備の寿命を長期化し、投資対効果を最大化するだけでなく、快適かつ安全なサービスを継続的に提供することが目的です。適切なタイミングで確実に実施する必要があるため、管理責任者を配置するとともにマニュアル類を整備し、明確な維持保全計画に従って作業を進めます。また、計画された保全活動が適正に行われているかどうかを確認するため、定期的な報告および評価を行うことも重要です。

4 環境対策

多種多様なIT機器が市場に出回り電力消費量が問題視される中で、省エネ対策や環境保護への意識が高まっています。企業においても、環境に配慮したIT利用の取組みが求められるようになり、**「グリーンIT」**が広く導入されるようになりました。

「グリーンIT」とは、PCやサーバ、ネットワークなどの情報通信機器そのものの省エネや資源の有効活用をするという考え方のことです。例えば、PCの電源を節電モードに設定し、利用していないときに自動的に電源をオフにするなどして、省エネを行います。

参考

MDFとIDF

通信設備としては、MDFやIDFなど、ネットワークの配線に考慮する必要がある。

「MDF」とは主配線盤のこと。

「Main Distribution Frame」の略。

「IDF」とは中間配線盤のこと。

「Intermediate Distribution Frame」の略。

参考

保全

施設や設備などの機能や性能を、その使用目的に適合するように保護すること。

参考

償却

「減価償却」の略。

→「9-1-3 4 (2) 減価償却」

参考

グリーンIT

「Green of IT」の略。

6-2 システム監査

6-2-1 システム監査

システム監査は、企業が円滑かつ発展的な業務を行っていく上で重要なものです。

1 監査業務

「監査業務」とは、業務が適正に行われているかどうかを、組織内部または外部の独立した第三者が検証、評価する活動のことです。組織内部で実施する監査を**「内部監査」**、外部の独立した第三者が実施する監査を**「外部監査」**といいます。監査にあたっては、"業務を遂行するうえでの基準や手続きが定められていること"、"定められた基準や手続きが守られていること"の2点が重要なポイントとなります。また、監査は一度実施したら終わりではなく、定期的に実施されます。

2 システム監査の目的と手順

「システム監査」とは、独立した第三者である**「システム監査人」**が情報システムを総合的に検証、評価し、その関係者に助言や改善提案を行う活動のことです。

「システム監査人」とは、情報システムについて監査を行う人のことです。情報システムに関する専門的な知識や技術、システム監査の実施能力を有すると同時に、被監査部門から独立した立場であることが求められます。

(1) システム監査の目的

システム監査の目的は、情報システムにまつわるリスク(情報システムリスク)に適切に対処しているかどうかを、独立かつ専門的な立場であるシステム監査人が点検・評価・検証することを通じて、組織体の経営活動と業務活動の効果的・効率的な遂行と、それらの変革を支援して組織体の目標達成に寄与すること、利害関係者に対する説明責任を果たすことです。

システム監査における主な監査項目は、次のとおりです。

- 情報システムが、不正アクセスに対する安全性を確保しているかどうか。
- 情報システムが、障害に対する信頼性を確保しているかどうか。
- 情報システムが、企業の経営方針や戦略に対して、効率的かつ効果的に貢献しているかどうか。
- 情報システムが、関連する法規制や内部規定を遵守しているかどうか。

参考

監査の種類

監査の種類には、次のようなものがある。

種類	説明
会計監査	財務諸表について、妥当性、適正性の検証、評価を行う。法定監査と任意監査があり、外部の独立した第三者(公認会計士または監査法人)によって実施される。
業務監査	会計業務以外の業務活動全般について、合理性、妥当性などの検証、評価を行う。組織や制度も監査の対象に含まれる。組織内部(内部監査人または監査役)によって実施される。
システム監査	情報システムを対象に、独立した第三者(システム監査人)によって実施される。
情報セキュリティ監査	情報セキュリティ対策の妥当性・有効性・網羅性や、情報セキュリティマネジメントなどについて検証、評価を行う。組織内部(内部監査人または監査役)や、外部の独立した第三者(情報セキュリティ監査人)によって実施される。
法定監査	法律で義務付けられている監査のこと。会社法監査、金融商品取引法監査、労働組合監査、学校法人監査、公益法人監査などがある。
任意監査	依頼者の要請に応じて実施される。

(2) システム監査の手順

システム監査の手順は、次のとおりです。

1 システム監査計画の策定

監査の目的やテーマ、監査対象の範囲などを明確にし、「システム監査計画書」を作成する。

2 予備調査

ヒアリングや資料の確認を行い、被監査部門や対象となる情報システムの概要を把握する。

3 本調査

システム監査計画で設定した監査項目や手続きに従って具体的な調査を行い、システムを総合的に検証、評価する。

4 システム監査報告書の作成

監査結果をまとめた「システム監査報告書」を作成する。

5 意見交換会

システム監査報告書の記載内容に事実誤認がないかどうか、被監査部門の代表者と意見交換を行い、必要に応じて加筆、修正する。

6 監査報告会

完成したシステム監査報告書に基づき、経営者に監査結果を説明する。

7 フォローアップ

システム監査人が改善の状況を確認し、改善の実現を支援する。

3 システム監査の対象業務

システム監査の対象業務は、情報システムの企画業務、開発業務、運用業務、保守業務、これらのすべてに共通する業務など、情報システムのライフサイクルを構成する全業務に及びます。**「システム監査基準」**などをこれらの業務内容に応じて検討し、システム監査を実施する目的や対象範囲などを**「内部監査規程」**や契約書によって明文化しておきます。内部監査規程とは、企業や組織における内部監査制度に関する基本事項を定めた文書のことで、内部監査の対象や、監査の種類や方法、実施体制、報告の仕方などを明らかにします。
また、稼働中の情報システムの信頼性や安全性、効率性を検証するためには、対象業務が次の2つの条件を有していることが必要です。

- リスクに対する何らかのコントロールが存在している。
- 利用情報やエラー状況のログなどをトレースできる。

参考

システム監査企業台帳

経済産業省が、システム監査を実施できる企業を公開した台帳のこと。台帳には、企業概要、監査の実績、得意分野などが記載されており、システム監査を実施する企業は、この台帳を参考に委託先を探すことができる。現在は、組織内部の監査部門がシステム監査を行うケースが主流となっているため、セキュリティ対策の実効性などを保証するためにも、システム監査企業台帳に掲載されている外部の監査企業の利用が促進されている。

参考

システム監査委託契約書

システム監査の全部または一部を組織外部の専門家に委託する場合は、「システム監査委託契約書」を作成し、委託するシステム監査業務の内容や責任の所在などを明確に定める必要がある。システム監査委託契約書には、主に次のようなことを記載する。

- 委託業務の内容に関する事項
- 委託期間に関する事項
- 委託費用に関する事項
- 監査日程および監査結果の提出に関する事項
- 委託者および受託者の責任範囲に関する事項
- 守秘義務に関する事項

参考

システム監査基準

システム監査の品質を確保し、有効かつ効率的なシステム監査を実現するためのシステム監査人の行為規範のこと。経済産業省が策定したもの。
また、システム監査の判断尺度を確定する際の客観的な参照基準として、経済産業省が策定した「システム管理基準」などを用いることができる。

参考

システム管理基準

→「7-1-1 1 情報システム戦略の確立」

❹ システム監査計画の策定

効率的かつ効果的な監査を行うために、システム監査人は、監査の目的やテーマ、監査対象の範囲、監査手続、実施時期、実施体制、実施スケジュールなどを明確にします。また、策定した計画は**「システム監査計画書」**として文書化し、関係者間で共有しておきます。
システム監査計画書には、数年単位の**「中長期計画書」**、年度単位の**「基本計画書」**、監査項目単位の**「個別計画書」**があります。

❺ システム監査の実施

システム監査人は、システム監査計画に基づいて十分な予備調査を行ったあとで本調査に臨み、情報システムを検証、評価します。適切かつ効率的な監査を行うための手法である**「システム監査技法」**には、質問項目に回答してもらう**「チェックリスト法」**や、収集した情報や資料をもとに調査する**「ドキュメントレビュー法」**、関連する記録を照合したり最終結果に至るまでの記録をさかのぼったりする**「突合法(照合法)」**、現地に出向いて実際の作業状況を調査する**「現地調査法」**、特定者に口頭で質問する**「インタビュー法」**などがあります。
また、システム監査を通じて知り得た情報は**「監査証拠」**として保全するため、監査の実施後には**「監査調書」**を作成する必要があります。文書化されていないものは、監査証拠の役割を果たしません。

❻ システム監査の報告とフォローアップ

すべてのシステム監査が終了したら、システム監査人は**「システム監査報告書」**を作成し、監査の依頼者への報告を行います。システム監査報告書には、監査意見として、情報システムの信頼性や安全性、効率性についての一定の保証や、指摘事項、助言、改善提案などが記載されます。
さらにシステム監査人は、これらの報告内容に基づいて必要な措置が講じられるように、継続的に**「フォローアップ」**を行います。フォローアップとは、改善の状況を確認し、改善の実現を支援することです。システム監査は報告だけで終わっては意味がなく、改善提案の実現を促進し、システム監査の有効性を高めることが目的です。

❼ システム監査の体制整備

システム監査人は、システム監査の実施後に、被監査部門にとってシステム監査の結果が満足するものであるかどうかを確認し、一定の監査の品質を確保するために、必要に応じて今後の監査体制を見直すようにします。

❽ その他の情報システム関連の監査

一般的なシステム監査のほか、その他の情報システムにかかわる監査には、次のようなものがあります。

名　称	説　明
情報セキュリティ監査	情報セキュリティ監査制度(経済産業省が2003年に開始)で規定された「情報セキュリティ管理基準」および「情報セキュリティ監査基準」に基づいて検証、評価する。
個人情報保護監査	個人情報保護の仕組みが「JIS Q 15001」の要求事項に適合するかどうか検証、評価する。「プライバシーマーク」の認定取得などに有効とされる。
コンプライアンス監査	著作権法、不正競争防止法、労働基準法など、法規制の遵守状況について検証、評価する。
マネジメントシステム監査	マネジメントシステムの仕組みが「JIS Q 19011」(マネジメントシステム監査のための指針)の要求事項に適合するかどうか検証、評価する。

参考

監査手続
監査証拠を入手するために実施する手続きのこと。

参考

監査証拠
情報システムの利用情報やエラー状況のログ(アクセスした記録)など、監査の実施によって入手した情報のこと。これらを分析し、監査の目的である信頼性、安全性、効率性が確保されていることを証明する。すべてのログを検証することは困難なため、システム監査計画の時点で、必要な監査証拠を選定しておく。

参考

監査調書
システム監査人が実施した監査のプロセスを記録したもの。

参考

監査意見
システム監査人が表明する意見のこと。システム監査報告書においては、事実と意見が混在しないよう、明確に区分する必要がある。

参考

JIS Q 15001
個人情報保護に関する要求事項のこと。組織における個人情報保護の実施基準ともいえる。

参考

プライバシーマーク制度
個人情報保護に特化した認証制度のこと。JIS Q 15001の要求事項を満たし、個人情報の取扱いにおいて適切な保護措置を講じている組織に対し、「プライバシーマーク」の使用を認可する。

参考

コンプライアンス
→「9-2-4 2 コンプライアンス」

6-2-2 内部統制

健全かつ効率的な組織運営を実現するための手法として、**「内部統制」**と**「ITガバナンス」**があります。

1 内部統制

「内部統制」とは、企業が業務を適正に行うための体制を自ら構築し、運用する仕組みのことです。内部統制においては、経営戦略との高い整合性が求められるため、経営陣のリーダーシップが欠かせません。企業による不祥事があとを絶たない現在においては、その反省のもとに、企業が自ら襟を正して活動していくことが求められています。2007年9月に施行された**「金融商品取引法」**によって、現在は、すべての上場企業に対して内部統制の整備や**「内部統制報告書」**の提出が義務付けられています。
内部統制の基本的枠組みとしては、1992年に米国の**「COSO」**が発表した**「COSOフレームワーク」**が有名です。内部統制の世界標準として活用されており、金融商品取引法の内部統制に関する実施基準も、この考え方に基づいて作成されたものです。
COSOフレームワークをアレンジし、日本における内部統制の基本的枠組みをわかりやすく図解したものとして、次の**「日本版COSOキューブ」**があります。日本版COSOキューブでは、目的として"資産の保全"、基本的要素として"ITへの対応"が追加されています。

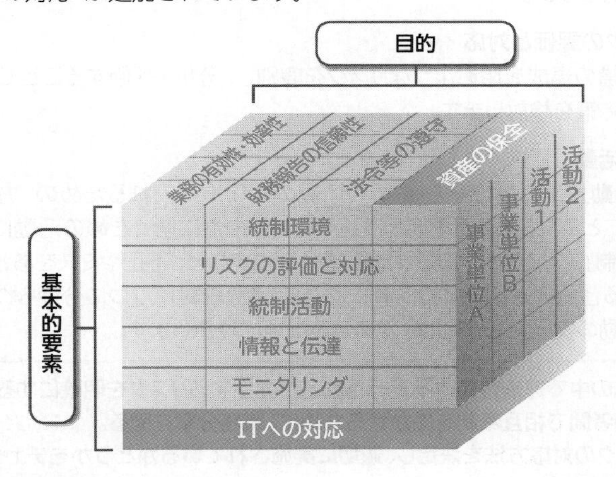

(1) 内部統制の目的

内部統制には、業務活動を支援するための4つの目的があります。
内部統制の目的は、次のとおりです。

●業務の有効性と効率性

「業務の有効性」とは、業務目標が達成された度合いのことです。**「業務の効率性」**とは、業務目標に対して、時間、人材、コストなどが合理的に使用されることです。達成度や合理性を測定・評価する体制を整えることで、確実に業務目標が達成されるように支援します。

参考

金融商品取引法

→「9-2-4 4 (2) 金融商品取引法」

参考

内部統制報告制度

金融商品取引法に基づき、財務報告の信頼性を確保するために上場企業に対して義務付けられた制度のこと。
経営者自らが作成した「内部統制報告書」を、公認会計士や監査法人が監査証明し、企業が年度ごとに内閣総理大臣に提出する。

参考

COSO（コソ）

米国公認会計士協会などが設立した組織のこと。「トレッドウェイ委員会組織委員会」ともいう。
「Committee Of Sponsoring Organizations of the Treadway Commission」の略。

参考

日本版SOX（ソックス）法

法律の正式名称ではなく、金融商品取引法の内部統制に関する規定部分のこと。米国SOX法にならって、日本における同様の法制度を検討したことから、このように呼ばれている。

●財務報告の信頼性
財務報告に虚偽記載が生じることのないように体制を整え、財務報告の信頼性を確保するために支援します。

●事業活動にかかわる法令等の遵守
業務活動を行う上でのコンプライアンス体制を整え、法令遵守の徹底を支援します。

●資産の保全
企業が保有する資産の取得や使用、廃棄などを正当な手続きのもとで行うための体制を整え、資産の保全を支援します。

(2) 内部統制の基本的要素

内部統制には、内部統制の目的を達成するために必要とされる6つの基本的要素があります。これらは、内部統制における世界標準として活用されているCOSOフレームワークに基づいています。
内部統制の基本的要素は、次のとおりです。

●統制環境
「統制環境」とは、内部統制を実現するための基盤となる環境のことです。具体的には、組織の目標や指針、行動規範などを明確にし、組織一人ひとりに周知することで、意識を向上させます。よい環境を整えることは、組織内のすべての者の意識によい影響を与えるだけでなく、ほかの5つの基本的要素の基盤となります。

●リスクの評価と対応
組織目標の達成を阻むようなリスクを識別し、分析・評価することで、リスクへの対応策を検討します。

●統制活動
「統制活動」とは、内部統制を業務活動の中に取り入れるための、方針や手続きのことです。統制活動は、不正やミスを未然に防ぐための活動にあたる**「予防統制」**と、アクセスログや修正履歴を残すなど、不正やミスをあとから発見できる仕組みを用意する活動にあたる**「発見統制」**の2つに分けられます。
統制活動の実現においては、次のような点に注意します。

- **業務の中で違法行為や不正行為などが発生するリスクを明確にする。**
- **担当者間で相互牽制を働かせるために、職務分掌を図る。**
- **リスクの対応方法を決定し、適切に実施されているかどうかをチェックする体制を確立する。**

●情報と伝達
組織内のすべての者が、必要な情報を正確に取得し、伝達、共有できるような環境を整えます。

●モニタリング
内部統制が正しく機能しているかどうかを評価します。業務レベルで継続的に行う**「日常的モニタリング」**や、定期的に行う内部監査などの**「独立的評価」**、違法行為や不正行為などを知り得た者が行う**「内部通報制度」**などがあります。これらのモニタリングによって、内部統制の実施状況を監視・評価・是正していきます。

参考
相互牽制(けんせい)
相互に不正な行動を防止すること。

参考
職務分掌(ぶんしょう)
ひとつの職務(権限や職責)を複数の担当者に分離させることによって、権限や職責を明確にすること。職務分掌を図ることで、相互牽制を働かせることができる。

●ITへの対応

「ITへの対応」とは、組織目標を達成するために必要な情報システムを適切に取り入れ、その利用状況や管理状況を監視・評価・是正することです。情報システムを導入することで、業務の有効性と効率性を高め、より高度な内部統制を構築できます。

内部統制をより有効に機能させるために、情報システムは次のような統制機能（コントロール）を発揮します。

名　称	説　明
準拠性	会計原則、会計基準、関連する法律などに準拠する。
網羅性（完全性）	情報を漏れなく、かつ重複なく記載する。
可用性	必要な情報を、必要なときに利用できる。
機密性	情報資産を保護し、不正な利用を防ぐ。
正確性	情報を正確に記録し、提供する。
維持継続性	情報の正確性を維持し、継続的に利用できる。
正当性	情報が正当な手続きを経たものであることを保証する。
整合性	異なるシステム、異なるファイル間などで情報の内容に矛盾がないようにする。

また、ITによる統制活動は、**「IT業務処理統制」**、**「IT全般統制」**の2つに分けられます。

名　称	説　明
IT業務処理統制	情報システムを利用することで、個々の業務プロセスにおいて発生したデータが、漏れなく正しく処理・記録・保持され、必要な情報が常に正しい手続きのもとに利用者に提供されるようにする。販売管理、在庫管理、生産管理、財務会計などの情報システムには、正当な手続きだけを受け付け、個々の業務プロセスが正しく処理されるように支援する仕組みが求められる。
IT全般統制	IT業務処理統制が有効に機能するような環境を整える。IT業務処理統制の基盤となる。具体的な活動には、システム運用における担当者の役割分担、システム運用にかかわる規定やマニュアルの整備、情報セキュリティ対策の実施、システム障害時の対応などがある。

(3) 内部統制の構築

内部統制の構築にあたっては、次のような活動が求められます。

●業務プロセスの明確化

「業務フロー図」や**「業務記述書」**を作成し、現状の業務プロセスの内容を明らかにします。さらに**「リスクコントロールマトリクス」**を作成し、各業務の中に存在しているリスクと、それに対する統制活動を把握します。内部統制の構築においては、この3種類の文書の作成が欠かせません。

●実施ルールの設定

文書化を通じて現状の内部統制の整備状況を把握したうえで、課題や改善事項を洗い出し、各業務プロセスにおいて正しい統制活動が行われるように、内部統制にかかわるルールを設定します。

参考

業務フロー図

業務プロセスごとに、具体的な業務の流れを表した図のこと。

参考

業務記述書

各業務プロセスにおける作業の目的や内容、手順、対象範囲などを記述した文書のこと。

参考

リスクコントロールマトリクス

業務プロセスごとに想定されるリスクを洗い出し、個々のリスクに対して実施している統制活動（コントロール）を記述した文書のこと。「RCM」ともいう。
RCMは、「Risk Control Matrix」の略。

●チェック体制の確立

各業務プロセスにおいて不正やミスなどが発生しないように、適切な監視およびチェック体制を整えます。どこで、どのようなレベルのチェック機能が働くべきかを検討する必要があります。また、統制活動がルールどおりに行われていることを確認するためには、それを確認できる証拠の存在が重要です。1人に権限や職責が集中すると不正やミスを発見しにくくなるため、職務分掌の実現にも考慮します。

❷ ITガバナンス

「ITガバナンス」とは、企業などが競争力を高めるために、情報システムを活用するためのIT戦略を策定し、その実行を統治する仕組みのことです。経済産業省のシステム管理基準では、ITガバナンスを次のように定義しています。

- **経営陣がステークホルダのニーズに基づき、組織の価値を高めるために実践する行動であり、情報システムのあるべき姿を示す情報システム戦略の策定および実現に必要となる組織能力である。**
- **経営陣はITガバナンスを実践するうえで、情報システムにまつわるリスクだけでなく、予算や人材といった資源の配分や、情報システムから得られる効果の実現にも十分に留意する必要がある。**

ITガバナンスは、**「ISO/IEC 38500」**として国際標準化されており、日本では**「JIS Q 38500」**としてJIS化されています。

例えば、莫大な投資をして情報システムを導入しても、経営方針との整合性がなかったり、利用者のニーズに合わなかったりすれば、十分な投資効果は期待できません。そこで、ITガバナンスは、ITを効果的に活用して経営戦略の実現を支援し、事業を成功に導くことを目的としています。

ITガバナンスにおいては、経営戦略とIT戦略の高い整合性が求められるため、経営陣やCIO（最高情報責任者）、CISO（最高情報セキュリティ責任者）のリーダーシップが欠かせません。また、ITガバナンスを実現するための取組みには、**「システム監査」**、**「情報セキュリティ監査」**、**「ソフトウェア資産管理」**があります。

❸ 法令遵守状況の評価・改善

内部統制とコンプライアンスは切り離せない関係にあり、情報システムの構築、運用においても、対象となる業務や、情報システムにかかわるすべての法令を遵守しなければなりません。そのため、適切なタイミングで、適切な方法を用いて、コンプライアンスの実態を評価し、必要に応じて改善していくことが重要です。

内部統制に関する法律としては、内部統制の構築を義務付けている**「金融商品取引法」**および**「会社法」**の2つがありますが、情報システムの構築、運用においては、個人情報の取扱いに関するルールを定めた**「個人情報保護法」**、ソフトウェア開発にかかわる**「著作権法」**なども意識する必要があります。

参考

コーポレートガバナンス

企業活動を監視し、経営の透明性や健全性をチェックしたり、経営者や組織による不祥事を防止したりする仕組みのこと。日本語では「企業統治」の意味。

参考

IT戦略

情報システムを経営戦略の一部として活用するために、企業が目指す情報システムの方向性や投資などを中長期的に定めたもの。

参考

IT統制

ITを利用した内部統制のこと。会社で利用している情報システムや管理している情報が健全かつ有効に使われているかどうかを監視・統制することを目的とする。

参考

CIO（最高情報責任者）/
CISO（最高情報セキュリティ責任者）

→「9-1-1 5（3）経営者の役職」

参考

金融商品取引法/会社法

→「9-2-4 4 その他の法律・基準」

参考

個人情報保護法

→「9-2-2 4 個人情報保護法」

参考

著作権法

→「9-2-1 1 著作権法」

参考

CSA

監査部門が被監査部門を直接評価するのではなく、被監査部門が自部門の活動を評価すること。「統制自己評価」ともいう。「Control Self Assessment」の略。

6-3 章末問題

※解答は巻末にある別冊「章末問題 解答と解説」P.25に記載しています。

問題6-1

次の条件でITサービスを提供している。SLAを満たすことができる、1か月のサービス時間帯中の停止時間は最大何時間か。ここで、1か月の営業日数は30日とし、サービス時間帯中は、保守などのサービス計画停止は行わないものとする。

〔SLAの条件〕
・サービス時間帯は、営業日の午前8時から午後10時までとする。
・可用性99.5%以上とする。

ア　0.3　　イ　2.1　　ウ　3.0　　エ　3.6

平成30年秋期　問57

問題6-2

ソフトウェア開発プロジェクトで行う構成管理の対象項目として、適切なものはどれか。

ア　開発作業の進捗状況
イ　成果物に対するレビューの実施結果
ウ　プログラムのバージョン
エ　プロジェクト組織の編成

平成24年春期　問51

問題6-3

システムの移行テストを実施する主要な目的はどれか。

ア　確実性や効率性の観点で、既存システムから新システムへの切替え手順や切替えに伴う問題点を確認する。
イ　既存システムの実データのコピーを利用して、新システムでも十分な性能が得られることを確認する。
ウ　既存の他システムのプログラムと新たに開発したプログラムとのインタフェースの整合性を確認する。
エ　新システムが、要求された全ての機能を満たしていることを確認する。

平成31年春期　問56

問題6-4

システムの移行方式の一つである一斉移行方式の特徴として、最も適切なものはどれか。

ア　新旧システム間を接続するアプリケーションが必要となる。
イ　新旧システムを並行させて運用し、ある時点で新システムに移行する。
ウ　新システムへの移行時のトラブルの影響が大きい。
エ　並行して稼働させるための運用コストが発生する。

平成26年春期　問55

問題6-5

事業継続計画で用いられる用語であり、インシデントの発生後、次のいずれかの事項までに要する時間を表すものはどれか。

（1）製品又はサービスが再開される。
（2）事業活動が再開される。
（3）資源が復旧される。

ア　MTBF　　イ　MTTR　　ウ　RPO　　エ　RTO

令和元年秋期　問57

問題6-6

次の図は、データセンター内の空気の流れを表したイメージである。各サーバの背面側の灰色部分が示す空間のことを何というか。

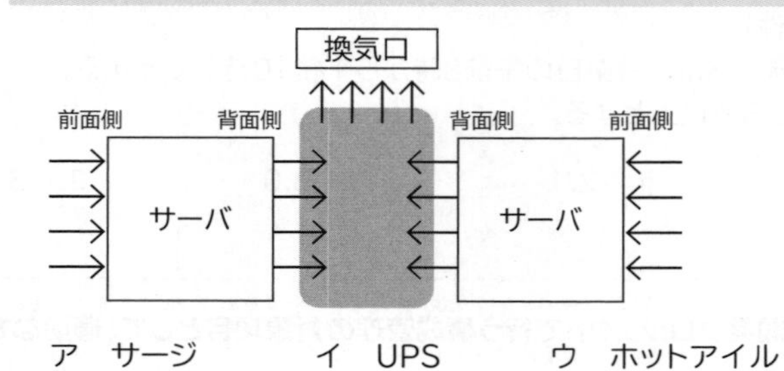

ア　サージ　　イ　UPS　　ウ　ホットアイル　　エ　コールドアイル

予想問題

問題6-7

システム監査人の役割に関する記述のうち、適切なものはどれか。

ア　監査対象から独立し、かつ、専門的な立場で、情報システムのコントロールの整備・運用に対する保証又は助言を行う。
イ　仕様書どおりの処理が行われるかどうか、テストを行い、リリースを承認する。
ウ　情報システムの性能を評価し、システムの利用者に監査調書を報告する。
エ　情報システムの総合テストで発見された不具合の改善を、テスト担当者に指示する。

平成26年秋期　問59

問題6-8

経営者が社内のシステム監査人の外観上の独立性を担保するために講じる措置として、最も適切なものはどれか。

ア　システム監査人にITに関する継続的学習を義務付ける。
イ　システム監査人に必要な知識や経験を定めて公表する。
ウ　システム監査人の監査技法研修制度を設ける。
エ　システム監査人の所属部署を内部監査部門とする。

平成31年春期　問59

問題6-9

企業経営の透明性を確保するために、企業は誰のために経営を行っているか、トップマネジメントの構造はどうなっているか、組織内部に自浄能力をもっているかなどの視点で、企業活動を監督・監視する仕組みはどれか。

ア　コアコンピタンス　　イ　コーポレートアイデンティティ
ウ　コーポレートガバナンス　　エ　ステークホルダアナリシス

平成28年春期　問75

ストラテジ系

Fundamental Information Technology Engineer Examination

第7章

システム戦略

情報システム戦略をもとに、業務プロセスの改善、ソリューションサービス、システム利用促進と評価、システム化に向けた要件定義や調達などについて解説します。

7-1 システム戦略

7-1-1 情報システム戦略

ITの進化と普及に伴い、今や情報システムは、企業経営に欠かせない存在になっています。情報システムが経営戦略や事業戦略の実現を支える存在であり続けるためには、明確な戦略が必要です。

1 情報システム戦略の確立

「情報システム戦略」とは、経営戦略や事業戦略の実現を支援するために、ITを効果的に活用して業務活動をシステム化し、中長期的な視点で業務の効率化を図る戦略のことです。経営戦略のひとつとして位置付けることができます。

(1) 情報システム戦略の目的と考え方

情報システムが企業経営に欠かせない時代とはいえ、すべてをシステム化しても成果は期待できません。まず、CIO(最高情報責任者)が主導し、情報システム部門を中心とした情報システム戦略を遂行するための組織体制(情報システム戦略委員会など)を確立し、経営戦略をしっかりと見据えながら**「情報システム化基本計画」**を作成します。次に、それを具体的な個別の開発計画へと落とし込んでいきます。システム化の目的を踏まえ、中長期的な視点で**「情報システム戦略評価」**を行うことも重要です。

システム化によるメリットには、次のようなものがあります。

メリット	説　明
業務の効率化	伝票の記入や在庫数の管理といった定型業務の中で、手作業で行っていた作業をシステム化することにより、作業時間を短縮したり、間違いを防いだりすることができる。
意思決定の支援	大量に蓄積されたデータの分析業務をシステム化することにより、必要なデータの検索や集計作業が効率化され、経営戦略や事業戦略などの意思決定を迅速かつ的確に行える。
コストの削減	システム化により業務活動を自動化することで、生産性が向上し、コスト削減につながる。

(2) 情報システム戦略の策定手順

情報システム戦略の策定にあたっては、現状の業務活動を把握し、システムを導入することによるメリットや投資効果を分析したうえで、具体的なシステム化の計画を立案し、戦略的に進めていく必要があります。

参考

CIO(最高情報責任者)

→「9-1-1 5 (3) 経営者の役職」

参考

情報システム戦略委員会

CIO(最高情報責任者)、CFO(最高財務責任者)、業務部門の責任者、情報システム部門の責任者など、組織の権限者によって構成される委員会のこと。

参考

情報システム戦略評価

業務を取り巻く環境、技術動向、投資効果などの観点から、中長期的な視点で情報システム戦略の実効性を評価すること。

参考

システム管理基準

組織体が経営戦略に沿って主体的に情報システム戦略を立案し、効果的な情報システムへの投資および運用を行うための実践規範のこと。情報戦略、企画業務、開発業務、運用業務、保守業務など、情報システムのライフサイクル全般にかかわる留意事項がまとめられている。経済産業省が策定したもの。

一般的な情報システム戦略の策定手順は、次のとおりです。

1 経営戦略の確認

2 業務を取り巻く環境の調査・分析

3 業務、情報システム、情報技術（IT）の調査・分析

4 基本戦略の策定

5 新しい業務イメージの作成

6 対象となる業務の選定と投資目標の策定

7 情報システム戦略案の策定

8 情報システム戦略の評価・承認

❷ 情報システム化基本計画

「情報システム化基本計画」とは、業務全体を見渡し、経営戦略や事業戦略に基づいて、組織として情報システム化で目指すべき将来像の計画のことです。システム化の企画段階において、中長期的な計画として策定します。
情報システム化基本計画では、次のような点を明らかにします。

- ITガバナンスの実現
- 情報システムのあるべき姿（To-beモデル）
- 情報セキュリティ方針
- システム構築や運用のための標準化方針、品質方針

参考

情報システム投資計画

「情報システム投資方針」に基づいて、システム化に必要な投資を最適化するための計画のこと。経営戦略や事業戦略との整合性を考慮して策定する必要がある。また、計画の決定にあたっては、投資による影響や効果、期間、実現性などの観点から、複数の選択肢を用意しておくことが重要である。
情報システム投資計画をより円滑に遂行するための管理手法のことを「IT投資マネジメント」という。

参考

ITガバナンス

→「6-2-2 2 ITガバナンス」

参考

To-beモデル

改善活動によって最終的に目指す「あるべき姿」のこと。
現状の姿のことは「As-isモデル」という。

❸ 個別の開発計画（個別計画）

情報システム化基本計画に基づいて、対象となる**「個別の開発計画（個別計画）」**を立案します。経営戦略や事業戦略の実現を支援するようなシステムの導入を検討します。
検討対象となるシステムには、次のようなものがあります。

名　称	説　明
基幹系システム	販売管理、在庫管理、生産管理、会計、人事管理などの基幹業務を管理するためのシステム。
ERP	販売管理、在庫管理、生産管理、会計、人事管理といった企業の基幹業務を一元的に管理するためのシステム。「企業資源計画」ともいう。「Enterprise Resource Planning」の略。
SCM	取引先との間の受発注、資材の調達から在庫管理、製品の配送までを統合的に管理するためのシステム。「供給連鎖管理」ともいう。「Supply Chain Management」の略。
SFA	営業活動を支援するためのシステム。「営業支援システム」ともいう。「Sales Force Automation」の略。
CRM	SFAの考え方を発展させ、営業活動だけではなく、全社的な規模で顧客との関係を強化するためのシステム。「顧客関係管理」ともいう。「Customer Relationship Management」の略。
KMS	個人が持っている知識や情報、ノウハウなどを組織全体で共有するためのシステム。「知識管理システム」、「ナレッジマネジメントシステム」ともいう。「Knowledge Management System」の略。

7-1-2　情報システム戦略の設計・管理手法

情報システム戦略を実現していくためには、まず、ビジネスの仕組みや業務プロセスを整理・分析し、効率的かつ効果的に業務を進める方法を考えていくことが重要です。

❶ モデル

「モデル」とは、あるべき姿を意味します。現状の業務活動を分析し、改善対象となる業務活動をモデル化したものとして、次のようなものがあります。

（1）ビジネスモデル

「ビジネスモデル」とは、企業として何を行い、どのようにして利益を上げるのかというビジネスの仕組みをモデル化したものです。企業が事業を成功させ、競争優位に立つためには、ビジネスモデルの差別化を図ることが重要です。

（2）業務モデル

「業務モデル」とは、製品やサービスなどの受発注、生産、販売といった一連の業務の流れをモデル化したものです。ビジネスモデルを実現するためには、業務モデルの設計が不可欠です。

（3）情報システムモデル

「情報システムモデル」とは、例えば、インターネット受注システムと在庫管理システムなどのシステム間のやり取りを円滑に行うための仕組みをモデル化したものです。各業務間の連携を実現し、情報の流れが円滑になるようなシステムにすることが重要です。

❷ エンタープライズアーキテクチャ

「エンタープライズアーキテクチャ」とは、組織全体の業務とシステムを統一的な手法でモデル化し、部門ごとではなく、全体最適の観点から業務とシステムを同時に改善していくための設計・管理手法のことです。**「EA」**ともいいます。

(1) エンタープライズアーキテクチャの目的

エンタープライズアーキテクチャの基礎となったのは、米国のジョン・A・ザックマンが1987年に提唱した**「ザックマンフレームワーク」**です。これは、エンタープライズアーキテクチャを設計・構築・評価するうえでの枠組みを定義したもので、6行×6列のマトリックスを用いて、業務とシステムの全体像を整理していくことができます。
エンタープライズアーキテクチャの主な目的は、次のとおりです。

- **全体最適の観点から合理的なシステムを構築する。**
- **無駄を排除し、情報投資を抑制する。**
- **業務の効率性および品質を高める。**
- **環境や情報技術の変化に合わせた改善を可能にする。**

(2) アーキテクチャモデル

エンタープライズアーキテクチャを設計・構築するためには、全体最適化を図るための業務およびシステムの構成要素を記述した**「アーキテクチャモデル」**を作成し、明確な目標を定める必要があります。具体的には、組織全体の業務プロセス(ビジネス)、業務に利用する情報(データ)、情報システムの構成(アプリケーション)、利用する情報技術(テクノロジ)などの観点から、現状および理想となるモデルを整理していきます。ここから導き出された次期モデルは、**「ターゲットEA」**といいます。

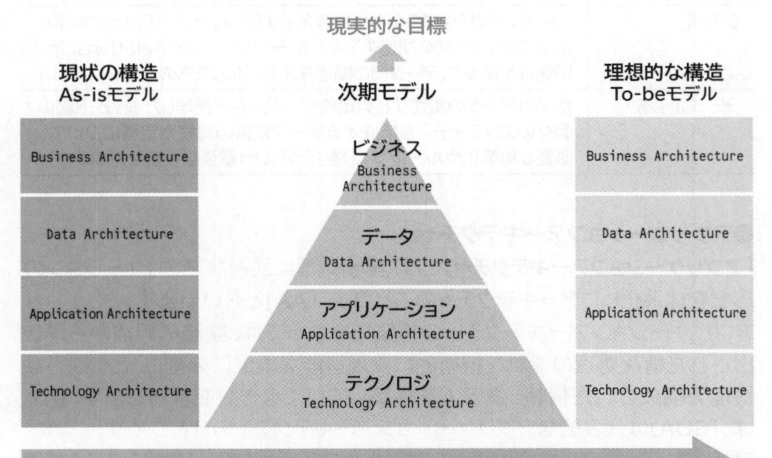

エンタープライズアーキテクチャを構成するアーキテクチャは、**「ビジネスアーキテクチャ」**、**「データアーキテクチャ」**、**「アプリケーションアーキテクチャ」**、**「テクノロジアーキテクチャ」**の4つの階層に分けることができます。

参考

全体最適
全体を見渡して最適化を図ること。反対に、個別に最適化を図ることを「部分最適」という。

参考

EA
「Enterprise Architecture」の略。

第7章 システム戦略

参考

BA

「Business Architecture」の略。

●ビジネスアーキテクチャ

「ビジネスアーキテクチャ」とは、業務の内容や業務フロー、情報の流れなどを体系化したアーキテクチャのことです。**「BA」**ともいいます。

ビジネスアーキテクチャをモデル化する手法には、次のようなものがあります。

名　称	説　明
業務説明書	業務とシステムの管理・運用体制や、最適化に向けた責任体制を明確化した文書。最適化の対象となる業務とシステムの目的、業務を構成する機能や内容、各組織や関連部署との関係なども記載する。
DFD	システム化されているかどうかに関係なく、最適化の対象となるすべての業務について、業務プロセスと情報の流れを図式化したもの。
WFA	システム化の対象となる業務プロセスにおいて、個々のデータが処理される組織や場所、順序をわかりやすく図式化したもの。「業務流れ図」ともいう。DFDに続いて作成される。 「Work Flow Architecture」の略。
UML	開発や仕様の決定の段階で使われる図を標準化した、モデリング用のビジュアル言語。

参考

DFD

→「4-2-4 1 DFD」

参考

UML

→「4-3-4 3 (6) UML」

●データアーキテクチャ

「データアーキテクチャ」とは、業務とシステムにおいて利用されるデータの内容、データ間の関連性を体系化したアーキテクチャのことです。**「DA」**ともいいます。

データアーキテクチャをモデル化する手法には、次のようなものがあります。

名　称	説　明
情報体系整理図	ビジネスアーキテクチャの構築過程で作成されたAs-isモデルとしてのDFDに含まれるデータをすべて洗い出し、データ間の関連および構造を図式化したもの。「UMLのクラス図」ともいう。最終的には、To-beモデルとしての情報体系整理図、次期モデルとしての情報体系整理図を完成させる。
E-R図	ヒト・モノ・場所などの存在や概念を示す「エンティティ(Entity:実体)」と、エンティティ間の関連を示す「リレーションシップ(Relationship:関連)」を使って、データ間の関連性を図式化したもの。
データ定義表	個々のデータの属性などの定義を一覧にして整理した表。E-R図の個々のエンティティを構成するデータ要素の属性や定義について、必要な標準化やルールづくりを行うという重要な役割を持つ。

参考

DA

「Data Architecture」の略。

参考

E-R図

→「4-2-4 2 E-R図」

●アプリケーションアーキテクチャ

「アプリケーションアーキテクチャ」とは、業務処理に最適なアプリケーションの形態を体系化したアーキテクチャのことです。**「AA」**ともいいます。

アプリケーションアーキテクチャの構築にあたっては、業務の観点から導き出された情報処理の流れを技術的に実現可能な構成に分割し、どのような機能で構成された情報システムを構築していくべきかを検討します。例えば、**「SOA」**は代表的なアプリケーションアーキテクチャのひとつです。

アプリケーションアーキテクチャをモデル化する手法には、**「情報システム関連図」**や**「情報システム機能構成図」**などがあります。

参考

AA

「Application Architecture」の略。

参考

SOA

→「7-1-4 2 (4) SOA」

名　称	説　明
情報システム関連図	情報システム間でやり取りされる情報の種類および方向を図式化したもの。システム全体を技術的に実現可能な構成に分割し、さらに、どのような単位でシステム化していくべきかを検討するための基礎資料となる。
情報システム機能構成図	情報システム関連図から導き出された方向性をもとに、情報システムに組み込むべき機能の構成を図式化したもの。ハードウェアやソフトウェアなどの構成を検討するための基礎資料となる。

●テクノロジアーキテクチャ

「テクノロジアーキテクチャ」とは、実際に情報システムを構築する際に必要なハードウェア、ソフトウェア、ネットワークなどの技術を体系化したアーキテクチャのことです。**「TA」**ともいいます。
アプリケーションアーキテクチャに基づいてテクノロジアーキテクチャを図式化したものとして、**「ハードウェア構成図」**、**「ソフトウェア構成図」**、**「ネットワーク構成図」**などがあります。

3 フレームワーク

「フレームワーク」とは、特定の活動において指針となるような枠組みのことです。全社的な組織構造の中に、情報システムにかかわる適切なフレームワークを組み込むことで、情報システムの位置付けや役割を明らかにしたり、情報システムの統制に関する要件を定義したりすることができます。
代表的なフレームワークには、次のようなものがあります。

名　称	説　明
COBIT (コビット)	ITガバナンスの成熟度を測るためのフレームワーク。ITによる統制がどの程度有効であるかを測るための指標として、CSF、KGI、KPIを提示している。 「Control OBjectives for Information and related Technology」の略。
ITIL (アイティル)	サービスマネジメントのベストプラクティスを集めたフレームワーク。マネジメントプラクティス(組織的なリソース一式)を整理している。
システム管理基準	組織体が経営戦略に沿って主体的に情報システム戦略を立案し、効果的な情報システムへの投資および運用を行うための実践規範。
SLCP-JCF2013	ソフトウェアの構想から廃棄までの必要な作業内容を包括的に規定したフレームワーク。「共通フレーム2013」ともいう。

4 プログラムマネジメント

「プログラムマネジメント」とは、コンピュータに実行させる処理ではなく、複数のプロジェクトが有機的に連携して成り立っている事業を**「プログラム」**ととらえ、これを全体最適の観点から、より戦略的に展開していくために管理することです。外部環境の変化に応じて、柔軟にプロジェクト間の関係や結合を最適化し、組織としての戦略的目標および利益を確実に達成することが目的です。一般的に、専門の管理組織である**「プログラムマネジメントオフィス」**が、この機能を担います。

参考

TA
「Technology Architecture」の略。

参考

CSF/KGI/KPI
→「8-1-3 1 (2) CSFの特定」

参考

ITIL
→「6-1-1 3 ITIL」

参考

プログラムマネジメントオフィス
経営戦略などに沿って、複数のプロジェクトを束ねて戦略的にマネジメントを行う専門の管理組織のこと。「PMO」ともいう。
PMOは、「Program Management Office」の略。

❺ 品質統制

「品質統制」とは、情報システムが定められた品質基準を満たすように、継続的にモニタリングし、品質を確保するための組織、体制、および一連の活動のことです。適切な**「品質統制フレームワーク」**を構築し、組織的な管理プロセスを確立することが重要です。

❻ 情報システム戦略実行マネジメント

「情報システム戦略実行マネジメント」とは、情報システム戦略の実行状況を継続的にモニタリングし、情報システム戦略の実現を支援するための一連の活動のことです。事前に設定した**「モニタリング指標」**に基づいて、あるべき姿との差異分析を行い、必要に応じて障害や性能、セキュリティなどに関するリスクへの対応を行います。

7-1-3 業務プロセス

情報システム戦略を実現するためには、ビジネスの仕組みや組織構造、業務プロセス（業務の流れ）を整理・分析し、効率的かつ効果的に業務を進めるにはどうすればよいのかを考えていくことが重要です。
業務プロセスにおける問題点や改善点を解決するための代表的な手法には、次のようなものがあります。

名称	説明
BPR	業務プロセスを基礎から組み立て直して、業務の効率化や、製品やサービスの品質向上、コストダウンなどを図り、企業業績を飛躍的かつ継続的に引き上げるビジネスアプローチ。 「Business Process Reengineering」の略。 日本語では「ビジネスプロセス再構築」の意味。
BPMS	経営戦略や事業戦略を実現するために、業務プロセスの改善を継続的に進めていく経営手法（BPM）を支援するための基盤となるシステム。モデル化した業務プロセスをもとにシステムを開発して、実際の業務に適用し、その実行結果の分析・評価に基づいて改善を行うための仕組みが提供される。 「Business Process Management System」の略。 日本語では「ビジネスプロセス管理システム」の意味。
BPO	業務の一部を外部企業に委託（アウトソーシング）すること。例えば、給与計算などの定型化された業務や、多くの経験とノウハウを必要とする人事関連業務、電話で問合せを受け付けるコールセンターの業務などを専門業者に任せ、自社の中核となる領域に経営資源を集中させることで、競争力の強化を図ることができる。 「Business Process Outsourcing」の略。
オフショア	比較的人件費などの経費が安い海外のサービス提供者に、自社の業務の一部を委託する形態のこと。最近ではシステム開発だけではなく、サービスデスクやコールセンターなどの様々な業務自体を海外で運用することもある。オフショアにより、コストの削減と高度な人材の確保を図ることができる。
ワークフローシステム	業務の流れを図式化したりルール化したりして、ネットワーク上で効率的に業務が流れるようにするシステム。承認漏れや入力ミスを減らし、いつでもどこでも申請や確認が行えるようにするなど、業務の効率化を図ることができる。

参考

RPA
従来、人間が行っていたPCの定型業務を、ソフトウェアを使って自動化・効率化する取組みのこと。具体的には、Webブラウザを使った情報の閲覧や取得、表計算ソフトへの書込み、業務システムへのデータ入力やデータ照合などについて、単独の業務だけではなく、それぞれを組み合わせた一連の業務フローとして自動化・効率化することができる。
「Robotic Process Automation」の略。
「Robotic」という言葉が使われているが、ここでは、実体のあるロボットではなく、ソフトウェアで作られた仮想ロボットのことを指す。

名 称	説 明
ジャストインタイム	必要なものを、必要なときに、必要な分だけ用意するための管理手法。「JIT」ともいう。無駄を最小限に抑えることを目的に、主に生産管理や在庫管理の現場で採用されている。 JITは、「Just In Time」の略。
SFA	営業活動を支援するシステム。顧客との商談(コンタクト)履歴を管理したり、顧客の情報や営業のノウハウなどを共有したりすることで、営業活動の効率化や標準化を図ることができる。 「営業支援システム」ともいう。 「Sales Force Automation」の略。

7-1-4 ソリューションビジネス

「ソリューション」とは、情報技術(IT)を利用した問題解決のことです。業務改善を行うためには、抽出された問題を解決するための糸口を見つけることが重要です。糸口を正確に見つけ出すことで、システム化の成否が決まります。

1 ソリューションビジネス

「ソリューションビジネス」とは、現状の業務における課題を把握し、それを解決するための糸口を見つけ、解決までの手助けをするビジネスのことです。
情報技術(IT)の進展や経営を取り巻く環境の複雑化に伴い、ソリューションビジネスへのニーズはますます高まりつつあります。ソリューションビジネスを展開する企業のことを総称して、**「ソリューションプロバイダ」**といいます。
何を解決すればよいのか、そのためには何が必要なのかということを正確に把握していないと、最終的に満足のいくシステム化は実現できません。そのようなことにならないよう、ソリューションビジネスにおいては、**「問題解決支援」**としてのソリューションサービスの提供を通じて顧客の課題を探り、解決策としての**「業務システム提案」**を行います。顧客が必要とする機能や予算などに応じて、一からシステムを構築するのではなく、**「業務パッケージ」**の活用なども検討します。また、より良いシステムを提案し、実現していくためには、顧客のことを十分に理解するとともに、顧客との話し合いを通じて信頼関係を構築し、長期的に良好な関係を維持していくことも重要です。
ソリューションプロバイダの中には、ソリューションの提案だけでなく、情報システムの設計から開発、テスト、運用・保守まで一括して行う**「システムインテグレーション(SI)」**を提供する企業もあります。

2 ソリューションサービスの種類

ソリューションビジネスにおいては、業種別、業務別、課題別に様々なソリューションサービスが提供されています。
代表的なソリューションサービスには、次のようなものがあります。

(1) クラウドコンピューティング

「クラウドコンピューティング」とは、ユーザーが必要最低限の機器構成でインターネットを通じてサービスを受ける仕組みのことです。インターネット上にあるソフトウェアやハードウェアなどを、物理的な存在場所を意識することなく利用できます。

参考

業務パッケージ
会計業務や販売管理など、汎用的な業務の機能がひとつにまとめられたソフトウェアのこと。

参考

SI
「System Integration」の略。

参考

システムインテグレータ
情報システムの設計から開発、テスト、運用・保守までの業務を一括して請け負う企業のこと。

クラウドコンピューティングの実現形態には、次のようなものがあります。

名 称	説 明
パブリッククラウド	企業や一般の利用者に対して提供されるクラウドコンピューティング。
プライベートクラウド	企業が自社内で構築し、自社内の部門に対して提供されるクラウドコンピューティング。
ハイブリッドクラウド	パブリッククラウドやプライベートクラウド、オンプレミスを組み合わせたクラウドコンピューティング。

クラウドコンピューティングで提供されるサービス形態のことを、**「クラウドサービス」**といいます。
クラウドサービスには、次のようなものがあります。

名 称	説 明
SaaS （サース）	インターネットを利用して、ソフトウェアの必要な機能だけを提供するサービス形態のこと。ソフトウェアの必要な機能だけを利用し、その機能に対して料金を支払う仕組み。ASPサービスと類似したサービスであるが、SaaSは、複数の企業で環境を共有する「マルチテナント方式」を特徴としている。 「Software as a Service」の略。
PaaS （パース）	インターネットを利用して、アプリケーションソフトウェアが稼働するためのハードウェアやOSなどの基盤（プラットフォーム）を提供するサービス形態のこと。PaaSを利用することで、企業はプラットフォームを独自で用意する必要がなくなりコストを削減できるとともに、ハードウェアのメンテナンスや障害対応などを任せることもできる。また、企業はアプリケーションソフトウェアを用意し、OSに対するコントロール権（セキュリティ設定など）を持たない。 「Platform as a Service」の略。
IaaS （イアース）	インターネットを利用して、情報システムの稼働に必要なサーバ、CPU、ストレージ、ネットワークなどのインフラを提供するサービス形態のこと。IaaSを利用することで、企業はハードウェアの増設などを気にする必要がなくなる。また、企業はOSやアプリケーションソフトウェアを用意し、OSに対するコントロール権（セキュリティ設定など）を持つ。 「Infrastructure as a Service」の略。
DaaS （ダース）	インターネットを利用して、端末のデスクトップ環境を提供するサービス形態のこと。DaaSでは、OSやアプリケーションソフトウェアなどはすべてサーバ上で動作するため、利用者の端末には画面を表示する機能と、キーボードやマウスなどの入力操作に必要な機能だけを用意する。 「Desktop as a Service」の略。
FaaS （ファース）	インターネットを利用して、ソフトウェア開発者向けに、ソフトウェアの機能（Function）を提供するサービスのこと。FaaSでは、ソフトウェアの機能を関数のような小さな単位で提供し、ソフトウェア開発者はこれらの機能を組み合わせて利用する。 「Function as a Service」の略。

(2) ASP

「ASP」とは、インターネットを利用して、ソフトウェアの利用をサービスとして提供する事業者のことです。利用料金は、ソフトウェアを利用した期間や時間、回数などに応じて課金され、ASP事業者に支払います。ソフトウェアのインストール作業やバージョン管理などを社内で行う必要がなくなるため、運用コストを削減し、効率的に管理できるというメリットがあります。ASPは、企業ごとに環境を用意する**「シングルテナント方式」**を特徴としています。

参考

オンプレミス
自社の情報システムを、自社が管理する設備内に導入して運用する形態のこと。近年広く普及しているクラウドコンピューティングと対比して使われる。

参考

VOD
利用者の要求に応じてインターネット上で配信される再放送のドラマや、映画などの動画を視聴できるサービスのこと。「Video On Demand」の略。VODは「オンデマンド型のサービス」のひとつ。
オンデマンド型のサービスとは、利用者の要求に応じて提供されるサービスのことであり、オンデマンド（On Demand）には「要求に応じて」という意味がある。

参考

ASP
「Application Service Provider」の略。

参考

ASPサービス
インターネットを利用して、ソフトウェアの利用を提供するサービスのこと。

(3) アウトソーシングサービス

「アウトソーシングサービス」とは、情報システムの開発や運用・保守のすべて、またはその一部の機能を専門業者が受託するサービスのことです。
アウトソーシングサービスの一種に、次のようなものがあります。

名　称	説　明
ホスティングサービス	サーバなどの設備の運用を受託するサービスのこと。サーバなどの機器を専門業者が用意し、専門技術者が信頼性の高い施設で運用することができる。
ハウジングサービス	顧客自身が用意したサーバなどの設備を預かり、場所や回線を含む運用を受託するサービスのこと。ホスティングサービスと比べて、サーバの機種やOSの環境、セキュリティ対策などを自由に構成することができる。

(4) SOA

「SOA」とは、ソフトウェアの機能や部品を独立したサービスととらえ、それらを組み合わせてシステムを構築する考え方のことです。**「サービス指向アーキテクチャ」**ともいいます。サービスとは、ほかのコンピュータから利用できるように公開されたひとまとまりのアプリケーションソフトウェア（ソフトウェア要素）のことで、どのシステムとも連携できるように標準化されている必要があります。このサービスを個別に利用したり、組み合わせて利用したりして、柔軟にシステムを構築できます。これにより、ビジネスの変化にも対応しやすくなります。

参考

SOA
「Service Oriented Architecture」の略。

(5) セキュリティソリューション

「セキュリティソリューション」とは、安全性と信頼性に優れた情報システムを実現するためのソリューションのことです。ハードウェアやソフトウェア、ネットワークなどの観点から、様々なセキュリティ対策を提案します。

(6) CRMソリューション

「CRMソリューション」とは、顧客との関係を強化するためのソリューションのことです。顧客情報をデータベース化し、営業の効率化や、顧客サービスの強化を図るための情報システムの活用を提案します。

7-1-5　システム活用促進・評価

情報システムは、導入することが目的ではありません。導入による効果を最大化するためには、利用者による活用を促進するとともに、運用状況や活用状況を継続的に評価し、必要に応じて改善を行います。

1 システム活用促進・評価の目的と考え方

情報システムを有効に活用し、経営戦略や事業戦略を実現していくためには、情報システムの企画・構築段階から、導入後の活用を見据えた活動を行うことが重要です。また、導入後は、情報システムの目的が達成されるように、快適な利用環境を維持していく必要があります。こうした一連の活動を通じて、利用者の業務を支援し、組織としての成果を最大化することで、情報システムの投資効果を高めることができます。

膨大なコストをかけて情報システムを導入しても、使い勝手が悪かったり信頼性が低かったりすれば、思うように業務での活用が進まず、結果的に無用の長物になってしまいます。そうならないためにも、常に利用者の視点で、情報システムの活用を定着させるためにはどうすればよいかを考えます。
システム活用促進・評価の主な活動内容は、次のとおりです。

- **利用者に情報システムの必要性や内容、その正しい使い方についての理解を促す。**
- **情報システムに蓄積されるデータを有効活用する。**
- **情報システムの運用状況を利用者のニーズに基づいて評価し、必要に応じて情報システムの性能や機能などの改善を行う。**
- **情報システムの利用状況を評価し、適正な利用方法の徹底や、より使い勝手のよい環境への改善を行う。**
- **組織を取り巻く環境や、利用環境の変化に応じて、新しい情報システムの導入を検討する。**
- **古くなった情報システムを更新・廃棄し、不要なデータを消去する。**

参考
スコアリングモデル
システムを定量的に評価する方法のこと。評価項目ごとに重み付けを行い、それぞれの評価点を乗算した合計値からシステムを評価する。

2 情報システムの活用促進

情報システムの活用促進を図る際には、**「情報リテラシー」**や**「データの分析・活用」**、**「普及啓発」**などを考慮します。

(1) 情報リテラシー

「情報リテラシー」とは、経営目標の達成を目指して、膨大な情報量の中から必要な情報を収集したり、目的に応じて加工したり、意思決定に活用したりなど、情報を使いこなす（活用する）能力のことです。狭義においては、ハードウェアやソフトウェア、ネットワークなどの情報技術（IT）を使いこなす能力を指し、**「ITリテラシー」**、**「コンピュータリテラシー」**などともいいます。情報システムの利用にあたっては、情報を効率的かつ効果的に活用するだけでなく、情報セキュリティに配慮した安全な利用を促すためにも、利用者の情報リテラシーを高めることが重要です。
利用者の情報リテラシーを高めることによる効果は、次のとおりです。

- **課題や目的に応じて適切な情報伝達の手段を選択する。**
- **業務に必要な情報を主体的に収集・処理し、必要に応じて新しい情報を創造する。**
- **受け手の状況を踏まえて、適切な情報を適切なタイミングで発信・伝達する。**
- **情報手段の特性を理解するとともに、情報の持つ価値に応じて、適切な方法で取り扱う。**
- **情報が及ぼす社会的影響を考慮し、積極的に情報活用におけるモラル（情報モラル）を守り、情報に対する責任を果たす。**

参考
リテラシー
読み書きする能力のこと。もしくは、与えられた材料の中から必要な情報を探し出し、活用する能力のこと。

(2) データの分析・活用

情報は活用されてこそ、価値を生み出します。情報システムには、業務を通じて発生する様々な情報をデータ化できるという大きなメリットがあります。単にデータを蓄積するだけではなく、蓄積されたデータの中から必要なデータを検索し、分析を行い、業務上の意思決定に役立てたり、今後の事業戦略につなげたりすることが重要です。つまり、情報システムの価値を高めるためにも、データ活用は不可欠といえます。そのためにも、データを利用しやすい形で蓄積するとともに、必要なデータを迅速に検索し、目的に応じて効率よく活用できる環境を整える必要があります。

●ビッグデータ

「ビッグデータ」とは、これまで一般的だったデータベース管理システムでは取扱いが困難な巨大かつ複雑なデータ群のことです。大量・多種多様な形式・リアルタイム性などの特徴を持つデータで、その特徴を**「3V」**や**「4V」**、**「5V」**という概念で示します。

従来のデータベース管理システムでは、販売・生産にかかわる数値情報や顧客情報など、定型化された構造化データを取り扱っていました。しかし、IoTが一般的になるにつれ、生産現場や公共の場所、家庭、人体(ウェアラブル端末)などに設置された無数のセンサーから、リアルタイムに膨大な量のデータを取得できるようになりました。

以前は、このような膨大なビッグデータを処理することは不可能でしたが、現在においては、通信の高速化やサーバの性能向上などにより可能となっており、最近ではAIによるデータ分析も行われています。今後はビッグデータを、社会や産業、我々の生活に向けて、いかに価値のある活用ができるかということが重要になります。

ビッグデータについては、様々な考え方の分類法があります。そのひとつとして、総務省では、個人・企業・政府の3つの主体が生成するデータに着目し、次の4つに分類しています。

種　類	説　明
政府：オープンデータ	国や地方公共団体が保有する公共情報のこと。官民でデータを活用するため、開示が推進されている。
企業：知のデジタル化	企業の暗黙知(ノウハウ)をデジタル化・構造化したデータのこと。今後、多様な分野・産業などで、様々なノウハウがデジタル化されることが想定されている。
企業：M2Mデータ	設備や機械装置、建築物など、いわゆるモノとモノをネットワークで接続し、モノ同士で交換されるデータのこと。
個人：パーソナルデータ	個人属性、行動履歴、ウェアラブル端末から収集された情報などの個人情報のこと。また、ビジネス目的などのために、特定個人を判別できないように加工された匿名加工情報も含む。

蓄積されたビッグデータを活用し、**「データサイエンス」**の手法によって分析して価値のある情報を見つけ出したり、**「BIツール」**を利用するなどして**「データマイニング」**を行って法則性や規則性を導き出したりして、今後の事業展開の戦略に活用することが重要です。また、個人が持っている知識や情報、ノウハウなどのデータを共有化して有効活用するという**「ナレッジマネジメント」**の考え方も必要になります。

参考

3V/4V/5V

ビッグデータには、ビッグデータを特徴付けるものとして、「3V」や「4V」、「5V」という概念がある。

3Vとは、ビッグデータの標準的な特徴を意味し、「Volume(量)」、「Variety(多様性)」、「Velocity(速度)」を指す。

4Vとは、3Vに「Veracity(正確性)」を加えた4つを指す。

また、最近では4Vに「Value(価値)」を加えて「5V」とする考え方もある。

種　類	意　味
Volume(量)	膨大なデータ
Variety(多様性)	テキスト・画像・音声など多様なデータ
Velocity(速度)	リアルタイムで収集されるデータ
Veracity(正確性)	データの矛盾を排除した正確なデータ
Value(価値)	価値のあるデータ

参考

IoT

→「8-3-5 1 IoTシステム」

参考

M2M

「MtoM」ともいい、機械と機械が人間の手を介さずに、ネットワークを通じて情報交換を行うことにより、自律的に制御や動作をする仕組みのこと。

「Machine to Machine」の略。

日本語では「機器間通信」の意味。

参考

BIツール

経営戦略に役立てるために、蓄積されたデータを視覚化したり、分析したりする機能を備えたシステムの総称のこと。

「BI」は「Business Intelligence」の略。

参考

ナレッジマネジメント

→「8-1-4 5 ナレッジマネジメント」

ビッグデータに関連する学問分野や技術には、次のようなものがあります。

名称	説明
データサイエンス	ビッグデータなどの大量のデータの中から、何らかの価値のある情報を見つけ出すための学問分野のこと。数学、統計学、情報工学、計算機科学などと関連した分野であり、企業のマーケティングなどビジネス分野をはじめ、医学・生物学・社会学・教育学・工学など、幅広い分野で活用される。また、データサイエンスの研究者や、マーケティングなど企業活動の目的のためにデータサイエンスの技術を活用する者のことを「データサイエンティスト」という。
データマイニング	蓄積された大量のデータを分析して、新しい法則性や規則性を得ること。例えば、「日曜日にAという商品を購入する男性は同時にBも購入する」など、複数の項目での相関関係を発見するために利用される。
テキストマイニング	大量の文書(テキスト)をデータ解析し、有益な情報を取り出す技術のこと。ビッグデータとして様々な種別の情報が存在する中において、テキスト情報はインターネット上のWebサイト・ブログ・SNSなどに膨大な量が存在する。こうしたテキスト情報を、自然言語処理によって単語単位に区切り、出現頻度や出現傾向、出現タイミング、相関関係などを分析することにより、価値のある情報を取り出すことができる。

(3) 普及啓発

情報システムを導入する際には、普及啓発活動を通じて、利用者がスムーズに利用を開始できるように支援します。導入後のトラブルや、利用者からの問合せを減らすためにも重要な活動です。新しい仕組みを取り入れ、従来のやり方を変更すると、組織内の抵抗を受けることも少なくありません。新しいシステムの目的や内容、メリットなどを明確に伝え、その必要性を十分に理解してもらうようにします。また、**「人材育成計画」**を立て、導入スケジュールやコストなどを考慮しながら、適切なタイミングで利用者のスキルに合わせた教育を実施し、必要に応じてマニュアル類などを用意します。
普及啓発活動の形態には、次のようなものがあります。

名称	説明
システム利用マニュアル	情報システムの利用方法についてまとめた文書を用意する。
業務マニュアル	対象となる業務ごとに、情報システムによる処理手順をまとめた文書を用意する。
e-ラーニング	インターネットを利用して教育を実施する。時間や場所に制約されないというメリットがある。情報システムにかかわる基礎知識の習得などに有効である。
講習会	対象者を1か所に集めて、集中的に教育を実施する。操作教育などに有効である。

参考

エンタープライズサーチ

企業内のWebサイトやあらゆるデータを検索することができるシステムのこと。企業内の検索エンジンに相当し、効率的に必要とする企業内データの検索が可能となる。

参考

ゲーミフィケーション

ゲームの考え方やデザインなどの要素を他の領域のサービスに利用すること。人を楽しませるゲーム独特の発想や仕組みによりユーザーを引きつけて、継続利用につなげていく。最近ではビジネスへの利用にとどまらず、企業の人材開発や従業員向けサービスなどにも利用されている。

参考

デジタルディバイド

コンピュータやインターネットなどを利用する能力や機会の違いによって、経済的または社会的な格差が生じること。
例えば、インターネットは低コストで情報発信ができるため、社会にはインターネットでしか提供されていない情報も数多くあり、コンピュータやインターネットを使えない人は、この情報を入手することができない。このように、コンピュータやインターネットなどの情報ツールを利用できないことによって不利益を被ったり、社会参加の可能性を制限されてしまったりなど、情報収集能力の差が不平等をもたらす結果となってしまうことになる。
デジタルディバイドの問題を解決するためには、行政や民間企業など、様々な組織が情報技術(IT)の教育や普及活動に取り組む必要がある。
日本語では「情報格差」の意味。

3 情報システムの評価

情報システムの活用を促進する一方で、利用者の視点で、継続的に情報システムを評価し、必要に応じて改善を行います。

(1) 情報システム利用実態の評価・検証

情報システムの運用状況や利用状況を継続的に監視し、経営戦略や事業戦略に沿って情報システムが有効に活用されているか、業務上の目的を達成するために情報システムが有効に機能しているかどうかを評価します。具体的には、業務内容や業務フローの変更の有無、情報システムのパフォーマンスや信頼性、安定性などを評価し、改善の方向性と目標を明確にします。これらは、情報システムの価値を維持するために必要な活動です。
特に、情報システムの信頼性を左右するのが、情報セキュリティやコンプライアンスの問題です。継続的な**「ログ監視」**および定期的な**「ログ分析」**を行い、情報システムが適正に利用されていることを確認します。ログの収集活動は、処理が集中する時間帯や、頻繁に利用されるデータなど、利用実態を詳細に把握するうえでも有効です。また、e-ラーニングなどを実施する際には、**「学習マネジメントシステム」**により、教材の配信や学習履歴、成績、学習者とのコミュニケーションなどを統合的に管理します。これにより、学習目標の達成状況の追跡や、教育の実施計画の改善などが可能になります。

(2) 情報システムの廃棄

情報システムの廃棄とは、**「システムライフサイクル」**の最後のプロセスのことです。物理的なハードウェアの老朽化や、最新技術の登場による情報システムの陳腐化、さらには業務フローの大幅な変更など、何らかの理由により、従来の情報システムが、本来の利用目的を十分に達成できなくなることがあります。機能や性能、運用性、拡張性、安定性、コストなどの観点から情報システムを評価、検証し、寿命に達していると判断された場合には、従来の情報システムを廃棄し、新しい情報システムを導入することを検討します。
情報システムの廃棄には、関連するハードウェア、ソフトウェア、データ、ドキュメントなどの廃棄が含まれます。情報システムの廃棄が決定した際には、廃棄計画を策定し、運用管理担当者、および利用者側の責任者の承認を得て実施する必要があります。また、廃棄方法や廃棄時期については、不正防止や機密保護に関する対策を考慮することが重要です。特に、ハードウェアに保存されているデータを放置すれば、情報漏えいにつながりかねません。組織における基本的なセキュリティ方針を明示した**「情報セキュリティポリシー」**などに従って、データの消去を行います。

参考

学習マネジメントシステム
e-ラーニングを実施する際の基盤となるシステムのこと。「学習管理システム」とも呼ばれ、主に学習の進捗状況や成果などを管理する。e-ラーニングによる学習効果と、e-ラーニングそのものの質の向上を目的とする。

参考

システムライフサイクル
→「4-7-1 運用・保守」

参考

情報セキュリティポリシー
→「3-5-4 4 情報セキュリティポリシー」

7-2 システム企画

7-2-1 システム化計画

経営戦略や事業戦略に沿った情報システム戦略を実現するためには、実際にどのような情報システムが必要かを具体化し、個別のシステム化計画を立案する必要があります。

❶ システム化構想

「システム化構想」とは、エンタープライズアーキテクチャに代表されるような**「システム最適化手法」**を用いて情報システムのあるべき姿を具体化し、システム化を推進するうえでの骨組みともなる**「システムデザイン」**を決定することです。システム化の必要性の有無や、想定されるリスクなども含めて検討し、この段階で経営陣による承認を得ておく必要があります。
情報システムの導入は、最終的に組織としての利益につなげることが目的です。そのため、情報システムは手段であって目的ではないとの認識のもとに、経営的な観点から、情報システムに求められる役割や機能を見極めることが重要です。また、承認を得たあとは、関係者間でのシステム化構想の共有を図ります。
システム化構想は、次のような活動で構成されます。

- **システム化の目的と期待される効果（目標）を明確化する。**
- **システム化の対象となる業務を選定する。**
- **システム化の推進体制を決定する。**
- **目標とする情報システムの全体像を描く。**
- **情報システムへの投資目標を策定する。**
- **システム化について経営陣による承認を得る。**

❷ システム化計画

「システム化計画」とは、どのような全体開発スケジュールや開発プロジェクト体制で進めるのか、どの業務までをシステム適用範囲とするのか、開発の投資対効果はあるのかなど、対象となる個別の情報システム化を計画することです。必要な開発人員を確保するための要員教育計画などの検討も行います。
システム化計画は、システム化の検討における最終段階で設計するため、**「情報システム化基本計画」**や**「個別の開発計画（個別計画）」**を踏まえて、精度の高い個別のシステム化計画を完成させる必要があります。

参考

SoR/SoE/SoI
「SoR」とは、基幹系システムに代表される、従来型のしっかり設計されたデータを記録することを重視したシステムのこと。バックエンド（サーバ側）の領域に位置するシステムである。「Systems of Record」の略。日本語では「記録のシステム」の意味。
「SoE」とは、IoTシステムに代表される、つながることを重視したシステムのこと。フロントエンド（利用者側）の領域に位置するシステムである。「Systems of Engagement」の略。日本語では「つながりのシステム」の意味。
「SoI」とは、SoRとSoEにより収集したデータを活用することにより、ビジネスのための洞察（観察して本質を見抜くこと）を得るためのシステムのこと。「Systems of Insight」の略。日本語では「洞察のシステム」の意味。

参考

エンタープライズアーキテクチャ
→「7-1-2 2 エンタープライズアーキテクチャ」

参考

BABOK（バボック）
非営利団体の「IIBA（International Institute of Business Analysis）」が作成している「ビジネスアナリシス」のベストプラクティスを体系化したもの。ビジネスアナリシスとは、ビジネスを成功させるための必要な作業やテクニックを集めたもの。
BABOKは世界中のビジネスアナリシスの実践者たちによる、様々な活動や技法が体系的にまとめられている。「計画と監視」、「引き出し」、「要求マネジメントとコミュニケーション」、「企業分析」、「要求分析」、「ソリューションの評価と妥当性確認」、「基礎コンピテンシー」の7つの知識エリアからなる。
「Business Analysis Body Of Knowledge」の略。
日本語では「ビジネスアナリシス知識体系ガイド」の意味。

システム化計画の策定手順は、次のとおりです。

1 課題の定義

対象となる業務やシステムの課題を整理する。

2 調査・分析

対象となる業務やシステムの調査・分析を行う。

3 適用範囲の検討

対象となる業務について、システム適用範囲を決定する。

4 スケジュールの検討

全体開発スケジュールを検討する。

5 開発体制の検討

開発プロジェクト体制を検討する。

6 投資対効果の予測

開発の投資対効果を見極める。

7 リスク分析

システムライフサイクル全体にわたって、情報システムの導入リスクを分析する。

7-2-2 要件定義

システム化計画を策定したあとで、**「要件定義」**を行います。利用者の要求を調査・分析し、開発対象となる情報システムが、費用面と技術面から実現可能であるかどうかを検討します。

参考

ITポートフォリオ

情報システムの活用度や貢献度を予測分析し、情報化投資の配分を全体のバランスを考慮して行うこと。ITポートフォリオにより、複数のプロジェクトへの情報化投資を並行して推進する場合、プロジェクトに優先順位を付けて、情報化投資を最適に配分する。

参考

システム適用範囲

システムを導入する際に、システム化の対象とする業務の範囲のこと。適用範囲が小さすぎると効果が見込めず、大きすぎると使いこなせない可能性があるため、適用範囲の見極めは慎重に行う。

参考

開発の投資対効果

情報システムの開発にかかる費用（投資）に対して、結果として見込まれる効果のこと。費用を上回る効果が見込めるかどうかを検討し、効果が見込めないのであれば、情報システム化そのものを再検討する必要がある。

❶ 要求分析

「要求分析」とは、情報システムに実装すべき機能を検討するにあたり、利用者の要求を分析することです。実際に情報システムを“使う人”の要求に耳を傾けることで、より業務に沿った利便性の高い情報システムを実現できます。ただし、すべての要求を受け入れるということではなく、収集した要求を分析し、コスト面、技術面、運用面などから、どこまでを反映するかを検討することが重要です。
要求分析の手順は、次のとおりです。

1 ユーザーニーズ調査

要求事項を洗い出し、システム化のニーズを把握、整理する。

2 現状分析

現状の業務のやり方について把握、分析する。

3 課題定義と解決策検討

現状分析を受けて課題を定義する。前提条件や制約条件を整理し、解決策の検討、実現の可能性についての分析を行う。

4 要求仕様書の作成

利用者の要求を満たす仕様をまとめた「要求仕様書」を完成させる。

(1) ユーザーニーズ調査

「ユーザーニーズ調査」とは、情報システムに対する利用者や関連部門の要求を調査することです。あらかじめ調査の対象や範囲、方法を明確にしておく必要があります。具体的な調査方法には、質問項目に回答してもらう**「アンケート調査」**や、利用者との面談を通じて直接ヒアリングを行う**「面接調査」**、現地に出向いて実際の作業状況を調査する**「現地調査」**などがあります。

(2) 現状分析

システム化の対象となる業務活動について、現状を把握、分析します。ユーザーニーズ調査の結果や経営戦略などと照らし合わせ、システム化が必要な業務内容かどうかを検討します。

(3) 課題定義と解決策検討

現状分析の結果をもとに、非効率な業務や、人為的なミスが多発している業務など、改善が必要な課題を明らかにします。その上で、システム化にあたっての制約条件や前提条件を整理し、コスト面、技術面から実現の可能性のある解決策を導き出します。解決策の中には、新しい業務モデルと業務フローの提案も含まれます。

(4) 要求仕様書の作成

「要求仕様書」とは、情報システムに対する利用者要求に基づいて、情報システムが満たすべき条件をまとめた文書のことです。単に、利用者が"何をしたいか"を箇条書きにしたものではなく、その要求を実現するための仕様を明らかにしたシステムレベルの要求書です。特に決められた様式は存在しませんが、要求仕様を曖昧にすると、結果として利用者の要求に合致しないシステムになってしまう可能性があります。要求仕様書を作成し、作成したあとも要求仕様書の品質を確保することが重要です。

❷ 要件定義

「要件定義」とは、要求分析の結果に基づいて、システムや業務全体の枠組み、システム化の範囲、システムを構成するハードウェアやソフトウェアに要求される機能や性能などを決定することです。

(1) 要件定義の目的

要件定義の目的は、利用者のニーズに合致したシステムの設計、開発を進めるとともに、経営戦略や事業戦略の実現に貢献する高品質なシステムを開発することです。利用者と開発者との間で、誤解のないように要件を明確に定義します。設計の第一歩であり、その後のシステムの成否をも左右する重要なプロセスといえます。設計の精度を高め、開発後のトラブルや、後工程での手戻りの発生を防ぐためにも、要件定義を十分に行う必要があります。

(2) 要件の定義

要件定義には、業務上必要な要件を定義する**「業務要件定義」**と、業務要件を実現するために必要なシステムの機能要件を定義する**「機能要件定義」**、パフォーマンスや信頼性、移行要件などの機能以外の要件を定義する**「非機能要件定義」**の3つがあります。

●業務要件定義

「業務要件定義」では、システム化の対象となる業務について、業務を遂行するうえで必要な要件を定義します。それぞれの業務プロセスが、どのような目的で、いつ、どこで、誰によって、どのような手順で実行されているかを明らかにする必要があります。つまり、現行の業務を可視化するプロセスです。また、業務上発生する伝票や帳票類などの書類の流れについても整理します。ここで定義した内容は、システムで実現すべき機能の重要な判断材料となります。

業務要件定義の代表的な手法のひとつに、**「DOA」**があります。DOAとは、**「データ中心アプローチ」**とも呼ばれ、データの流れや、データ間の関連性に注目して、システム化の対象となる業務を把握、分析する手法のことです。具体的には、**「UML」**などのモデリング手法を使って、システム化の対象となる業務を図式化していきます。標準化された図式を使うことで、言語や開発手法の違いにかかわらず、設計において共通の認識を持つことができるようになります。

業務要件定義の手法には、ほかにも**「DFD」**や**「決定表」**などがあります。

参考

DOA

「Data Oriented Approach」の略。

参考

UML

→「4-3-4 3 (6) UML」

参考

DFD

→「4-2-4 1 DFD」

参考

決定表

→「1-2-2 1 (3) 決定表」

● 機能要件定義

「機能要件定義」では、業務要件を実現するうえで必要なシステムの動作や処理内容を定義します。利用者の要求事項や現行業務を合わせて分析し、システムに実装すべき機能を具体化します。機能要件に挙げられた内容がコストに見合うかどうかを見極めるとともに、限られた予算の中で最大限の効果を引き出すために、優先順位を付けることも必要です。

● 非機能要件定義

「非機能要件定義」では、可用性、信頼性、使用性、性能、セキュリティなど、システムを設計するうえで考慮すべき機能以外の要件を定義します。導入後の運用について具体的にイメージできていないと、非機能要件の定義は難しくなります。

また、これらの要件を定義するためには知識や経験も必要とされるため、一般的に、利用者から明確な要件が提示されることは少ないといえます。このことが落とし穴となり、検討が不十分なままに進めてしまうと、運用後のトラブルにつながりかねません。

(3) 利害関係者要件の確認

構築対象となるシステムには、通常、複数のステークホルダが関係しているため、要件定義においては、それぞれのステークホルダの要求を考慮する必要があります。また、定義された要件について、実現の可能性、妥当性、情報システム戦略との整合性を検証し、ステークホルダ間での合意、承認を得ることが重要です。

参考

ステークホルダ

→「5-1-1 プロジェクトマネジメントの目的と考え方」

参考

ファシリテーション

会議などの複数の人が集う場において、円滑に進められるように中立的かつ公平な立場から支援を行うこと。発言や意見を促したり、話の流れを整理したりすることで、高い成果が得られる会議を行うことができる。

また、ファシリテーションを専門的に担当する人のことを「ファシリテータ」という。ファシリテータ自身は活動そのものに参加せず、支援を行う。

7-2-3 調達計画・実施

システム化計画を策定し、要件定義を終えたあとは、システム化を推進するため、要求事項に合う製品やサービスを調達する必要があります。

1 調達と調達計画

企業活動における**「調達」**とは、業務の遂行に必要な製品やサービスを取りそろえるための購買活動のことです。システム化を推進する際には、システム化に必要なハードウェアやソフトウェア、ネットワーク機器、設備などを内部または外部から調達する必要があります。

要件定義の内容を踏まえ、既成の製品やサービスを購入するか、内部でシステム開発を行うか、外部にシステム開発を委託するかといった調達方法を決定し、調達の対象、調達にあたっての要求事項、調達の条件などを定義した**「調達計画」**を策定します。特に調達方法については、コストや納期、技術力、効率性などの観点から、総合的に判断する必要があります。開発を内部で行うべきか、外部で行うべきかを判断するための**「内外作基準」**を定義しておくことも重要です。

また、策定した調達計画に基づいて、ソフトウェアの**「サプライチェーンマネジメント」**を実施することになります。これは、サプライチェーンマネジメントの考え方を情報システムに適用したもので、調達の適切さを維持するために、システム化の計画段階から納入に至るまで、システム資産、ソフトウェア資産などを一元的に管理することです。

参考

ライセンス管理

ソフトウェア資産を管理する際には、「ソフトウェアライセンス」を管理する必要がある。

ソフトウェアライセンスとは、ソフトウェアの使用許諾のこと。使用許諾の範囲を超えて、ソフトウェアをコピーしたり加工したりすることはできない。

参考

サプライチェーンマネジメント

→「8-1-4 4 SCM」

❷ 調達の実施

調達の基本的な手順は、次のとおりです。

1 情報提供依頼書（RFI）の作成、情報提供の依頼

システム化に必要な製品・サービスなどの情報提供依頼事項をまとめ、複数のベンダー企業に情報提供を依頼する。

2 提案依頼書（RFP）の作成、システム提案の依頼

システム化に関する概要や提案依頼事項、調達条件などのシステムの基本方針をまとめ、調達先の候補となるベンダー企業にシステム提案を依頼する。

3 提案書・見積書の入手

調達先の候補となるベンダー企業から提案書および見積書を入手し、提案内容およびコストを比較する。

4 調達先の選定

調達先のベンダー企業を選定する。

5 契約締結

調達先のベンダー企業と契約を締結する。

(1) 情報提供依頼書（RFI）の作成、情報提供の依頼

「情報提供依頼書」とは、**「提案依頼書」**の作成に先立ってシステム化の目的や業務内容を示し、調達先の候補となるベンダー企業に対して、システム化に関する情報提供を依頼するための文書のことです。**「RFI」**ともいいます。
情報提供を受けることで、システム化に必要なハードウェアやソフトウェアなどの技術情報、同業他社の構築事例、運用・保守に関する情報などを広く収集できます。

(2) 提案依頼書（RFP）の作成、システム提案の依頼

「提案依頼書」とは、システム化を行う企業が、調達先の候補となるベンダー企業に対して提案書や見積書の提出を求め、具体的なシステム提案を行うように依頼するための文書のことです。**「RFP」**ともいいます。
提案依頼書には、システム概要、目的、必要な機能、求められるシステム要件、契約事項など、システムの基本方針や調達条件を盛り込みます。発注予定となるベンダー企業への提案依頼という役割のほかに、事前にシステム要件を明らかにすることで、実際の開発段階に入ってからの混乱を未然に防止する役割も担っています。

参考

ベンダー
製品を販売する企業のこと。製品のメーカや販売代理店を指す。

参考

RFI
「Request For Information」の略。

参考

RFP
「Request For Proposal」の略。

参考

見積依頼書
一般的に提案依頼書に含まれ、システム化を行う企業が調達先の候補となるベンダー企業に対して具体的な見積りを行うように依頼する文書のこと。「RFQ」ともいう。
「Request For Quotation」の略。

(3) 提案書・見積書の入手

「提案書」とは、提案依頼書をもとに具体的な提案内容を記載した文書のことであり、**「見積書」**とは、システムの開発、運用・保守などにかかる必要経費や納期などの必要事項を記載した文書のことです。
調達先の候補となるベンダー企業は、提案依頼書に基づいてシステム構成や開発手法などを検討し、提案書および見積書を作成して提出します。

(4) 調達先の選定

調達先のベンダー企業を選定します。選定にあたっては、提案評価基準や要求事項適合度の重み付けなどを含め、あらかじめ明確な選定手順を確立しておく必要があります。また、候補となるベンダー企業の提案書や見積書をもとに、開発の確実性、信頼性、費用の内訳、工程別スケジュール、最終納期などを比較し、要件に合う最適な調達先を選定します。

●調達先の選定方法

外部から調達する際には、まず複数の候補の中から調達先を選定する必要があります。
代表的な調達先の選定方法には、**「企画競争入札」**や**「一般競争入札」**があります。

名称	説明
企画競争入札	複数のベンダー企業に対して企画書の提出やプレゼンテーションの実施などを求め、提案内容を競争させて調達先を選定する方法。
一般競争入札	入札情報を公告し、一定の参加資格を満たしたすべての参加者に対して見積書の提出を求め、価格を競争させて調達先を選定する方法。

●調達リスク分析

「調達リスク」とは、調達に伴うリスクのことです。調達には、品質やコストに関するリスクのほか、法律上のリスク、情報漏えいのリスクなど、様々なリスクが伴います。したがって、**「内部統制」**や**「コンプライアンス」**、**「CSR調達」**、**「グリーン調達(グリーン購入)」**などの観点からビジネス上のリスクを分析・評価し、あらかじめリスクへの対応策を明確にしておきます。また、調達プロセス全体にわたってリスク管理を行うことが重要です。調達業務の担当者は、リスクアセスメントやリスク管理についての知識や手法を習得する必要があります。

名称	説明
CSR調達	調達先を決定する際に、調達先の候補となるベンダー企業の「CSR」の取組み状況を重視する。具体的には、コンプライアンスや人権、労働環境、安全衛生などへの取組み状況が判断材料となる。 「CSR」とは、企業が社会に対して果たすべき責任のこと。「Corporate Social Responsibility」の略。日本語では「企業の社会的責任」の意味。
グリーン調達(グリーン購入)	環境に配慮した原材料や部品などを優先的に購入したり、環境経営を積極的に実践している企業から優先的に製品やサービスを購入したりする。

(5) 契約締結

選定したベンダー企業と契約内容についての交渉を行い、納入システム、費用、納入時期、調達元とベンダー企業との役割分担を決定し、契約を締結します。事前に契約内容を明らかにしておくことで、口約束や曖昧な発注による開発現場の混乱や紛争の発生、納期の遅れなどのトラブルを未然に防ぐことができます。
契約形態には、**「請負契約」**や**「準委任契約」**があります。

参考
内部統制
→「6-2-2 内部統制」

参考
コンプライアンス
→「9-2-4 2 コンプライアンス」

参考
リスクアセスメント
→「3-5-4 2 (1) リスクアセスメント」

参考
情報システム・モデル取引・契約書
経済産業省が、システム開発におけるユーザーとベンダー企業の詳細な役割分担を条文化したもの。契約書に明記すべき項目や、実際の契約書モデルなども盛り込まれている。

参考
ソフトウェア開発委託モデル契約
ソフトウェア開発を委託、請け負う際のモデルとなる契約内容を明らかにしたもの。経済産業省が作成した。

参考
知的財産権利用許諾契約
知的財産権に関する利用許諾を得るための契約のこと。「ライセンス契約」ともいう。

参考
ソフトウェア使用許諾契約
→「9-2-1 4 ソフトウェア使用許諾契約」

参考
請負契約/準委任契約
→「9-2-3 2 (2) 民法」

7-3 章末問題

※解答は巻末にある別冊「章末問題 解答と解説」P.27に記載しています。

問題7-1

エンタープライズアーキテクチャを構成するアプリケーションアーキテクチャについて説明したものはどれか。

ア　業務に必要なデータの内容、データ間の関連や構造などを体系的に示したもの
イ　業務プロセスを支援するシステムの機能や構成などを体系的に示したもの
ウ　情報システムの構築・運用に必要な技術的構成要素を体系的に示したもの
エ　ビジネス戦略に必要な業務プロセスや情報の流れを体系的に示したもの

平成31年春期　問61

問題7-2

BPOを説明したものはどれか。

ア　自社ではサーバを所有せずに、通信事業者などが保有するサーバの処理能力や記憶容量の一部を借りてシステムを運用することである。
イ　自社ではソフトウェアを所有せずに、外部の専門業者が提供するソフトウェアの機能をネットワーク経由で活用することである。
ウ　自社の管理部門やコールセンターなど特定部門の業務プロセス全般を、業務システムの運用などと一体として外部の専門業者に委託することである。
エ　自社よりも人件費が安い派遣会社の社員を活用することによって、ソフトウェア開発の費用を低減させることである。

平成30年秋期　問62

問題7-3

社内業務システムをクラウドサービスへ移行することによって得られるメリットはどれか。

ア　PaaSを利用すると、プラットフォームの管理やOSのアップデートは、サービスを提供するプロバイダが行うので、導入や運用の負担を軽減することができる。
イ　オンプレミスで運用していた社内固有の機能を有する社内業務システムをSaaSで提供されるシステムへ移行する場合、社内固有の機能の移行も容易である。
ウ　社内業務システムの開発や評価で一時的に使う場合、SaaSを利用することによって自由度の高い開発環境が整えられる。
エ　非常に高い可用性が求められる社内業務システムをIaaSに移行する場合、いずれのプロバイダも高可用性を保証しているので移行が容易である。

平成29年秋期　問14

問題7-4

クラウドコンピューティングの実現形態のうち、ハイブリッドクラウドの特徴として、適切なものはどれか。

ア　企業や一般の利用者に対して提供される。
イ　企業が自社内で構築し、自社内の部門に対して提供される。
ウ　一般に提供されるものと、自社内だけに提供されるものを組み合わせる。
エ　自社の情報システムを、自社が管理する設備内で運用する。

予想問題

問題7-5

SOAを説明したものはどれか。

ア　業務体系、データ体系、適用処理体系、技術体系の四つの主要概念から構成され、業務とシステムの最適化を図る。
イ　サービスというコンポーネントからソフトウェアを構築することによって、ビジネス変化に対応しやすくする。
ウ　データフローダイアグラムを用い、情報に関するモデルと機能に関するモデルを同時に作成する。
エ　連接、選択、反復の三つの論理構造の組合せで、コンポーネントレベルの設計を行う。

平成30年秋期　問63

問題7-6

非機能要件の定義で行う作業はどれか。

ア　業務を構成する機能間の情報（データ）の流れを明確にする。
イ　システム開発で用いるプログラム言語に合わせた開発基準、標準の技術要件を作成する。
ウ　システム機能として実現する範囲を定義する。
エ　他システムとの情報授受などのインタフェースを明確にする。

令和元年秋期　問65

問題7-7

図に示す手順で情報システムを調達するとき、bに入るものはどれか。

a	発注元はベンダーにシステム化の目的や業務内容などを示し、情報提供を依頼する。
↓ b	発注元はベンダーに調達対象システム、調達条件などを示し、提案書の提出を依頼する。
↓ c	発注元はベンダーの提案書、能力などに基づいて、調達先を決定する。
↓ d	発注元と調達先の役割や責任分担などを、文書で相互に確認する。

ア　RFI　　イ　RFP　　ウ　供給者の選定　　エ　契約の締結

平成30年秋期　問66

第8章

経営戦略

事業戦略やマーケティング手法、経営管理システム、技術戦略をはじめ、各分野での代表的なシステムなどについて解説します。

8-1 経営戦略マネジメント

8-1-1 経営戦略手法

企業が自社を取り巻くあらゆる変化に適応しながら、他社より優位に立って事業を推進していくためには、企業としての明確な目的および**「企業理念」**を定めると同時に、その達成に向けた明確な**「経営戦略」**が必要となります。
「企業理念」とは、企業経営における基本的な考えのことで、具体的には、企業の存在意義や目指す方向性、行動指針などを明示したものです。
「経営戦略」とは、企業が持続的な成長を目指し、中長期的な視点で描く将来的な構想のことです。競合他社と差別化された独自の価値を提供し、競争優位を勝ち取るための戦略である必要があります。そのため、競合他社の**「ベストプラクティス」**を見つけ出し、**「ベンチマーキング」**を行うプロセスが重要です。
経営戦略は、トップマネジメントと呼ばれる経営者を中心に、次のような流れで策定していきます。

1 企業理念の明示

企業の存在意義や行動指針などを明示する。

2 企業目標の明示

企業が目指す最終到達点を明示する。

3 企業ドメインの定義

市場における自社の位置付けを定義する。

4 経営戦略の決定

変化に適応しながら存続するための、将来的な構想を決定する。

経営戦略は、主に**「全社戦略」**と**「事業戦略」**の2つに分けられます。

❶ 全社戦略

「全社戦略」とは、複数の事業を展開する企業が、事業ごとに策定される戦略とは別に、全社的な観点から経営の方向性を示したものです。より高いレベルで持続的な競争優位を実現することが目的です。

参考

デジタルトランスフォーメーション（DX）
デジタルの技術が生活を変革すること。様々な活動についてIT（情報技術）をベースに変革することであり、特に企業においては、ITをベースに事業活動全体を再構築することを意味する。「DX」ともいう。DXは「Digital Transformation」の略ではないが、英語圏で「Trans」を「X」と略することが多いため「DX」と略される。例えば、民泊サービスやライドシェアなどは、スマートフォンやクラウドサービスを組み合わせることにより、従来の宿泊業界、タクシー業界を脅かすまでの存在になっている。このように、従来までの枠組みを破壊し、ITを駆使して、より顧客の利便性を追求するような変革を行う企業が、デジタルトランスフォーメーションを実現する企業といえる。

参考

ベストプラクティス
経営や業務のやり方において、最も優れているとされる方法のこと。最良事例や成功事例を意味している。

参考

ベンチマーキング
ベストプラクティスを求めるために、競合他社との比較を行い、分析結果から得られたヒントを経営や業務の改善に活かすこと。

参考

チェンジマネジメント
経営や業務にかかわる様々なイノベーション（革新）を推進し、成功に導くためのマネジメント手法のこと。

参考

ベンチャービジネス
新技術や高度な知識、創造力、開発力などをもとに、大企業では実施しにくい新しいサービスやビジネスを中小企業が展開すること。

（1）全社戦略の種類

全社戦略で示される経営の方向性には、次のようなものがあります。

名　称	説　明
CS経営	顧客の視点で自社の企業価値を創造し、顧客満足（CS）の向上を第一に企業経営を行う。 CSは、「Customer Satisfaction」の略。
コアコンピタンス経営	自社の強み（コンピタンス）を事業の中核（コア）に位置付け、経営資源を集中させる。
多角化経営	既存事業とは関連のない事業分野にも進出し、企業の安定的な成長を図る。
グループ経営	独立した複数の企業が一体となって、経営の効率化、市場シェアの拡大を目指す。

（2）全社戦略の手法

全社戦略を実現するための手法には、次のようなものがあります。

●アウトソーシング

「アウトソーシング」とは、専門的な技術やノウハウを持つ外部の業者に、自社の業務の一部を委託することです。**「外部委託」**ともいいます。技術やノウハウを持たない自社で抱え込むよりも、低コストで、より良い成果を生むことができるだけでなく、リスクを低減できるというメリットもあります。アウトソーシングを戦略的に活用することで、企業は**「選択と集中」**を進め、自社のコアとなる事業に経営資源を集中させることが可能になります。

アウトソーシングの形態のひとつに、**「コソーシング」**があります。コソーシングとは、自社の業務を外部の業者に全面的に委託するのではなく、一部を委託し、自社と外部の業者が共同で業務を実施することです。自社は外部の業者から業務のノウハウを得ることなどが期待できます。

●アライアンス

「アライアンス」とは、企業間での連携・提携のことです。アライアンスの形態には、資本関係を伴わずに特定の分野だけで提携する形や、資本関係を伴って企業が統合する**「M&A」**などの形があります。

M＆Aとは、企業の**「合併・買収」**の総称で、**「合併」**は複数の企業がひとつの企業になること、**「買収」**は企業の一部、または全部を買い取ることです。一方の企業が存続し、他方が消滅する**「吸収合併」**もM&Aに含まれます。M&Aは、自社にはない技術やノウハウを獲得することにより、新規事業への展開を短期間で実現できるのがメリットです。M＆Aの目的には、新規事業や市場への参入、業務提携、企業の再編、経営救済などがあります。

また、そのほかのアライアンスの形態として、**「ファブレス」**や**「ファウンドリ」**があります。

「ファブレス」とは、自社工場（fab：fabrication facility）を持たずに、外部に製造を委託している企業のことです。工場を持たないため、設備の初期投資や維持費用がかかりません。ファブレス企業は、自社で製品企画や研究開発などを行い、OEMにより製造した製品を提供する形態をとっています。

「ファウンドリ」とは、ファブレスの逆で、製造のみに特化した企業のことです。ファウンドリ企業は、製造した製品をファブレス企業に納品します。

参考

クラウドファンディング

製品・サービスの開発や新しいアイディアなどの実現のために、インターネットを通じて不特定多数の人々に、比較的低額の資金提供を呼びかけて資金調達をすること。

参考

コアコンピタンス

他社が真似できない核（コア）となる技術や資本力などの能力（コンピタンス）のこと。自社にとっての強みであり、独自の価値を創出し、他社との差別化を図るための経営資源のひとつと考えることができる。また、他社との提携の際には、相手に与える影響力や先導力のキーとなる。

参考

規模の経済/範囲の経済

「規模の経済」とは、生産規模が拡大するに従って固定費が分散するため、製品1個当たりの総コストが減少するという考え方のこと。「スケールメリット」ともいう。

「範囲の経済」とは、新しい事業を行う場合に、既存の事業とのシナジー効果（相乗効果）を活用することによって、コストを削減できるという考え方のこと。例えば、経営資源を他の事業と共有することで、効率的に利用できる。

参考

経験曲線

製品の累積生産量が増加するに従って、労働者の作業に対する経験が積み上げられ、その結果、作業の効率化が進み、単位当たりの総コストが減少するという考え方のこと。

参考

M&A

「Mergers and Acquisitions」の略。

参考

OEM

相手先企業のブランドで販売される製品を製造すること。「相手先ブランド製造」ともいう。

「Original Equipment Manufacturer」の略。

❷ 事業戦略

「事業戦略」とは、全社戦略に基づいて、それぞれの事業領域で競争優位を勝ち取るための具体的な構想を描くことです。競争優位を確立するという意味において**「競争戦略」**ともいいます。

(1) 事業戦略の種類

事業戦略には、次の3つの**「基本戦略」**があります。

名　称	説　明
コストリーダーシップ戦略	競合他社に対してコスト面で優位に立つための戦略。単に販売価格を下げるのではなく、仕入先の変更による原価の低減や、業務の効率化による人件費の削減といった努力が求められる。
差別化戦略	製品やサービスに独自の価値を追加することで、競合他社との差別化を図る戦略。コアコンピタンスを十分に発揮することが重要となる。
集中戦略	特定の顧客層や地域、流通チャネルなどに経営資源を集中することで、効率化を図ると同時に独自性を打ち出し、コストの低減や差別化を実現する戦略。

(2) 事業戦略の手法

事業戦略を策定する際には、自社が現在置かれている立場や状況を分析し、企業の強みや弱みを把握する必要があります。
事業戦略のためのデータ分析の手法には、次のようなものがあります。

●プロダクトポートフォリオマネジメント（PPM）

「プロダクトポートフォリオマネジメント」とは、企業が扱う製品を、市場占有率と市場成長率を軸とするグラフにプロットし、**「花形」**、**「金のなる木」**、**「問題児」**、**「負け犬」**の4つに分類する経営手法のことです。**「PPM」**ともいいます。
4つの分類に経営資源を配分することで、効果的・効率的で、最適な事業や製品の組合せを見つけ出します。多角化経営を進めるにあたって、各事業の優先順位や、経営資源の配分などを検討する際に役立ちます。

高↑ 市場成長率 ↓低	大← 市場占有率	→小
高	**花形** 投資が必要だが収益が安定している製品。投資を継続する。	**問題児** 投資することで将来的には成長が見込める製品。投資を追加して花形に育成する。
低	**金のなる木** 少ない投資で収益を生み出す製品。過剰な投資は抑制する。	**負け犬** 将来性が低く、投資以上の収益が見込めない製品。撤退を検討すべき。

参考

EMS

自社が受注した電子機器などの製品の生産を、自社に代わって他社が受け持つこと。「受託生産」ともいう。
個々の製品ごとに自社生産すると効率が悪いため、アウトソーシングの形態のひとつとしてEMSを利用する。
「Electronics Manufacturing Service」の略。

参考

競争戦略論

競争戦略論の第一人者であるマイケル・E・ポーターは、あらゆる業界の競争状態は、次の5つの要因（ファイブフォース）によって決まるとしている。

- 新規参入の脅威
- 業界内における事業者間の敵対関係
- 代替製品および代替サービスの脅威
- 買い手の交渉力
- 売り手の交渉力

参考

PPM

「Product Portfolio Management」の略。

参考

ブルーオーシャン戦略

フランスのW・チャン・キムとレネ・モボルニュが著したビジネス書の中で述べられている経営戦略のこと。この中で、競合他社が多く、企業が生き残るためには既存の商品やサービスを改良して争う既存の市場を「レッドオーシャン（赤い海）」、競合他社がなく、可能性を秘めた未開拓の市場を「ブルーオーシャン（青い海）」と名付けている。ブルーオーシャン戦略では、新しい市場を開拓し、顧客に対して付加価値が高い商品やサービスを低コストで提供することで、利潤の最大化を実現することを狙いとしている。

参考

シェアードサービス

企業内の人事や経理、総務などの共通の業務を個々の企業から切り離してグループ内の1か所に集約し、コストの低減やサービスの向上を図る経営手法のこと。
主に、多くのグループ会社を持つ大企業の間接業務を独立させて別会社を作り、各グループ会社にサービスを提供することが多い。

●SWOT分析

「SWOT分析」とは、強み(Strength)、弱み(Weakness)、機会(Opportunity)、脅威(Threat)を分析し、評価する手法のことです。

強みと弱みは、企業の**「内部環境」**を分析し、活かすべき強みと克服すべき弱みを明確化します。機会と脅威は、企業を取り巻く**「外部環境」**を分析し、利用すべき機会と対抗すべき脅威を見極めます。

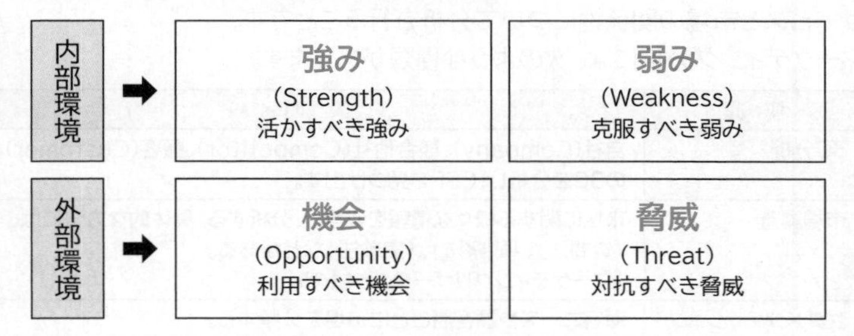

●バリューチェーン分析

「バリューチェーン分析」とは、企業活動を主活動と呼ばれる購買、製造、出荷、物流などの活動と、これらをサポートする人事、労務、経理、技術開発、調達などの支援活動に分類し、各活動に必要なコストや、各活動が生み出す価値を明確にしたうえで、業界での**「CSF(重要成功要因)」**となる強みや、改善すべきポイントを見つけ出す手法のことです。アウトソーシングの対象業務を選定する際にも有効です。

●成長マトリクス分析

「成長マトリクス分析」とは、経営学者のH・イゴール・アンゾフが提唱したもので、自社の製品やサービスと市場の関係性をマトリックスで分析し、企業の成長戦略の方向性を導き出す手法のことです。

市場		製品やサービス:既存	製品やサービス:新規
	新規	**市場開拓** 既存の製品を新規顧客に向けて展開する	**多角化** 新しい分野への進出を図る
	既存	**市場浸透** 競争優位を獲得して市場占有率を高める	**新製品開発** 新製品を既存顧客に向けて展開する

8-1-2 マーケティング

「マーケティング」とは、市場規模や顧客ニーズ、自社の経営資源や業績、競合関係などの分析結果に基づいて、付加価値の高い製品やサービスを開発し、販売する仕組みを作る活動のことです。

参考

内部環境と外部環境

「内部環境」とは、人材、営業力、商品力、販売力、技術力、ブランド、競争力、財務体質などのこと。

「外部環境」とは、政治、経済、社会情勢、技術進展、法的規制、市場規模、市場成長性、価格動向、顧客動向、競合他社動向などのこと。

参考

バリューチェーン

原材料の調達から製品やサービスの提供に至るまでの一連の企業活動のこと。顧客に提供する最終的な価値を実現するために、それぞれの活動が生み出す価値(Value)が連鎖(Chain)することを表現した言葉である。

参考

CSF

経営目標を達成するうえで重要な要素のこと。「重要成功要因」ともいう。

「Critical Success Factors」の略。

参考

企業の競争上のポジション

企業の競争上のポジションには、次のようなものがある。

名称	説明
リーダー	業界内でトップシェアを持ち、市場をリードする企業。
チャレンジャ	業界内でシェアが2番手以降の企業であり、業界内での地位向上とトップシェアを獲得することを狙う企業。
フォロワ	リーダーの行動を観察し、すばやく模倣することで製品開発などのコスト削減を図る企業。
ニッチャ	他社が参入しにくい特定の市場で高い利益をあげる企業。

❶ マーケティング理論

マーケティングの実施にあたっては、**「マーケティング分析」**を行うとともに、**「マーケティングミックス」**、**「CS」**などの考え方が求められます。

（1）マーケティング分析

「マーケティング分析」とは、マーケティングの実施にあたり、自社の製品やサービスと市場の関係性について分析を行うことです。
マーケティング分析には、次のような種類があります。

種　類	説　明
3C分析	自社（Company）、競合他社（Competitor）、顧客（Customer）の3Cを分析し、CSFを見つけ出す。
市場調査	市場に関する様々な情報を収集し、分析する。具体的な方法には、「質問法」、「観察法」、「実験法」などがある。 「マーケティングリサーチ」ともいう。
セグメンテーション	顧客ニーズや顧客層ごとに市場を分類する。
ターゲティング	自社がターゲットとする市場を絞り込む。
ポジショニング	ターゲットとする市場に対して、自社の価値をどのように訴求すべきかを考える。
サンプリング	ターゲットとする市場の性質を調べるために、一部を抽出して統計調査を行う。

（2）マーケティングミックス

「マーケティングミックス」とは、マーケティングの目的を達成するために、**「4P」**と呼ばれる**「Product（製品）」**、**「Price（価格）」**、**「Place（流通）」**、**「Promotion（販売促進）」**の4つのPの最適な組合せを考えることです。4Pは販売側の視点から考えるものですが、この4Pに対応して顧客側の視点から考える**「4C」**があります。4Cとは、**「Customer Value（顧客にとっての価値）」**、**「Cost（顧客の負担）」**、**「Convenience（顧客の利便性）」**、**「Communication（顧客との対話）」**のことです。

4P	検討する内容	4C
Product （製品）	品質やラインナップ、デザインなど	Customer Value （顧客にとっての価値）
Price （価格）	定価や割引率など	Cost （顧客の負担）
Place （流通）	店舗立地条件や販売経路、輸送など	Convenience （顧客の利便性）
Promotion （販売促進）	宣伝や広告、マーケティングなど	Communication （顧客との対話）

また、商品やサービスを、顧客の要望に合致するような形態で提供するために行う一連の活動のことを**「マーチャンダイジング」**といいます。マーチャンダイジングでは、顧客の要望する商品やサービスの品揃え、販売価格、販売形態などを決定します。

（3）CS

「CS」とは、製品やサービスを利用した顧客が精神的および主観的に感じる満足度のことです。市場の成熟と、多様化・高度化する顧客ニーズに伴い、CSの向上が企業の重要課題となりつつあり、**「顧客ロイヤルティ」**を高めるための明確なブランド戦略が求められます。

参考

コンバージョン率とリテンション率

「コンバージョン率」とは、製品を知ったユーザーのうち、初回購入に至るユーザーの割合のこと。例えば、インターネット広告をクリックしたユーザーが、実際に製品を購入した割合である。
「リテンション率」とは、製品を購入したユーザーのうち、固定客となるユーザーの割合のこと。例えば、製品を購入した新規の顧客のうち、半年経過した後も継続して製品を購入した割合である。
もし、コンバージョン率が低く、リテンション率が高い場合は、初回購入に至るユーザーの障壁が高いことが予測できるため、無料サンプルを配布したり、お試し価格で提供したりするなど、新規顧客を多く集める活動をするとよい。新規顧客を集めることができれば、固定客となるユーザーの割合が高いので、安定した利益を得ることが期待できる。

参考

質問法/観察法/実験法

「質問法」とは、質問に対する回答を入手して、必要なデータを収集する調査方法のこと。市場調査としては最も一般的である。
「観察法」とは、ターゲットの行動を人間または機器を使って観察し、必要なデータを収集する調査方法のこと。
「実験法」とは、仮説の検証に必要な特定のシチュエーションを実験的に作り出し、ターゲットの行動への影響を観察することで、必要なデータを収集する調査方法のこと。

参考

CS

「Customer Satisfaction」の略。
日本語では「顧客満足」の意味。

顧客ロイヤルティとは、製品やサービスに対する顧客の信頼度や愛着度のことです。顧客が強いロイヤルティ（loyalty：愛着）を持つと、繰り返し同じ商品を購入したり、よい評判を周囲に広めたりなど、企業にとって好ましい行動へとつながる傾向にあります。

❷ マーケティング戦略

「マーケティング戦略」とは、マーケティングの成果を高めるための具体的な構想のことです。自社の製品やサービスを、誰に対してどのように告知し、販売に結び付けていくかを明確にします。
マーケティング戦略の策定にあたっては、4Pの最適な組合せを考えることが重要です。

（1）製品戦略

「製品戦略」とは、企業が市場に製品を提供するための戦略であり、顧客ニーズは何か、企業に利益をもたらす製品は何かなどを考え、創造し開発する活動のことです。製品戦略は、**「製品ライフサイクル」**をもとに策定します。製品ライフサイクルとは、製品が販売開始されて市場に出現してから、販売終了となり市場から消失するまでのサイクルのことです。**「PLC」**、**「プロダクトライフサイクル」**ともいいます。
製品ライフサイクルは、次の4段階に区切り、商品の売上や利益を分析することで、各段階での販売戦略を検討するのに役立ちます。

段階	説明
導入期	製品を市場に投入する時期であり、製品の認知度を高めるための告知活動や販売促進活動を行う。製品の売上自体よりも販売戦略に投資する方が大きいため、利益はほとんどない。
成長期	導入期の投資により、製品の認知度が上がり売上が上昇する。それと同時に競合製品が増加する。消費者の需要が伸びる時期であり、設備や要員などの投資も必要になる。消費者からの要望も多くなり、他社製品との差別化や製品のバージョンアップ（改良）を検討する時期である。
成熟期	製品が市場にあふれ、消費者の需要が鈍化する。そのため売上、利益ともに伸長せず、戦略の変更を検討する時期である。販売シェアの高い製品であれば、その市場を維持していくための戦略（製品原価の低下に伴う値下げ）、シェアを取れない製品であれば、ニッチ戦略（隙間市場での収益性の確保）などを検討する。
衰退期	消費者の需要が価格によって左右され始め、値引き競争が激化する。そのため売上、利益ともに下降傾向となり、市場からの撤退を含めて今後の進退を検討する時期である。コストをかけず、既存の消費者ニーズに応えて市場を維持していくか、現製品の価値を維持しながら後続製品に切り替えるために再投資を行うかなどを検討する。

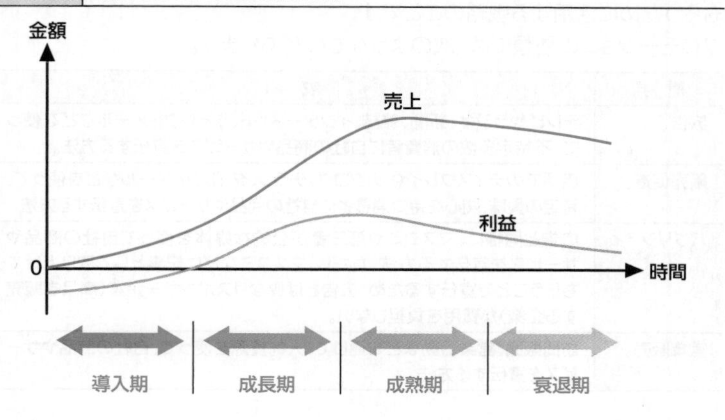

参考

UX
製品やサービスを通して得られる体験のこと。使いやすさだけでなく、満足感や印象なども含まれる。
「User Experience」の略。

参考

ブランド戦略
企業または企業が提供する製品やサービスに対して、他社と差別化できるような個性を作り出し、顧客のイメージを高めるための戦略のこと。イメージは作り出すのが難しい一方で、一度確立すると貴重な経営資源となる。
ブランド戦略が効果を発揮するのは、酒・化粧品のような嗜好品、家電製品、スポーツ用品などである。

参考

PLC
「Product Life Cycle」の略。

参考

製品ライン
企業が扱っている製品のラインナップのこと。ひとつの製品だけを販売している企業は少なく、複数の製品を扱っていることの方が一般的であるため、製品ラインは「幅」と「深さ」で考える必要がある。
幅とは、PCメーカであれば、PC本体だけを扱うのか、PC周辺機器も扱うのかということ。深さとは、PC本体の中でいくつのモデル数を扱うのかということ。いずれも製品の特性や、コスト、品質などの要件を考慮して、最適な製品ラインを検討する必要がある。

参考

ニッチ戦略
競争相手が少ない特定の小規模な市場に事業や製品を提供し、高い利益を上げる戦略のこと。

参考

製品ポートフォリオ
企業が扱う製品の組合せのことで、「プロダクトポートフォリオ」ともいう。投資が必要な製品、撤退すべき製品、成長が見込める製品などを明確にするために使用され、プロダクトポートフォリオマネジメントに役立てられる。

参考

カニバリゼーション

自社の製品の売上が、自社のほかの製品の売上を奪ってしまう現象のこと。日本語では「共食い」の意味。
例えば、自社の新製品を市場に投入することで、自社の類似した既存製品の市場シェアを奪って売上が減少してしまう現象が該当する。

参考

コモディティ化

製品の機能や品質が均等化されて、消費者にとって、どの企業の製品を買っても同じであると感じる状態のこと。企業にとって、自社製品と他社製品の機能や品質による差別化が難しいため、価格を下げることに陥ってしまい、収益を上げにくくなる。

参考

バリュープライシング

消費者のニーズやメリットと、企業の利益目標の両方を満たす価格設定のこと。

参考

コストプラス法

製造原価と営業費を基準にして、これに希望する利益を付加して価格を決定する方法のこと。製品を製造・販売するための変動費(直接費)に、維持・運営するための固定費(間接費)と、一定の利益を加算して製品の価格を決定する。「原価加算法」、「CP法」ともいう。CPは「Cost Plus」の略。

参考

フランチャイズチェーン

本部が店舗の営業権や商標、営業のノウハウなどを提供し、加盟店からロイヤリティ(royalty:対価)を徴収する小売の業態のこと。コンビニエンスストアや外食産業などで多く見られ、低コストで店舗数を増大できるというメリットがある。

参考

チャネル統合

小売業者が製造業に展開したり、製造業者が小売業に展開したりして、チャネルを統合すること。チャネル統合により、納期短縮、業務の効率化、コスト削減などを実現できる。

(2) 価格戦略

「価格戦略」とは、製品をいくらに設定するかを考える戦略のことです。価格戦略は企業の利益に直結するという意味で非常に重要な要素です。企業は利益を確保するために、製造コストや市場の動向、顧客ニーズなどに留意しながら、戦略的に価格設定を行う必要があります。
価格戦略には、次のようなものがあります。

名　称	説　明
高価格戦略	高価格で提供し、富裕層などをターゲットに売り込もうとする戦略。ほかの企業にはない高い技術力の製品や、ブランド品などに用いられる。
低価格戦略	低価格で提供し、大量に製品を売ることによって利益を得ようとする戦略。製品の大量生産が可能で、差別化されにくい日用品や消耗品などに用いられる。
中価格戦略	製造コスト、市場コストなどを多角的に考慮し、利益が最も得られる価格で提供する戦略。競合製品が存在する製品や、差別化がある製品などに用いられる。
スキミングプライシング	製品を市場に提供する導入期において、高価格を設定する戦略。
サブスクリプションモデル	一定期間の利用に対して、サービスを提供する戦略。一般的に、1年間や1か月間などの期間で、サービスを提供する形態が多い。

(3) 流通戦略

「流通戦略」とは、利益を上げるにはどのような流通経路にしたらよいかという**「流通チャネル」**を考える戦略のことです。**「チャネル」**とは、価値を届けるルート(経路)のことです。
流通チャネルの構築には時間と費用がかかり、一度構築すると変更が難しいという性質を持っているので、中期的な視点で戦略を策定する必要があります。
また、流通戦略の策定においては、製品価格に見合った流通コストなのか、製品の特性に合った流通チャネルなのかなどを総合的に考慮する必要があります。
流通チャネルの種類には、次のようなものがあります。

種　類	説　明
中間業者	卸売業者、小売業者など。
代理店	販売代理店、ブローカーなど。
助成機関	損害保険会社、運送業者など。

(4) プロモーション戦略

「プロモーション戦略」とは、企業が自社製品をターゲットとなる顧客に知ってもらうために活用する戦略のことです。
プロモーションの種類には、次のようなものがあります。

種　類	説　明
広告	テレビやラジオ、新聞、雑誌、インターネット、ダイレクトメールなどを使って、不特定多数の消費者に自社の商品やサービスを宣伝する方法。
販売促進	店頭でのディスプレイや、カタログ、チラシ、ダイレクトメールなどを使って、特定の興味、関心を持つ消費者に自社の商品やサービスを宣伝する方法。
パブリシティ	広告と同様に、マスコミや第三者が公的な媒体を使って自社の商品やサービスを宣伝する方法。ただし、マスコミなどに記事として取り上げてもらうことで宣伝するため、広告とは異なりスポンサー企業(商品を販売する企業)が費用を負担しない。
営業販売	訪問販売、営業活動などを通じて、人的資源を使って、自社の商品やサービスを宣伝する方法。

❸ マーケティング手法

策定したマーケティング戦略に基づいて、マーケティングを実施するための代表的な手法には、次のようなものがあります。

手　法	説　明
マス マーケティング	ターゲットを特定することなく、市場全体に向けて画一的な手法で展開するマーケティングのこと。テレビや新聞、雑誌などのマスメディアを用いるのが一般的である。顧客ニーズの多様化・高度化に伴い、マスマーケティングによるアプローチは難しくなりつつある。
ニッチ マーケティング	自社の製品やサービスの特性を活かして、市場全体ではなく、特定の小規模な市場に対してアプローチするマーケティングのこと。潜在的な需要があり、他社が進出していないような分野で優位性を発揮できる可能性がある。
ワントゥワン マーケティング	個別の顧客ニーズに1対1の関係で対応していくマーケティングのこと。インターネットの普及に伴い、比較的容易に行えるようになっている。
リレーションシップ マーケティング	長期的な顧客関係の維持を目的として行うマーケティングのこと。「関係性マーケティング」ともいう。ターゲットとなる顧客を特定し、顧客ロイヤルティを高めるためのインセンティブを設定し、双方向のコミュニケーションを実現することが重要である。
ダイレクト マーケティング	自社の製品やサービスに関心が高い人(見込み顧客)に限定してアプローチすること。電話やFAX、電子メール、郵便などを単体または組み合わせて用いるのが一般的である。個人の特性や嗜好(しこう)に合わせたマーケティングを行うため、マスマーケティングより確実性は高まる。
市場テスト	製品やサービスの提供を開始する前に、地域や店舗、期間などを限定してテスト的に行うマーケティングのこと。「テストマーケティング」ともいう。この結果を踏まえて、マーケティング戦略や販売計画などの見直しを行う。
プッシュ戦略・ プル戦略	「プッシュ戦略」とは、小売業者に対して、懸賞品や試食販売など何らかのメリットを提供して、自社商品の取扱いを強化してもらったり、販売施策を援助したりして、顧客への販売推進を要請する戦略のこと。顧客への説明が必要な商品、価格が高い商品、市場における商品の認知率が低い商品に効果が期待できる。 「プル戦略」とは、テレビや雑誌などの媒体を通じて、商品やブランドの広告・宣伝を行うことにより、顧客の購買意欲を喚起して、自社の商品を買わせる戦略のこと。市場における商品の認知率が高いほど、効果が期待できる。 これらの戦略は同時に行われることもある。

8-1-3　ビジネス戦略と目標・評価

企業が各事業で成果を上げるためには、経営戦略やマーケティング戦略に基づいて、より具体的な**「ビジネス戦略」**を策定する必要があります。
ビジネス戦略とは、各事業における目標を達成するために、経営戦略やマーケティング戦略を業務レベルで具体化した戦略のことです。明確な目標を設定するとともに、目標の達成状況を継続的に評価し、必要に応じて改善につなげていくことが重要です。

参考

オムニチャネル

実店舗やオンラインストアなど、あらゆる流通チャネルや販売チャネルでも分け隔てなく、商品を購入できるようにする取組みのこと。
例えば、オンラインストアで注文した商品を実店舗で受け取ったり、実店舗で在庫がない商品を即時にオンラインで購入したりできるようにする。

参考

インセンティブ

報奨金や景品、ポイントなど、特定の行動を促すための動機付けとなる刺激策のこと。

参考

ビジネスモデルキャンバス

ビジネスモデルを視覚化し、分析・設計するためのツールのこと。ビジネスモデルを9つの要素に分類し、各要素が相互にどのようにかかわっているのかを図示して分析・設計する。
9つの構成要素には、キーパートナー(外部委託する活動など)、主要な活動、キーリソース(必要な資源)、与える価値、顧客との関係、チャネル(価値を届けるルート)、顧客セグメント(価値を届ける相手)、コスト構造(支払うコストの構造)、収益の流れ(受け取る収入の流れ)がある。

❶ 目標の設定・評価

目標の設定から評価までの一般的な手順は、次のとおりです。

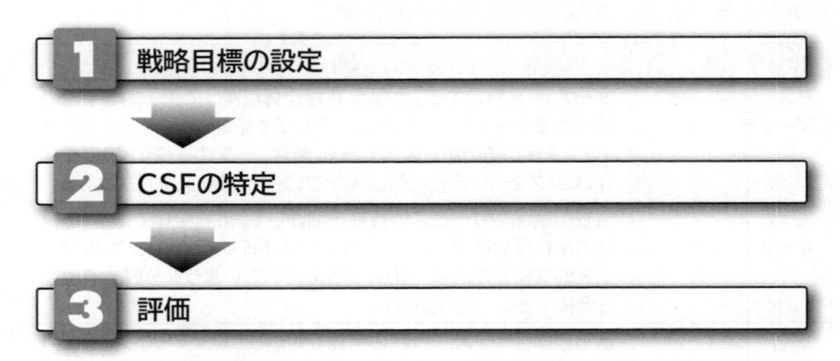

(1) 戦略目標の設定

企業を取り巻くビジネス環境の分析結果をもとに、企業理念や経営戦略を踏まえたビジネス戦略の立案を行い、明確な戦略目標を定めます。

(2) CSFの特定

戦略目標の達成に向けて、重点的に取り組むべきことを明確にします。競合他社との差別化を図り、競争優位に立つためには、数ある成功要因の中から、CSFを特定するための**「CSF分析」**を行うことが重要です。CSF分析の結果は、ビジネス戦略の基礎になる情報として活用されます。

CSFは、**「KGI(重要目標達成指標)」**の達成率を高めるための重要な要素となるため、様々な観点で精度の高い分析を行う必要があります。特定されたCSFをもとに、最終的には、KGIを達成するためのより具体的な数値目標となる**「KPI(重要業績評価指標)」**を導き出します。つまり、"何を"、"どのレベル"で達成すべきかを明確にすることが目的になります。

(3) 評価

目標達成度を評価するための指標を設定し、継続的な**「モニタリング」**を通じて評価を行います。期待された成果が得られているかどうかを確認し、問題点や課題を分析して改善につなげます。

❷ 目標設定および評価のための手法

ビジネス戦略の策定および実現にあたっては、効率的かつ適切な手法を用いて、明確な目標を設定するとともに、正確な評価を行うことが重要です。

(1) 目標設定のための手法

明確な目標を設定するために、**「ビジネス環境分析」**を行います。ビジネス環境分析は、市場ニーズや自社の置かれた現状を把握する重要なプロセスです。具体的な分析手法には、次のようなものがあります。

手　法	説　明
ニーズ・ウォンツ分析	"必要性の高いもの(ニーズ)"を把握するだけでなく、"あれば欲しいもの(ウォンツ)"を見つけ出し、分析を行うこと。顧客自身も気付いていない潜在的なニーズを掘り起こすことで、競合他社に先駆けて、新しい製品やサービスを提供できる可能性が高まる。
競合分析	競合他社についての分析を行うこと。具体的には、競合他社の有無、競合他社の市場シェアや技術、ノウハウ、品揃えなどを分析する。

参考

CSF
経営目標を達成するうえで重要な要素のこと。「重要成功要因」ともいう。
「Critical Success Factors」の略。

参考

KGI
売上高や利益など、最終的に達成すべき数値目標のこと。「重要目標達成指標」ともいう。
「Key Goal Indicator」の略。

参考

KPI
新規顧客の獲得数や契約件数など、財務上の数値目標を達成するための中間目標のこと。「重要業績評価指標」ともいう。
「Key Performance Indicator」の略。

参考

モニタリング
監視すること。経営の観点では、KGIやKPIを測定し、目標の達成状況を把握することを指す。

(2) 評価のための手法

目標達成度を評価するための手法には、次のようなものがあります。

手 法	説 明
バランス スコアカード	財務、顧客、業務プロセス、学習と成長の4つの視点からCSF、KGI、KPIを設定し、モニタリングにより達成度の評価を行う手法のこと。「BSC」ともいう。BSCは、「Balanced ScoreCard」の略。 ●財務 売上高、収益性、決算、経常利益などの財務的視点から目標の達成を目指す。 ●顧客 財務の視点を実現するために、顧客満足度、ニーズ、品質などにおいて消費者や得意先など顧客の視点から目標の達成を目指す。 ●業務プロセス 財務目標の達成や顧客満足度を向上させるために、どのようなプロセスが重要で、どのような改善が必要であるかを分析し、財務の視点、顧客の視点から目標の達成を目指す。 ●学習と成長 企業が競合他社よりも優れた業務プロセスを備え、顧客満足を図り、財務的目標を達成するためには、どのように従業員の能力を高め、環境を維持すべきかといった能力開発や人材開発に関する目標の達成を目指す。
バリュー エンジニアリング	製品やサービスの品質を落とさずに、コストダウンを図る手法のこと。製品やサービスの価値を機能とコストの両面から評価し、その最適なバランスを見極める。「VE」ともいう。 VEは、「Value Engineering」の略。日本語では「価値工学」の意味。
シックスシグマ	統計学的な手法を用いて業務プロセスを解析し、問題点を改善することで業務上のパフォーマンスを高める品質管理手法のこと。

参考

TQM

経営層の主導により実施される全社的な品質改善への取組みのこと。経営の考え方のひとつであり、シックスシグマなどの手法を用いて実施する。
「Total Quality Management」の略。
日本語では「総合的品質管理」の意味。

8-1-4 経営管理システム

「経営管理」とは、企業理念や経営戦略に沿って適切に業務が行われるように、PDCAマネジメントサイクルに基づいて管理、調整を行うことです。経営管理を効率的かつ効果的に実施するためには、経営管理を目的とした仕組みを作り、経営的な視点から様々な情報を管理する必要があります。このような仕組みを情報システムで実現したものを**「経営管理システム」**といいます。
経営管理システムには、全社を対象としたシステムと、特定の部門を対象としたシステムなどがあります。

1 ERP

「ERP」とは、企業が経営資源(ヒト・モノ・カネ・情報)を有効活用して、目標達成に向けた効率的な経営を行うために、販売管理や在庫管理、生産管理、会計、人事管理といった企業の基幹業務を一元的に管理する手法、またはそれを実現するためのシステムのことです。**「企業資源計画」**ともいいます。
従来は別々の仕組みで運用されていた業務を統合化することで、蓄積されたデータが部門をまたいで参照・利用できるだけでなく、入力されたデータがリアルタイムに会計情報に反映されるため、経営者は自社の現状を正確に把握し、迅速かつ適切な意思決定を行うことができます。

参考

ERP

「Enterprise Resource Planning」の略。

参考

EIP

企業内の情報システムにあるデータやサービスなどを、利用者に合わせてアクセスできるポータルサイト（入口となるWebサイト）を作成し、イントラネット経由で利用できるようにする機能のこと。

「Enterprise Information Portal」の略。

日本語では「企業内情報ポータル」の意味。

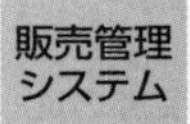

❷ SFA

「**SFA**」とは、コンピュータを利用して営業活動を支援するための考え方、またはそれを実現するためのシステムのことです。「**営業支援システム**」ともいいます。顧客との商談（コンタクト）履歴を管理したり、顧客の情報や営業のノウハウなどを共有したりすることで、営業活動の効率化、標準化を図ります。

参考

SFA

「Sales Force Automation」の略。

❸ CRM

「**CRM**」とは、SFAの考え方を発展させ、営業活動だけではなく全社的な規模で顧客との関係を強化するための考え方、またはそれを実現するためのシステムのことです。「**顧客関係管理**」ともいいます。顧客との接点から生まれるコミュニケーションの履歴を一元的に管理することで、蓄積されたデータを様々な企業活動に活かすことができ、サービスのレベルを引き上げて顧客満足度を高め、業績向上に結び付けることができます。

参考

CRM

「Customer Relationship Management」の略。

❹ SCM

「**SCM**」とは、取引先との受発注、資材（原材料や部品）の調達、製品の生産、在庫管理、流通など一連のモノの流れ（サプライチェーン）を総合的に管理する手法、またはそれを実現するためのシステムのことです。「**サプライチェーンマネジメント**」、「**供給連鎖管理**」ともいいます。原材料企業、部品工場、製造工場、卸売業、物流業、小売業、サービス業などの企業が参加して構成し、企業間でやり取りされる情報を一元的に管理することで、余分な在庫の削減や納期の短縮など、流通コストを引き下げる効果があります。

参考

SCM

「Supply Chain Management」の略。

参考

バリューチェーンマネジメント

顧客ニーズに応えることを目的として、流通全体の最適化を図る手法、またはそれを実現するためのシステムのこと。「価値連鎖管理」ともいう。

調達→開発→製造→販売→サポートなど、製品やサービスを顧客に提供するまでの一連の企業活動において、すべての業務担当者が一体となって付加価値を生み出すことができるように管理、調整を行う。また、業務を機能ごとに分類し、どの部分で付加価値が生み出されているか、競合他社と比較してどの部分に強み・弱みがあるのかを分析し、ビジネス戦略の有効性や改善の方向性を探っていく。

❺ ナレッジマネジメント

「**ナレッジマネジメント**」とは、個人が持っている知識や情報、ノウハウなどを組織全体で共有し、有効活用することで、業務の効率化や質の向上を図る手法、またはそれを実現するためのシステムのことです。「**KM**」、「**知識管理**」ともいいます。情報を蓄積、共有する仕組みとして、データベースやグループウェアなどが利用されます。

参考

KM

「Knowledge Management」の略。

8-2 技術戦略マネジメント

8-2-1 技術開発戦略

「技術戦略」とは、中長期的に市場での競争優位を獲得することを目的として、今後研究開発を強化すべき分野と、反対に縮小すべき分野を明確にし、企業における研究開発の方向性と重点投資分野を決定することです。技術戦略によって研究開発を強化すべき技術分野が決定したら、研究開発の成果をもって事業の成功に寄与するための**「技術開発戦略」**を立案します。

❶ 技術開発戦略の目的と考え方

技術戦略を決定する際には、経営部門と研究開発部門の協調が欠かせません。経営部門は企業の未来を、研究開発部門は技術の未来を見据えて、双方が連動した方針を打ち立てることが重要です。
とりわけ経営部門にとっては、自社の持続的発展に向けた重要な投資判断を伴うため、**「MOT(技術経営)」**の観点から検討を重ね、経営戦略と技術開発戦略との整合性を高めることが重要です。
ひとつの技術開発戦略が、衰退した企業経営を救う場合もあります。研究開発への投資によって、**「イノベーション(革新)」**を促進し、企業の価値や働く人のモチベーションが向上するような技術開発戦略が求められています。

(1) イノベーション

「イノベーション」とは、革新のことです。新しい技術やこれまでにない考え方やサービスなどにより、新たな市場価値を生み出すものです。
イノベーションには、次のようなものがあります。

名　称	説　明
プロセスイノベーション	開発プロセスや製造プロセスなど、業務プロセスの生産技術面での革新(イノベーション)のこと。
プロダクトイノベーション	新製品の開発や新たな発明など、製品開発面での革新(イノベーション)のこと。

(2) 技術開発戦略の手法

技術開発戦略の手法には、次のようなものがあります。

名　称	説　明
オープンイノベーション	企業が自社のビジネスにおいて、外部の技術やアイディアを活用し、製品やサービスの革新に活かすこと。組織内だけでは実現できない技術やアイディアを組織外に求めて、新たな価値を見出すことを目的とする。また、自社の利用していない技術やアイディアを他社に活用させることも行う。
リーンスタートアップ	最小限のサービスや製品をより早く開発し、顧客からの反応を得ながら改善を繰り返し、新規事業を立ち上げる手法のこと。リーンとは「無駄のないこと」を意味する。

参考

CVC
投資事業を本業としない事業会社によって、ベンチャーへの投資を行うこと、またはその事業会社のこと。
「Corporate Venture Capital」の略。
投資事業を本業とする一般的な「ベンチャーキャピタル(Venture Capital)」は、投資家から資金を集めてキャピタルゲイン(株式売買の差額利益など)を得ることを目的とするが、CVCでは自社の事業との技術開発の連携などを目的とすることが多い。
「ベンチャー」とは、新技術や高度な知識、創造力、開発力などをもとに、大企業では実施しにくい新しいサービスやビジネスを展開する中小企業のこと。

参考

R&D
企業における研究開発、またはその部門のこと。
「Research and Development」の略。

参考

MOT
技術が持つ可能性を見極めて事業に結び付け、経済的価値を創出していくためのマネジメントのこと。「技術経営」ともいう。
「Management Of Technology」の略。

参考

イノベーションのジレンマ
既存技術の向上や改善を優先することでイノベーションが進まないために、シェアを奪われてしまう状態のこと。特に大企業においては、既存技術の高性能化などを優先するため、イノベーションが進まない傾向にある。これによって、新しい価値を見出す市場への参入が遅れ、新興企業にシェアを奪われて経営環境が悪くなる。

名　称	説　明
APIエコノミー	インターネットを通じて、様々な事業者が提供するサービスを連携させて、より付加価値の高いサービスを提供する仕組みのこと。APIを公開・利用するエコノミー（経済圏）に相当し、「API経済圏」ともいう。 「API」とは、プログラムの機能やデータを、外部のほかのプログラムから呼び出して利用できるようにするための仕組みのこと。「Application Programming Interface」の略。

❷ 価値創出の三要素

技術開発を経済的価値へ結び付けるには、技術や製品の価値を創造する**「技術・製品価値創造（Value Creation）」**、その価値を実現する**「価値実現（Value Delivery）」**、さらにその価値を利益に変える**「価値利益化（Value Capture）」**といった**「価値創出の三要素」**が重要になります。

技術・製品価値創造と価値実現だけではなく、価値利益化を達成することによって、研究開発や人材育成など、さらなる技術・製品価値創造につなげていくことができます。技術開発をする際には、価値創出の三要素を連動させることが求められます。

❸ 製品プロセスの障壁

製品には、研究→開発→製品化→産業化というプロセスがあります。**「製品化」**とは、**「事業化」**ともいい、研究から開発を経て製品が発売されることです。また、**「産業化」**とは、製品の利益が企業の業績に貢献することです。

それぞれのプロセスの間では、次のような障壁が発生します。

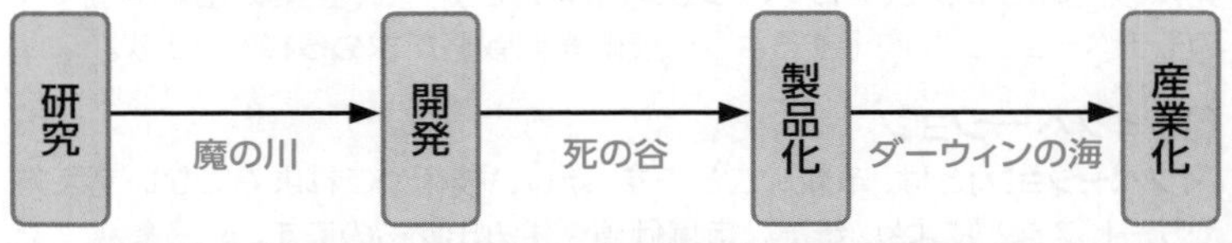

名　称	説　明
魔の川 （Devil River）	研究に成功したあと、開発するために立ちはだかっている障壁を指す。 例えば、開発するにあたって、実現したい開発内容が得られないことなどが該当する。
死の谷 （Valley of Death）	開発に成功したあと、製品化（事業化）するために立ちはだかっている障壁を指す。 例えば、製品化するにあたって、十分な資金が得られないことなどが該当する。
ダーウィンの海 （Darwinian Sea）	製品化（事業化）に成功したあと、産業化するために立ちはだかっている障壁を指す。 例えば、産業化するにあたって、新市場の立上げが進まないことや競合製品の登場で製品の利益が上げられず、市場から淘汰される（撤退を余儀なくされる）ことなどが該当する。

❹ 技術開発戦略の立案

技術開発戦略を立案するにあたっては、市場の製品動向や技術動向などを詳細に分析し、自社を競争優位に導くための**「コア技術」**を見極めます。また、その技術を自社で研究開発するのか、あるいは外部から調達するのかといったことも検討します。

参考

ハッカソン（hackathon）

与えられた特定のテーマ（目的達成や課題解決のテーマ）に対して、ソフトウェアの開発者や設計者、企画者などがチームを作り、短期集中的にアイディアを出し合い、プロトタイプ（ソフトウェアの試作品）を作成することなどで検証し、その成果を競い合うイベントのこと。

プログラムの改良を意味するハック（hack）と、マラソン（marathon）を組み合わせた造語である。

参考

キャズム

超えなければならない深い溝のこと。特に、製品化から産業化のプロセスの間では、製品が普及するかどうかの重要な段階であり、キャズムが発生するといわれている。

参考

デザイン思考

デザイナの感性と手法を体系化し、製品やサービスを利用するユーザーの視点に立つことを第一に考えて、ユーザーの要望を取り入れ、製品やサービスをデザインすること。ユーザーの問題点を明確にし、解決方法を創造し、プロトタイプの作成とテストを繰り返して、問題点の解決を目指す。

「ユーザーへの共感」→「問題定義」→「創造」→「プロトタイプ」→「テスト」の手順で実施する。

(1) 技術獲得

自社が保有する技術だけでは十分な成果が期待できない場合は、外部の技術を利用した委託研究を行うことや、ほかの企業や組織と共同で技術研究を行うことも検討します。このように外部と連携して新しい技術を獲得したり、開発したりすることを**「技術獲得」**といいます。
技術獲得の手法には、次のようなものがあります。

手　法	説　明
技術提携	特定の組織に対して、技術を利用するための各種権利を優先的に与え、その対価としてロイヤリティ(royalty：権利の使用料)を支払う。
技術供与	保有する技術を利用するための各種権利を広く供与し、その対価としてロイヤリティを支払う。
技術移転	知的財産権を含めて保有する技術を提供してもらう。
産学官連携	産業界(産)が、行政機関、独立行政法人、大学(学)や公的研究機関(官)などと連携して研究開発を行う。

(2) 実用化に向けての戦略

技術の実用化段階を見据えて、次のような戦略を組み込むことが重要です。

●標準化戦略

「標準化戦略」とは、技術が将来的に広く普及することを前提に、研究開発の初期段階から**「標準化」**を意識し、具体的な計画を練ることです。世界市場を相手に事業を展開しようとするなら、国際標準化も視野に入れておく必要があります。標準化を考慮していない技術は、最終的に実用化に至らないことも考えられます。これでは、企業は採算が取れません。特に情報通信分野などでは、業界全体で標準化に取り組む動きが見られます。

●知的財産権戦略

「知的財産権戦略」とは、自社の技術が模倣されることのないよう、また、他社の技術を模倣することにならないよう、研究開発の初期段階から、特許権や商標権などの各種権利の重要性を意識し、具体的な計画を練ることです。

8-2-2 技術開発計画

「技術開発計画」とは、経営戦略や技術開発戦略に基づいて研究開発を行い、その成果を最大化するために、具体的な計画を作成することです。戦略を実行可能な計画に落とし込むことが重要です。

1 技術開発計画の考え方

技術開発計画を作成するにあたっては、関係者が最適な環境で研究開発に取り組めるように組織体制について検討するとともに、研究開発における投資対効果を最大化するため、経営資源の最適配分を目指します。また、知的財産権戦略に基づく知的財産権管理も不可欠です。

参考

PoC
新しい概念や技術などが実現可能かどうかを、実際に調べて証明すること。AI(人工知能)などの新しい技術の実現を実証するときなどに実施する。
「Proof of Concept」の略。日本語では「概念実証」や「実証実験」の意味。

参考

PoV
新しい概念や技術などが事業に導入する価値があるかどうかを、実際に調べて証明すること。AI(人工知能)などの新しい技術の価値を実証するときなどに実施する。
「Proof of Value」の略。日本語では「価値実証」の意味。

参考

標準化
製品間の互換性の確保、生産の効率化などを目的に、共通の基盤となる規格を定めること。

参考

知的財産権
→「9-2-1 知的財産権」

参考

投資対効果
得られた利益が投資に見合ったものであるかどうかを評価するための指標のこと。利益を投資額で割って算出する。「投資収益率」、「ROI」ともいう。
ROIは、「Return On Investment」の略。

参考

経営資源の最適配分
目標を達成するために、限られた経営資源(ヒト・モノ・カネ・情報)を必要な部門や業務に最適配分し、有効に活用すること。

参考

知的財産権管理
取得した特許権や実用新案権などの知的財産権の維持、管理を行うこと。

（1）技術開発計画の種類

技術開発計画には、次のようなものがあります。

種　類	説　明
技術開発投資計画	研究開発に関する投資計画。
人材計画	研究開発に携わる人材の採用や育成についての計画。
技術開発拠点計画	研究開発センターの新設や技術提携先との研究開発拠点などについての計画。

（2）技術開発の手法

市場ニーズの多様化、高度化に伴い、企業には開発のスピードアップが求められています。市場ニーズに合った製品を他社に先駆けて投入していくためには、技術開発計画の段階から製品ライフサイクル全体を見据え、より効率的な開発手法を検討することが重要です。
具体的には、次のような手法があります。

●コンカレントエンジニアリング

「コンカレントエンジニアリング」とは、製品開発の段階で後工程に携わる部門関係者を参加させ、設計から生産準備、製造、出荷までの各プロセスの設計を同時並行的に行う手法のことです。これにより、製品ライフサイクル全体でコストダウンや効率化を図ることができ、結果として、製品開発の**「リードタイム」**の短縮につながります。

●パイロット生産

「パイロット生産」とは、新製品を試験的に生産する手法のことです。製造工程における課題や量産化の可能性などを事前に検証することが目的です。

❷ 技術開発のロードマップ

「技術開発のロードマップ」とは、技術開発戦略を実現するための決定事項や新製品のリリース予定などを、時系列で示したものです。技術開発の具体的なシナリオといえます。
技術開発のロードマップには、次のようなものがあります。

名　称	説　明
技術ロードマップ	技術開発に携わる人たちが、中長期的な技術動向について、科学的な裏付けに基づいて合意した内容を時系列で示したもの。新製品や新技術を開発する際の指針として活用される。
製品応用ロードマップ	技術ロードマップをもとに、中長期的な研究開発への取組みを時系列で示したもの。
特許取得ロードマップ	特許権の取得に関する戦略を時系列で示したもの。

技術開発のロードマップに記載される内容はあくまでも予定に過ぎませんが、科学的裏付けとコンセンサス（関係者間での合意）の取れた未来像です。企業が進むべき方向性を示したものとして、同じ業界からだけでなく他業界からも注目されることになります。また、将来的な市場ニーズの変遷を見通しながら作成し、作成後は、ロードマップの妥当性を定期的に検証し、必要に応じて修正することが重要です。

参考

製品ライフサイクル

→「8-1-2 2（1）製品戦略」

参考

リードタイム

ある作業に着手してから終了するまでの時間のこと。

参考

技術のSカーブ

技術が進歩する過程を示すもの。縦軸を技術進歩の度合い、横軸を時間経過として表す。

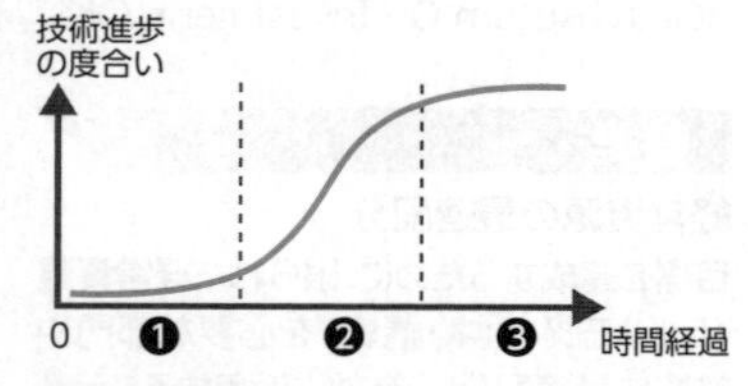

❶初期段階
技術が緩やかに進歩する。

❷中期段階
技術が急激に進歩する。

❸終期段階
技術が緩やかに停滞する。

8-3 ビジネスインダストリ

8-3-1 e-ビジネス

「**e-ビジネス**」とは、ネットワークや情報システムを活用した企業活動のことです。代表的なe-ビジネスには、「**電子商取引**」と「**EDI**」があります。

❶ 電子商取引

「**電子商取引**」とは、インターネットを介して受発注ならびに決済を行うビジネスシステムを利用した取引のことです。「**EC**」ともいいます。
電子商取引では店舗や店員にかかるコストを削減できるため、少ない投資で事業に参入する可能性が生まれます。このことから、インターネットビジネスの代表的なものとして発展しています。また、既存の流通経路や取引方法を改革するための、新たな商取引の形態としても注目されています。

(1) 電子商取引の形態

電子商取引は、取引の関係によって、次のように分類されます。

名　称	説　明	例
BtoB	企業と企業の取引。 「Business to Business」の略。	企業間の受発注システム eマーケットプレイス（電子取引所）
BtoC	企業と個人の取引。 「Business to Consumer」の略。	オンラインモール（電子市場） インターネットバンキング インターネットトレーディング（電子株取引） 電子オークション
BtoE	企業と従業員の取引。 「Business to Employee」の略。	従業員向け社内販売サイト
CtoC	個人と個人の取引。 「Consumer to Consumer」の略。	電子オークション
GtoB	政府と企業の取引。 「Government to Business」の略。	電子入札
GtoC	政府と個人の取引。 「Government to Citizen」の略。	住民基本台帳ネットワークシステム
OtoO	オンラインとオフラインとの間の連携・融合。 仮想店舗から実店舗に、実店舗から仮想店舗に誘導しながら購入につなげる仕組み。 「Online to Offline」の略。	電子クーポン 価格比較Webサイト

(2) 電子受発注システム・電子調達システム

「**電子受発注システム**」とは、商品やサービスを取引するためのシステムのことです。また、資材や部品を調達するためのシステムのことを「**電子調達システム**」といいます。

参考

商取引
経済主体間での財の商業的移転にかかわる、受発注者間の物品、サービス、情報、金銭の交換などのこと。

参考

決済
代金を支払うこと。

参考

EC
「Electronic Commerce」の略。

参考

ロングテール
多くの商品を低コストで扱える電子商取引において、主力商品の大量販売に依存しなくても、ニッチ（隙間）を狙った多種の商品の少量販売によって大きな利益を出すことができるという考え方、またはその状態のこと。

参考

成功報酬型広告
個人のWebページやブログなどに企業の広告やWebサイトへのリンクを掲載し、閲覧者を誘導した回数や広告商品の購入（利益）に応じて広告主である企業からの報酬を得ることができる仕組みのこと。「アフィリエイト」ともいう。

参考

リスティング広告
検索エンジンの検索キーワードと連動して、その検索結果に関連した内容について表示する広告のこと。「検索連動型広告」ともいう。

代表的なシステムには、次のようなものがあります。

名 称	説 明
オンラインモール	インターネット上にある仮想的な商店街。「電子商店街」、「バーチャルモール」ともいう。BtoCの代表的な形態である。 従来は、個人商店が独自のWebサイトを構築するのが主流だったが、個人ではメンテナンスの手間がかかる、販路が拡大されないなどの問題点があった。オンラインモールに出品すると、買い手が容易に検索できるため販路が拡大されるとともに、オンラインモール運営側の決済システムを利用できるなどのメリットがある。
eマーケットプレイス	インターネットにある仮想的な市場（取引所）。「電子市場」ともいう。BtoBの代表的な形態である。 従来は、売り手側が自社のWebサイトを構築して、複数の買い手側と取引をする1対複数の形態が主流だったが、eマーケットプレイスの出現によって、複数の売り手側が共同でeマーケットプレイスに出品できるようになり、複数対複数の取引が可能になった。 中間流通業者を介さず、売り手と買い手がeマーケットプレイスを通じて直接取引を行うことにより、流通コストの削減が可能となる。売り手側は新規取引先の獲得や営業コストの削減につながり、買い手側は資材調達コストを削減できることから、双方にとってメリットの大きいものとなっている。
電子入札	インターネット上で行われる入札制度。GtoBの代表的な形態である。 国や地方公共団体の発注する工事に対して電子的に入札することで、経費や人件費を削減できるほか、談合機会を減少させる効果もある。電子入札の利用者認証には、電子署名が利用される。

(3) 電子決済システム

「電子決済システム」とは、電子商取引で決済を行うシステムのことです。
代表的な電子決済システムには、次のようなものがあります。

名 称	説 明
インターネットバンキング	インターネットを介した銀行取引。Webブラウザを使って残高を照会したり、振込や振替などの手続きを行ったりすることができる。また、電子的に資金を移動する「EFT」を支えるシステムとして、様々な金融取引などに使われる。 EFTは、「Electronic Fund Transfer」の略。日本語では「電子資金移動」の意味。

●キャッシュレス決済

「キャッシュレス」とは、物理的な現金（紙幣・硬貨）を使用しなくても活動できる状態のことです。キャッシュレスによって代金を支払うことを**「キャッシュレス決済」**といいます。
キャッシュレス決済の方法には、電子マネー、クレジットカード、デビットカードなどがあります。
キャッシュレス決済による支払いのタイミングとしては、電子マネーに代表されるあらかじめお金を入金して使う**「前払い」**、買い物時に口座から引き落とされるデビットカードの**「即時払い」**、クレジットカードの**「後払い」**といった形態が存在します。
最近では、スマートフォンのアプリからQRコードを利用して代金を支払う**「QRコード決済」**や、携帯電話の利用料とまとめて代金を支払う**「スマートフォンのキャリア決済」**が登場しています。

参考

SEO

自社のWebサイトが検索サイトの検索結果の上位に表示されるように対策をとること。「検索エンジン最適化」ともいう。
Webサイトが検索結果の上位に表示されると、多くの人に閲覧してもらえる可能性が高くなり、宣伝効果を期待できる。
「Search Engine Optimization」の略。

参考

レコメンデーションシステム

過去の購入履歴などから利用者の好みを分析し、利用者ごとに興味を持ちそうな商品やサービスを推奨するシステムのこと。オンラインモールなどで、利用者ごとに異なるトップページが表示されるのは、レコメンデーションシステムのひとつである。

参考

オンラインショッピング

インターネットを介して買い物をすること。

参考

デジタルサイネージ

ディスプレイを使って情報を発信する広告媒体のこと、またはそれを実現するためのシステムのこと。屋外や商業施設、交通機関内などで広告や案内として利用される。ビルの壁面に設置された大型のものから、電車内の小型のものまで様々なタイプがある。

参考

クラウドソーシング

製品・サービスの開発や新しいアイディアなどの実現のために、インターネットを通じて不特定多数の人々に業務を委託すること。

参考

暗号資産（仮想通貨）

紙幣や硬貨のように現物を持たず、デジタルデータとして取引する通貨のこと。世界中の不特定の人と取引ができる。ブロックチェーンという技術をもとに実装されており、「仮想通貨」ともいう。
交換所や取引所と呼ばれる事業者（暗号資産交換業者）から購入でき、一部のネットショップや実店舗などで決済手段としても使用できる。

名　称	説　明
電子マネー	あらかじめ現金をチャージしておき、現金と同等の価値を持たせた電子的なデータのやり取りによって、商品の代価を支払うこと、またはその仕組み。プリペイドカードや商品券と使い方が似ているが、電子的に繰り返しチャージできる点が、地球環境に配慮した支払方法であると注目されている。多くの場合が、RFIDを応用した非接触式のICカードを採用している。
クレジットカード	消費者とカード会社の契約に基づいて発行される磁気カードやICカード。消費者はこのカードを利用して、条件(有効期限や利用限度額等)の範囲内で、商品を購入したり、サービスを受けたりすることができる。利用代金は後払いで、クレジットカード会社から利用代金の請求を受けてから、利用者が利用代金を支払う仕組みになっている。即時決済でないため口座に残金がなくても購入でき、一括払いと分割払いの支払方法を選択できるのがメリットである。ただし、分割の回数によっては金利が発生したり、支払能力を超えて使い過ぎてしまったりすることもあるので、使い方には十分注意が必要である。
デビットカード	商品を購入する際に、現在使っている金融機関の口座から、利用料金がリアルタイムに引き落とされるカード。即時決済で口座に残金がないと決済できないため、残高を超えて使い過ぎる心配はない。なお、デビットカードによって、加盟店の違いや利用時間の制限などがあるため、確認が必要である。

2 EDI

「EDI」とは、企業間の商取引にかかわる見積書や発注書などの書式や通信手順を統一し、電子的に取り交わす仕組みのことです。電子データを交換することで、迅速で効率的な取引を行うことができます。**「電子データ交換」**ともいいます。

(1) EDIの発展

初期のEDIは**「VAN-EDI」**と呼ばれ、企業間を専用線で結ぶ必要がありました。また、データ交換の仕組みが取引先ごとに異なっていたため、その都度、データを変換しなければならないという問題点もありました。
このような問題点を解決するために、**「Web-EDI」**や**「XML-EDI」**による標準化が進んでいます。

名　称	説　明
Web-EDI	インターネットを利用したEDIのこと。インターネット回線を利用することで、コストを削減できる。
XML-EDI	交換する電子データの標準書式としてXMLを採用したEDIのこと。XMLは、タグを独自に定義できる拡張可能なマークアップ言語であることから、EDIにかかわる業務を効率化できる。

(2) 標準化のための取決め

EDIでは、データを交換するため、企業間または業界内で標準となる取決めを整備する必要があります。
EDIに必要な取決めとして、次の4つの規約があります。

●情報伝達規約

「情報伝達規約」とは、通信プロトコルに関する規約を定めたものです。**「全国銀行協会手順」**や**「JCA手順」**などがあります。

参考

暗号資産マイニング

ブロックチェーンにおいて、暗号資産の取引の確認や、記録の計算作業に参加し、その報酬として暗号資産(仮想通貨)を得ること。「仮想通貨マイニング」ともいう。

参考

ブロックチェーン

→「3-5-5 2 (8) ブロックチェーン」

参考

フィンテック(FinTech)

金融にICTを結び付けた、様々な革新的な取組みやサービスのこと。
「ファイナンス(Finance:金融)」と「テクノロジ(Technology:技術)」を組み合わせた造語である。
フィンテックの例としては、スマートフォンを利用した送金(入金・出金)サービスや、AI(人工知能)を活用した資産運用サービスなどがある。

参考

RFID

ICチップ(半導体集積回路)にアンテナを内蔵した無線チップ(ICタグ)により、無線による読取りを可能とする仕組みのこと。無線チップは、汚れに強く、記録された情報を梱包の外からでも読取りが可能である。「Radio Frequency IDentification」の略。
RFIDを利用して、人やモノを識別・管理するシステムのことを「RFID応用システム」という。

参考

ICカード

ICチップ(半導体集積回路)が埋め込まれたプラスチック製のカードのこと。データが暗号化できるため、偽造が困難なカードとして注目されている。「スマートカード」ともいう。

参考

EDI

「Electronic Data Interchange」の略。

参考

バーチャルカンパニー

インターネットなどを介して、複数の企業がひとつの企業であるかのように、共同で活動する形態のこと。

名　称	説　明
全国銀行協会手順	全国銀行協会が定めた、金融機関におけるデータ交換手順。略して「全銀手順」ともいう。
JCA手順	日本チェーンストア協会（JCA）が定めた、流通業界におけるデータ交換手順。JCAは、「Japan Chain Stores Association」の略。

●情報表現規約

「情報表現規約」とは、シンタックスルール（構文規則）に関する規約を定めたものです。シンタックスルールでは、交換するメッセージの形式を定めます。**「EDIFACT」**や**「CIIシンタックスルール」**、**「STEP」**などがあります。

名　称	説　明
EDIFACT （エディファクト）	行政や商業、運輸分野のための構文規則を規定したもの。 「JIS X 7011-1」としてJIS化されている。 「Electronic Data Interchange For Administration, Commerce and Transport」の略。
CIIシンタックスルール	行政や産業情報分野における、構文規則を規定したもの。 「JIS X 7012-1」としてJIS化されている。
STEP （ステップ）	製品モデルデータ（CADデータや設計・製造データ）の、表現と交換に関する標準規格。「ISO 10303」として国際標準規格化されている。 「STandard for the Exchange of Product model data」の略。日本語では「製品モデルデータの表現及び交換に関する標準」の意味。

●業務運用規約

「業務運用規約」とは、日々の送受信のスケジュールや障害発生時の対処など、運用に関する規約を定めたものです。

●基本取引規約

「基本取引規約」とは、EDI導入に関する総合的な契約など、企業間で交わす取引に関する規約を定めたものです。

3 ソーシャルメディア

「ソーシャルメディア」とは、利用者同士のつながりを促進することで、インターネット上で利用者が発信する情報を多くの利用者に幅広く伝える仕組みのことです。
ソーシャルメディアには、次のようなものがあります。

名　称	説　明
SNS	友人、知人間のコミュニケーションの場を提供するコミュニティ型の会員制Webサイトのこと。友人、居住地域、出身校などの交流の場として活用できる。 「Social Networking Service」の略。
電子掲示板	不特定多数の人と様々な話題についての意見や情報を交換したり、レポートや通達を使ってお知らせしたりできるもの。 「BBS」ともいう。 BBSは、「Bulletin Board System」の略。
ブログ	「Weblog」のことで、Web上に記録（log）を残すという意味。日記を書くように、簡単に記事を作成してインターネット上に公開できる。150文字程度の短い文章のブログのことを「ミニブログ」という。

参考

エスクローサービス
電子商取引で売り手と買い手との間に第三者の業者が入り、取引成立後にお金と商品の受け渡しを仲介するサービスのこと。電子オークションの普及に伴い、個人同士のトラブルや犯罪が頻繁に発生するようになり、エスクローサービスの需要が高まっている。

参考

P2Pレンディング
銀行などの金融機関を介さずに、インターネットを経由して、お金を必要としている個人と、お金を提供する個人とを結び付ける仕組みのこと。お金の貸し借りを引き合わせるサービスであり、フィンテックの例ともいえる。
P2Pは、「Peer to Peer」の略。

参考

CII
日本情報経済社会推進協会（JIPDEC）の付属機関である産業情報化推進センターのこと。現在は解散され、電子商取引センターなどに引き継がれている。
「Center for the Information of Industry」の略。

参考

消費者生成メディア
一般消費者が使用した製品などの情報を、不特定多数に向けて発信するSNSやブログなどのWebサイトのこと。「CGM」ともいう。
CGMは、「Consumer Generated Media」の略。

参考

ライフログ（Lifelog）
人間の生活（life）を記録（log）に残すこと。

名 称	説 明
シェアリングエコノミー	モノやサービス、場所などの資産や資源を、多くの人と共有・有効利用する社会的な概念のこと、またはそのような概念のもとに展開されるサービスのこと。日本語では「共有経済」の意味。 ソーシャルメディアなどの普及により、個人同士を結び付けることが容易になったことで多くのシェアリングエコノミーが生まれている。具体的には、個人同士で、個人が保有する遊休資産や住宅などを共有したり、貸し借りしたりするサービスなどがある。

8-3-2 ビジネスシステム

「ビジネスシステム」とは、販売管理や生産管理など、企業の業務活動を効率よく進めるためのシステムのことです。最近では、特にインターネットなどを利用して業務活動を支援するシステムが多く活用されています。
代表的なビジネスシステムには、次のようなものがあります。

❶ 社内業務支援システム

社内業務の支援に用いられる代表的なシステムには、次のようなものがあります。

名 称	説 明
会計・経理・財務システム	会計や経理、財務に関する業務を自動化するシステム。伝票を入力するだけで、残高試算表、決算報告書などの管理資料や財務諸表が自動作成されたり、経営状況を把握するための様々な分析資料を作成したりすることができる。
人事・給与システム	給与支払いや保険など雇用に関する諸手続きを自動化するシステム。採用から退職などの従業員情報を管理したり、勤務時間や給与計算などを管理したりすることができる。
営業支援システム（SFA）	営業活動を支援するシステム。顧客との商談（コンタクト）履歴を管理したり、顧客の情報や営業テクニックなどのノウハウを共有したりして、営業活動の標準化を図る。「SFA」ともいう。SFAは、「Sales Force Automation」の略。
グループウェア	ネットワークによるグループ作業を効率的に行うためのソフトウェアの総称。電子メールやスケジュール管理などの機能があり、コミュニケーション手段として利用できるほか、遠隔地でも格差のないコミュニケーションを図ることによって、個人の生産性を向上させることができる。
ワークフローシステム	ネットワークを利用して、各種申請業務を支援するシステム。稟議書や出張旅費精算書などの申請書類の流れを統一し、電子申請と電子承認によって業務を効率化して、内部統制を強化できる。
Web会議システム	ネットワークを使用した「電子会議（オンライン会議）」を行うためのシステム。コンピュータを共有して音声やビデオを用いることで、離れた場所にいる複数の参加者が仮想的に会議を行うことができる。会議のために出張しなくても、時間を合わせれば会議を開くことができる。

参考

情報銀行
個人の意思のもとで、個人のパーソナルデータを預かり、管理運用することでデータの流通・活用を進める仕組みのこと。

参考

パーソナルデータ
→「7-1-5 2 (2) データの分析・活用」

参考

ブロックチェーンの活用

「ブロックチェーン」とは、ネットワーク上にある端末同士を直接接続し、暗号化技術を用いて取引データを分散して管理する技術のこと。暗号資産（仮想通貨）に用いられている基盤技術であり、近年、この技術が金融情報システムに利用されている。ブロックチェーンの特徴として、トレーサビリティの確保や、スマートコントラクトなどがある。

参考

3PL

倉庫の在庫や輸送などの物流業務を、第三者の企業（Third Party）に委託すること。物流業務を自社で行うのではなく、専門的な物流ノウハウを持つ企業に任せる。「Third Party Logistics」の略。

参考

トレーサビリティ

追跡（トレース）ができること（アビリティ）。

参考

スマートコントラクト

プログラムによって契約を自動で実行する仕組みのこと。

参考

ERP

→「8-1-4 1 ERP」

参考

ユビキタスコンピューティング

日常のあらゆる場面にコンピュータがあり、人々の生活を支える環境のこと。

参考

CDN

画像や動画、プログラムなどのファイルサイズが大きいデジタルコンテンツを、アクセスするユーザーの地理的に最も近い地点に設置されたサーバやネットワークを介して、すばやく配信するための技術やサービスのこと。配信するサーバを地理的に分散することで負荷分散を図り、ネットワークへのアクセスの集中を回避できる。
「Contents Delivery Network」の略。

2 基幹業務支援システム

基幹業務の支援に用いられる代表的なシステムには、次のようなものがあります。

名　称	説　明
生産管理システム	販売計画をもとに人員や資材を調達し、品質や納期などの目標に合わせて製品の生産を管理するシステム。
流通情報システム	POSシステム、受発注システム、配送システムなど流通業で利用されるシステム。
POSシステム	商品が販売された時点で、店頭販売情報（何を、いつ、どこで、どれだけ、誰に販売したか）を収集するシステム。「販売時点情報管理システム」ともいう。POSは、「Point Of Sales」の略。
物流情報システム	倉庫の在庫や輸送などの情報を管理するシステム。
金融情報システム	ATMシステム、株式取引システム、外国為替取引システムなど金融業で利用されるシステム。
医療情報システム	医療機関における受付や診察などの情報を管理するシステム。

3 業務パッケージ

代表的な業務パッケージには、次のようなものがあります。

名　称	説　明
ERPパッケージ	企業の経営資源（ヒト・モノ・カネ・情報）を一元的に管理し、経営効率を高める目的で開発されたソフトウェアパッケージ。日本語では「企業資源計画パッケージ」の意味。部門ごとに管理されていたシステムを統合し、相互に参照・利用できるようにするもので、リアルタイムで情報を管理できるため、経営スピードが向上するなどの効果がある。
業務別パッケージ	会計、在庫管理、販売管理などの業務で利用されるソフトウェアパッケージ。経理業務や営業管理業務、従業員の給与計算業務、顧客の情報管理業務など、どの企業においても共通である業務に必要な機能をひとつにまとめたもの。
業種別パッケージ	金融機関や医療機関などの業種で利用されるソフトウェアパッケージ。 例えば、医療機関では、医療設備・機器の管理、治療方法による費用の違い、保険点数の管理など、業務別パッケージでは対応できない業務が多く発生するため、それぞれの業種に合った業務を行えるように、業種ごとにパッケージを利用できる形態にしたもの。

❹ 行政システム・公共情報システム

行政で活用されている代表的なシステムや、公共の情報システムには、次のようなものがあります。

名 称	説 明
LGWAN （エルジーワン）	地方自治体を相互に接続したネットワーク。全国の都道府県や市区町村の庁内ネットワークを接続することで、行政事務を効率化・迅速化したり、重複投資を抑制したりすることができ、結果として住民サービスの向上が期待できる。「総合行政ネットワーク」ともいう。 「Local Government Wide Area Network」の略。
住民基本台帳ネットワークシステム	国や全国の地方公共団体などの行政機関をネットワークで結び、氏名・生年月日・性別・住所・住民票コードなどの「住民基本台帳」を、全国で共有できるようにしたシステム。「住基ネット」ともいう。 このシステムにより、全国共通で本人確認が可能になったため、全国どこの市町村からでも自分の住民票の写しが取れるようになったり、行政機関への申請や届出の際に住民票の写しなどの提出が不要となったりするなど、届出における事務の効率化や手間の軽減を図ることができるようになった。
EDINET （エディネット）	金融商品取引法に基づく有価証券報告書などの開示書類に関する電子開示システム。金融庁によって提供されるシステムで、提出された開示書類をインターネット上で閲覧できる。開示書類は、「XBRL」で作成する必要がある。 「Electronic Disclosure for Investors' NETwork」の略。
公共情報システム	防災情報システムや気象観測システムなど、様々な公共サービスを向上させるシステム。誰もが、いつでも、どこでも公共サービスを利用できるようになることで、災害時の緊急速報を受け取ったりできるなど、住民の安全を守ることなどに貢献している。
e-Gov （イーガブ）	各府省をネットワークで結び、政府の行政事務や各種サービスを電子化したもの。「電子政府」ともいう。 インターネット上に総合窓口と呼ばれるポータルサイトが公開されており、各府省が提供している行政情報を横断的に検索したり、各種手続きを検索したり、意見や要望を述べたりすることができる。個人の利用では、主に、住民票の写し、戸籍の附票の写し、印鑑登録証明書などの交付請求、例規集や議会会議録の検索などが利用できるが、それぞれの市町村によって利用できるサービスは異なる。 また、自治体の行政事務や各種サービスを電子化したものを「電子自治体」という。
EMS	照明や空調などの設備にセンサーを取り付けて、エネルギーの使用状況をリアルタイムに計測して可視化し、適切に自動制御するシステム。 「Energy Management System」の略。 住宅向けのEMSのことを「HEMS（へムス）」という。HEMSは、「Home EMS」の略。HEMSでは、家電機器をネットワークでつないでエネルギーの使用状況を可視化し、家電機器を適切に自動制御して、節電も行う。

参考

ユニバーサルデザイン

生活する国や文化、性別や年齢、障がいにかかわらず、すべての人が使えるようにヒューマンインタフェースをデザインする考え方のこと。

参考

マイナンバー

住民票を有するすべての国民に付す番号のこと。12桁の数字のみで構成される。社会保障、税、災害対策の分野で効率的に情報を管理し、行政の効率化や国民の利便性の向上を目指す。

参考

XBRL

財務諸表を作成・流通・利用するために標準化されたXMLベースの言語のこと。
「eXtensible Business Reporting Language」の略。

参考

GPS

人工衛星を利用して電波を受信し、自分が地球上のどこにいるのかを正確に割り出すシステムのこと。「全地球測位システム」ともいう。
受信機が人工衛星が発信している電波を受信して、その電波が届く時間により、受信機と人工衛星との距離を計算する。3つの人工衛星から受信した情報で計算し、位置を測定する。
民間向けのサービスを「GPS応用システム」といい、単体で利用されるほか、カーナビゲーションにも多く利用されている。携帯端末にGPS受信機を持たせているものが多い。
「Global Positioning System」の略。

参考

スマートグリッド

専用の機器やソフトウェアを組み込み、電力の需要と供給を制御できるようにした電力網（グリッド）のこと。スマートグリッドを使うことで、電力の需要と供給のバランスを調整し、無駄な発電を抑えることができる。

8-3-3 エンジニアリングシステム

「エンジニアリングシステム」とは、産業製品などの設計や製造などの作業を自動的に行うシステムのことです。自動化による設計・製造の支援、生産管理の効率化などを目的に、様々なシステムが活用されています。また、このエンジニアリングシステムの導入により、労働生産性や品質などの**「生産性指標」**を向上させることに貢献します。

① 生産システム

「生産システム」とは、生産における工程を自動化するシステムのことです。**「FAシステム」**、**「FA機器」**ともいいます。
生産システムには、次のようなものがあります。

名　称	説　明
MRP	生産予定の製品に対して部品展開を行い、生産に必要となる部品の総量を算出し、そこから有効在庫量と発注残を差し引くことで、発注が必要な部品量を算出する方法、または、それを実現する仕組みや算出するシステム。「資材所要量計画」ともいう。「Material Requirements Planning」の略。
CAP	生産にかかる日程の計画などを立てるシステム。「コンピュータ支援設計」ともいう。「Computer Aided Planning」の略。
CAPP	効率的に生産するための工程の計画を立てるシステム。「コンピュータ支援工程設計」ともいう。「Computer Aided Process Planning」の略。
FMS	消費者のニーズの変化に対応するために、生産ラインに柔軟性を持たせ、多種類の製品を生産するシステム。多品種少量生産に適している。「総合生産システム」ともいう。「Flexible Manufacturing System」の略。
FMC	部品の取付けや組立て、加工、検査などの各工程（セル）を自動化するシステム。セル生産方式に対応し、作業者や部品、作業順序を変えるだけで、組み立てる製品を変更できる。「Flexible Manufacturing Cell」の略。

また、生産システムを支える自動制御の仕組みには、次のようなものがあります。

名　称	説　明
自動監視装置	生産ラインの稼働状況を監視する装置のこと。監視カメラの映像を、集中管理室でモニタリングしながら生産ラインの状況を監視でき、異常を検出して警報を鳴らすほか、消費者からのクレームに応じて過去の映像をさかのぼってチェックし、原因追究などに役立てることができる。
無人搬送車	無人で部品を運ぶ車のこと。作業内容や工場のレイアウトに合わせて、効率よく部品を搬送できる。フォークリフトやベルトコンベアに替わるものとして利用されている。
自動倉庫	制御装置や在庫管理装置などによって、入出庫を自動化した倉庫のこと。倉庫の空間を最大限に活用できるほか、探したり取り出したりする作業を削減できる。

参考

FA
「Factory Automation」の略。

参考

セル生産方式
組立ての製造工程で、1人～数人の作業者が部品の取付けから組立て、加工、検査までの全工程を担当する生産方式のこと。部品や工具などをセル状に配置して作業を行うため、多種類でフレキシブルな生産に対応できる。

参考

カンバン方式
“必要なものを必要なときに必要な分だけ調達する”方式である「JIT（Just In Time）」を採用し、作業指示と現場管理を見えるようにするため、かんばんを使用するトヨタ自動車が考案した方式のこと。カンバン方式は「後工程引き取り方式」とも呼ばれ、後工程（部品を使用する側）の生産状況に合わせて、必要な部品を前工程（部品を作成・供給する側）から調達することで、中間在庫量を最小限に抑えることができる。
また、米国マサチューセッツ工科大学でJITを調査研究し、体系化・一般化したものとして「リーン生産方式」がある。「リーン」には贅肉を取り除くという意味がある。

❷ コンピュータ支援システム

「コンピュータ支援システム」とは、コンピュータを使って設計や開発、解析、生産管理、プロジェクト管理などを行うシステムのことです。
コンピュータ支援システムには、次のようなものがあります。

名称	説明
CIM	製造における一連の工程を総合的に管理するシステム。「コンピュータ統合生産システム」ともいう。CIMでは、製造の過程で発生するあらゆる情報をコンピュータで管理し、その情報を全社で共有化することによって、生産の効率化を図ったり、各部門での連携を深めたりすることが可能になる。 「Computer Integrated Manufacturing」の略。
CAE	製品設計や開発の段階からシミュレーションを行ったり、数値解析による分析を行ったりすることで製品を開発するシステム。「コンピュータ支援エンジニアリング」ともいう。 「Computer Aided Engineering」の略。
CAD （キャド）	機械や建築物、電子回路などの設計を行う際に用いるシステム。CADにより、設計図形を3次元で表現したり、編集を容易にしたり、設計データを再利用したりすることが可能になる。これにより、設計作業の効率（生産性）や精度（信頼性）が向上する。「Computer Aided Design」の略。
CAM （キャム）	工場などの生産ラインの自動制御に用いられるシステム。CADで作成された図面データをCAMに取り込み、その後、NC工作機械に情報を送り込むことでシステムが運用される。 「Computer Aided Manufacturing」の略。
PDM	生産から物流、販売までの流れを総合的に管理するシステム。生産に関する様々なデータを一元的に管理することで、企業内および部品発注企業などで広く共有できる。 「Product Data Management」の略。

8-3-4 第4次産業革命

近年のAI（人工知能）、ビッグデータ、IoTをはじめとするデータ利活用に関連する新技術の進展は、**「第4次産業革命」**とも呼ばれており、大きな変革をもたらしています。第4次産業革命には、その名のとおり、第1次～第3次産業革命に続くものという意味があります。

❶ 第1次～第3次産業革命

第1次産業革命から第3次産業革命の内容は、次のとおりです。

種類	説明
第1次産業革命	18世紀末以降、水力や蒸気機関を動力とした工場の機械化
第2次産業革命	20世紀初めからの、電力の活用と分業化による大量生産
第3次産業革命	20世紀後半からの、電子工学や情報技術（IT）を活用したオートメーション（PCやインターネットの普及など）

❷ インダストリー4.0

「インダストリー4.0」とは、広義には第4次産業革命と同じ意味で使われますが、狭義ではドイツの産業政策のことを指します。インダストリー4.0は、ドイツ政府が定めた**「ハイテク戦略2020」**のひとつとして提唱されており、産業界（民間企業）・官公庁（国や地方公共団体）・学校（教育機関や研究機関）の**「産官学」**が共同で進める国家プロジェクトです。

参考

NC工作機械

NC（数値制御）によって、工作機械の座標を定義し、自動的に同じ寸法の製品を大量生産する機械のこと。現在では、ほとんどの工作機器にNCが組み込まれている。
NCは、「Numerical Control」の略。

参考

Society 5.0（ソサエティ 5.0）

サイバー空間（仮想空間）とフィジカル空間（現実空間）を高度に融合させたシステムにより、経済発展と社会的課題の解決を両立する、人間中心の社会のこと。政府が提唱するものである。
Society 5.0は、「超スマート社会」を意味し、狩猟社会（Society 1.0）、農耕社会（Society 2.0）、工業社会（Society 3.0）、情報社会（Society 4.0）に続くものである。第4次産業革命によって、新しい価値やサービスが次々と創出され、人々に豊かさをもたらすとしている。
Society 5.0で実現する社会は、具体的に次のようなものがある。

・IoTですべての人とモノがつながり、様々な知識や情報が共有され、今までにない新たな価値を生み出すことで、知識や情報の共有・連携が不十分という課題が克服される。
・AI（人工知能）により、必要な情報が必要なときに提供されるようになり、ロボットや自動走行車などの技術で、少子高齢化、地方の過疎化、貧富の格差などの課題が克服される。
・社会のイノベーション（変革）を通じて、これまでの閉塞感を打破し、希望の持てる社会、世代を超えて互いに尊重し合える社会、一人ひとりが快適で活躍できる社会となる。

8-3-5 民生機器・産業機器

情報システムの発展に伴い、民生機器や産業機器の分野でも技術革新が進んでいます。

1 IoTシステム

「IoT」とは、コンピュータなどのIT機器だけではなく、産業用機械・家電・自動車から洋服・靴などのアナログ製品に至るまで、ありとあらゆるモノをインターネットに接続する技術のことです。**「モノのインターネット」**ともいいます。
IoTは、センサーを搭載した機器や制御装置などが直接インターネットにつながり、それらがネットワークを通じて様々な情報をやり取りする仕組みを持ちます。
IoTを利用したシステムのことを**「IoTシステム」**といいます。通信機能を持たせた、あらゆるモノをインターネットに接続することで、自動認識や遠隔計測を可能とし、大量のデータを収集・分析して高度な判断や自動制御を実現します。通信機能を持たせた、ありとあらゆるモノに相当する機器のことを**「IoT機器」**といいます。また、IoTシステムに接続するデバイス(部品)のことを**「IoTデバイス」**といい、具体的にはIoT機器に組み込まれる**「センサー」**や**「アクチュエーター」**を指します。
IoTシステムの具体例としては、次のようなものがあります。

- 機械にセンサーと通信機能を内蔵して、稼働状況や故障箇所、交換が必要な部品などを機械の製造元がインターネットを介してリアルタイムに把握できるシステム。
- 自動車同士や、自動車と路側機が通信することにより、自動車の位置情報をリアルタイムに収集して、渋滞情報を配信するシステム。
- 検針員に代わって、電力会社と通信することにより、電力使用量を申告する電力メータ。
- 牛の首に取り付けたウェアラブル端末から、リアルタイムに牛の活動情報を取得してクラウド上のAIで分析するシステム。

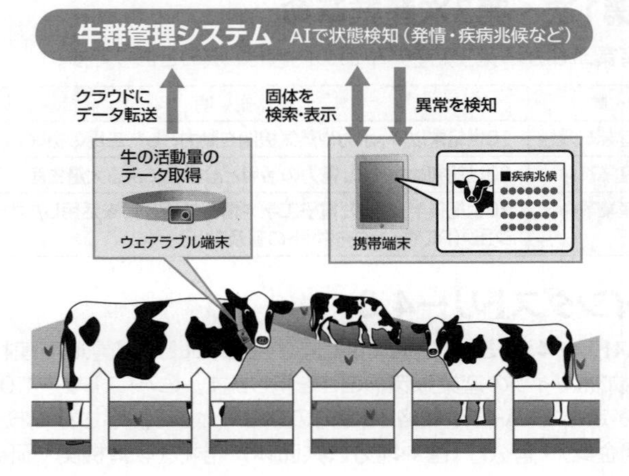

参考

IoT
「Internet of Things」の略。

参考

BLEビーコン
「BLE」とは、近距離無線通信技術であるBluetoothのVer.4.0以降で採用された、省電力で通信可能な技術のこと。
「Bluetooth Low Energy」の略。
「BLEビーコン」とは、BLEによるBluetooth信号を発信し、端末の位置を知らせる発信機のこと。

参考

ウェアラブル端末
身に付けて利用することができる携帯端末のこと。腕時計型や眼鏡型などの形がある。「ウェアラブルコンピュータ」ともいう。

❷ 組込みシステム

「組込みシステム」とは、特定の機能を実現するために組み込まれた、コンピュータシステムのことです。**「マイクロコンピュータ」**または**「マイコン」**ともいいます。組込みシステムには、ファームウェアとして**「組込みOS」**と、必要最低限のメモリとCPU、ROMが搭載されます。利用者の操作に合わせてリアルタイムに制御する**「リアルタイムOS」**が主流となり、イベントに合わせて細やかな制御ができるようになりました。
組込みシステムにかかわるコストが削減されたことから、様々な**「民生機器」**や**「産業機器」**を制御するシステムとして活用されています。

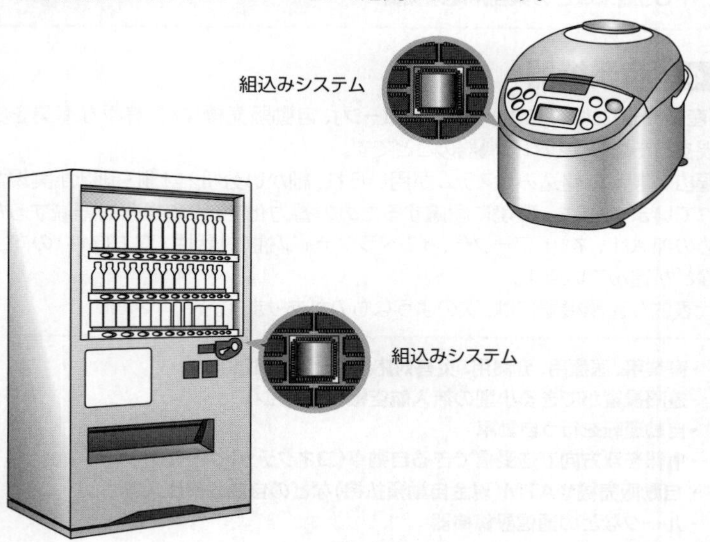

❸ 民生機器

「民生機器」とは、一般の家庭で使われる電化製品や個人用情報機器のことです。幅広い製品に組込みシステムが用いられるとともに、小型化、軽量化、情報機器の個人所有（パーソナル化）、インタラクティブ性（対話性・双方向性）の向上などが進んでいます。また、情報家電による**「ホームネットワーク」**を構築したり、民生機器に搭載されたセンサーを使って**「センサーネットワーク」**を構築したりすることができます。
「情報家電」とは、インターネットなどネットワークに接続できる通信機能を持った家庭用電化製品のことです。デジタルテレビのリモコンを使ってテレビ番組のアンケートに答えたり、外出先から携帯端末でエアコンの電源を入れたり、電子レンジでレシピを検索してダウンロードしたりできます。また、日常のあらゆる場面にコンピュータがあり、人々の生活を支える環境である**「ユビキタスコンピューティング」**や、コンピュータなどのIT機器だけでなく、情報家電や自動車など様々な製品をインターネットに接続する技術である**「IoT」**も進んでいます。

参考

ファームウェア
機器の制御をするために組み込まれたソフトウェアのこと。

参考

リアルタイムOS
リアルタイム処理を目的としたOSのこと。利用者の使いやすさよりも、データの処理速度を優先しており、民生機器や産業機器を制御する組込みシステムで広く使われている。

参考

イベント
利用者の操作に合わせて発生する情報のこと。例えば、利用者がボタンを押すと、コンピュータ内では“ボタンが押された”というイベントが発生する。

参考

ロボティクス
ロボットに関連する分野の学問のこと。制御機能やセンサー技術など、ロボットの設計・製作および運転に関する研究を行う。製造業などで多く使用されている産業用ロボットや、掃除ロボットに代表される家庭用ロボットなど、様々な用途で活用されている。「ロボット工学」ともいう。

参考

ホームネットワーク
家庭内に構築したネットワークのこと。民生機器同士をネットワークで結んで、連携させることができる。連携させるための相互接続の方式に「DLNA」がある。DLNAは、「Digital Living Network Alliance」の略。

参考

センサーネットワーク
様々な機器に搭載されたセンサーを使って構築するネットワークのこと。センサーの計測結果を個別に判断するのではなく、複数のセンサーを総合的に判断して機器を制御できる。

参考

スマートスピーカー
対話型の音声による操作に対応した、AI（人工知能）の機能を持つスピーカーのこと。

代表的な民生機器には、次のようなものがあります。

- 炊飯器、洗濯機、エアコンなどの家電機器
- コンピュータやプリンターなどのOA機器および周辺機器
- デジタルテレビ(デジタルTV)、DVDなどのAV機器
- 固定電話機などの民生用通信端末機器
- スマートフォン、携帯電話、ウェアラブル端末、電子手帳などの個人用情報機器
- 教育、娯楽機器
- POS端末などの業務用端末機器

4 産業機器

「産業機器」とは、**「ロボット」**や**「ドローン」**、自動販売機など、様々な産業を実現するために使われる機器のことです。
幅広い製品に組込みシステムが用いられ、細かい分析・計測・制御が実現されています。また、環境に配慮するための省力化や、人の操作を軽減するための無人化、ネットワーク化、インタラクティブ性(対話性・双方向性)の向上などが進んでいます。
代表的な産業機器には、次のようなものがあります。

- 産業用、医療用、介護用、災害対応用などのロボット
- 遠隔操縦ができる小型の無人航空機(ドローン)
- 自動運転を行う自動車
- 情報を双方向で送受信できる自動車(コネクテッドカー)
- 自動販売機やATM(現金自動預払機)などの自動サービス機
- ルータなどの通信設備機器
- 船舶などの運輸機器
- 薬物検知などを行う分析機器や計測機器
- 空調などの設備機器
- 患者モニタリング装置などの医療機器
- 自動倉庫などの生産システム

また、自動車においては、ICT(情報通信技術)化が急速に進んでいます。近年、**「自動運転」**や**「コネクテッドカー」**が注目されています。

名 称	説 明
自動運転	運転・操縦を、人間が行わずに機械やコンピュータシステムなどに実行させることであり、「オートパイロット」ともいう。通常、自動車を運転する際には、人間が「認知」「判断」「操作」のプロセスを繰り返したり、同時に行ったりするが、自動運転車では、各種センサーを利用して「認知」を行い、そこから得られたデータをもとに「判断」のプロセスをAI(人工知能)が実行する。そして、その判断に従い、電子制御されたアクセル・ブレーキ・ステアリングなどに「操作」の制御命令を発することになる。
コネクテッドカー	インターネットや各種無線などを通じて、様々なモノや人と、情報を双方向で送受信できる自動車のこと。各種センサーを搭載し、自動車と車外(道路)にあるインフラとの間で通信する「路車間通信」や、自動車と別の自動車との間で直接無線通信する「車車間通信」により、渋滞情報の取得や衝突回避などの協調型の運転支援ができるようになる。

参考

スマートファクトリー
工場内のあらゆるモノがつながり、自律的に最適な運営ができる工場のこと。広くIoTが利用された工場であり、具体的には、製造設備や仕掛中の部品、原材料や製品在庫の数量、生産計画など、工場内のあらゆるモノ・情報を取り込み、それらをAI(人工知能)などで処理することで、最適な生産や運営を実現する。

参考

ATM
「Automated Teller Machine」の略。

参考

M2M
「MtoM」ともいい、機械と機械が人間の手を介さずに、コンピュータネットワークを通じて情報交換を行うことにより、自律的に制御や動作をする仕組みのこと。
工場における工作機械の制御、エレベータの稼働状況の管理、自動販売機の遠隔在庫管理などで利用されている。
「Machine to Machine」の略。
日本語では「機器間通信」の意味。

参考

AI(人工知能)
→「1-1-3 6 AI(人工知能)」

8-4 章末問題

※解答は巻末にある別冊「章末問題 解答と解説」P.29に記載しています。

問題8-1

プロダクトポートフォリオマネジメント（PPM）における“花形”を説明したものはどれか。

ア　市場成長率、市場占有率ともに高い製品である。成長に伴う投資も必要とするので、資金創出効果は大きいとは限らない。
イ　市場成長率、市場占有率ともに低い製品である。資金創出効果は小さく、資金流出量も少ない。
ウ　市場成長率は高いが、市場占有率が低い製品である。長期的な将来性を見込むことはできるが、資金創出効果の大きさは分からない。
エ　市場成長率は低いが、市場占有率は高い製品である。資金創出効果が大きく、企業の支柱となる資金源である。

平成24年春期　問67

問題8-2

コストプラス法による価格設定方法を表すものはどれか。

ア　価格分析によって、利益最大、リスク最小を考慮し、段階的に価格を決める。
イ　顧客に対する値引きを前提にし、当初からマージンを加えて価格を決める。
ウ　市場で競争可能と推定できるレベルで価格を決める。
エ　製造原価、営業費を基準にし、希望マージンを織り込んで価格を決める。

平成28年秋期　問67

問題8-3

売手の視点であるマーケティングミックスの4Pに対応する、買手の視点である4Cの中で、図のaに当てはまるものはどれか。ここで、ア～エはa～dのいずれかに対応する。

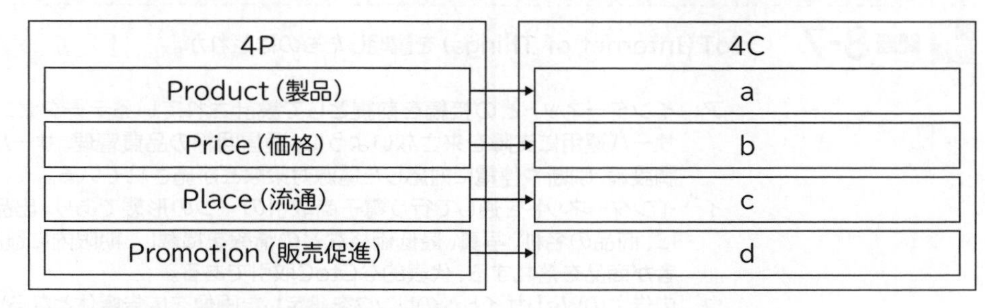

ア　Communication（顧客との対話）
イ　Convenience（顧客の利便性）
ウ　Cost（顧客の負担）
エ　Customer Value（顧客にとっての価値）

平成28年秋期　問68

問題8-4 サプライチェーンマネジメントを説明したものはどれか。

ア　購買、生産、販売及び物流を結ぶ一連の業務を、企業内、企業間で全体最適の視点から見直し、納期短縮や在庫削減を図る。
イ　個人がもっているノウハウや経験などの知的資産を組織全体で共有して、創造的な仕事につなげていく。
ウ　社員のスキルや行動特性を把握し、人事戦略の視点から適切な人員配置・評価などのマネジメントを行う。
エ　多様なチャネルを通して集められた顧客情報を一元化し、活用することによって、顧客との関係を密接にしていく。

平成29年秋期　問69

問題8-5 特定のテーマに対して、開発者・設計者・企画者などがチームを作り、短期集中的にアイディアを出し合い、その成果を競い合うイベントのことを何というか。

ア　オープンイノベーション　　イ　リーンスタートアップ
ウ　APIエコノミー　　エ　ハッカソン

予想問題

問題8-6 シェアリングエコノミーの説明はどれか。

ア　ITの活用によって経済全体の生産性が高まり、更にSCMの進展によって需給ギャップが解消されるので、インフレなき成長が持続するという概念である。
イ　ITを用いて、再生可能エネルギーや都市基盤の効率的な管理・運営を行い、人々の生活の質を高め、継続的な経済進展を実現するという概念である。
ウ　商取引において、実店舗販売とインターネット販売を組み合わせ、それぞれの長所を生かして連携させることによって、全体の売上を拡大する仕組みである。
エ　ソーシャルメディアのコミュニティ機能などを活用して、主に個人同士で、個人が保有している遊休資産を共有したり、貸し借りしたりする仕組みである。

平成31年春期　問73

問題8-7 IoT（Internet of Things）を説明したものはどれか。

ア　インターネットとの接続を前提として設計されているデータセンターのことであり、サーバ運用に支障を来さないように、通信回線の品質管理、サーバのメンテナンス、空調設備、瞬断や停電に対応した電源対策などが施されている。
イ　インターネットを通して行う電子商取引の一つの形態であり、出品者がWebサイト上に、商品の名称、写真、最低価格などの情報を掲載し、期限内に最高額を提示した入札者が商品を落札する、代表的なCtoC取引である。
ウ　広告主のWebサイトへのリンクを設定した画像を広告媒体となるWebサイトに掲載するバナー広告や、広告主のWebサイトの宣伝をメールマガジンに掲載するメール広告など、インターネットを使った広告のことである。
エ　コンピュータなどの情報通信機器だけでなく様々なものに通信機能をもたせ、インターネットに接続することによって自動認識や遠隔計測を可能にし、大量のデータを収集・分析して高度な判断サービスや自動制御を実現することである。

平成28年春期　問65

第9章

企業と法務

企業活動や経営管理に関する基礎的な知識、企業の法遵守や規範に関する考え方などについて解説します。

9-1 企業活動

9-1-1 経営・組織論

業務の問題を把握・解決し、円滑に業務活動を進めるためには、企業の活動内容や目的、法令など、企業の概要を理解することが重要です。

1 企業活動

企業活動を行うにあたって、企業の存在意義や価値観を明確にすることが重要です。これらが明確になっていないと、どの方向に向かって企業活動をすればよいのか曖昧になってしまいます。全社員がそれぞれ一生懸命に努力しても、その方向が間違っていたのでは、効率的な業務を行うことはできません。
企業が目指す目標や責任について理解することが、円滑な企業活動につながっていきます。

(1) 企業理念と企業目標

企業活動の目的は利益を上げること、社会に貢献することです。そのため、多くの企業が**「企業理念」**や**「企業目標」**を掲げて活動をしています。この企業理念と企業目標は、基本的に変化することのない普遍的な理想といえます。ところが、社会環境や技術など、企業を取り巻く環境は大きく変化しています。企業理念や企業目標を達成するには、長期的な視点で変化に適応するための能力を作り出していくことが重要です。

(2) CSR

「CSR」とは、企業が社会に対して果たすべき責任を意味します。多くの企業がWebページを通じてCSRに対する考え方やCSR報告書を開示し、社会の関心や利害関係者の信頼を得ようとしています。
企業は、利益を追求するだけでなく、すべての利害関係者の視点でビジネスを創造していく必要があります。“企業市民”という言葉があるように、社会の一員としての行動が求められています。それが、社会の信頼を獲得し、新たな企業価値を生むことにつながるのです。
不正のない企業活動の遂行、法制度の遵守、製品やサービスの提供による利便性や安全性の実現などは、最も基本的な責任です。さらに社会に対してどのように貢献していくべきかを追求し、**「グリーンIT」**などの環境への配慮、社会福祉活動の推進、地域社会との連携などを含めてCSRととらえるべき時代になりつつあります。
「グリーンIT」とは、PCやサーバ、ネットワークなどの情報通信機器の省エネや資源の有効利用だけでなく、それらの機器を利用することによって社会全体の省エネを推進し、環境を保護していくという考え方のことです。例えば、Web会議システムを導入して出張を減らし、社会全体のCO_2排出量削減につなげるなど、環境保護と経済成長の両立を目指します。

参考

経営資源

企業経営に欠かせない要素のことで、次の4つの資源がある。

資源	説明
ヒト	社員（人材）のこと。すべての企業活動において、最も重要な資源といえる。
モノ	製品や商品のこと。企業活動に不可欠な、生産設備、コンピュータ、プリンター、コピー機なども含む。
カネ	資金のこと。ヒトを確保するにも、モノを買うにも作るにも、カネが必要である。
情報	正確な判断を下し、競争力を持つための資料やデータのこと。

参考

コーポレートアイデンティティ

企業の特徴や個性を明確に提示し、統一されたイメージで社会が認識できるように働きかけること。例えば、社名、ブランド名、ロゴ、企業カラーなどを統一されたデザインにすることで、社会における企業のイメージを形成していくことができる。

参考

コーポレートブランド

企業のブランドのこと。企業のイメージや信頼度を表し、競争優位を確立する重要な役割を持つ。

参考

CSR

「Corporate Social Responsibility」の略。
日本語では「企業の社会的責任」の意味。

参考

グリーンIT

「Green by IT」の略。

(3) 所有と経営の分離

「所有と経営の分離」とは、企業を所有する株主と、経営を執行する経営者で、役割を分離する原則のことです。
日本の株式会社において、経営の意思を決定する場が**「株主総会」**です。業務執行の意思決定をするのは**「取締役会」**で、その中から代表取締役が選任されます。代表取締役は、経営執行担当者となり、会社を対外的に代表しているとともに経営の最高責任者でもあります。このように、所有と経営の分離とは、取締役が分離される原則のことをいいます。
企業活動を行うにあたって、経営と、株主や投資家などの利害関係者との信頼関係の構築や、経営の透明性を高めることが求められています。

(4) ゴーイングコンサーン

「ゴーイングコンサーン」とは、"企業が永遠に継続する"ということを前提とすることです。**「継続的事業体」**ともいいます。ゴーイングコンサーンでは、企業が継続する責任を負い、継続していくための経営戦略を立てることが重要だと考えられています。例えば、今までの技術を活かしながら新しい分野に参入するなど、企業目的を多様化・多角化させることで、ゴーイングコンサーンを目指す場合もあります。また、ゴーイングコンサーンを目指す上で、**「BCP」**や**「コーポレートガバナンス」**への積極的な取組みが求められています。

●BCP

「BCP」とは、何らかのリスクが発生した場合でも、企業が安定して事業を継続するために、事前に設定しておく計画のことです。**「事業継続計画」**ともいいます。
自然災害や事故に遭遇すると、情報システムが壊滅的なダメージを受け、事業が継続できなくなる恐れがあります。そこで、地震や洪水、火災やテロなどのリスクを想定し、各リスクの影響を分析します。その上で、重要な事業を選定し、事業を継続させるための計画と体制を整備します。また、計画や体制を見直し、改善し続けることも必要とされています。

●コーポレートガバナンス

「コーポレートガバナンス」とは、企業活動を監視し、経営の透明性や健全性をチェックしたり、経営者や組織による不祥事を防止したりする仕組みのことです。
企業や官公庁による不祥事が相次いで発生していることから、適切な社外取締役の選任や、情報開示体制の強化、監査部門の増強などを行って、企業を統治する必要があります。
コーポレートガバナンスの主な目的は、次のとおりです。

- 経営者の私利私欲による暴走をチェックし、阻止する。
- 組織ぐるみの違法行為をチェックし、阻止する。
- 経営の透明性、健全性、遵法性を確保する。
- 利害関係者への説明責任を徹底する。
- 迅速かつ適切に情報開示する。
- 経営者ならびに各層の経営管理者の責任を明確にする。

参考

SRI
社会に貢献するために行う投資のこと。「社会的責任投資」ともいう。
「Socially Responsible Investment」の略。

参考

IR
投資家向けの広報活動のこと。経営戦略や財務状況などの情報を、自発的に広く公開することが求められている。
「Investor Relations」の略。

参考

BCP
「Business Continuity Plan」の略。

参考

コーポレートガバナンス
日本語では「企業統治」の意味。

参考

レピュテーションリスク
企業や組織に悪い評判・評価が広まることにより、企業や組織の信用が失われ、業績が悪化するリスクのこと。「レピュテーション」とは、評判や評価を意味する。

❷ 経営管理

「経営管理」とは、企業の目標達成に向けて、経営資源（ヒト・モノ・カネ・情報）を調整・統合し、経営資源の最適配分や有効活用をするための活動のことです。企業が持ち得る資源を最大限に活用し、効果を引き出すことが重要です。そのために経営目標を定め、**「TQM」**や**「PDCAマネジメントサイクル」**によって管理します。

TQMとは、製品やサービスの品質向上と、経営目標の達成を両立させるための経営管理手法のことです。**「総合的品質管理」**ともいいます。従来においては、品質管理活動によって製品やサービスの品質を向上させましたが、顧客満足が得られなかったり、目標となる利益に達成しなかったりなどの問題も発生しました。

TQMでは、経営目標に基づいて品質水準や顧客満足の目標を作り出し、組織的に取り組むことで、製品の品質、顧客満足の向上、経費削減などを目指します。

プロジェクトマネジメントで利用されるPDCAマネジメントサイクルは、経営管理を行うための基本的な考え方です。PDCAマネジメントサイクルを通して、より良いものを作り上げていきます。

❸ ヒューマンリソースマネジメント（HRM）

「ヒューマンリソースマネジメント」とは、経営資源である“ヒト”を管理することです。**「人的資源管理」**ともいいます。企業の様々な活動を実現するには、社員の業務遂行能力が欠かせません。そのため、行動科学に基づいて管理するとともに、研修制度や人事制度を整備する必要があります。

（1）モチベーション管理

「モチベーション」とは、日本語で“動機付け”のことです。モチベーションの有無によって、社員の発揮する能力が異なることから、社員に適切なモチベーションを与えることが必要とされています。研修制度や昇給、昇進などによってモチベーションを与えることを**「モチベーション管理」**といいます。

●研修制度

計画的な研修制度によって、社員の能力を高めることは、経営管理において必要であるとともに、社員にとっても成長していくために必要なものです。
代表的な研修制度には、次のようなものがあります。

名 称	説 明
OJT	職場内で実際の仕事を通じて、上司や先輩の指導のもとに、知識や技能・技術を習得する制度。「職場内訓練」ともいう。 「On the Job Training」の略。
Off-JT	職場外の研修所や教育機関で、一定期間、集団で集中的に知識や技能・技術を習得する制度。「職場外訓練」ともいう。研修の手法として、ロールプレイングやケーススタディ、e-ラーニングなどがある。 「Off the Job Training」の略。

参考

TQM
「Total Quality Management」の略。

参考

経営目標
企業理念や企業目標を実現するために定める、中長期的な目標のこと。

参考

経営資源の経営管理
経営資源の要素を経営管理に置き換えると、ヒト=人事管理、モノ=資産管理、カネ=財務管理、情報=情報管理となる。

参考

フィージビリティスタディ
新しい事業やプロジェクトなどの計画について、その実現の可能性を評価するために調査し、検証すること。

参考

HRM
「Human Resource Management」の略。

参考

行動科学
人の行動や人間関係などを究明する実証科学のこと。行動科学は、企業における人間行動や人間関係のあり方を考えるうえで役立ち、行動科学に基づいて経営を管理することで、社員にモチベーションを与え、衝突を解消し、円滑なコミュニケーションを図ることができる。

参考

XY理論
「XY理論」とは、米国経営学者のダグラス・マグレガーによって提唱された2つの経営手法のこと。
「X理論」とは、性悪説に基づき、人はなまけ者で責任を回避する傾向があるため、経営管理において命令や処罰を必要とするという理論のこと。
「Y理論」とは、性善説に基づき、人は働き者で献身的に貢献する傾向があるため、経営管理において自主性を尊重し、より良い環境を提供する必要があるという理論のこと。

●人事制度

適切な人事制度を整備することは、社員にモチベーションを与えるうえで重要です。
代表的な人事制度には、次のようなものがあります。

名 称	説 明
CDP	仕事を通じて得た経験や専門的なスキルの習得状況に基づき、社員の将来を設計し、計画的に達成させていく制度。 「Career Development Program」の略。
成果主義	人事考課において、社員が目標を達成し、結果を得たかどうかに重点を置いて評価する制度。成果主義のツールのひとつとして、「MBO(目標管理)」があり、業務上の目標を決めて、その目標の達成度で評価する。評価の結果は、昇給や賞与、昇進などに反映させる。 MBOは、「Management By Objectives」の略。
コンピテンシー	業務において優れた業績を上げた人の行動特性を分析することで、ほかの社員にも分析結果を活用してもらい、社員の質を向上させる制度。分析結果を"社員が身に付けるべき能力"として位置付け、社員の教育訓練や人材開発、人事考課などに活用する。

●人材開発制度

社員の能力を高めるためには、様々な人材開発の制度を取り入れることも重要です。
代表的な人材開発制度には、次のようなものがあります。

名 称	説 明
コーチング	質問型のコミュニケーションで、本来個人が持っている能力や可能性を最大限に引き出し、自発的な行動を促すことで目標を達成させるようサポートすること。上司や管理職が部下や後輩に対して行うことが多いが、外部の専門機関に委託して行うこともある。
メンタリング	「メンター」と呼ばれる経験豊富な指導者が組織内の若年者や未経験者と継続的にコミュニケーションをとり、対話や助言によって本人の自発的な成長をサポートすることで、組織内の生産性を最大限に高めようとすること。
ジョブローテーション	社員の能力を高めるために、職場を定期的に異動すること。社員の人材育成計画を考慮し、戦略的に行うことが多い。
タレントマネジメント	個々の従業員が持つスキルや経験、資質などの情報を一元管理することにより、戦略的な人事配置や人材育成を行うこと。

(2) コンフリクト管理

「コンフリクト」とは、日本語で"意見や感情の衝突"のことです。企業内では、上司と部下、部門と部門など、様々な立場や考え方の違いによって、意見が衝突したり緊張が高まったりすることがあります。このような場合に、戦略的に問題を解決することを**「コンフリクト管理」**といいます。
コンフリクト管理では、次のような能力が求められます。

能 力	説 明
コミュニケーション	良好な人間関係を築くために必要な能力のこと。上司と部下の指揮命令や横方向の伝達、または枠にとらわれない自由な議論など、活発なコミュニケーションがあってこそ社員の業務に対する満足度が向上するが、誤解や一貫性の欠如などによるトラブルが発生する恐れもある。そのため、社員が「ロジカルシンキング」を身に付けることが求められる。こうしたコミュニケーション術は、「プレゼンテーション」や「テクニカルライティング」に活かすことができる。

参考

動機付け・衛生理論

心理学者のハーズバーグによって提唱された理論で、職務への満足・不満足を引き起こす要因が異なるものであるということを示している。満足を得る要因を「動機付け要因」、不満足を引き起こす要因を「衛生要因」という。

参考

コンピュータリテラシー

コンピュータを使いこなす能力のこと。研修制度によって、コンピュータリテラシーの向上を図る必要がある。

参考

アダプティブラーニング

一人ひとりの学習の進捗度や理解度に合わせて、学習内容を調整し、教育を実施すること。日本語では「適応学習」の意味。

参考

アクションラーニング

組織内における現実の課題を取り上げ、グループでその解決策を立案・実施し、課題を解決するスキルを向上させる教育のこと。

参考

ダイバーシティ

国籍、性別、年齢、学歴、価値観などの違いにとらわれず、様々な人材を積極的に活用することで生産性を高めようという考え方のこと。

参考

ロジカルシンキング

論理的な思考方法のこと。

参考

プレゼンテーション

企画や製品を売り込んだりする会議の場などで、主張・意見・アイディアなどを説明し、相手の理解を得るための積極的な行動のこと。略して「プレゼン」ともいう。

参考

テクニカルライティング

社内の業務や情報システムに関する提案書、操作マニュアルなどを簡潔にわかりやすく作成すること。

能　力	説　明
リーダーシップ	指導者が身に付けるべき能力のこと。従来は、素質や個性によると考えられていたが、現在は研究が進み、教育訓練によって誰でも身に付けることができると考えられるようになった。従来は、管理者の育成がなされてきたが、現在は、企業を取り巻く様々な変化に対応できる、指導者としてのリーダーシップが求められている。
ネゴシエーション	交渉や取引などをするときの能力のこと。従来の日本では“根回し”ととらえられていたが、ネゴシエーションの本来の意味は、相手の感情を分析して交渉することによって、“相手にYesと言わせる”、“相手を説得する”ための戦略的なコミュニケーション手法である。こうした能力は、社内・社外を問わず求められるスキルである。

(3) ワークライフバランスを考慮した勤務形態

「ワークライフバランス」とは、仕事と生活のバランスのことです。具体的には、仕事と家庭の両立などが挙げられ、それを実現するための雇用環境のことをいいます。労働基準法の改正による裁量労働制の導入や、コンピュータやインターネットの普及に伴い、場所や時間にとらわれない働き方が増えています。また、国際化や業際化による経営環境の変化に対応するためにも、新しい勤務形態を導入することが求められます。
新しい勤務形態を実現する方法として、次のようなものがあります。

名　称	説　明
サテライトオフィス	本拠から離れた郊外などに分散したオフィス。遠距離通勤や都心の住宅難を改善できる。
在宅勤務	自宅で仕事をする勤務形態。ライフスタイルに合わせた働き方ができる。
テレワーク	ICT(情報通信技術)を活用して時間や場所の制約を受けずに、柔軟に働く労働形態のこと。「tele(遠い・離れた)」と「work(働く)」を組み合わせた造語である。

4 リスクマネジメント

「リスクマネジメント」とは、リスクを把握・分析し、それらのリスクを発生頻度と影響度の観点から評価したあと、リスクの種類に応じて対策を講じることです。また、リスクが実際に発生した場合には、リスクによる被害を最小限に抑えることが求められます。重要な業務の選定と業務を継続させるための計画の立案を行い、実施可能な体制を整備して、改善を図るための指針を策定します。

5 企業形態

「企業」とは、一般に営利目的を持ち、生産・販売・サービスなどの経済活動を行う組織体のことです。その中でも、個人または民間団体が出資して運営する企業を**「私企業」**と呼び、企業形態のひとつとして**「会社」**があります。なお、日本では、会社の設立に関して法律上の要件を満たせば、行政官庁の許可がなくても法人として認められる**「準則主義」**を採用しています。

参考

HRテック(HRTech)
人的資源に科学技術を適用して、業務の改善や効率化を図ること。「HR(Human Resource:人的資源)」と「Technology(テクノロジ:科学技術)」を組み合わせた造語である。
例えば、人材評価や人材育成にAI(人工知能)を活用したり、労務管理にIoTを活用したりして、業務の改善や効率化を図る。

参考

SOHO(ソーホー)
コンピュータやネットワークを活用して、小規模オフィスや自宅を仕事場とすること。「Small Office Home Office」の略。

参考

労働基準法
→「9-2-3 1 (1) 労働基準法」

参考

ワークシェアリング
1人当たりの労働時間を短縮し、複数人で仕事を分け合うこと。雇用確保や失業対策を目的に実施されることが多い。

参考

BCM
企業が安定して事業継続するための経営管理手法のこと。BCPの策定や導入、運用、見直しという一連の取組みを行うことで、継続的な改善を図る。「事業継続マネジメント」や「事業継続管理」ともいう。
「Business Continuity Management」の略。

参考

JIS Q 22301
国際標準であるISO 22301の日本版であり、組織が効果的な「事業継続マネジメントシステム(BCMS)」を策定・運用するための要求事項が定められている。
BCMSは、「Business Continuity Management System」の略。

(1) 会社の種類

会社は、出資者の数や責任の範囲によって、次のように分類されます。

名　称	出資者	責任の種類	説　明
株式会社	1名以上	有限責任	株式を発行することで、株主から出資金を集める企業。出資者は、「有限責任社員(株主)」と呼ばれる。
有限会社	50名以下	有限責任	社員から出資金を集める企業。出資者は、「有限責任社員」と呼ばれる。 2006年施行の会社法により、株式会社に統合された。
合名会社	2名以上	無限責任	経営を担う社員から出資金を集める企業。出資者は、「無限責任社員」と呼ばれ、経営に参加する義務がある。
合資会社	2名以上	無限責任と有限責任	経営を担う社員と、その他の社員から出資金を集める企業。経営を担う社員は「無限責任社員」と呼ばれ、その他の社員は「有限責任社員」と呼ばれる。
合同会社	1名以上	有限責任	社員から出資金を集める企業。出資者は、「有限責任社員」と呼ばれる。 2006年施行の会社法により、新たに設けられた企業形態。「日本版LLC」ともいう。

(2) 企業の構成

企業は、業務を効率的に行うために、目的に応じて**「組織」**を構成しています。組織とは、共通の目的を達成するために、秩序立てて構成された集合体のことです。

組織には、次のような形態があります。

●階層型組織

「階層型組織」とは、階層構造になっている組織形態のことで、通常、指揮命令系統はひとつになります。例えば、社長の下にはいくつもの部署があり、部署の下には違う業務を担当する課が存在するような組織です。階層型組織は、**「ピラミッド型組織」**ともいいます。

階層型組織は、企業方針を全体に浸透させることができるという特徴があります。

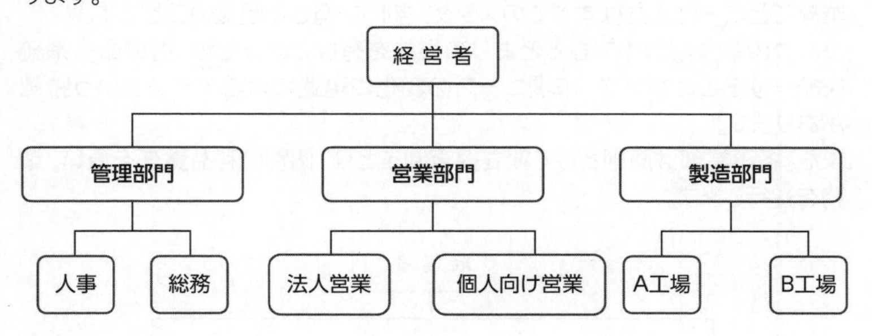

参考

株式公開

未上場会社の株式を不特定多数の投資家が、株式市場で売買できるようにすること。「IPO」ともいう。

IPOは、「Initial Public Offering」の略。

参考

有限責任

債務に対して、限られた範囲で責任を負うこと。

参考

無限責任

債務に対して、全財産を投じてでも責任を果たすこと。

参考

持分会社

合名・合資・合同会社の総称を「持分会社」という。

参考

LLC

米国の企業形態のひとつ。出資者は有限責任を負い、出資金や利益の配分などで規定が少ないのが特徴。

「Limited Liability Company」の略。

参考

会社機能の分化

業務機能を細分化し、複数の会社によってひとつの製品やサービスを形成すること。

参考

フラット型組織

組織の階層をできるだけ少なくした平型の構造になっている組織形態のこと。

●職能別組織

「職能別組織」とは、営業、生産、人事、経理などの職能別に構成された組織のことです。それぞれの職能が専門性と効率性を追求できるので、各部門が質の高い成果を上げられるという特徴があります。反面、部門間で隔たりができ、自部門の都合を優先しがちになるという問題もあります。
職能別組織は、営業、生産、調達など直接収益に関係する**「ライン部門(直接部門)」**と、人事、経理、総務などライン部門を支援する**「スタッフ部門(間接部門)」**に分けられます。

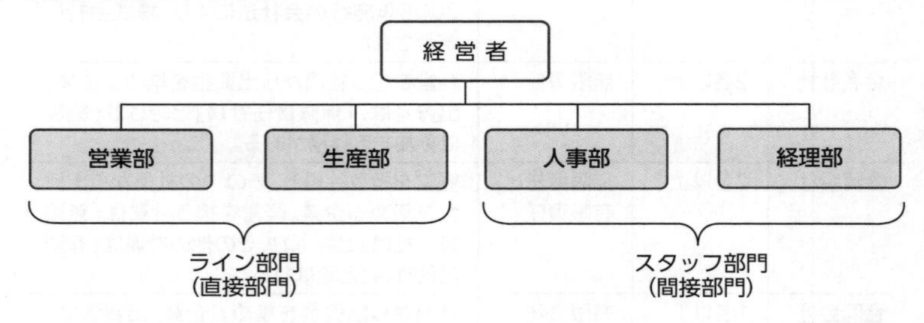

●ラインアンドスタッフ組織

「ラインアンドスタッフ組織」とは、ライン部門(直接部門)をスタッフ部門(間接部門)が補佐する組織形態のことです。
ライン部門は、ひとつの指揮命令系統を持ち、スタッフ部門は専門的な立場で補佐や助言をするという特徴があります。

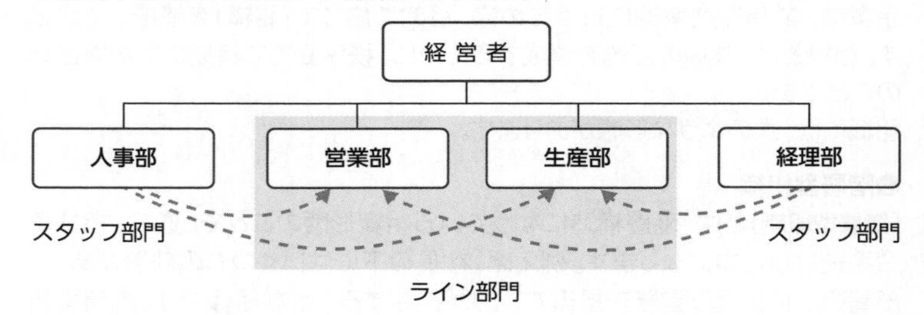

●事業部制組織

「事業部制組織」とは、取り扱う製品や地域、市場ごとに組織を分化させ、事業部ごとに一部またはすべてのスタッフ部門を有した組織のことです。
ひとつの事業部の中でひととおりの機能を有しているため、指揮命令系統を統一することができ、市場ニーズの変化に迅速に対応できるという特徴があります。
また、各事業部は原則として独立採算制をとり、個別に利益責任を負い、業務を遂行します。

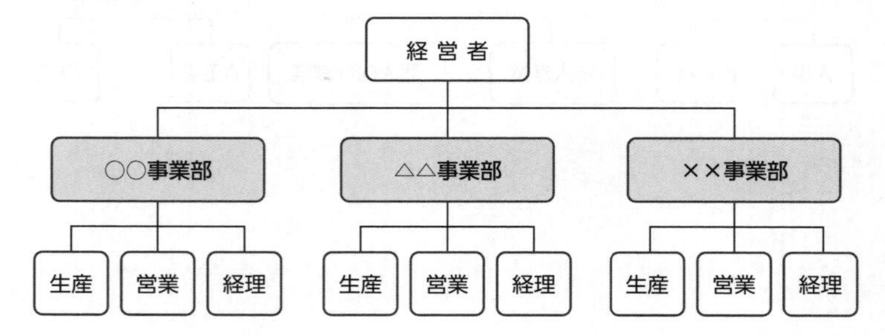

●カンパニー制組織

「カンパニー制組織」とは、部門をあたかも独立した会社のように分け、事業を運営する組織のことです。組織の自己完結性をより高めることで、環境適応力を高めることができます。事業部制に組織構成が似ていますが、より強力な人事権や裁量が与えられます。

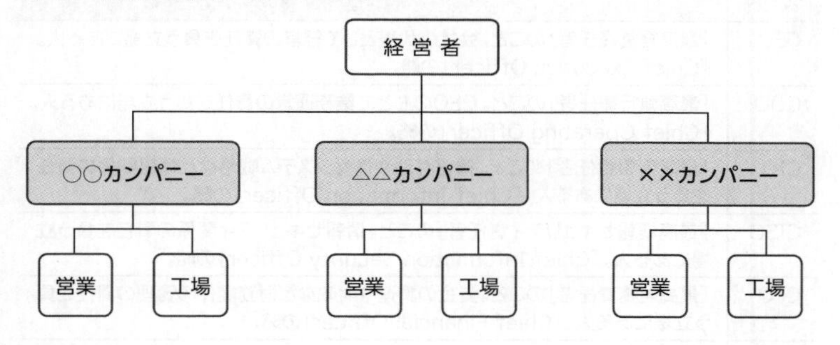

●マトリックス組織

「マトリックス組織」とは、巨大企業やグローバル企業に多く見られる組織形態で、機能と地域、機能と製品など、複数の指揮命令系統から構成された組織のことです。

業務担当者が複数の管理者のもとで作業する形態を取るため、指揮命令系統に混乱が生じることがありますが、一方で作業の分担化による部門間の隔たりをなくすという特徴があります。

開発部門
企画部門
調査部門
販売部門
プロジェクトA
プロジェクトB
プロジェクトC

●プロジェクト組織

「プロジェクト組織」とは、本来の組織とは別に、各種の専門的な能力を持つ人材によって一時的に編成された組織のことです。あくまでも一時的な組織なので、目的を達成した時点で解散します。

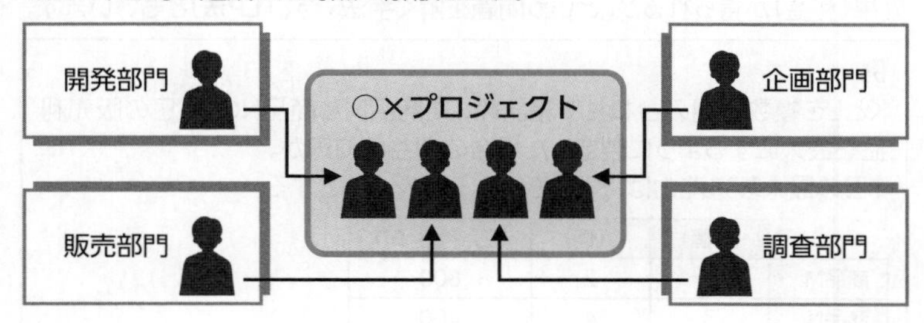

参考

社内ベンチャー組織

社内の人材が集まって準独立的な事業を起業し、経営者としての権限および責任を与えられた組織のこと。

(3) 経営者の役職

日本の経営執行担当者は代表取締役で、会社を代表する存在であるとともに、経営の最高責任者でもあります。
経営者の役職には、次のようなものがあります。

名称	説明
CEO	「最高経営責任者」のこと。会社の代表として経営の責任を負う立場にある人。「Chief Executive Officer」の略。
COO	「最高執行責任者」のこと。CEOのもとで業務運営の責任を負う立場にある人。「Chief Operating Officer」の略。
CIO	「最高情報責任者」のこと。情報管理や情報システム戦略など情報関係の責任を負う立場にある人。「Chief Information Officer」の略。
CISO	「最高情報セキュリティ責任者」のこと。情報セキュリティ関係の責任を負う立場にある人。「Chief Information Security Officer」の略。
CFO	「最高財務責任者」のこと。資金の調達や財政など財務関係の管理の責任を負う立場にある人。「Chief Financial Officer」の略。
CPO	「最高プライバシー責任者」のこと。個人情報の管理の責任を負う立場にある人。「Chief Privacy Officer」の略。

9-1-2 OR・IE

「OR」とは、経営における問題の分析や解決をするための手法のことです。**「オペレーションズリサーチ」**ともいいます。
一方、生産現場やサービスにおける問題を改善するための手法を**「IE」**といいます。**「インダストリアルエンジニアリング」**ともいいます。
企業活動を行う際、経営レベルや生産現場レベルで抱える問題を分析・解決し、改善することが重要となります。

❶ 配分問題・輸送問題

「配分問題」とは、少ない投資で最大限の利益を得るために、経営資源の配分を計画することです。**「輸送問題」**とは、物品などを輸送する際の運賃を最小限に抑えるために、発送元から発送先への輸送量を計画することです。配分問題や輸送問題など定式化が可能な問題を解決する手法に**「線形計画法」**があります。
線形計画法とは、一定の制約条件にある資源をどのように配分したら最大の効果(利益)が得られるか、という問題を解く手法です。**「LP法」**ともいいます。

例

KとLを複数個組み合わせて箱詰めした商品Mと商品Nの、1日の販売利益を最大にするように製造した場合の利益は何円か。
1日の最大製造能力は、Kが360個、Lが240個とする。

	K(個)	L(個)	販売利益(円)
商品M	6	2	600
商品N	3	4	400

参考

OR
企業が経営計画を最適に決定し実行するための科学的手法のこと。数学およびコンピュータの応用分野として発展してきた。
科学技術や道具を広範囲に用いて、ある業務についての問題を分析し、最適な解決策を見い出すことができる。
「Operations Research」の略。

参考

IE
生産や建設などの工程を、合理的に展開するための手法のこと。「経営工学」や「生産工学」ともいう。
具体的には、様々な手法を使って作業時間の検討、日程計画と管理、原価管理などを行う。生産現場において広く使われている改善方法。
「Industrial Engineering」の略。

参考

定式化
解決すべき問題を、一定のルールに従って記述し、整理すること。

参考

LP
「Linear Programming」の略。

①制約条件式を定義する。

はじめに、商品の生産に関する制約条件式を定義する。ここでは、商品Mと商品Nの生産量を、それぞれxとyで表す。

Kの最大製造能力は360個なので、制約条件式は**「6x+3y≦360」**。

Lの最大製造能力は240個なので、制約条件式は**「2x+4y≦240」**。

また、xとyは負の数にはならないので、**「x≧0、y≧0」**という条件が成立する。

②目的関数を定義する。

商品Mの販売利益は600円、商品Nは400円であることから、販売利益をZとすると、最大の販売利益を求める目的関数は**「Z=600x+400y」**となる。

	K(個)	L(個)	販売利益(円)
商品M	6	2	600
商品N	3	4	400
	6x+3y≦360	2x+4y≦240	Z=600x+400y

※x≧0、y≧0とする。

③制約条件式からグラフを作成する。

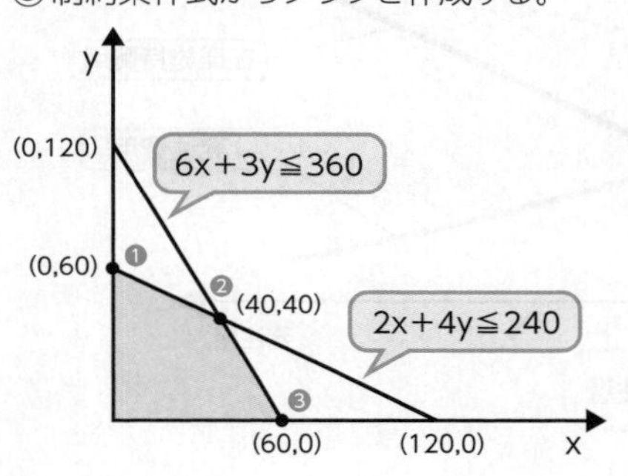

制約条件式を満たす範囲は、グラフの赤色の部分となり、❶、❷、❸いずれかの頂点が、最大の販売利益となる。

④販売利益を求める。

目的関数に、それぞれの頂点の値を代入する。

❶：(600×0)＋(400×60)＝24,000
❷：(600×40)＋(400×40)＝40,000
❸：(600×60)＋(400×0)＝36,000

したがって、最大となる販売利益は40,000円になる。また、箱詰めする数は、商品M、商品Nともに、40箱であることがわかる。

❷ 在庫問題

企業にとって在庫を管理することは、経営の基礎を支えることでもあります。在庫は、多すぎても少なすぎても、需要と供給のバランスが崩れてしまいます。また、多すぎる在庫は、企業の資金を圧迫し、費用の増大につながります。在庫量は、常に適量の在庫量を保つことが重要です。

参考

シンプレックス法

線形計画法の解を求める手法のひとつ。制約条件式が3つ以上ある場合に使われる。

参考

最適化問題

制約条件の中で、目的を達成するために必要な変数の最小値または最大値を求めること。

参考

動的計画法

部分的な解を用いて問題を解決する手法のこと。部分的な問題を解いて、その解を使って全体の問題を解くことができる。

(1) 経済的発注量

「経済的発注量」とは、在庫を補充する際の最適な発注量のことです。**「EOQ」**ともいいます。

在庫補充にかかわる**「発注費用」**と**「在庫維持費用」**を最小限に抑えることは、利益の確保につながります。そのため、最も少ない費用で在庫を確保できるように、適切な発注量を計算します。

名 称	説 明
発注費用	1回の発注にかかる費用。1回当たりの発注数が多ければ発注回数が減るため、全体の費用は少なくなる。
在庫維持費用	倉庫の管理費など在庫を維持するために必要な費用。在庫数が多かったり保管期間が長かったりすると費用は増加する。
在庫総費用	発注費用と在庫維持費用を合計した費用。

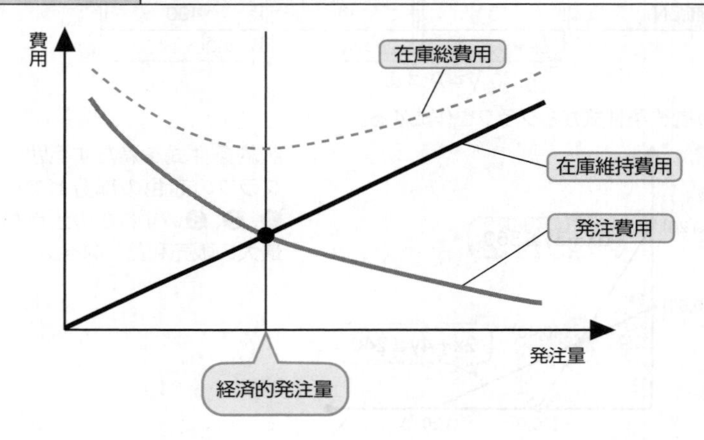

参考

EOQ

「Economic Ordering Quantity」の略。

参考

経済的発注量の特性

在庫総費用は、発注費用と在庫維持費用が同じ値になる点（グラフで交わる点）で最小となる。この交わる点における発注量が経済的発注量となる。

例

次の条件を前提にした場合、経済的発注量はどれだけになるか。

［条件］

・発注はロット単位で行い、1ロットは500個の商品で構成される。
・在庫維持費用は1回当たりの発注量に比例し、1ロット当たり15,000円である。
・1回の発注費用は6,000円である。
・期間内の使用量は20,000個である。

参考

ロット

生産や出荷の単位となる、同じ商品の集まりのこと。

在庫総費用を最小にする発注量（ロット数）を求める手順は、次のとおりである。

①発注回数を求める。
　使用量÷（発注量×1ロット当たりの個数）…小数点以下を切上げ
②発注費用を求める。
　発注回数×1回当たりの発注費用
③在庫維持費用を求める。
　発注量×1ロット当たりの在庫維持費用
④在庫総費用を求める。
　発注費用+在庫維持費用

発注量	発注回数	発注費用	在庫維持費用	在庫総費用
1	20,000÷(1×500) =40	40×6,000 =240,000	1×15,000 =15,000	240,000+15,000 =255,000
2	20,000÷(2×500) =20	20×6,000 =120,000	2×15,000 =30,000	120,000+30,000 =150,000
3	20,000÷(3×500) ≒14	14×6,000 =84,000	3×15,000 =45,000	84,000+45,000 =129,000
4	20,000÷(4×500) =10	10×6,000 =60,000	4×15,000 =60,000	60,000+60,000 =120,000
5	20,000÷(5×500) =8	8×6,000 =48,000	5×15,000 =75,000	48,000+75,000 =123,000

したがって、在庫総費用が最小(120,000円)となる発注量は4ロットになり、これが経済的発注量となる。

(2) 発注方式

在庫を発注する方式には、**「定量発注方式」**と**「定期発注方式」**があります。

●定量発注方式

「定量発注方式」とは、発注する量を定め、その都度、発注する時期を検討する方式のことです。発注点により、発注する時期を決定します。

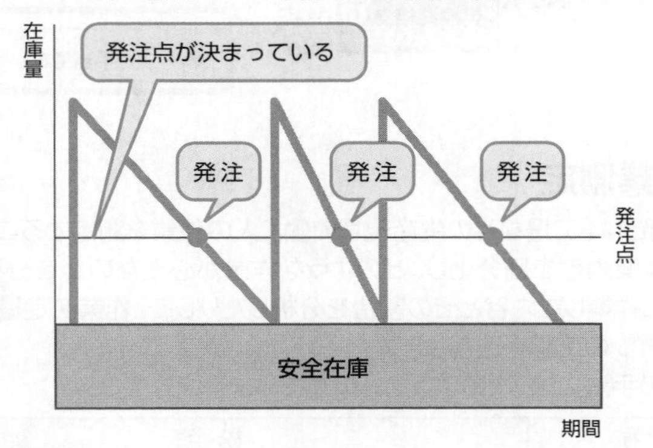

●定期発注方式

「定期発注方式」とは、発注する時期(間隔)を定め、その都度、発注量を検討する方式のことです。発注量を決定するためには、需要予測の正確さが求められます。

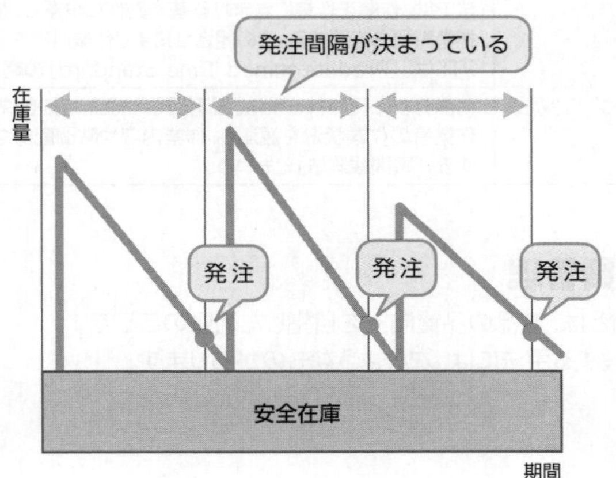

参考

発注点

発注するタイミングをあらかじめ設定した在庫量のこと。在庫量が発注点まで下がってきたら発注を行う。

参考

安全在庫

不測の事態に備え、確保しておく在庫のこと。

❸ 意思決定

「意思決定」とは、不確実な将来のことについて意思を決定し、経営における方針を定めることです。意思決定の手法には、**「決定表」**や**「決定木」**があります。
決定表は、収集したデータをもとに、条件と行動の関係を表形式で整理したものです。また、選択や分岐を階層化し、樹形図（枝分かれの形で表した図）に描き表したものを決定木といいます。

決定表

情報処理技術者資格	Y	Y	N	N
英検資格	Y	N	Y	N
手当て8,000円	X	X	−	−
手当て5,000円	X	−	X	−

決定木

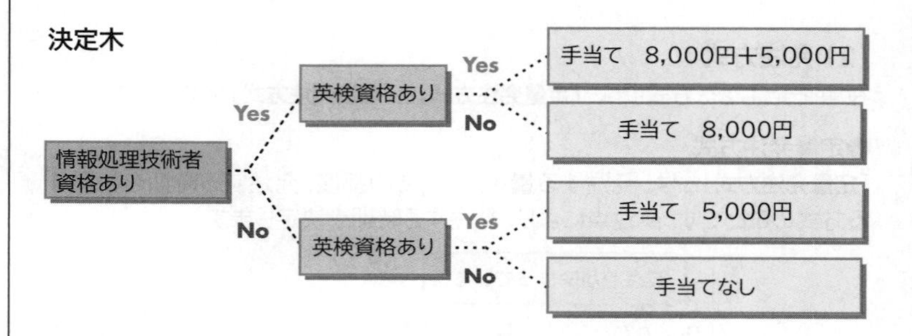

❹ 作業測定

「作業測定」とは、工場などの生産現場で働く人の作業を測定することです。ひとつの作業内容を細分化し、どのような作業が必要なのかを分析したり、ある時間に作業した内容とその割合を分析したりして、作業を定量的に測定し、生産ラインの工程を改善します。
作業測定の手法には、次のようなものがあります。

名　称	説　明
作業時間分析法	作業時間の分析に使われる手法。ストップウォッチなどを使って、実際の作業動作を数回にわたり反復測定し、作業時間を分析する。
PTS法	作業に必要な標準時間を見積もるときに使われる手法。PTS法では、作業を作業に含まれる基本動作に分解し、基本動作の標準時間を定義する。その組合せにより作業時間を見積もる。PTSは、「Predetermined Time Standard」の略。
ワークサンプリング法	稼働分析に使われる手法。観測回数や観測時刻を決めて、ある作業者の作業状況を観測し、作業内容や時間配分などを分析する。「瞬間観測法」ともいう。

❺ 品質管理

「品質管理」とは、製品の品質向上を目指した活動のことです。
品質を管理する手法には、次のようなものがあります。

参考

決定表
決定表は、「デシジョンテーブル」ともいう。

参考

決定木
決定木は、「デシジョンツリー」ともいう。

参考

ゲーム理論
複数の人の利害関係を研究して意志決定を行う理論のこと。多くの場合、利害関係者は相互に影響し合っており、相手の意思決定によって、自らの利得が変化する。ゲーム理論では、利害関係や依存関係を明確にすることで、合理的かつ戦略的に意思を決定できる。
決定木は、ゲーム理論の「ゲームの木」が原形とされている。

参考

ゼロ和2人ゲーム
2者が互いに勝ち負けを競うゲームのこと。“一方が利益を得ると、もう一方は損失を被る”のように、双方の利害が相反する。

参考

マクシミン原理
相手がどのような戦略に出ようとも、最低限の利益を確保しようとする考え方のこと。

参考

サーブリック
ギルブレスによって提唱された、人間の動作を定義したもの。つかむ、探す、考える、休む、運ぶなど、動作を18種類の基本要素として定義している。

(1) QC七つ道具

「QC七つ道具」とは、業務の問題点を整理・分析することで、製品の品質を維持向上させるための統計的な手法のことです。数値で表すことができる定量的データの分析に用いられます。
QC七つ道具には、**「ヒストグラム」**、**「パレート図」**、**「散布図」**、**「特性要因図」**、**「チェックシート」**、**「層別」**、**「管理図」**があり、製造部門や検査部門で使われています。

●ヒストグラム

「ヒストグラム」とは、測定したデータをいくつかの区間に分け、データの分布状態を棒グラフで表したものです。ヒストグラムを作成すると、データの全体像、中心の位置などを確認できます。例えば、製品Aの品質検査において、誤差が-1.5～+1.5の範囲で許容される場合、このグラフからは品質にほぼ問題がないことがわかります。ヒストグラムの中心の位置が左右に偏っていたり、ばらつきがあったりする場合は、生産工程において何らかの問題が発生していることが考えられます。

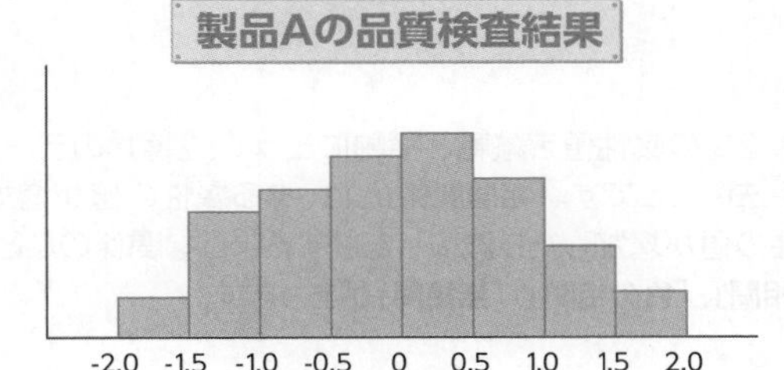

●パレート図

「パレート図」とは、項目別に集計したデータを数値の大きい順に並べた棒グラフと、その累積値を折れ線グラフで表したものです。
例えば、次のグラフからは、製品の不良において一番の原因となるのが"傷"であることがわかります。

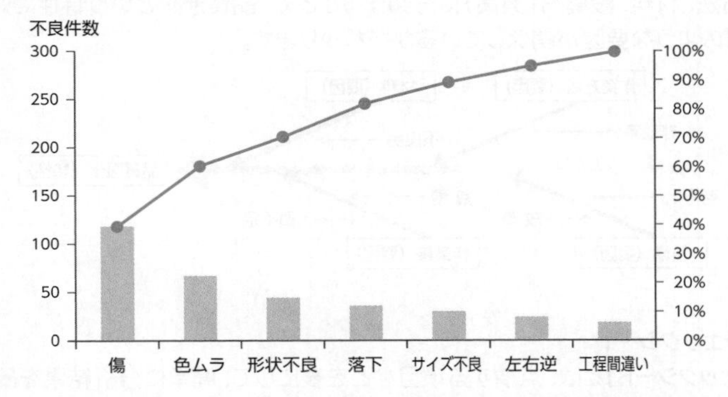

パレート図を応用したものに、項目の重要度を分析する**「ABC分析」**があります。
「ABC分析」とは、項目の重要度や優先度を明らかにするための分析手法のことです。パレート図をA・B・Cの3つの区分に分け、上位70%を占めるグループをA群、70～90%のグループをB群、残りのグループをC群とするのが一般的です。パレート図を使って分析することから**「パレート分析」**とも呼ばれます。

参考

QC
「Quality Control」の略。

参考

品質特性
製品の品質を構成する要素（特性）のこと。ソフトウェアの品質特性の場合、機能性や信頼性などが挙げられる。

参考

品質機能展開
顧客の求める品質を実現するために、開発する製品の品質や機能を定め、製品を開発・設計すること。

例えば、次のグラフからは、“傷”と“色ムラ”と“形状不良”を合わせて全体の上位70%を占めており、この3つの原因をA群として重点的に管理をした方がよいということがわかります。

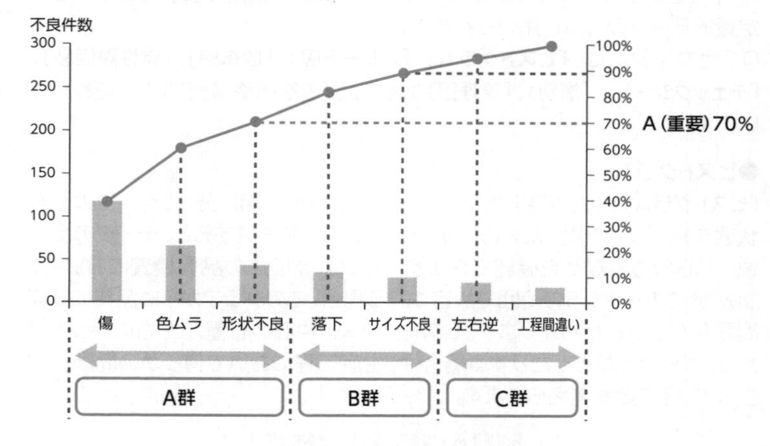

参考
散布図
→「1-1-2 2（3）散布図」

●散布図

「散布図」とは、2つの属性値を縦軸と横軸にとって、2種類のデータ間の相関関係を表す手法のことです。**「相関関係」**とは、ある属性の値が増加すると、もう一方の属性の値が増加したり減少したりするような関係のことで、相関関係には**「正の相関」**、**「負の相関」**、**「無相関」**があります。

●特性要因図

「特性要因図」とは、業務上問題となっている特性（結果）と、それに関係するとみられる要因（原因）を魚の骨のような図で表す手法のことです。**「フィッシュボーンチャート」**ともいいます。多数の要因を系統立てて整理するのに適しています。
例えば、次の図からは、品質を悪化させている複数の要因を4つの系統（作業方法、材料、設備、作業員）に分類することで、品質悪化という特性に対してどのような要因が関係しているかがわかります。

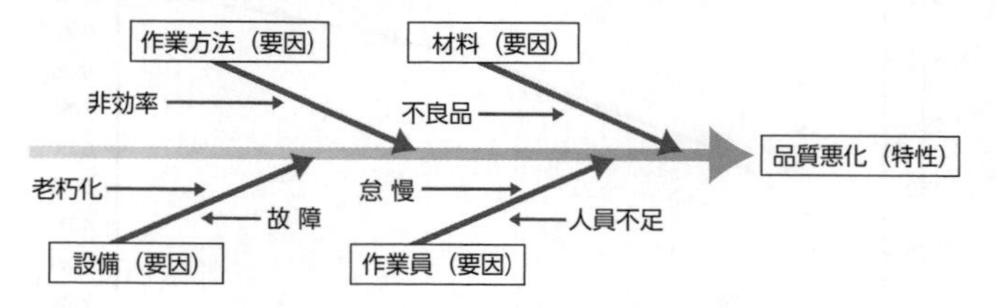

●チェックシート

「チェックシート」とは、点検する項目などを表にして、簡単に分析結果を確認できるように表したものです。

チェック項目	良い	普通	悪い
あいさつの仕方	✓		
オーダーの受け方			✓
言葉づかい		✓	

●層別

「層別」とは、収集したデータや調査結果を特性ごとに分類して、表したものです。ヒストグラムの区間分けも層別のひとつです。

●管理図

「管理図」とは、工程の状態を折れ線グラフで表す手法のことです。管理図では、測定したデータをプロットし、限界の外側に出た場合や、分布が中心線の片側に偏る場合などから、工程異常を検出します。
例えば、次の基準によって、異常な点を判断するとします。

- **上方または下方の管理限界の外側に現れる点**
- **中心線の上側または下側に、6点以上の点が連続して現れる場合の6点目以降の点**

この場合、異常と判断すべき点が3個あることがわかります。

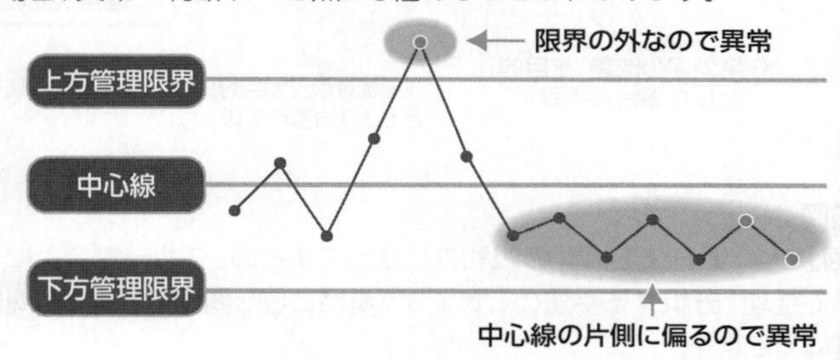

(2) 新QC七つ道具

定性的な問題を分析するために、**「新QC七つ道具」**という手法を使用します。新QC七つ道具には、**「連関図」**、**「系統図」**、**「親和図」**、**「PDPC」**、**「アローダイアグラム」**、**「マトリックス図」**、**「マトリックスデータ解析」**があり、TQMのツールとして営業部門や研究開発部門などで使われています。

●連関図

「連関図」とは、問題の構造を解明するために、"原因－結果"または"目的－手段"の関係を矢印で連結して表現する手法のことです。解くべき問題は定まっているが、発生の要因が複雑に絡みあっているときなどに使用されます。
この手法は、数人のグループメンバで数回にわたって連関図を書き改めていく過程で、発想の転換を可能にして問題の核心を探ったり、解決に導いたりするのに効果的です。

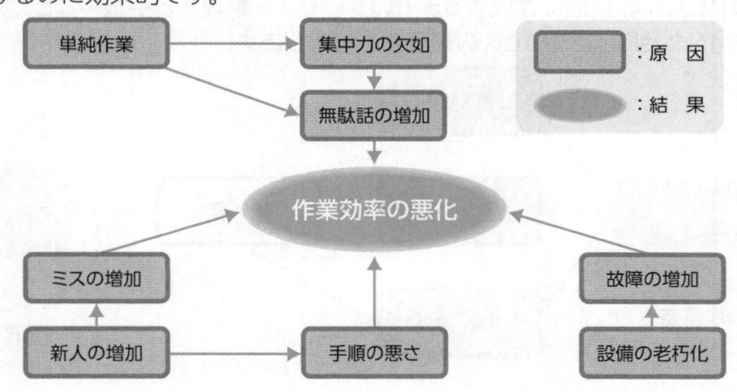

参考

定性的データ
数値で表すことが難しいデータを「定性的データ」という。

参考

TQM
→「9-1-1 2 経営管理」

●系統図

「系統図」とは、問題を解決する手段を見つけるために、"目的－手段"の連鎖を階層的に表現する手法のことです。系統図の作成過程および作成された結果の中から、問題解決への具体的指針や施策を得ることができます。

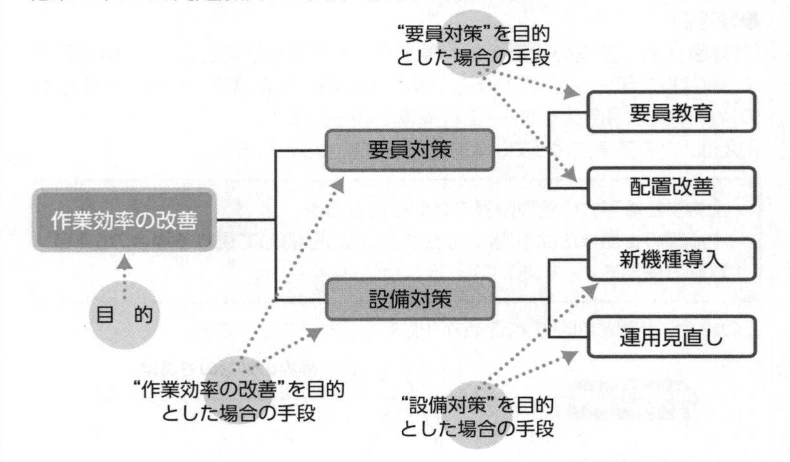

●親和図

「親和図」とは、データを相互の親和性によってまとめ、グループごとに表札を付けて整理、分析する手法のことです。漠然とした問題を整理し、問題点を明確にできます。

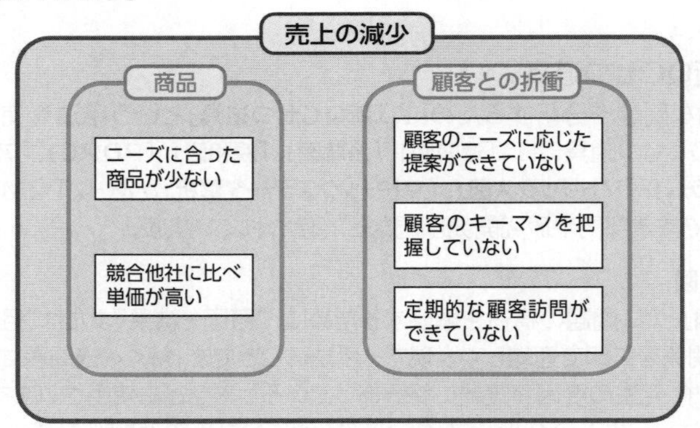

●PDPC

「PDPC」とは、目的に達成するまでのプロセスを整理する手法のことです。この図をもとにしてプロセスの最適化を推進します。

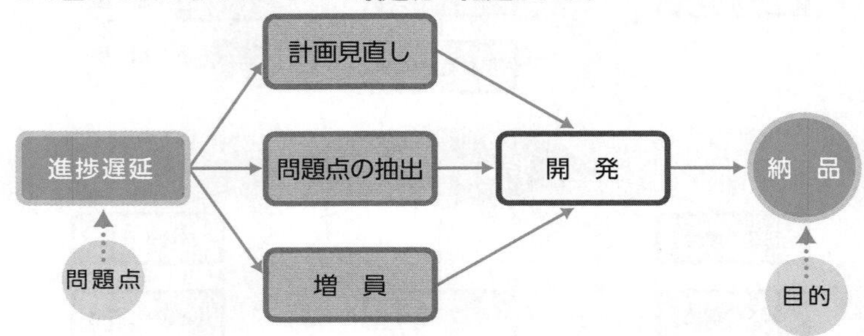

参考

PDPC

「Process Decision Program Chart」の略。

●アローダイアグラム

「アローダイアグラム」とは、より良い作業計画を作成するための手法のことです。作業の順序関係と必要な日数などを矢印で整理して表現します。日程計画表（PERT）の図としても使われます。
例えば、次の図からは作業Eは作業Cと作業Dの両方が終了した時点で処理が開始できることを示しています。

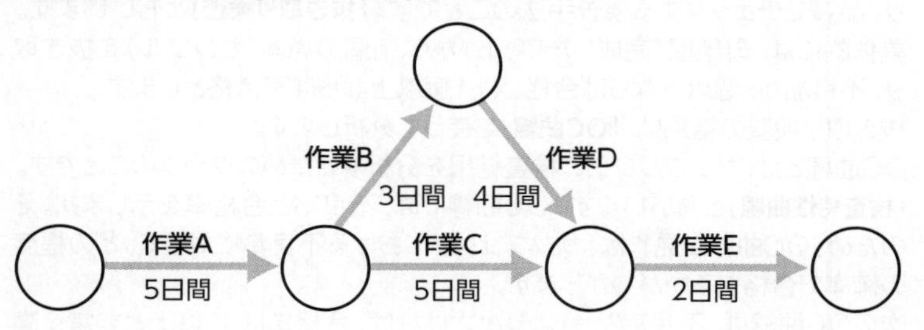

●マトリックス図

「マトリックス図」とは、行と列の見出し部分に分析する要素を配置し、交点に関連を記述することによって問題の所在や形態を探索したり、問題解決への着想を得たりする手法のことです。交点を着想のポイントとすることによって、問題解決を効果的に進めていくことができます。

会社名	スキル	サービス	納期	価格
A社	◎	△	○	×
B社	△	○	○	△
C社	×	△	×	◎
D社	◎	△	×	○
E社	○	◎	△	○

◎：非常に良い　○：普通　△：やや悪い　×：悪い

●マトリックスデータ解析

「マトリックスデータ解析」とは、マトリックスデータの相関関係を数値データで表現できる場合に、データの特性をとらえて整理する手法のことです。全体像がわかりにくい大量のデータから、それぞれの要素の特徴をつかむことができます。

スキル表

受験者	技術系スキル	事務系スキル
A	5	9
B	7	8
C	9	2
D	4	7
E	1	9
平 均	5.2	7.0

事務系スキル
技術系スキルに主眼を置いた場合、B、Cが採用となる
10
5
E
A
B
D
C
5
10
技術系スキル
5.2（平均）

参考
PERT
→「5-1-2 3（4）アクティビティ所要期間の見積り」

(3) 検査手法

「検査手法」とは、完成した製品の品質をチェックする手法のことです。代表的な検査手法に**「サンプリング」**と**「シミュレーション」**があります。

●サンプリング

「サンプリング」とは、完成した製品の中から、いくつかのサンプルを抜き取り、品質をチェックする検査手法のことです。**「抜き取り検査」**ともいいます。
具体的には、母集団（完成したロット）から、n個の標本（サンプル）を抜き取り、不良品がx個以下ならば合格、x+1個以上ならば不合格とします。
抜き取り検査の結果は、**「OC曲線」**を使って分析します。
OC曲線とは、サンプリングの検査結果を分析するためのグラフのことです。**「検査特性曲線」**ともいいます。OC曲線では、不良率と合格率を示します。そのため、OC曲線を見れば、サンプリングにおける不良率に対して、どの程度の確率で合格するかがわかります。
次のOC曲線は、不良率がp1より小さければ、合格率はL1以上と非常に高く、不良率がp2より大きければ、合格率はL2以下と非常に低くなることを表しています。

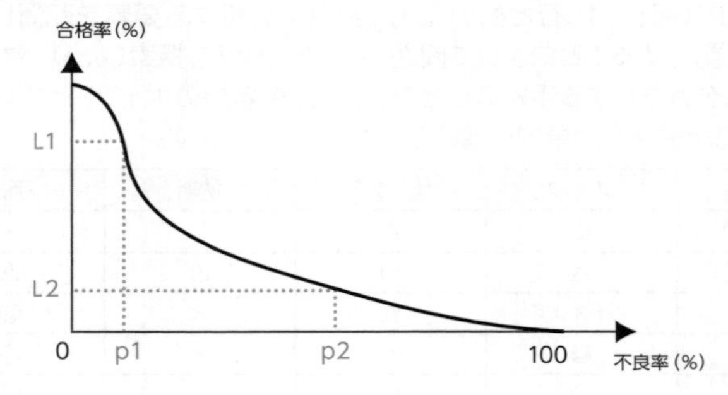

●シミュレーション

「シミュレーション」とは、現実に想定される条件を取り入れて、実際に近い状況を模擬的に作り出して実験する手法のことです。コンピュータを使って何らかの現象を擬似的に作り出したうえで、実際に実験することが困難な事象について擬似的に実験し、結果を検証できます。

❻ 需要予測

「需要予測」とは、将来の需要を予測することです。需要予測の結果に基づき、需要に見合う生産能力を準備します。
需要予測の代表的な手法として、**「移動平均法」**と**「回帰分析」**があります。
移動平均法とは、時系列に従ってデータを分析する**「時系列分析」**を行いながら、需要を予測する手法のことです。移動平均法では、過去の売上をもとに、決められた区間で平均値を計算し、その値を時期の需要予測とします。
例えば、次のグラフからは、需要がなだらかに伸び、成長中であることがわかります。

参考

OC
「Operating Characteristic」の略。
日本語では「検査特性」の意味。

参考

バスタブ曲線
→「2-2-2 2 (1) システムの稼働率」

参考

回帰分析
→「1-1-2 2 (3) 散布図」

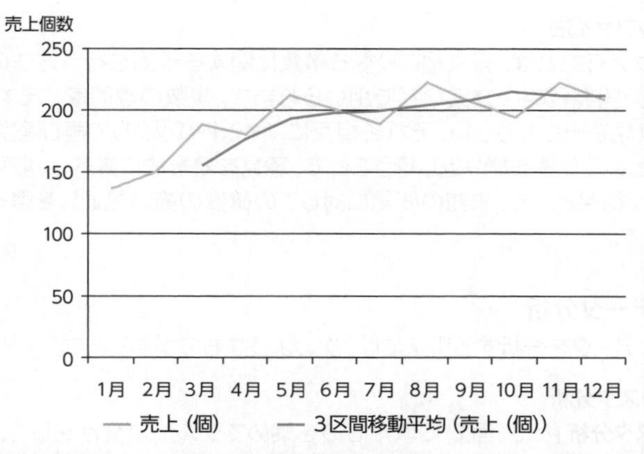

また、要因と結果の2つの数値の因果関係を分析する回帰分析は、統計的に需要の傾向を予測するときに行われます。

7 その他の手法

その他の業務分析や業務計画、意思決定を行う手法には、次のようなものがあります。

（1）データ収集

業務分析や業務計画を行うために、業務に関する様々なデータを収集する必要があります。
データ収集の方法には、次のようなものがあります。

●ブレーンストーミング

「ブレーンストーミング」とは、ルールに従ってグループで意見を出し合うことによって、新たなアイディアを生み出し、問題解決策を導き出す方法のことです。
ブレーンストーミングのルールは、次のとおりです。

ルール	説　明
批判禁止	人の意見に対して、批判したり批評したりしない。批判したり批評したりして、発言が抑止されてしまうことを防ぐ。
質より量	短時間に、できるだけ多くの意見が出るようにする。意見の量は多いほど質のよい解決策が見つかる可能性がある。
自由奔放	既成概念や固定概念にとらわれず、自由に発言できるようにする。多少テーマから脱線しても、その中に突拍子もないアイディアが隠れていることがある。
結合・便乗	アイディアとアイディアを結合したり、他人のアイディアを利用して改善したりする。新たなアイディアが創出されることが期待できる。

ブレーンストーミングをスムーズに進めるためのポイントは、次のとおりです。

- 人数は、5～8名程度で多くもなく、少なくもなく設定する。
- メンバは、同じような階層で上下関係をなくし、自由な意見を出しやすくする。
- 場所は、リラックスできる会議室などの環境で行う。
- リーダーは、全員をうまくのせて盛り上げ、いろいろなアイディアや意見が出る雰囲気を作る。
- 1時間以上続けるときは、休憩を入れる。

参考

ブレーンストーミング
“ブレーン（brain：脳）”と“ストーム（storm：嵐）”を組み合わせた言葉。日本語では「脳に嵐を起こす」の意味。

参考

フォーカスグループ
あるテーマの情報を収集するために、複数の人を集めてインタビューやディスカッションをすることをいう。マーケティングにおけるリサーチ方法として使われる。

●デルファイ法

「デルファイ法」とは、将来起こり得る事象に関する予測を行う方法のことです。技術開発戦略の立案などで用いられます。複数の専門家にそれぞれ独自の意見を出してもらい、それを相互にフィードバックして再び意見を出し合う、という作業を繰り返し行うことで、意見を統計的に集約し、収束していきます。結果として、未知の問題に対しての確度の高い見通しを得ることができます。

(2) データ分析

様々なデータを分析する手法には、次のようなものがあります。

●クラスタ分析

「クラスタ分析」とは、互いに似たものを集めてグループ分けをして、全体像を把握する分析手法のことです。

●モンテカルロ法

「モンテカルロ法」とは、乱数を用いてシミュレーションを何度も行い、近似値を求める計算方法のことです。

●レーダーチャート

「レーダーチャート」とは、中心点からの距離で、複数項目の比較やバランスを表現するグラフのことです。複数の点を蜘蛛の巣のようにプロットします。
例えば、次のグラフからは、各試験教科における得点のバランスがわかります。

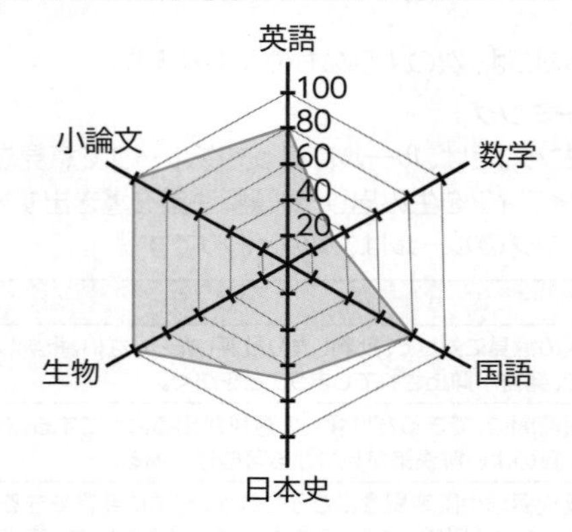

参考

データマイニング

データウェアハウスなどに蓄積された大量のデータを分析して、法則性や規則性を導き出す方法のこと。

参考

データウェアハウス

→「3-3-5 1 データを分析する技術」

9-1-3 会計・財務

「会計」とは、損益の発生を記録、計算、整理することです。その事務作業を**「財務」**といいます。

1 売上高と利益

企業の経営者や経営管理者は、常に**「売上高」**や**「販売量」**を意識して経営活動をしていく必要があります。そのため、損益を管理したり、在庫を調整したりして、少ない**「費用」**から最大限の**「利益」**を得ることを目指します。

参考

企業会計の種類

企業会計には、財務会計と管理会計という2つの会計方法が含まれる。
「財務会計」とは、企業の財務状況を外部に報告するために必要な会計のこと。それに対して、企業内部の経営管理において必要な会計を「管理会計」という。

(1) 費用

「費用」とは、企業が経営活動を行うにあたって、支払う金銭のことです。
主な費用は、次のとおりです。

名 称	説 明
原価	商品の製造や仕入にかかった費用。販売した商品の原価のことを「売上原価」という。
変動費	販売費用や商品発送費用などのように、売上高に応じて必要となる費用。
固定費	設備費や人件費などのように、売上高に関係なく必要となる費用。
販売費及び一般管理費	販売業務や一般管理業務など、商品の販売や製造にかかったすべての費用。「営業費」ともいう。

(2) 利益

「利益」とは、売上高から費用を引いたものです。会計を管理する際は、いくつかの方法で利益を計算します。
主な利益は、次のとおりです。

名 称	説 明
売上総利益	売上高から売上原価を差し引いた利益。「粗利益」、「粗利」ともいう。商品によって稼いだ利益である。 **売上総利益＝売上高－売上原価**
営業利益	売上総利益から、「販売費及び一般管理費」を差し引いて得られた利益。本業である営業活動によって稼いだ利益である。 **営業利益＝売上総利益－販売費及び一般管理費**
経常利益	営業利益に営業外収益を加え、営業外費用を差し引いて得られた利益。本業である営業活動だけでなくそれ以外の利益も加えた、企業の総合的な利益である。 **経常利益＝営業利益＋営業外収益－営業外費用**

(3) 損益分岐点

「損益分岐点」とは、売上高と費用が等しく、利益・損失とも**「0」**になる点のことです。このときの売上高を**「損益分岐点売上高」**といいます。
売上高が損益分岐点を上回れば利益が出るという**「採算ライン」**を見極めるために計算します。
損益分岐点売上高は、次のような計算式で求めることができます。

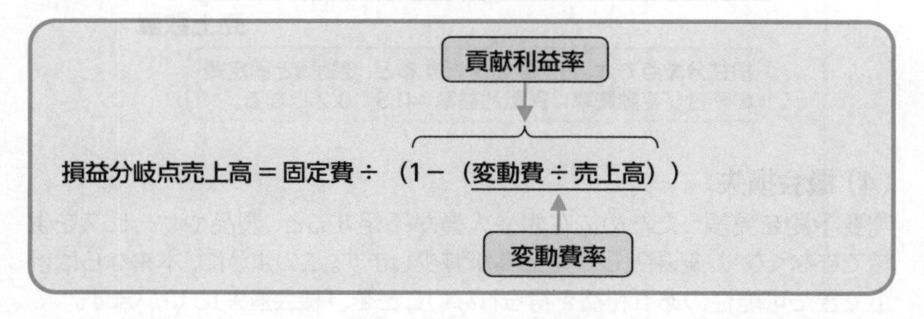

名 称	説 明
変動費率	売上高に対する変動費の割合。 **変動費率＝変動費÷売上高**
貢献利益率	売上高が利益に貢献する割合。「限界利益率」ともいう。 **貢献利益率＝1－変動費率**

参考

営業外収益
受け取り利子や配当など、企業が営業する以外の方法で得た収入のこと。

参考

営業外費用
支払い利息など、企業が営業する以外で使用した費用のこと。

参考

営業外損益
営業外収益と営業外費用を合算したもの。

参考

特別損益
臨時または巨額の損益のこと。資産売却などによる収入や災害などによる損失がある。

参考

目標利益
製品を製造し、販売するときに立てる目標とする利益のこと。
つまり、目標とする利益になるにはどれだけ売り上げればいいかなど、損益分岐点などを計算するときに使う。

参考

貢献利益
売上高から変動費を引いた利益のこと。「限界利益」ともいう。

例
売上高100万円、変動費80万円、固定費10万円の場合の変動費率、貢献利益率、損益分岐点売上高はいくらになるか。

①変動費率を求める。
　800,000円÷1,000,000円=0.8
したがって、変動比率は0.8になる。
これは、1円の売上があるときに0.8円が変動費として発生していることを表す。

②貢献利益率を求める。
　1−0.8=0.2
したがって、貢献利益率は0.2になる。
これは、1円の売上があるときに0.2円が利益に貢献していることを表す。（0.2円の中に利益と固定費が含まれる。）

③損益分岐点売上高を求める。
　100,000円÷0.2=500,000円
損益分岐点では、利益が0のため、貢献利益率（0.2）はすべて固定費である。固定費から損益分岐点売上高を求めるには、固定費÷貢献利益率を計算する。
したがって、売上高50万円が損益分岐点売上高となり、50万円を上回れば利益が得られることになり、下回れば損失が出ることになる。

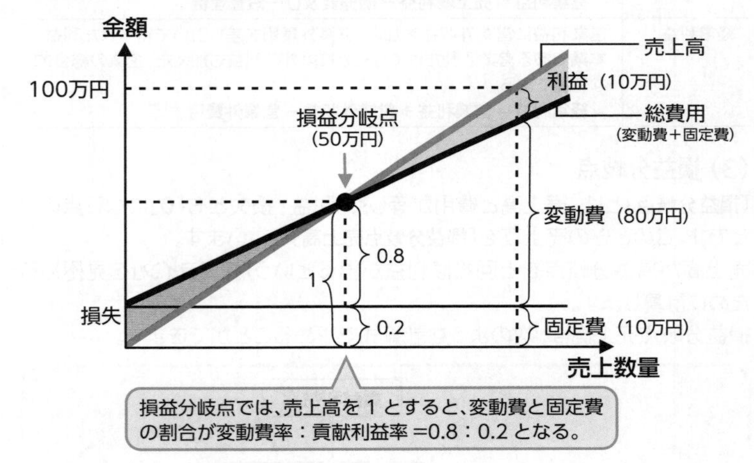

（4）機会損失

需要予測を見誤ったために在庫や人員が不足すると、製品やサービスを供給できなくなり、結果として売上高が減少します。このように、本来ならば計上できた可能性のある利益を得られないことを、**「機会損失」**といいます。

例
需要予測1,000個に対して、800個しか仕入れなかった場合の機会損失はいくらになるか。
※1個当たりの利益は、500円とします。

①得られなかった売上個数を求める。
1,000個−800個=200個

②得られなかった利益を求める。
500円×200個=100,000円

したがって、機会損失は100,000円になる。

❷ 決算

「決算」とは、会計期間ごとに収入と支出を総計算し、金銭の勘定を締めくくることです。企業と利害関係にある株主、銀行、取引先、公的機関などに財務状況を報告するために実施します。

1 帳簿の作成

会計期間中の取引を記録する。

2 計算表の作成

帳簿をまとめ、決算の基礎資料を作成する。

3 財務諸表の作成

財務状況を報告するための諸表を作成する。

(1) 帳簿の種類

会計期間中の取引を記録する帳簿には、次のようなものがあります。

●仕訳帳

「仕訳帳」とは、すべての取引を日付順にまとめ、各仕訳伝票をひとつの明細として集計したものです。
例えば、事務用品を1,000円分現金で購入すると、次のようになります。

科 目	金 額	科 目	金 額
消耗品費	1,000	現金	1,000

●総勘定元帳

「総勘定元帳」とは、企業会計において、決算に必要な基礎資料を提供する役割を果たすものです。取引を勘定科目ごとに記帳整理します。
例えば、事務用品を1,000円分現金で購入すると、次のようになります。

現金

科 目	金 額	科 目	金 額
		消耗品費	1,000

消耗品費

科 目	金 額	科 目	金 額
現金	1,000		

参考

勘定科目
財務諸表で科目に挙げられている仕訳上の項目のこと。勘定科目には、現金、商品、買掛金、売掛金などがある。

（2）計算表の種類

帳簿をまとめて決算の基礎資料を作成するための計算表には、次のようなものがあります。

●試算表

「試算表」とは、すべての勘定科目について、損益計算書と貸借対照表の区別なく勘定科目ごとに貸借の各合計を一覧表にし、決算日における残高の合計を出すものです。**「合計残高試算表」**ともいいます。

残　高	借方合計	勘定科目	貸方合計	残　高
700,000	1,300,000	現金	600,000	
150,000	500,000	売掛金	350,000	
	200,000	買掛金	600,000	400,000
		資本金	1,000,000	1,000,000
800,000	800,000	繰越利益		
		売上	850,000	850,000
600,000	600,000	仕入		
2,250,000	3,400,000		3,400,000	2,250,000

●精算表

「精算表」とは、試算表に記載されている勘定科目を、損益計算書と貸借対照表に振り分け、試算表とともに一覧表にし、決算までの過程を明確にするものです。試算表、損益計算書、貸借対照表の借方・貸方の6つの欄で構成されることから、**「6桁精算表」**とも呼ばれます。

勘定科目	試算表		損益計算書		貸借対照表	
	借方	貸方	借方	貸方	借方	貸方
現金	700,000				700,000	
売掛金	150,000				150,000	
買掛金		400,000				400,000
資本金		1,000,000				1,000,000
繰越利益	800,000				800,000	
売上		850,000		850,000		
仕入	600,000		600,000			
	2,250,000	2,250,000	600,000	850,000	1,650,000	1,400,000

（3）財務諸表の種類

財務状況を報告するための諸表には、次のようなものがあります。

●貸借対照表（B/S）

「貸借対照表」とは、ある時点における企業の財政状態を表したものです。**「バランスシート（B/S）」**ともいいます。

貸借対照表の借方（左側）は**「資産」**、貸方（右側）は**「負債」**と**「純資産」**を表します。この表の借方と貸方の最終合計が一致しているかどうかをチェックすることを**「バランスチェック」**といいます。

貸借対照表は、次のような表形式で表します。

参考

買掛金と売掛金

「買掛金」とは、現金取引ではなく、掛けで買ったこと（商品の代金をあとで支払うこと）を意味し、逆に「売掛金」とは、掛けで売ったこと（商品の代金をあとで受け取ること）を意味する。

参考

支払手形と受取手形

「支払手形」とは、現金取引ではなく、買った商品の代金をあとで支払う義務のことであり、逆に「受取手形」とは、売った商品の代金をあとで受け取る義務のことである。

参考

会計基準

財務諸表の作成に関するルールのこと。

参考

IFRS（イファース）

世界110か国以上で採用されている国際会計基準のこと。各国により異なる会計基準の差異を解消することを目的に「国際会計基準審議会（IASB）」によって設定された。

「International Financial Reporting Standards」の略。

日本語では「国際財務報告基準」の意味。

参考

B/S

「Balance Sheet」の略。

科 目	金 額	科 目	金 額
（資産の部）		（負債の部）	
現金	1,000,000	借入金	70,000
売掛金	50,000	買掛金	40,000
商品	60,000		
		負債の部合計	110,000
		（純資産の部）	
		資本金	800,000
		利益	200,000
		純資産の部合計	1,000,000
資産の部合計	1,110,000	負債・純資産の部合計	1,110,000

貸借対照表では、商品などもすべて金額に換算し、取引があったとして仕訳をします。賃貸借契約書を取り交わしても、契約行為を行っただけで、その時点では金銭が動くことはないので、記載の対象にはなりません。

●損益計算書（P/L）

「損益計算書」とは、企業の一定期間の損益を表したものです。**「P/L」**ともいいます。費用（損失）と利益（収益）を示すことにより、企業の経営状態を知ることができます。

損益計算書

自 令和5年4月 1日
至 令和6年3月31日

（単位：百万円）

売上高	1,000
売上原価	650
売上総利益	**350**
販売費及び一般管理費	200
営業利益	**150**
営業外収益	30
営業外費用	50
経常利益	**130**
特別利益	10
特別損失	20
税引前当期純利益	**120**
法人税等	50
当期純利益	**70**

●キャッシュフロー計算書

「キャッシュフロー計算書」とは、一定期間の資金（キャッシュ）の流れを表したもので、期首にどれくらいの資金があり、期末にどれくらいの資金が残っているのかを示します。キャッシュフロー計算書を作成することで、資金の流れを明確にすることができます。また、損益計算書や貸借対照表と合わせて見ることで、安定的な資金管理や資金運用計画の策定ができ、効率的な経営に役立てられます。

参考

資産

現金をはじめとする財産のこと。現金のほかに店舗や事務所などの建物、自動車、商品などの物品や、いずれ回収できる「債権」などの権利も含まれる。
代表的な資産の勘定科目は、次のとおり。

●流動資産
現金、有価証券、売掛金、受取手形など

●固定資産
・有形固定資産
土地、建物、備品など
・無形固定資産
特許権、借地権、のれん代など

●繰延資産
開業費、開発費、社債発行費など

参考

P/L

「Profit & Loss statement」の略。

参考

負債

借入金などのこと。いずれ支払わなければならない「債務」を指す。
代表的な負債の勘定科目は、次のとおり。

●流動負債
買掛金、支払手形、短期借入金など

●固定負債
社債、長期借入金、退職給与引当金など

参考

純資産

資産総額（総資産）から負債総額（総負債）を差し引いたもの。「自己資本」ともいう。

参考

のれん

企業が買収・合併などを行った際に、「企業が買収した価格」と「買収された企業の時価評価純資産」の差額のこと。のれんは、買収された企業のブランド力や技術力などに相当する。

参考

当期純利益

経常利益に「特別利益」を加え、「特別損失」を差し引いて得られた利益（税引前当期純利益）から、「法人税等」の税金を差し引いて得られた利益のこと。「税引後当期純利益」ともいう。

キャッシュフロー計算書

自　令和5年4月 1日
至　令和6年3月31日

(単位：百万円)

科　目	金　額
営業活動によるキャッシュフロー	
減価償却費	820
退職給付引当金の増減額	-20
受取利息及び受取配当金	-723
営業活動によるキャッシュフロー(計)	77
投資活動によるキャッシュフロー	
投資その他の資産の取得による支出	-2,574
投資その他の資産の取得による収入	3,460
投資活動によるキャッシュフロー(計)	886
財務活動によるキャッシュフロー	
配当金の支払額	-260
その他	-1
財務活動によるキャッシュフロー(計)	-261
現金及び現金同等物の増減額	702
現金及び現金同等物の期首残高	31,355
現金及び現金同等物の期末残高	32,057

❸ 財務指標

「財務指標」とは、財務諸表から抜き出して分析したデータのことです。この指標によって、企業の全体像を把握し分析できます。
代表的な財務指標には、次のようなものがあります。

(1) 安全性指標

「安全性指標」とは、企業の安定性や健全性を示す指標のことです。
安全性指標を分析するための比率には、次のようなものがあります。

●流動比率

「流動比率」とは、流動資産が流動負債をどの程度上回っているかを示す指標のことです。**「流動比率(%)＝流動資産÷流動負債×100」**で求められ、この比率が高いほど、支払い能力が高く、安定的な企業経営が行われていることを示します。

●当座比率

「当座比率」とは、当座資産が流動負債をどの程度上回っているのかを示す指標のことです。**「当座比率(%)＝当座資産÷流動負債×100」**で求められ、この比率が高いほど、早期の支払い能力が高く、安定的な企業経営が行われていることを示します。

●自己資本比率

「自己資本比率」とは、企業の持つ総資産のうち、自己資本(純資産)の比率を示す指標のことです。**「自己資本比率(%)＝自己資本÷総資産×100」**で求められます。この比率が高いほど、財務の安全性が高く、安定的な企業経営が行われていることを示します。

(2) 収益性指標

「収益性指標」とは、どれくらいの資本を使って、どれくらいの利益を出しているかを示す指標のことです。
収益性指標を分析するための比率には、次のようなものがあります。

参考

キャッシュフロー会計
資金の流れを重視した会計手法のこと。貸借対照表や損益計算書では利益を上げていても、手元に資金がないという状況が考えられるため、資金の出入りを維持するための資金計画や資金管理が必要となる。
キャッシュフローが維持できるようにキャッシュを管理することを「キャッシュマネジメント」といい、キャッシュフローを重視した経営手法のことを「キャッシュフロー経営」という。

参考

連結決算
親会社・子会社の関係にある企業の財務諸表をまとめ、グループ全体で決算処理を行うこと。グループ全体を把握できるため、企業の業績を判断するうえで重要な判断材料となる。

参考

決算短信
上場企業が決算発表を行う際に、決算情報をまとめた各社共通形式の決算速報のこと。決算短信は、上場企業の貸借対照表や損益計算書などの決算情報が最も早く開示される資料であることから、株主や投資者などからの注目度が高いものとなっている。

参考

当座資産
流動資産のうち、換金が容易なものを指し、現金や売掛金などが該当する。

参考

総資産
資産総額のこと。負債総額(総負債)と純資産を足した値である「総資本」と同じ値になる。

●ROE

「ROE」とは、**「自己資本利益率」**のことで、自己資本(Equity)に対する当期純利益(Return)の比率を示す指標のことです。つまり、株主から預かったお金(資本)を使用して、どれくらいの利益を生み出したか、企業の経営効率を計る指標になります。**「ROE(%)=当期純利益÷自己資本×100」**で求められます。

●ROA

「ROA」とは、**「総資産利益率」**のことで、企業の持つ総資産が、利益獲得のためにどれくらい活用されているかの比率を示す指標のことです。資産の有効活用度を計る指標になります。**「ROA(%)=経常利益÷総資産×100」**で求められます。なお、計算式の分子には、企業活動全体の収益性を見るため**「経常利益」**を使いますが、株主に配当可能な利益である**「当期純利益」**を使うこともあります。

❹ 資産管理

「資産管理」とは、在庫や設備などを管理することです。

(1)在庫の評価方法

「在庫の評価方法」とは、在庫(棚卸資産)を資産として金額に置き換えて評価する評価方法のことです。
代表的な評価方法には、次のようなものがあります。

種類	説明
先入先出法	古い商品から販売されたとみなして、期末棚卸商品の在庫評価額を計算する(新しい商品が在庫となる)。
後入先出法	新しい商品から販売されたとみなして、期末棚卸商品の在庫評価額を計算する(古い商品が在庫となる)。
総平均法	その月(または特定の期間)に仕入れた商品の平均単価に基づいて、期末棚卸商品の在庫評価額を計算する。
移動平均法	仕入れた商品と在庫を合算した平均単価に基づいて、期末棚卸商品の在庫評価額を計算する。

例

8個の期末在庫を先入先出法または後入先出法で評価した場合の、それぞれの在庫評価額はいくらになるか。

			先入先出法			後入先出法		
	個数	単価	出荷	在庫	在庫評価額	出荷	在庫	在庫評価額
期首在庫	3個	10円	3個	0個			3個	3個×10円=30円
4月仕入	1個	11円	1個	0個			1個	1個×11円=11円
6月仕入	2個	12円	1個	1個	1個×12円=12円		2個	2個×12円=24円
7月仕入	3個	13円		3個	3個×13円=39円	1個	2個	2個×13円=26円
9月仕入	4個	14円		4個	4個×14円=56円	4個	0個	
期末在庫	8個				107円			91円

したがって、先入先出法の在庫評価額は107円、後入先出法の在庫評価額は91円になる。

参考

ROE
「Return On Equity」の略。

参考

ROA
「Return On Assets」の略。

(2) 減価償却

機械や建物などの固定資産は、時間が経過するとその資産価値が下がります。これを「**減価**」といいます。この減価を毎期、決まった方法で計算し、税法で定められた期間で分割して費用とする必要があります。このことを「**減価償却**」といいます。減価償却の計算方法には、「**定額法**」や「**定率法**」が一般的に使われています。
2007年度の税制改正によって減価償却の方法が変わり、2007年4月1日以降の設備取得に対しては、新しい減価償却の方法が適用され、残存価格1円まで償却できるようになりました。

減価償却の種類	説　明	減価償却費の計算式
定額法	取得価額に対して、毎期、一定額を減価償却していく方法。	■2007年3月31日以前の設備取得の場合： **(取得価額 − 残存価額) ÷ 耐用年数** ■2007年4月1日以降の設備取得の場合： **取得価額 × 耐用年数に応ずる償却率(改正)**
定率法	取得価額からその期までの全償却費用を引いた残りの価額を未償却残高とし、これに毎期一定の償却率を掛けて減価償却費を求める方法。	■2007年3月31日以前の設備取得の場合： **未償却残高 × 耐用年数に応ずる償却率** ■2007年4月1日以降の設備取得の場合： **未償却残高 × 耐用年数に応ずる償却率(改正)** ※償却限度額=取得価額×耐用年数に応ずる保証率 ※ただし、減価償却費の計算結果が償却限度額より小さくなった場合、その期の減価償却費を次の公式で再計算します。 未償却残高×耐用年数に応ずる改定償却率−1円

(3) ハードウェアの導入形態

ハードウェアの導入形態には、買取りやリース、レンタルなどの方法があります。これらを比較すると、次のようになります。

導入形態	買取り	リース	レンタル
利用目的	長期的に使用する場合に利用。	買取りと比較して経理上有利な場合に利用。	一時的または短期的な場合に利用。
賃貸期間	−	主に3年〜5年。リース物件の「法定耐用年数」により決定。	主に数日〜1年未満。
購入主体	自社	リース会社	レンタル会社
保守管理	自社	自社	レンタル会社
減価償却費	自社が負担	リース会社が負担	レンタル会社が負担
固定資産税	自社が負担	リース会社が負担	レンタル会社が負担

参考

法定耐用年数

財務省が大蔵省令で定めた「機械・建物・設備などの固定資産が使用できる耐用年数」のこと。税法などにより、資産の種類ごとに定められている。

参考

取得価額

設備の購入に要した金額のこと。購入価格のほかに手数料なども含む総額をいう。

参考

残存価額

法定耐用年数が経過した資産の予測される価格のこと。通常は、取得価額の10%とする。

参考

未償却残高

取得価額から減価償却費を差し引いた残高のこと。

参考

償却率

税務上、法定耐用年数に応じて定められている一定率のこと。

参考

保証率

耐用年数に応じて規定されている率のことで、償却保証額を算定するために用いられるもの。

9-2 法務

9-2-1 知的財産権

「知的財産権」とは、人間の知的な創造的活動によって生み出されたものを保護するために与えられた権利のことです。
知的財産権は、次のように分類できます。

❶ 著作権法

「著作権」とは、創作者により創作的に表現されたものを保護する権利のことです。著作権は、**「著作権法」**によって保護されます。もともとは、絵画、小説などの創作者の権利を保護する目的で作られ、コンピュータの普及に伴い、プログラムやデータも保護の対象になりました。著作権は創作的に表現されたものを保護するという点が、アイディアなどを保護する産業財産権とは異なるところです。また、著作権は、著作物を創作した時点で権利が発生するため、権利を得るために申請したり登録したりする必要はありません。
著作権には、大きく分けて**「著作者人格権」**と**「著作財産権」**があります。

（1）著作者人格権

「著作者人格権」とは、著作者の気持ちや感情、良心を保護するための著作者だけが持つ固有の権利のことです。この権利は著作者に属するもので、基本的に譲渡や相続の対象にはなりません。

参考

知的財産基本法
新たな知的財産を創造し、効果的に活用することによって、付加価値の創出を基軸とする活力ある経済社会を実現するために制定された法律のこと。その施策を集中的・計画的に推進するために、内閣に「知的財産戦略本部」が設置された。

参考

無方式主義
日本の著作権法では、創作と同時に権利が発生する「無方式主義」を採用している。そのため、著作物を作成した時点で権利が発生し、その後も一定期間保護される。

代表的な著作者人格権には、次のようなものがあります。

名　称	説　明
公表権	公表時期や公表方法を決定する権利。
氏名表示権	公表時の氏名表示や実名かどうかを決定する権利。
同一性保持権	著作物を勝手に改変されない権利。

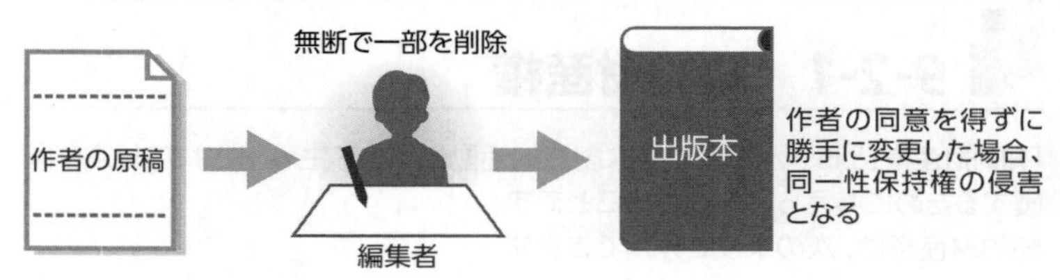

(2) 著作財産権

「著作財産権」とは、著作物に関する財産的なものを保護する権利のことです。著作財産権は、一般的に**「著作権」**と表現されています。保護期間は原則として、著作者の死後70年、法人では公表後70年となっています。また、財産という観点から、一部または全部を譲渡したり、相続したりすることができます。
代表的な著作財産権には、次のようなものがあります。

名　称	説　明
複製権	コピー、録音、録画などの方法により、著作物を複製する権利。
公衆送信権	放送により著作物を公衆に送信する権利、および公衆からの要求に基づいて情報を自動的に公衆に送信する権利。
頒布権	映画の著作物を複製し、公衆に譲渡（販売）・貸与（レンタル）する権利。
譲渡権	映画以外の著作物の原作品または複製した物を、公衆に譲渡する権利。
貸与権	映画以外の著作物を複製し、公衆に貸与する権利。

(3) 著作物の公正使用

適切な方法であれば、著作権者の許可がなくても、著作権を侵害することなく、著作物の複製・配布が認められます。これを**「公正使用」**といいます。ただし、公正使用の基準は明確に定義されていないため、著作権の侵害にあたるかどうか迷ったときは、著作権者に使用許可を求めるようにします。
次のような場合には、著作権者に断らずに著作物を利用できます。

●私的使用のための複製

個人的または家庭内などの限られた範囲内で使用するのであれば、著作物を複製できます。ただし、複製物を他人に譲渡したり、インターネットに送信可能な状態にしたりすることは、個人使用の範囲を超えるため著作権の侵害行為とみなされます。

●引用

研究論文や新聞、雑誌の記事などに、著作物を利用する行為は、著作権法で認められています。この行為を**「引用」**といい、著作権者に許可を求める必要はありません。ただし、著作物を引用する場合には、その目的や分量などにおいて正当と認められる範囲内に限られ、引用した部分がはっきりと区別できるように引用箇所は「　」などで囲み、出典やタイトル、著作権の所在を明記する必要があります。

参考

著作隣接権
演奏家や放送事業者など著作物の伝達に重要な役割を果たす者が持つ権利のこと。例えば、歌手などのコンサートの実演を勝手に録画することは著作隣接権を侵害することになる。

参考

職務著作
著作物が法人の業務および社員の職務として創作され、法人名義で公表された場合、特段の定めがない限り、著作権者は法人となること。ただし、プログラムの著作物は、法人名義で公開しなくても、著作権が法人に帰属する場合がある。

参考

二次的著作物
著作物の翻訳、編曲、変形、脚色、映画化、翻案により、新たに創造された著作物のこと。二次的著作物を創作するには、元の著作権者から許諾を得る必要がある。

参考

送信可能化
著作物をWebサーバに登録し、インターネット上で送信可能な状態にすること。送信可能な状態にするだけで著作権の侵害となる。

●図書館における複製

政令で定められた図書館の場合、利用者の要求に応じて著作物の一部分の複製物を1部提供することや、図書館の資料保存のため、ほかの図書館の要求に応じて入手困難な資料を提供する目的で、著作物や資料を複製することが認められています。

●教育機関における複製

学校その他教育機関においては、授業の過程に限り著作物を複製することが認められています。ただし、著作物を学級だよりやWebページに転載すること、教材の購入費に代えてコピーすることなどは、著作権の侵害となります。

●試験問題

小説などの著作物を、入試問題や試験、検定の問題として使用する行為は、著作権法で認められています。営利目的の試験の場合や、問題集を作成する場合は、使用料に相当する額の補償金を支払う必要があります。

●バックアップ

通常、ソフトウェアをコピーして使うことは著作権法に違反します。ただし、製品CDなどが破損した場合を想定して、バックアップ用のディスク作成を目的としている場合は、その限りではありません。ソフトウェアメーカが条件を付けてバックアップのためのコピーを許可している場合もあります。ソフトウェアの使用許諾契約の内容を読んだ上で、バックアップを作成するようにします。

2 産業財産権法

「産業財産権」とは、新しい技術やデザイン、ネーミングなどを独占的に使用する権利を与え、模造防止のために保護する権利のことです。これらの権利は、特許庁が所管します。産業財産権は、特許法、実用新案法、意匠法、商標法などの**「産業財産権法」**によって保護されます。

(1)特許権

「特許権」とは、発明を独占的・排他的に利用できる権利のことです。特許庁への出願・審査を経て付与され、**「特許法」**により出願から20年間(一部25年間)保護されます。特許法では発明を"自然法則を利用した技術的思想の創作のうち高度のもの"と定義しています。また、特許を受けるためには、新規性や産業上利用できるかどうかなどの要件を満たす必要があります。

システムを開発するとき、ソフトウェア開発工程で発生した発明は特許権によって保護されます。他者が持つ特許権を利用する場合は、特許権を持つ者から使用許諾を得る必要があります。

特許権で保護された発明を実施するための権利のことを**「実施権」**といい、特許権を持つ者は、別の者に実施権を与えることができます。実施権には、**「専用実施権」**と**「通常実施権」**が含まれます。

●専用実施権

「専用実施権」とは、特許権を持つ者から権利が与えられると、発明を独占的に実施することができる権利のことです。特許権を持つ者は、複数人に専用実施権を設定できません。なお、専用実施権を持つ者は、特許権を持つ者とほぼ同様の権利を持つことになり、設定範囲によっては特許権を持つ者も発明を実施できなくなる場合があります。

参考

盗作・剽窃

他人の論文などの著作物を無断で、自分の作品であるかのように発表する「盗作」「剽窃(ひょうせつ)」という行為は、著作権の侵害にあたる。

参考

白書の転載

白書は、国、地方公共団体の機関、独立行政法人などが発表する報告書であるため、転載禁止などの表示がない限り、説明の材料などとして転載することが認められている。

参考

コピーガード

ソフトウェアやコンテンツなどの著作権を保護するために、無断でコピーできなくなるように処理する仕組みのこと。

参考

アクティベーション

これまでの一般的なライセンス認証方式で使用されたシリアル番号(プロダクトID)による認証に加え、コンピュータのハードウェア情報を使って、ソフトウェアのライセンス認証を行うこと。コンピュータごとに持つ独自の値を組み合わせてライセンス認証を行うため、より厳しい不正コピー対策を行うことができる。

参考

DRM

デジタルデータによる著作物(音楽・映像など)の著作権を保護し、利用や複製を制御、制限する技術の総称のこと。具体的には、再生や複製の回数などを制限する技術として使われることが多い。実装形態は様々だが、暗号化方式を使ってデジタル化することによって、特定の機器やソフトウェアを使わないと再生できない仕組みにしているものなどがある。
「Digital Rights Management」の略。日本語では「デジタル著作権管理」の意味。

参考

ビジネスモデル特許
ビジネスの仕組みに対して認められた特許のこと。日本の特許庁では、「ビジネス方法の特許」と呼んでいる。

参考

ソフトウェア特許
ソフトウェアを用いた発明またはプログラムに対して認められた特許のこと。

参考

回路配置利用権
半導体集積回路の回路配置における知的財産権のこと。「半導体集積回路の回路配置に関する法律」によって保護されている。

参考

営業秘密
不正競争防止法における「営業秘密」とは、企業が公にしていないノウハウや顧客名簿、販売マニュアル、取引条件、システム設計書などのことで、企業内で秘密の情報として管理されている技術上または営業上の情報を指す。

参考

営業秘密の三要件
不正競争防止法で保護される営業秘密に該当する要件（営業秘密の三要件）には、次のようなものがある。
・秘密として管理されていること
・事業活動に有益な技術上または営業上の情報であること
・公然と知られていないこと

参考

CPRM
DVDなどの記録媒体に対する著作権保護技術のこと。デジタルコンテンツを記録媒体に一度だけコピーすることを許可し、それ以降のコピーを禁止する場合などに利用される。
「Content Protection for Recordable Media」の略。

●通常実施権
「通常実施権」とは、独占的ではなく単に発明を実施する権利のことです。特許権を持つ者は、複数人に対して通常実施権を設定できます。

(2) その他の産業財産権

その他の産業財産権には、次のようなものがあります。

名　称	保護の対象	関連する法律	保護期間
実用新案権	考案（物品の形状や構造に関するアイディアや工夫）	実用新案法	出願から10年
意匠権	意匠（物品のデザインや、物品に記録・表示されていない画像のデザインなど）	意匠法	出願から25年
商標権	商標（商品の目印になるマークや商品名など）	商標法	登録から10年（繰り返し延長できる）

3 不正競争防止法

「不正競争防止法」とは、不正な競争行為を規制するために制定された法律のことです。具体的には、営業秘密やアイディアの盗用、商品の模倣、競争相手にとって不利な風評を流すことなどが該当します。これらの不正行為による競争を許し放置すると、市場の適正な競争原理が破壊され、市場が混乱するとともに消費者に大きな被害を及ぼすことになりかねません。
知的財産権は権利を保護するものであるのに対して、不正競争防止法は、適正な市場が確保されてはじめて存在するものであるということに基づいて、適正な競争を破壊するような違法行為を取り締まる目的で制定されました。
不正競争防止法では、不正競争とは何かを、具体的に列挙する**「限定列挙」**という方式を採用しています。したがって、列挙された行為にあたらなければ、不正競争行為には該当しないことになります。
不正競争行為にあたるとされる主な行為には、次のようなものがあります。

- **他人の著名なブランドを用い、その宣伝効果を利用する行為**
- **本物とそっくりなコピー商品を、本物が販売された日から3年以内に販売する行為**
- **他社の製造技術情報や顧客情報などの機密情報を、詐欺や窃盗などの不正な手段で入手し使用する行為**
- **商品に原産地や品質、内容、製造方法、用途、数量などについて、虚偽の情報を表示する行為**
- **競争関係にある他人に対する、営業上の信用を害する虚偽の事実を述べたり、うわさで流したりする行為**
- **著名な企業のドメイン名を先に取得して悪用する行為**
- **ビデオやDVDの、スクランブル（データが解読できないようにすること）やコピーガードを解除する装置を販売する行為**

4 ソフトウェア使用許諾契約

「ソフトウェア使用許諾契約」とは、ソフトウェアメーカが購入者に対して、ソフトウェアの使用を許諾する契約のことです。ソフトウェアは、著作権法による保護の対象となるため、契約を遵守する必要があります。

(1) ソフトウェアと著作権

ソフトウェアの違法コピーは明らかに著作権の侵害であり、犯罪行為となるので注意が必要です。
著作権法による保護の対象は、次のとおりです。

分　野	保護の対象	保護の対象外
プログラム関連	・プログラム本体 （ソースプログラム/ オブジェクトプログラム/ 応用プログラム/ オペレーティングシステム）	・アルゴリズム （プログラムのための解法） ・プログラム言語 ・規約
データ関連	・データベース	・データそのもの
マルチメディア関連	・Webページ ・素材集としての静止画、動画、音声	

(2) ソフトウェアコピーの禁止

ソフトウェアは、著作権者の許可なく複製することが禁止されています。ソフトウェアを使用する際は、ソフトウェア使用許諾契約書に基づいて、使用範囲や使用条件などを遵守する必要があります。
なお、一般的に、複製はバックアップなどの限られた範囲でのみ許可されています。

(3) ライセンス契約

「ライセンス」とは、ソフトウェアの著作権者が、購入者に対して許諾する“ソフトウェアを使用する権利”のことです。購入者はソフトウェアの使用を開始する段階で、著作権者と**「ライセンス契約」**を結びます。
また、企業や学校などが大量にソフトウェアを導入する際に、使用するコンピュータの数によって、ソフトウェアライセンスを購入する契約を**「ボリュームライセンス契約」**といいます。通常、1本のソフトウェアパッケージの使用権は1台のコンピュータに限られますが、ボリュームライセンス契約をした場合は、1本のソフトウェアパッケージを決められたコンピュータ数で利用できます。コンピュータの台数分のソフトウェアパッケージを購入するよりも価格が安く、パッケージやマニュアルなどの無駄を防ぐことができます。契約の内容は、ソフトウェアメーカによって異なります。

(4) フリーソフトウェアとシェアウェア

「フリーソフトウェア」とは、無料で配布されるソフトウェアのことです。
「シェアウェア」とは、そのソフトウェアを試用して気に入った場合に、低価格の料金で購入できるソフトウェアのことです。
フリーソフトウェアやシェアウェアなどは、特別な契約がない限り著作権は製作者にあるので、複製や再配布、改変を行うことはできません。

9-2-2 情報セキュリティ関連法規

近年、コンピュータ犯罪の増加に伴い、情報セキュリティに関連する法規が重要視されるようになってきました。
代表的な情報セキュリティ関連法規には、次のようなものがあります。

参考

システムの著作権
利用者がシステム開発部門に請負契約によってシステム開発を行った場合、システムの著作権はシステム開発部門である請負側が有することになる。ただし、請負契約に著作権に関する事項がある場合は、その事項に従うことになる。

参考

ライセンサーとライセンシー
「ライセンサー」とは、ソフトウェアライセンスの権利を持つ、ソフトウェアの販売者のこと。
「ライセンシー」とは、ソフトウェアを利用する際にソフトウェアライセンスを受ける、ソフトウェアの購入者のこと。

参考

シュリンクラップ契約
「シュリンクラップ」とは、フィルム包装のこと。DVD-ROMなどの記録媒体に格納して販売されているソフトウェアの場合、その記録媒体の包装を破ると使用許諾契約に同意したとみなされる「シュリンクラップ契約」を採用している。

参考

サイトライセンス契約
企業や学校などの特定の施設に限り、複数のコンピュータでの使用を一括して認めるライセンス契約のこと。

参考

CAL（キャル）
クライアントサーバシステムでクライアントがサーバに接続し、機能を使用する権利のこと。
「Client Access License」の略。

参考

OSSのライセンス
→「2-3-5 2 ライセンスの種類と特徴」

1 サイバーセキュリティ基本法

「**サイバーセキュリティ基本法**」とは、「**サイバー攻撃**」に対する防御である「**サイバーセキュリティ**」に関する施策を総合的かつ効率的に推進するため、基本理念を定め、国の責務や地方公共団体の責務などを明確にし、基本的施策を定めた法律のことです。2014年11月に制定されました。また、2019年の改正によって、「**サイバーセキュリティ協議会**」が設立されました。

(1) サイバーセキュリティ基本法の背景

制定の背景には、インターネットなどの情報通信ネットワークの整備・普及が進むにつれて急増したサイバー攻撃への対応が挙げられます。サイバー攻撃の対象は政府や公的機関にとどまらず、電力、ガス、化学、石油などの重要インフラ事業者にまで及んでいます。
急増するサイバー攻撃の脅威に対応するため、政府のサイバーセキュリティに関する基本理念を定め、役割や責任を明確にし、体制や機能を強化することが急務となりました。

(2) サイバーセキュリティ戦略

政府は、サイバーセキュリティに関する施策の総合的かつ効果的な推進を図るために、サイバーセキュリティに関する基本的な計画である「**サイバーセキュリティ戦略**」を定めなければならないとしています。
具体的なものとして、国の行政機関などにおけるサイバーセキュリティ確保に関する事項、重要社会基盤事業者などにおけるサイバーセキュリティの確保の促進に関する事項があります。

(3) 基本的施策

サイバーセキュリティ基本法では、国は基本理念にのっとり、サイバーセキュリティに関する施策を策定し、実施する責任があるとしています。さらに、地方公共団体、重要社会基盤事業者、サイバー関連事業者その他の事業者、教育研究機関にも、サイバーセキュリティに関する責務を定めています。なお、国民には、サイバーセキュリティの確保に必要な注意を払うよう努力することを定めています。
基本的施策として、国の行政機関などにおけるサイバーセキュリティの確保、重要社会基盤事業者などにおけるサイバーセキュリティの確保の促進、民間事業者や教育研究機関などの自主的な取組みの促進、犯罪の取り締まりおよび被害の拡大防止、教育と学習の振興および普及啓発などを挙げています。

(4) サイバーセキュリティ戦略本部

サイバーセキュリティに関する施策を総合的かつ効果的に推進するため、内閣官房長官をトップとする「**サイバーセキュリティ戦略本部**」を置くとしています。
サイバーセキュリティ戦略本部では、サイバーセキュリティ戦略の案の作成や実施推進、サイバーセキュリティに関する対策の基準作成やそれに基づく施策の評価、サイバーセキュリティに関する事象発生時における国内外の関係者との連絡調整などを行います。

2 不正アクセス禁止法

「**不正アクセス禁止法**」とは、不正アクセス行為の禁止に関する法律のことです。刑法では、データの改ざんや消去などを処罰の対象にしているのに対し、不正アクセス禁止法では、不正アクセス行為そのものを処罰の対象としています。そのため、コンピュータへ不正アクセスする行為を一律に犯罪の対象とみなします。

参考

サイバー攻撃
コンピュータシステムやネットワークに不正に侵入し、データの搾取や破壊、改ざんなどを行ったり、システムを破壊して使用不能に陥らせたりする攻撃の総称のこと。
サイバー攻撃に対する防御のことを「サイバーセキュリティ」という。サイバーセキュリティでは、電磁的方式によって記録・発信・受信される情報(電磁的記録媒体)の漏えいや滅失などの防止措置が講じられ、その状態が維持管理されていることが求められる。

参考

サイバーセキュリティ協議会
国の行政機関、地方公共団体、重要インフラ事業者、サイバー関連事業者、教育研究機関、有識者などで構成され、専門機関などから得られた脅威情報を戦略的かつ迅速に共有し、サイバーセキュリティの確保に取り組む組織のこと。サイバーセキュリティ基本法の改正によって、2019年4月に設立された。内閣サイバーセキュリティセンター(NISC)などが事務局を務める。
より早い段階で、サイバーセキュリティの確保に関する情報を迅速に共有することにより、サイバー攻撃による被害を予防し、被害の拡大を防ぐことなどを目的とする。構成員には、秘密保持の義務や、協議会への情報提供の協力義務がある。

参考

内閣サイバーセキュリティセンター(NISC)
→「3-5-4 6 情報セキュリティ組織・機関」

参考

コンピュータ不正アクセス対策基準
→「9-2-2 9 (2) コンピュータ不正アクセス対策基準」

不正アクセスとなる行為には、次のようなものがあります。

(1) 不正アクセス行為

他人の利用者ID・パスワードを無断で使用し、正規の利用者になりすまして利用制限を解除し、コンピュータを利用できるようにするなどの行為です。

(2) 他人の識別符号を不正に取得・保管する行為

不正アクセスをするために、他人の利用者ID・パスワードを取得・保管するなどの行為です。

(3) 識別符号の入力を不正に要求する行為

フィッシング詐欺のように、他人に利用者ID・パスワードを不正に入力させるような行為です。

(4) 不正アクセス行為を助長する行為

他人の利用者ID・パスワードを、その正規の利用者や管理者以外の者に提供し、不正なアクセスを助長する行為です。

3 コンピュータ犯罪の刑法

「コンピュータ犯罪」とは、コンピュータ技術および電気通信技術を悪用した犯罪のことです。
コンピュータ犯罪に関する**「刑法」**には、次のようなものがあります。

名 称	対象となる犯罪例
電磁的記録不正作出及び供用罪	事務処理を誤らせる目的で、データを不正に作成する。
電磁的公正証書原本不実記録供用罪	公務員に対し虚偽の申し立てをして、公正証書の原本として用いられるデータに事実ではない記録をさせる。
電子計算機損壊等業務妨害罪	コンピュータまたはデータを破壊したり、虚偽の情報や不正な指令を与えたりして業務を妨害する。
電子計算機使用詐欺罪	コンピュータに虚偽の情報や不正な指令を与えて、事実ではないデータを作り不法な利益を得る。
支払用カード電磁的記録不正作出等罪	事務処理を誤らせる目的で、クレジットカードを不正に作ったり、譲渡、貸出、輸入したりすること。
不正指令電磁的記録に関する罪(ウイルス作成罪)	悪用することを目的にコンピュータウイルスなどのマルウェアを作成、提供、供用、取得、保管する。

4 個人情報保護法

「個人情報保護法」とは、個人情報取扱事業者の守るべき義務などを定めることにより、個人情報の有用性に配慮しつつ、個人の権利利益を保護することを目的とした法律のことです。正式名称は**「個人情報の保護に関する法律」**といいます。
個人情報保護法では、個人情報の取得時に利用目的を通知・公表しなかったり、利用目的を超えて個人情報を使用したりする行為などが禁止されています。2005年に個人情報保護法が施行されてから、情報を取り巻く環境は大きく変化したため、2015年に個人情報保護法が改正され、2017年5月から施行されました。なお、最近では、技術革新を踏まえた対応などのため、2020年に個人情報保護法が改正され、2022年4月から全面施行されました。

(1) 個人情報保護の背景

日常生活や仕事において、コンピュータやインターネットを利用することが多くなりました。個人ではオンラインショッピングや懸賞サイトの利用で、組織

参考

不正アクセスの防止策

不正アクセス禁止法第8条では、アクセス管理者に対して不正アクセス行為から防御する措置を講ずることを促している。
具体的には、次の対策を講じる。

- 利用者IDとパスワードの管理の徹底
- セキュリティホール(情報セキュリティ上の不具合)をふさぐ
- 暗号化と電子署名を利用する
- アクセス権を設定する

参考

識別符号

利用者IDやパスワード、指紋、静脈、虹彩など本人を識別するためのもの。

参考

刑法

どのようなものが犯罪となり、犯罪を起こした場合にどのような刑罰が適用されるのかを定めた法律のこと。

参考

個人情報

生存する個人に関する情報であり、氏名や生年月日、住所などにより、特定の個人を識別できる情報のこと。個人情報には、ほかの情報と容易に照合することができ、それにより特定の個人を識別できるものを含む。
例えば、氏名だけや、顔写真だけでも特定の個人を識別できると考えられるため、個人情報になる。また、照合した結果、生年月日と氏名との組合せや、職業と氏名との組合せなども、特定の個人が識別できると考えられるため、個人情報になる。

では収集した顧客情報や人事情報の管理などで、個人情報を取り扱う機会が増えています。それに伴って、個人情報漏えい事件が増えています。
個人情報を漏えいされた個人は、迷惑な勧誘電話や大量のダイレクトメール、不当な請求通知などの脅威に苦しまなければなりません。このような脅威から個人を保護するとともに、インターネットの利用との調和を図るため、個人情報保護法が整備されました。

(2) 禁止行為と罰則

個人情報保護法では、次のような行為が禁止されています。

- **個人情報の利用目的を超えて取り扱う。**
- **個人情報を不当な手段で取得する。**
- **個人情報を取得する際に利用目的を通知・公表しない。**
- **個人情報が漏えい、滅失、き損の危険性にさらされた状態で管理されている。**
- **個人情報を取り扱う組織や委託先の従業者の監督が行き届いていない。（自由に個人情報を外部に持ち出すなどの行為が行われている。）**
- **個人情報がその本人の同意なしで第三者に提供される。**
- **その本人から個人情報の開示、訂正、利用停止などの要求がきても処理を行わない。**
- **個人情報をその本人に開示しない。**
- **個人情報を事実に反する理由で、本人から訂正などの要求がきても処理を行わない。**
- **個人情報の利用や第三者への提供を本人の求めがあっても停止しない。**
- **個人情報を開示する際の手数料が合理的な金額の範囲ではない。**

このような禁止行為に対し、主務大臣（組織の事業を管轄している省庁の大臣）は改善の命令を下すことができます。2020年6月に改正された個人情報保護法では、命令が下されたあとも違反している場合、1年以下の懲役または100万円以下の罰金に処されます（法人の場合は最大で1億円以下の罰金に処される可能性があります）。また、主務大臣からの個人情報の取扱いに関する報告の聴取に対し、報告しない、もしくは虚偽の報告をした場合も、50万円以下の罰金に処されます。これらの罰則は、違反行為を行った組織の代表者や行為者に対して科せられます。

(3) 安全管理措置

個人情報保護法では、個人情報取扱事業者に対して、個人情報を安全に管理するための必要かつ適切な措置である**「安全管理措置」**を講じることを求めています。安全管理措置には、組織的、人的、物理的、技術的の4つの側面があります。

種　類	講じるべき措置の例
組織的安全管理措置	・個人情報を取り扱う組織体制の整備と、取扱い規律に従った運用 ・個人情報の取扱状況を確認するための手段の整備
人的安全管理措置	・個人情報の適正な取扱いを周知徹底するための従業員への教育
物理的安全管理措置	・個人情報を取り扱う区域の管理（入退室管理や持込み機器の制限など） ・個人情報を取り扱う機器や電子媒体などでの物理的な保護（盗難防止や廃棄など）
技術的安全管理措置	・個人情報を取り扱う情報システムへのアクセス者の識別と認証 ・個人情報を取り扱う情報システムを、外部からの不正アクセスから保護する仕組みの導入と運用

参考

個人情報取扱事業者
データベース化された個人情報を取り扱う事業者のこと。

参考

個人情報保護に関するガイドライン
個人情報の保護に関する活動を支援するための、具体的な指針のこと。
事業や産業などの分野ごとに各省庁が定めている。

参考

要配慮個人情報
人種や信条、社会的身分、病歴、犯罪歴などの特に慎重な配慮が求められる個人情報のこと。要配慮個人情報の取得や第三者提供においては、原則として、あらかじめ本人の同意が必要になる。

参考

匿名加工情報
特定の個人情報を復元できないように、個人情報を加工した情報のこと。一定の規則で加工されるので、本人の同意は不要である。事業者間のデータの利活用を促進することを目的としている。

(4) 個人情報保護に関する国際的な取組み

個人情報保護への取組みは、諸外国においても行われています。
個人情報保護に関する国際的な取組みには、次のようなものがあります。

<table>
<tr><th>名　称</th><th>説　明</th></tr>
<tr><td>OECDプライバシーガイドライン</td><td>OECD(経済協力開発機構)によって採択された8つの原則のこと。世界各国の個人情報保護やプライバシー保護にかかわる法規の基本原則となっている。正式名称は「プライバシー保護と個人データの国際流通についてのガイドラインに関する理事会勧告」。
8つの原則には、次のようなものがある。
<table>
<tr><th>原　則</th><th>説　明</th></tr>
<tr><td>収集制限の原則</td><td>適法かつ公正な手段によって、同意を得て収集すべきである。</td></tr>
<tr><td>データ内容の原則</td><td>個人情報は、正確・安全で最新なものに保つべきである。</td></tr>
<tr><td>目的明確化の原則</td><td>個人情報の収集前に目的を明確にするべきである。</td></tr>
<tr><td>利用制限の原則</td><td>収集した個人情報は目的外の利用を制限すべきである。</td></tr>
<tr><td>安全保護の原則</td><td>合理的な安全保護措置を講じて、紛失・破壊・使用・修正・開示等の危険から保護すべきである。</td></tr>
<tr><td>公開の原則</td><td>収集の業務に関する実施方針を公開し、個人情報の存在、利用目的、管理者を明示するべきである。</td></tr>
<tr><td>個人参加の原則</td><td>本人による個人情報に関する異議申し立てができるようにすべきである。意義を認めた場合には、消去、修正、完全化、補正しなければならない。</td></tr>
<tr><td>責任の原則</td><td>管理者はこれらの原則に従い、責任を有するべきである。</td></tr>
</table>
</td></tr>
<tr><td>プライバシーフレームワーク</td><td>APEC(アジア太平洋経済協力)によって採択された9つの原則のこと。基本的にはOECDプライバシーガイドラインとほぼ同じ意味内容である。</td></tr>
<tr><td>一般データ保護規則(GDPR)</td><td>EU加盟国における個人情報保護の統一ルールのこと。1995年のEUデータ保護指令を修正したもので、2018年に施行された。
次のような特徴がある。
・個人情報の範囲が日本よりも広範囲である。
・原則、個人情報をEUの外に持ち出すことができない。持ち出すには、本人の同意など定められた規則に従う必要がある。</td></tr>
</table>

(5) データの利活用

収集した個人情報を目的外に利用したり、同意なく第三者に提供したりすることは原則として禁止されています。しかし、2015年に個人情報保護法の改正法案が成立し、収集した膨大な個人情報を匿名化すれば、ビッグデータとして第三者に提供できるようになりました。例えば、公共交通機関の乗車カードの移動履歴や電子マネーの購買履歴などを第三者に提供し、提供された者はそのビッグデータを分析して、サービス向上やマーケティングなどに役立てることができます。

●匿名化手法

「匿名化手法」とは、個人情報を活用する際に、個人を特定できないようにデータの匿名性を高める手法のことです。

参考

プライバシーマーク制度

個人情報保護に特化した認証制度のこと。JIS Q 15001の要求事項を満たし、個人情報の取扱いにおいて適切な保護措置を講じている組織に対し、「プライバシーマーク」の使用を認可する。

参考

プライバシー影響アセスメント

個人情報の利用を伴う業務やプロジェクト、情報システムなどを企画・実施・構築などする際に、情報提供者個人のプライバシーに与える影響を事前に評価し、プライバシーに関するリスクを最低限に抑える一連のプロセスのこと。
具体的には、個人情報の入手、利用、保管、廃棄などのライフサイクルのすべてにおいて、考えうるプライバシーリスクを列挙し、対策を講ずる。

参考

GDPR

「General Data Protection Regulation」の略。

参考

ビッグデータビジネス

総務省では、「ビッグデータ」を"事業に役立つ知見を導出するためのデータ"とし、「ビッグデータビジネス」を"ビッグデータを用いて社会・経済の問題解決や、業務の付加価値向上を行う、あるいは支援する事業"と定義している。

単純に氏名や住所など一部の情報を削除することも匿名化の手法のひとつですが、別のビッグデータと突き合わせることにより個人が特定されてしまう危険性が残ります。
そこで個人が特定される確率を下げるための手法として、全データの中からランダムに少数を抽出する**「サンプリング」**や、データの曖昧さを高める**「k-匿名化」**などが使われます。

5 マイナンバー法

「マイナンバー法」とは、国民一人ひとりと企業や官公庁などの法人に重なることのない一意の番号を割り当て、社会保障や納税に関する情報を一元的に管理する**「マイナンバー制度」**を導入するための法律です。
正式名称は**「行政手続における特定の個人を識別するための番号の利用等に関する法律」**といいます。
マイナンバーを内容に含む個人情報を**「特定個人情報」**といい、たとえ本人の同意があったとしても、定められた目的外の利用は禁止されています。マイナンバー法は、マイナンバーを扱うすべての組織に適用されます。

(1) マイナンバー法施行令

「マイナンバー法施行令」とは、マイナンバーの運用について細則を定めた政令のことです。マイナンバー法に基づくもので、内閣府が制定しています。
正式名称は**「行政手続における特定の個人を識別するための番号の利用等に関する法律施行令」**といいます。

(2) 特定個人情報の適正な取扱いに関するガイドライン

「特定個人情報の適正な取扱いに関するガイドライン」とは、マイナンバーを適正に取り扱うためのガイドラインのことです。個人情報保護委員会が公開しています。
ガイドラインには**「事業者編」**と**「行政機関等・地方公共団体等編」**があり、それぞれの組織がやるべきことや禁止事項などが書かれています。

6 電子署名法

「電子署名法」とは、デジタル署名の円滑な利用を確保することで、電子商取引やインターネット利用の促進を図ることを目的とし、デジタル署名と認証業務について定めた法律のことです。デジタル署名の成立には、デジタル署名の正当性を保証する第三者が必要となり、主務大臣の認定を与えられた事業者のことを**「認定認証事業者」**といいます。
正式名称は**「電子署名及び認証業務に関する法律」**といいます。

7 プロバイダ責任制限法

「プロバイダ責任制限法」とは、プロバイダが運営するレンタルサーバなどに存在するWebページで、個人情報の流出や誹謗中傷の掲載があった場合に、その損害賠償によるプロバイダの責任範囲が制限されたり(免責)、被害者が発信者の氏名などの開示を求めたりできるようにした法律のことです。
正式名称は**「特定電気通信役務提供者の損害賠償責任の制限及び発信者情報の開示に関する法律」**といい、**「プロバイダ法」**とも呼ばれます。

参考

マイナンバー
住民票を有するすべての国民(住民)に付す番号のこと。12桁の数字のみで構成される。社会保障、税、災害対策の分野で効率的に情報を管理し、行政の効率化や国民の利便性の向上を目指す。

参考

個人情報保護委員会
マイナンバー(個人番号)を含む個人情報の適正な取扱いを確保するために設置された機関のこと。2016年に設立された。

参考

プライバシーマーク制度のマイナンバーへの対応
マイナンバー法の施行に伴い、プライバシーマークを更新したり新たに取得したりしようとする組織は、プライバシーマーク制度の要求事項であるJIS Q 15001を満たすとともに、マイナンバー法とガイドラインにも従う必要がある。

参考

デジタル署名
→「3-5-6 3 (1) デジタル署名」

参考

プロバイダ
→「3-4-6 インターネットへの接続」

❽ 特定電子メール法

「特定電子メール法」とは、宣伝・広告を目的とした電子メール(特定電子メール)のうち、受信者の同意のないものなどを規制する法律のことです。あらかじめ送信の同意を得た者以外の者への送信禁止、送信者の氏名やメールアドレスなどの表示義務、送信者情報を偽った送信の禁止、送信を拒否した者への送信の禁止などが定められています。
正式名称は**「特定電子メールの送信の適正化等に関する法律」**といい、**「迷惑メール防止法」**とも呼ばれます。

❾ 情報セキュリティに関する基準

組織における情報セキュリティに関する規範としては、次のようなものがあります。

(1) コンピュータウイルス対策基準

「コンピュータウイルス対策基準」とは、コンピュータウイルスへの感染予防、感染した場合の発見、駆除、復旧などについての対策を取りまとめたものです。

(2) コンピュータ不正アクセス対策基準

「コンピュータ不正アクセス対策基準」とは、情報システムへの不正なアクセスの予防、発見、防止、復旧、再発防止などについての対策を取りまとめたものです。不正アクセス防止のための管理面だけではなく、事後対応、教育、監査なども盛り込まれているのが特徴です。

(3) ソフトウェア等脆弱性関連情報取扱基準

「ソフトウェア等脆弱性関連情報取扱基準」とは、ソフトウェアの脆弱性に関する情報の取扱いについて、関係者に推奨する行為を定めたものです。コンピュータへの不正アクセスや攻撃、マルウェアなどからの被害を予防することを目的として、経済産業省が公示しています。

(4) 政府機関等の情報セキュリティ対策のための統一基準群

「政府機関等の情報セキュリティ対策のための統一基準群」とは、政府機関全体の統一的な情報セキュリティ対策の枠組みのことです。従来、ばらつきのあった各府省庁のセキュリティ対策を統一し、その水準の引き上げを図ることを目的として構築されました。

(5) サイバーセキュリティ経営ガイドライン

「サイバーセキュリティ経営ガイドライン」とは、大企業や中小企業(小規模の事業者を除く)のうち、ITに関連するシステム・サービスなどを供給する企業や、経営戦略においてIT利活用が不可欠である企業の経営者を対象として、経営者のリーダーシップでサイバーセキュリティ対策を推進するためのガイドラインのことです。経済産業省が情報処理推進機構(IPA)とともに策定しています。
サイバー攻撃から企業を守るという観点で、経営者が認識する必要があるとする**「3原則」**、や、情報セキュリティ対策を実施するうえでの責任者となる担当幹部(CISOなど)に対して経営者が指示すべき**「重要10項目」**について取りまとめています。

参考

オプトインとオプトアウト
「オプトイン」とは、利用者に許可を得ること、または許可を得て広告・宣伝メールを利用者に送信することをいう。
「オプトアウト」とは、利用者が拒否や中止などの意思表示をすること、または利用者の許可を得ずに広告・宣伝メールを送信することをいう。
特定電子メール法と特定商取引法では、オプトアウトによる広告・宣伝メールの送信を禁止している。

次のような3原則を認識し、対策を進めることが重要であるとしています。

・経営者はリーダーシップをとってサイバー攻撃のリスクと企業への影響を考慮したサイバーセキュリティ対策を推進するとともに、企業の成長のためのセキュリティ投資を実施すべきである。
・自社のサイバーセキュリティ対策にとどまらず、サプライチェーンのビジネスパートナーや委託先も含めた総合的なサイバーセキュリティ対策を実施すべきである。
・平時からステークホルダ(顧客や株主など)を含めた関係者にサイバーセキュリティ対策に関する情報開示を行うことなどで信頼関係を醸成し、インシデント発生時にもコミュニケーションが円滑に進むよう備えるべきである。

(6) 中小企業の情報セキュリティ対策ガイドライン

「中小企業の情報セキュリティ対策ガイドライン」とは、中小企業にとって重要な情報(営業秘密や個人情報など)を漏えいや改ざん、滅失などの脅威から保護することを目的として、情報セキュリティ対策の考え方や実践方法がまとめられたガイドラインのことです。情報処理推進機構(IPA)が策定しています。

(7) コンシューマ向けIoTセキュリティガイド

「コンシューマ向けIoTセキュリティガイド」とは、最もセキュリティの課題が大きいと考えらえるIoTを利用するコンシューマ(一般消費者)を守るために、IoTシステムやIoTのサービスを提供する側が考慮すべき事項をまとめたレポート(提言)のことです。**「日本ネットワークセキュリティ協会(JNSA)」**によって作成されました。

(8) IoTセキュリティガイドライン

「IoTセキュリティガイドライン」とは、経済産業省と総務省が主導して設立した**「IoT推進コンソーシアム」**が策定したIoTのセキュリティに関するガイドラインのことです。IoTシステムやIoT機器、IoTのサービスにかかわるすべての人を対象としたものです。
IoTシステムやIoT機器、IoTのサービスの提供にかかわるライフサイクル(方針、分析、設計、構築・接続、運用・保守)におけるセキュリティ対策を、5つの指針と21の要点として定めています。

(9) サイバー・フィジカル・セキュリティ対策フレームワーク

「サイバー・フィジカル・セキュリティ対策フレームワーク」とは、サイバー空間(仮想空間)とフィジカル空間(現実空間)を高度に融合させることにより実現される**「Society 5.0」**、様々なつながりによって新たな付加価値を創出する**「Connected Industries」**における新たなサプライチェーン(バリュークリエイションプロセス)全体のサイバーセキュリティの確保を目的として、産業に求められるセキュリティ対策の全体像を整理したものです。経済産業省が2019年4月に策定しています。

(10) スマートフォン安心安全強化戦略

「スマートフォン安心安全強化戦略」とは、スマートフォンの安心・安全な利用を促進するために、総務省がモバイル業界に向けてまとめた提言です。
個人情報の取扱い方、顧客満足度の向上、青少年のソーシャルメディアの利用などについて課題を挙げて、開発会社などに対策を行うよう提言しています。

参考

サイバーセキュリティ
サイバー攻撃に対する防御のこと。「サイバー攻撃」とは、コンピュータシステムやネットワークに不正に侵入し、データの搾取や破壊、改ざんなどを行ったり、システムを破壊して使用不能に陥らせたりする攻撃の総称のこと。

参考

サプライチェーン
取引先との受発注、資材(原材料や部品)の調達、製品の生産、在庫管理、流通など一連のモノの流れのこと。

参考

IoT
→「8-3-5 1 IoTシステム」

参考

Society 5.0
→「8-3-4 第4次産業革命」

スマートフォンのアプリケーションを利用する際の課題について、安心して利用するために実施されるべき方策をまとめたものです。
3つの課題について検討が行われ、それぞれがイニシアティブとして提言されています。
イニシアティブには、次のようなものがあります。

名　称	説　明
スマートフォンプライバシーイニシアティブ	アプリケーションの利用者情報の取扱いに関する指針。
CS適正化イニシアティブ	苦情や相談などの内容を分析した、課題解決と相談減少のための具体的方策。 CSは、「Consumer Service」と「Consumer Satisfaction」の略。
スマートユースイニシアティブ	青少年がソーシャルメディアやコミュニケーションアプリを利用する際の課題と、安心安全に利用するための対応策。

(11) ソーシャルメディアガイドライン

「ソーシャルメディアガイドライン」とは、企業・組織がソーシャルメディアとどのように向き合うのか、その考え方を明確にし、さらに利用目的やルールなどを取りまとめて、従業員に浸透させるためのガイドラインです。**「SNS利用ポリシー」**ともいいます。

9-2-3 労働関連法規・取引関連法規

労働条件や取引に関する条件を整備する目的として、労働関連法規や取引関連法規があります。

❶ 労働関連法規

労働関連法規には、次のようなものがあります。

(1) 労働基準法

「労働基準法」とは、必要な労働条件の最低基準を定めた法律のことです。労働基準法は、国籍を問わず全業種に適用され、使用者に対して社会的・経済的に弱い立場にある労働者を保護します。なお、保護の対象は労働者であるため、使用者（事業主）には適用されません。
労働基準法にて定める内容には、次のようなものがあります。

内　容	説　明
労働時間	原則として、1日8時間、週40時間を超えて労働させてはならない。法定の労働時間を超えて労働させる場合は、「36協定」を締結する必要がある。
賃金	毎月1回以上、一定の期日を定め、通貨で、労働者に直接その全額を支払わなければならない。
就業規則	10人以上の労働者がいる場合は、始業および終業の時刻、休憩時間、休日などを定めた「就業規則」を作成し、行政官庁に届け出なければならない。
災害補償	労働者が業務上負傷し、または疾病にかかった場合は、療養補償や休業補償、障害補償などを行わなければならない。
解雇	労働者を解雇しようとする場合は、少なくとも30日前に、解雇の予告をしなければならない。また、療養のための休業や産前産後の休業期間およびその後30日間は解雇してはならない。

参考

ソーシャルメディア

→「8-3-1 3 ソーシャルメディア」

参考

フレックスタイム制

必ず勤務しているべき時間帯（コアタイム）は拘束されるものの、コアタイム前後の出勤時間と退勤時間を、社員が自由に選択できる制度のこと。

参考

36協定

労使間で結ぶ協定のこと。事業主（使用者）は、協定を行政官庁に届け出ることで、社員を時間外労働および休日労働させることができる。

参考

裁量労働制

業務の遂行方法や出勤時間・退勤時間を、社員が自主的に決められる制度のこと。裁量労働制には、専門業務型と企画業務型がある。

参考

母性保護

妊娠中および出産後の女性労働者の健康を管理するための考え方のこと。労働基準法において、時間外・休日労働の制限や、産前産後休暇、育児時間の取得などが規定されている。

参考

偽装請負と二重派遣

「偽装請負」とは、請負契約を締結しているものの、実質的には派遣契約として管理するべき状況にあること。

「二重派遣」とは、派遣労働者が、派遣先からさらに別の企業に派遣されること。

いずれの行為も、労働者派遣法に抵触（違反）するものである。

参考

請負

請負事業者と注文者の間で請負契約を締結したうえで、請負事業者が雇用する労働者を、自らの指揮命令の下で、注文者の労働に従事させること。

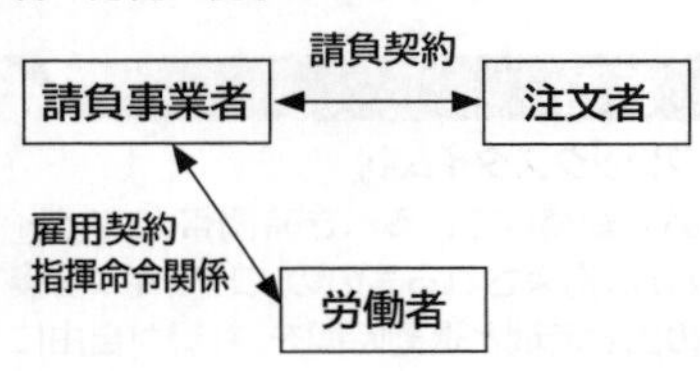

内 容	説 明
定年退職	定年退職を導入している企業においては、「高年齢者雇用安定法」により、65歳への引き上げ、継続雇用制度の導入、定年制の廃止のいずれかの措置への対応をしなければならない。 なお、2020年に法律が改正され、定年を65歳から70歳まで引き上げる努力義務などが追加されており、2021年4月から施行された。

(2) 労働者派遣法

「労働者派遣法」とは、派遣で働くスタッフ（派遣労働者）を保護するため、派遣元（派遣会社）や派遣先（派遣先企業）が守るべきルールが定められている法律のことです。

労働者を保護するための法律としては労働基準法がありますが、これは正社員も派遣スタッフもパートタイマーも、雇われて働く人すべてにかかわるものであるのに対し、労働者派遣法は、従来の法律ではカバーしきれない派遣労働者の保護に特化しているのが特徴です。

労働者派遣法では、次のような内容を定めています。

- **派遣労働者が派遣元（派遣会社）を辞めることや、派遣先（派遣先企業）に雇用されることを禁止しない。**
- **派遣先（派遣先企業）は、特定の派遣スタッフを指名して派遣させることはできない。**
- **派遣期間は、最長3年である。**

労働者を派遣する際は、派遣元（派遣会社）と派遣先（派遣先企業）の間で**「労働者派遣契約」**を締結します。その上で、派遣元が雇用する労働者を、派遣先の指揮命令の下で、派遣先の労働に従事させます。

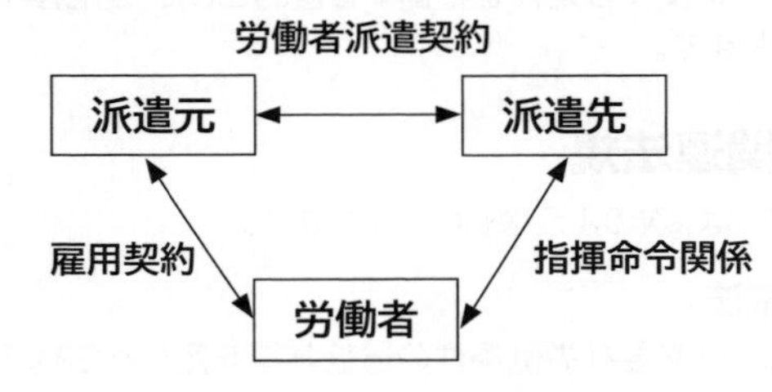

(3) その他の法律

その他の労働関連法規には、次のようなものがあります。

名 称	説 明
労働契約法	労働契約に関する基本的な事項を定めた法律。労働者の保護および安定した労働関係の確保を目的に、労働契約の成立および変更、労働契約の継続および終了、期間の定めのある労働契約、特例などについて定めている。労働基準法と違って、罰則はなく、労働基準監督署による監督指導などもない。
労働安全衛生法	労働災害の防止を目的に、労働者の危険を防止するための措置や、快適な職場環境を形成するための措置を規定した法律。
男女雇用機会均等法	雇用の分野における男女の均等な機会および待遇の確保を目的に、性別を理由とする差別の禁止や、事業主の講ずべき措置を規定した法律。
育児・介護休業法	育児または家族の介護を行う労働者の、仕事と家庭の両立が図られるように支援し、福祉を増進することを目的とし、休業制度や時間外労働の制限などを規定した法律。

名 称	説 明
パートタイム労働法	パートやアルバイトなどの短時間労働者について、正社員と均衡のとれた待遇を確保することを目的とし、労働条件や雇用管理の改善に関する措置などを規定した法律。
公益通報者保護法	企業の犯罪行為など違法行為を内部告発した者を保護する法律。労働者が不正の目的でなく内部告発をした場合は、その労働者を解雇したり不利益な取扱いをしたりしないことが義務付けられている。保護の対象となるのは、労働者、派遣労働者、請負契約に基づいて事業を行う労働者である。

❷ 取引関連法規

取引関連法規には、次のようなものがあります。

(1) 下請法

「下請法」とは、親事業者から下請事業者に製造などを委託する際に、取引の公正化を図り、下請事業者の利益を保護するための法律のことです。

下請事業者へ業務を委託する状況下では、親事業者(委託元企業)が下請事業者よりも優位な立場にあると考えられます。そのため、親事業者の一方的な都合により、代金の支払いが遅れたり、また一部が未払いになったりするなどして、不当な扱いを受けていることが少なくありません。こうした状況を踏まえ、下請法では、優位的地位を親事業者の資本金区分によって判断し、不当な行為を規制します。

下請法では、委託元企業の代金の支払いについて、受領日から起算して60日以内に行わなければならないと規定されています。正式名称は**「下請代金支払遅延等防止法」**といいます。

下請法の対象となる取引には、次のようなものがあります。

名 称	説 明
製造委託	物品や部品の製造を、ほかの事業者に委託する。
役務提供委託	役務(サービス)の提供を、ほかの事業者に委託する。
情報成果物作成委託	情報成果物(ソフトウェア、プログラム、データベース、コンテンツなど)の作成を、ほかの事業者に委託する。
修理委託	物品の修理を、ほかの事業者に委託する。

(2) 民法

「民法」とは、契約の基礎となる売買契約の成立や効力、履行・不履行などについて規定した法律のことです。社会生活の基礎ともなる法律です。

民法で規定される取引上重要な契約には、次のようなものがあります。

名 称	説 明
請負契約	注文者が請負事業者に業務を依頼し、その業務が完成した場合に報酬を支払うことを約束する契約。業務の完成が目的であるため、結果(成果物)が出せない場合は、報酬は支払われない。請負事業者は、原則的に下請人を使用して仕事を行うことができる。注文者は、請負事業者が雇用する労働者に対して、直接指揮命令できない。
準委任契約	委任者が、受任者に対して業務を委託し、受任者がそれを承諾することによって成立する契約。業務の完成を必ずしも目的としてはいないため、何らかの処理が行われれば報酬が支払われる。例えば、医療行為(医師と患者)、不動産売買の仲介(不動産業者と顧客・家主)などが挙げられる。医師は患者を診察しても完治させる義務はなく、不動産業者は家主に対して顧客に部屋を紹介しても契約させる義務はない。

参考

独占禁止法

公正かつ自由な競争を促進することを目的とし、事業者が自主的な判断で自由に活動できるようにするための法律のこと。私的独占や不当な取引制限(カルテル・入札談合)などを禁止する。独占禁止法を補完する法律として下請法がある。正式名称は「私的独占の禁止及び公正取引の確保に関する法律」。

(3) 商法

「商法」とは、営利を目的とした経済活動に対して適用される法律のことです。民法に対する特別法として位置付けられ、適用範囲の広い民法では対応しきれない内容について定めています。
特別法優先の原則に基づき、経済活動に対しては最初に商法が適用され、商法にて規定がない部分について民法が適用されます。

(4) その他の法規

インターネットなどを利用した取引に対して適用される法律には、次のようなものがあります。

名　称	説　明
電子消費者契約法	インターネットを介したオンラインショッピングなどによる契約について規定した法律。消費者の操作ミスを救済するために、申込内容を確認する画面を表示し、注文者が受注承諾メールを受信することによって契約が成立することなどを規定している。
特定商取引法	訪問販売、通信販売および電話勧誘販売などについて規定した法律。インターネットを介したオンラインショッピングなどにも、特定商取引法が適用される。これは、通信販売を行う者に対して一定の規制を行うもので、事業者の氏名や住所などを表示する義務や、誇大広告の禁止などについて規定している。「特商法」ともいう。 正式名称は「特定商取引に関する法律」。
資金決済法	近年の技術進展や利用者ニーズの多様化など、資金決済システムの環境の変化に対応するために、前払式の支払手段(事前のチャージ)、資金の移動(銀行以外の参入が可能)、資金の清算(銀行間の資金決済)に関して規定した法律。最近では、暗号資産(仮想通貨)の資金決済に関するルールが追加された。 正式名称は「資金決済に関する法律」。
景品表示法	消費者の商品選択の判断を狂わせるような過大な景品類の提供や、商品やサービスの品質、内容、価格などを偽って表示することを厳しく規制した法律。 正式名称は「不当景品類及び不当表示防止法」。

3 契約関連法規

契約に関する法律には、次のようなものがあります。

(1) 外部委託契約

「外部委託契約」とは、自社が必要とする経営資源を外部企業から調達したり、業務を専門の外部企業に委託したりする場合に締結する契約のことです。その際、契約の内容によって、関連法規などへの配慮を行う必要があります。

(2) 守秘契約

「守秘契約」とは、機密情報に触れる可能性のある者に対し、職務上知り得た機密情報を、特定の目的以外の利用や、第三者に漏えいしないことを約束する契約のことです。**「NDA」**、**「秘密保持契約」**、**「機密保持契約」**ともいいます。
労働者の派遣や業務を委託する際には、守秘契約を締結するのが一般的です。
守秘契約の主な内容には、次のようなものがあります。

- 守るべき情報の特定
- 管理方法
- 外部委託などに伴う第三者への開示条件
- 複製の可否
- 使用目的
- 資料の返却や廃棄義務の有無　など

参考

パブリックドメイン
創作的に表現されたものに知的財産権(著作権、特許権、商標権など)が発生していない状態または消滅した状態のこと。パブリックドメインになる場合としては、権利保護期間を経過した場合、著作者や発明者が著作権などの一切の権利を放棄した場合、権利取得に必要な申請を行わなかった場合などがある。
また、著作権が放棄されたソフトウェアのことを「パブリックドメインソフトウェア」という。パブリックドメインソフトウェアを入手した人は無料で利用でき、自由に改変などもできる。

参考

NDA
「Non-Disclosure Agreement」の略。

9-2-4　その他の法律・ガイドライン・技術者倫理

民法や刑法で定められている法律以外にも、組織内で定めた規範、ガイドライン、取組基準などを遵守し、自らの行動を律することが必要です。

1 デジタル社会形成基本法

「デジタル社会形成基本法」とは、デジタル社会の形成に関して、基本理念や施策策定の基本方針、国・地方公共団体・事業者の責務、デジタル庁の設置、重点計画の作成について定めた法律のことです。デジタル社会の形成に関する施策を迅速かつ重点的に推進し、経済の持続的かつ健全な発展と、国民の幸福な生活の実現に寄与することを目的としています。2021年9月から施行され、同時期の2021年9月にデジタル庁が設置されました。
デジタル社会形成基本法では、デジタル社会の形成にあたって、次のような基本方針を定めています。

- 高度情報通信ネットワークの利用の機会確保や、情報通信技術を用いた情報活用の機会確保
- 多様な主体による情報の円滑な流通の確保（データの標準化など）
- 国民による国や地方公共団体が保有する情報の活用
- 公的基礎情報データベース（ベースレジストリ）の整備
- サイバーセキュリティやアクセシビリティの確保　など

2 コンプライアンス

「コンプライアンス」とは、コーポレートガバナンスやCSRの一環として、法制度をはじめ、企業理念や企業倫理、行動規範などを含めたあらゆるルールを遵守することです。企業活動にまつわる法律や規範を遵守するのは当然のことといえますが、実際には、モラル（遵法への意識）や危機感の欠如、企業利益を最優先した対応、犯罪行為や社会的責任に対する認識の甘さから起こる不祥事があとを絶ちません。

（1）法的制裁とリスク

実際に、偽装や脱税など数々のコンプライアンス違反が発覚しており、それぞれの関連法規によって法的な制裁が科せられます。また、顧客離れや収益低下、株価の暴落などによって、倒産の危機をまねき、株主や投資家、取引先、顧客などの利害関係者の利益を損なうことにもつながる恐れがあります。

（2）義務と責任

投資家や取引先、顧客などの利害関係者に不利益をもたらすことのない健全な企業活動を行うためにも、企業の取締役はコンプライアンス体制を構築する義務と責任があります。
具体的には、人権を保護するためのハラスメント防止への取組みや、経営戦略に沿って情報システムへの投資や運用を行うためのシステム管理基準、安全保障貿易管理のための輸出関連法規の遵守などが挙げられ、コーポレートガバナンスやCSRとの統合的な取組みを行い、企業を内部統制していく必要があります。

参考
コンプライアンス
日本語では「法令遵守」の意味。

参考
コーポレートガバナンス
→「9-1-1 1（4）ゴーイングコンサーン」

参考
CSR
→「9-1-1 1（2）CSR」

参考
内部統制
→「6-2-2 内部統制」

3 情報倫理

「情報倫理」とは、情報社会において注意するべき情報モラル、情報マナーのことです。あらゆる手段で情報を入手できる現代社会においては、著作権などの知的財産権、プライバシー権などに注意する必要があります。
情報を取り扱う場として重要な位置を占めているインターネットは、その匿名性などの特徴により、倫理的な問題が発生しやすい場となっており、特に**「ネチケット」**に注意する必要があります。また、高い専門性を持つ技術者においては、さらに倫理的な行動をとることが要求されます。

参考
プライバシー権
個人の私的生活を秘匿し、人としての尊厳を守る権利のこと。

(1) ネチケット

「ネチケット」とは、ネットワークを利用するうえでのエチケットのことです。
ネチケットには、次のようなものがあります。

- **機密を保つ必要のある電子メールは暗号化して送信する。**
- **公的な電子メールでは氏名などの身分を明記する。**
- **大量のデータは送らない。送るときは圧縮する。**
- **不特定多数に広告などの電子メールを送信しない。**
- **チェーンメールを送信しない。**
- **半角カタカナや特殊記号など、機種に依存した文字は使用しない。**
- **公序良俗に反する画像などを扱わない。**
- **他人を誹謗中傷しない。**

参考
チェーンメール
同じ文面の電子メールを不特定多数に送信するように指示し、次々と連鎖的に電子メールが転送されるようにしくまれた電子メールのこと。

(2) 技術者倫理

「技術者倫理」とは、高度な専門技術者に求められる倫理のことです。技術者は高い専門性を持つので、企業や顧客の機密情報を入手することができます。そのため、各分野で技術者としての倫理観や行動規範をまとめた"倫理綱領"が定められていますが、一部の技術者の倫理違反の行為によって、情報漏えいや様々な事件・事故が発生しています。
教育機関などでは、技術的な教育だけではなく、プロフェッショナルとしての意識を持たせる教育が求められています。

4 その他の法律・基準

その他の法律や基準として、次のようなものがあります。

(1) ネットワーク関連法規

プロバイダを含む通信事業者は、データ通信に必要なネットワークの構築や管理を行っています。そのため、プロバイダ責任制限法のほかにも、次のような法律が科せられます。

参考
プロバイダ責任制限法
→「9-2-2 7 プロバイダ責任制限法」

名　称	説　明
電波法	電波の公平かつ能率的な利用を確保することを目的とし、無線局の免許や登録、運用について規定した法律。
電気通信事業法	電気通信サービスの円滑な提供と、利用者の利益保護を目的とし、通信内容の閲覧禁止や秘密の保護などについて規定した法律。
通信傍受法	組織的な犯罪行為について、通信を傍受しなければ真相が解明されない場合において、通信の秘密を不当に侵害することなく傍受することを目的とし、要件や手続きについて規定した法律。

(2) 金融商品取引法

「金融商品取引法」とは、有価証券の発行や金融商品の取引を公正にし、国民経済の健全な発展および投資者の保護を目的とした法律のことです。企業内容などの開示の制度や、金融商品取引業を行う者に関して必要な事項を定めたり、金融商品取引所の適切な運営を確保したりします。巨額粉飾や不正監査などが頻発したことを受け、取引に関するルールを規定し、有価証券報告書や内部統制報告書などの提出を義務付けています。最近では、暗号資産(仮想通貨)の取引に関するルールが追加されました。

参考

暗号資産(仮想通貨)

→「3-5-5 2 (8) ブロックチェーン」

(3) 会社法

「会社法」とは、会社の設立や合併など、会社にかかわる各種制度を体系的に規定した法律のことです。
会社法が定める内容には、次のようなものがあります。

- **機関(株主総会、取締役、執行役、監査役など)の設計の定義**
- **事業報告や監査報告などの規制**
- **合併など組織再編行為にかかわる規制**
- **株式、新株予約権、社債などの制度**
- **株主に対する利益還元方法**
- **株主代表訴訟制度の合理化**
- **内部統制システムの構築の義務化**

参考

委員会設置会社

内部統制を強化するための制度のこと。社外取締役を中心として「指名委員会」、「監査委員会」、「報酬委員会」を設置し、経営を監督する。取締役会によって選任された執行役が業務を執行する役割を担う。

(4) 税法

「税法」とは、租税に関する法律のことです。脱税などの犯罪や経理ミスなどによる追徴課税を受けると、企業の資金繰りを圧迫するほか、信用を大きく失墜する恐れがあります。そのため、公正な会計処理を行う必要があります。
企業経営に関係する税法には、次のようなものがあります。

名　称	説　明
法人税法	法人税の納税義務者や課税所得の範囲、計算方法、申告、納付および還付手続きなど、必要な事項を定めた法律。
消費税法	消費税の課税対象、納税義務者、計算方法、申告、納付および還付手続きなど、必要な事項を定めた法律。

(5) e-文書法

「e-文書法」とは、民間事業者に対して法令で定められている書面の保存方法に代わり、電磁的記録による保存を行うことを容認するための法律のことです。e-文書法は、“民間事業者等が行う書面の保存等における情報通信の技術の利用に関する法律”と、“民間事業者等が行う書面の保存等における情報通信の技術の利用に関する法律の施行に伴う関連法律の整備等に関する法律”の2つを総称したものです。

(6) 電子帳簿保存法

「電子帳簿保存法」とは、法人税などの国税関係帳簿書類について、保存方法に関する要件を規定し、電磁的記録による保存を行うことを容認するための法律のことです。

(7) PL法

「PL法」とは、消費者が、製造物の欠陥が原因で生じた生命・人体・財産の損害に対して適用されるもので、製造業者の損害賠償責任について規定した法律のことです。**「製造物責任法」**ともいいます。製造元の過失が問われる民法に対して、PL法では製造物の欠陥の有無が問われます。
ソフトウェアやデータは、PL法の製造物には含まれないため、欠陥のあるソフトウェアやデータはPL法の対象とはなりません。しかし、欠陥のあるソフトウェアやデータを内蔵した組込み機器ということになると、製造物に含まれるようになり、PL法の対象となります。

参考
PL
「Product Liability」の略。

(8) 情報公開法

「情報公開法」とは、国の行政機関や独立行政法人が保有する行政文書や法人文書に対して、開示請求ができることを規定した法律のことです。これらの機関の活動を国民に説明する責務を全うし、国民の理解と批判のもとで、公正かつ民主的な行政の推進に資することを目的としています。

(9) 環境関連法

「環境関連法」とは、企業がシステムやIT機器などを取得、廃棄する際に、環境に配慮した処理を行うように規制した法律のことです。環境関連法には、次のようなものがあります。

名　称	説　明
廃棄物処理法	生活環境の保全と公衆衛生の向上を図ることを目的に、廃棄物の排出抑制、適正な分別、保管、収集、運搬、再生、処分などを定めた法律。
リサイクル法	資源、廃棄物などの再利用や再資源化を目的に、分別回収・再資源化・再利用について定めた法律。対象となる資源には、PC、家電製品、自動車、包装容器、食品ゴミなどがあり、それぞれに応じた内容が規定されている。

(10) 輸出関連法規

「輸出関連法規」とは、企業がIT機器やソフトウェアなどを輸出する際に、安全かつ適正な貿易活動を行うように規制した法律のことです。海外へ持ち出す場合は、各国の輸出関連法規や**「外為法」**などを確認し、それに従って手続きを行う必要があります。米国の輸出関連法規には、**「米国輸出管理規則」**などがあります。米国輸出管理規則では、米国からの輸出により米国の安全が脅かされる恐れがあるとみなされる物質や機器などの輸出を規制しています。

参考
外為法
日本と外国との間における資金の移動や、物品・サービスの移動などの対外取引を行う際に適用される法律のこと。外国為替、外国貿易などの対外取引において、必要最小限の管理または調整を行い、対外取引を正常に発展させることを目的としている。また、国際収支の均衡および通貨の安定を通じて、日本経済を健全に発展させることも目的としている。
正式名称は「外国為替及び外国貿易法」。

9-2-5 標準化関連

品質の向上やコスト削減、共通化、効率化などを図るため、各標準化団体が**「標準化」**を策定しています。

1 標準化

「標準化」とは、業務の利便性や意思疎通を目的として策定されたもので、多様化や複雑化を防止する効果があります。標準化は、製造業やソフトウェア開発の設計書の記述方法や開発方法などにおいて多く活用されています。結果として社員や品質の水準を上げ、円滑に業務活動が進むという効果をもたらすため、経済的効果や消費者に対するメリットなどが大きいといわれています。

参考
標準化団体
国際標準化団体と国内標準化団体がある。どちらも営利を目的としない団体である。標準化団体では勧告や参考情報などを出すことにより、データのソフトウェア間の相互利用などの促進を図っている。

❷ 規格と標準化団体

代表的な規格と標準化団体には、次のようなものがあります。

(1) 国際規格

「国際規格」とは、**「ISO」**によって制定された世界の標準規格のことです。**「IS」**ともいいます。ISOとは、各国の代表的な標準化機構で構成され、国際的なモノやサービスの流通を円滑に行うことを目的として、電気および電子技術を除く産業製品の国際標準を策定している団体のことです。ISOは、**「国際標準化機構」**ともいいます。
ISOが定めている代表的な国際規格には、次のようなものがあります。
※ISOに続く数字は、製品や経営管理などの規格番号を表しています。

●ISO 9000

「ISO 9000」とは、品質マネジメントシステムの要求仕様を定めた規格のことです。
この規格を満たしている製品であれば、世界中のどこで生産されたものであっても安心して使用できることを保証しています。
発祥はアメリカ航空宇宙局でスペースシャトルを成功させるために、生産を標準化して信頼性の高い製品を製造することが狙いであったといわれています。日本では、**「JIS Q 9000」**としてJIS化しています。

●ISO/IEC 27001

「ISO/IEC 27001」とは、ISMS(情報セキュリティマネジメントシステム)の規格で、情報セキュリティ管理における要求事項を提供したものです。
ISMSは、1999年にイギリス規格協会(BSI)が策定した**「BS7799」**をベースにしています。**「BS7799-1」**は、ISMSの実施基準(ガイドライン)となるもので、2000年にISOによって**「ISO/IEC 17799」**として国際標準化され、日本では2002年にISOの規格に沿ったガイドラインとして**「JIS X 5080」**を規格化しました。
「BS7799-2」は、ISMSの認証基準(システム仕様)となるもので、2005年に**「ISO/IEC 27001」**として国際標準化され、日本では**「JIS Q 27001」**を規格化しました。それに伴い、ISO/IEC 17799は**「ISO/IEC 27002」**に移行されています。日本では、**「JIS Q 27002」**を規格化しました。

●ISO 14000

「ISO 14000」とは、環境マネジメントシステムの仕様を定めた規格のことです。
この規格は製品そのものの規格ではなく、企業がどの程度環境に配慮した経営を行っているかということを世界共通の規格で見ようとするものです。計画・実施・点検・見直しのPDCAマネジメントサイクルにより、環境保全への取組みを継続的に行うことを目的としています。
地球環境問題の深刻化から、1992年の地球サミット(環境と開発に関する国連会議)において"環境と開発に関するリオ宣言"と"アジェンダ21(具体的環境行動計画)"が採択されたことを受け、企業活動に伴う環境影響を継続的に改善していく仕組みとして作成されました。日本では、**「JIS Q 14001」**としてJIS化しています。

参考

ISO
「International Organization for Standardization」の略。

参考

IS
「International Standards」の略。

参考

開発プロセスの標準化
→「4-8-1 4 (1) ソフトウェアライフサイクルプロセス」

参考

ISMS(情報セキュリティマネジメントシステム)
→「3-5-4 5 ISMS(情報セキュリティマネジメントシステム)」

参考

国際認証
ISO規格への適合性を評価し、認証する制度のこと。適合性評価機関として認定された機関によって、認証や試験が行われる。

●ISO/IEC 15408

「ISO/IEC 15408」とは、情報セキュリティ評価対象となるIT製品や情報システムの品質を情報セキュリティの観点から客観的に評価するための規格のことです。
設計書やプログラムのソースコード、テスト結果、マニュアルなどの内容のチェックやテストの実施などによって検査し、問題がないことを証明するというものです。
コンピュータシステムのネットワーク化や分散化に伴い、情報システムの情報セキュリティの重要性が高まっています。その中で、個々のIT製品(データベース管理、ファイアウォール、ICカードなど)や情報システム(インターネットバンキング、認証サービスなど)の情報セキュリティ完備状況を評価し、認証するための制度が必要とされています。

(2) 日本産業規格

「日本産業規格」とは、産業標準化法に基づいて制定される国家規格のことです。**「JIS」**ともいいます。
JISは、産業製品の種類・形状・寸法・構造や、データ、サービス、経営管理などに関する規格を定めています。

参考
JIS
「Japanese Industrial Standards」の略。

●JIS制定の流れ

JISを制定する主な流れは、次のとおりです。

1 **調査研究**

主務大臣は、JIS原案を作成するための調査研究を実施する。

2 **原案作成**

主務大臣またはJSAは、JIS原案を作成する。

3 **調査審議**

主務大臣は、JIS原案をJISCに対して付議する。JISCは、審議し、主務大臣に答申する。

4 **JISの制定**

主務大臣は、JIS化することを決定し、名称や番号などを官報にて公示する。

参考
JSA
規格化における調査研究、JIS原案の作成、JISの規格票の発行などを行う財団法人「日本規格協会」のこと。
「Japanese Standards Association」の略。

参考
JISC
規格化についての審議を行い、主務大臣に答申する「日本産業標準調査会」のこと。
「Japanese Industrial Standards Committee」の略。

●JIS番号

「JIS番号」とは、規格に付する番号のことで、分野を表すアルファベット1文字と数字で構成されます。コンピュータ関連の分野として、情報処理の**「JIS X部門」**や、管理システムの**「JIS Q部門」**があります。
代表的なJIS Q部門には、次のようなものがあります。

名　称	説　明
JIS Q 9000	品質マネジメントシステムに関するJIS。
JIS Q 15001	個人情報保護のマネジメントシステムに関するJIS。
JIS Q 20000	サービスマネジメントに関するJIS。
JIS Q 21500	プロジェクトマネジメントに関するJIS。
JIS Q 27001	ISMSに関するJIS。

(3) その他

その他の標準化団体には、次のようなものがあります。

名　称	説　明
ITU	データ通信などの電気通信分野における国際規格を制定する団体。「国際電気通信連合」ともいう。 「International Telecommunication Union」の略。
IEC	電気および電子分野における国際規格を制定している団体。「国際電気標準会議」ともいう。 「International Electrotechnical Commission」の略。 標準化の一部はISOと共同で行われている。
IETF	TCP/IPなどインターネット技術の標準化を行う団体。「インターネット技術タスクフォース」ともいう。「Internet Engineering Task Force」の略。 IETFが規格化したものとして、インターネットに関する技術情報や仕様を定めた「RFC」がある。RFCは、「Request For Comments」の略。
ANSI	米国の産業製品における規格の統一と標準化を行う団体。「米国規格協会」ともいう。「American National Standards Institute」の略。 ANSIが制定した規格が事実上の世界標準となった例も多く、ASCIIコード、SCSI、FDDIなどがある。
IEEE	電子部品や通信方法の研究や標準化を行う国際的な団体。「電気電子学会」ともいう。「Institute of Electrical and Electronics Engineers」の略。 「IEEE802委員会」はLANの標準化を行っている分科会で、「802.3委員会」はイーサネット、「802.11委員会」は無線LANの標準化を行っている分科会である。

3 デファクトスタンダード

「デファクトスタンダード」とは、公式な標準規格ではないものの、業界における利用率が高く、事実上の業界標準として扱われているものをいいます。
代表的なデファクトスタンダードには、次のようなものがあります。

名　称	説　明
W3C	マークアップ言語の標準化を行う団体。SGMLやHTMLなどのマークアップ言語の仕様の標準化を進めている。「World Wide Web Consortium」の略。
OMG	オブジェクト指向技術の標準化を行う団体。 「Object Management Group」の略。

参考

IEEJ

電気学術の調査・研究と広報・普及を目的とした日本の学会のこと。「電気学会」ともいう。標準規格としてJEC規格がある。
「the Institute of Electrical Engineers of Japan」の略。

参考

JEITA（ジェイタ）

電子技術や電子機器、情報技術（IT）に関する日本の業界団体のこと。「電子情報技術産業協会」ともいう。
「Japan Electronics and Information Technology industries Association」の略。

参考

デジュレスタンダード

標準化団体によって制定された標準規格のこと。

参考

ソフトウェアの標準化

ソフトウェアのうち、特にオブジェクト指向によるプログラミングで利用される技術仕様を標準化するものとして、OMGやCORBA、EJBなどがある。
「EJB」とは、企業向けのJavaBeansのこと。「Enterprise JavaBeans」の略。

4 コードの標準化

標準化が行われているコードには、**「JANコード」**や**「QRコード」**などがあります。

(1) JANコード

「JANコード」とは、情報を横方向に読み取れる1次元コード（バーコード）のことです。JISによって、規格化されています。左から国コード2桁、メーカコード5桁、商品コード5桁、チェックコード1桁で意味付けられています。
多くの商品パッケージの一部に印字され、スーパーやコンビニエンスストアなどのレジでは、日常的に利用されています。読取り装置をバーコード部分に当てるだけで、商品名称や金額がレジに入力されます。
また、線の下には数字が併記されていて、バーコードが読み取れないときに、キーボードなどから入力できるようになっています。

JANコードのサンプル

(2) QRコード

「QRコード」とは、縦横二方向に情報を持った2次元コードのことです。JISによって、規格化されています。**「2次元コードシンボル」**ともいいます。
QRコードは、コードの3か所の角に切り出しシンボルがあり、360度どの方向からも高速に、正確に読み取ることができます。スマートフォンなどの携帯端末からQRコードを読み取ることで、URLやアドレス帳の入力などを容易に行うことができます。
JANコードが情報を横方向にだけ読み取れる1次元コードであるのに対して、QRコードは縦横二方向に情報を持つことで、記録できる情報量を増加させています。
QRコードは、製品管理や在庫管理などの産業分野だけでなく、チラシの閲覧やクーポンの利用など、身の回りの生活環境に至るまで、幅広い分野で使われています。最近では、スマートフォンでQRコードを利用して、キャッシュレス（現金を使用しない）で代金を支払う**「QRコード決済」**が登場しています。

QRコードのサンプル

参考

JANコード
JANコードには、13桁の標準バージョンと、8桁の短縮バージョンがある。
JANは、「Japanese Article Number」の略。

参考

バーコード
太さの異なる黒いバーや白いスペースの組合せによって、数値や文字を表す識別子のこと。

参考

QRコード
QRは、「Quick Response」の略。

参考

ISBNコード
書籍などの図書を識別するための1次元コードのこと。図書を特定するための世界標準として使われている。書籍では、裏表紙やカバーなどに印字される。
ISBNは、「International Standard Book Number」の略。
日本語では「国際標準図書番号」の意味。

参考

ITFコード
商品の梱包材に印字される1次元コードのこと。物流用の識別コードとして使われている。
ITFは、「Interleaved Two of Five」の略。

9-3 章末問題

※解答は巻末にある別冊「章末問題 解答と解説」P.31に記載しています。

問題9-1

特徴(1)～(4)をもつ組織形態はどれか。

(1) 戦略的目標を達成するために、必要な専門家を各部門から集めて編成する。
(2) 環境の変化に適応する戦略的組織であり、職能部門などから独立している。
(3) 所期の目的を達成すれば解散する流動性をもつ。
(4) タスクフォースは、この組織形態に属す。

ア 事業部制組織
イ プロジェクト組織
ウ マトリックス組織
エ ラインアンドスタッフ組織

平成26年春期 問75

問題9-2

CIOが経営から求められる役割はどれか。

ア 企業経営のための財務戦略の立案と遂行
イ 企業の研究開発方針の立案と実施
ウ 企業の法令遵守の体制の構築と運用
エ ビジネス価値を最大化させるITサービス活用の促進

平成27年秋期 問75

問題9-3

図は特性要因図の一部を表したものである。a、bの関係はどれか。

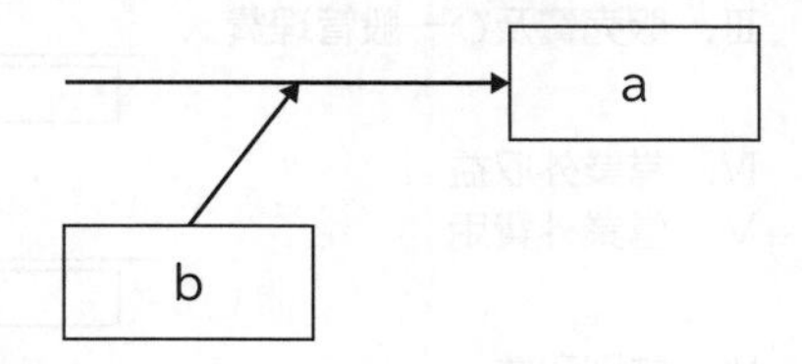

ア bはaの原因である。
イ bはaの手段である。
ウ bはaの属性である。
エ bはaの目的である。

平成31年春期 問77

問題9-4

取扱商品をABC分析した場合、Aグループの管理対象となる商品の商品番号はどれか。

商品番号	年間販売数	単価	年間売上高
1	110	2	220
2	60	40	2,400
3	10	4	40
4	130	1	130
5	50	12	600
6	1	25	25
7	10	2	20
8	150	2	300
9	20	2	40
10	50	1	50
合計	591		3,825

ア　1と2
イ　2と5
ウ　2と6
エ　4と8

平成21年春期　問76

問題9-5

図の損益計算書における経常利益は何百万円か。ここで、枠内の数値は明示していない。

単位　百万円

損益計算書

Ⅰ．売上高	1,585
Ⅱ．売上原価	951
	□
Ⅲ．販売費及び一般管理費	160
	□
Ⅳ．営業外収益	80
Ⅴ．営業外費用	120
	□
Ⅵ．特別利益	5
Ⅶ．特別損失	15
	□

ア　424
イ　434
ウ　474
エ　634

平成24年春期　問76

問題9-6

A社は顧客管理システムの開発を、情報システム子会社であるB社に委託し、B社は要件定義を行った上で、設計・プログラミング・テストまでを協力会社であるC社に委託した。C社では優秀なD社員にその作業を担当させた。このとき、開発したプログラムの著作権はどこに帰属するか。ここで、関係者の間には、著作権の帰属に関する特段の取決めはないものとする。

ア　A社
イ　B社
ウ　C社
エ　D社員

平成22年春期　問78

問題9-7

日本において、産業財産権と総称される四つの権利はどれか。

ア　意匠権、実用新案権、商標権、特許権
イ　意匠権、実用新案権、著作権、特許権
ウ　意匠権、商標権、著作権、特許権
エ　実用新案権、商標権、著作権、特許権

平成22年秋期　問78

問題9-8

著作権法において、保護の対象とならないものはどれか。

ア　インターネットで公開されたフリーソフトウェア
イ　ソフトウェアの操作マニュアル
ウ　データベース
エ　プログラム言語や規約

平成28年春期　問79

問題9-9

不正競争防止法で保護される営業秘密には、3つの要件がある。「秘密として管理されていること」、「事業活動に有用な技術上または営業上の情報であること」と、もうひとつの要件はどれか。

ア　利用したいときに利用できること
イ　公然と知られていないこと
ウ　特許の出願をしていること
エ　目印になるマークがあること

予想問題

問題9-10

シュリンクラップ契約において、ソフトウェアの使用許諾契約が成立するのはどの時点か。

ア　購入したソフトウェアの代金を支払った時点
イ　ソフトウェアの入ったDVD-ROMを受け取った時点
ウ　ソフトウェアの入ったDVD-ROMの包装を解いた時点
エ　ソフトウェアをPCにインストールした時点

令和元年秋期　問79

問題9-11 サイバーセキュリティ基本法の説明はどれか。

ア 国民に対し、サイバーセキュリティの重要性につき関心と理解を深め、その確保に必要な注意を払うよう努めることを求める規定がある。
イ サイバーセキュリティに関する国及び情報通信事業者の責務を定めたものであり、地方公共団体や教育研究機関についての言及はない。
ウ サイバーセキュリティに関する国及び地方公共団体の責務を定めたものであり、民間事業者が努力すべき事項についての規定はない。
エ 地方公共団体を"重要社会基盤事業者"と位置づけ、サイバーセキュリティ関連施策の立案・実施に責任を負うと規定している。

平成27年秋期 問79

問題9-12 刑法における、いわゆるコンピュータウイルスに関する罪となるものはどれか。

ア ウイルス対策ソフトの開発、試験のために、新しいウイルスを作成した。
イ 自分に送られてきたウイルスに感染した電子メールを、それとは知らずに他者に転送した。
ウ 自分に送られてきたウイルスを発見し、ウイルスであることを明示してウイルス対策組織へ提供した。
エ 他人が作成したウイルスを発見し、後日これを第三者のコンピュータで動作させる目的で保管した。

平成27年春期 問79

問題9-13 個人情報に関する記述のうち、個人情報保護法に照らして適切なものはどれか。

ア 構成する文字列やドメイン名によって特定の個人を識別できるメールアドレスは、個人情報である。
イ 個人に対する業績評価は、その個人を識別できる情報が含まれていても、個人情報ではない。
ウ 新聞やインターネットなどで既に公表されている個人の氏名、性別及び生年月日は、個人情報ではない。
エ 法人の本店住所、支店名、支店住所、従業員数及び代表電話番号は、個人情報である。

平成25年秋期 問80

問題9-14 ソフトウェアやデータに瑕疵(かし)がある場合に、製造物責任法の対象となるものはどれか。

ア ROM化したソフトウェアを内蔵した組込み機器
イ アプリケーションソフトウェアパッケージ
ウ 利用者がPCにインストールしたOS
エ 利用者によってネットワークからダウンロードされたデータ

令和元年秋期 問80

索引

索引

記号

数字

A

B

索引

F

G

H

I

J

K

L

M

S

T

U

V

W

X

Y

Z

あ

い

う

え

お

か

き

く

け

さ

し

す

せ

そ

た

ち

つ

て

ぬ

ね

の

は

ひ

ふ

索引

へ

ほ

ま

み

む

め

も

や

ゆ

よ

ら

り

る

れ

ろ

わ

おわりに

最後まで学習を進めていただき、ありがとうございました。基本情報技術者試験の学習はいかがでしたか？

本書では、試験主催元から公開されているシラバス（出題範囲が詳細化・体系化されたもの）に沿った目次構成として、テクノロジ系（第1章～第4章）、マネジメント系（第5章～第6章）、ストラテジ系（第7章～第9章）にて、詳細に解説しました。難しいと思った内容は、もう一度振り返り、理解を深めていきましょう。

基本情報技術者試験は、2023年4月からシラバスVer.8.0の適用が開始となり、試験内容が変更され、本格的にコンピュータを用いる方式での実施になります。

科目A試験では、第1章～第9章までの幅広いすべての分野から問題が出題されますので、様々な用語を中心に理解を深めることが重要になります。広い範囲の多数用語を理解するのは大変ですが、学習を繰り返して、章末問題も活用しながら理解を深めていきましょう。

コンピュータを用いる方式の試験に慣れるためにも、章末問題をオンライン形式で解答できる「ご購入者特典のWeb試験」も活用してみてください。

科目B試験では、第1章の「1-2 アルゴリズムとプログラミング」の分野からの出題が全体の8割を占めますので、第1章に解説している擬似言語の記述形式、アルゴリズムの基本構造、代表的なアルゴリズムなどを理解し、プログラムの処理の流れを追えるようになりましょう。また、第3章の「3-5 セキュリティ」の分野からの出題が全体の2割を占めますので、様々なマルウェアやサイバー攻撃、セキュリティ対策、セキュリティ技術をおさえておきましょう。

FOM出版

よくわかるマスター
令和5-6年度版
基本情報技術者試験 対策テキスト
(FPT2219)

2023年 2 月 1 日　初版発行
2024年 3 月 5 日　初版第 2 刷発行

著作／制作：株式会社富士通ラーニングメディア

発行者：青山　昌裕

発行所：FOM（エフオーエム）出版（株式会社富士通ラーニングメディア）
〒212-0014 神奈川県川崎市幸区大宮町１番地５ JR川崎タワー
https://www.fom.fujitsu.com/goods/

印刷／製本：アベイズム株式会社

● 本書に関するご質問は、ホームページまたはメールにてお寄せください。
<ホームページ>
上記ホームページ内の「FOM出版」から「QAサポート」にアクセスし、「QAフォームのご案内」からQAフォームを選択して、必要事項をご記入の上、送信してください。
<メール>
FOM-shuppan-QA@cs.jp.fujitsu.com
なお、次の点に関しては、あらかじめご了承ください。
・ご質問の内容によっては、回答に日数を要する場合があります。
・本書の範囲を超えるご質問にはお答えできません。　・電話やFAXによるご質問には一切応じておりません。

Printed in Japan
ISBN978-4-86775-026-1

緑色の用紙の内側に、別冊「章末問題 解答と解説」が添付されています。

別冊は必要に応じて取りはずせます。取りはずす場合は、この用紙を1枚めくっていただき、別冊の根元を持って、ゆっくりと引き抜いてください。

よくわかるマスター

令和5-6年度版

基本情報技術者試験 対策テキスト

章末問題　解答と解説

章末問題 解答と解説

第1章 基礎理論

問題1-1　**解答　エ**　　（分類）1-1　基礎理論

解説　16進数とは、0～9の数字とA～Fのアルファベットを使った数値の表現方法のことである。問題文の分数を10進数の小数にすると、$\frac{1}{32}$=0.03125である。10進数の小数部を16進数に変換するには、10進数に16を掛けて、小数部が0になるまで繰り返す。求めた結果の整数部を順番で記述すると、16進数に変換できる。

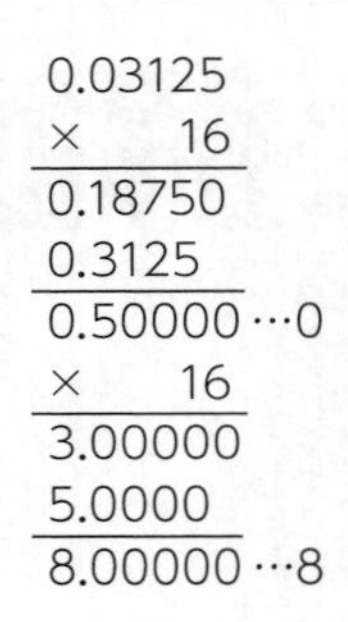

←整数部を書く。

←演算結果の小数部が0になるまで、
小数部に16を掛ける。

矢印の順に、整数部を並べて書くと
16進数に変換できる。

$(0.03125)_{10}$ → $(0.08)_{16}$

したがって、10進数の分数$\frac{1}{32}$を16進数の小数で表すと、0.08となる。

問題1-2　**解答　ア**　　（分類）1-1　基礎理論

解説　2進数から16進数への変換は、「2進数4桁分を16進数では1桁で表現する」ことから、解答群の式を2進数表記にする。
小数点以下の桁が4桁に満たない場合は0を付加して4の倍数桁になるようにする必要がある。
また、2^0は整数部分の1桁目、2^{-n}は小数点以下の桁であることを考慮する。

ア：$2^5+2^3+2^1+2^{-2}+2^{-5}+2^{-6}=(101010.01001100)_2$
イ：$2^5+2^3+2^1+2^{-1}+2^{-4}+2^{-5}=(101010.10011000)_2$
ウ：$2^6+2^4+2^2+2^{-2}+2^{-5}+2^{-6}=(1010100.01001100)_2$
エ：$2^6+2^4+2^2+2^{-1}+2^{-4}+2^{-5}=(1010100.10011000)_2$

小数点を基準に4桁ずつ区切ると、次のようになる。

ア

2進数	0010	1010.	0100	1100
10進数	2	10.	4	12
16進数	2	A.	4	C

イ

2進数	0010	1010.	1001	1000
10進数	2	10.	9	8
16進数	2	A.	9	8

ウ

2進数	0101	0100.	0100	1100
10進数	5	4.	4	12
16進数	5	4.	4	C

エ

2進数	0101	0100.	1001	1000
10進数	5	4.	9	8
16進数	5	4.	9	8

したがって、16進小数2A.4Cに等しいものは、アになる。

問題1-3 解答 ア

分類 1-1 基礎理論

解説 桁落ちとは、ほぼ等しい数値同士の差を演算したとき、有効桁数が減少することで発生する誤差のことである。例えば、有効桁数を仮数部4桁とした場合、0.2352−0.2351という減算を行うと、答えは0.0001になり、正規化（小数点の直後に0以外の数値が並ぶように調整して表現）すると0.1×10^{-3}になり、仮数部4桁で表現されていた情報（有効桁数）が1桁の情報に減少する。

イ：オーバーフローの説明である。
ウ：丸め誤差の説明である。
エ：情報落ちの説明である。

問題1-4 解答 ウ

分類 1-1 基礎理論

解説 2進数の値を1ビット左にシフトすると2^1倍になり、2ビット左にシフトすると2^2倍になる。xの値を2ビット左にシフトしてxを加えるので、$x\times2^2+x=5x$となる。
したがって、レジスタの値はxの5倍になる。

問題1-5 解答 ウ

分類 1-1 基礎理論

解説 コンピュータ内部で論理演算を担当する電子回路のことを論理回路という。図のデジタル回路には、次のような論理回路がある。

回路記号と真理値表

回路記号		(AND記号)	(OR記号)	(NOT記号)	
名称		論理積（AND）	論理和（OR）	否定（NOT）	
X	Y	X・Y	X+Y	$\overline{X}$	$\overline{Y}$
0	0	0	0	1	1
0	1	0	1	1	0
1	0	0	1	0	1
1	1	1	1	0	0

回路記号と真理値表に基づき、デジタル回路のA、Bを入力したとき、出力Xは$A\cdot(\overline{A}+\overline{B})+(\overline{A}+\overline{B})\cdot B$になる。

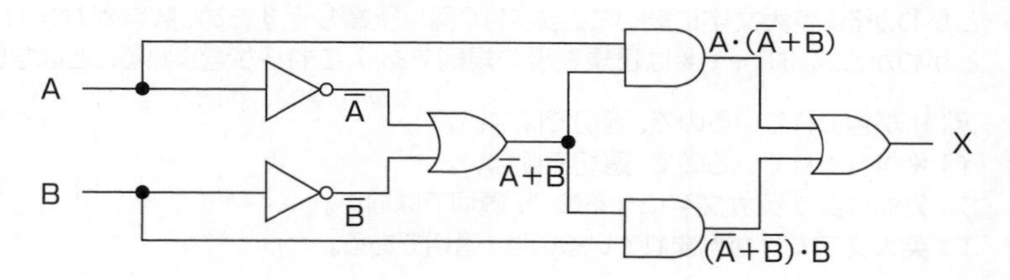

論理演算の分配則の法則は、次のとおりである。

$A \cdot (B+C) = A \cdot B + A \cdot C$ ・・・・① それぞれの積は展開した和に等しい。
$A + (B \cdot C) = (A+B) \cdot (A+C)$ ・・・・② それぞれの和は展開した積に等しい。

論理演算の論理積の法則は、次のとおりである。

$A \cdot \overline{A} = 0$ ・・・・③
$A \cdot 0 = 0$ ・・・・④
$A \cdot 1 = A$ ・・・・⑤

①と③より、Xは次のように求めることができる。

$X = A \cdot (\overline{A}+\overline{B}) + (\overline{A}+\overline{B}) \cdot B = A \cdot \overline{A} + A \cdot \overline{B} + \overline{A} \cdot B + \overline{B} \cdot B = 0 + A \cdot \overline{B} + \overline{A} \cdot B + 0$
$= A \cdot \overline{B} + \overline{A} \cdot B$

問題1-6　解答　ア

（分類）1-1　基礎理論

解説　2進数xとyを加算した結果、1桁目をz、桁上げをcとしたときの真理値表は次のとおりである。

x	y	z	c
0	0	0	0
0	1	1	0
1	0	1	0
1	1	0	1

zは、0、1、1、0となり、xとyが両方とも同じ値のとき0になり、異なる値のとき1になるので、この入力と出力の関係は排他的論理和（XOR）で実現できる。
cは、0、0、0、1となり、xとyが両方とも1のとき1になり、それ以外は0になるので、この入力と出力の関係は論理積（AND）で実現できる。

問題1-7　解答　エ

（分類）1-1　基礎理論

解説　データの中に連続している同一ビットを利用して圧縮する方式は、ランレングス符号化である。数値データや画像データなど同一ビットが連続しているデータを圧縮するのに適している。

ア：EBCDICとは、IBM社が規格した8ビットの文字コードのことである。主に、汎用大型コンピュータで採用されている。
イ：巡回符号方式とは、データを伝送するときに、データを除算した余りを検査用の巡回符号（CRC符号）として追加することでデータの誤りを検出する方式のことである。CRC方式ともいう。
ウ：ハフマン符号方式とは、データを0と1の数値で符号化し、同じデータを組み合わせて圧縮する方式のことである。同じデータの頻出が多いほど圧縮率が上がる。

問題1-8　解答　エ

（分類）1-1　基礎理論

解説　正規表現とは、文字列を形式的に定義するときの規則のことである。〔正規表現〕より、次のように分けて考える。

[A−Z]＋　：英大文字のA～Zの範囲のうち1文字を、1回以上繰り返す。
[0−9]＊　：数字の0～9の範囲のうち1文字を、0回以上繰り返す。

この正規表現に沿った例を考える。英大文字は1回以上繰り返すため、先頭は必ず英大文字になることがわかる。英大文字に続いて、数字は0回以上繰り返すため、数字が含まれない場合もありえることがわかる。なお、＋や＊は正規表現の規則であり、これらが含まれることはない。

ア：＋が含まれているので、適切ではない。
イ：＊が含まれているので、適切ではない。
ウ：先頭は必ず英大文字になるので、適切ではない。
エ：英大文字だけが含まれているのは、適切である。

問題1-9　**解答**　**ウ**　　（分 類）1-1　基礎理論

解説　機械学習とは、明示的にプログラムで指示を出さないで、コンピュータに学習させる技術のことである。機械学習における教師あり学習とは、人間の判断から得られた正解に相当する「教師データ」が与えられるタイプの機械学習のことである。教師データを情報として学習に利用し、正解のデータを提示したり、データが誤りであることを指摘したりして、未知のデータに対して正誤を得ることを助ける。

ア：機械学習における強化学習の説明である。
イ：機械学習の説明ではない。
エ：機械学習における教師なし学習の説明である。

問題1-10　**解答**　**ウ**　　（分 類）1-1　基礎理論

解説　アクチュエーターとは、電気信号を受けて機械的な動作に変換し、制御対象を一定の状態に保つなどの制御を行う装置のことである。センサーから得られた電気信号を、制御信号に基づいて、回転や並進などの機械的な動作に変換することで、制御対象の動作を調節する。

ア：フィードバック制御の説明である。
イ：センサーの説明である。
エ：アンプの説明である。

問題1-11　**解答**　**イ**　　（分 類）1-1　基礎理論

解説　AIとは、人工知能ともいい、人間の脳がつかさどる機能を分析して、その機能を人工的に実現させようとする試み、またはその機能を持たせた装置やシステムのことである。近年、AIブームが起きており、機械学習やディープラーニングが注目されている。
ディープラーニングとは、日本語では深層学習を意味し、明示的にプログラムで指示を出さないで、人間が普段から自然に行う学習能力と同等の機能を、コンピュータで実現することを目指す機械学習のひとつである。具体的には、神経細胞を人工的に見立てたもの同士を4階層以上のネットワークで表現し、さらに人間の脳に近い形の機能を実現する。データと目標の誤差を繰り返し計算して、予測したものに適した特徴量（どのような特徴があるかを表したもの）そのものを大量のデータから自動的に学習することにより、人工的に人間と同じような解答を導き出すことができる。

ア：センサーを利用した安全機能が動作する事例であり、ディープラーニングを用いる必要はない。加速度センサーとは、一定時間の間に速度がどれだけ変化するかを計測できるセンサーのことであり、傾きや動き、振動や衝撃といった様々な情報が得られる。
イ：ディープラーニングを用いたシステムが、大量の画像を処理することによって、歩行者と車をより確実に見分けることができ、自動車の運転を支援する。
ウ：自動制御による燃費向上の事例であり、ディープラーニングを用いる必要はない。アイドリングストップとは、何もしていない（アクセルを踏んでいない）時に車のエンジンを止めることである。
エ：ナビゲーションシステムで使用する地図を自動アップデートする事例であり、ディープラーニングを用いる必要はない。ナビゲーションシステムとは、GPSを利用して目的地までの経路や現在位置を示すシステムのことである。GPSとは、GPS応用システムともいい、人工衛星を利用して電波を受信し、自分が地球上のどこにいるのかを正確に割り出すシステムのことである。

したがって、イが正解となる。

問題1-12　**解答**　**ウ**　　（分 類）1-2　アルゴリズムとプログラミング

解説　双方向のポインタをもつリスト構造のデータは、次のデータだけでなく、前のデータも呼び出すことができる。
表より、社員Aの次ポインタが300なので社員Kのデータを呼び出していることがわかる。また、社員Kの次ポインタが200なので社員Tのデータを呼び出していることがわかる。

これより、社員A→社員K→社員Tの順番にデータが並んでいることがわかる。
問題文より、「社員Gを社員Aと社員Kの間に追加する」とあるので、社員A→社員G→社員K→社員Tの順番にデータが並ぶようになる。
したがって、追加後の表のポインタa～fの中で追加前と比べて値が変わるポインタは、次の2か所（aとf）になる。

a：社員Aの次ポインタが、社員K（300）から社員G（400）に変更
f：社員Kの前ポインタが、社員A（100）から社員G（400）に変更

なお、追加後の表は次のようになる。

アドレス	社員名	次ポインタ	前ポインタ
100	社員A	400	0
200	社員T	0	300
300	社員K	200	400
400	社員G	300	100

問題1-13　**解答**　**イ**　（分類）1-2　アルゴリズムとプログラミング

解説　プログラムの関数feeは、年齢を表す0以上の整数を引数として受け取り、入場料を戻り値として返すとある。〔プログラム〕より、関数feeは、整数型の変数ageを引数として受け取り、変数retを戻り値として返すことがわかる。
遊園地の入場料は、0歳から6歳までは無料、7歳から12歳までは500円、13歳以上は1,000円である。よって、受け取った引数の値（年齢を表す変数ageの値）が、0～6の場合は0を、7～12の場合は500を、13以上の場合は1000を戻り値として返せるようにすればよい。
3行目の「if（ageが6以下）」の条件式が真の場合、4行目で変数retに0を代入することがわかる。
7行目の「else」は条件式「if」や「elseif」が真でない場合、8行目で変数retに1000を代入することがわかる（条件式が13以上となるようにすればよい）。
5行目の条件式「elseif」は、3行目の条件式「if」が真でない場合に処理される。aに入る内容は、5行目の条件式「elseif」が真の場合に、6行目で変数retに500を代入することがわかる。したがって、7歳から12歳までの条件式にすればよいので、「ageが12以下」となる。

ア、ウ：条件式に12歳が含まれないため、適切ではない。
エ　　：条件式に7歳が含まれないため、適切ではない。

問題1-14　**解答**　**イ**　（分類）1-2　アルゴリズムとプログラミング

解説　ハッシュ法とは、データを格納するときにあらかじめ関数を使ってデータの格納位置を決め、データを探し出すときには同じ関数を使って格納位置を算出するアルゴリズムのことである。ハッシュ表探索法ともいう。このとき、データの格納位置をハッシュ値またはハッシュキー、ハッシュ値を決めたり探し出したりする関数をハッシュ関数という。
10進数の5桁の数$a_1a_2a_3a_4a_5$をハッシュ関数であるmod($a_1+a_2+a_3+a_4+a_5$, 13)で求めればよい。
mod(x, 13)の値はxを13で割った余りなので、10進数の5桁の数54321のハッシュ値は5+4+3+2+1=15を13で割った余りを求めて2となる。
したがって、54321は配列の2の位置に入る。

問題1-15　**解答**　**ア**　（分類）1-2　アルゴリズムとプログラミング

解説　クイックソートとは、配列の中間に位置するデータを基準値として、基準値より左側に小さいデータ、基準値より右側に大きいデータを配置し、これを繰り返して整列するアルゴリズムのことである。

イ：選択ソートの説明である。
ウ：挿入ソートの説明である。
エ：バブルソートの説明である。

問題1-16　**解答**　**エ**　（分類）1-2　アルゴリズムとプログラミング

解説　Javaでは、メモリ管理の機能として、使われていたメモリ領域のうち、その使用が終了し、不要になったメモリ領域を自動的に解放する仕組みであるガーベジコレクションの機能がある。

ア：Javaでは、複数のスーパークラスを指定する多重継承が可能ではない。
イ：Javaでは、整数（int型とIntegerクラス）や文字（char型とCharactorクラス）は、常にクラスとして扱われるのではなく、データ型としても扱われる。
ウ：Javaには、ポインタ型というようなデータ型は存在しない。

問題1-17　**解答**　**イ**　（分類）1-2　アルゴリズムとプログラミング

解説　XMLとは、インターネット向けに最適化されたデータを記述するためのマークアップ言語のひとつで、タグを独自に定義することができる拡張可能なマークアップ言語のことである。主に、ネットワークを介したデータ交換やコンピュータの動作環境の定義などを行う場合に利用されている。

ア：XMLは、HTMLに、Webページの表示性能の向上を主な目的とした機能を追加していない。
ウ：XMLで用いることができるスタイル言語はXSL（eXtensible Stylesheet Language）であり、HTMLで用いることができるスタイル言語はCSS（Cascading Style Sheets）である。
エ：XMLもHTMLと同様に、SGML（Standard Generalized Markup Language）をもとに開発されたマークアップ言語である。

第2章　コンピュータシステム

問題2-1　**解答**　**イ**　（分類）2-1　コンピュータ構成要素

解説　MIPS（Million Instructions Per Second）とは、CPUの処理速度を表す単位のことで、1秒間に実行できる命令の数（命令実行数）を100万単位（10^6）で表す。
プロセッサの性能が200MIPS（200×10^6）で、プロセッサの使用率が80％であるコンピュータが1秒間に処理できる命令数は200MIPS×80％＝$200 \times 10^6 \times 0.8$であるため、1件のトランザクションについて80万ステップの命令実行を必要とするトランザクションの処理能力（件／秒）は、（$200 \times 10^6 \times 0.8$）÷800,000＝200（件／秒）となる。

問題2-2　**解答**　**ウ**　（分類）2-1　コンピュータ構成要素

解説　キャッシュメモリとは、CPU（高速）と主記憶装置（低速）のアクセス速度の違いを吸収し、高速化を図るために利用されるメモリのことである。
キャッシュメモリと主記憶装置の両方に書込みを行うライトスルー方式と、キャッシュメモリだけに書込みを行いキャッシュメモリからデータを退避するときに主記憶装置に書込みを行うライトバック方式がある。

ア：主記憶装置からキャッシュメモリへのデータ転送は、プログラムでは行われない。
イ：キャッシュメモリは、CPUと主記憶装置のアクセス速度の差を埋めるために採用される。
エ：半導体メモリのアクセス速度の向上は著しいが、CPUの速度の向上も著しいのでキャッシュメモリの必要性は減っていない。

問題2-3　解答　エ

(分類) 2-1　コンピュータ構成要素

解説　問題文より、セグメント2が解放されたとき、セグメントを移動(動的再配置)し、分散する空き領域を集めて一つの連続領域にしたいとあるので、セグメント3(800kバイト)をセグメント1の後ろに移動する必要がある。

1回のメモリアクセスは4バイト単位であるので、800kバイトのメモリアクセス回数は、800,000バイト÷4バイト=200,000(回)となる。

セグメント3をセグメント1の後ろに移動する場合、読取りと書込みの処理を繰り返す必要がある。また、1回の読取りと書込みのメモリアクセス時間がそれぞれ30ナノ秒であるので、メモリアクセス時間は、次のように求めることができる。

(読取り回数×読取り時間)+(書込み回数×書込み時間)
=200,000(回)×30(ナノ秒)+200,000(回)×30(ナノ秒)
=6,000,000(ナノ秒)+6,000,000(ナノ秒)=12,000,000(ナノ秒)=12(ミリ秒)

問題2-4　解答　エ

(分類) 2-1　コンピュータ構成要素

解説　USBは、PCの代表的なインタフェースのひとつで、PCとキーボード、マウス、プリンターなどの接続の用途で利用できるシリアルインタフェースである。USB3.0は、5Gbps(ビット/秒)のデータ転送モードをもつ。

ア:1000BASE-Tの説明である。
イ:シリアルATAの説明である。
ウ:IEEE1394の説明である。

問題2-5　解答　ウ

(分類) 2-2　システム構成要素

解説　エッジコンピューティングとは、IoTデバイスの近くにサーバを分散配置するシステム形態のことである。ネットワークの周辺部(エッジ)で処理するという意味から、このように名付けられた。クラウドサーバへの処理が集中し、IoTシステム全体の処理が遅延するという問題を解決するために、処理の一部をIoTデバイスに近い場所に配置したエッジと呼ばれるサーバに任せる。IoTデバイス群の近くにエッジ(サーバ)を配置することによって、クラウドサーバの負荷低減と、IoTシステム全体のリアルタイム性を向上させることができる。

ア:仮想化に関する記述である。
イ:デュプレックスシステムに関する記述である。
エ:クラウドコンピューティングに関する記述である。

問題2-6　解答　ア

(分類) 2-2　システム構成要素

解説　RAIDとは、信頼性やアクセス速度の向上を目的とした障害対策のひとつで、複数のハードディスクをまとめてひとつの装置として扱う技術のことである。

RAID1とは、ハードディスク自体の故障に備えて、2台以上のハードディスクに同じデータを書き込む方式のことで、ミラーリングともいう。1台のハードディスクが故障した場合でも、別のハードディスクからデータを読み出すことができるため、信頼性が向上する。

イ:RAID2とは、複数のハードディスクにデータを保存し、データのほかに、エラーの検出・訂正を行うためのコード(ハミングコード)を生成して、複数のハードディスクに分散して書き込む方式のことである。
ウ:RAID3とは、複数のハードディスクにデータを保存し、エラーの検出・訂正を行うためのパリティ情報を専用のハードディスクに書き込む方式のことである。一般的にデータの分割がバイト単位で行われる。

エ：RAID4とは、RAID3と同様の仕組みだが、データの分割がブロック（セクター）単位で行われる方式のことである。

問題2-7　**解答**　**ア**　(分類) 2-2　システム構成要素

解説　フェールセーフとは、利用者がいつでも安心してシステムを利用できるような、信頼性の高いシステムを設計するときの考え方のひとつで、故障が発生したとき、システムを安全な状態に固定し、その影響を限定するものである。
作業範囲に人間が入ったことを検知するセンサーの故障が発生したときに、ロボットアームを強制的に停止させることは、システムを安全な状態に固定し、その影響を限定するものであるので、フェールセーフ設計の考え方に該当する。

イ：フールプルーフ設計の考え方に該当する。フールプルーフとは、ヒューマンエラー回避技術のひとつで、利用者が本来の仕様からはずれた使い方をしても、故障しないようにするものである。
ウ：フォールトトレラント設計の考え方に該当する。フォールトトレラントとは、故障が発生しても、本来の機能すべてを維持し、処理を続行するものである。
エ：フェールソフト設計の考え方に該当する。フェールソフトとは、故障が発生したとき、システムが全面的に停止しないようにし、必要最小限の機能を維持するものである。

問題2-8　**解答**　**エ**　(分類) 2-2　システム構成要素

解説　東京～大阪の稼働率は0.9、東京～名古屋の稼働率は0.8、大阪～名古屋の稼働率をaとすると、全体の稼働率は次の図のように表すことができる。

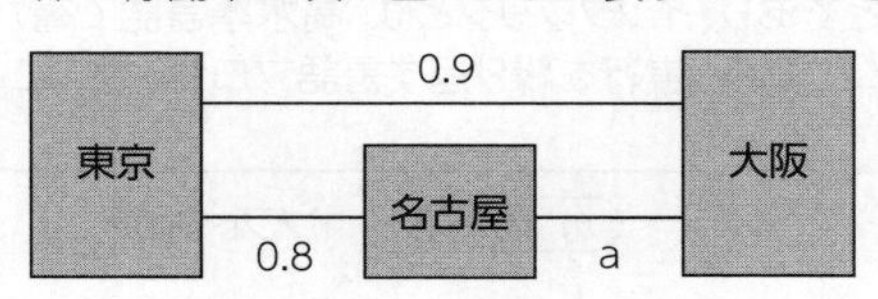

名古屋を経由した東京～大阪の稼働率は、直列システムの稼働率を求める計算式から0.8×aである。また、東京～大阪の直通の稼働率は、名古屋を経由した東京～大阪の稼働率と並列なので、並列システムの稼働率を求める計算式から次のように求めることができる。

東京～大阪の並列の稼働率　$=1-(1-0.9)\times(1-0.8\times a)$
$=1-(0.1-0.08a)$
$=0.9+0.08a$

東京～大阪の稼働率を0.95以上に改善するため、次のようになる。

$0.9+0.08a \geqq 0.95$
$0.08a \geqq 0.05$
$a \geqq 0.05 \div 0.08$
$a \geqq 0.625$

したがって、回線の稼働率は、最低限0.625必要となる。

問題2-9　**解答**　**ア**　(分類) 2-3　ソフトウェア

解説　スプーリングとは、システム全体のスループットを高めるために、入出力など時間のかかる処理が発生した場合に、すべてのデータを高速の補助記憶装置に一時的に書き込んで少しずつ処理することである。例えば、プリンターなど低速な装置へのデータ転送を、いったん高速な磁気ディスクやSSDに格納し、その後プリンターに少しずつ転送することなどが挙げられる。

イ：スワッピングとは、主記憶装置の容量不足の際に、実行中のプログラムを中断して補助記憶装置に配置し、優先度の高いプログラムを主記憶装置に配置することである。
ウ：ブロッキングとは、ファイル記憶媒体への読み書きをするときに、いくつかの論理レコードをまとめてひとつの物理レコード（ブロック）にすることである。
エ：ページングとは、あらかじめ主記憶装置とプログラムを固定長のページという単位で分割しておき、効率よくメモリを管理する方法のことである。

問題2-10　**解答**　**イ**　　（分類）2-3　ソフトウェア

解説　LRU(Least Recently Used)方式とは、主記憶装置に空きスペースがない場合、必要のないページを判断するページリプレースメントに使われるページ置換えアルゴリズムのひとつであり、最後に参照されてから最も長い時間使用されていないページを置換え対象とする方式のことである。

ア：NRU（Not Recently Used）方式の説明である。
ウ：LFU（Least Frequently Used）方式の説明である。
エ：FIFO（First-In First-Out）方式の説明である。

問題2-11　**解答**　**エ**　　（分類）2-3　ソフトウェア

解説　動的リンキングとは、ほかの目的プログラムやライブラリが必要となった場合、それらをプログラムの実行時に結合することである。なお、実行前に結合することを静的リンキングという。

ア、イ：コンパイラとは、高水準言語で書かれた原始プログラムを一括して目的プログラムに変換する言語プロセッサのことであり、インタプリタとは、高水準言語で書かれた原始プログラムを1行ずつ目的プログラムに変換・実行を繰り返す言語プロセッサのことである。

問題2-12　**解答**　**ウ**　　（分類）2-3　ソフトウェア

解説　オープンソースライセンスとは、広く一般に公開されたソフトウェア（オープンソース）について、そのソフトウェアの著作権者が、使用者に対して許諾する“ソフトウェアを使用する権利”のことである。
コピーレフト(Copyleft)とは、ソフトウェアの著作権者は著作権(Copyright)を保持したままではあるが、一度公開されたソフトウェアは、誰もが利用、改変、再頒布できるという考え方のことである。

ア：BSDライセンスとは、カリフォルニア大学バークレー校が開発したBSD系のUNIX OSで採用されているライセンスのことである。
イ：コピーライトとは、著作権（Copyright）のことである。
エ：デュアルライセンスとは、ソフトウェアに2種類のライセンスが提示される形式のことである。利用者は一方（両方の場合もある）のライセンスを選択したあとに利用する。

第3章　技術要素

問題3-1　**解答**　**ウ**　　（分類）3-1　ヒューマンインタフェース

解説　プルダウンメニューとは、GUI(Graphical User Interface)を構成する要素のひとつであり、選択したメニューを画面上方向から下方向に向かって展開して表示するものである。あらかじめ選択肢が決まっていて、1項目の文字数や選択肢が多すぎない場合の入力方式に適している。
商品区分は、10字以内の日本語項目で、5区分の選択肢と少ないため、入力方式としてプルダウンメニューを用いるのが適している。

ア、イ：商品番号や商品名は、商品ごとに付番や命名をするものであり、新規登録する際に新たに入力しなければならないため、あらかじめ選択肢が決まっているプルダウンメニューには適していない。

エ　：価格は、10,000～100,000円の範囲で各桁ごとに入力するものであり、新規登録する際に選択肢が多すぎるため、プルダウンメニューには適していない。

問題3-2　**解答**　**エ**　（分類）3-1　ヒューマンインタフェース

解説　誤りを検査するための文字のことをチェックキャラクター（検査文字）といい、その文字が数字であるときはチェックディジットという。7ビットの文字が3つあり、それぞれの文字コードは16進数で「7B」「3A」「48」と表せるとある。これらの文字コードを2進数に変換し、最上位ビットにチェックディジットを追加すると、次のようになる。

$(7B)_{16}=(0111\ 1011)_2 \rightarrow (\underline{1}111\ 1011)_2=(FB)_{16}$
$(3A)_{16}=(0011\ 1010)_2 \rightarrow (\underline{1}011\ 1010)_2=(BA)_{16}$
$(48)_{16}=(0100\ 1000)_2 \rightarrow (\underline{1}100\ 1000)_2=(C8)_{16}$

このように、2進数では上位4ビットだけが変わり、下位4ビットに変更がないことがわかる。したがって、それぞれの文字コードは「FB」「BA」「C8」となる。

問題3-3　**解答**　**エ**　（分類）3-1　ヒューマンインタフェース

解説　コントロールトータルチェックとは、データを入力した件数の合計と、データを出力した件数の合計を照合することで、データの漏れや重複がないかどうかをチェックすることである。

ア：ニューメリックチェックの説明である。
イ：リミットチェックの説明である。
ウ：チェックキャラクターによるチェックの説明である。

問題3-4　**解答**　**イ**　（分類）3-2　マルチメディア

解説　クリッピングとは、マルチメディアを表現する応用技術のひとつで、画像表示領域を特定の範囲だけに限定し、その限定した範囲内の見える部分だけを取り出す手法のことである。
したがって、画像表示領域に特定の範囲であるウィンドウを定義し、そのウィンドウの内側の見える部分だけを取り出す処理は、クリッピングに該当する。

ア：レンダリングの説明である。
ウ：アンチエイリアシングの説明である。
エ：シェーディングの説明である。

問題3-5　**解答**　**ウ**　（分類）3-3　データベース

解説　正規化とは、データの重複がないように表を適切に分割することである。
繰返し項目を含んだまま正規化されていない非正規形に対して、第1正規化、第2正規化、第3正規化の手順で実施する。第3正規化まで実施することによって、データの重複がなくなる。

発注伝票

<u>注文番号</u>	<u>商品番号</u>	商品名	注文数量
00001	A01	テレビ（液晶大型）	6
00002	S05	ラジオ	3
00003	A11	テレビ（液晶小型）	10
00004	G02	HDDレコーダ	3

第1正規化では、繰返し項目を別の表に分割するが、ここでは対象となる項目がない。

第2正規化では、主キーの一部(商品番号)によって決まる項目(商品名)を別の表に分割する。

発注

注文番号	商品番号	注文数量
00001	A01	6
00002	S05	3
00003	A11	10
00004	G02	3

商品

商品番号	商品名
A01	テレビ(液晶大型)
S05	ラジオ
A11	テレビ(液晶小型)
G02	HDDレコーダ

別の表に分割

第3正規化では、主キー以外の項目によって決まる項目を別の表に分割するが、ここでは対象となる項目がない。
したがって、第2正規化まで行った結果が、第3正規化まで行った結果になる。

問題3-6 解答 エ

(分類) 3-3 データベース

解説 データベースには、複数の利用者が同時にアクセスするので、トランザクション処理にはACID特性が求められる。ACID特性とは、Atomicity(原子性)、Consistency(一貫性)、Isolation(分離性)、Durability(耐久性)の頭文字を並べたものである。データベースの更新に対して保証すべきAtomicity(原子性)の単位は、トランザクションが正しく完全に処理されるか、異常時に全く処理されないかのいずれかになるため、トランザクションの開始からコミット又はロールバックまでとなる。

問題3-7 解答 エ

(分類) 3-3 データベース

解説 排他制御とは、DBMS(データベース管理システム)において、同じデータを複数のプログラムが同時に更新しようとしたときに、データ間に矛盾が発生することを防ぐために、同じデータを同時にアクセスできないように制御する仕組みのことである。データの整合性を保つためには、排他制御が必要になる。

ア：再編成とは、データベースへのデータの追加や削除を繰り返すことによって生じた、データベース内の不連続な格納領域を解消することである。
イ：正規化とは、データベース内でデータの重複がないように表を適切に分割することである。
ウ：整合性制約とは、データベースのデータを、矛盾のない正しい状態に保つための制約のことである。

問題3-8 解答 エ

(分類) 3-3 データベース

解説 DBMS(データベース管理システム)に対して更新処理を実行すると、DBMSはログファイルに、更新情報を自動的に書き込む。ログファイルには、更新処理される前の情報である更新前情報と、更新処理されたあとの情報である更新後情報の2つが同時に書き込まれる。定期的にデータベースとログファイルをバックアップしておくことで、ハードウェア障害が発生した場合でも、バックアップした時点までデータベースを回復させることができる。

ア：チェックポイントの説明である。
イ：レプリケーションの説明である。
ウ：バックアップの説明である。

問題3-9 解答 エ

(分類) 3-3 データベース

解説 ロールバックとは、ハードディスク上やSSD上のログファイルの更新前情報(更新前ジャーナル)、またはバックアップ済のログファイルの更新前情報(更新前ジャーナル)を利用して、トランザクション開始直前の状態(障害発生前のデータ整合性が保持されている状態)にまでデータベースを復旧することである。

ア：ロールフォワードの説明である。
イ：更新後ジャーナルを用いて、トランザクション開始直前の状態にまでデータを復旧させることはできない。
ウ：更新前ジャーナルを用いて、トランザクション開始後の障害直前の状態にまでデータを復旧させることはできない。

問題3-10　**解答**　**イ**　（分類）3-3　データベース

解説　関係モデルにおいて、関係（表）から特定の属性（項目、フィールド）だけを取り出す演算に該当するのは、射影である。

ア：結合とは、2つ以上の表で、ある項目の値が同じものについて、表同士を連結させたデータを取り出す演算のことである。
ウ：選択とは、表から指定したレコードを取り出す演算のことである。
エ：和とは、2つの表のすべてのデータを取り出す演算のことである。

問題3-11　**解答**　**エ**　（分類）3-3　データベース

解説　SQL文とは、データベース言語のことで、表を定義したりデータ操作を実行したりするときに利用する。問題にあるSQL文は、次のように3つの部分から構成されている。

```
SELECT 商品番号 FROM 商品 WHERE 商品番号 NOT IN (SELECT 商品番号 FROM 在庫)
          ❶                        ❷                          ❸
```

❶：“商品”表から「商品番号」をすべて検索する。
❷：❶の検索条件として、❸で得られる「商品番号」が一致しないものとする。
❸：“在庫”表から「商品番号」をすべて検索する。

これより、“商品”表から、“在庫”表に存在する「商品番号」のいずれとも一致しないレコードを検索し、「商品番号」を表示するSQL文であることがわかる。
複数の表を比較して、一致しない項目のデータを含むレコードを検索する場合は、WHEREと副問合せのSELECT文を「NOT EXISTS」で連結する相関副問合せを使うことができる。同じ結果が得られるSQL文は、次のようになる。

```
SELECT 商品番号 FROM 商品 WHERE NOT EXISTS
(SELECT 商品番号 FROM 在庫 WHERE 商品.商品番号 = 在庫.商品番号)
```

このSQL文では、“商品”表から「商品番号」を取り出す。次に、“商品”表から取り出した「商品番号」と、“在庫”表の「商品番号」を比較し、一致しない項目のデータを含むレコードを検索して、「商品番号」の項目を表示する。

ア：“在庫”表から「商品番号」を取り出す。次に、“在庫”表から取り出した「商品番号」と、“商品”表に存在する「商品番号」を比較し、一致する項目のデータを含むレコードを検索して、「商品番号」の項目を表示する。したがって、同じ結果が得られないSQL文である。
イ：“在庫”表から「商品番号」を取り出す。次に、“在庫”表から取り出した「商品番号」と、“商品”表に存在する「商品番号」を比較し、一致しない項目のデータを含むレコードを検索して、「商品番号」の項目を表示する。したがって、同じ結果が得られないSQL文である。
ウ：“商品”表から「商品番号」を取り出す。次に、“商品”表から取り出した「商品番号」と、“在庫”表の「商品番号」を比較し、一致する項目のデータを含むレコードを検索して、「商品番号」の項目を表示する。したがって、同じ結果が得られないSQL文である。

問題3-12　解答　エ

（分類）3-3　データベース

解説 表の項目を更新する場合は、DMLのUPDATE文を使う。条件に合った項目だけ更新する場合は、WHEREで更新するレコードを指定し、SETのあとに更新する項目名と更新するデータを「=」で連結する。
問題文のCREATE文では、「PRIMARY KEY(商品番号)」が定義されており、"商品"表の「商品番号」に主キーが設定されていることがわかる。主キーとは、レコードを特定するための項目であり、項目内の値は必ず一意になる。また、NULLの値を入力できない。

ア：正しく実行できない。「商品番号」のS002をS001に変更すると、「商品番号」がS001のレコードが2件になるため、変更できない。
イ：正しく実行できない。「商品名」がCのレコードは2件存在するため、「商品番号」をS006に変更できない。
ウ：正しく実行できない。「商品番号」は主キーであるため、NULLに変更できない。
エ：正しく実行できる。「商品番号」がS003のレコードの「商品名」をDに変更できる。

問題3-13　解答　ウ

（分類）3-4　ネットワーク

解説 リピータとは、伝送距離を延長するためにケーブル上を流れる電気信号を増幅する装置のことである。OSI基本参照モデルの物理層（第1層）で接続する。
ブリッジとは、複数のLAN同士を接続する装置のことで、各コンピュータ内のLANボードなどのMACアドレスを記憶し、通信に関係しないLANに不要なデータは流さない。OSI基本参照モデルのデータリンク層（第2層）で接続する。
ルータとは、複数のLANやWANを接続する装置のことで、コンピュータ間においてパケットを最適な伝送経路で転送する（ルーティング）。OSI基本参照モデルのネットワーク層（第3層）で接続する。
したがって、物理層、データリンク層、ネットワーク層で中継する装置の順は、リピータ、ブリッジ、ルータとなる。

問題3-14　解答　イ

（分類）3-4　ネットワーク

解説 サブネットマスクとは、IPアドレスのネットワークアドレスとホストアドレスを区別するための、32ビットの情報のことである。IPアドレスとサブネットマスクの論理積によって、ネットワークアドレスを識別することができる。
サブネットとは、ひとつのネットワークを複数のネットワークに分割して運用するサブネッティングによって拡張されたネットワークのことである。なお、ネットワークアドレスは、さらにアドレスクラスごとにネットワークアドレスとサブネットアドレスに分割されるが、問題文ではアドレスクラスが与えられていないため、ネットワークアドレスの比較で同一サブネットかどうかを判別できる。

サブネットマスクを2進数に変換すると、次のようになる。

サブネットマスク　255.　255.　255.　240

↓（2進数に変換）

1111 1111.1111 1111.1111 1111.1111 0000

ネットワークアドレス（1111 1111.1111 1111.1111 1111.1111）　ホストアドレス（0000）

選択肢のIPアドレスについて、2進数表記に変換し、サブネットマスクの論理積によって、同一サブネットに所属するかどうかを比較する。

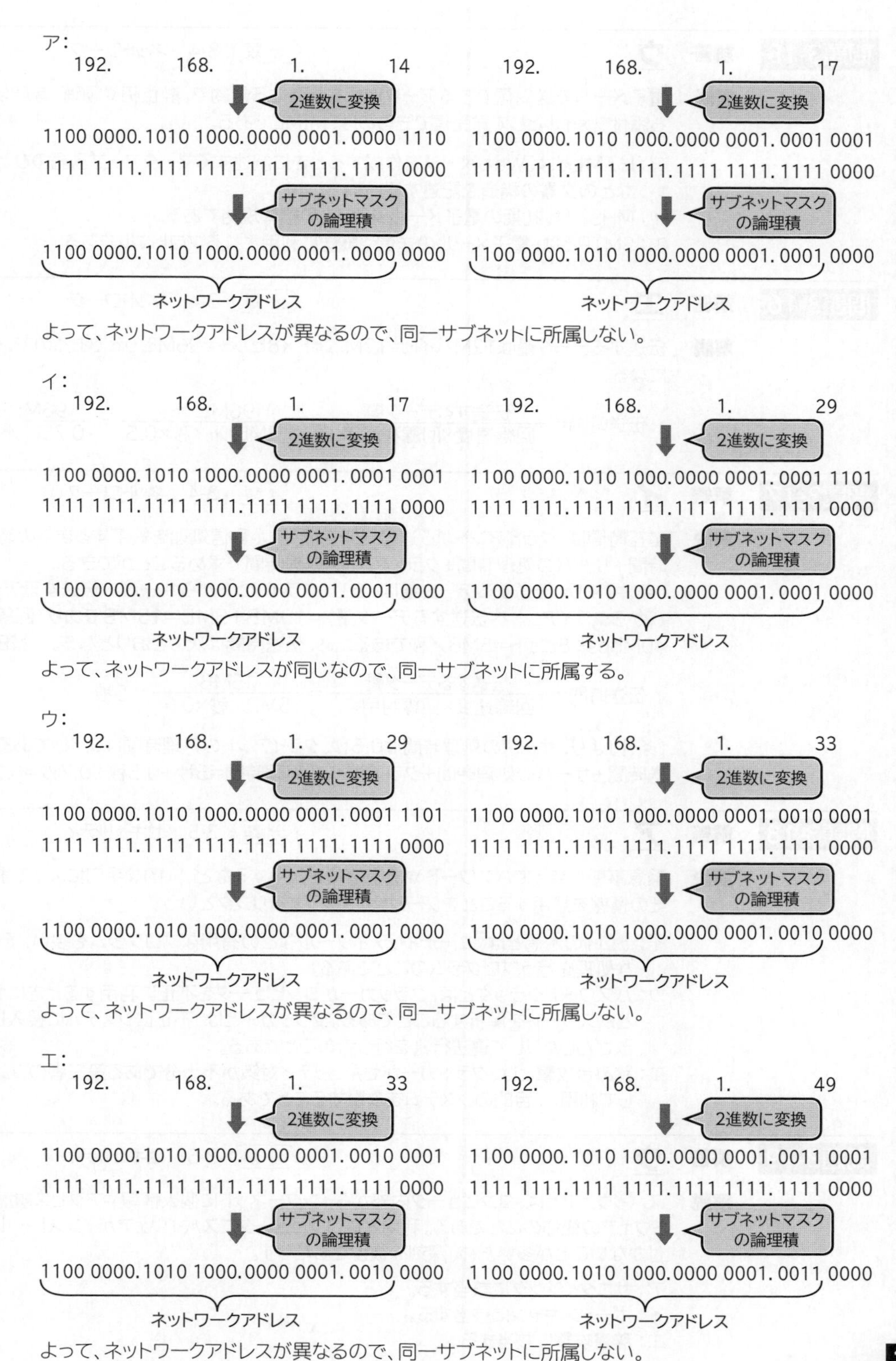
ア：
192. 168. 1. 14
2進数に変換
1100 0000.1010 1000.0000 0001.0000 1110
1111 1111.1111 1111.1111 1111.1111 0000
サブネットマスクの論理積
1100 0000.1010 1000.0000 0001.0000 0000
ネットワークアドレス
192. 168. 1. 17
2進数に変換
1100 0000.1010 1000.0000 0001.0001 0001
1111 1111.1111 1111.1111 1111.1111 0000
サブネットマスクの論理積
1100 0000.1010 1000.0000 0001.0001 0000
ネットワークアドレス
よって、ネットワークアドレスが異なるので、同一サブネットに所属しない。
イ：
192. 168. 1. 17
2進数に変換
1100 0000.1010 1000.0000 0001.0001 0001
1111 1111.1111 1111.1111 1111.1111 0000
サブネットマスクの論理積
1100 0000.1010 1000.0000 0001.0001 0000
ネットワークアドレス
192. 168. 1. 29
2進数に変換
1100 0000.1010 1000.0000 0001.0001 1101
1111 1111.1111 1111.1111 1111.1111 0000
サブネットマスクの論理積
1100 0000.1010 1000.0000 0001.0001 0000
ネットワークアドレス
よって、ネットワークアドレスが同じなので、同一サブネットに所属する。
ウ：
192. 168. 1. 29
2進数に変換
1100 0000.1010 1000.0000 0001.0001 1101
1111 1111.1111 1111.1111 1111.1111 0000
サブネットマスクの論理積
1100 0000.1010 1000.0000 0001.0001 0000
ネットワークアドレス
192. 168. 1. 33
2進数に変換
1100 0000.1010 1000.0000 0001.0010 0001
1111 1111.1111 1111.1111 1111.1111 0000
サブネットマスクの論理積
1100 0000.1010 1000.0000 0001.0010 0000
ネットワークアドレス
よって、ネットワークアドレスが異なるので、同一サブネットに所属しない。
エ：
192. 168. 1. 33
2進数に変換
1100 0000.1010 1000.0000 0001.0010 0001
1111 1111.1111 1111.1111 1111.1111 0000
サブネットマスクの論理積
1100 0000.1010 1000.0000 0001.0010 0000
ネットワークアドレス
192. 168. 1. 49
2進数に変換
1100 0000.1010 1000.0000 0001.0011 0001
1111 1111.1111 1111.1111 1111.1111 0000
サブネットマスクの論理積
1100 0000.1010 1000.0000 0001.0011 0000
ネットワークアドレス
よって、ネットワークアドレスが異なるので、同一サブネットに所属しない。

問題3-15　**解答**　**ウ**　（分類）3-4　ネットワーク

解説　電子メールで送受信できるデータ形式を拡張する規約で、静止画や動画、音声などのマルチメディアも添付ファイルとして送受信できるのは、MIMEである。

ア：HTMLとは、Webページを作成するときに記述するマークアップ言語のひとつで、見出しや段落などの文書の構造を記述する。
イ：MHSとは、初期の電子メールシステムの標準規格である。
エ：SMTPとは、電子メールの送信や転送に利用されるプロトコルである。

問題3-16　**解答**　**エ**　（分類）3-4　ネットワーク

解説　伝送するデータ量は12Mバイト＝12Mバイト×8ビット＝96Mビットであるので、伝送時間は次のようになる。

$$伝送時間=\frac{伝送するデータ量}{回線速度×回線利用率}=\frac{96Mビット}{1.5Mビット／秒×0.5}=\frac{96Mビット}{0.75ビット／秒}=128秒$$

問題3-17　**解答**　**イ**　（分類）3-4　ネットワーク

解説　応答時間は、クライアントから送信処理を開始し、受信処理を終了するまでの時間となるので、伝送時間＋サーバの処理時間＋クライアントの処理時間で求めることができる。
〔条件〕より、伝送するデータ量は、上り（クライアントからサーバへ伝送するデータ量）＋下り（サーバからクライアントへ伝送するデータ量）＝10MB＋5MB＝15MBであり、回線速度は40Mbps＝40Mbps÷8ビット＝5MB／秒であるため、伝送時間は次のとおりとなる。　※B＝バイト

$$伝送時間=\frac{伝送するデータ量}{回線速度×回線利用率}=\frac{15MB}{5MB／秒×0.6}=5秒$$

〔条件〕より、サーバの処理時間は0.5秒、クライアントの処理時間は0.7秒であるので、応答時間＝伝送時間＋サーバの処理時間＋クライアントの処理時間＝5秒＋0.5秒＋0.7秒＝6.2秒となる。

問題3-18　**解答**　**ア**　（分類）3-5　セキュリティ

解説　緊急事態を装ってパスワードや機密情報を入手するなど、人的な手口によって重要な情報を入手し、その情報を悪用することをソーシャルエンジニアリングという。

イ：トロイの木馬とは、ユーティリティツールなどの有用なプログラムを装い、それを実行すると不正な処理を行うプログラムのことである。
ウ：パスワードクラックとは、クラッカーがコンピュータを不正に利用するときに必要となる利用者IDとパスワードを解析することである。クラッカーとは、不正にシステムに侵入し、情報を破壊したり改ざんしたりして違法行為を行う者のことである。
エ：踏み台攻撃とは、クラッカーがセキュリティ対策が不十分である第三者のコンピュータを隠れ蓑として利用し、目的のシステムを攻撃することである。

問題3-19　**解答**　**ウ**　（分類）3-5　セキュリティ

解説　スパイウェアとは、コンピュータ内部からインターネットに個人情報やアクセス履歴などを送り出すソフトウェアの総称のことである。利用者はコンピュータにスパイウェアがインストールされていることに気付かないことが多いため、深刻な被害をもたらす。

ア：サニタイジングに該当する。
イ：ポートスキャンに該当する。
エ：辞書攻撃に該当する。

問題3-20　**解答**　**ア**　（分類）3-5　セキュリティ

解説　パスワードリスト攻撃とは、あるWebサイトから入手した利用者IDとパスワードのリストを使い、別のWebサイトに不正にログインすることを試す攻撃のことである。複数サイトで、同一の利用者IDとパスワードを使っている利用者がいる状況に着目した攻撃である。

イ：ブルートフォース攻撃とは、総当たり攻撃ともいい、一定の桁数の範囲で、すべての文字列の組合せをパスワードとして、ログインを試す攻撃のことである。
ウ：リバースブルートフォース攻撃とは、逆総当たり攻撃ともいい、パスワードを固定し、すべての文字列の組合せを利用者IDとして、ログインを試す攻撃のことである。
エ：レインボー攻撃とは、あらかじめ多くの文字列からハッシュ値を計算しておき、入手したパスワードのハッシュ値と比較することによってパスワードを推測し、ログインを試す攻撃のことである。

問題3-21　**解答**　**ウ**　（分類）3-5　セキュリティ

解説　ペネトレーションテストとは、外部からの攻撃や侵入を実際に行ってみて、システムのセキュリティホール（セキュリティ上の脆弱性）やファイアウォールの弱点を検出するテスト手法のことである。侵入テストともいう。

ア：ウォークスルーとは、ソフトウェア開発の各工程で、ソフトウェアの作成者と複数のソフトウェアの開発メンバが討議を行い、各設計書やソフトウェアそのものに欠陥や問題点がないかどうかをチェックするレビュー手法のことである。
イ：ソフトウェアインスペクションとは、ソフトウェア開発の各工程で、各設計書やソフトウェアそのものを第三者が検証して、誤りや問題点を検出するレビュー手法のことである。
エ：リグレッションテストとは、発見されたソフトウェアのエラーを修正したり仕様を変更（機能を追加）したりしたときに、その変更がソフトウェアのほかの箇所に影響がないかどうかを検証するテスト手法のことである。回帰テスト、退行テストともいう。

問題3-22　**解答**　**イ**　（分類）3-5　セキュリティ

解説　DNSサーバの名前解決情報（ドメイン名とIPアドレスを紐付けしたリスト）が格納されているキャッシュ（DNSキャッシュサーバ）に対して、偽の情報を送り込む攻撃のことをキャッシュポイズニング（DNSキャッシュポイズニング）という。DNSサーバがクライアントからドメインの名前解決の依頼を受けると、キャッシュに設定された偽のIPアドレスを返すため、クライアントは本来アクセスしたいWebサイトではなく、攻撃者が用意した偽のWebサイトに誘導される。
FQDNとは、ホスト名（コンピュータ名）を合わせた形の完全なドメイン名のことであり、完全修飾ドメイン名ともいう。
問題文より、「B社従業員」がアクセスするB社DNSキャッシュサーバには、「A社Webサーバ」のFQDNと「A社Webサーバ」のIPアドレスを紐付けしたリスト（名前解決情報）が記憶されるべきであるが、「A社Webサーバ」のFQDNと「攻撃者が用意したサーバX」のIPアドレスを紐付けしたリストが記憶されたことがわかる。
したがって、意図せずサーバXに誘導されてしまう利用者は、「A社Webサーバにアクセスしようとする B社従業員」となる。

問題3-23　**解答**　**ア**　（分類）3-5　セキュリティ

解説　WAF（Web Application Firewall）とは、Webアプリケーションに特化したファイアウォールのことである。Webサーバとクライアントの間に配置する。特徴的なパターン（シグネチャ）が含まれるかなど、Webアプリケーションに対するHTTP通信の内容を監視し、不正な操作を遮断する。クロスサイトスクリプティングやSQLインジェクションなどの対策に有効である。

イ：WPA（Wi-Fi Protected Access）やWPA2の説明である。
ウ：SIEM（Security Information and Event Management：セキュリティ情報イベント管理）の説明である。
エ：UTM（Unified Threat Management：統合脅威管理）の説明である。

問題3-24　**解答**　**ア**　（分類）3-5　セキュリティ

解説　SQLインジェクション攻撃とは、データベースと連携しているWebサイトにおいて、ユーザーが入力するエリアから不正なSQL命令文の一部を入力して、結果的にWebサイトの管理者が意図しないSQL命令を発行させ、データベースを操作したり情報を盗み出したりする攻撃のことである。
SQLインジェクション攻撃による被害を防ぐ対策には、エスケープ処理を入れる、バインド機構を入れるなどがある。
エスケープ処理とは、スクリプトの中に、特別の意味を持つ記号がユーザーの入力した文字列の中に入っていた場合、別の文字に置き換えて処理することである。
バインド機構とは、あらかじめ用意されているSQL命令文のひな型の構文解析を先に済ませておき、ユーザーが入力した内容は、あくまでもデータとして取り扱うことでSQL命令文を完成させる方法のことである。悪意のある者がSQL命令文を入力してもデータとして取り扱われるので、意図しない動作は起こらない。

イ：クロスサイトスクリプティングを防ぐ方法である。
ウ：ディレクトリトラバーサルを防ぐ方法である。
エ：バッファオーバーフローを防ぐ方法である。

問題3-25　**解答**　**イ**　（分類）3-5　セキュリティ

解説　多要素認証とは、ひとつの要素だけでなく、異なる複数の認証技術を使用して、認証を行うことである。複数の認証技術を使用することで、セキュリティを強化することができる。
認証技術には、知識による認証（本人しか知り得ない情報によって識別する照合技術）、所有品による認証（本人だけが所有するものに記録されている情報によって識別する照合技術）、生体情報による認証（本人の生体情報の特徴によって識別する照合技術）がある。
ここでは二要素認証であるので、異なる2つの認証技術を使用して、認証を行っているものを選択すればよい。

ア：2本の指の指紋で認証することは、「生体情報による認証」であるため、二要素認証には該当しない。
イ：虹彩認証は「生体情報による認証」、パスワード認証は「知識による認証」であるため、二要素認証に該当する。
ウ：異なる2種類の特殊文字を混ぜたパスワードでの認証は「知識による認証」であるため、二要素認証には該当しない。
エ：異なる二つのパスワードでの認証は、「知識による認証」であるため、二要素認証には該当しない。

したがって、二要素認証に該当するものは、イとなる。

問題3-26　**解答**　**ア**　（分類）3-5　セキュリティ

解説　CAPTCHAとは、チャレンジレスポンス認証のひとつで、Webサイトにアクセスしようとしているのがプログラムなのか、人間なのかを識別するための技術のことである。チャレンジレスポンス認証とは、ネットワークにパスワードそのものを流さないで認証する方式のことである。
人間には読み取ることができても、プログラムでは読み取ることが難しい、ゆがめたり一部を隠したりした文字列の画像をWebサイトに表示し、同じ文字列を入力させることによって識別する。これによって、プログラムによる自動入力を防ぐことができる。

イ：QRコードとは、コードの3か所の角に切り出しシンボルがあり、縦横二方向に情報を持った2次元コードのことである。
ウ：短縮URLとは、URLを短く表現したURLのことであり、短縮URLにアクセスすると、元のURLに転送される。URLとは、Webページを受信するためのプロトコルやそのWebページのあるドメイン名、ディレクトリ名、ファイル名を一定の書式に従って記述したものである。
エ：トラックバックpingとは、自分のブログに他人のブログのリンクを張るときに、その他人に対して自動的に出す通知のことである。

問題3-27　解答　エ

分類　3-5　セキュリティ

解説　AES-256とは、共通鍵暗号方式の代表的な暗号アルゴリズムであり、鍵長が256ビットである。ブルートフォース攻撃とは、総当たり攻撃ともいい、一定の桁数の範囲で、すべての文字の組合せをパスワードとして、順番にログインを試す攻撃のことである。
AESの鍵長が256ビットであるので、2^{256}通りある。ブルートフォース攻撃ですべての文字の組合せをパスワードとして順番に試す場合、最大の試行回数は、最後の鍵（2^{256}回目）で一致することになる。したがって、2^{256}となる。

問題3-28　解答　ウ

分類　3-5　セキュリティ

解説　公開鍵暗号方式とは、暗号化と復号で異なる鍵（秘密鍵と公開鍵）を使用する暗号方式のことである。秘密鍵は自分だけが持つもので第三者には公開してはならない。公開鍵は第三者に広く公開するため、認証局に登録して公開する。
他人に秘密にしておきたい文章を送信するときは、送信者は受信者の公開鍵で暗号化して送信し、受信者は自分の秘密鍵で復号する。
Aさん（送信者）からBさん（受信者）への送受信の手順は、次のとおりである。

①Aさん（送信者）は、Bさん（受信者）の公開鍵を使って電子メールの平文を暗号化する。
②Aさん（送信者）は、暗号文をBさん（受信者）に送信する。
③Bさん（受信者）は、暗号文を受信し、自分の秘密鍵を使って暗号文を復号する。

したがって、Aさん（送信者）が暗号化に用いる鍵Kは、「Bさん（受信者）の公開鍵」となる。

問題3-29　解答　ウ

分類　3-5　セキュリティ

解説　デジタル証明書とは、登録依頼のあった公開鍵を審査して真正性（間違いなく本物であると保証すること）が認められた場合に、認証局（CA：Certificate Authority）が発行するものである。公開鍵とともに、登録者（被認証者）の情報や、その認証局自体のデジタル署名も含まれており、認証局のデジタル署名がデジタル証明書自体の真正性を証明する根拠となる。
デジタル署名とは、公開鍵暗号方式とメッセージダイジェストを組み合わせることによって、電磁的記録（デジタル文書）の正当性を証明する方法のことであり、電子署名ともいう。公開鍵暗号方式とは、暗号化と復号で異なる鍵（秘密鍵と公開鍵）を使用する暗号方式のことである。
A氏は自分の秘密鍵を用いてデジタル署名を生成し、B商店はA氏の公開鍵を用いてデジタル署名を復号する（A氏の送信前のメッセージダイジェストを取り出す）。
B商店は、自分の秘密鍵を使って暗号文（A氏からの注文）を復号し（平文を取り出す）、平文からメッセージダイジェストを生成して、A氏の送信前のメッセージダイジェストと照合する。これが一致している場合は、B商店に届いたA氏からの注文の正当性を証明できる（A氏からの注文であることを確認できる）ことになる。

問題4-1　**解答**　**エ**　（分 類）4-2　要件定義

解説　DFD（Data Flow Diagram）とは、業務モデリングを行うときに、業務のデータの流れと処理を図で表現する手法のことである。DFDでは、次の4つの要素を使って表現する。

記 号	名 称	意 味
⟶	データフロー	データや情報の流れを表現する。
○	プロセス（処理）	データの処理を表現する。
＝	データストア（ファイル）	データの蓄積を表現する。
□	外部（データの源泉/データの吸収）	データの発生源や行き先を表現する。

したがって、図中の“○”が表しているものは、プロセスとなる。

イ：データストアは、＝で表現される。

ウ：データフローは、⟶で表現される。

問題4-2　**解答**　**エ**　（分 類）4-2　要件定義

解説　システム開発の早い段階からプロトタイプ（システムの試作品）を作成し、利用者の確認を得ながら開発を進める手法をプロトタイピングモデルという。プロトタイピングモデルでは、プロトタイプを通して早い段階で利用者の確認を得ることによって、システムの誤解や認識の食い違いなどを早期に発見でき、利用者のシステムへの意識を高める効果がある。
問題文より、「プロトタイプを1回作成するごとに未確定な仕様の50％が確定する」とあるので、プロトタイプを作成するごとに確定される仕様の累計を求めればよい。

プロトタイプの作成回数	未確定な仕様	確定される仕様	確定される仕様の累計	残りの未確定な仕様
1回目	100.0 ％	50.0 ％	50.0 ％	50.0 ％
2回目	50.0 ％	25.0 ％	75.0 ％	25.0 ％
3回目	25.0 ％	12.5 ％	87.5 ％	12.5 ％
4回目	12.5 ％	6.25％	93.75％	6.25％

したがって、プロトタイプ開始時点で未確定だった仕様の90％以上を確定させるには、プロトタイプを4回作成する必要がある。

ア：プロトタイプの1回の作成によって確定される仕様（累計）は、50％である。
イ：プロトタイプの2回の作成によって確定される仕様（累計）は、75％である。
ウ：プロトタイプの3回の作成によって確定される仕様（累計）は、87.5％である。

問題4-3　**解答**　**イ**　（分 類）4-3　設計

解説　モジュールとは、ソフトウェア要素を構成する最小単位のことである。
モジュールの結合度は、モジュール間の結合の強弱（モジュール間の従属関係）を表す。モジュールの結合度が弱い場合はモジュールの独立性が高く、モジュールの結合度が強い場合はモジュールの独立性が低くなる。
モジュールの結合度が最も弱くなるのは、データ項目だけを引数として、モジュール間で受け渡す場合である。

問題4-4　**解答**　**エ**　　（分類）4-3　設計

解説　オブジェクト指向とは、属性（データ）とメソッド（操作）を組み合わせてオブジェクトを定義し、オブジェクト単位でシステムを開発する方法のことである。属性（固有のデータ）とメソッド（データに対する処理）を一体化し、オブジェクトとしてとらえるため、部品化や再利用が容易に行える。

構造化とは、プログラムを個々の処理ごとに分解し、階層的な構造にすることである。オブジェクト指向とは関係ない。
クラスとは、オブジェクト指向の基本概念のひとつで、属性とメソッドをまとめて、オブジェクトのひな型を定義したものである。オブジェクトを作り出すための設計図のような役割を持つ。
カプセル化とは、オブジェクト指向の基本概念のひとつで、オブジェクト内で属性とメソッドを一体化し、ほかのオブジェクトによって直接属性を変更（参照）できないようにすることである。
分割とは、プログラムを個々の処理ごとに分割することである。オブジェクト指向とは関係ない。
抽象化とは、オブジェクト指向の基本概念のひとつで、複数の対象（物事）から共通の特徴を抜き出して一般化することである。複数のオブジェクトを抽象化して、クラスを定義する。
継承とは、オブジェクト指向の基本概念のひとつで、ある基準となるクラス（スーパークラス）に対して、機能を加えて新しいクラス（サブクラス）を作成することである。
仮想化、具体化、正規化、投影、連続は、オブジェクト指向とは関係ない。

したがって、選択肢より、オブジェクト指向の基本概念の組合せとして適切なものは、「抽象化、カプセル化、継承、クラス」となる。

問題4-5　**解答**　**ア**　　（分類）4-3　設計

解説　カプセル化とは、オブジェクト指向設計において、オブジェクト内で固有に持つデータである属性と、データに対する処理であるメソッド（操作）を一体化し、ほかのオブジェクトによって直接属性を変更できないようにする（情報隠ぺいを実現する）ことである。
カプセル化によって、属性を変更する場合はメソッドを利用するので、オブジェクトの内部構造が変更されても利用者がその影響を受けないようにすることができ、それによってオブジェクトの利用者がオブジェクトの内部構造を知らなくてもよいようにすることができる。

イ：クラスとは属性とメソッドをまとめてオブジェクトのひな型を定義したものであり、クラス化とは単体で存在する属性やメソッドをクラスの形式で定義することである。
ウ：構造化とは、システムを個々の処理に分割し、階層的な構造にして設計する方法のことであり、機能を中心に考え、大きな機能を段階的に詳細化する。
エ：モジュール化とは、ソフトウェアを構成する機能の単位であるソフトウェア要素を、それを構成する最小単位であるモジュールの単位まで分割することである。

問題4-6　**解答**　**ア**　　（分類）4-3　設計

解説　UMLとは、ソフトウェアの機能や構造を決定する段階で利用される図の表記法のことで、オブジェクト指向設計でソフトウェアを作成するときによく利用される。UMLで用いる代表的な図式には、ユースケース図、クラス図、シーケンス図、アクティビティ図、ステートチャート図などがある。
アクティビティ図とは、業務プロセスの実行順序や条件分岐など、業務フローを表現する図のことである。ある振る舞いから次の振る舞いへといった、制御の流れ（業務の流れ）を明確にすることができる。

イ：シーケンス図の説明である。
ウ：ユースケース図の説明である。
エ：ステートチャート図の説明である。

問題4-7　解答　ア　（分類）4-3　設計

解説　クラス「組織」とクラス「社員」の関連は、クラス「組織」の多重度が「1」であることから、社員は必ずひとつの組織に所属することがわかる。クラス「社員」の多重度が「1..*」であることから、ひとつの組織に1人以上の社員が所属することがわかる。
したがって、社員が1人も所属しない組織は存在しない。

イ：クラス「組織」の多重度が「1」であるため、組織に所属しない社員は存在しない（社員は必ずひとつの組織に所属する）。
ウ：クラス「組織」の多重度が「1」であるため、1人の社員は複数の組織に所属することができない（社員は必ずひとつの組織に所属する）。
エ：クラス「社員」の多重度が「1..*」であるため、ひとつの組織に複数の社員が所属できる。

問題4-8　解答　イ　（分類）4-5　テスト

解説　ブラックボックステストとは、入力データに対する出力結果に着目し、機能が仕様書どおりかをチェックする手法のことである。テストケースの設計方法には、同値分割法や限界値分析法がある。
また、ソフトウェア要素（ソフトウェアを構成する機能の単位）のアルゴリズムに着目し、ソフトウェア要素の内部構造や論理をチェックする手法のことをホワイトボックステストという。

ア、ウ、エ：ホワイトボックステストの説明である。

問題4-9　解答　ウ　（分類）4-5　テスト

解説　スタブは、ソフトウェア統合テストのトップダウンテストで利用する。トップダウンテストとは、上位のモジュールから順番にテストしていく方法のことである。スタブとは、上位のモジュールから呼び出される、下位のモジュールの代替となるテスト用のモジュールのことである。スタブを用意することで、下位のモジュールが完成していなくてもソフトウェア統合テストが実施でき、モジュール間のインタフェースを検証できる。

ア：エミュレーターとは、テストツール・デバッグツールのひとつであり、コンピュータ上で異なるOSやCPUを擬似的に動作させるツールのことである。
イ：シミュレーターとは、テストツール・デバッグツールのひとつであり、想定どおりにシステムが動作するか、稼働前にチェックを行うツールのことである。
エ：ドライバは、ソフトウェア統合テストのボトムアップテストで利用する。ボトムアップテストとは、下位のモジュールから順番にテストしていく方法のことである。ドライバとは、下位のモジュールを呼び出す上位のモジュールの代替となるテスト用のモジュールのことである。

問題4-10　解答　エ　（分類）4-7　運用・保守

解説　リグレッションテストとは、ソフトウェアの保守において、発見されたソフトウェアのエラーを修正したり仕様を変更（機能を追加）したりしたときに、その変更がソフトウェアのほかの箇所に影響がないかどうかを検証するテストのことである。回帰テスト、退行テストともいう。

ア：運用テストとは、実際の業務データを使用して、業務の実態に合ったシステムかどうか、利用者マニュアルどおりに稼働できるかどうかを検証するテストのことである。システム検証テストともいう。利用者が主体となって実施する。
イ：結合テストとは、モジュール同士をソフトウェア要素単位まで統合（結合）して、ソフトウェア要素がソフトウェア設計どおりに正しく実行できるかを検証するテストのことである。ソフトウェア統合テスト（ソフトウェア結合テスト）ともいう。代表的な手法には、トップダウンテストとボトムアップテストがある。

ウ：システムテストとは、システム設計で設計した要件仕様を満たしているか、ハードウェア・ソフトウェア・手作業を含めたシステム全体の動作を確認するテストのことである。システム統合テスト（システム結合テスト）ともいう。目的に応じて、操作性テスト、例外処理テスト、ペネトレーションテストなどを実施する。

問題4-11 **解答** **ウ** （分類）4-8 ソフトウェア開発管理技術

解説 XP（eXtreme Programming：エクストリームプログラミング）とは、アジャイル開発の先駆けとなった手法であり、10人程度までの比較的少人数のチームで行われる、小規模のソフトウェア開発に適した手法のことである。特徴としては、設計よりもコーディングやテストを重視し、常にチームメンバやユーザーのフィードバックを得ながら、修正や設計変更を行っていく点が挙げられる。また、XPには、プラクティスと呼ばれる実践的な技法が定義されており、ペアプログラミング、テスト駆動開発、リファクタリング、継続的インテグレーションなどがある。

ペアプログラミングとは、2人のプログラマがペアとなり、共同で1つのプログラムを開発する技法のことである。2人のプログラマは相互に役割を交替し、チェックし合うことで、コミュニケーションを円滑にし、プログラムの品質向上を図る。

ア：インスペクションとは、ソフトウェア開発の各工程で、各設計書やソフトウェアそのものを第三者が検証して、誤りや問題点を検出するレビュー方式のことである。
イ：構造化設計とは、システムを個々の処理に分割し、階層的な構造にして設計する方法のことである。
エ：ユースケースとは、ひとつの目標を達成するための利用者とソフトウェアのやり取りを定義するために用いるものである。

問題4-12 **解答** **イ** （分類）4-8 ソフトウェア開発管理技術

解説 リファクタリングとは、外部からソフトウェアを呼び出す方法を変更せずに、ソフトウェアの中身（ソフトウェアコード）を変更することでソフトウェアを改善する手法のことである。外部仕様を変更することなくプログラムの内部構造を変更するので、ソフトウェアの保守性を高めることができる。アジャイル開発とは、システムをより早く、仕様変更に柔軟に対応し、効率よくソフトウェアを開発する手法のことである。

ア：ペアプログラミングの説明である。
ウ：テスト駆動開発の説明である。
エ：プロトタイピングの説明である。

問題4-13 **解答** **エ** （分類）4-8 ソフトウェア開発管理技術

解説 すでに完成しているプログラム（ソフトウェアコード）やデータベースシステムの定義情報などを解析して、その仕組みや仕様などの情報を取り出す手法（UMLのクラス図を生成するなど）は、リバースエンジニアリングである。システムの保守を確実に行うには、ソフトウェア設計書などの文書が必要であるが、ソフトウェア設計書などの文書が存在しない場合はリバースエンジニアリングが有効である。

ア：バックトラッキングとは、ある解を求めるための手順を試し、解が得られないと判明した時点でひとつ手前に戻って、ほかの手順で解を求めながら可能性のあるすべての手順を順番に試していく手法のことである。
イ：フォワードエンジニアリングとは、仕組みや仕様を明確にしたうえでソフトウェアコードを作成する手法のことである。
ウ：リエンジニアリングとは、まずリバースエンジニアリングを行って既存システムを解析したうえで設計情報を復元し、そのあとにフォワードエンジニアリングを行って、設計情報をもとにした新しい仕様を盛り込んでソフトウェアを開発することである。

第5章 プロジェクトマネジメント

問題5-1 **解答** **イ** (分類) 5-1 プロジェクトマネジメント

解説 プロジェクトマネジメントとは、プロジェクトの要求事項を満たすために、知識やツール、技法、コンピテンシー(行動特性)などをプロジェクトに適用することである。プロジェクトマネジメントのデファクトスタンダードであるPMBOKでは、10の知識エリアによって複数のマネジメントプロセス(管理対象)に分けられる。この中で、各工程の目的や成果物、作業範囲を明確にし、必要な作業を洗い出すマネジメントプロセスはスコープマネジメントである。
スコープマネジメントでは、プロジェクトの最終的な成果物(成果物スコープ)と、成果物を得るために必要な作業範囲(プロジェクトスコープ)を明確にし、プロジェクト全体を通じてこの2つの関係を管理していく。

ア:コストマネジメントとは、プロジェクトを決められた予算内で完了させるマネジメントプロセスのことである。
ウ:タイムマネジメントとは、作業の工程やスケジュールを調整し、プロジェクトを一定期間内に完了させるマネジメントプロセスのことである。
エ:リスクマネジメントとは、組織におけるリスクに対して対応を行ったり、受容したりする一連のマネジメントプロセスのことである。

問題5-2 **解答** **ウ** (分類) 5-1 プロジェクトマネジメント

解説 クリティカルパスとは、日程計画において、全体の日程の中で最も作業日数のかかる経路のことである。クリティカルパスのいずれかの作業に遅れが生じると、プロジェクト全体の致命的な遅延につながるため、特に注意して管理する必要がある。

図より、経路は6つ存在する。各経路とその所要日数は、次のとおりである。

A→B→G→L→N :5+15+12+7+3=42日間
A→B→H→K→N :5+15+7+10+3=40日間
A→C→E→G→L→N :5+10+8+12+7+3=45日間・・・クリティカルパスとなる
A→C→E→H→K→N :5+10+8+7+10+3=43日間
A→C→I→N :5+10+24+3=42日間
A→D→F→J→M :5+4+15+13+5=42日間

したがって、最も作業日数のかかる経路はA→C→E→G→L→Nの45日間となり、この経路がクリティカルパスになる。

問題5-3 **解答** **イ** (分類) 5-1 プロジェクトマネジメント

解説 各工程で必要となる人員数(1か月当たりで必要となる人員に相当する)を求めるには、各工程内で必要となる開発規模(人月)を算出し、開発期間(月)で除算すればよい。表の工数配分と工程配分より、各工程で必要となる人員数は、次のようになる。

要件定義 :(200人月×0.18)÷(10か月×0.20)=36人月÷2か月=18人
設計 :(200人月×0.33)÷(10か月×0.30)=66人月÷3か月=22人…最大となる
実装・構築、テスト:(200人月×0.42)÷(10か月×0.40)=84人月÷4か月=21人
導入・受入れ支援 :(200人月×0.07)÷(10か月×0.10)=14人月÷1か月=14人

したがって、最も人員数が必要になる工程は、22人となる「設計」工程となる。

問題5-4　解答　イ

（分類）5-1　プロジェクトマネジメント

解説　工数とは、システム開発などで必要とする作業量のことであり、一般的に人日や人月という単位で表される。1人が1日で行う作業を1人日といい、1人が1か月で行う作業を1人月という。
作業に必要な要員数は、「システム開発全体の所要工数÷期間」で求めることができる。
各処理のコーディング所要工数は、次のように求めることができる。

入力処理のコーディング所要工数：20（本）×1（人日）／本＝20（人日）
出力処理のコーディング所要工数：10（本）×3（人日）／本＝30（人日）
計算処理のコーディング所要工数：5（本）×9（人日）／本＝45（人日）

よって、コーディング所要工数は、20（人日）＋30（人日）＋45（人日）＝95（人日）になる。
コーディングのほかに設計やテストの作業が必要であり、それらの作業にはコーディング所要工数の8倍の工数が掛かるため、システム開発全体の所要工数は、95（人日）＋95（人日）×8＝855（人日）になる。

したがって、855人日掛かる作業を95日間で開発するには、855（人日）÷95（日間）＝9（人）の要員が少なくとも必要となる。

問題5-5　解答　イ

（分類）5-1　プロジェクトマネジメント

解説　全体の作業量は、各作業の計画作業量（人日）の合計値であり、次のように求められる。

2人日＋5人日＋1人日＋4人日＋2人日＋3人日＝17人日

コーディング作業の計画作業量は4人日であり、そのうちの25％が終了しているので、6月11日終了時点までの作業日数（日）は、次のように求められる。

2日＋5日＋1日＋（4日×0.25）＝9日

したがって、残っている作業量の全体に対する割合は、（17人日－9日）÷17人日＝0.4705…≒47％となる。

問題5-6　解答　ア

（分類）5-1　プロジェクトマネジメント

解説　ファンクションポイント法（FP法）とは、入出力画面や使用するファイル数、開発する機能の難易度を数値化して、システムの開発規模や工数を算出する方法のことである。数値化したものをファンクションポイント（FP）という。
表より、各ユーザーファンクションタイプのファンクションポイント値は、次のように求めることができる。

外部入力　　　　：1×4＝4
外部出力　　　　：2×5＝10
内部論理ファイル：1×10＝10

よって、各ユーザーファンクションタイプのファンクションポイント値を合計した値は、4＋10＋10＝24になる。
ソフトウェアのファンクションポイント値を求めるには、各ユーザーファンクションタイプのファンクションポイント値を合計した値（24）に対して、ソフトウェアの全体的な複雑度を加味した補正係数（0.75）を乗算する必要がある。
したがって、ソフトウェアのファンクションポイント値は、24×0.75＝18となる。

問題6-1　解答　イ

（分類）6-1　サービスマネジメント

解説　SLA（Service Level Agreement：サービスレベル合意書）とは、提供するサービス内容とサービスレベル目標を明文化し、サービス提供者と利用者（顧客）との間で交わされる合意文書のことである。
〔SLAの条件〕より、サービス時間帯は営業日の午前8時から午後10時までなので、1営業日当たりのサービス時間は14時間である。このサービス時間から1か月のサービス時間と、可用性99.5%以上のサービス時間（求められるサービス時間）を求め、サービス時間帯中に許される停止時間を求める。

1か月のサービス時間＝1営業日当たりのサービス時間×30日＝14時間×30日＝420時間
求められるサービス時間＝1か月のサービス時間×可用性＝420時間×99.5%＝417.9時間
1か月のサービス時間帯中の停止時間＝1か月のサービス時間－求められるサービス時間
＝420時間－417.9時間＝2.1時間

したがって、1か月のサービス時間帯中の停止時間は、最大2.1時間となる。

問題6-2　解答　ウ

（分類）6-1　サービスマネジメント

解説　ソフトウェア開発プロジェクトで行う構成管理とは、サービスを構成するソフトウェアや設計書などのソフトウェア構成品目の情報（構成情報）を正確に把握し、維持していく一連の活動のことである。各ソフトウェア構成品目のバージョンや、どのような関係性（組合せ）で構成されているかなどを正確に管理する。
したがって、構成管理の対象項目として適切なものは、「プログラムのバージョン」となる。

ア、イ、エ：構成管理の対象項目ではない。

問題6-3　解答　ア

（分類）6-1　サービスマネジメント

解説　移行テストとは、旧環境から新環境へ移行するために確認するテストのことである。移行テストを実施する目的は、確実性や効率性の観点で、旧環境から新環境への切替え手順や切替えに伴う問題点といった、移行の手順や問題点を確認することである。

イ：性能テストの目的である。
ウ：システム統合テストの目的である。
エ：機能テストの目的である。

問題6-4　解答　ウ

（分類）6-1　サービスマネジメント

解説　システムの移行方式には、業務単位または地域単位で段階的に移行する方式と、システム全体を一斉に移行する一斉移行方式がある。
段階的に移行する方式は、移行期間が長くなるが、新旧システムを並行運用させるので、移行時のトラブルが業務に及ぼす影響が小さくなる。
一斉移行方式は、移行期間を短縮できるが、移行時のトラブルが業務に及ぼす影響が大きくなる。

ア、イ、エ：一斉移行方式では、新旧システムを並行させて運用しない。

問題6-5　解答　エ

（分類）6-1　サービスマネジメント

解説　RTO（Recovery Time Objective：目標復旧時間）とは、どの程度の時間でデータを復旧させるかを示す目標値のことである。災害や事故、障害といった不測の事態が発生した場合のサービス継続に備えて、RTOを決定しておき、不測の事態が発生したときに有効に機能するようにする。
また、RTOは事業継続計画で用いられる用語であり、事業継続計画（BCP：Business Continuity Plan）とは、何らかのリスクが発生した場合でも、企業が安定して事業を継続するために、事前に策定しておく計画のことである。事業継続計画における方針として、RTOを決定する。

ア：MTBF（Mean Time Between Failures：平均故障間隔）とは、故障から故障までの間で、システムが連続して稼働している時間の平均のことである。
イ：MTTR（Mean Time To Repair：平均修復時間）とは、故障したときに、システムの修復にかかる時間の平均のことである。
ウ：RPO（Recovery Point Objective：目標復旧時点）とは、どの時点までのデータを復旧させるかを示す目標値のことである。事業継続計画で用いられる用語である。

問題6-6　**解答**　**ウ**　（分類）6-1　サービスマネジメント

解説　データセンター内で、各サーバの前面側と背面側をそろえて横に並べて配置し、前面側または背面側の暖気だけを集めた空間のことをホットアイルという。また、前面側または背面側のもう一方の冷気だけを集めた空間のことをコールドアイルという。サーバは処理するとサーバ内で熱を発生し、一般的に背面側から熱排気をするので、背面側をホットアイルにし、前面側をコールドアイルにすることが多い。さらに、暖気をデータセンターの換気口から外に出すようにし、冷気を空調コントロールでサーバ室内に入れるようにする。
この図の場合、サーバの前面側はコールドアイルにして冷気を集め、背面側はホットアイルにして暖気を集めて換気口に出していることがわかる。したがって、灰色部分が示す空間は、ホットアイルとなる。

ア：サージとは、瞬間的に発生する異常に高い電圧のことである。
イ：UPS（Uninterruptible Power Supply）とは、無停電電源装置ともいい、停電や瞬断時に電源の供給が停止してしまうことを防ぐための予備の電源のことである。

問題6-7　**解答**　**ア**　（分類）6-2　システム監査

解説　システム監査人とは、情報システムについて監査を行う人のことである。情報システムに関する専門的な知識や技術、システム監査の実施能力を有すると同時に、被監査部門から独立した立場であることが求められる。情報システムにまつわるリスク（情報システムリスク）に適切に対処しているかどうかを、独立かつ専門的な立場であるシステム監査人が監査を行うことにより、情報システムを総合的に検証・評価し、その関係者に助言や改善提案を行う活動であるシステム監査を実施する。

イ　：システム開発部門の責任者の役割である。
ウ、エ：システム開発部門の役割である。

問題6-8　**解答**　**エ**　（分類）6-2　システム監査

解説　システム監査人は、被監査部門から独立した立場であることが求められる。外観上の独立性を担保するということは、被監査部門との利害関係がないということを意味する。システム監査人の所属部署を内部監査部門とすることにより、システム監査人は社内のどの部門とも利害関係を持たないことになる。

ア、イ、ウ：被監査部門との利害関係とは直接関係なく、システム監査人の外観上の独立性を担保するために講じる措置として、適切ではない。

問題6-9　**解答**　**ウ**　（分類）6-2　システム監査

解説　企業活動を監視し、経営の透明性や健全性をチェックしたり、経営者や組織による不祥事を防止したりする仕組みのことをコーポレートガバナンス（企業統治）という。企業や官公庁による不祥事が相次いで発生していることから、適切な社外取締役の選任や、情報開示体制の強化、監査部門の増強などを行って、企業を統治する必要がある。

ア：コアコンピタンスとは、他社が真似できない核（コア）となる技術や資本力などの能力（コンピタンス）のことである。
イ：コーポレートアイデンティティとは、企業の特徴や個性を明確に提示し、統一されたイメージで社会が認識できるように働きかけることである。
エ：ステークホルダアナリシスとは、企業を取り巻くステークホルダ（利害関係者）を分析することである。

問題7-1　**解答　イ**　（分類）7-1　システム戦略

解説　エンタープライズアーキテクチャ（EA：Enterprise Architecture）とは、組織全体の業務とシステムを統一的な手法でモデル化し、部門ごとではなく、全体最適の観点から業務とシステムを同時に改善していくための設計・管理手法のことである。
エンタープライズアーキテクチャを構成するアーキテクチャは、次の4つの階層に分けることができる。

●ビジネスアーキテクチャ（BA：Business Architecture）
業務の内容や業務フロー、情報の流れなどを体系化したアーキテクチャ。

●データアーキテクチャ（DA：Data Architecture）
業務とシステムにおいて利用されるデータ（情報）の内容、データ間の関連性を体系化したアーキテクチャ。

●アプリケーションアーキテクチャ（AA：Application Architecture）
業務処理に最適なアプリケーションの形態を体系化したアーキテクチャ。

●テクノロジアーキテクチャ（TA：Technology Architecture）
実際に情報システムを構築する際に必要なハードウェア、ソフトウェア、ネットワークなどの技術を体系化したアーキテクチャ。

したがって、アプリケーションアーキテクチャ（AA）に該当するものは、イとなる。

ア：データアーキテクチャ（DA）の説明である。
ウ：テクノロジアーキテクチャ（TA）の説明である。
エ：ビジネスアーキテクチャ（BA）の説明である。

問題7-2　**解答　ウ**　（分類）7-1　システム戦略

解説　BPO（Business Process Outsourcing）とは、業務の一部を外部企業に委託（アウトソーシング）することである。例えば、給与計算などの定型化された業務や、多くの経験とノウハウを必要とする人事関連業務、電話で問合せを受け付けるコールセンターの業務などを専門業者に任せ、自社の中核となる領域に経営資源を集中させることで、競争力の強化を図ることができる。

ア：ホスティングサービスの説明である。
イ：SaaS（サース：Software as a Service）の説明である。
エ：派遣社員を活用した人件費削減の説明である。

問題7-3　**解答　ア**　（分類）7-1　システム戦略

解説　クラウドサービスとは、クラウドコンピューティングで提供されるサービス形態のことであり、SaaSやPaaS、IaaS、DaaSなどがある。クラウドコンピューティングとは、ユーザーが必要最低限の機器構成でインターネットを通じてサービスを受ける仕組みのことである。
PaaS（パース：Platform as a Service）とは、インターネットを利用して、アプリケーションソフトウェアが稼働するためのハードウェアやOSなどの基盤（プラットフォーム）を提供するサービス形態のことである。PaaSを利用することで、企業はプラットフォームを独自で用意する必要がなくなりコストを削減できるとともに、ハードウェアのメンテナンスや障害対応などを任せることもできるため、導入や運用の負担を軽減することができる。

イ：SaaS（サース：Software as a Service）とは、インターネットを利用して、ソフトウェアの必要な機能だけを提供するサービス形態のことである。ソフトウェアの必要な機能だけを利用し、その機能に対して料金を支払う仕組みであり、社内固有の機能の移行が容易なわけではない。オンプレミスとは、サーバやデータベースなどの情報システムを自社内の設備で運用することである。

ウ：SaaSは、ソフトウェアの必要な機能だけを利用できるが、自由度の高い開発環境が提供されるわけではない。

エ：IaaS（イアース：Infrastructure as a Service）とは、インターネットを利用して、情報システムの稼働に必要なサーバ、CPU、ストレージ、ネットワークなどのインフラを提供するサービス形態のことである。IaaSを利用することで、企業はハードウェアの増設などを気にする必要がなくなるが、すべてのプロバイダが高い可用性を保証しているわけではないので、高い可用性が求められる社内業務システムをIaaSに移行するのは容易ではない。

問題7-4　**解答**　**ウ**　　（分類）7-1　システム戦略

解説　クラウドコンピューティングとは、ユーザーが必要最低限の機器構成でインターネットを通じてサービスを受ける仕組みのことである。ハイブリッドクラウドとは、クラウドコンピューティングの実現形態のひとつで、企業や一般の利用者に対して提供されるパブリッククラウドと、企業が自社内で構築し、自社内の部門に対して提供されるプライベートクラウドを組み合わせたものである。

ア：パブリッククラウドの特徴である。
イ：プライベートクラウドの特徴である。
エ：オンプレミスの特徴である。

問題7-5　**解答**　**イ**　　（分類）7-1　システム戦略

解説　SOA（Service Oriented Architecture）とは、ソフトウェアの機能や部品を独立したサービスととらえ、それらを組み合わせてシステムを構築する考え方のことで、サービス指向アーキテクチャともいう。サービスとは、ほかのコンピュータから利用できるように公開されたひとまとまりのアプリケーションソフトウェア（ソフトウェア要素）のことで、どのシステムとも連携できるように標準化されている必要がある。このサービスを個別に利用したり、組み合わせて利用したりして、柔軟にシステムを構築することができるので、ビジネス変化にも対応しやすくなる。

ア：エンタープライズアーキテクチャ（EA：Enterprise Architecture）の説明である。
ウ：DOA（Data Oriented Approach）の説明である。
エ：モジュールの設計に関する説明である。

問題7-6　**解答**　**イ**　　（分類）7-2　システム企画

解説　要求分析の結果に基づいて、システムや業務全体の枠組み、システム化の範囲、システムを構成するハードウェアやソフトウェアに要求される機能や性能などを決定することを要件定義という。
要件定義には、業務上必要な要件を定義する「業務要件定義」と、業務要件を実現するために必要なシステムの機能要件を定義する「機能要件定義」、パフォーマンスや信頼性、移行要件などの機能以外の要件を定義する「非機能要件定義」の3つがある。
非機能要件定義では、可用性、信頼性、使用性、性能、セキュリティなど、システムを設計するうえで考慮すべき機能以外の要件を定義する。

ア：機能間の情報（データ）の流れを明確にすることは、必要なシステムの機能要件であるため、機能要件の定義で行う作業である。
イ：開発基準や標準の技術要件を作成することは、機能以外の要件であるため、非機能要件の定義で行う作業である。
ウ：システム機能として実現する範囲を定義することは、必要なシステムの機能要件であるため、機能要件の定義で行う作業である。
エ：インタフェースを明確にすることは、必要なシステムの機能要件であるため、機能要件の定義で行う作業である。

したがって、非機能要件の定義で行う作業は、イとなる。

問題7-7　解答 イ

（分類）7-2　システム企画

解説　企業活動における「調達」とは、業務の遂行に必要な製品やサービスを取りそろえるための購買活動のことである。システム化を推進する際には、システム化に必要なハードウェアやソフトウェア、ネットワーク機器、設備などを、内部または外部から調達する必要がある。外部から調達を行う場合、調達の対象、調達にあたっての要求事項、調達の条件などの定義を行う。調達の基本的な流れは、次のとおりである。

①情報提供依頼書（RFI）の作成、情報提供の依頼
②提案依頼書（RFP）の作成、システム提案の依頼
③提案書・見積書の入手
④調達先の選定
⑤契約締結

図に示す手順で情報システムを調達するときは、次のようになる。

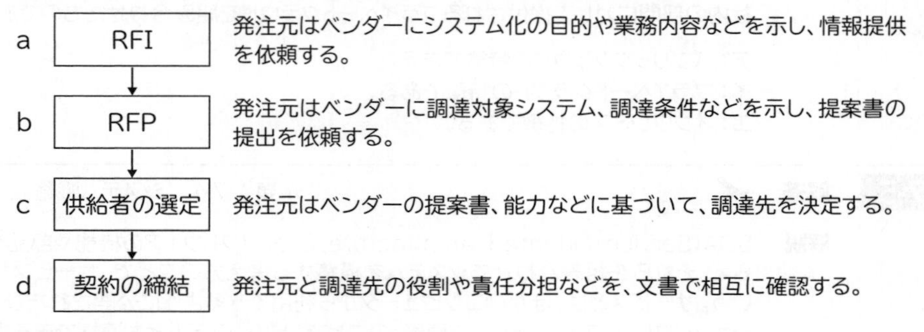

したがって、bに入るものは、「RFP」となる。

第8章　経営戦略

問題8-1　解答 ア

（分類）8-1　経営戦略マネジメント

解説　プロダクトポートフォリオマネジメント（PPM：Product Portfolio Management）とは、企業が扱う製品を、市場占有率と市場成長率を軸とするグラフにプロットし、“花形”、“金のなる木”、“問題児”、“負け犬”の4つに分類する経営手法のことである。4つの分類に経営資源を配分することで、効果的・効率的で、最適な事業や製品の組合せを見つけ出す。

高↑ 市場成長率 ↓低	大← 市場占有率	→小
高	**花形** 投資が必要だが収益が安定している製品。投資を継続する。	**問題児** 投資することで将来的には成長が見込める製品。投資を追加して花形に育成する。
低	**金のなる木** 少ない投資で収益を生み出す製品。過剰な投資は抑制する。	**負け犬** 将来性が低く、投資以上の収益が見込めない製品。撤退を検討すべき。

プロダクトポートフォリオマネジメント（PPM）における“花形”とは、市場成長率、市場占有率ともに高く、投資が必要だが収益が安定している製品のことである。

イ：“負け犬”の説明である。
ウ：“問題児”の説明である。
エ：“金のなる木”の説明である。

問題8-2 **解答** **エ** （分類）8-1　経営戦略マネジメント

解説 コストプラス法とは、製造原価と営業費を基準にして、これに希望する利益（マージン）を付加して価格を決定する方法のことである。製品を製造・販売するための変動費（直接費）に、維持・運営するための固定費（間接費）と、一定の利益を加算して製品の価格を決定する。原価加算法、CP（Cost Plus）法ともいう。

問題8-3 **解答** **エ** （分類）8-1　経営戦略マネジメント

解説 マーケティングミックスとは、マーケティングの目的を達成するために、4Pと呼ばれるProduct（製品）、Price（価格）、Place（流通）、Promotion（販売促進）の4つのPの最適な組合せを考えることである。4Pは販売側の視点から考えるものであるが、この4Pに対応して顧客側の視点から考える4Cがある。4Cとは、Customer Value（顧客にとっての価値）、Cost（顧客の負担）、Convenience（顧客の利便性）、Communication（顧客との対話）のことである。

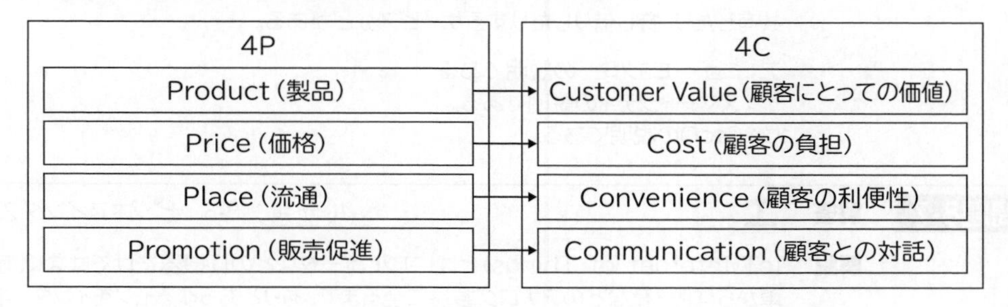

問題8-4 **解答** **ア** （分類）8-1　経営戦略マネジメント

解説 サプライチェーンマネジメント（SCM：Supply Chain Management）とは、取引先との受発注、資材（原材料や部品）の調達、製品の生産、在庫管理、流通など一連のモノの流れ（サプライチェーン）を総合的に管理する手法、またはそれを実現するためのシステムのことである。供給連鎖管理ともいう。企業間でやり取りされる情報を一元的に管理することで、余分な在庫の削減や納期の短縮など、流通コストを引き下げる効果がある。

イ：ナレッジマネジメント（KM：Knowledge Management）の説明である。ナレッジマネジメントは、知識管理ともいう。
ウ：社員のスキルや行動特性（コンピテンシー）を把握し、人員配置や評価を行うことの説明である。
エ：CRM（Customer Relationship Management）の説明である。CRMは、顧客関係管理ともいう。

問題8-5 **解答** **エ** （分類）8-2　技術戦略マネジメント

解説 ハッカソンとは、ハック（hack）とマラソン（marathon）を組み合わせた造語で、与えられた特定のテーマ（目的達成や課題解決のテーマ）に対して、ソフトウェアの開発者や設計者、企画者などがチームを作り、短期集中的にアイディアを出し合い、プロトタイプ（ソフトウェアの試作品）を作成することなどで検証し、その成果を競い合うイベントのことである。

ア：オープンイノベーションとは、企業が自社のビジネスにおいて、外部の技術やアイディアを活用し、製品やサービスの革新に活かすことである。
イ：リーンスタートアップとは、最小限のサービスや製品をより早く開発し、顧客からの反応を得ながら改善を繰り返し、新規事業を立ち上げる手法のことである。

ウ：APIエコノミーとは、インターネットを通じて、様々な事業者が提供するサービスを連携させて、より付加価値の高いサービスを提供する仕組みのことである。APIを公開・利用するエコノミー（経済圏）に相当し、API経済圏ともいう。API（Application Programming Interface）とは、プログラムの機能やデータを、外部のほかのプログラムから呼び出して利用できるようにするための仕組みのことである。

問題8-6　**解答**　**エ**　（分 類）8-3　ビジネスインダストリ

解説　シェアリングエコノミーとは、モノやサービス、場所などの資産や資源を、多くの人と共有・有効利用する社会的な概念のこと、またはそのような概念のもとに展開されるサービスのことである。日本語では「共有経済」の意味。
ソーシャルメディアなどの普及により、個人同士を結び付けることが容易になったことで多くのシェアリングエコノミーが生まれており、具体的には、個人同士で、個人が保有する遊休資産や住宅などを共有したり、貸し借りしたりするサービスなどがある。

ア：ニューエコノミーの説明である。
イ：スマートシティの説明である。
ウ：OtoOの説明である。

問題8-7　**解答**　**エ**　（分 類）8-3　ビジネスインダストリ

解説　IoT（Internet of Things）とは、コンピュータなどのIT機器だけではなく、産業用機械・家電・自動車から洋服・靴などのアナログ製品に至るまで、ありとあらゆるモノをインターネットに接続する技術のことである。「モノのインターネット」ともいう。センサーを搭載した機器や制御装置などが直接インターネットにつながり、それらがネットワークを通じて様々な情報をやり取りする仕組みを持ち、自動認識や遠隔計測ができるようになる。大量のデータを収集・分析して、高度な判断や自動制御を実現する。
具体例としては、自動車同士や自動車と路側機が通信することにより、自動車の位置情報をリアルタイムに収集して渋滞情報を配信するシステムや、検針員に代わって電力会社と通信することにより、電力使用量を申告する電力メータなどに活用されている。

ア：IDC（Internet Data Center）の説明である。
イ：電子オークションの説明である。
ウ：インターネット広告の説明である。

第9章　企業と法務

問題9-1　**解答**　**イ**　（分 類）9-1　企業活動

解説　プロジェクト組織とは、本来の組織とは別に、各種の専門的な能力を持つ人材によって臨時に編成された組織のことである。あくまでも一時的な組織なので、目的を達成した時点で解散する。
タスクフォースとは、特別の任務（タスク）を遂行するために組織される臨時のチームのことであり、プロジェクト組織の形態に属する。

ア：事業部制組織とは、取り扱う製品や地域、市場ごとに分化させ、事業部ごとに一部またはすべてのスタッフ部門を有した組織のことである。ひとつの部門で指揮命令系統を統一でき、市場ニーズの変化に迅速に対応できる。
ウ：マトリックス組織とは、巨大企業やグローバル企業に多く見られる組織形態で、機能と地域、機能と製品など、複数の指揮命令系統から構成された組織のことである。
エ：ラインアンドスタッフ組織とは、ライン部門（直接部門）をスタッフ部門（間接部門）が補佐する組織形態のことである。

問題9-2　解答　エ　　(分類) 9-1　企業活動

解説　CIO(Chief Information Officer:最高情報責任者)とは、情報関係の責任を負う立場にある人のことである。

企業経営においては、経営戦略や事業戦略の実現を支援するために、ITを効果的に活用して業務活動をシステム化し、中長期的な視点で業務の効率化を目指す必要がある。業務活動をシステム化する際は、CIOを中心にシステム化推進体制を確立し、経営戦略をしっかりと見据えながら、業務全体の効率化に貢献できるITシステム(サービス)の構築・活用が求められる。

ア:CFOに求められる役割である。CFO(Chief Financial Officer:最高財務責任者)とは、資金の調達や財政など財務の管理責任を負う立場にある人のことである。

イ:CTOに求められる役割である。CTO(Chief Technical Officer:最高技術責任者)とは、技術戦略や研究開発などを計画・実施する責任を負う立場にある人のことである。

ウ:CLOに求められる役割である。CLO(Chief Legal Officer:最高法務責任者)とは、法務に関する業務執行の責任を負う立場にある人のことである。

問題9-3　解答　ア　　(分類) 9-1　企業活動

解説　特性要因図(フィッシュボーンチャート)とは、業務上問題となっている特性(結果)と、それに関係するとみられる要因(原因)を魚の骨のような図で表す手法のことである。多数の要因を系統立てて整理するのに適している。

例えば、次の図からは、品質を悪化させている複数の要因を4つの系統(作業方法、材料、設備、作業員)に分類することで、品質悪化(特性)に対してどのような要因が関係しているかがわかる。

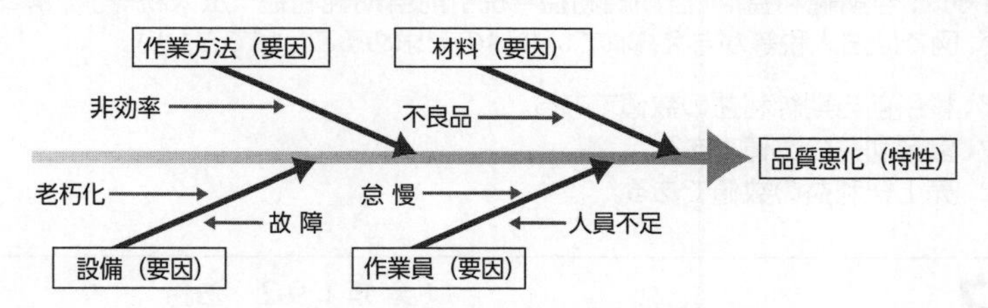

問題文の図では、aが特性(結果)、bが要因(原因)を表している。
したがって、問題文より、「bはaの原因である。」が正解となる。

問題9-4　解答　イ　　(分類) 9-1　企業活動

解説　ABC分析とは、項目の重要度や優先度を明らかにするための分析手法のことである。一般的に上位70%を占めるグループをAグループ(A群)、70~90%のグループをBグループ(B群)、残りのグループをCグループ(C群)とする。Aグループに分類されたものを重点的・優先的に管理する。

選択肢より2つの商品が選択されているので、取扱商品のうち、年間売上高の上位2つの商品(商品番号2と商品番号5)の売上高が合計に占める比率を計算すると次のようになる。

(商品番号2の売上高+商品番号5の売上高)÷合計=(2,400+600)÷3,825=0.7843…≒78%

したがって、これらが上位70%以上を占めているので、商品番号2と商品番号5がAグループの管理対象となる。

なお、商品番号2の売上高だけでは、商品番号2の売上高÷合計=2,400÷3,825=0.6274…≒63%のため、これだけではAグループの管理対象とはならない。

問題9-5　解答　イ

（分類）9-1　企業活動

解説　損益計算書とは、企業の一定期間の損益を表したものであり、P/Lともいう。費用（損失）と利益（収益）を示すことにより、企業の経営状態を知ることができる。
損益計算書では、売上総利益、営業利益、経常利益、税引前当期純利益、当期純利益を順番に計算して求める。
売上総利益とは、売上高から売上原価を差し引いた利益のことで、粗利益、粗利ともいう。売上総利益は、次のように求めることができる。

売上総利益＝売上高－売上原価＝1,585－951＝634

営業利益とは、売上総利益から「販売費及び一般管理費」を差し引いて得られた利益のことである。営業利益は、次のように求めることができる。

営業利益＝売上総利益－販売費及び一般管理費＝634－160＝474

経常利益とは、営業利益に営業外収益を加え、営業外費用を差し引いて得られた利益のことである。経常利益は、次のように求めることができる。

経常利益＝営業利益＋営業外収益－営業外費用＝474+80－120＝434

したがって、経常利益は434百万円となる。

この段階で解答は得られているが、税引前当期純利益は、次のように求めることができる。
税引前当期純利益＝経常利益＋特別利益－特別損失＝434+5－15＝424

さらに、当期純利益は「当期純利益＝税引前当期純利益－法人税等」によって求めることができるが、図では法人税等が与えられていないので求めることができない。

ア：税引前当期純利益の数値である。
ウ：営業利益の数値である。
エ：売上総利益の数値である。

問題9-6　解答　ウ

（分類）9-2　法務

解説　著作権とは、創作者により創作的に表現されたものを保護する権利のことである。基本的に著作権は創作者に帰属するが、職務上開発したプログラムは、特に取決めがない場合、著作権はプログラムを開発した会社側に帰属する。
したがって、A社から委託を受けたB社が要件定義を行っても、実際のプログラムを開発したのは協力会社であるC社なので、プログラムの著作権はC社に帰属する。

ア：A社はプログラムを開発していないので、著作権はA社に帰属しない。
イ：B社はプログラムを開発していないので、著作権はB社に帰属しない。
エ：基本的に著作権は創作者であるD社員に帰属するが、職務上開発したプログラムの著作権は特段の取決めがない場合、会社側であるC社に帰属する。

問題9-7　解答　ア

（分類）9-2　法務

解説　知的財産権とは、人間の知的な創造的活動によって生み出されたものを保護するために与えられた権利のことであり、著作権と産業財産権に大きく分かれる。産業財産権とは、特許権・実用新案権・意匠権・商標権の4つの権利の総称のことであり、新しい技術やデザイン、ネーミングなどを独占的に使用する権利を与え、模造防止のために保護する権利のことである。特許庁に出願または登録することによって権利が発生し、独占的に使用することが認められる。これらの権利で守られている新しい技術やデザイン、ネーミングなどを無断で使用することは違法になる。

問題9-8　**解答**　**エ**　(分 類) 9-2　法務

解説　著作権とは、創作者により創作的に表現されたものを保護する権利のことで、著作権法によって保護される。もともとは、絵画、小説などの創作者の権利を保護する目的で作られ、コンピュータの普及に伴い、プログラムやデータベースも保護の対象となった。プログラム言語や規約、アルゴリズムなどは、あくまで手段であるため、保護の対象外となる。

ア：インターネットで無償で公開されているフリーソフトウェアでも保護の対象となる。
イ：操作マニュアルは保護の対象となる。
ウ：データベースは保護の対象となる。なお、データそのものは保護の対象外となる。

問題9-9　**解答**　**イ**　(分 類) 9-2　法務

解説　不正競争防止法とは、不正な競争行為を規制するために制定された法律のことである。具体的には、営業秘密やアイディアの盗用、商品の模倣、競争相手にとって不利な風評を流すことなどが該当する。不正競争防止法で保護される営業秘密に該当する要件（営業秘密の三要件）には、次のようなものがある。

- 秘密として管理されていること
- 事業活動に有益な技術上または営業上の情報であること
- 公然と知られていないこと

問題9-10　**解答**　**ウ**　(分 類) 9-2　法務

解説　シュリンクラップとは、フィルム包装のことである。DVD-ROMなどの記録媒体に格納して販売されているソフトウェアの場合、その記録媒体の包装を破ると使用許諾契約に同意したとみなされるシュリンクラップ契約を採用している。
したがって、ソフトウェアの使用許諾契約が成立するのは、ソフトウェアの入ったDVD-ROMの包装を解いた時点となる。

問題9-11　**解答**　**ア**　(分 類) 9-2　法務

解説　サイバーセキュリティ基本法とは、サイバー攻撃に対する防御であるサイバーセキュリティに関する施策を総合的かつ効率的に推進するため、基本理念を定め、国の責務や地方公共団体の責務などを明確にし、基本的施策を定めた法律のことである。国は基本理念にのっとり、サイバーセキュリティに関する施策を策定し、実施する責任があるとしている。さらに、地方公共団体、重要社会基盤事業者、サイバー関連事業者その他の事業者、教育研究機関にも、サイバーセキュリティに関する責務を規定している。
なお、国民には、サイバーセキュリティの確保に必要な注意を払うよう努力することを規定している。第9条において、「国民は、基本理念にのっとり、サイバーセキュリティの重要性に関する関心と理解を深め、サイバーセキュリティの確保に必要な注意を払うよう努めるものとする。」と規定している。

イ：地方公共団体や教育研究機関についての言及もある。
ウ：民間事業者が努力すべき事項についての規定もある。
エ：地方公共団体ではなく、国がサイバーセキュリティ関連施策の立案・実施に責任を負うと規定している。

問題9-12　**解答**　**エ**　　(分類) 9-2　法務

解説　刑法の不正指令電磁的記録に関する罪（ウイルス作成罪）では、悪用することを目的にコンピュータウイルスなどのマルウェアを作成、提供、供用、取得、保管する行為を禁止している。

ア、ウ：正当な理由があるので、不正指令電磁的記録に関する罪に該当しない。
イ　　：ウイルスと知らずに他者に転送したので、不正指令電磁的記録に関する罪に該当しない。
エ　　：ウイルスを第三者のコンピュータで動作させる目的で保管したので、不正指令電磁的記録に関する罪に該当する。

したがって、コンピュータウイルスに関する罪となるものは、エとなる。

問題9-13　**解答**　**ア**　　(分類) 9-2　法務

解説　個人情報とは、生存する個人に関する情報であり、氏名や生年月日、住所などにより、特定の個人を識別できる情報のことである。個人情報には、ほかの情報と容易に照合することができ、それにより特定の個人を識別できるものを含む。
個人情報保護法とは、個人の権利や利益を保護するために、個人情報を取り扱う事業者の守るべき義務などを定めた法律のことである。個人情報の取得時に利用目的を通知・公表しなかったり、利用目的を超えて個人情報を使用したりする行為などが禁止されている。

ア：メールアドレスを構成する文字列や、ドメイン名によって特定の個人を識別することができる場合、そのメールアドレスは個人情報である。よって、適切である。
イ：個人に対する業績評価は、その個人を識別できる情報が含まれていたら個人情報である。よって、適切ではない。
ウ：新聞やインターネットなどで既に公表されている個人の氏名、性別及び生年月日であっても、ほかの個人情報と照合するなど、その利用目的の違いや取扱いの状態によっては個人の権利利益の侵害につながる恐れがあるので、ほかの個人情報と同様に個人情報に該当する。よって、適切ではない。
エ：法人名や本店住所など、法人の団体に関する情報は個人情報ではない。よって、適切ではない。なお、法人の情報の中に、役員の氏名など個人を識別できる情報が含まれている場合、その部分は個人情報に該当する。

したがって、適切なものはアとなる。

問題9-14　**解答**　**ア**　　(分類) 9-2　法務

解説　製造物責任法とは、PL法ともいい、消費者が、製造物の欠陥が原因で生じた生命・人体・財産の損害に対して適用されるもので、製造業者の損害賠償責任について規定した法律のことである。
ソフトウェアやデータは製造物責任法の製造物には含まれないため、欠陥のあるソフトウェアやデータは製造物責任法の対象とはならない。しかし、欠陥のあるソフトウェアやデータを内蔵した組込み機器ということになると、製造物に含まれるようになり、製造物責任法の対象となる。

イ、ウ、エ：ソフトウェアやデータそのものであり、製造物に含まれないため、製造物責任法の対象とはならない。